现代建筑技术系列教材

# 建 筑 设 备

主编 陈妙芳

同济大学出版社
TONGJI UNIVERSITY PRESS

## 内 容 提 要

现代建筑是一个多学科的综合体，本书按我国最新颁布的法规、规范、规程、规定，详细地阐述了建筑设备各学科的基本原理、基本知识，介绍建筑给水排水、热水供应、消防给水、建筑供热、建筑通风、空气调节、建筑防烟排烟、燃气供应、建筑供配电、建筑照明、建筑电信和建筑智能化过程控制等现代建筑设备内容。

本书可作为建筑设计、室内设计、环境艺术、风景旅游、环境工程、建筑工程、工程管理等学科相关专业的基础教材，也可作为注册建筑师的考试复习资料，并可供工程技术人员参考。

**图书在版编目(CIP)数据**

建筑设备/陈妙芳主编.—上海:同济大学出版社，2002.10(2022.6 重印)
ISBN 978-7-5608-2492-5

Ⅰ.建… Ⅱ.陈… Ⅲ.房屋建筑设备 Ⅳ.TU8

中国版本图书馆 CIP 数据核字(2002)第 063137 号

现代建筑技术系列教材
高等学校教学用书
**建筑设备**
主编 陈妙芳
责任编辑 李炳钊 责任校对 郁 峰 封面设计 李志云

出版发行 同济大学出版社 www.tongjipress.com.cn
(地址:上海市四平路 1239 号 邮编:200092 电话:021-65985622)
经 销 全国各地新华书店
印 刷 崇明裕安印刷厂
开 本 787mm×1092mm 1/16
印 张 27
印 数 86901-90000
字 数 691000
版 次 2002 年 10 月第 1 版 2022 年 6 月第 20 次印刷
书 号 ISBN 978-7-5608-2492-5

定 价 35.00 元

# 前　言

建筑是一门艺术科学。它有阳刚之壮；秀柔之美，经典建筑更可以流芳百世。现代建筑的不朽之躯是由骨架、肌肤和神经心血管系统组成的。建筑设备就是现代建筑的神经和心血管系统。没有建筑设备的建筑神韵虽存，却无活力，充其量只是一块供人们鉴赏把玩的古化石。

现代建筑是个多学科的综合体，而集中了建筑给水排水、热水供应、消防给水、建筑供暖、建筑通风、空气调节、建筑防火排烟、燃气供应、建筑供配电、建筑照明、建筑弱电及智能化过程控制等多学科的建筑设备在现代建筑中占有举足轻重的地位。科技进步使建筑设备不断推陈出新，涌现出许多集新技术、新工艺、新材料于一身的时尚而睿智的现代建筑设备。这些先进的现代建筑设备不仅使人耳目一新，还将促进建筑业跨过一个新的里程碑。现代智能建筑的出现就是一个最好的典型。

学习和掌握建筑设备的基本知识和技术，了解建筑设备的功能和用途，学会建筑设备的系统布局，对建筑设计、室内设计、环境艺术、风景旅游、建筑工程和工程管理等学科的学习具有重要的指导意义，也是相关专业学习的一门重要课程。一个优秀的建筑师或室内设计师，不仅要善于应用建筑学原理设计建筑物或室内设计原理进行室内设计，还应掌握建筑设备原理、系统布局及其规范、规定，与设备工程师密切协作，合理安排建筑设备及空间，这种神韵、血肉具备的作品才有生命力，才有强大的竞争力。反之，其作品华而不实，问题多多，可能在方案初审阶段就会遭夭折。因此，在大学学习阶段，学好建筑设备课程，可为毕业以后的工作或再学习打下坚实的基础。

本书以同济大学建筑系教材《建筑设备》(同济大学建筑与城市规划学院陈妙芳主编)为基础，结合近年来国内外建筑设备的发展情况，尽可能按我国最新颁布的法规、规范、规程、规定，详细阐述建筑设备各学科的基本原理、基本知识，介绍了建筑设备各学科的新型设备、先进系统和新技术。本书不仅可以作为建筑学、室内设计、环境艺术、风景旅游、建筑工程和工程管理等专业的学习用书，也可作为注册建筑师的考试复习资料及供其他工程技术人员、建筑管理人员及建筑设备运行人员参考。

全书分三篇共十六章，由同济大学陈妙芳(第五、六、七、八、九、十一章)、高乃云(第一、三、四章)、寇建(第二、五、六章)、修同斌(第十章)、徐向东(第十二、十三章)和李强(第十四、十五、十六章)编写，陈妙芳任主编并统纂定稿，高乃云任副主编。

本书部分插图由研究生唐玮、李学、杨赟、梅岭参与绘制，在此表示谢意。

本书在编写过程中得到颜宏亮教授热情帮助，在此表示衷心的感谢。

由于编者水平有限，时间仓促，对本书存在的缺点和错误，恳切希望广大读者指正，以利今后本书的充实和提高。

编者

2002.7

# 目　　录

## 第一篇　建筑给水排水

## 第二篇　暖通空气调节

# 第三篇　建筑电气

# 第一篇　建筑给水排水

建筑给水排水工程是给水排水中不可缺少而又独具特色的组成部分，又是建筑物的有机组成部分。它和建筑学、建筑结构、建筑供暖与通风、建筑电气、建筑燃气等工程共同构成可供使用的建筑物整体。在满足人们舒适的卫生条件、促进生产的正常运行和人们生命财产的安全方面，建筑给水排水起着十分重要的作用，它的完善程度也是评定建筑标准等级的重要依据之一。

建筑给水排水技术迅速发展，涉及的内容比较多。本篇主要结合建筑学专业的特点，仅对建筑内部的给水、热水供应系统、排水和消防给水（室内、室外）以及建筑小区给水排水及室外给水排水的设计、施工、安装管理等方面进行叙述。

# 第一章　室外给水排水工程

室外给水系统担负着从水源取水，经混凝、沉淀、过滤净化和消毒后，由城市管网将清水输送、分配到各建筑物的任务；而室外排水系统则接纳由建筑物排水系统排出的废水和污水。建筑物排水系统排出的污水和部分废水，须经化粪池或专门的污水处理设备进行处理后才能排入天然水体。室外排水系统还担负着收集和排放雨水的任务。

## 第一节　室外给水工程

### 一、水源

给水水源分为地面水源和地下水源。地面水源，如江河、湖泊、水库及海水等；地下水源，如泉水、井水等。

地下水的水质一般比地面水的水质好，它更接近生活饮用水的水质标准。选择水源时，在地下水有足够的储水量的情况下，一般应优先采用地下水。通常，地下水不易受到外界污染，因此，其水质洁净、稳定，细菌含量少，许多地方仅经消毒后就可作为饮用水，但地下水中矿物质盐类含量高，硬度大，如埋藏过深或储量小，则不宜作为水源，凡抽取地下水会引起地面下沉的地区和城市，也不宜以地下水作为水源。

地面水水源丰富，水的硬度低，但水中无机物和有机物含量较大，同时受到工业和人类各种生产活动的微污染，需作净化处理后方能达到饮用水的水质标准。

由于地面水的水量充沛，一般大、中城市往往优先选取地面水作为水源。

### 二、室外给水系统

通常，给水系统的组成可分为三部分：

1. 取水工程

取水工程包括选择水源和取水地点，建造适宜的取水构筑物，其主要任务是保证给水系统取得足够的水量并符合我国饮用水水源的水质标准。

地下水的取水构筑物有管井、大口井、辐射井、渗渠和引泉构筑物等。

地面水的取水构筑物有固定型和移动型两种：固定型包括岸边式、河床式和斗槽式；移动型包括浮船式、缆车式等，应根据水源的具体情况选择取水构筑物的形式，图 1-1 所示为两种常见的地面水取水构筑物。

2. 净水工程

通过给水处理构筑物，对天然原水进行处理，使其满足我国卫生部生活饮用水水质标准或工业生产用水水质标准要求。

水的净化方法和净化程度，要根据水源水质以及用户对水质的要求而定。城市自来水厂净化后的水必须满足我国现行生活饮用水的水质指标。工业企业用水对水质一般具

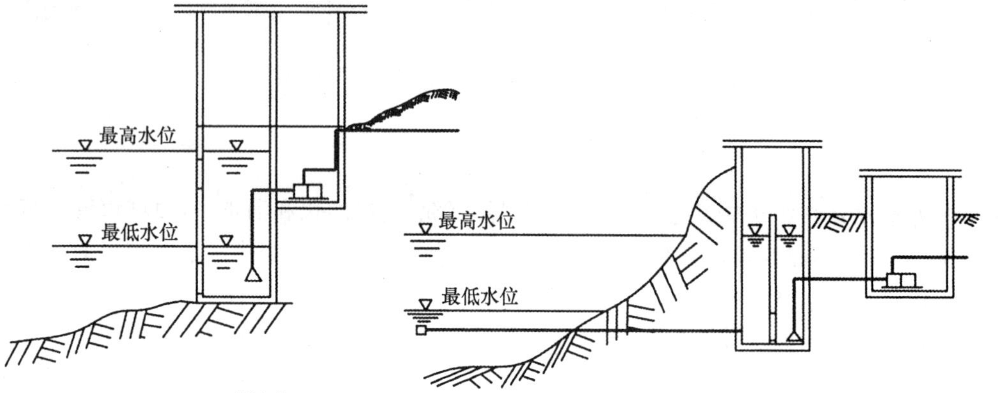


(a) 岸边式　　(b) 河床式

图 1-1　地面水取水构筑物

有特殊要求，往往单独建造生产给水系统，以满足不同生产性质、不同产品对水质的不同要求所规定的水质标准。例如，锅炉用水要求水中具有较低的硬度；纺织漂染工业用水对水中的含铁量限制较严；大型发电机组对冷却水水质纯度有很高要求，而制药工业、电子工业则需含盐量极低的脱盐软化水等。

地下水一般不需像地面水那样进行净化处理。有的地方直接饮用地下水；有的仅进行加氯消毒；有的经滤池的过滤和消毒处理之后，作为饮用水。

地面水源的原水，需去除水中的泥沙、无机盐、有机物、细菌、病毒等杂质。典型的以地面水为水源的自来水厂的处理工艺流程如图 1-2 所示。

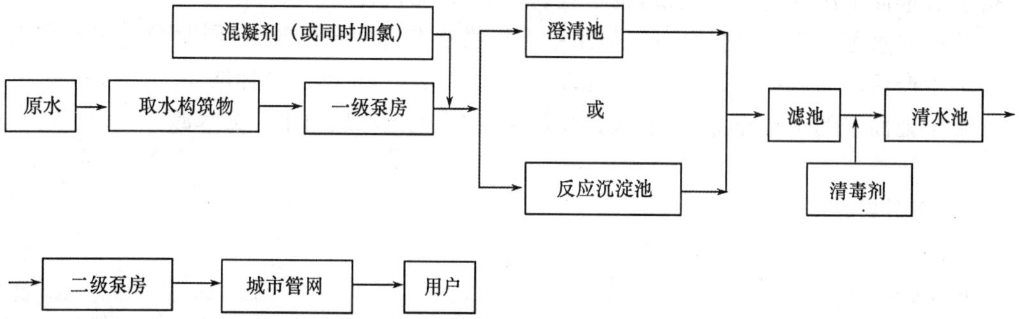


图 1-2　给水系统工艺流程示意图

江河、湖泊或水库原水经取水构筑物，由一级泵房的水泵抽送到反应沉淀池或澄清池，如果一级泵房设在自来水厂中，在一级泵房的水泵吸水管中投加混凝剂，我国南方地区的水厂一般同时投加氯气，用以氧化原水中的有机物，防止净水构筑物生长藻类等；如果混凝剂采用硫酸亚铁、氯气作为氧化剂，将二价铁氧化成三价铁。原水与混凝剂经过水泵叶轮的高速旋转完成快速混合；反之，当一级泵房距离水厂远时，混凝剂投加在水厂中的反应沉淀池或澄清池的进水管中，一般通过安装在管道上的管道静态混合器进行混合。常用的混凝剂分为两大系列，即铝系和铁系，铝系列中包括硫酸铝、碱式氯化铝、明矾、聚合氯化铝和聚合硫酸铝；铁系列中包括硫酸亚铁、三氯化铁、聚合氯化铁和聚合硫酸铁，还有高分子混凝剂（如聚丙烯酰胺等）。原水中加入混凝剂后，原水与混凝剂经快速混合（一般为 10～30s,最多不超过 2min)。在保证适当的水力条件和足够的反应时间后,水中的悬浮物和胶体脱稳,并凝聚结大,形成絮凝体,或在沉淀池中下沉,或在澄清池的悬浮泥渣层中绝大部分被截留去除。沉淀或澄清后的水,经滤池(一般以石英砂作为滤料)过滤,去除沉淀或澄清构筑物中未被去除的杂质颗粒,然后进行消毒。目前,最常用的、使用最广泛的消毒剂是氯气,在滤后水中投加足够的消毒剂,使滤后水与氯气在清水池中接触 30min 以上,部分氯气保留在水中作为输水管道中的余氯,保证管网末梢的余氯量不超过 0.05mg/L,使水在输送过程中不易受到污染。目前,还有一些消毒方法,诸如,二氧化氯、氯胺、漂白粉、次氯酸钠和臭氧消毒等。图 1-3 所示为某自来水厂的平面布置图。

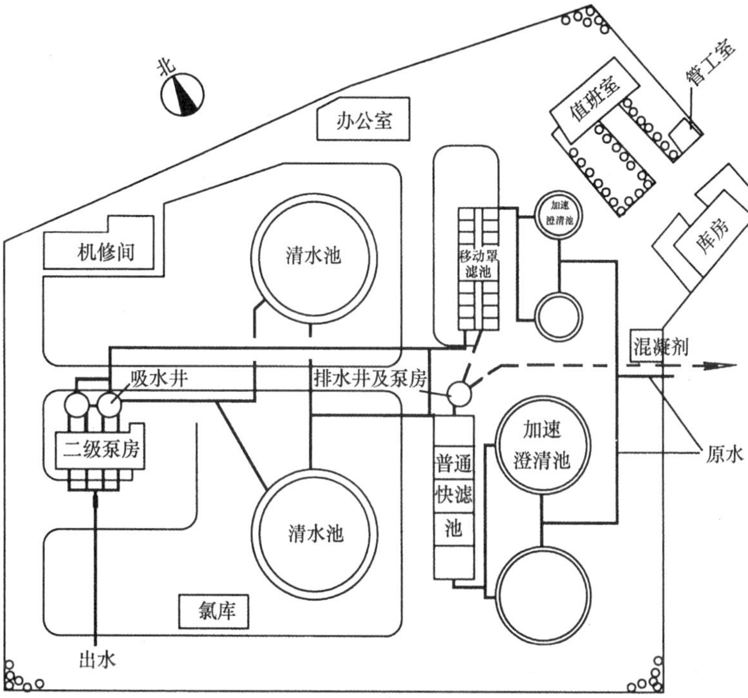


图 1-3　水厂平面布置图

3. 配水工程

配水工程是将足够的水量输送和分配到各用水点,并保证足够的水压和良好的水质,由输水管道、配水管网、增压(或水库)泵站以及水塔或高位水池等调节构筑物组成。

## 三、室外给水管网的布置

给水管网的作用是将净化后的水从净水厂输送到用户。它是给水系统的重要组成部分,并且和其他构筑物(如泵站、水池或水塔等)有着密切的联系。因此,给水管网的布置应满足以下几个方面:

1. 给水管网布置的基本要求

(1) 应符合城市总体规划的要求,考虑供水的分期发展,并留有充分的余地;

(2) 管网应布置在整个给水区域内,并能在适当的水压下,向所有用户供给足够的水量;

(3) 无论在正常工作或在局部管网发生故障时，应保证不中断供水；

(4) 管网的造价及经营管理费用应尽可能低，因此，除了考虑管线施工时有无困难及障碍外，必须沿最短的路线输送到各用户，使管线敷设长度最短。

给水管网的布置形式，根据城市规划、用户分布及对用水的要求等，有树枝状（单向供水）管网和环状（双向供水）管网。

2. 布置形式

(1) 树枝状管网

图 1-4 为树枝状管网的示意图，管网的布置呈树枝状，向供水区延伸，管径随用户的减少而逐渐变小。这种管网的管线敷设长度较短，构造简单，投资较省。但当某处发生故障时，其下游部分要断水，供水可靠性差，又因树枝状管网终端水流停顿，成为死水端，会使水质变坏。一般，在小城镇的给水管网或城市给水管网的边远地区采用树枝状管网，或城镇管网初期先采用树枝状管网，逐步发展后，形成环状管网。

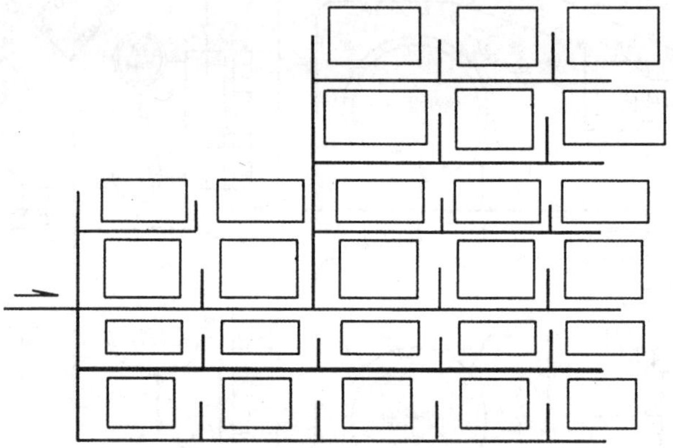

(a) 小城镇树枝状管网布置

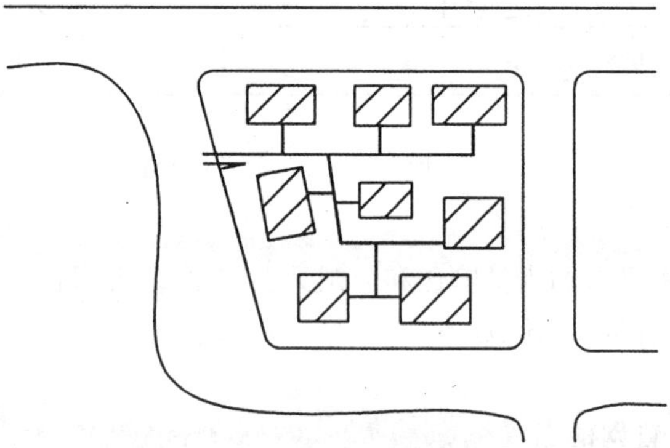

(b) 街坊树枝状管网布置

图 1-4　树枝状管网布置

(2) 环状管网

图 1-5 为环状管网的示意图，给水干管间用联络管相互连通起来，形成许多闭合回路为环状管网。环状管网供水安全可靠。一般，在大、中城市的给水系统或对给水要求较高、不能断水的给水管网，均应采用环状管网。环状管网还能减轻管内水锤的威胁，有利

管网安全。总之,环状管网的管线较长,投资较大,但供水安全可靠。

(a) 城市环状管网布置

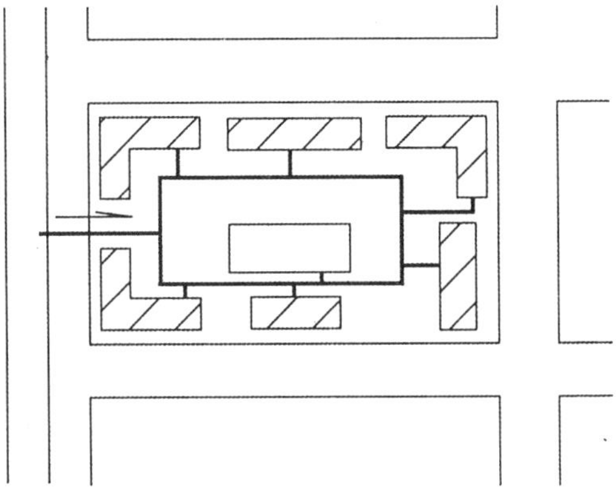

(b) 街坊环状配水管网布置

图 1-5　环状管网布置

在实际工程中,为了发挥管网的输配水能力,达到供水既安全可靠又适用经济,常用树枝状与环状相结合的管网。一般城市建设初期采用树状网,市中心地区逐步发展成为环状网,城市边缘地区先以树状网管网向外扩展。

3. 管道布置及定线的原则

(1) 管道的干管布置的主要方向应按供水主要流向延伸,而供水的流向取决于最大用户和水塔等调节构筑物的位置。

(2) 为了保证供水安全可靠,按照主要流向布置几条平行的干管,它们之间用连通管联系,这些管线要以最短的距离到达用水量大的主要用户。干管间距视供水区的大小和供水情况而不同,一般为 500~800m。

(3) 管道的干管一般按规划道路布置,尽量避免在高级路面或重要道路下通过。管线在道路下的平面位置和标高,应符合城市地下管线综合设计要求。

(4) 管道的干管应尽可能布置在高地,这样可以保证用户附近配水管中有足够的压力和降低干管内压力,增加管道的安全。

(5) 管道的干管的布置应考虑发展和分期设置的要求,并留有余地。

因此,城市的主干管网通常由一系列邻接的环组成,并且较均匀地分布在整个供水区域。

## 第二节　室外排水工程

人们在日常生活和生产活动中,都需要用水。水在使用过程中受到了污染,成为污水,需要进行处理和排泄。此外,城市内降水(包括雨水和冰雪融化水),水量较大,也有污染,亦应及时排放。将城市污水、降水有组织地排除与处理的工程设施称为排水系统。

根据排水的来源和性质,排水可分为三类,即排除生活污水、工业废水和降水。

对以上三种水,均需及时、妥善地予以排除与处理。如处理不当,将会妨碍环境卫生,污染水体,影响工农业生产及人们生活,并对人们身体健康带来严重危害。

**一、排水制度**

在城市中，对生活污水、工业废水和降水，采取的排除方式称为排水体制，也称排水制度。按排除方式可分为合流制和分流制排水系统两种。

1. 合流制排水系统

将生活污水、工业废水和降水用一个管道系统汇集输送排除的称为合流制排水系统。

根据污水、废水、降水混合汇集后的处理方式不同，合流排水系统可分为下列三种情况：

(1) 直泄式合流制。如图 1-6(a)所示，管道系统就近将各类排出水泄入水体。混合的污水不经过任何处理，且污水量大，排入水体，使水体水质恶化，严重危害水体。因此，这种直泄式合流制目前已不采用。

(2) 全处理合流制。如图 1-6(b)所示，污水、废水、降水混合汇集后全部输送到污水处理厂处理后再排入水体。这种排水方式对保障环境卫生方面当然是很理想的，但需要主干管的管径很大，污水处理厂的处理水量也增加很多，基本费用相应提高，很不经济，同时在运转管理方面也有困难。因此，这种方式实际上也很少采用。

(3) 截留式合流制。如图 1-6(c)所示，污水、废水、降水同样也合用一套管道系统。晴天时全部输送到污水处理厂，雨天时当雨水量增大，雨水、污水和废水的混合量超过一定数量时，其超出部分通过溢流井排入水体。这种方式较多采用。

2. 分流制排水系统

当生活污水、工业废水、降水用两个或两个以上各自独立的管道系统来汇集和输送时，称为分流制排水系统，如图 1-7 所示。其中，汇集生活污水和工业废水的系统称为污水排除系统；汇集和排除雨水的系统称为雨水排除系统，只排除工业废水的称为工业废水排除系统。

分流制排水系统将各类污水分别排放，有利于污水的处理和利用，分流制管道的水力条件好。

排水制度的选择应根据城市总体规划、环境保护的要求、当地的自然条件和水体条件、城市污水量和水质情况、城市原有排水设施情况等综合考虑，通过技术经济比较决定。一般新建城市或地区的排水系统，多采用分流制；但城区排水系统改造，采用截留式合流制较多。同一城市的不同地区，根据具体条件，可采用不同的排水制度。

**二、城市排水系统的布置形式**

室外排水管网的布置取决于地形、土壤条件、排水制度、污水处理厂位置及排入水体的出口位置等因素。此外，尚应遵循下述的一些原则：污水应尽可能以最短的距离并以重力流的方式排送至污水处理厂；管道应尽可能平行地面自然坡度以减少埋深；干管及主干管常敷设于地势较低且较平坦的地方；地形平坦处的小流量管道应以最短路线与干管相接；当管道埋深达最大允许值，继续挖深对施工不便及不经济时，应考虑设置提升污水泵站，但泵站的数量应力求减少；管道应尽可能避免或减少穿越河道、铁路及其他地下构筑物；当城市排水系统分期建造时，第一期工程的主干管内，应有相当大的流量通过，以避免初期因流速太小而影响正常排水。

排水管网(主要是干管和主干管)常用的布置形式有截留式、平行式、分区式、放射式

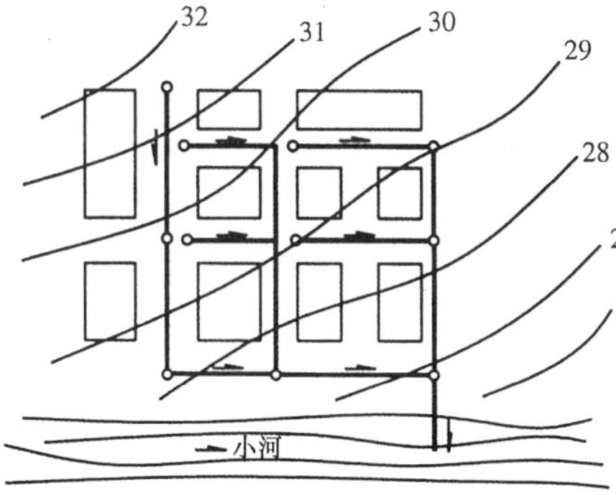


(a) 合流制－直泄式

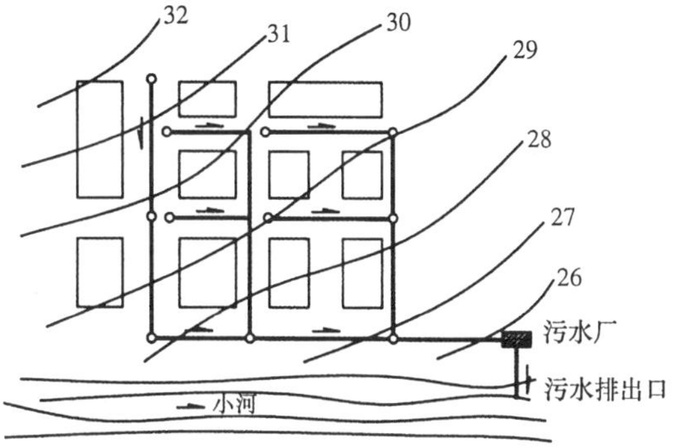


(b) 合流制－全处理

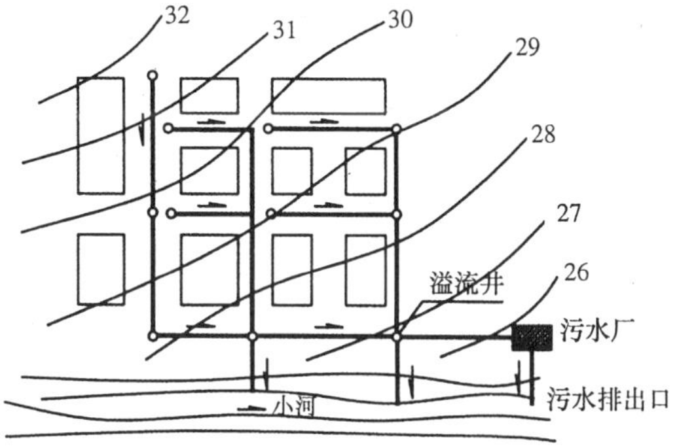


(c) 合流制－截留式

图 1-6　合流制排水系统示意图

等数种(图 1-8)。

为了便于检查及清通排水管网，在管道坡度改变、转弯、管径改变以及支管接入等处应设置排水检查井。直线段内排水检查井的距离与管径大小有关，对污水管道，当管径 $D<700$mm时，最大井距为 50m；当管径 $D=700\sim1\,500$mm 时，最大井距为 75m；当管径 $D>1\,500$mm时，最大井距为 120m。

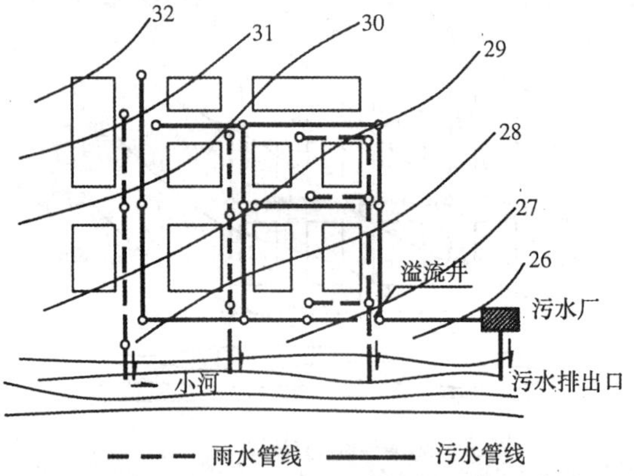


图 1-7　分流制排水系统示意图

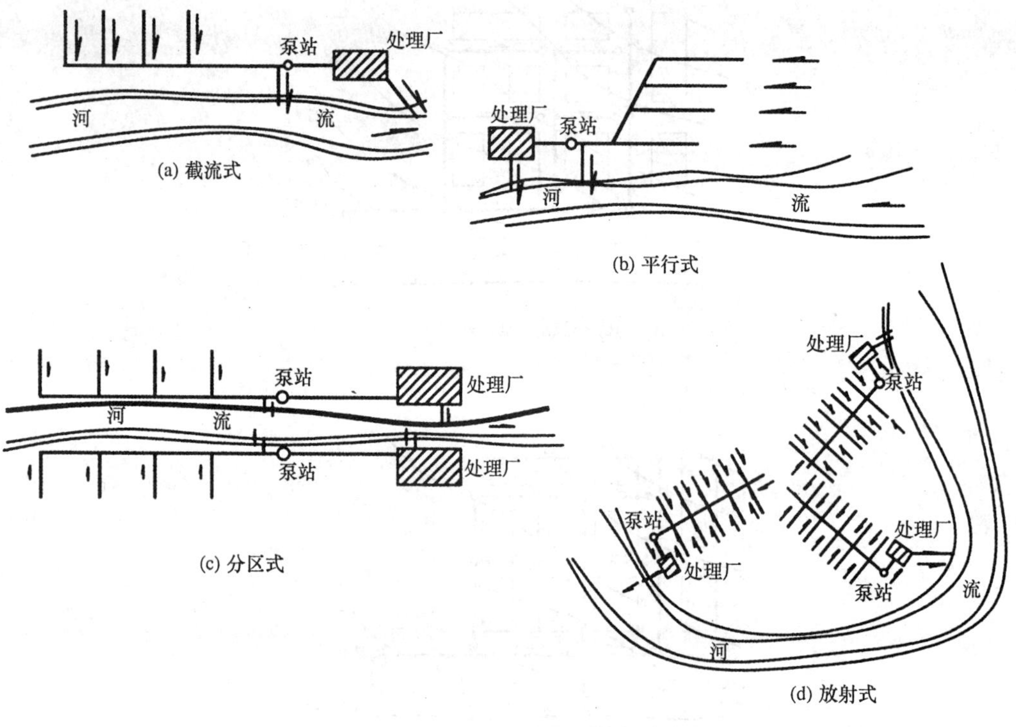


图 1-8　排水管网主干管布置形式图

图 1-9 所示是室外给水排水系统总平面图中的一个部分。

给水自城市干管引入后，在小区内以枝状管网接入用户，且在进户前均须设阀门。污水则在小区内集中后接入城市排水管网，并排至污水处理厂处理。妥善地布置各种管道，并合理地确定它们之间的水平、垂直距离是总图设计的任务之一。这样处理不仅对节约投资、维护管理以及工程扩建等具有重要意义，而且也可以依此大致决定各建筑物之间的间距。排水管道与其他地下管道之间或与构筑物之间的最小距离如表 1-1 所示。

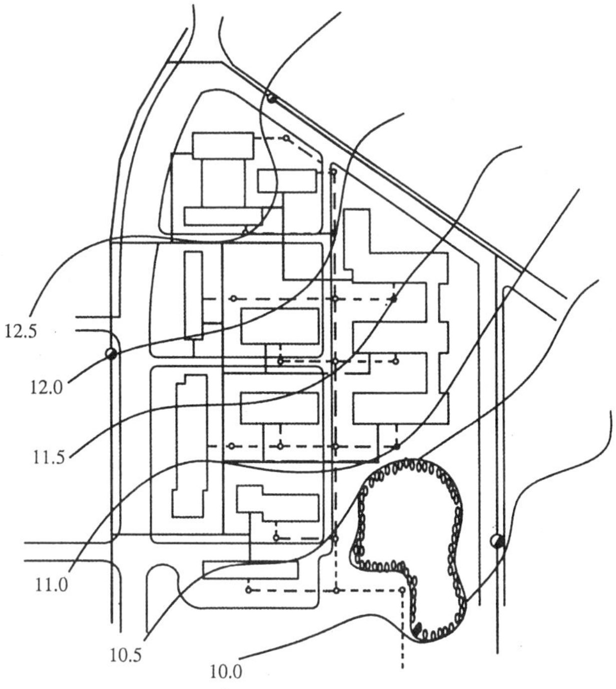


图 1-9　室外给排水管网总平面图(局部)

**表 1-1　　地下管线之间或与构筑物之间的最小净距**

| | 给水管 | | 污水管 | | 雨水管 | |
|---|---|---|---|---|---|---|
| | 水平(m) | 垂直(m) | 水平(m) | 垂直(m) | 水平(m) | 垂直(m) |
| 给 水 管 | 0.5～1.0 | 0.1～0.15 | 0.8～1.5 | 0.1～0.15 | 0.8～1.5 | 0.1～0.15 |
| 污 水 管 | 0.8～1.0 | 0.1～0.15 | 0.8～1.5 | 0.1～0.15 | 0.8～1.5 | 0.1～0.15 |
| 雨 水 管 | 0.8～1.5 | 0.1～0.15 | 0.8～1.5 | 0.1～0.15 | 0.8～1.5 | 0.1～0.15 |
| 低压煤气管 | 0.5～1.0 | 0.1～0.15 | 1.0 | 0.1～0.15 | 1.0 | 0.1～0.15 |
| 直埋式热水管 | 1.0 | 0.1～0.15 | 1.0 | 0.1～0.15 | 1.0 | 0.1～0.15 |
| 热力管沟 | 0.5～1.0 | | 1.0 | | 1.0 | |
| 乔木中心 | 1.0 | | 1.5 | | 1.5 | |
| 电力电缆 | 1.0 | 直埋 0.5<br>穿管 0.25 | 1.0 | 直埋 0.5<br>穿管 0.25 | 1.0 | 直埋 0.5<br>穿管 0.25 |
| 通讯电缆 | 1.0 | 直埋 0.5<br>穿管 0.15 | 1.0 | 直埋 0.5<br>穿管 0.15 | 1.0 | 直埋 0.5<br>穿管 0.15 |
| 通讯及照明电杆 | 0.5 | | 1.0 | | 1.0 | |

注:净距指管外壁距离,管道交叉设套管时指套管外壁距离,直埋式热力管指保温管壳外壁距离。

此外，在总设计图中尚需注意：埋地管道一般宜布置在道路两侧，如不能满足水平间距的要求时，则检修较少的给水排水管道及雨水管道也可布置在道路下面；管道的埋设深度即指管道内壁的底到地面的深度，无保温措施的生活污水管道或水温和它接近的工业废水管道，管内底可埋设在冰冻线 0.15m 以上，并应保证管顶之最小覆土厚度；建筑小区内的给水排水管道应平行建筑物轴线敷设，可以考虑给水管距轴线 5m，排水管距轴线 3m；有建筑分期的工程，第一期工程最好布置在地势较低处，即排水管的第一期工程可以从整个工程的下游段开始施工，以便为二期工程的顺利接管创造良好条件。

### 三、污水处理方法

污水及污泥中常含有多种有用物质，应当予以回收利用，即污水、污泥资源化。回收利用不但可以为国家创造财富，而且也是一种经济有效的污水处理措施。

现代污水处理技术，按作用原理可分为物理、化学和生物三类。通常，城市污水的处理采用前两类方法，工业废水处理采用化学法。

物理法，主要利用物理作用分离去除污水中呈悬浮状态的固体污染物质，整个处理过程中不发生任何化学变化。其方法有重力分离法、离心分离法、过滤法等。城市污水处理常用的是筛滤（格栅、筛网）与沉淀（沉砂池、沉淀池）、气浮、过滤等，习惯上也称机械处理。

化学法，主要利用化学反应作用分离、回收污水中的污染物质，其主要处理方法有中和混凝、电解、氧化还原及离子交换等，化学法通常还用于工业废水处理。

生物法，利用微生物的生命活动，将污水中的有机物分解氧化为稳定的无机物，使污水得到净化。主要用来去除污水中胶体和溶解性的有机物质，对氨氮、磷等物质具有良好的去除效果。生物法可分为好氧生物处理和厌氧生物处理。污水处理通常采用好氧法，污泥和高浓度有机废水处理常用厌氧法。生物塘是与活性污泥法相近的简易生物处理法，污水灌溉是与生物膜法相近的生物处理法。

城市污水处理根据处理程度，可划分为一级、二级和三级处理。一级处理主要去除污水中的悬浮固体污染物，常用物理处理法；二级处理主要是大幅度地去除污水中的胶体和溶解性有机污染物，常用生物处理法；三级处理主要是进一步去除二级处理中所未能去除的某些污染物质，诸如使水体富营养化的氮、磷等物质，具体处理方法随去除对象而异，双层滤料滤池可进一步去除悬浮固体，以降低 BOD 等。通常，城市污水经过一二级处理后，基本上能达到国家统一规定的污水排放水体的标准，三级处理一般用于污水处理后再用的情况。

## 思考题一

1. 室外给水水源有哪些？
2. 室外给水系统由哪几部分组成？
3. 叙述以地面水作为水源的给水工艺流程。
4. 室外排水制度有哪几种？
5. 室外给排水管道布置时应注重些什么？

# 第二章　室内给水工程

## 第一节　室内给水系统

室内给水系统的主要任务是选用适用、经济、合理的最佳供水方式将自来水从室外管道输送给各种卫生器具、用水龙头、生产装置和消防设备，并保证满足用户对水质、水压和水量的要求。

### 一、室内给水系统及其分类

室内给水系统按用途基本上可分为生活给水、生产给水和消防给水三类。

1. 生活给水系统

生活给水系统担负着供给居住小区、公共建筑、服务行业和工业企业建筑内的人们日常饮用、烹调、盥洗、洗涤、沐浴等生活上的用水。要求水质必须严格符合国家规定的饮用水水质标准。

2. 生产给水系统

因各种生产工艺不同，生产给水系统种类繁多，主要用于生产设备的冷却、原料和产品的洗涤、锅炉的软化水给水及某些工业原料的用水等几个方面。生产用水对水压、水量、水质以及安全方面的要求各不相同，一般根据工艺需要来确定。

3. 消防给水系统

消防给水系统分为消火栓给水系统和自动喷水灭火给水系统。供层数较多的民用建筑、大型公共建筑、某些生产车间的消防用水。消防用水对水质要求不高，但必须按现行的建筑设计防火规范保证足够的水量和水压。

上述各种给水系统在同一建筑物中不一定全部具备，应根据建筑物的用途和性质以及设计规范的要求，设置独立的某几种系统或共用系统。

### 二、给水系统的组成

室内给水系统的组成如图 2-1 所示。

(1) 引入管。是指穿越建筑物承重墙或基础的管道，是室外给水管网与室内给水管网之间的联络管段，也称进户管。

(2) 水表结点。是指装设在引入管上的水表及其前后的闸门、泄水装置等。

(3) 管网系统。是指室内给水水平管或垂直干管、立管、支管等。

(4) 给水附件。是指给水管路上的闸门，止回阀及各种配水龙头。

(5) 升压和贮水设备。在室外给水管网压力不足或室内对安全供水、水压稳定有要求时，需设置各种附属设备，如水箱、水泵、气压给水装置、水池等升压和贮水设备。

(6) 消防给水设备。按照建筑物的防火要求及规范，需要设置消防给水时，配置有消火栓、自动喷水灭火设备等装置。

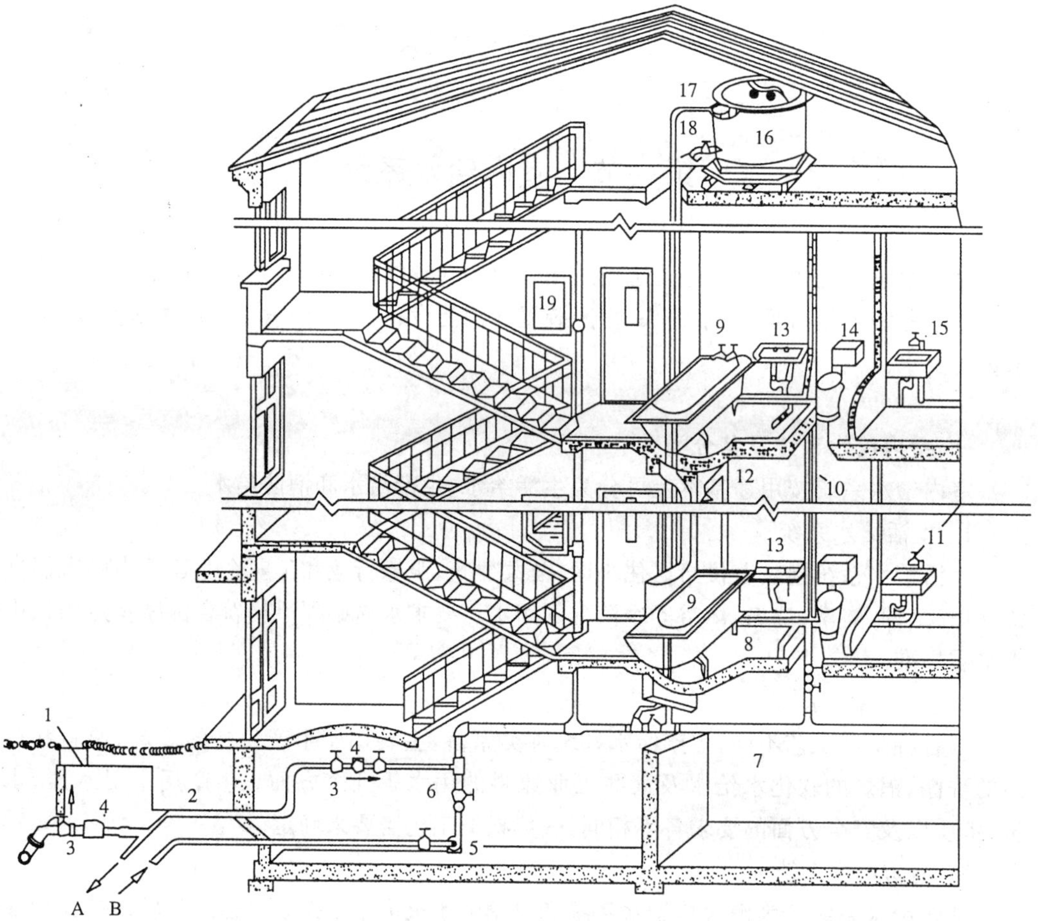


图 2-1　室内给水系统示意

1—阀门井；2—引入管；3—闸阀；4—水表；5—水泵；6—逆止阀；7—干管；8—支管；9—浴盆；10—立管；11—水龙头；12—淋浴器；13—洗脸盆；14—大便器；15—洗涤盆；16—水箱；17 进水管；18—出水管；19—消火栓；A—入贮水池；B—来自贮水池

**三、给水系统的压力**

给水系统应保证一定的水压以确保生活、生产和消防用水量，并保证最高最远配水点(最不利配水点)具有一定的流出水头。在给水系统设计以前，需设法得到建筑物所在地区的最低供水压力，以便确定建筑物的供水方式。

建筑物内的给水系统所需的水压(自室外引入管起点管中心标高算起)参见图 2-2，可由式(2-1)计算：

$$H = H_1 + H_2 + H_3 + H_4 \tag{2-1}$$

式中　$H$——室内给水管网所需的水压(kPa)；

$H_1$——引入管起点至最不利配水点位置高度所要求的静水压(kPa)；

$H_2$——管网内沿程和局部水头损失之和(kPa);

$H_3$——水表的水头损失(kPa);

$H_4$——最不利配水点所需流出水头(kPa)。

在有条件时,还应考虑一定的富裕水头(一般为 10～30 kPa)。

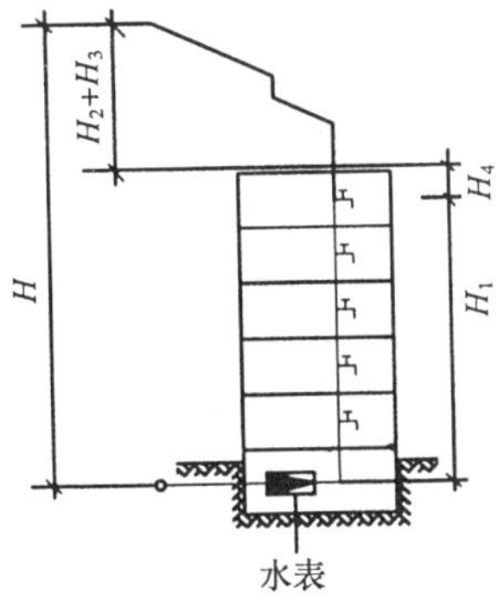


图 2-2 给水系统所需的压力

居住建筑的生活给水管网,在进行初步设计时,系统所需水压也可根据建筑物的层数估计所需最小压力值,从地面算起,一般一层为 100kPa,二层为 120kPa,三层以及三层以上的建筑物,每增加一层,则增加 40kPa。

通过计算的所需压力值 $H_s$,与室外能够供给的水压 $H_g$有较大区别时,应对管网的某些管段的管径作适当调整。

当 $H_g>H_s$时,为充分利用室外管网水压,节省管材。可在允许流速范围内,缩小某些管段(一般要缩小较大的管段)的管径;

当 $H_g<H_s$时,如相差不大,则可放大某些管段(一般要放大较小的管段)的管径,以减少管网水头损失;如相差较大时,则要设置增压装置。

## 第二节 室内给水方式的选择

### 一、低层建筑给水方式

室内给水方式,是根据建筑物的性质、高度、配水点的布置情况以及室内所需水压、室外管网水压和配水量等因素而决定的给水系统的布置形式,一般工程常用的给水方式有如下几种:

1. 直接给水方式

室内给水管道直接与室外给水管道相连,利用室外管网压力供水。室外管网在最低压力时也能满足室内用水要求时,一般单层和层数少的多层建筑采用这种供水方式(见图 2-3)。这种方式可充分利用室外管网水压,节约能源,且供水系统简单,投资省,减少水质受污染的可能性,但室外管网一旦停水,室内立即断水。

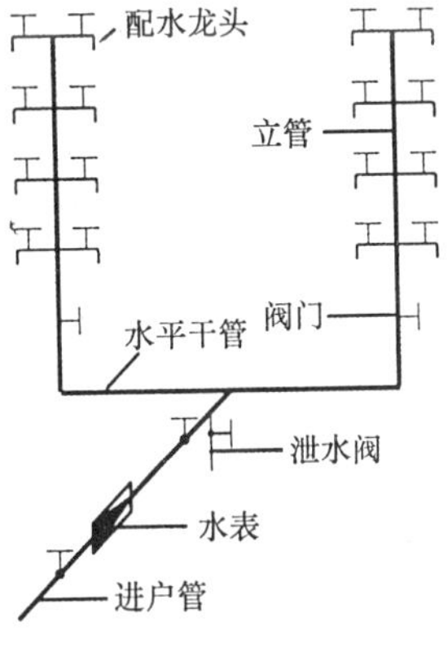


图 2-3 直接给水方式

2. 设有水箱的给水方式

室外管网在一天中的某个时刻有周期性的水压不足,或者室内某些用水点需要稳定压力的建筑物可设屋顶水箱。当室外管网压力大于室内管网所需压力时(一般在夜间),水进入屋顶水箱,此时水箱贮水;当室外管网压力不足,不能满足室内管网所需水压时(一般在白天),此时水箱便供水。这种供水方式适用于多层建筑,下面几层与室外给水管网直接连接,利用室外管网水压供水,上面几层则靠屋顶水箱调节水量和水压,由水箱供水(图 2-4)。

这种给水方式的特点是水箱贮备一定量的水，在室外管网压力不足时不中断室内用水，供水较可靠，且充分利用室外管网水压，节省能源，安装和维护简单，投资较省。但需设高位水箱，增加了结构荷载，给建筑专业的立面处理带来一定的难度，若管理不当，水箱的水质易受到污染。

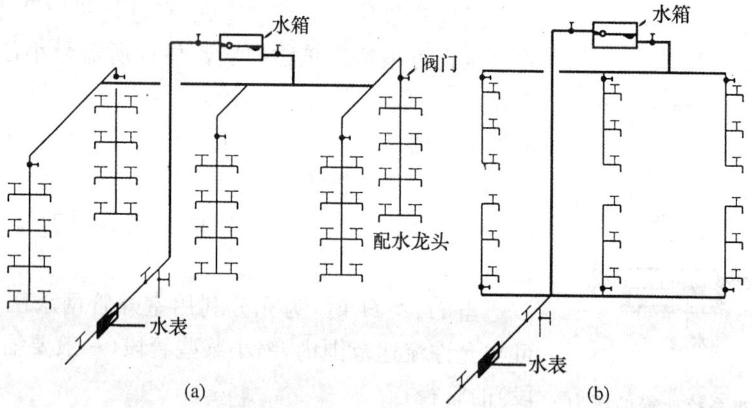

图 2-4 设水箱的给水方式

3. 设水泵的给水方式

室外管网压力经常低于室内管网要求的压力，而且室内用水量比较均匀时，可采用设水泵的给水方式，如图 2-5 所示。

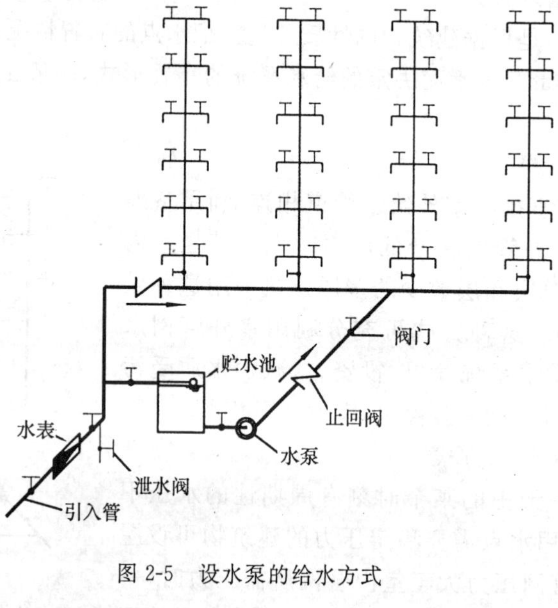

图 2-5 设水泵的给水方式

这种给水方式避免了上述设水箱的缺点，但由于市政给水管理部门大多明确规定生活用水水泵不可直接从室外管网的管道上吸水，所以要设置贮水池。原因是强制抽水会使水泵附近室外管网的水压线猛降，严重时可使室外干管某些部位水压呈负值。这不仅会妨碍附近其他用户的正常供水，而且有可能损坏管道，让管外四周土壤中的细菌及污秽杂物进入管内，甚至被强行吸入管网，污染水质，这对用户的身体健康非常有害。因此应采用城市管网的水经自动启闭的浮球阀充入贮水池，然后经水泵加压后再送往室内管网的方法。

当室内用水量不均匀时，经常采用变频调速水泵，这种水泵的构造与恒速水泵一样也是离心式水泵，不同的是配用变速配电装置，其转速可随时调节。从离心式水泵的工作特性可知，水泵的流量、扬程和功率分别和水泵转速的一次方、二次方和三次方成正比。因此，调节水泵的转速可改变水泵的流量、扬程和功率，使水泵的出水量随时与管网的用水量相一致，对于不同的流量都可以处于较高效率范围内运行，以节约电能。

控制变频调速水泵的运行需要一套自动控制装置。其简单的原理是：在水泵的出水管上装设压力检出传送器，将此压力值信号输入压力控制器，并与压力控制器内原先给定的压力值相比较，根据比较的差值信号来调节水泵的转速。

设水泵的这种供水方式一般适用于生产车间、住宅楼或者居住小区集中加压供水系统。

4. 设水泵和水箱的给水方式

室外给水管网压力经常性或周期性不足，室内用水又不均匀时，可采用这种给水方式。

这一方式利用水泵将水池中的水提升至高位水箱，用高位水箱储存调节水量并向用户供水。水箱内设水位继电器来控制水泵的开停（水箱内水位低于最低水位时开泵，满至最高设计水位时停泵）。为利用市政管网压力，下部几层往往由室外管网直接供水，见图2-6。

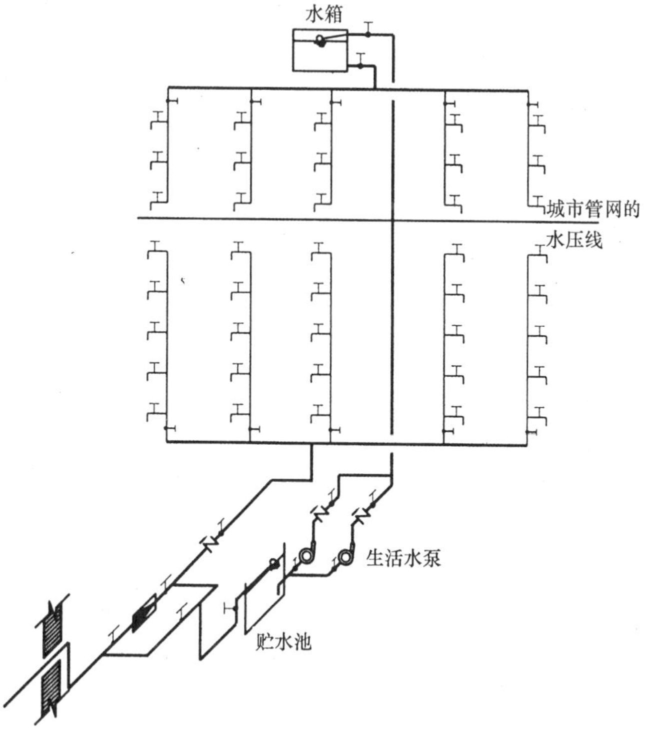


图 2-6　设水箱水泵的给水方式

这种供水方式由于水池、水箱储有一定水量，停水停电时可延时供水，供水可靠，供水压力较稳定。但有水泵振动和噪声干扰。

5. 气压式给水方式

气压式给水装置是利用密闭贮罐内空气的压缩或膨胀使水压力上升或下降的特点来调节和压送水量的给水装置，其作用相当于高位水箱或水塔。

气压式给水装置可分为变压式和定压式两种。

(1) 变压式

水泵启动向用户供水，当水泵流量大于用户所需用水量时，多余的水进入水罐，罐内空气因被压缩而增压，直至高限（相当于最高水位）时，压力继电器会指令自动停泵。罐内水表面上的压缩空气压力将水输送至用户。当罐内水位下降至设计最低水位时，因罐内空气膨胀而减压，压力继电器又会指令自动开泵。罐内的水压是与压缩空气的体积成反比而变化的，故称变压式。它常用于中小型给水工程，可不设空气压缩机（在小型工程中，气和水可合用一罐），设备较定压式简单，但因压力有波动，故对保证用户用水的舒适性和泵的高速运行均是不利的，如图 2-7 所示。

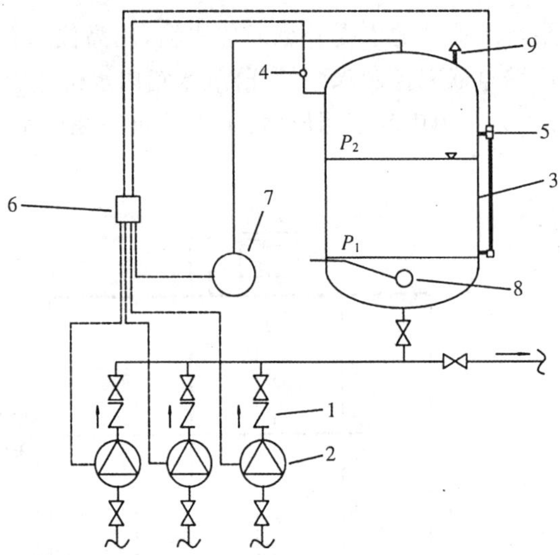


图 2-7 单罐变压式气压给水设备

1—止回阀；2—水泵；3—气压水罐；4—压力信号器；
5—液位信号器；6—控制器；7—补气装置；8—排气阀；9—安全阀

(2) 定压式

当用户用水，水罐内水位下降时，空气压缩机即自动向气罐内补气，而气罐中的压缩空气又经自动调压阀（调节气压恒为定值）向水罐补气。当水位降至设计最低水位时，泵即自动开启向水罐充水，故它既能保证水泵始终稳定在高效范围内运行，又能保证管网始终以恒压向用户供水，但需专设空气压缩机，并且启动次数较频繁，如图 2-8 所示。

气压式的罐可以是水、气合罐也可以是水、气分罐，罐可以是竖放也可以横放。由于气压给水装置是利用罐内压缩空气维持的，罐体的安装高度可以不受限制。

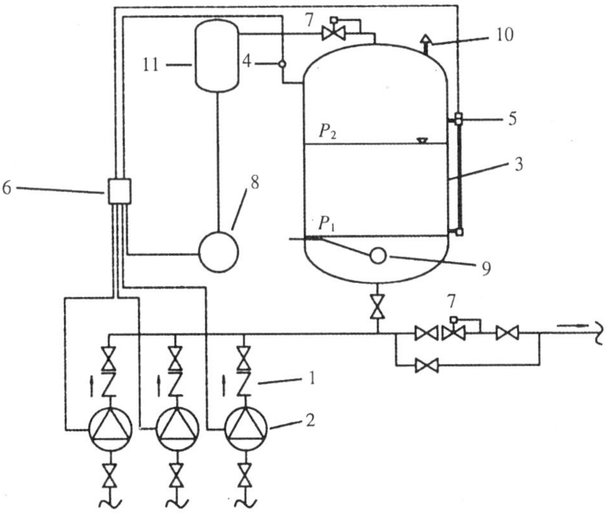


图 2-8　单罐定压式气压给水设备

1—止回阀；2—水泵；3—气压水罐；4—压力信号器；5—液位信号器；

6—控制器；7—压力调节阀；8—补气装置；9—排气阀；10—安全阀；11—贮气罐

这种给水装置具有灵活性大；施工安装方便，便于扩建，改建和拆迁，可以设在水泵房内，且设备紧凑，占地较小，便于与水泵集中管理；供水可靠，且水压密闭系统中流动不会受污染等优点。但是调节能力小，经常运行费用较高。

地震区的建筑和临时性建筑因建筑艺术等要求不宜设高位水箱或水塔的建筑，有隐蔽要求的建筑都可以采用气压给水装置，但对于压力要求稳定的用户不适宜。

## 二、高层建筑的供水方式

高层建筑层数多，建筑高度高，低层管道中静水压力过大，会造成以下不利现象：

(1) 龙头开启，水成射流喷溅，影响使用；

(2) 必须采用耐高压管材、零件及配水器材，龙头、阀门等器材磨损迅速，漏水增加，检修频繁，寿命缩短；

(3) 下层龙头的流出水头过大，出流量比设计流量大得多，使管道内流速增加，以致产生流水噪音、振动，并可使顶层龙头产生负压抽吸现象，形成回流污染；

(4) 维修管理费用和水泵运转电费增高。

因此，高层建筑给水应竖向分区，分区后各区最低卫生器具配水点的静水压力应小于其工作压力。住宅、旅馆等建筑一般为 0.30～0.35MPa，办公楼等一般为 0.35～0.45MPa，且最大不得大于 0.55 MPa(或以 10～12 层为一个供水区)。

为确保高层建筑给水安全可靠，高层建筑应设置两条引入管，室内竖向或水平向管网应连成环状。

1. 并联供水方式

高位水箱并联供水方式是在各分区内独立设置水箱和水泵，且水泵集中设置在建筑底层或地下室，分别向各区供水，如图 2-9 所示。

这种供水方式的优点是各区是独立给水系统，互不影响，某区发生事故，不影响全局，供水安全可靠；集中布置，维护管理方便；能源消耗较小。它的缺点是：水泵出水高压管线长，投资费用增加；分区水箱占建筑楼层若干面积，给建筑房间布置带来困难，减少房间面积，影响经济效益。

2. 串联供水方式

高位水箱串联供水方式为水泵分散设置在各区的设备层中，自下区水箱抽水供上区用水，如图 2-10 所示。

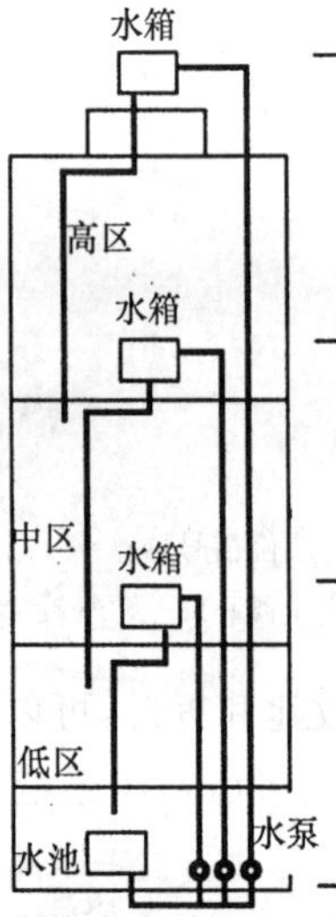

图 2-9　并联供水方式

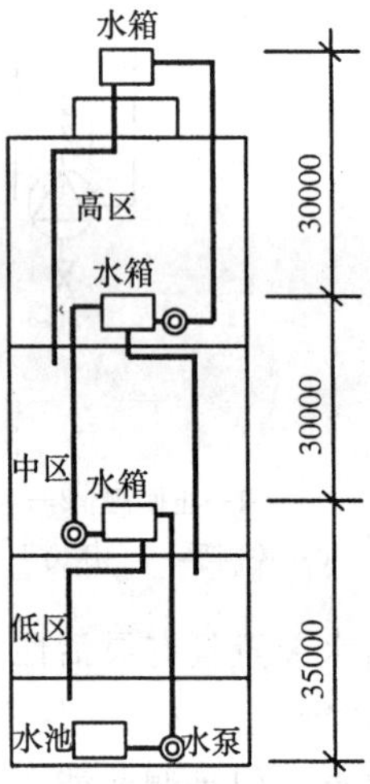

图 2-10　串联供水方式

这种供水方式的优点是设备与管道较简单，投资较节约；能源消耗较小。它的缺点是水泵分散设置，连同水箱所占设备层面积较大；水泵设在设备层，防震隔音要求高；水泵分散，管理维护不便；若下区发生事故，其上部数区供水受影响，供水可靠性差。

3. 减压水箱供水方式

减压水箱供水方式为整个高层建筑的用水量全部由设置在地下底层的水泵提升至屋顶总水箱，然后再分送至各分区水箱，分区水箱起减压作用，如图 2-11 所示。

这种供水方式的优点是水泵数量最少，设备费用降低，管理维护简单；水泵房面积小，各分区减压水箱调节容积小。它的缺点是水泵运行动力费用高；屋顶总水箱容积大，对建筑的结构和抗震不利；建筑物高度较高分区较多时，下区减压水箱中浮球阀承压过大，造成关不严或经常维修；供水可靠性差。

4. 减压阀供水方式

减压阀供水方式的工作原理与减压水箱供水方式相同，不同处是以减压阀来代替减压水箱，如图 2-12 所示。

这种供水方的最大优点为减压阀不占设备层房间面积，使建筑面积发挥最大的经济效益。其缺点是水泵运行动力费用较高。

减压阀供水方式是目前我国实际工程中较多采用的一种方式。

5. 无水箱供水方式

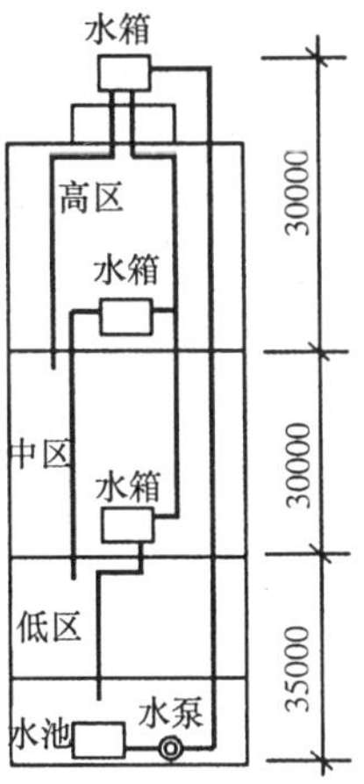


图 2-11　减压水箱供水方式

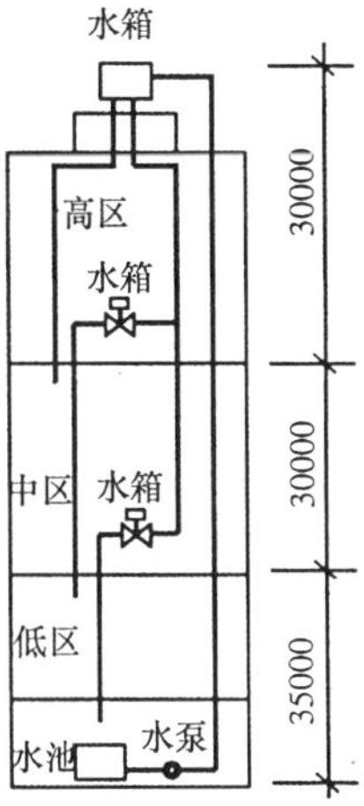


图 2-12　减压阀供水方式

近年来，国外不少大型高层建筑采用无水箱的变速水泵供水方式，根据给水系统中用水量情况自动改变水泵的转速，使水泵经常处于较高效率下这种供水方式工作状态。其最大优点是：省去高位水箱，把水箱所占的建筑面积改为房间，增加房间使用率。其缺点是需要一套价格较贵的变速水泵及其自动控制设备，且维修较复杂。在国内，因为我国《高层民用建筑设计防火规范》规定，采用高压给水系统时，可不设高位水箱。当采用临时高压给水系统时，应设高位水箱。变速水泵供水方式属于临时高压给水系统，设计时往往将生活和消防给水统一考虑，由于上述规定，这种供水方式在国内的高层建筑设计中很少采用。但在中外合资的工程中已被采用，如广州的中国大酒家，南京的金陵饭店和北京的长城饭店等高层建筑，采用的变速水泵均为进口设备。图 2-13 和图 2-14 为两种无水箱的供水方式。

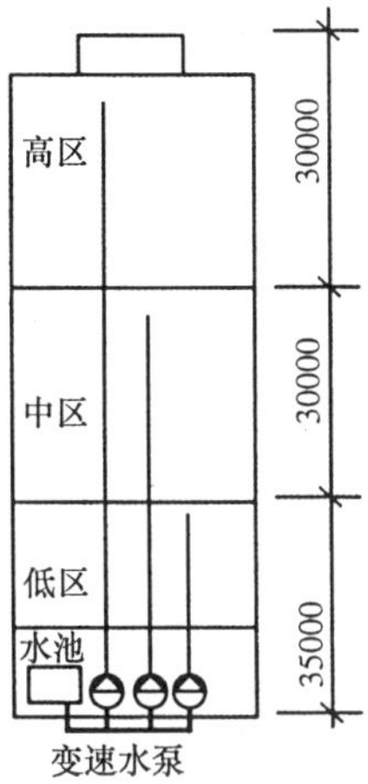


图 2-13　无水箱并联供水方式

图 2-14　无水箱减压阀供水方式

当建筑物甚高、竖向分区比较多时，往往可根据工程的实际情况混合采用各种供水方式，如某32层建筑，其给水系统竖向分成四区，地下室至地面三层由市政自来水干管直接供水，第4～15层采用变速水泵无水箱供水方式，第16～24层采用减压阀供水方式，第25～32层采用屋顶水箱供水方式。

## 第三节　给水管道的布置和敷设

室内给水管道系统的布置和敷设，总的要求是保证供水安全可靠、节约工料、便于安装和维修，不妨碍美观。

### 一、引入管和水表结点

1. 引入管

引入管自室外管网将水引入室内，引入管力求简短，铺设时常与外墙垂直，引入管的位置，要结合室外给水管网的具体情况，由建筑物用水量最大处接入；在居住建筑中，如卫生器具分布比较均匀，则从房屋中央接入。在选择引入管的位置时，应考虑便于水表安装与维修，同时要注意与其他地下管线保持有一定的距离。

一般的建筑物设一根引入管，单向供水。对不允许间断供水的、用水量大，设有消防给水系统的大型或多层建筑，应设两条或两条以上引入管，在室内连成环状或贯通枝状供水。

引入管的埋设深度主要根据城市给水管网及当地的气候、水文地质条件和地面的荷载而定。在寒冷地区，引入管应埋在冰冻线以下0.2m处。

生活给水引入管与污水排出管管外壁的水平距离不宜小于1.0m，引入管应有不小于0.003的坡度坡向室外给水管网。

引入管穿越承重墙或基础时，应注意管道保护。如果基础埋深较浅时，则管道可以从基础底部穿过；如果基础埋深较深，则引入管将穿越承重墙或基础本体(图2-15)，此时应预留洞口，管顶上部净空高度一般不小于0.15m。

2. 水表结点

必须单独计量水量的建筑物，应从引入管上装设水表。为检修水表方便，水表前应设阀门，水表后可设阀门止回阀和放水阀。放水阀主要用于检修室内管路时，将系统内的水放空与检验水表灵敏度。阀门的作用是关闭管段，以便修理或拆换水表。

对因断水而影响正常生产的工业企业建筑物，只有一条引入管时，应绕水表设旁通管。

水表结点在我国南方地区可设在室外水表井中，井距建筑物外墙2m以上；在寒冷地区常设于室内的供暖房间内。

### 二、管网布置和敷设

1. 管网布置

设计室内给水管网系统时，应根据建筑物性质、标准、结构、用水要求、用户位置等情

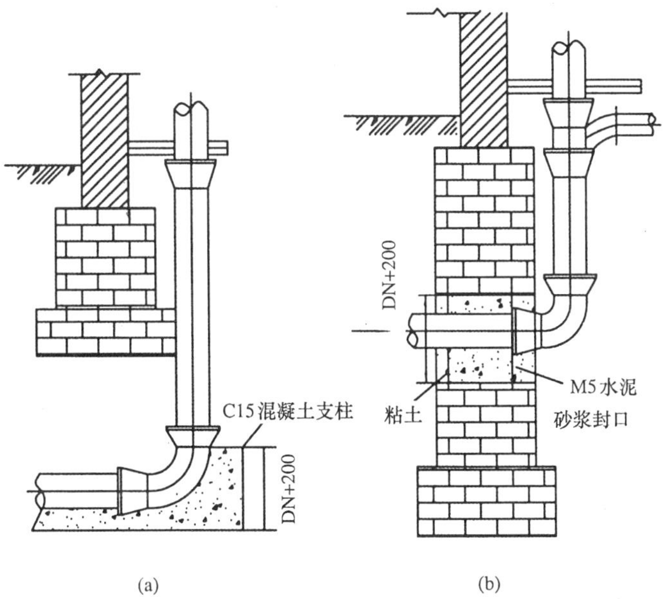


图 2-15　引入管进入建筑物基础

况，合理布置。各种给水系统，按照水平配水干管的敷设位置，可以布置成下行上给式，上行下给式和环状式三种方式：

(1) 下行上给式

它的水平配水干管敷设在底层(明装、埋设或沟设)或地下室天花板下，居住建筑、公共建筑和工业建筑利用室外管网水压直接供水时多采用这种方式。这种布置方式简单，明装时便于安装维修，埋地管道检修不方便。

(2) 上行下给式

它的水平配水干管敷设在顶层天花板下或吊顶内，对于非冰冻地区，也有敷设在屋顶上的，对于高层建筑也可设在技术夹层内。

设有高位水箱的居住、公共建筑，机械设备或地下管线较多的工业厂房多采用这种方式。

它的特点是最高层配水点流出水头稍高，安装在吊顶内的配水干管可能因漏水，结露损坏吊顶和墙面。

(3) 环状式

这种方式的水平配水干管或配水立管互相连成环，组成水平干管环状或立管环状。在有两根引入管时，也可将两根引入管通过配水立管和水平配水干管相连通，组成贯穿环状。

高层建筑、大型公共建筑和工艺要求不间断供水的工业建筑常采用这种方式，消火栓管网往往要求环状。

该方式的优点是在任何管段发生故障时，可用阀门切断事故管段而不中断供水，使水流通畅，水头损失小，水质不易滞流变质，但管网造价较高。

给水管道不宜穿过伸缩缝，沉降缝和抗震缝，必须穿过时应采取如下的有效措施。

1) 软性接头法：用橡胶软接头管或金属波纹管连接沉降缝、伸缩缝两边的管道。

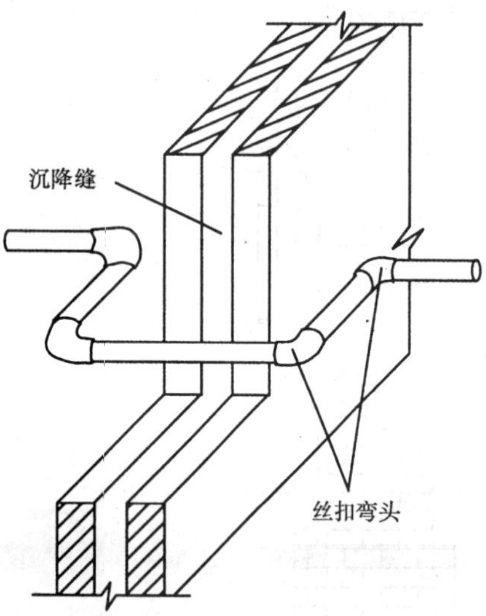

图 2-16　丝扣弯头法

2）丝扣弯头法（图 2-16）：建筑物的沉降可由丝扣弯头的旋转补偿，适用于小管径管道。

3）活动支架法（图 2-17）：在沉降缝两侧设支架，使管道只能垂直位移，不能水平横向位移，以适应沉降、伸缩之应力。

给水管道不应穿越变、配电房，通信机房，大、中型计算机房，计算机网络中心，音像库房等遇水会损坏设备和引发事故的房间。

给水管道不允许敷设在烟道、风道、排水沟内，不允许穿过生产设备的基础，大小便槽、橱窗、壁柜、木装修等。

厂房、车间内管道架空布置时，应注意不妨碍生产操作、交通运输和建筑物的使用；不得布置在遇水能引起爆炸、燃烧或损坏原料与产品和设备的上方。

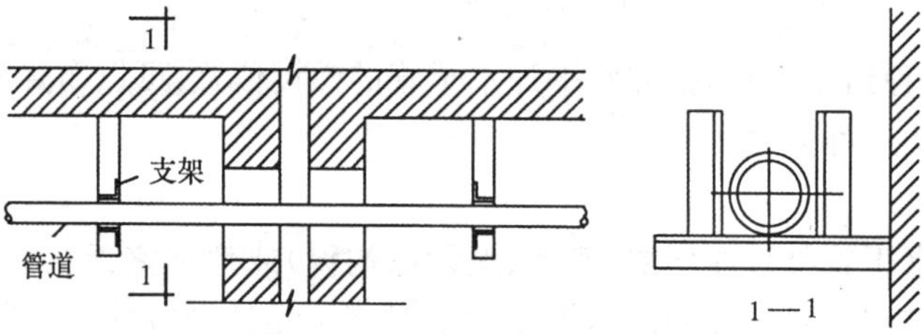

图 2-17　活动支架法

2. 管道敷设

室内给水管道的敷设应根据建筑物的性质及要求，它可以分为明装和暗装两种。

明装：管道尽量沿墙、梁、柱、顶棚、地板或桁架敷设。它的特点是便于安装、维修管理方便、造价低，但管道表面易积灰、结露影响美观和整洁。该方式适用于一般民用建筑和生产车间。

暗装：管道应尽量暗设在地下室、顶棚室、吊顶、公共管廊、管道层或公共管沟内，立管和支管宜设在公共管道井和管槽内。管道井应每层设检修门。暗设在顶棚、吊顶或管槽内的管道，在阀门处应留有检修门。

在工程设计中，无论采取哪种形式，都应该密切配合土建，尤其是对暗装管道施工时更要紧密配合。例如在土建砌筑基础、安装楼板、砌筑内墙时，管道工程应根据设计图纸及时配合土建施工，预埋好各种管道、管件或预留孔、槽等。下面介绍几种预留孔洞尺寸，供参考。

(1) 引入管穿承重墙或基础留孔洞尺寸（表 2-1）

表 2-1　　引入管穿基础留洞尺寸规格

| 管径(mm) | 50 以下 | 50～100 | 125～150 |
|---|---|---|---|
| 孔洞尺寸(高×宽)(mm×mm) | 200×200 | 300×300 | 400×400 |

(2) 立管穿楼板留洞尺寸(表 2-2)

表 2-2　　立管管外皮距墙面距离及留洞尺寸

| 管径(mm) | 32 以下 | 32～50 | 75～100 | 125～150 |
|---|---|---|---|---|
| 管外壁距墙面(抹灰)距离(mm) | 25～35 | 30～50 | 50 | 60 |
| 管孔尺寸(长×宽)(mm×mm) | 80×80 | 100×100 | 200×200 | 300×300 |

(3) 暗管管道预留管槽尺寸(表 2-3)

表 2-3　　暗管管道预留管槽

| 名　称 | 盥洗室冷热水龙　头 | 家具盆 | 浴盆 | 淋浴器 | 洗脸盆 | 小便器高低水箱 |
|---|---|---|---|---|---|---|
| 冷热水管间距(mm) | 150 | 150 | 150 | 150 | 175 | — |
| 管槽尺寸(深×宽)(mm×mm) | 60×240 | 60×240 | 60×240 | 60×240 | 60×240 | 60×60 |

为了把管道位置固定,不使管道因受自重、温度或外力影响而变形或位移,水平管道和垂直管道都应每隔一定距离装设支、吊架,常用的支、吊架有钩钉、管卡、吊环、托架等,如图 2-18 所示。

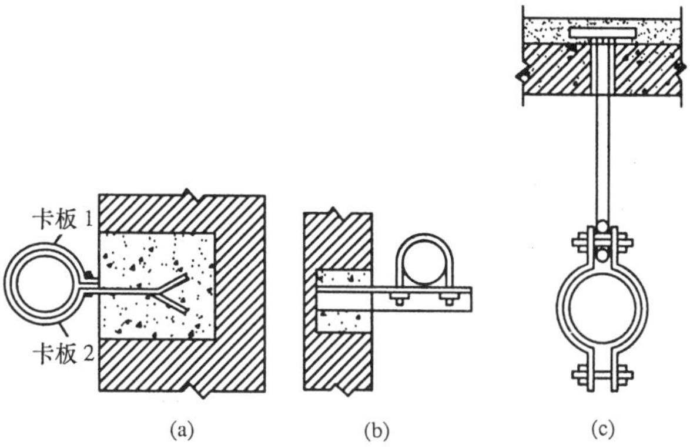


(a) 管卡;(b) 托架;(c) 吊架

图 2-18　支、托架

楼层高度小于或等于 5m,每层只需设一个管卡,楼层高度大于 5m,每层不得少于两个,通常设于 1.2～1.8m 高度处。支架、吊架间距视管径大小而定,参见表 2-4。

**表 2-4(a)　　管径在 15～300mm 的水平钢管支吊架间距**

| 管径（mm） | | 15 | 20 | 25 | 32 | 40 | 50 | 70 | 80 | 100 | 125 | 150 | 200 | 250 | 300 |
|---|---|---|---|---|---|---|---|---|---|---|---|---|---|---|---|
| 支架最大间距（m） | 保温 | 2 | 2.5 | 2.5 | 2.5 | 3 | 3 | 4 | 4 | 4.5 | 6 | 7 | 7 | 8 | 8.5 |
| | 不保温 | 2.5 | 3 | 3.5 | 4 | 4.5 | 5 | 6 | 6 | 6.5 | 7 | 8 | 9.5 | 11 | 12 |

**表 2-4(b)　　塑料管及复合管管道支架的最大间距**

| 管径(mm) | | | 12 | 14 | 16 | 18 | 20 | 25 | 32 | 40 | 50 | 63 | 75 | 90 | 110 |
|---|---|---|---|---|---|---|---|---|---|---|---|---|---|---|---|
| 最大间距（m） | 立管 | | 0.5 | 0.6 | 0.7 | 0.8 | 0.9 | 1.0 | 1.1 | 1.3 | 1.6 | 1.8 | 2.0 | 2.2 | 2.4 |
| | 水平管 | 冷水管 | 0.4 | 0.4 | 0.5 | 0.5 | 0.6 | 0.7 | 0.8 | 0.9 | 1.0 | 1.1 | 1.2 | 1.35 | 1.55 |
| | | 热水管 | 0.2 | 0.2 | 0.25 | 0.3 | 0.3 | 0.35 | 0.4 | 0.5 | 0.6 | 0.7 | 0.8 | | |

**表 2-4(c)　　铜管管道支架的最大间距**

| 公称直径(mm) | | 15 | 20 | 25 | 32 | 40 | 50 | 65 | 80 | 100 | 125 | 150 | 200 |
|---|---|---|---|---|---|---|---|---|---|---|---|---|---|
| 支架的最大间距(m) | 垂直管 | 1.8 | 2.4 | 2.4 | 3 | 3 | 3 | 3.5 | 3.5 | 3.5 | 3.5 | 4 | 4 |
| | 水平管 | 1.2 | 1.8 | 1.8 | 2.4 | 2.4 | 2.4 | 3 | 3 | 3 | 3 | 3.5 | 3.5 |

当管道需要穿越墙壁和楼板，应设置金属或塑料套管。安装在楼板内的套管，其顶部应高出装饰地面 20mm；安装在卫生间及厨房内的套管，其顶部应高出装饰地面 50mm，底部应与楼板底面相平；安装在墙壁内的套管，其两端应与饰面相平。

## 第四节　室内给水计算

建筑物的用水量应视用水性质而定。生产用水，要根据生产工艺过程、设备情况、产品性质、地区条件等因素确定，计量方法有两种：按消耗在单位产品的水量计算；按单位时间内消耗在生产设备上的用水量计算。

生活用水则要满足生活上的各种需要所消耗的用水，其水量要根据建筑物内卫生设备的完善程度、气候、使用者的生活习惯、水价等因素确定。

### 一、用水量标准

用水量标准是指在某一度量单位内（单位时间、单位产品）被居民或其他用水者所消耗的水量。

建筑物不同，卫生设备的完善程度不同，其用水量的标准也不相同，“居住区生活用水量标准”、“集体宿舍、旅馆和公共建筑生活用水量标准”详见表 2-5 和表 2-6。

**表 2-5　　居住小区最高日生活用水定额及小时变化系数**

| 住宅类别 | | 卫生器具设置标准 | 用水定额（L/(人·d)） | 小时变化系数 |
| --- | --- | --- | --- | --- |
| 普通住宅 | Ⅰ | 有大便器、洗涤盆 | 85～150 | 3.0～2.5 |
| | Ⅱ | 有大便器、洗脸盆、洗涤盆、洗衣机、局部热水供应和沐浴设备 | 130～250 | 2.5～2.0 |
| | Ⅲ | 有大便器、洗脸盆、洗涤盆、洗衣机、集中热水供应和沐浴设备 | 200～350 | 2.3～1.8 |
| 别　墅 | | 有大便器、洗脸盆、洗涤盆、洗衣机、洒水拴、家用热水机组和沐浴设备 | 250～400 | 2.2～1.7 |

注：(1) 当地主管部门对住宅生活用水定额有具体规定时，应按当地规定执行；
(2) 别墅用水定额中含庭院绿化用水，汽车洗车水；
(3) 本表摘自“建筑给水排水设计规范 GBJ15-2000(征求意见稿)”。

**表 2-6　　集体宿舍、旅馆和公共建筑生活用水定额及小时变化系数**

| 序号 | 建筑物名称 | 单位 | 最高日生活用水定额(L) | 使用时间(h) | 小时变化系数 |
| --- | --- | --- | --- | --- | --- |
| 1 | 单身职工宿舍、学生宿舍、招待所、培训中心、普通旅馆 | | | | |
| | 设公用盥洗室 | 每人每日 | 50～100 | | |
| | 设公用盥洗室、淋浴室 | 每人每日 | 80～130 | | 3.0～2.5 |
| | 设公用盥洗室、淋浴室、洗衣室 | 每人每日 | 100～150 | 24 | |
| | 设单独卫生间、公用洗衣室 | 每人每日 | 120～200 | | |
| 2 | 宾馆客房 | | | | |
| | 旅客 | 每床位每日 | 300～500 | 24 | 2.5～2.0 |
| | 员工 | 每人 | 80～100 | | |
| 3 | 医院住院部 | | | | |
| | 设公用盥洗室 | 每床位每日 | 100～200 | 24 | 2.5～2.0 |
| | 设公用盥洗室、淋浴室 | 每床位每日 | 150～250 | 24 | 2.5～2.0 |
| | 设单独卫生间 | 每床位每日 | 250～400 | 24 | 2.5～2.0 |
| | 门诊部、诊疗所 | 每病人每次 | 15～25 | 12 | 2.5～1.5 |
| | 疗养院、修养所住房部 | 每床位每日 | 200～300 | 24 | 2.0～1.5 |
| 4 | 养老院 | 每床位每日 | 100～150 | 24 | 2.5～2.0 |

续表

| 序号 | 建筑物名称 | 单位 | 最高日生活用水定额(L) | 使用时间(h) | 小时变化系数 |
|---|---|---|---|---|---|
| 5 | 幼儿园、托儿所<br>有住宿<br>无住宿 | <br>每儿童每日<br>每儿童每日 | <br>50～100<br>30～50 | <br>24<br>10 | <br>3.0～2.5<br>2.0 |
| 6 | 公共浴室<br>淋浴<br>浴盆、淋浴<br>桑拿浴(淋浴、按摩池) | <br>每顾客每次<br>每顾客每次<br>每顾客每次 | <br>100<br>120～150<br>150～200 | <br>12<br>12<br>12 | 2.0～1.5<br>2.0～1.5 |
| 7 | 理发室、美容院 | 每顾客每次 | 20～30 | 12 | 2.0～1.5 |
| 8 | 洗衣房 | 每 kg 干衣 | 40～80 | 8 | 1.5～1.2 |
| 9 | 餐饮业<br>营业餐厅<br>快餐店、职工及学生食堂<br>酒吧、咖啡厅、茶座、卡拉 OK 房 | <br>每顾客每次<br>每顾客每次<br>每顾客每次 | <br>30～40<br>15～20<br>5～15 | <br>10～12<br>16～12<br>18 | <br>2.0～1.5<br>2.0～1.5<br>1.5 |
| 10 | 商场<br>员工及顾客 | 每 $m^2$ 营业面积每日 | 15～20 | 12 | 2.0～1.5 |
| 11 | 办公楼 | 每人每班 | 40～60 | 8 | 2.0～1.5 |
| 12 | 教学、实验楼<br>中小学校<br>高等院校 | <br>每学生每日<br>每学生每日 | <br>30～50<br>50～80 | <br>10<br>10 | <br>2.5～2.0<br>2.5～2.0 |
| 13 | 电影院、剧院 | 每观众每场 | 5～10 | 3 | 2.5～2.0 |
| 14 | 健身中心 | 每人每次 | 20～30 | 12 | 2.0～1.5 |
| 15 | 体育场(馆)<br>运动员淋浴<br>观众 | <br>每人每次<br>每人每场 | <br>30～40<br>3 | 4 | <br>3.0～2.0<br>1.5 |
| 16 | 会议厅 | 每座位每次 | 10～15 | 4 | 2.0～1.5 |
| 17 | 菜市场地面冲洗及保鲜用水 | 每 $m^2$ 每日 | 8～10 | 10 | 4.0 |
| 18 | 停车库地面冲洗水 | 每 $m^2$ 每日 | 2～3 | | |

注：(1) 宾馆综合用水定额可取 800～1000 L/每床位・每日；

(2) 除养老院、托儿所、幼儿园的用水定额中含食堂用水，其他均不含食堂用水；

(3) 除注明外，均不含员工生活用水，员工用水定额为每人每班 40～60L；

(4) 医疗建筑用水中已含医疗用水，但不含医生，护士的生活用水；

(5) 空调用水应另计。

(6) 本表摘自“建筑给水排水设计规范 GBJ15-2000(征求意见稿)。”

在给水系统中除了需要知道用水量标准外，还要知道用户在一天24h内用水量的变化情况，通常用“小时变化系数”$K_h$ 来表示：

$$K_h=\frac{最高日最大时用量}{最高日平均时用水量} \tag{2-2}$$

1. 最高日用水量

各类建筑最高日生活用水量

$$Q_d=mq_d \tag{2-3}$$

式中 $Q_d$——最高日用水量L/d；

$m$——设计单位数(人、床、辆、$m^2$等)；

$q_d$——单位用水量标准(L/(人·日)、L/(床·日)、L/(辆·日)、L/($m^2$·日)等)，见表2-5和表2-6。

2. 最大小时生活用水量

最大小时生活用水量应根据最高日或最大班生活用水量、每天(或最大班)使用时间和小时变化系数进行计算：

$$Q_h=\frac{Q_d}{T}K_h \tag{2-4}$$

式中 $Q_h$——最大小时用水量(L/h)；

$Q_d$——最高日用水量(L/d)；

$T$——每天或最大班使用时间(时班)

$K_h$——小时变化系数(表2-5和表2-6)。

在计算最大小时用水量时，建筑物使用时间的确定对计算结果影响很大，所以，要根据实际使用情况合理确定。

## 二、设计秒流量的计算

在建筑物中，用水情况在一昼夜间是不均匀的，并且“逐时逐秒”地在变化。因此，在设计室内给水管网时，必须考虑这一因素，以求得最不利时刻的最大用水量，这就是管网计算中所需要的设计秒流量。

设计秒流量是根据建筑物内的卫生器具类型、数目和这些器具的使用情况来确定的。为了计算方便，引用“卫生器具当量”这一概念，即以污水盆上支管直径为15mm的水龙头的额定流量0.2L/s作为一个当量值，其他卫生器具的额定流量均以它为标准折算成当量值的倍数，即“当量数”。

表2-7列出各种卫生器具给水的额定流量、当量、支管管径和流出水头值。

1. 住宅、集体宿舍、旅馆、医院、幼儿园、办公楼、学校等建筑生活给水设计的秒流量计算

这类建筑物的给水秒流量可按下式计算：

$$q_g=0.2\alpha\sqrt{N}+kN \tag{2-5}$$

**表 2-7　　卫生器具的给水额定流量、当量、支管管径和流出水头**

| 序号 | 给水配件名称 | 额定流量（L/s） | 当量 | 连接管径（mm） | 配水点前所需流出水头（MPa） |
|---|---|---|---|---|---|
| 1 | 洗涤盆(池)<br>单阀龙头<br>混合龙头 | 0.15～0.20<br>0.30～0.40<br>0.15～0.20<br>(0.14) | 0.75～1.00<br>1.5～2.00<br>0.75～1.00<br>(0.70) | 15<br>20<br>15 | 0.020～0.050<br>0.020～0.050<br>0.030～0.050 |
| 2 | 洗脸盆<br>单阀龙头<br>混合龙头 | 0.15<br>0.15<br>(0.10) | 0.75<br>0.75<br>(0.50) | 15<br>15 | 0.020～0.030<br>0.030～0.050 |
| 3 | 浴盆<br>单阀龙头<br>混合龙头(含带淋浴转换器) | 0.20<br>0.24<br>(0.20) | 1.0<br>1.2<br>(1.0) | 15<br>15 | 0.020～0.030<br>0.050～0.070 |
| 4 | 淋浴器<br>混合阀(出水为细线型)<br>混合阀(出水为混合型) | 0.15<br>(0.10)<br>0.15<br>(0.10) | 0.75<br>(0.50)<br>0.75<br>(0.50) | 15<br>15 | 0.040<br>0.070～0.10 |
| 5 | 大便器<br>冲洗水箱浮球阀<br>延时自闭式冲洗阀 | 0.10<br>1.20 | 0.50<br>6.00 | 15<br>25 | 0.020<br>0.050～0.100 |
| 6 | 小便器<br>手动或自动自闭式冲洗阀<br>自动冲洗水箱进水阀 | 0.10<br>0.10 | 0.50<br>0.50 | 15<br>15 | 0.050<br>0.020 |
| 7 | 小便槽穿孔冲洗管(每 m 长) | 0.20 | 1.00 | 15～20 | 0.015 |
| 8 | 净身盆冲洗龙头 | 0.10<br>(0.07) | 0.50<br>(0.35) | 15 | 0.030 |
| 9 | 医院倒便器 | 0.20 | 1.00 | 15 | 0.050 |
| 10 | 实验室化验龙头(鹅颈)<br>单联<br>双联<br>三联 | 0.07<br>0.15<br>0.20 | 0.35<br>0.75<br>1.00 | 15<br>15<br>15 | 0.020<br>0.020<br>0.020 |
| 11 | 饮水器喷嘴 | 0.05 | 0.25 | 15 | 0.020 |
| 12 | 绿化洒水栓 | 0.40<br>0.70 | 2.00<br>3.50 | 20<br>25 | 0.050<br>0.050 |
| 13 | 室内地面冲洗龙头 | 0.20 | 1.00 | 15 | 0.050 |
| 14 | 家用洗衣机给水龙头 | 0.20 | 1.00 | 15 | 0.050 |

注：(1) 表中括弧内的数值系在有热水供应时，单独计算冷水或热水时使用；

(2) 当浴盆上附设淋浴器时，或混合龙头有淋浴器转换开关，其额定流量和当量只计龙头，不计淋浴器。但当淋浴器为混合出水型时，应取其流出水头；

(3) 家用燃气热水器，所需水压按产品要求和热水供应系统最不利配水点所需流出水头确定；

(4) 绿地的自动喷灌应按产品要求设计；

(5) 本表摘自“建筑给水排水设计规范 GBJ15-2000(征求意见稿)。”

式中　$q_g$——计算管段的设计秒流量(L/s)；

$N$——计算管段的卫生器具当量总数；

$\alpha,k$——根据建筑物用途确定的系数(按表2-8选用)。

表2-8为建筑物用途确定的系数$\alpha,k$值。

**表2-8　由建筑物用途确定的系数$\alpha$和$k$值**

| 建筑物名称 | $\alpha$ | $k$ |
|---|---|---|
| 住宅 | 1.1 | 0.005 |
| 幼儿园、托儿所 | 1.2 | 0 |
| 门诊部、诊疗所 | 1.4 | 0 |
| 办公楼、商场 | 1.5 | 0 |
| 疗养院、休养院 | 2.0 | 0 |
| 单独卫生间的集体职工宿舍、医院住院楼、旅馆、招待所、宾馆 | 2.5 | 0 |
| 集中卫生间的学生宿舍、部队营房 | 3.0 | 0 |

注:本表摘自"建筑给水排水设计规范GBJ15-2000(征求意见稿)"。

如按上式(2-5)计算出来的流量值小于该管段上最大一个卫生器具的给水额定流量时，应采用最大一个卫生器具的额定流量作为设计秒流量；如计算值大于该管段上所有卫生器具给水额定流量的叠加值时，应以叠加值作为设计秒流量。

2. 工业企业生活间、公共浴室、洗衣房、公共食堂、实验室、影剧院、体育场等建筑生活给水设计时的秒流量计算。

该类建筑生活给水秒流量可按下式计算：

$$q_g = \sum q_0 nb \tag{2-6}$$

式中　$q_g$——计算管段的给水流量(L/s)；

$q_0$——同类型一个卫生器具的给水额定流量(L/s)；

$n$——同类型卫生器具数；

$b$——卫生器具的同时给水百分数(按表2-9采用)。

**表2-9(a)　工业企业生活间、公共浴室、洗衣房卫生器具同时给水百分数**

| 卫生器具名称 | 同时给水百分数(%) | | | | | |
|---|---|---|---|---|---|---|
| | 工业企业生活间 | 公共浴室 | 影剧院 | 体育场馆 | 教学楼卫生间 | 候车(机、船)室卫生间 |
| 洗涤盆(池) | 33 | 15 | 15 | 15 | — | 20 |
| 洗手盆 | 50 | 50 | 50 | 50 | 50 | 60 |
| 洗脸盆、盥洗槽水龙头 | 60～100 | 60～100 | 50 | 80 | — | 80 |
| 浴　盆 | — | 50 | — | — | — | — |

续表

| 卫生器具名称 | 同时给水百分数(%) | | | | | |
|---|---|---|---|---|---|---|
| | 工业企业生活间 | 公共浴室 | 影剧院 | 体育场馆 | 教学楼卫生间 | 候车(机、船)室卫生间 |
| 无间隔淋浴器 | 100 | 100 | — | 100 | — | — |
| 有间隔淋浴器 | 80 | 60～80 | 80 | 60～100 | — | — |
| 大便器冲洗水箱 | 30 | 20 | 40 | 40 | 40 | 40 |
| 大便器自闭式冲洗阀 | 20 | 20 | 20 | 20 | 20 | 20 |
| 小便器自闭式冲洗阀 | 30 | 30 | 30 | 30 | 30 | 30 |
| 小便器自动冲洗水箱 | 100 | 100 | 100 | 100 | 100 | 100 |
| 小便槽多孔冲洗管 | 100 | 100 | 100 | 100 | 100 | 100 |
| 净身器 | 33 | — | — | — | — | — |
| 饮水器 | 30～60 | 30 | 30 | 30 | 20 | 30 |
| 小卖部洗涤盆 | — | 50 | 50 | 50 | — | 50 |

注:本表摘自“建筑给水排水设计规范 GBJ15-2000(征求意见稿)”。

**表 2-9(b)　　职工食堂、公共饮食业卫生器具和厨房设备同时给水百分数**

| 卫生器具和厨用设备名称 | 同时给水百分数(%) |
|---|---|
| 污水盆(池) | 50 |
| 洗涤盆(池) | 70 |
| 煮锅 | 60 |
| 生产性洗涤机 | 40 |
| 器皿洗涤机 | 90 |
| 开水器 | 50 |
| 蒸汽发生器 | 100 |
| 灶台给水龙头 | 30 |
| 淋浴器 | 100 |
| 洗手盆、洗脸盆 | 60 |
| 大便器冲洗水箱 | 40 |
| 小便器 | 50 |

注:(1) 职工或学生饭堂的洗碗台水龙头,按 100%同时给水,但不与厨房用水叠加;

(2) 本表的卫生间系指厨房工作人员使用的卫生间,顾客用的卫生间按 3.6.3 条商场卫生间计算;

(3) 本表摘自“建筑给水排水设计规范 GBJ15-2000(征求意见稿)”。

表 2-9(c) **实验室化验龙头同时给水百分数**

| 卫生器具名称 | 同时给水百分数(%) | |
|---|---|---|
| | 科学研究实验室 | 生产实验室 |
| 单联化验龙头 | 20 | 30 |
| 双联或三联化验龙头 | 30 | 50 |

注:本表摘自“建筑给水排水设计规范 GBJ15-2000(征求意见稿)”。

## 三、管道水力计算

室内给水管道水力计算的目的,在于确定给水管道各管段的管径,求得通过设计秒流量时造成的水头损失,复核室外给水管网水压是否满足使用要求,选定加压装置所需杨程和高位水箱高度。

1. 管径的确定

已知管段设计秒流量,可按下式计算:

$$q=v\omega=\frac{\pi}{4}d^2 v \tag{2-7}$$

$$d=2\sqrt{\frac{q}{\pi v}} \tag{2-8}$$

式中 $q$——管段设计秒流量($m^3/s$);

$v$——管内水流速度(m/s);

$\omega$——管段过水断面积($m^2$);

$d$——管径(m)。

根据式(2-7)、式(2-8),当管段设计秒流量算出后,只要确定流速,即可求得管径。室内给水管道的设计流速可按下述数值选取:

生活或生产管道内的流速不宜大于 2.0m/s;立管、支管内的流速一般应为 1.0~1.8m/s;连接卫生器具的支管流速为 0.6~1.2m/s;消防给水管道的流速,消火栓系统不宜大于 2.5m/s;自动喷水灭火系统不宜大于 5.0m/s。

对于一般建筑,还可以根据管道所负担的卫生器具当量数,按表 2-10 概略地确定管径。

表 2-10 **按卫生器具当量数确定管径**

| 管径 (mm) | 15 | 20 | 25 | 32 | 40 | 50 | 70 |
|---|---|---|---|---|---|---|---|
| 卫生器具当量数 | 3 | 6 | 12 | 20 | 30 | 50 | 75 |

2. 水头损失计算

管网的水头损失为各管道的沿程损失和局部损失之和。

(1) 管道沿程水头损失计算公式

$$h_y = iL \tag{2-9}$$

式中 $h_y$——管道沿程水头损失(kPa);

$i$——单位管长沿程水头损失(kPa);

$L$——管道长度(m)。

(2) 局部水头损失计算公式

$$h_j = \sum \xi \frac{v^2}{2g} \tag{2-10}$$

式中 $h_j$——管道各局部水头损失的总和(kPa);

$\xi$——局部阻力系数;

$v$——一般指局部阻力后边(按水流方向)的平均流速(m/s);

$g$——重力加速度($m/s^2$)。

为了简化计算,管道的局部水头损失之和,一般可以根据经验采用沿程水头损失的百分数进行估计。不同用途的室内给水管网,其局部水头损失占沿程水头损失的百分数如下:

| | |
|---|---|
| 生活给水管网 | 25%~30%; |
| 生产给水管网 | 20%; |
| 消防给水管网 | 10%; |
| 自动喷淋给水管网 | 20%; |
| 生活、消防共用的给水管网 | 25%; |
| 生活、生产、消防共用的给水管网 | 20% |

## 第五节 管材、水箱、水池和水泵

### 一、管材及附件

1. 管材

室内给水系统是由管道和各种管件、附件连接而成。给水管材应根据给水要求选用。消防给水管道一般采用镀锌钢管、无缝钢管、给水铸铁管或塑料管;生活给水管道,应选用耐腐蚀和安装连接方便的管材,一般可采用塑料给水管、塑料和金属复合管、薄壁金属管等。

(1) 钢管

钢管中常用的有镀锌钢管(俗称白铁管)与无缝钢管两类。

镀锌钢管的优点是强度高、长度大、接头方便、接头少;它的缺点是易锈蚀,出现黄水,污染水质;易结垢,使管道断面缩小、阻力增大;易滋生细菌。镀锌钢管现常用于消防给水系统中,在生活给水系统中已禁止使用。

当镀锌钢管不能满足压力要求等情况下采用无缝钢管,常用于高层建筑和消防系统中大管径、需耐高压的立管与横干管。

钢管连接方法有丝扣连接、焊接(二次镀锌)、沟槽管箍连接以及法兰连接四种。

(2) 铸铁管

给水铸铁管与钢管相比有不易腐蚀、造价低、使用期长等优点，因此，在管径大于75mm的给水管中应用较广，常敷设于地下，其主要缺点是性脆、重量大、长度小。我国生产的给水铸铁管有低压(≯0.45MPa)、普压(≯0.75MPa)、高压(≯1.0MPa)三种。室内给水管道一般使用普压给水铸铁管。

给水铸铁管常用的连接方法有两种：即插连接与法兰连接。

(3) 铜管

铜管的优点是高强度、能经受高压，坚固耐用，可用于高层建筑供水管、消防管；适合输送热水，在标准高的公共建筑、高层建筑也可用作输送冷水，确保水质的纯净天然，无有害物质；抗锈能力强、抗老化、防腐蚀；热胀冷缩系数小，防火，抗高温环境，抗严寒气候；管配件易于连接；纯净的紫铜管能够杀灭水中的军团症等细菌；使用寿命长。它的缺点是价格较贵；软水可引起铜管内部锈蚀，出现"铜绿水"；废料值偏高，易被盗窃。

铜管常用的连接方法有两种，即管配件丝扣连接和焊接。

(4) 塑料管

我国目前常用的塑料管有聚乙烯(PE)管、交联聚乙烯(PEX)管、高密度聚乙烯(HDPE)管、硬聚氯乙稀给水(UPVC)管、丙烯晴-丁二烯-苯乙烯(ABS)管、聚丁烯(PB)管以及改性聚丙烯(PP-R)管。塑料管的优点是化学稳定性高、耐腐蚀，管内壁光滑，不易积垢阻塞、质轻、价廉；缺点是强度低，耐温性差(交联聚乙烯管、厚壁改性聚丙烯管耐温性好，可作为热水管)。塑料管可普遍用于建筑生活给水系统中。

塑料管常用的连接方法根据材质各不相同有卡环和夹紧镶入式机械连接(PEX)；弹性密封圈承插连接(PB)；溶剂承插粘接(ABS，UPVC)；热熔连接(HDPE，PB，PP-R)等等。塑料管管径规格与钢管公称管径对照见表2-11。

**表 2-11　　塑料管管径规格与钢管公称管径对照表(单位:mm)**

| 塑料管外径 | 20 | 25 | 32 | 40 | 50 | 63 | 75 | 90 | 110 | 125 | 160 | 200 | 250 | 315 |
|---|---|---|---|---|---|---|---|---|---|---|---|---|---|---|
| 钢管公称外径 | 15 | 20 | 25 | 32 | 40 | 50 | 65 | 80 | 100 | 125 | 150 | 200 | 250 | 300 |

(5) 铝塑复合管、钢塑复合管

复合管有交联聚乙烯夹铝混合式压力管(PEX-AL-PEX)；高密度聚乙烯夹铝混合式压力管(HDPE-AL-HDPE)；内壁喷塑、衬塑、注塑的镀锌钢管等。其特点是高强度、不易腐蚀、结垢，集中了金属管与塑料管的优点，而克服了二者的缺点。

2. 管道附件有

(1) 控制附件

控制附件是指用来控制水量和关闭水流的各种阀门。室内给水管道上常用的阀门有下面几种：

1) 闸阀或蝶阀，用于调节和隔断管中水流，一般用于管径>50mm的管道上。

2) 截止阀，用于调节和隔断管中水流，一般用于管径≤50mm的管道上。

3) 止回阀，也叫单向阀，是控制水流只能沿一个方向流动，反方向流动则自动关闭。

4) 浮球阀，安装在各种水池、水塔、水箱的进水口上，室内卫生器具常用于大、小便器的冲洗水箱中。其作用是当进水充满时，浮球浮起，自动关闭进水管；容器内水位下降时，浮球下降，自动开启充水。室内给水常用小型浮球阀，适用于管径 15～60mm；水力遥控浮球阀组（图 2-19），适用于各种水箱、水池、水塔的自动供水系统。

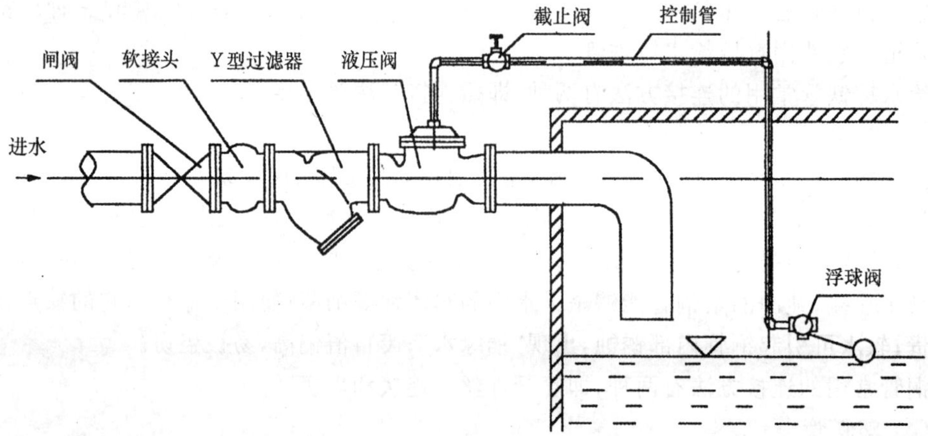


图 2-19　水力遥控浮球阀

5）减压阀

主要分为比例式和弹簧式两种。适用于高层建筑生活用水、消防用水系统中需减静压及动压的场合。

弹簧式减压阀可控制主阀的固定出口压力，不因主阀上游进口压力变化而改变，也不因主阀下游出口用水量变化而改变其出口压力。

比例式减压阀减压的比例有 2∶1，3∶1，4∶1，5∶1 等几种。

减压阀安装时，其进口端应加装过滤器，并应经常清洗。阀前或阀后应装橡胶软接头。在其进出口两端各装置一个压力表，以便经常观察减压阀的工作状态是否正常。为方便检修，在过滤器、减压阀和橡胶软接头两端应各装蝶阀。

另外，还有安全阀、排气阀等等多种阀门。

(2)配水附件

配水附件泛指水龙头，有如下两种类型。

1）配水龙头，俗称水龙头，由钢或铸铁制成，直径有 15mm，20mm，25mm 几种，最大工作压力为 1.60MPa。

2）热水混合龙头，主要安装在有热水供应的建筑物内的洗脸盆和浴盆上。

(3) 计量附件

计量附件通称水表。常用水表有叶轮式和螺翼式两种，其工作原理都是根据管径一定时，流速与流量成正比，并利用水流带动水表叶轮转动传递到记录装置，指针即在计算盘上指示出流量的累积值，以示用水量。

1）叶轮式水表，按传动机构处状态不同又可分为干式和湿式两种。叶轮湿式水表规格性能见表 2-12。

表 2-12　　　　　　叶轮湿式水表规格性能

| 型　号 | 公称直径 (mm) | 特性流量 | 最大流量 | 额定流量 | 最小流量 | 灵敏度 ($m^3$/h) | 最大示值 ($m^3$) |
|---|---|---|---|---|---|---|---|
| | | ($m^3$/h) | | | | | |
| L×S-15 小口径水表(塑料水表) | 15 | 3 | 1 | 1.0 | 0.045 | 0.017 | 9999 |
| L×S-20 小口径水表(塑料水表) | 20 | 5 | 2.5 | 1.6 | 0.075 | 0.025 | 9999 |
| L×S-25 小口径水表(塑料水表) | 25 | 7 | 3.5 | 2.2 | 0.090 | 0.030 | 9999 |
| L×S-32 小口径水表(塑料水表) | 32 | 10 | 5.0 | 3.2 | 0.120 | 0.040 | 9999 |
| L×S-40 小口径水表(塑料水表) | 40 | 20 | 10.0 | 6.3 | 0.220 | 0.070 | 9999 |
| L×S-50 小口径水表(塑料水表) | 50 | 30 | 15.0 | 10.0 | 0.400 | 0.090 | 9999 |

注:(1) 适用于洁净冷水,水温不超过 40℃;

(2) L×S 型小口径水表最大压力为 1.0MPa;塑料水表最大压力为 0.6MPa。

2) 螺翼式水表,适用于大流量的计量,一般用在管径大于 50mm 的地方,其水表的规格性能如表 2-13 所示。

表 2-13　　　　　　大口径螺翼式水表技术数据

| 公称直径 (mm) | 流　量　($m^3$/h) | | | | ($m^3$) | |
|---|---|---|---|---|---|---|
| | 流通能力 | 最大流量 | 额定流量 | 最小流量 | 最小示值 | 最大示值 |
| 80 | 65 | 100 | 60 | 2 | 0.01 | 999999 |
| 100 | 110 | 150 | 100 | 3 | 0.01 | 999999 |
| 150 | 275 | 300 | 200 | 5 | 0.01 | 999999 |
| 200 | 500 | 600 | 400 | 10 | 0.01 | 999999 |

注:(1) 流通能力为水通过水表产生 1 米水柱水头损失时的流量。

3) 水表最大压力为 1.0MPa,要求水温不大于 40℃。

4) 水表选用。水表选择包括两个方面内容,即类型的选择和口径的选择。水表类型选择主要考虑通过水表的最大流量、最小流量、经常流量及安装水表的管道直径等因素,对照水表性能选用。水表口径的选择是按通过水表的设计秒流量(不包括消防流量),以不超过水表额定流量确定水表口径,并以平均小时流量的 6%～8%校核水表灵敏度。对生活与消防共用的供水系统,还需要消防流量复核,使总流量不超过水表最大流量限值。

**二、水箱**

1. 水箱设置条件

在下列 4 种情况下，可设置水箱。

(1) 室外给水系统中，市政水压对多层建筑室内所需压力周期性不足时，需设置单独的水箱。

(2) 室外给水系统中，水压经常不足以供给室内所需时，需设水泵和水箱联合工作，为降低水箱容积，降低建筑物造价，水泵均设计成自动化运行。

(3) 在高层、大型公共建筑中，为确保用水安全及贮备一定的消防水量。

(4) 室内给水系统需要保持恒定压力的情况下。

2. 水箱容积确定

(1) 单独设置水箱时，可按下式确定水箱容积：

$$V=Qt \tag{2-11}$$

式中 $V$——高位水箱调节容积($m^3$)；

$Q$——由水箱供水的最大连续平均小时供水量($m^3/h$)；

$t$——由水箱供水最大连续时间(h)。

(2) 设置有自动启闭水泵时，可按下式确定水箱容积：

$$V \geqslant 1.25\frac{Q_b}{4n_{\max}} \tag{2-12}$$

式中 $V$——高位水箱调节容积($m^3$)；

$Q_b$——水泵的出水量($m^3/h$)；

$n_{\max}$——水泵一小时最大启动次数，根据水泵电机容量及其启动方式，供电系统大小和负荷性质而定。在水泵可以直接启动，且对供电系统无不利影响时，可选用较大值，一般选用 4～8 次/h。

也可按下式估算：

$$V=(Q-Q_b)t+Q_b t_b \tag{2-13}$$

式中 $Q$——设计秒流量($m^3/h$)；

$Q_b$——水泵的出水量($m^3/h$)；

$t$——设计秒流量的维持时间(h)，在无资料时可按 0.5h 计算；

$t_b$——水泵最短运行时间(h)，在无资料时可按 0.25h 计算。

对于生活用水也可按不小于最高日用水量的 5%计算，若考虑消防用水量再加上 10min 的消防贮水量。

(3) 设置手动启闭水泵时，可按下式确定水箱容积：

$$V=\frac{Q_d}{n}-T_b Q_m \tag{2-14}$$

式中 $Q_d$——最高日用水量($m^3$)；

$n$——水泵每天启动次数(由设计定)；

$T_b$——水泵启动一次的运行时间(h),由设计确定;

$Q_m$——水泵运行时内平均小时用水量($m^3/h$)。

对于生活用水也可按不小于日用水量的12%计算,若考虑消防用水,再加上10min的消防贮水量。

3. 水箱设置高度

水箱设置高度应使其最低水位能满足最不利配水点或消火栓的流出水头要求。水箱设置的高度可按下式确定:

$$Z_x \geqslant Z_b + H_c + H_S \tag{2-15}$$

式中 $Z_x$——高位水箱最低水位的标高(m);

$Z_b$——最不利配水点或消火栓的标高(m);

$H_c$——最不利配水点或消火栓需要的流出水头($mH_2O$);

$H_S$——水箱出口到最不利配水点或消火栓的管道总水头损失($mH_2O$)。

4. 水箱的构成、布置和安装

(1) 水箱的构成

水箱的形状通常有圆形、方形、矩形和球形,特殊情况下可根据具体条件设计成其他任意形状。

圆形水箱结构合理,节省材料、造价低廉,但有时布置不方便,占地较大。

方形和矩形水箱布置方便,占地较小,但对大型水箱结构较复杂,材料耗量较大,造价较高。

(2) 水箱的布置和安装

水箱应设置在便于维护、光线和通风良好且不结冻的地方(如有可能冰冻,水箱应当保温)。它一般布置在屋顶或闷顶内;在我国南方地区,水箱大部分设置在平屋顶上。水箱底距屋面应有不小于800mm的净空,以便安装管道和进行检修。

如水箱布置在水箱间时,则水箱间的位置应便于管道布置,尽量缩短管线长度。

水箱间应有良好的通风、采光和防蚊蝇措施,室内最低气温不得低于5℃,水箱间的承重结构应为非燃烧材料;水箱间的净高不得低于2.2m,同时,还应满足水箱布置要求。

水箱布置间距要求,见表2-14。

对于大型公共建筑和高层建筑,为保证供水安全,宜将水箱分成两格或设置两个水箱。

**表 2-14　　水箱布置间距**

| 水箱形式 | 水箱外壁至墙面的距离(m) | | 水箱之间的间距(m) | 水箱至建筑物结构最低点距离(m) |
|---|---|---|---|---|
| | 设浮球阀一侧 | 无浮球阀一侧 | | |
| 圆形 | 0.8 | 0.5 | 0.7 | 0.6 |
| 方形或矩形 | 1.0 | 0.7 | 0.7 | 0.6 |

注:在水箱旁装有管道时,表中距离从管道外表面算起。

5. 水箱材料

水箱材料有如下几种：

(1) 金属材料，大小水箱均可使用，一般采用碳素钢板焊接而成。它的优点是重量较轻，施工安装方便，但易锈蚀，维护工作量较大，造价较高。

碳素钢水箱内表面必须进行防腐处理，对于生活用水箱，防腐材料不得有碍卫生要求，普通钢板水箱内壁应刷无毒无害材料。在有条件时，宜采用不锈钢、铜、铝等材料或复合材料。

(2) 钢筋混凝土材料，一般适用于大型水箱，经久耐用，维护简单，造价较低，但重量大，与管道连接处理不好易漏水。为保证水质，在水箱内壁必须贴白色瓷砖。

(3)其他材料。一些新兴材料，如采用食品级树脂为原料的玻璃钢等均可用作水箱材料。这种材料耐腐蚀，重量轻，安装维护简便，但造价比较高。

水箱内有效水深，一般采用 0.70～2.50m。

为保证水箱的正常功能和维护的需要，必须有各种管道和阀门配套，一般应设有进水管，出水量、溢流管、泄水管、通气管、水位计、人孔等附件(图 2-20)。

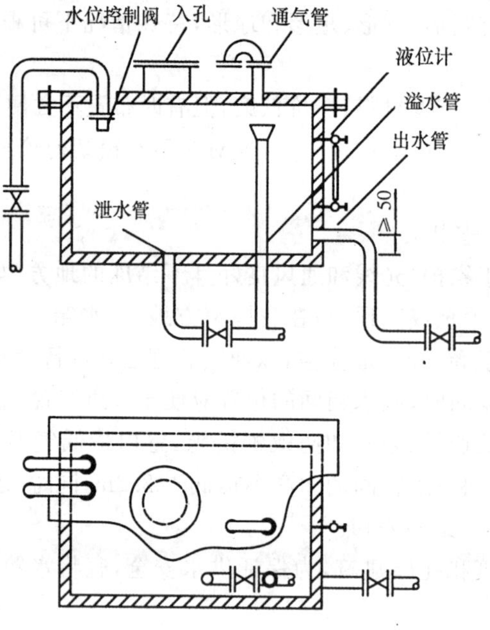


图 2-20　水箱平、剖面图及接管图

1) 进水管。水箱进水管一般从侧壁接入，也可从底部或顶部接入。当水箱利用管网压力进水时，进水管出口应装设浮球阀。浮球阀的数量一般不少于两个。

2) 出水管。水箱的出水管可从侧壁或底部接出。

3) 溢流管。水箱溢流管可以侧壁接出。溢流管管径比进水管管径大 1～2 号。

4) 通气管。供生活饮用水的水箱应设有密封箱盖，箱盖上应设有检修人孔和通气管。通气管可伸至室内或室外，但不得伸到有有害气体的地方，管口应有防止灰尘、昆虫和蚊蝇进入的滤网，一般应将管口朝下设置。

5）泄水管。泄水管应从底部最低处接出。泄水管上装有阀门。泄水管可与溢流管相接，但不得与排水系统直接连接。

6）信号管。在水箱内未装液位信号计时，可设信号管给出溢流信号，信号管一般自水箱侧壁接出，其设置高度应使其管底与溢流管的溢流面齐平。

7）液位计。一般应在水箱侧壁上安装玻璃液位计，用以指示水位。

水箱的最低水位，应仍保持一定的安全容积，以免放空影响使用，一般最低水位应高出水箱出水管 0.2～0.5m。

## 三、贮水池、吸水井

### （一）贮水池

市政供水管网的水压如不能达到室内给水管网及用水设备所需水压时，往往需要用水泵进一步升压供水，一般不允许生活水泵直接从市政给水管网抽水，因此需要设贮水池，由水泵从水池中抽水。

贮水池的容积设计过大，不仅增加基建投资，而且会影响水质；如果贮水池的容积过小，则影响供水的可靠性。

1. 贮水池容积

贮水池的有效容积与水源的供水能力和用户要求有关，一般根据用水调节水量，消防贮水量和事故备用水量确定。贮水池的有效容积与水源供水能力可按下列公式计算。

$$V_y \geqslant (Q_b - Q_g) T_b + V_x + V_s \tag{2-16}$$

$$Q_g \ T_t \geqslant (Q_b - Q_g) T_b \tag{2-17}$$

式中 $V_y$——贮水池有效容积（$m^3$）；

$Q_b$——水泵出水量（$m^3/h$）；

$Q_g$——水源供水能力（$m^3/h$）；

$T_b$——水泵运行时间（h）；

$V_x$——火灾延续时间内，室外消防用水总量（$m^3$）；

$V_s$——事故备用水量（$m^3$）；

$T_t$——水泵运行间隔时间（h）。

当资料不足时，贮水池的调节水量$(Q_b - Q_g) T_b$，按最高日用水量 20%～25%取用。

2. 贮水池布置及要求

生活贮水池必须远离化粪池、厕所、厨房等卫生环境不良的地方，防止生活饮用水被污染。

水池可布置在独立的水泵房屋顶上，或单独布置在室外地面上或布置在地坪下面，也可以布置在建筑物的地下室（若水池布置在地下室时，不能用建筑物的基础、墙体、地面作为水池的池底、池壁、池盖）。

水池的溢流管、排水管应采取间接排水措施，如通过受水器、水封井等排入污水管，以防倒流污染。

室内贮水池的贮水容积如包括室外消防水量时，应在室外设有供消防车取水用的吸水口。

生活用水和消防用水共用一个贮水池时，应有保证消防水量平时不被动用的措施。如图 2-21 所示。

贮水池应设通气管，通气管口应用网罩。通气管设置高度距覆盖层上不小于 0.5m，通气管管径 $d=200$mm。

贮水池应设水位指示器，将水位反映到水泵房和操作室。

（二）吸水井

当室外不需设贮水池而室外管网不允许水泵直接抽时，应设置吸水井。

吸水井有效容积不得小于最大一台水泵 3min 的出水量。吸水井的尺寸应满足吸水管的布置、安装、检修和防止水深过浅的水泵进气等正常工作的要求。其最小尺寸如图 2-22 所示。

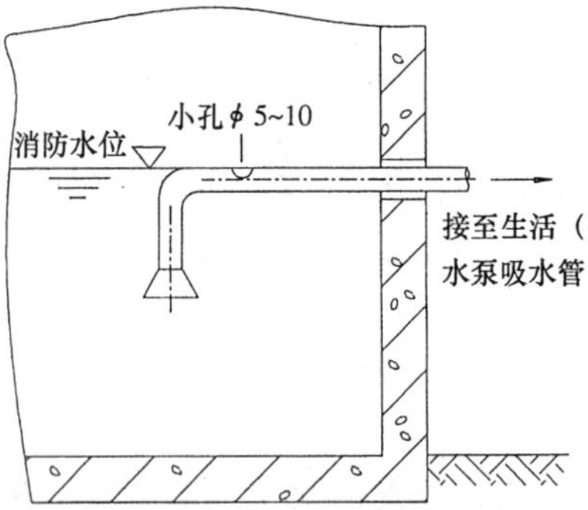


图 2-21　贮水池中消防贮水平时不被动用的措施

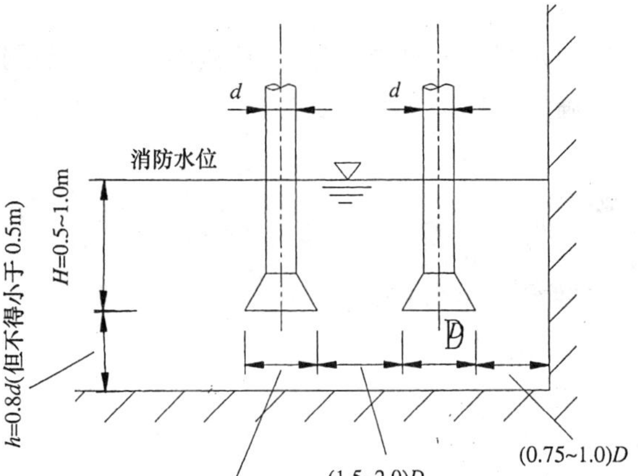


图 2-22　吸水管在吸水井内布置最小尺寸

吸水井可设置在建筑物内底层或地下室，也可设置在室外地面上或地坪下。

**四、水泵**

室内给水系统中一般采用离心泵，离心泵具有结构简单，管理方便，体积小，效率高，运转平衡等优点。

1. 离心泵的构造

离心泵的工作原理，是靠叶轮在泵壳内旋转，使水靠离心力甩出，从而得到压力，将水送到需要的地方。

离心泵主要由泵壳、泵轴、叶轮、吸水管、压力管等部分组成，如图 2-23 所示。

在图 2-23 中，3 是水泵外壳，10 是泵轴，在轴穿过泵壳处设有填料函 11，以防漏水或

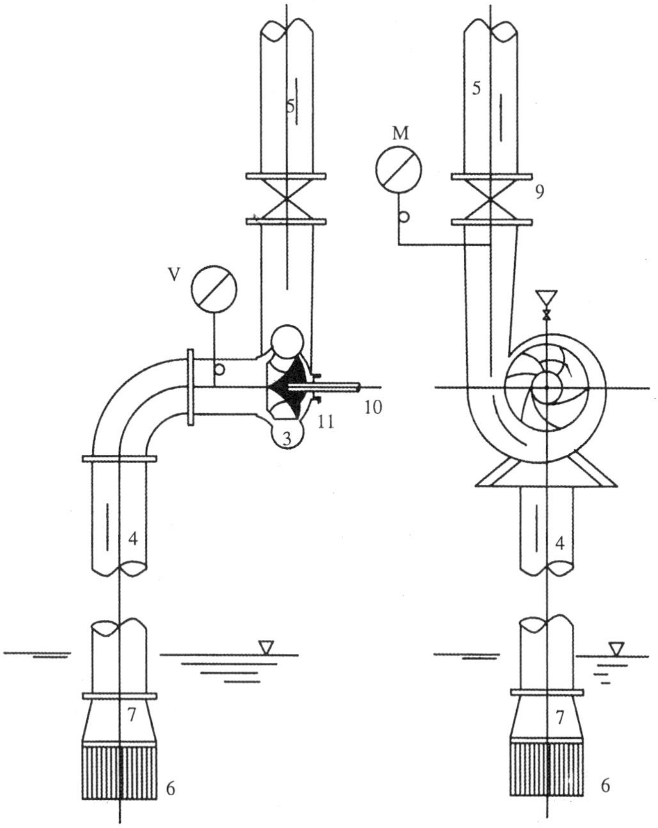


图 2-23　离心泵装置图

1—工作轮；2—叶片；3—泵壳(压水室)；4—吸水管；5—压水管；

6—拦污栅；7—底阀；8—加水漏斗；9—阀门；10—泵轴；11—填料函；M—压力计；V—真空计

透气。在轴上装有叶轮 1，它是离心泵的最主要部件，叶轮 1 上装有不同数目的叶片 2，当电动机通过轴带动叶轮回转时，叶片就搅动水做高速回转，4 是吸水管，5 是压水管(出水管)，6 是拦污栅，起拦阻污物之用。

开动水泵前，要使泵壳及吸水管中充满水，以排除泵内空气。当叶轮高速转动时，在离心力的作用下，叶片槽道(两叶片间的过水通道)中的水从叶轮中心被甩向泵壳，使水获得动能与压能。由于泵壳的断面是逐渐扩大的，所以水进入泵壳后流速逐渐变小，部分动能转化为压力，因而泵出口处的水便具有较高的压力流入压力管。

在水被甩走的同时，水泵进口处形成真空，由于大气压力的作用，将吸水池中的水通过吸水管压向水泵进口(一般称为吸水)，进而流入泵体。由于电动机带动叶轮连续回转，因此，离心泵是均匀连续地供水，即不断地将水压送到用水点或高位水箱。

离心泵的工作方式有“吸入式”和“灌入式”两种。泵轴高于吸水面的叫“吸入式”，吸水池水面高于泵轴的称为“灌入式”，这种形式不仅可以省掉真空泵等抽气设备，而且也有利于水泵的运行和管理。

一般而言，设水泵的室内给水系统多与高位水箱联合工作，为了减小水泵的容积，水泵的开停应采用自动控制，而“灌入式”最易满足此种要求。

水泵的基本工作参数主要有：

流　量：在单位时间内通过水泵的水的体积，以符号 $Q$ 表示，单位常用 L/s 或 $m^3/h$。

总扬程：当水流过水泵时，水所获得的比能增值，用符号 $H$ 表示，单位用 $mH_2O$。

轴功率：水泵从电源处所得到的全部功率，用符号 $N$ 表示，单位用 kW。

2. 离心泵的选择

选择离心泵时，必须根据给水系统最大小时的设计流量和相当于该设计流量时系统所需的压力 $H_s$，按水泵的性能表确定所选水泵的型号。

一般应使所选水泵的流量≥给水系统最大设计流量，使水泵的扬程 $H \geqslant H_s$，并使水泵在高效率工况下运转。考虑运转过程中泵的磨损和效能降低，通常使水泵的 $Q$ 及 $H$ 稍大于 $Q_h$ 及 $H_s$，可以采用 10%～15% 的附加值。

生活水泵应视建筑物的重要性，对供水安全性要求和水泵装置运行可靠性等因素，来确定是否设置备用泵。一般的高层建筑、大型民用建筑、建筑小区应设有一台备用泵。备用泵的容量应与最大一台水泵相同。

3. 水泵房

水泵机组通常布置在水泵房内。当水泵房机组供水量大于 $200m^3/h$ 时，泵房应有一间面积为 $10 \sim 15m^2$ 的修理间和一间面积约为 $5m^2$ 的库房。

有防振或有安静要求的房间(如精密仪器间、病房、卧室、教室等)的上下和邻接房间不得布置水泵房。在同一建筑内的其他房间设水泵时，水泵的基础、吸水管和出水管应有隔振减噪措施。

水泵房应有良好的通风和采光，并不致冻结。泵房内应有地面积水排除措施。在设消防水泵时，应符合“消防规范”的规定。

水泵机组的布置原则是使管路最短，弯头最小，管路便于连接，布置力求紧凑，需考虑扩建和发展的因素，同时还要考虑起吊设备时的方便。

水泵机组的布置间距应使水泵机组的基础侧边之间和至墙面的距离不得小于 0.70m；电机容量小于及等于 20kW 或吸水口直径小于或等于 100mm 的小型水泵，两台同型号的水泵机组可共用一个基础，基础的一侧与墙面之间可以留通道；不留通道的机组突出部分与墙壁间的净距及相邻两机组的突出部分的净距不得小于 0.2m；水泵机组的基础墙边之间至墙面的距离不得小于 1.0m，电机端边至墙的距离还应保证能抽出电机转子，水泵机组应设在独立的基础上，基础至少高出地面 0.1m。

水泵房的高度在无起吊设备时，应不小于 3.2m(指从地面到梁底的距离)。当有起吊设备时应视具体情况而定。

水泵房的门的宽度和高度，应根据设备运入的方便决定。开窗总面积应不小于泵房的地板面积的 1/6，靠近配电箱处不得开窗(可用固定窗)。

## 思考题二

1. 室内给水按用途可分哪几类？

2. 室内给水系统由哪些部分组成?
3. 低层建筑室内给水方式如何选用?
4. 室内给水管网水头损失包括哪几方面?
5. 高层民用建筑室内给水方式有哪几种? 各有何特点?
6. 室内给水管网布置时应注意些什么?
7. 水泵房的设计对建筑有哪些要求?

# 第三章　消防给水

## 第一节　消火栓消防系统

**一、低层建筑室内消火栓消防系统**

为了及时扑灭火灾和防止火灾蔓延，减少火灾损失，必须根据建筑物的性质、高度设置室内消防给水系统。

室内消防给水系统一般分为消火栓给水、自动喷水灭火系统。

消防用水可由城市给水管网，天然水源或消防水池供给。利用天然水源时，应确保枯水期最低水位时消防用水的可靠性，且应设置可靠的取水设施。

1. 室内消火栓系统的设置范围

根据我国《建筑设计防火规范》规定，下列建筑物应设室内消火栓给水系统：

(1) 厂房、库房和高度不超过 24m 的科研楼(存有与水接触能引起燃烧爆炸的物品除外)；

(2) 超过 800 个座位的剧院、电影院、俱乐部和超过 1200 个座位的礼堂、体育馆；

(3) 体积超过 5000$m^3$ 的车站、码头、机场建筑以及展览馆、商店、病房楼、门诊楼、教学楼、图书馆等；

(4) 超过七层的单元式住宅，超过六层的塔式住宅、廊式住宅、底层设有商业网点的单元式住宅；

(5) 超过五层或体积超过 10000$m^3$ 的其他民用建筑；

(6) 国家级文物保护单位的重点砖木或木结构的古建筑。

另外，设有空气调节系统的旅馆、办公楼，以及超过 1 500 个座位的剧院、会堂，闷顶内安装有面灯部位的马道处，亦增设消防卷盘。

2. 室内消防用水量及水压

(1) 室内消防用水量

室内消火栓用水量应根据同时使用的消火栓数量和充实水柱长度由计算确定，但不应小于表 3-1 的规定。

**表 3-1**　　　　**低层建筑室内消火栓用水量**

| 建筑物名称 | 高度、层数、体积或座位数 | 消火栓用水量(L/s) | 同时使用水枪数量(支) | 每支水枪最小流量(L/s) | 每根竖管最小流量(L/s) |
|---|---|---|---|---|---|
| 厂　房 | 高度≤24m，体积≤10 000$m^3$ | 5 | 2 | 2.5 | 5 |
| | 高度≤24m、体积>10 000$m^3$ | 10 | 2 | 5 | 10 |
| | 高度>24～50m | 25 | 5 | 5 | 15 |
| | 高度>50m | 30 | 6 | 5 | 15 |

**续表**

| 建筑物名称 | 高度、层数、体积或座位数 | 消火栓用水量(L/s) | 同时使用水枪数量(支) | 每支水枪最小流量(L/s) | 每根竖管最小流量(L/s) |
|---|---|---|---|---|---|
| 科研楼、试验楼 | 高度≤24(m)、体积≤10 000($m^3$)<br>高度≤24(m)、体积>10000($m^3$) | 10<br>15 | 2<br>3 | 5<br>5 | 10<br>10 |
| 库　房 | 高度≤24m、体积≤5000$m^3$<br>高度≤24(m)、体积>5000$m^3$<br>高度>24～50m<br>高度>50m | 5<br>10<br>30<br>40 | 1<br>2<br>6<br>8 | 5<br>5<br>5<br>5 | 5<br>10<br>15<br>15 |
| 车站、码头、机场建筑物和展览馆等 | 5 001～25000$m^3$<br>25 001～50000$m^3$<br>>50 000$m^3$ | 10<br>15<br>20 | 2<br>3<br>4 | 5<br>5<br>5 | 10<br>10<br>15 |
| 商店、病房楼、教学楼等 | 5 001～10000$m^3$<br>10 001～25 000$m^3$<br>>25 000$m^3$ | 5<br>10<br>15 | 2<br>2<br>3 | 2.5<br>5<br>5 | 5<br>10<br>10 |
| 剧院、电影院、俱乐部、礼堂、体育馆等 | 801～1 200 个<br>1 201～5000 个<br>5 001～10 000 个<br>>10000 个 | 10<br>15<br>20<br>30 | 2<br>3<br>4<br>6 | 5<br>5<br>5<br>5 | 10<br>10<br>15<br>15 |
| 住宅 | 7～9 层 | 5 | 2 | 2.5 | 5 |
| 其他建筑 | ≥六层或体积≥10 000$m^3$ | 15 | 3 | 5 | 10 |
| 国家级文物保护单位的重点砖木、木结构的古建筑 | 体积≤10 000$m^3$<br>体积>10 000$m^3$ | 20<br>25 | 4<br>5 | 5<br>5 | 10<br>15 |

注:① 丁、戊类高层工业建筑室内消火栓的用水量可按本表减少 10 L/s,同时使用水枪数量可按本表减少 2 支;
② 增设消防水喉设备,可不计入消防用水量。

建筑物中,除设有消火栓外,还同时设有自动喷水灭火系统时,其室内消防用水量,应按需要同时开启的消防设备用水量之和计算。自动喷水灭火系统的水量,应按《自动喷水灭火系统设计规范》规定的数据采用。增设的消防卷盘,可不计入消防用水量。

室内消防水箱(包括气压水罐、水塔、分区给水系统的分区水箱),应储存 10min 的消防用水量。当室内消防用水量不超过 25L/s,经计算水箱消防储水量超过 12$m^3$ 时,仍可采用 12$m^3$;当室内消防用水量超过 25L/s,经计算水箱消防储水量超过 18$m^3$ 时,仍可采用 18$m^3$。

(2) 室内消防水压

低层建筑物的室内消火栓水枪充实水柱的长度不应小于 7m。甲、乙类厂房、超过六层的民用建筑、超过四层的厂房和库房内，不应小于10m。

直流水枪的充实水柱长度、喷嘴水压、喷嘴流量见表3-2。

**表3-2　　直流水枪充实水柱技术数据**

| 充实水柱(m) | 不同口径的压力和流量 | | | | | |
| --- | --- | --- | --- | --- | --- | --- |
| | 13mm | | 16mm | | 19mm | |
| | 压力(MPa) | 流量(L/s) | 压力(MPa) | 流量(L/s) | 压力(MPa) | 流量(L/s) |
| 6 | 0.081 | 1.7 | 0.080 | 2.5 | 0.075 | 3.5 |
| 7 | 0.096 | 1.8 | 0.092 | 2.7 | 0.09 | 3.8 |
| 8 | 0.112 | 2.0 | 0.105 | 2.9 | 0.105 | 4.1 |
| 9 | 0.130 | 2.1 | 0.125 | 3.1 | 0.120 | 4.3 |
| 10 | 0.150 | 2.3 | 0.140 | 3.3 | 0.135 | 4.6 |
| 11 | 0.170 | 2.4 | 0.160 | 3.5 | 0.150 | 4.9 |
| 12 | 0.190 | 2.6 | 0.175 | 3.8 | 0.170 | 5.2 |
| 12.5 | 0.215 | 2.7 | 0.195 | 4.0 | 0.185 | 5.4 |
| 13 | 0.240 | 2.9 | 0.220 | 4.2 | 0.205 | 5.7 |
| 13.5 | 0.265 | 3.0 | 0.240 | 4.4 | 0.225 | 6.0 |
| 14 | 0.296 | 3.2 | 0.265 | 4.6 | 0.245 | 6.2 |
| 15 | 0.330 | 3.4 | 0.290 | 4.8 | 0.270 | 6.5 |
| 15.5 | 0.370 | 3.6 | 0.320 | 5.1 | 0.295 | 6.8 |
| 16 | 0.415 | 3.8 | 0.355 | 5.3 | 0.325 | 7.1 |
| 17 | 0.470 | 4.0 | 0.395 | 5.6 | 0.335 | 7.5 |

3. 室内消火栓给水系统

一般情况下，室内生活给水系统和消防给水系统宜分开设置。室内消火栓给水系统的给水方式，根据室外给水管网是否能直接满足室内消防流量和水压等要求，可分为两种

(1) 无加压水泵和水箱的室内消火栓给水系统

这种给水系统如图3-1所示，常在建筑物高度不大，室外给水管网的压力和流量完全能满足最不利点消火栓的设计水压和流量时采用，如建筑物距离水厂较近或城市自来水厂二级泵房的水压力较高。

(2) 设置消防水泵和屋顶水箱的室内消火栓给水系统

如图3-2所示，室外管网压力不能满足室内消火栓给水系统的水量水压要求时，宜设置消防水泵和屋顶水箱。消火栓消防系统的水泵和生活用水水泵宜分开设置。当室外管网水量和水压满足规范要求时，消火栓泵可直接从室外管网抽水(注意:生活用水水泵严禁直接从室外管网直接抽水)，反之，需要按照规范要求设置消防水池。消防用水宜与生活用水合用一个屋顶水箱，以防水质变坏。屋顶水箱应贮存10min的消防用水量，必须有消防用水不被移作他用的技术措施，以保证消防储水量。屋顶水箱的消火栓出水管上应设置止回阀，当发生火灾后，使消防水泵供给的消防用水，不会进入屋顶水箱。

当采用消防用水与生活、生产用水合并的室内消火栓给水系统时，消防泵应保证供应生活、生产、消防用水的最大秒流量，并应满足室内管网最不利点消火栓的水压，且在消火栓处设置远距离启动消防泵的按钮。

4. 室内消火栓

(1) 室内消火栓的布置要求

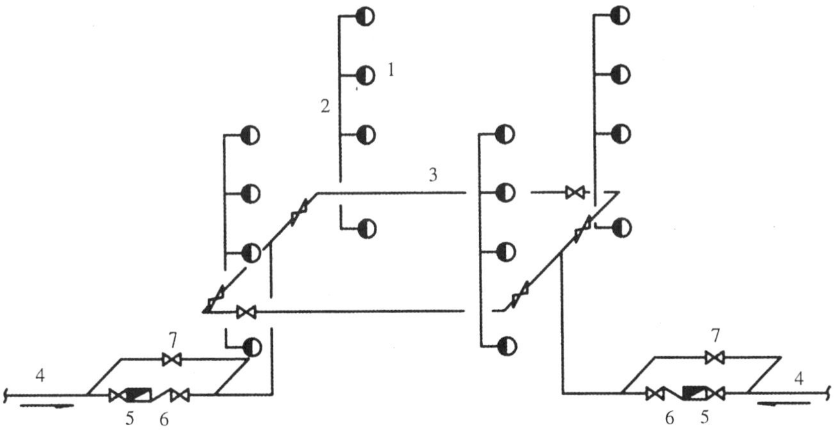


图 3-1 无加压水泵和水箱的室内消火栓给水系统

1—室内消火栓;2—室内消防竖管;3—干管;4—进户管;5—水表;6—止回阀;7—旁通管及阀门

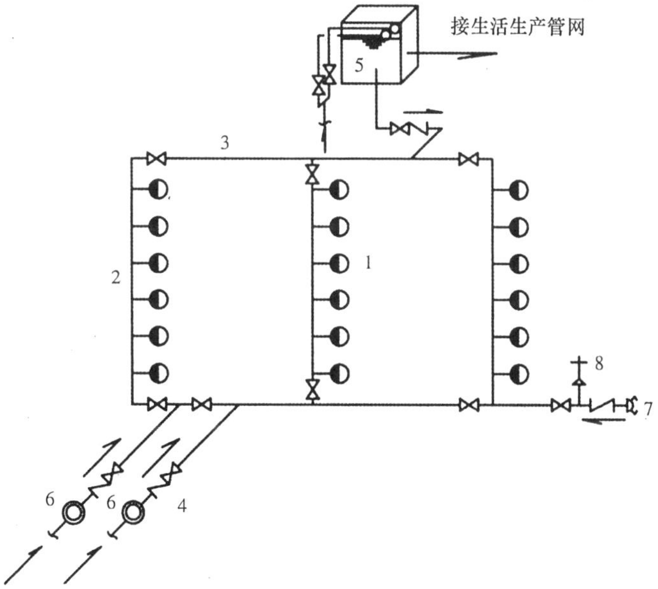


图 3-2 设有消防泵和水箱的室内消火栓给水系统

1—室内消火栓;2—消防竖管;3—干管;4—止回阀;5—水箱;6—水泵;7—水泵接合器;8—安全阀

1)设有消防给水的建筑物,其各层(无可燃物的设备层除外)均应设置消火栓;

2)室内消火栓的布置,应根据表 3-1 的要求。除建筑高度小于或等于 24m 时,且体积小于或等于 5000m$^3$ 的库房,可采用 1 支水枪充实水柱到达室内任何部位外,其他建筑物,应保证有两支水枪的充实水柱同时到达室内任何部位;

3)消防电梯前室应设室内消火栓;

4)室内消火栓应设在明显易于取用地点。栓口离地面高度为 1.1m,其出水方向宜向下或与设置消火栓的墙面成 90°角;

5)冷库的室内消火栓应设在常温穿堂或楼梯间内;

6）设有室内消火栓的建筑，如为平屋顶时，宜在平屋顶上设置试验和检查用的消火栓；

7）同一建筑物内应采用同一规格的消火栓，水枪和水龙带，每根水龙带的长度不应超过 25m。当消防水枪射流量小于 3L/s 时，应采用 50mm 口径的消火栓和水龙带、13mm 或 16mm 的水枪。大于 3L/s 时，宜采用 65mm 口径的消火栓和水龙带，喷嘴为 19mm 的水枪。

8）高位水箱不能满足最不利点消火栓水压要求的建筑物，应设置稳压水泵或其他稳压装置。应在每个室内消火栓处设置直接启动消防水泵的按钮，并应有保护措施；

9）当室内要求两股充实水柱同时到达任何部位时，一般均采用单出口消火栓进行布置。只有在每层面积小于 500m$^2$ 的塔式住宅或设置两根竖管有困难时，可设置一根竖管，并采用双出口消火栓，或在一个消火栓箱内安装两个消火栓。

(2) 室内消火栓的间距

室内消火栓的间距应由计算确定。单层和多层建筑室内消火栓的间距不应超过 50m；高架库房，甲、乙类厂房不应超过 30m。室内消火栓的计算分如下几种情况：

1）当室内只有一排消火栓，并且要求有一股水柱到达室内任何部位时，消火栓的间距可按式(3-1)计算(参见图 3-3)：

$$S_1 = 2\sqrt{R^2 - b^2} \tag{3-1}$$

式中 $S_1$——一股水柱时的消火栓间距(m)；
$R$——消火栓的保护半径(m)；
$b$——消火栓的最大保护宽度(m)。

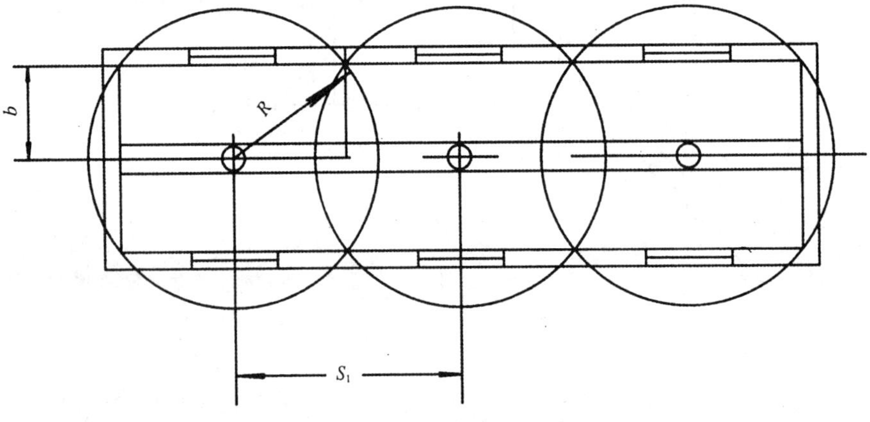


图 3-3 一股水柱一排消火栓时消火栓布置间距

2）当室内只有一排消火栓，且要求有两股水柱同时到达室内的任何部位时，消火栓的间距可按式(3-2)计算(参考图 3-4)：

$$S_2 = \sqrt{R^2 - b^2} \tag{3-2}$$

式中 $S_2$——两股水柱时的消火栓间距(m)；
$R$——消火栓的保护半径(m)

$b$——消火栓的最大保护宽度(m)。

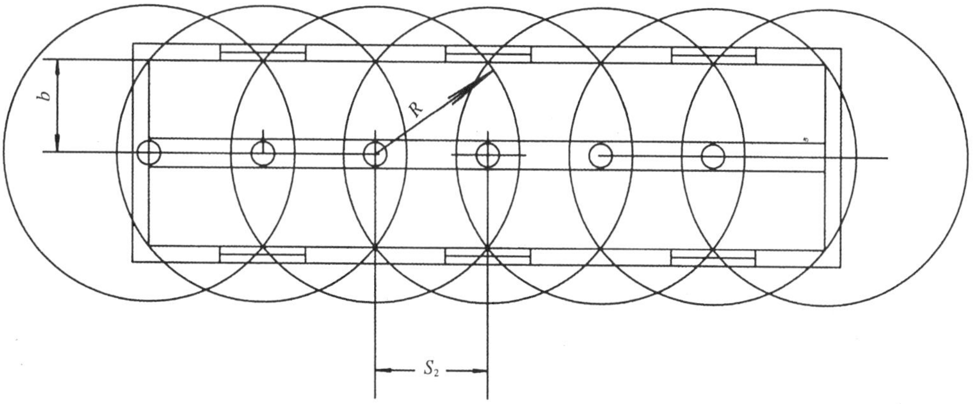


图 3-4　两股水柱一排消火栓时的消火栓布置间距

3）当房间宽度较宽，需要布置多排消火栓，且要求有一股水柱到达室内任何部位时，其消火栓间距可按式(3-3)计算(参见图 3-5)：

$$S_3=\sqrt{2}R=1.41R \tag{3-3}$$

式中　$S_3$——多排消火栓一股水柱时的消火栓间距(m)；

$R$——消火栓的保护半径(m)。

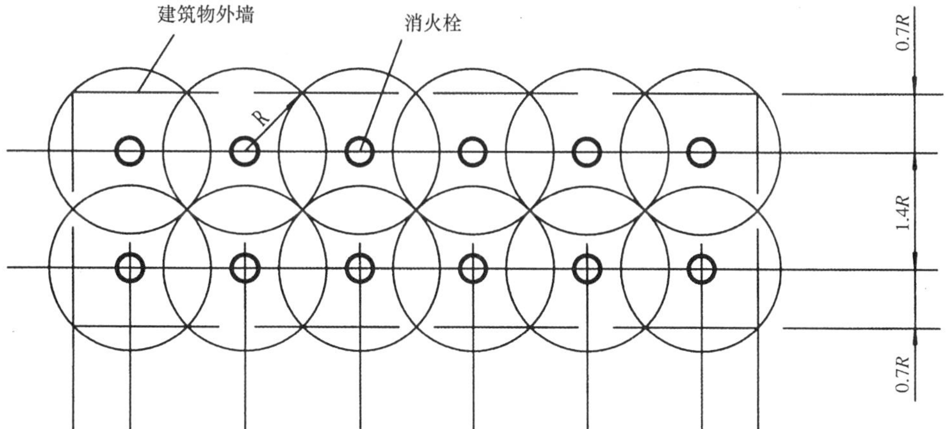


图 3-5　多排消火栓一股水柱时的消火栓布置间距

4）当室内需要布置多排消火栓，且要求有两股水柱到达室内任何部位时，可按照图 3-6 布置。

5. 水枪、水龙带、消火栓和消防箱

(1) 水枪

水枪是灭火的主要工具之一，其作用在于收缩水流，产生击灭火焰的充实水柱。水枪喷口直径有 13mm，16mm，19mm，另一端设有和水龙带相连接的接口，其口径为 50mm，

65mm 两种。水枪常用铜、铅或塑料制成。

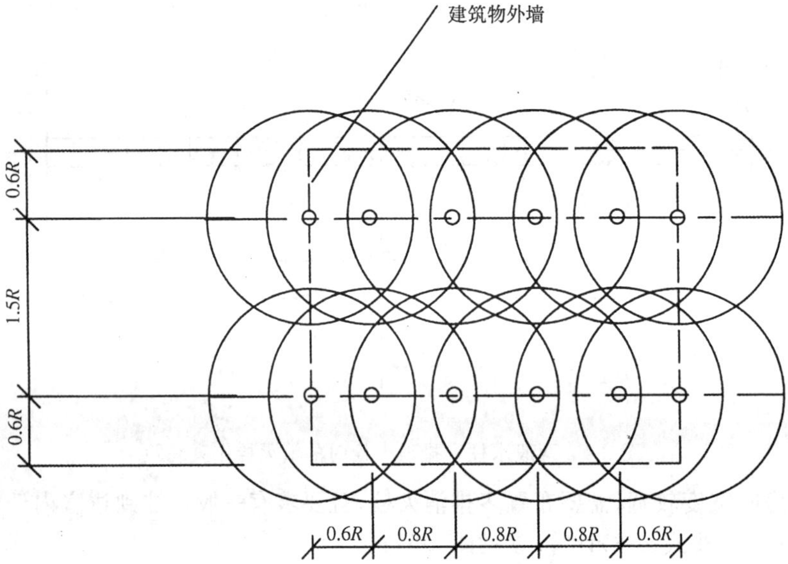


图 3-6　多排消火栓两股水柱时的消火栓布置间距

(2) 水龙带

常用的水龙带用帆布、麻布或橡胶输水软管制成，直径分 50mm，65mm 两种，长度一般为 15m，20m，25m 三种，水龙带的两端分别与水枪和消火栓连接。

(3) 消火栓

室内消火栓由单出口和双出口之分，均为内扣式接口。单出口消火栓直径有 50mm 和 65mm 两种，双出口消火栓直径均为 65mm。消火栓栓口垂直于墙面或向下安装。

(4) 消防箱

水枪、水龙带、消火栓和消防卷盘(如果按规范要求设置的话)一起设于带有玻璃门的消防箱内(图 3-7)，消防箱内还应设置带有玻璃保护装置的消火栓泵启动按钮。消防箱安装高度以消火栓栓口中心距地面 1.1m 为基准。

6. 室内消防给水管道

(1) 建筑物内的消防给水系统是否与其他给水系统合并或单独设置，应根据建筑物的性质和使用要求技术经济比较后确定。与生活、生产给水系统合用时，给水管一般采用镀锌钢管或衬塑钢管，局部非消防管可采用塑料管。。单独消防系统的给水管可采用镀锌钢管、无缝钢管。

(2) 室内消火栓超过 10 个且室外消防流量大于 15L/s 时，室内消防给水管道至少应有两条进水管与室外环状网连接，并应将室内管道连成环状或将进水管与室外管道连成环状。当环状管网的一条进水管发生事故时，其余的进水管应仍能供应全部用水量。

(3) 超过六层的塔式(采用双出口消火栓者除外)和通廊式住宅、超过五层或体积超过 10000$m^3$ 的其他民用建筑、超过四层的厂房和库房，如室内消防竖管为两条或两条以上时，应至少每两根竖管组成环状管道。每条竖管直径应按最不利点消火栓出水，并根据表 3-1 规定的流量确定。

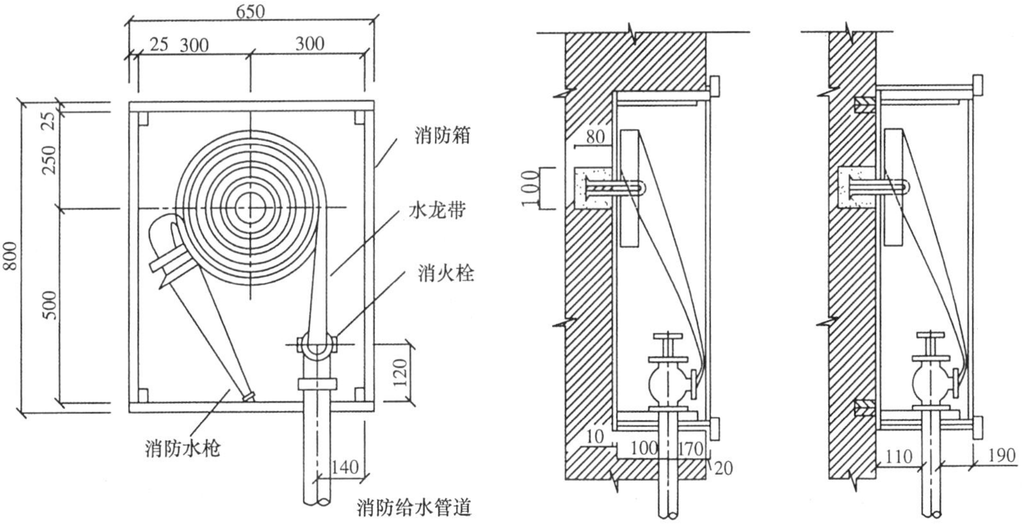


图 3-7　室内消火栓装置

(4) 室内消防给水管道应用阀门分成若干独立段，如某段损坏时，停止使用的消火栓在一层中不应超过 5 个。阀门应处于常开状态，并应有明显的启闭标志。

(5) 7～9 层的单元住宅，其室内消防管道可为枝状进水管，可采用一条。

(6) 进水管上设置计量设备不应降低进水管的过水能力。

(7) 当生产、生活用水量达到最大、且给水管道始终仍能满足室内消防用水量时，室内消防泵的进水管宜直接从市政管道取水。

(8) 室内消火栓给水管网与自动喷水灭火系统设备的管网宜分开设置，如有困难，应在报警阀前分开设置。

(9) 消防用水与其他用水合并的室内管道，当其他用水达到最大秒流量时，应仍能供应全部消防用水量。淋浴用水量可按计算用水量的 15% 计算，洗刷用水量可不计算在内。

## 二、室外消火栓

室外消火栓消防流量应按照表 3-3 的规定设置。

据规定，室外消火栓应沿道路布置，间距不应超过 120m。当道路宽度超过 60m 时，宜在道路两边设置消火栓，并宜靠近十字路口。室外消火栓是供消防车使用的，为保证消防车从室外消火栓取水方便和使用安全，消火栓距路边不应超过 2m，距房屋外墙不宜小于 5m。消防车的保护半径即为消火栓的保护半径，消防车的最大供水距离（即保护半径）为 150m。因此，消火栓的保护半径为 150m。在市政消火栓保护半径 150m 以内，如消防用水量不超过 15L/s 时，可不设室外消火栓。每个室外消火栓的用水量，即为每辆消防车的用水量。一般情况下，一辆消防车设有两支 19mm 口径的水枪，当水枪的充实水柱长度在 10～17m 时，其相应的流量在 10～15L/s，故每个室外消火栓的用水量按 10～15L/s 计算，室外消火栓的设置数量，应按室外消防用水量计算确定。建筑物室外的消防给水管道的最小直径不应小于 100mm。火场供水实践和水力试验说明，直径 100mm 的管道只能勉强供应一辆消防车用水，因此宜采用较大的管径，如上海的消防给水管道的最小直径采用 150mm。室外消防给水管网应布置成环状，但在建设初期，或室外消防用水量不超过 15L/s 时，可布置成枝状。为确保环状给水管道的水源，环状管网的输水管不应少于两条。当其中一条输水管检修时，另一条仍能通过 100%的消防用水量。

表 3-3　　建筑物室外消火栓用水量

| 耐火等级 | 一次灭火用水量（L/s）／建筑物名称及类别 | | 建筑物体积（$m^3$） | | | | | |
|---|---|---|---|---|---|---|---|---|
| | | | ≤1500 | 1501～3000 | 3001～5000 | 5001～20000 | 20001～50000 | >50000 耐 |
| 一级、二级 | 厂房 | 甲、乙 | 10 | 15 | 20 | 25 | 30 | 35 |
| | | 丙 | 10 | 15 | 20 | 25 | 30 | 40 |
| | | 丁、戊 | 10 | 10 | 10 | 15 | 15 | 20 |
| | 库房 | 甲、乙 | 15 | 15 | 25 | 25 | | |
| | | 丙 | 15 | 15 | 25 | 25 | 35 | 45 |
| | | 丁、戊 | 10 | 10 | 10 | 15 | 15 | 20 |
| | 民用建筑 | | 10 | 15 | 15 | 20 | 25 | 30 |
| 三级 | 厂房或库房 | 乙、丙 | 15 | 20 | 30 | 40 | 45 | — |
| | | 丁、戊 | 10 | 10 | 15 | 20 | 25 | 35 |
| | 民用建筑 | | 10 | 15 | 20 | 25 | 30 | — |
| 四级 | 丁、戊类厂房或库房 | | 10 | 15 | 20 | 25 | — | — |
| | 民用建筑 | | 10 | 15 | 20 | 25 | — | — |

室外消火栓分为地上式和地下式两种。室外地上式消火栓应有一个直径为 150mm 或 100mm 和两个直径为 65mm 的栓口；室外地下式消火栓应有直径为 100mm 和 65mm 的栓口各一个，并应设有明显的标志。

### 三、高层建筑消火栓消防系统

我国高层建筑的划分，是根据消防车的供水能力和登高消防器材的火灾扑救实践并参考国外的划分界限。《高层民用建筑设计防火规范》规定，10 层及以上层数的居住建筑（包括首层设置商业服务网点的住宅）和建筑高度超过 24m 的公共建筑为高层建筑。与高层建筑相连的建筑高度超过 24m 的附属建筑，一律按高层建筑对待。

建筑高度指建筑物室外的地面到其檐口或屋面面层时的高度。屋顶上的瞭望塔、水箱间、电梯机房、排烟机房和楼梯口小间等不计入建筑高度和层数内。住宅建筑的地下室、半地下室的顶板高出室外地面不超过 1.5m 时，不计入层数内。

1. 高层建筑的分类

高层建筑根据其使用性质、火灾危险性、疏散和扑救难度等进行分类，详见表 3-4。

2. 高层建筑消火栓给水系统用水量

高层建筑室内、外消火栓给水系统的用水量，不应小于表 3-5 的规定。

表 3-4　高层建筑分类

| 名称 | 一类 | 二类 |
| --- | --- | --- |
| 居住建筑 | 高级住宅<br>十九层及十九层以上的普通住宅 | 十层～十八层的普通住宅 |
| 公共建筑 | 1. 医院；<br>2. 高级旅馆；<br>3. 建筑高度超过 50m 或每层建筑面积超过 $1000m^2$ 的商业楼、展览楼、综合楼、电信楼、财贸金融楼；<br>4. 建筑高度超过 50m 或每层建筑面积超过 $1500m^2$ 的商住楼；<br>5. 中央级和省级(含计划单列市)广播电视楼；<br>6. 网局级和省级(含计划单列市)电力调度楼；<br>7. 省级(含计划单列市)邮政楼、防灾指挥调度楼；<br>8. 藏书超过 100 万册的图书馆，书库；<br>9. 重要的办公楼、科研楼、档案楼；<br>10. 建筑高度超过 50m 的教学楼和普通的旅馆、办公楼、科研楼、档案楼等 | 1. 除一类建筑以外的商业楼、展览楼、综合楼、电信楼、财贸金融楼、商住楼、图书馆、书库；<br>2. 省级以下的邮政楼、防灾指挥调度楼、广播电视楼、电力调度楼；<br>3. 建筑高度不超过 50m 的教学楼和普通的旅馆、办公楼、科研楼、档案楼等 |

表 3-5　高层建筑室内消火栓用水量

| 高层建筑类别 | 建筑高度(m) | 消火栓用水量(L/s) | | 每根竖管最小流量(L/s) | 每支水枪最小流量(L/s) |
| --- | --- | --- | --- | --- | --- |
| | | 室外 | 室内 | | |
| 普通住宅 | ≤50 | 15 | 10 | 10 | 5 |
| | >50 | 15 | 20 | 10 | 5 |
| 1. 高级住宅<br>2. 医院<br>3. 二类建筑的商业楼展览楼、综合楼、财贸金融楼、电信楼、商住楼、图书馆、书库<br>4. 省级以下的邮政楼、防灾指挥调度楼、广播电视楼、电力调度楼<br>5. 建筑高度不超过 50m 的教学楼和普通的旅馆、办公楼、科研楼、档案楼等 | ≤50 | 20 | 20 | 10 | 5 |
| | >50 | 20 | 30 | 15 | 5 |

续表

| 高层建筑类别 | 建筑高度(m) | 消火栓用水量(L/s) | | 每根竖管最小流量(L/s) | 每支水枪最小流量(L/s) |
|---|---|---|---|---|---|
| | | 室外 | 室内 | | |
| 1. 高级旅馆<br>2. 建筑高度超过 50m 或每层建筑面积超过 1000m² 的商业楼、展览楼、综合楼、财贸金融楼、电信楼<br>3. 建筑高度超过 50m 或每层建筑面积超过 1500m² 的商住楼<br>4. 中央和省级(含计划单列市)广播电视楼<br>5. 网局级和省级(含计划单列市)电力调度楼<br>6. 省级(含计划单列市)邮政楼、防灾指挥调度楼<br>7. 藏书超过 100 万册的图书馆、书库<br>8. 重要的办公楼、科研楼、档案楼<br>9. 建筑高度超过 50m 的教学楼和普通的旅馆、办公楼、科研楼、档案楼等 | ≤50 | 30 | 30 | 15 | 5 |
| | >50 | 30 | 40 | 15 | 5 |

注：建筑高度不超过 50m，室内消火栓用水量超过 20L/s，且设有自动喷水灭火系统的建筑物，其室内外消防用水量可按本表减少 5L/s。

3. 高层建筑消火栓给水系统的一般规定

(1) 高层建筑物必须设置室内、室外消火栓给水系统。除无可燃物的设备层外，高层建筑和裙房均应设室内消火栓。

(2) 消火栓的水枪充实水柱应通过水力计算确定，且建筑高度不超过 100m 的高层建筑不应小于 10m；建筑高度超过 100m 的高层建筑不应小于 13m。

(3) 消火栓应设在走道、楼梯附近等明显易于取用的地点，消火栓的间距应保证同层任何部位有两个消火栓的水枪充实水柱同时到达。

(4) 消火栓的间距应由计算确定，且高层建筑不应大于 30m，裙房不应大于 50m。

(5) 消火栓栓口离地面高度宜为 1.10m，栓口出水方向宜向下或与设置消火栓的墙面相垂直。

(6) 消火栓栓口的静水压力不应大于 0.80MPa，当大于 0.80MPa 时，应采用分区给水系统。消火栓栓口的出水压力大于 0.50Mpa 时，消火栓处应设减压装置，如减压孔板等。

(7) 消火栓应采用同一型号规格。消火栓的栓口直径应为 65mm，水龙带长度不超过 25m，水枪喷嘴口径不应小于 19mm。

(8) 消防卷盘。消防卷盘用于扑灭在普通消火栓正式使用前的初期火灾。消防卷盘的栓口直径宜为 25mm，配备的胶带内径一般也为 25mm，喷嘴口径不小于 6mm。高级旅馆、重要的办公楼、一类建筑的商业楼、展览楼、综合楼等和建筑高度超过 100m 的其他高层建筑，应设消防卷盘，其用水量可不计入消防用水总量。

(9) 高层建筑消防给水管道上阀门的布置，应保证检修管道时关闭的竖管不超过一条，超过三条竖管时，可关闭两条。高层建筑内的消火栓消防给水管道在平面上和在立面上均应成环状。

(10) 为及时启动消防水泵，在水箱内的消防用水尚未用完以前，消防水泵应进入正常运转。故在高层建筑物内每个消火栓处均应设置启动消防水泵的按钮，以便迅速远距离启动。为防止小孩玩弄或误启动，要求按钮应有保护措施，一般可放在消火栓箱内或带有玻璃门的壁龛内。

(11) 消防电梯是消防人员进入高层建筑内进行扑救火灾并开辟通路，在消防电梯前应设消火栓。

(12) 屋顶消火栓供本单位和消防队定期检查室内消火栓给水系统使用，一般设一个，且应安装压力显示装置。采暖地区试验消火栓可设在顶层出口处或水箱间内。

(13) 高层建筑的消防用水总量应按室内、外消防用水量之和计算，但在计算室内消防管网时，不考虑室外消防用水量。

(14) 消防用水可由给水管网、消防水池或天然水源供给。利用天然水源应确保枯水期最低水位时的消防用水量，并应设置可靠的取水设施。

(15) 室内消防给水应采用高压或临时高压给水系统。当室内消防用水量达到最大时，其水压应满足室内最不利点灭火设施的要求。

室外低压给水管道的水压，当生活、生产和消防用水量达到最大时，不应小于0.10MPa(从室外地面算起)。

生活、生产用水量应按最大小时流量计算，消防用水量应按最大秒流量计算。高压消防给水系统的管网内经常保持满足灭火时所需的压力和流量，扑救火灾时，不需启动消防水泵加压而直接使用灭火设备进行灭火。

临时高压消防给水系统，当管网内最不利点周围平时水压和流量不满足灭火的需要，在水泵房(站)内设有消防水泵，在火灾时应启动消防水泵，使管网内的压力和流量达到灭火时的要求。

低压消防给水系统的管网内平时水压较低(但不小于0.10MPa)，灭火时要求的水压由消防车或其他方式加压达到压力和流量的要求。

还有一种情况，目前较广泛应用于消防给水系统，即管网内经常保持足够的压力，压力由稳压泵或气压给水设备等增压设施来保证。在水泵房(站)内设有消防水泵，在火灾时启动消防水泵，使管网内的压力满足消防水压的要求，此情况也叫临时高压消防给水系统。

(16) 当满足下列条件时，消防水泵可直接从城市管网引入的给水管中直接吸水：室外消防给水管道应成环状，其进水管不宜少于两条，并宜从两条市政给水管道引入，当其中一条发生故障时，其余进水管应仍能保证全部用水量。否则应设消防水池。

(17) 消火栓给水系统和自动喷水灭火系统可共用一组消防水泵。但两种系统应分别设置，即在自动喷水灭火系统的报警阀前(沿水流方向)必须分开设置。

(18) 高层建筑的消防水箱的设置高度，当不能满足最不利点消火栓静水压力0.07MPa(建筑高度超过100m的高层建筑，静水压力不应低于0.15MPa)时，要设增压设施。增压设施可采用气压水罐或稳压泵，这些产品必须采用国家检测部门检测合格的产品，以满足最不利点的水压要求。

消火栓给水系统的增压水泵的出水量不应大于5L/s。气压水罐的调节水容量宜≥300L。

4. 室内消防给水系统

(1) 室内消防给水系统的分类

1) 按消防给水管网的服务范围可分为独立的消防给水系统和区域集中的消防给水系统两类。

① 独立的室内消防给水系统，即每幢高层建筑设置一个单独加压的室内消防给水系统。这种系统安全性较高，但管理比较分散，投资也较大。在地震区人防要求较高的建筑物以及重要的建筑物宜采用独立的室内消防给水系统。

② 近年来，高层建筑发展较快，有些城市出现高层建筑群，因而采用了区域集中的室内高压(或临时高压)消防给水系统。即数幢或数十幢高层建筑物共用一个加压泵房的消防给水系统。这种系统便于集中管理，在某些情况下，可节省投资。但在地震时安全性较低。在有合理规划的高层建筑区，可采用区域集中的高压或临时高压消防给水系统。

2) 按建筑高度分:按高层建筑的高度来考虑，室内消防给水系统有分区给水和不分区给水系统两种。

① 不分区室内消防给水系统:建筑物的消火栓栓口的静水压力不超过 0.80MPa，室内消防给水系统可不分区，如图 3-8 所示。

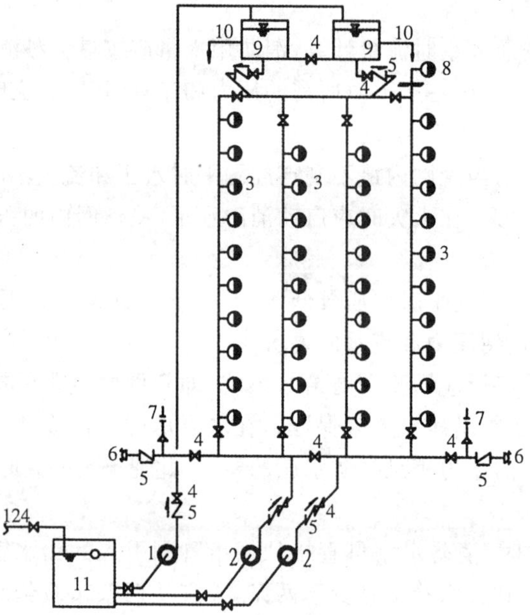

图 3-8 不分区室内消火栓给水系统

1—生活、生产水泵(一备一用);2—消防水泵;3—消火栓及远距离启动水泵按钮;4—阀门;5—止回阀;6—水泵接合器;7—安全阀;8—屋顶消火栓;9—高位水箱;10—至生活、生产管网;11—贮水池;12—来自城市管网;13—浮球阀

② 建筑物消火栓栓口的静水压力超过 0.80MPa 时，室内消火栓给水系统，应采取分区给水系统。分区供水的方式又可分为并联和串联给水系统，如图 3-9 所示。并联分区的优点是各区独立，消防泵集中管理，安全可靠性高;缺点是高压消防泵的扬程高且水泵出水管须耐高压。由于高区水压高，高区水泵接合器必须有高压水泵的消防车才能起作用，否则高区水泵接合器将不会起作用。串联分区消防水泵分散设置，无需高压水泵和耐

高压管道，消防车对水泵接合器也能发挥作用。其缺点是管理不集中，上面和下面各区的消防水泵要联动，逐区向上供水，安全可靠性差。

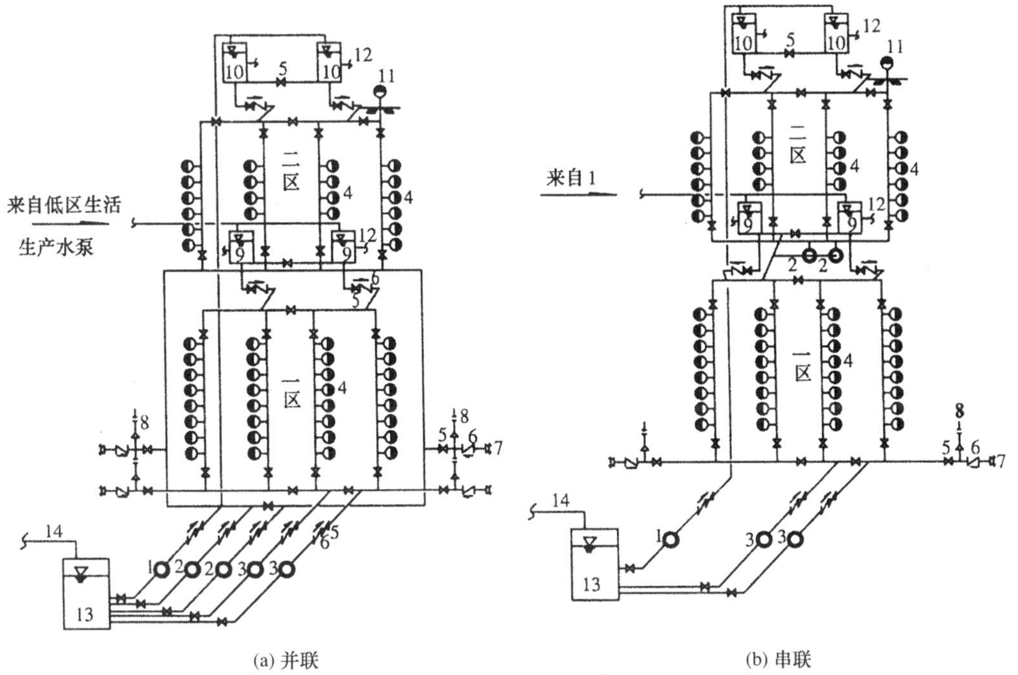


图 3-9　分区给水室内消火栓给水系统

1—生活、生产水泵(一备一用)；2—二区消防泵；3—一区消防泵；4—消火栓及远距离启动水泵按钮；5—阀门；6—止回阀；7—水泵接合器；8—安全阀；9—一区水箱；10—二区水箱；11—屋顶消火栓；12—至生活、生产管网；13—水池；14—来自城市管网

消火栓消防系统也可用减压阀供水方式来分区。如图 3-10 所示，(a)图为减压阀垂直安装，(b)图为减压阀水平安装。其优点是高区和低区共用一套消防水泵，减压阀不占楼层面积。缺点是减压阀易坏。

减压阀可减动压和静压。常用的是比例减压阀。比例减压阀安装之前应将管道内杂物冲洗干净，其进口端应加装过滤器，并应经常清洗。否则，细小的杂物，如麻丝、生料带、砂粒等，沉积于密封口处，使比例减压阀关不严，造成只减动压，不减静压的现象。

消防系统安装的比例减压阀，出口端应设置泄水阀定期泄水，防止比例减压阀因长期不工作而生水垢，造成失灵。为保证减压阀在维护保养及维修时仍能正常供水，减压阀应安装两组，并联安装，经常轮换工作。减压阀安装及组件详见图 3-11。

5. 消防水箱

高层建筑采用高压消防给水系统，如经常能保证室内最不利点消火栓和自动喷水灭火设备的水量和水压时，可以不设消防水箱。而对临时高压消防给水系统(独立设置或区域集中)的高层建筑物，均应设置消防水箱。

消防水箱指屋顶消防水箱，也包括垂直分区采用并联给水方式的各分区减压水箱。

高位消防水箱的消防储水量，一类公共建筑不应小于 18m³；二类公共建筑和一类居住建筑不应小于 12m³；二类居住建筑不应小于 6.00m³。

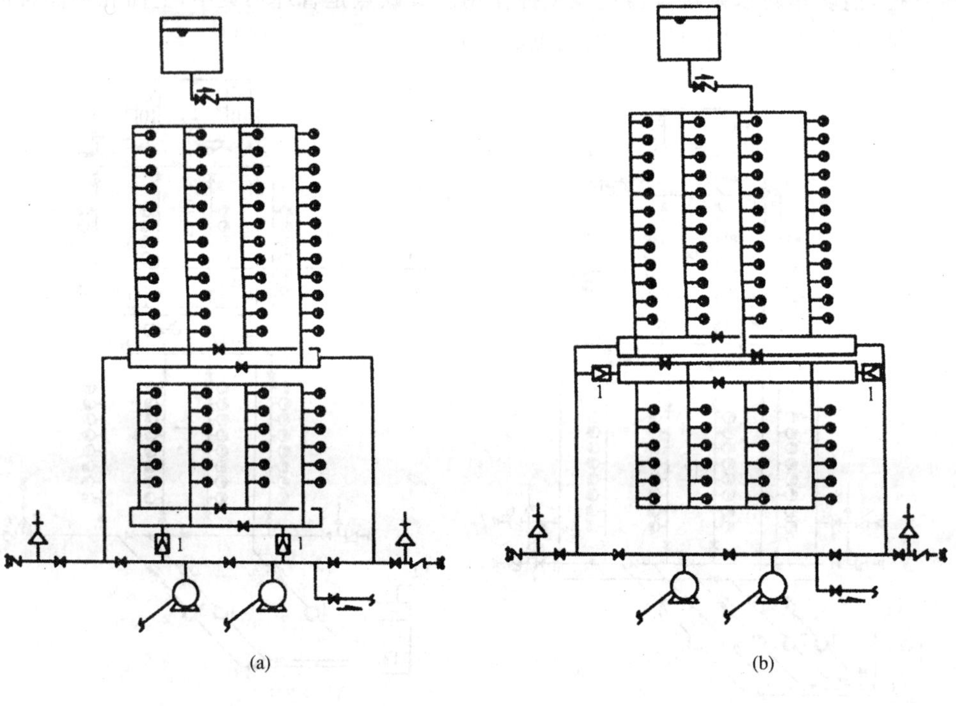


图 3-10 减压阀分区室内消火栓给水系统

1—减压阀

并联给水方式分区的消防水箱容量应与高位消防水箱相同。除串联消防给水系统外，发生火灾时由消防水泵供给的消防用水不应进入高位消防水箱。

高位消防水箱的设置高度应按照本节(3.(18))要求设计。

为防止消防水箱内的水因长期不用而变质，并做到经济合理，故一般消防用水与其他用水共用水箱，但共用水箱要有消防用水不移作他用的技术措施，以确保及时供应必需的灭火用水量.

消防水箱也可以分成两格或设置两个，以便检修时仍能保证消防用水的供应.设置两个水箱时，应在底部设连通管，连通管上阀门常开，具体可参见图 3-12。

## 第二节 自动喷水灭火系统

国内外经验证明，自动喷水灭火系统有良好的灭火效果，应积极推广采用，以保证建筑物的消防安全。我国现有的自动喷水灭火系统，在扑灭火灾(特别是初期火灾)中发挥了重要作用。例如，1958 年，上海某百货公司由于地下室油布雨伞自燃，一个自动喷水头开启将初期火灾扑灭；1965 年，该公司首层橱窗电动模型灯光将布景烤着起火，也是一个自动喷水头开启后扑灭的；1976 年，该公司大楼顶层加工厂静电植绒车间起火，着火部位无自动喷水头，两侧有自动喷水头，结果内部机器设备和建筑装修被烧毁，在起火部位两侧各开放两个喷水头，阻止了火势扩大，在消火栓水枪的配合扑救下，较顺利地扑灭了火灾。国外自动喷水灭火系统在建筑物中设置相当普遍，如美、日等国要求高层建筑都要设

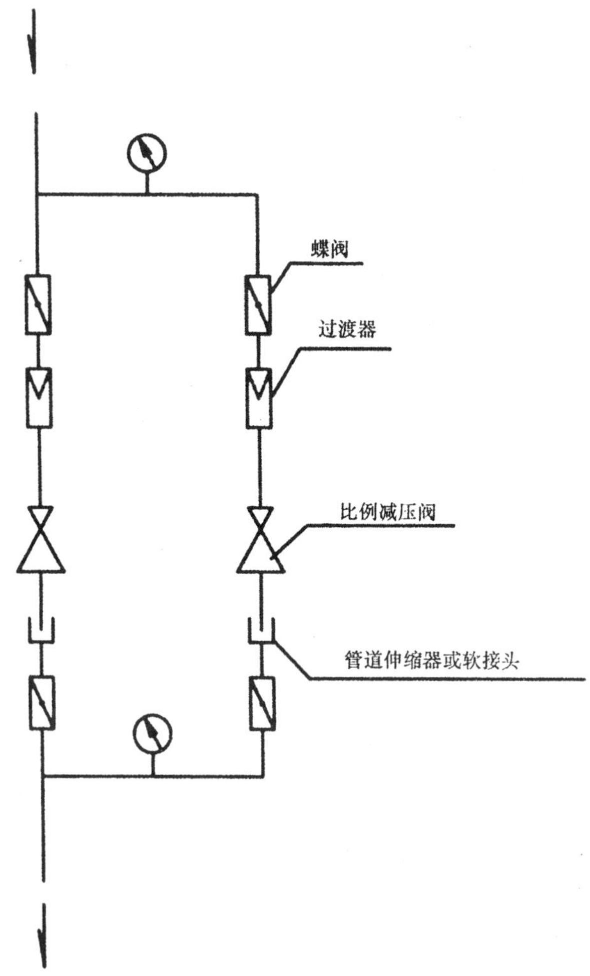


图 3-11　比例减压阀安装示意图

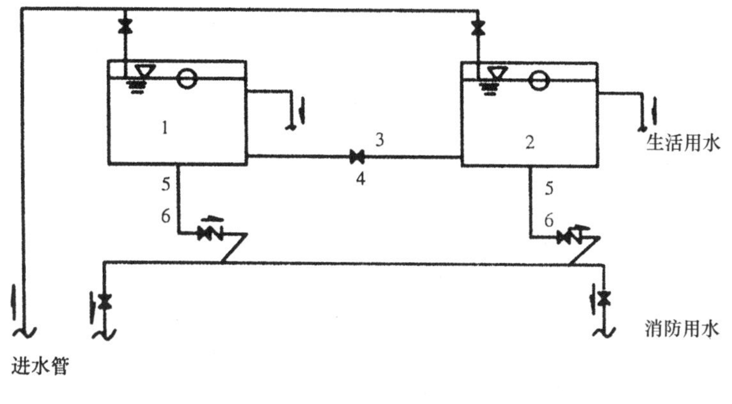


图 3-12　两个水箱储存消防用水的闸门布置

1、2—生活、生产、消防合用水箱；3—连通管；4—常开阀门；5—常开阀门；6—止回阀置自动喷水灭火设备。

自动喷水灭火系统的类型很多，基本类型包括湿式、干式、预作用、雨淋和水喷雾自动喷水灭火系统以及水幕系统等。

**一、需要设置自动喷水灭火系统的部位**

1. 低层建筑设置自动喷水灭火系统的部位

根据《建筑设计防火规范》(GBJ 16-87)1997 年版规定，下列部位应设置闭式自动喷水灭火设备：

(1) 等于或大于 50000 纱锭的棉纺厂的开包、清花车间；等于或大于 5000 锭的麻纺厂的分级、梳麻车间；服装、针织高层厂房；面积超过 1500$m^2$ 的木器厂房；火柴厂的烤梗、筛选部位；泡沫塑料厂的预发、成型、切片、压花部位；

(2) 每座面积超过 1000$m^2$ 的棉、毛、丝、麻、化纤、毛皮及其制品库房；每座占地面积超过 600$m^2$ 的火柴库房；建筑面积超过 500$m^2$ 的可燃物品的地下库房；可燃、难燃物品的高架库房和高层库房(冷库、高层卷烟成品库房除外)；省级以上或藏书量超过 100 万册图书馆的书库；

(3) 超过 1500 个坐位的剧院观众厅、舞台上部(屋顶采用金属构件时)、化妆室、道具室、储藏室、贵宾室；超过 2000 个座位的会堂或礼堂的观众厅、舞台上部、吊顶上部、储藏室、贵宾室；超过 3000 个座位的体育馆、观众厅的吊顶上部、贵宾室、器材间、运动员休息室；

(4) 省级邮政楼的邮袋库；

(5) 每层面积超过 3000$m^2$ 或建筑面积超过 9000$m^2$ 的百货商场、展览大厅；

(6) 设有空气调节系统的旅馆和综合办公楼各楼内的走道、办公室、餐厅、商店、库房和无楼层服务台的客房；

(7) 飞机发动机试验台的准备部位；

(8) 国家级文物保护单位的重点砖木或木结构建筑。

2. 高层建筑设置自动喷水灭火系统的部位

根据《高层民用建筑设计防火规范》(GB50045-95)2001 年版规定，下列部位应设置自动喷水灭火系统：

(1) 建筑高度超过 100m 的高层建筑，除面积小于 5.00$m^2$ 的卫生间、厕所和不宜用水扑救的部位外，均应设置自动喷水灭火系统。

(2) 建筑高度不超过 100m 的一类高层建筑及其裙房的下列部位(除普通住宅和高层建筑中不宜用水扑救的部位外)，应设自动喷水灭火系统：

① 公共活动用房；

② 走道、办公室和旅馆的客房；

③ 可燃物品库房；

④ 高级住宅的居住用房；

⑤ 自动扶梯底部和垃圾道底部。

(3) 二类高层建筑中的商业营业厅、展览厅等公共活动用房和建筑面积超过 200$m^2$ 的可燃物品库房，应设自动喷水灭火系统。

(4) 高层建筑中经常有人停留或可燃物较多的地下室房间应设自动喷水灭火系统。

(5) 超过 800 个座位的剧院、礼堂的舞台口宜设防火幕或水幕分隔。

## 二、建筑物的火灾危险等级、系统的分类

1. 建筑物的火灾危险等级

自动喷水灭火系统是按照建筑物(包括构筑物)的火灾危险等级进行设计的,根据《自动喷水灭火系统设计规范》(GB50084-2001),设置场所火灾危险等级的划分应符合下列规定:

(1) 轻危险级。

(2) 中危险级。中危险级又分为Ⅰ级和Ⅱ级。

(3) 严重危险级。严重危险级又分为Ⅰ级和Ⅱ级。

(4) 仓库危险级。仓库危险级亦分为Ⅰ级和Ⅱ级以及Ⅲ级。

设置自动喷水灭火系统的场所的火灾危险等级,应根据其用途、容纳物品的火灾荷载及室内空间条件等因素,在分析火灾特点和热气流驱动喷头开放及喷水到位的难易程度确定。举例见表 3-6。

**表 3-6　自动喷水灭火系统设置场所火灾危险等级举例**

| 火灾危险等级 | | 设置场所举例 |
|---|---|---|
| 轻危险级 | | 建筑高度为 24m 及以下的旅馆、办公楼;仅在走道设置封闭式系统的建筑等 |
| 中危险级 | Ⅰ级 | 1) 高层民用建筑:旅馆、办公楼、综合楼、金融电信楼、指挥调度楼、广播电视楼(塔)等<br>2) 公共建筑(含单、多高层):医院、疗养院;图书馆(书库除外)、档案馆、展览馆(厅);影剧院、音乐厅和礼堂(舞台除外)及其他娱乐场所;火车站和飞机场及码头的建筑;总建筑面积小于 1 000m² 的地下商场等<br>3) 文化遗产建筑:木结构古建筑、国家文物保护单位等<br>4) 工业建筑:食品、家用电器、玻璃制品等工厂的备料与生产车间等;冷藏库、钢屋架等建筑构件 |
| | Ⅱ级 | 1) 民用建筑:书库、舞台(葡萄架除外)、汽车停车场、总建筑面积 5 000m² 及以上的商场、总建筑面积 1 000m² 及以上的地下商场等<br>2) 工业建筑:棉毛麻丝及化纤的纺织、织物及制品、木材、木器及胶合板、谷物加工、烟草及制品、饮用酒(啤酒除外)、皮革及制品、造纸及纸制品、制药等工厂的备料与生产车间 |
| 严重危险等级 | Ⅰ级 | 印刷厂、酒精制品、可燃液体制品等工厂的备料与车间等 |
| | Ⅱ级 | 易燃液体喷雾操作区域、固体易燃物品、可燃的气溶胶制品、溶剂、油漆、沥青制品等工厂的备料及生产车间、摄影棚、舞台"葡萄架"下部 |
| 仓库危险等级 | Ⅰ级 | 食品、烟酒;木箱、纸箱包装的不燃难燃物品、仓储式商场的货架区等 |
| | Ⅱ级 | 木材、纸、皮革、谷物及制品、棉毛麻丝化纤及制品、家用电器、电缆、B 组塑料与橡胶及其制品、钢塑混合材料制品、各种塑料瓶盒包装的不燃物品及各类物品混杂储存的仓库等 |
| | Ⅲ级 | A 组塑料与橡胶及其制品;沥青制品等 |

2. 自动喷水灭火系统的分类

根据自动喷水灭火设备中使用喷头的不同，其可分为两大类：采用闭式喷头的称为闭式自动喷水灭火系统；采用开式喷头的则称为开式自动喷水灭火系统。自动喷水灭火系统又可分为如下系统：

(1) 湿式系统

该系统由湿式报警阀组、水流指示器、闭式喷头、管道和水泵等组成，管道内始终充满有压水，随时准备喷水灭火。在报警阀的上下管道内均经常充满压力水。当喷头开启时，就能立刻喷水灭火。在全年不结冰，温度不大于70℃的场所采用，适用于室内温度不低于4℃且不高于70℃的建筑物、构筑物。其特点是喷头动作后立即喷水，灭火成功率高于干式系统。

湿式喷水灭火系统的喷头在易被碰撞或损坏的场所(如停车场等)应向上布置。

(2) 干式系统

该系统由干式报警阀组、闭式喷头、管道和充气设备以及供水设施等组成。该系统在报警阀后的管道内充以压缩空气，在报警阀前的管道中经常充满压力水。当发生火灾喷头开启时，先排出管路内的压缩空气，随之水进入管网，经喷头喷出。该系统适用于室内温度低于4°C或高于70°C的建筑物或构筑物。其缺点是发生火灾时，须先排除管道内气体并充水，推迟了开始喷水的时间，特别不适合火势蔓延速度快的场所采用。

干式喷水灭火系统的喷头应向上布置(干式悬吊型喷头除外)。管网容积不宜超过1500L，当设有排气装置时，不宜超过3000L。

(3) 干湿式系统

如果在干式喷水灭火系统的管网中，冬季充气(干式)，夏季充水(湿式)，这种系统称为干湿式喷水灭火系统。这种系统在设计和管理上都较麻烦，很少采用。

(4) 预作用系统

预作用自动喷水灭火系统采用预作用报警阀组，并由火灾自动报警系统启动。由火灾探测系统、闭式喷头、预作用阀、充气设备和充以有压或无压气体的管道和水泵组成。预作用阀后的管道系统内平时无水，呈干式，充满有压或无压的气体。由比闭式喷头更灵敏的火灾报警系统联动。火灾发生初期，火灾探测系统控制自动开启或手动开启预作用阀，使消防水进入阀后管道，系统转换为湿式，当闭式喷头开启后，即可出水灭火。

预作用系统既有湿式和干式系统的优点，又避免了湿式和干式系统的缺点。特别在不允许出现误喷、或管道漏水的重要场所，可替代湿式系统；代替干式系统，可避免喷头延迟喷水的缺点。

预作用喷水灭火系统应符合下列要求：

① 在同一保护区域内，应设置相应的火灾探测装置；

② 在预作用阀门之后的管道内充有压力气体时，宜先注入少量清水封闭阀口，再充入压缩空气或氮气，其气压不宜小于0.03MPa，且不宜大于0.05MPa。

③ 发生火灾时，探测器的动作应先于喷头的动作；

④ 当火灾探测系统发生故障时，应采取保证自动喷水灭火系统正常工作的措施；

⑤ 该系统管线的充水时间不宜大于3min。

灭火后必须及时停止喷水的场所的供水，应采用重复启闭预作用系统。

(5) 雨淋系统

该系统的特点是采用开式洒水喷头和雨淋报警阀组，并由火灾报警系统或传动管联动雨淋阀和水泵使与雨淋阀连接的开式喷头同时喷水。适用火灾火势发展迅猛、蔓延迅速、危险性大的建筑或部位。

(6) 水喷雾系统

该系统是利用水雾喷头将水流分解为细小的水雾滴来灭火，使水的利用率得到最大的发挥。在灭火过程中，细小的水雾滴可完全汽化，从而获得最佳的冷却效果。与此同时产生的1680倍的水蒸气可造成窒息的环境条件；当用于扑救溶于水的可燃液体火灾时，可产生稀释冲淡效果。冷却、窒息、乳化和稀释，这四个特点在扑救过程中单独或同时发生作用，均可获得良好的灭火效果。另外，水雾自身具有电绝缘性能，可安全地用于电气火灾的扑救。但水喷雾需要高压力和大水量，因而使用受到限制。

(7) 水幕系统

该系统喷头沿线状布置，发生火灾时，可作为挡烟阻火和冷却分隔物。可以采用开式洒水喷头或水幕喷头，与自动的或手动的控制阀门、雨淋报警阀组构成水幕系统。水幕分为两种，一种利用密集喷洒的水墙或水帘阻火挡烟，起防火分隔作用，如舞台与观众之间的隔离水帘；另一种利用水的冷却作用，配合防火卷帘等分隔物进行防火分隔。

### 三、自动喷水灭火系统的主要组件及使用要求

自动喷水灭火系统主要由洒水喷头、报警阀组、水流指示器、压力开关、末端试水装置和火灾探测器等构件组成。

1. 洒水喷头

洒水喷头分为闭式喷头和开式喷头两类。喷水喷头口有堵水支撑的称为闭式喷头。喷水口堵水支撑一般坚韧、灵敏，在常温下能接受撞击和水压作用，而在规定的温度下能失去支撑力量，及时开启喷水。闭式喷头有玻璃球喷头和易熔金属元件喷头两种：

(1) 玻璃球闭式喷头

目前，玻璃球闭式喷头是我国最常用的喷头，它由金属喷头架、玻璃球、溅水盘等组成。玻璃球用于支撑喷水口的阀盖，玻璃球内充装高膨胀液体乙醚或酒精等。球内留有一个小气泡，当温度升高时，小气泡会缩小，在达到规定温度时，玻璃球胀裂、破碎，喷水口阀盖失去支撑便脱落，喷水口就这样被开启喷水灭火。接管直径为15mm。

上海消防器材总厂生产的玻璃球闭式喷头分为普通型、边墙型、直立型和下垂型。图3-13、图3-14所示分别为下垂型及直立式边墙型喷头安装示意图。图3-15为普通直立式喷头安装于管道末端及末端试水装置示意图。玻璃球闭式喷头的额定温度、充液颜色及选用环境温度见表3-7，在选择喷头额定温度时，宜应比最高环境温度高30°C左右，如最高环境温度为38°C时应选68°C额定温度喷头。

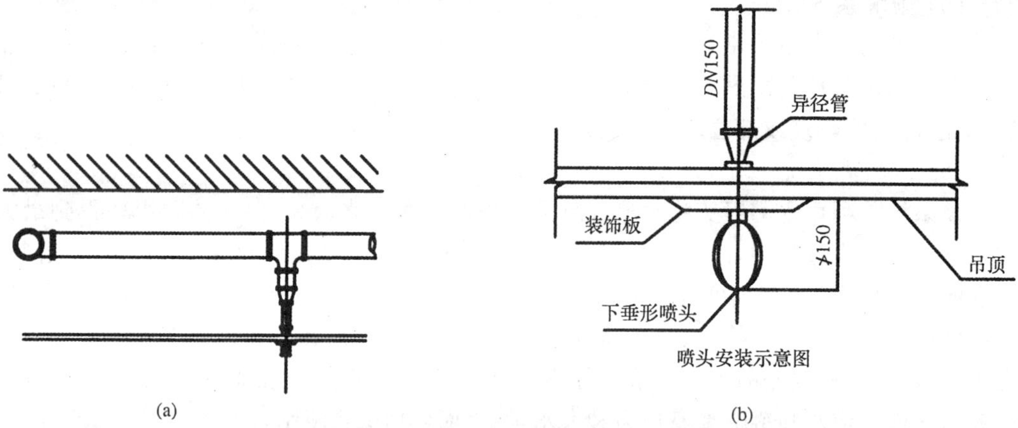


图 3-13　下垂型喷头安装示意图

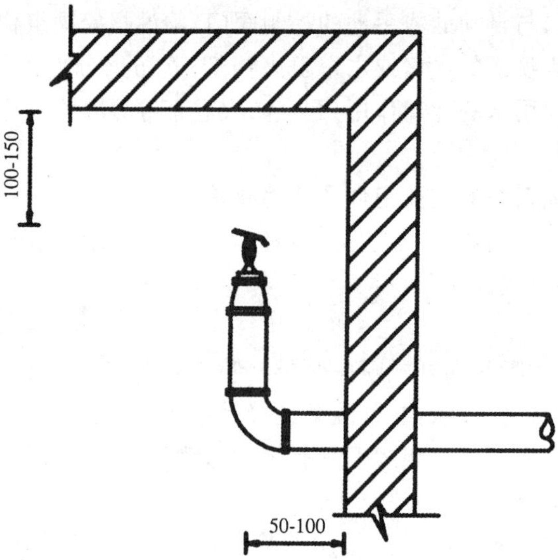


图 3-14　直立式边墙型喷头安装示意图

**表 3-7　　　　　　　　　　玻璃球闭式喷头性能表**

| 喷头型号 | | | | 公称动作温度(℃) | 最高环境温度(℃) | 工作液色标 |
|---|---|---|---|---|---|---|
| 普通型 | 边墙型 | 直立型 | 下垂型 | | | |
| ZSTP15/57 | ZSTB15/57 | ZSTZ15/57 | ZSTX15/57 | 57 | 27 | 橙 |
| ZSTP15/68 | ZSTB15/68 | ZSTZ15/68 | ZSTX15/68 | 68 | 38 | 红 |
| ZSTP15/79 | ZSTB15/79 | ZSTZ15/79 | ZSTX15/79 | 79 | 49 | 黄 |
| ZSTP15/93 | ZSTB15/93 | ZSTZ15/93 | ZSTX15/93 | 93 | 63 | 绿 |
| ZSTP15/141 | ZSTB15/141 | ZSTZ15/141 | ZSTX15/141 | 141 | 111 | 蓝 |

注:连接螺纹管均为 DN15。

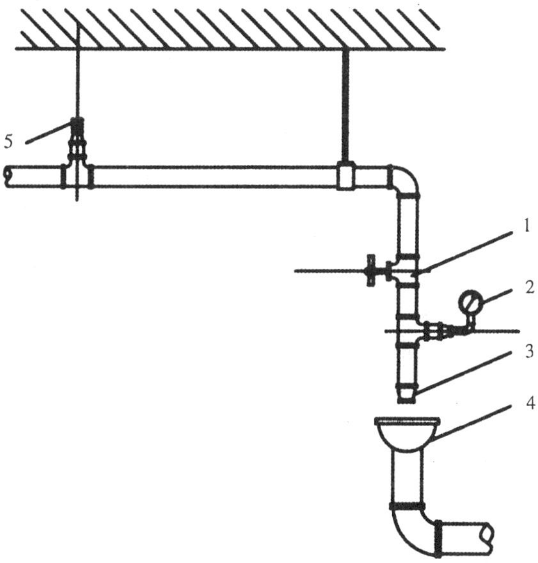


图 3-15　普通直立式喷头安装于管道末端及末端试水装置示意图

1—截止阀；2—压力表；3—试水接头；4—排水漏斗；5—最不利点处普通直立式喷头

(2) 易熔金属元件闭式喷头

喷头喷水口的支撑利用溶解温度很低的金属合金控制，铋、铅、锡、镉等数种金属，按不同配比组合时，就可得到不同的较低的溶解温度，利用这种特性，可以制造各种支撑焊料，做成不同温度下的喷头，在要求的温度下，易熔合金焊料熔化，管路中的压力水冲开阀堵喷出。

常见的易熔金属元件闭式喷头性能数据见表 3-8。

**表 3-8**　　**易熔金属元件闭式喷头性能表**

| 喷头型号 | | | 公称动作温度(°C) | 最高环境温度(°C) | 轨壁色标 |
|---|---|---|---|---|---|
| 直立型 | 下垂型 | 边墙型 | | | |
| ZSTZ15/72Y | ZSTX15/72Y | ZSTB15/72Y | 72 | 42 | 本色 |
| ZSTZ15/98Y | ZSTX15/98 | YZSTB15/98Y | 98 | 68 | 白色 |
| ZSTZ15/142Y | ZSTX15/142Y | ZSTB15/142Y | 142 | 112 | 蓝色 |

开式喷头一般用于雨淋系统和水幕系统等。

2. 报警阀系统

报警阀是自动喷水灭火系统中的重要组成设备。它平时可用来检修、测试自动喷水灭火系统的可靠性，在发生火灾时能发出火警信号。不同种类的自动喷水灭火系统采用不同构造的报警阀系统。

(1) 湿式报警阀(充水式报警阀)

ZSZ 系列湿式报警阀的最大工作压力不超过 1.2MPa。图 3-16 所示为 ZSZ 系列湿式报警阀。该产品有下列部件组成：

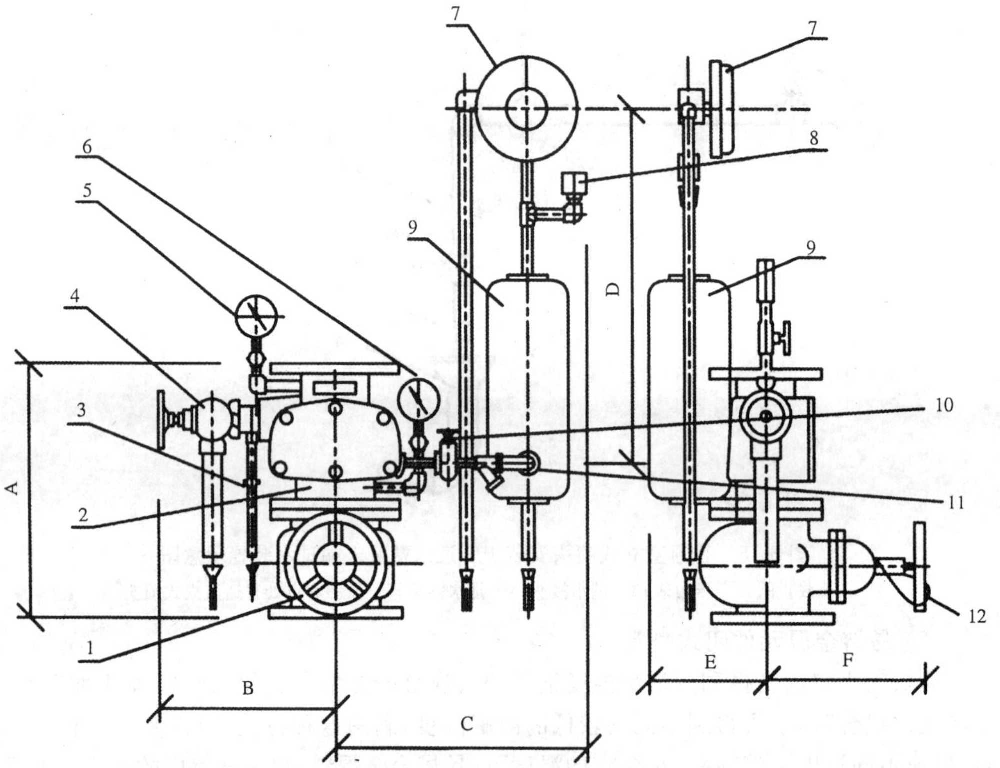


图 3-16　湿式报警阀

1—控制阀；2—报警阀；3—试警铃阀；4—放水阀；5，6—压力表；7—水力警铃；8—压力开关；9—延迟器；10—警铃管阀门；11—滤网；12—软锁

① 控制阀

控制阀上端连接报警阀，下端连接进水立管，其作用是检修管网以及灭火结束后更换喷头时关闭水源，它应保持常开状态，以保证系统随时处于备用状态，并用环形软锁将闸门手轮锁死在开启状态。

② 报警阀

报警阀的形式较多，图 3-17 是其中一种形式的报警阀，图 3-18 为报警阀工作原理图。用于阀瓣自重关闭，将阀腔分为上、下两部分，并通过胶垫密封。当上、下腔产生微小压力差时，可通过阀瓣上的球形止回阀自动调节。当某处发生火灾，喷头打开喷水，管中压力下降，报警阀的上、下腔形成较大压差，阀瓣立即抬起，打开水流通道供水灭火。同时水流也经座圈上的环形槽不断进入延迟器并很快充满后，以一定的水压冲动水力警铃，发出铃声报警。

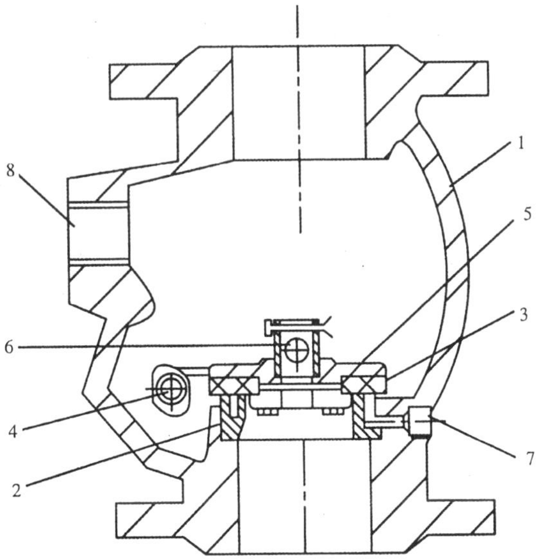


图 3-17　报警阀示意图

1—阀体；2—铜座圈；3—胶垫；4—锁轴；5—阀瓣；6—球形止回阀；7—延迟器接口；8—放水阀接口

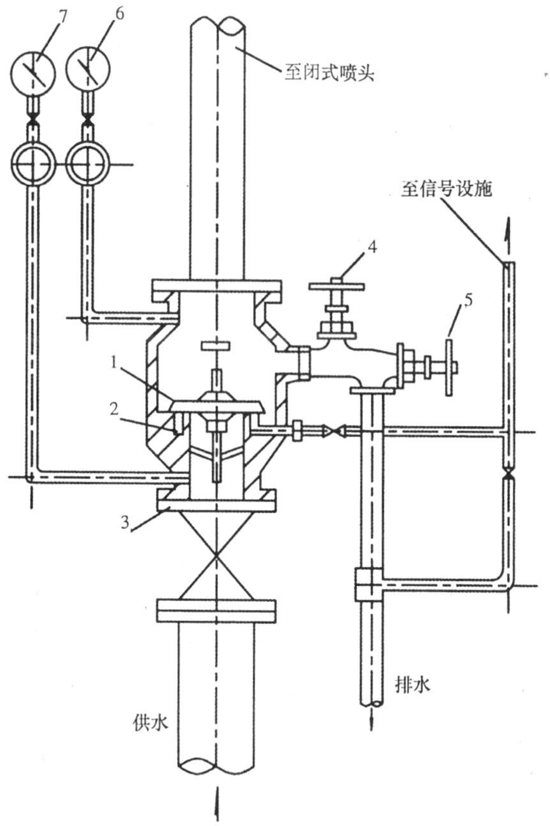


图 3-18　湿式报警阀工作原理示意

1—报警阀及阀芯；2—阀座凹槽；3—总闸阀；4—试铃阀；5—排水阀；6—阀后压力表；7—阀前压力表

报警阀宜设在明显易见的地点，且便于操作，距地面高度宜为 1.2m。报警阀处的地面应有排水措施。

采用闭式喷头的湿式和预作用喷水灭火系统，一个报警阀控制喷头数不宜超过 800 个；有排气装置的干式喷水灭火系统为 500 个；无排气装置的干式喷水灭火系统为 250 个。

每个报警阀组供水的最高与最低位置喷头，其高程差不宜大于 50m。

③ 试警铃阀

当进行人工试验检查，打开试警铃阀泄水，报警阀能自动打开，水流应迅速充满延迟器，并使压力开关及水力警铃立即动作报警。

④ 放水阀

进行检修或更换喷头时放水阀可以放空阀后管网的余水。

⑤ 水力警铃

为了保证驱动水力警铃的水流有一定的水压，工作压力不应小于 0.05MPa，水力警铃宜装在报警阀附近，它与报警阀的连接管道管径应为 20mm，但最大长度不应大于 20m。

水力警铃应设在有人值班的地点附近，不得安装在受雨淋和曝晒的场所，以免影响其性能。电动报警器不得替代水力警铃。

⑥ 延迟器

凡采用闭式喷头的自动喷水灭火系统均应设有延迟器等防止误报警的装置。

延迟器是一个管式容器，安装在报警阀与水力警铃之间，用以防止由于水源压力突然发生变化而引起报警阀开启或对因报警阀局部渗漏而进入警铃管道的水流起一个暂时容纳的作用，从而避免虚假报警。只有在火灾真正发生时，喷头和报警阀相继打开，水流源源不断大量流入延迟器，经 30s 左右充满整个容器，然后冲入水力警铃。

⑦ 压力开关

它安装在延迟器后面的水力警铃入水口前的管道上，安装时必须垂直，在水力警铃报警的同时，由于警铃管水压升高，接通电触点而成电器报警，向消防中心报警或启动消防水泵。

⑧ 警铃管阀门

该阀门应处于常开状态，用于检修警铃报警设备。

⑨ 压力表

(2) 干式报警阀(充气式报警阀)

干式报警阀原理如图 3-19 所示，它适用于干式自动喷水灭火系统。

ESFLX 型干式报警阀最大工作压力不超过 1.2MPa，它在自动喷水干式灭火系统中的作用如框图 3-20 所示。

(3) 干湿式报警阀(充气充水式报警阀)

ZSFL 型干湿两用报警阀的最大工作压力为 1.6MPa，它在湿式状态下的工作原理同湿式系统，干式状态下的工作原理同干式系统。干湿式报警阀工作原理见图 3-21。

(4) 预作用阀

预作用阀可采用干式报警阀或雨淋阀代替，它在预作用喷水系统中的功能如框图 3-22 所示。

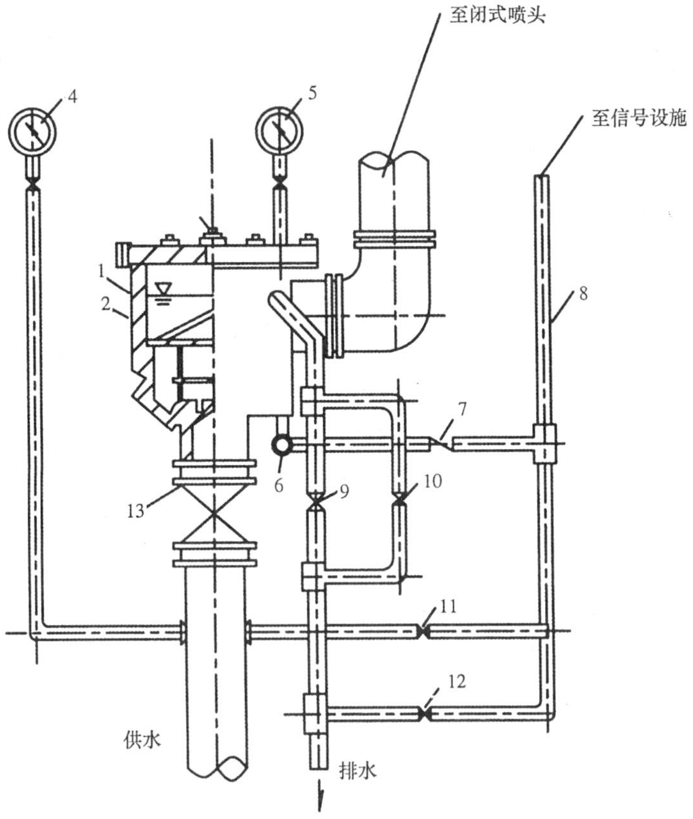


图 3-19　干式报警阀工作原理示意

1—阀体；2—差动双盘阀板；3—充气塞；4—阀前压力表；5—阀后压力表；6—角阀；7—止回阀
8—信号管；9，10，11—截止阀；12—小孔阀；13—总闸阀

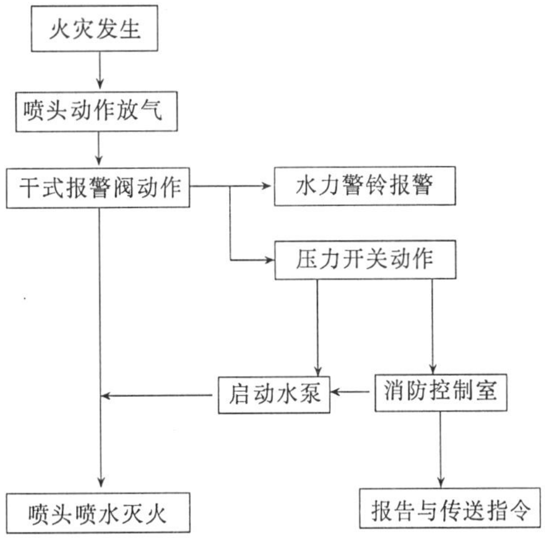


图 3-20　干式报警阀的作用

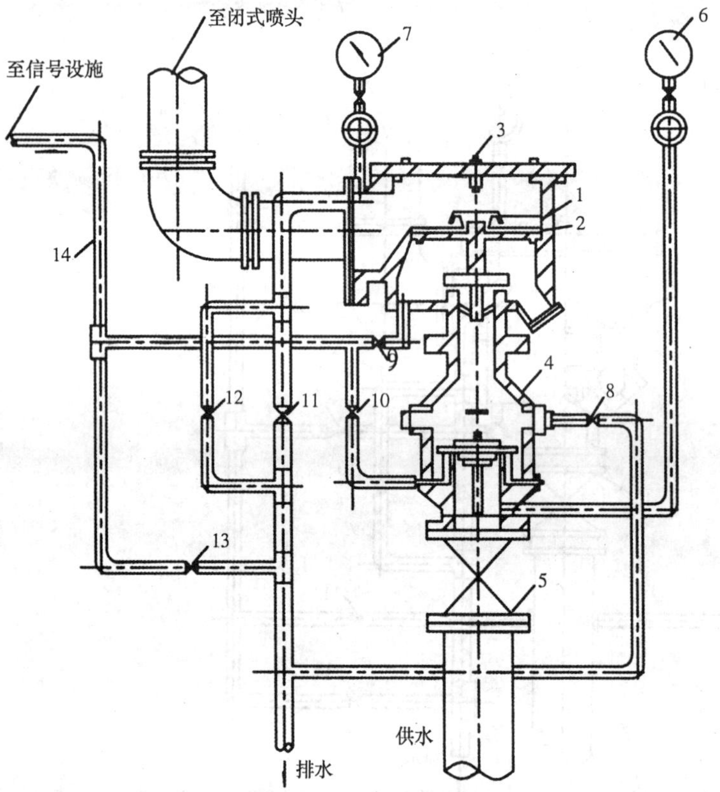


图 3-21　干湿式报警阀工作原理示意

1—干式报警阀；2—差动阀板；3—充气塞；4—湿式报警阀；5—总闸阀；6—阀前压力表；7—阀后压力表；8，9，10，11，12—截止阀；13—小孔阀；14—信号管

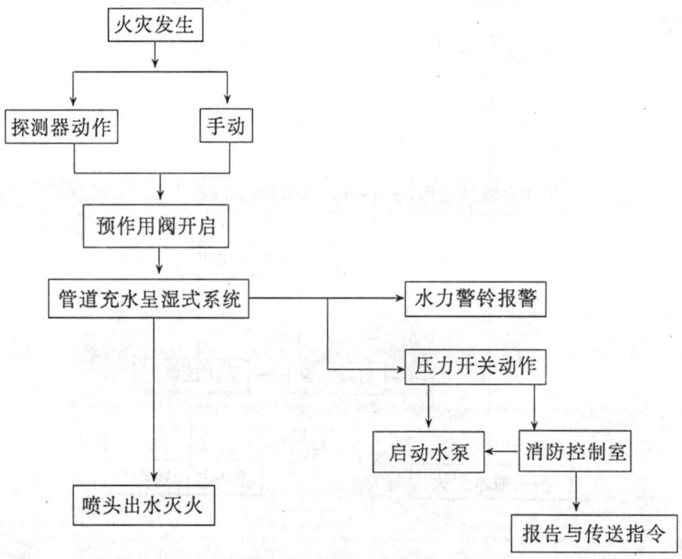


图 3-22　预作用阀的作用

3. 水流指示器

一个自动喷水灭火系统控制的楼层数较多时，为了尽快识别火灾发生的地点，在每一层楼的配水支管上装设水流指示器，以给出某一失火楼层支管水流流动的电信号，此信号可送到消防控制室，显示、报警或启动消防水泵等。

常用与湿式自动灭火系统的浆状水流指示器如图 3-23 所示。浆片的面与水流方向垂直，当某处发生火灾，喷头打开喷水，引起管道中的水流动，使浆片随水流而动作，接通延时电路，在预定的 20～30s 延时后，继电器触点吸合发出电信号。延时发讯可消除管内瞬间水压波动可能引起的误报。当水流指示器入口前设置控制阀时，应采用信号阀。

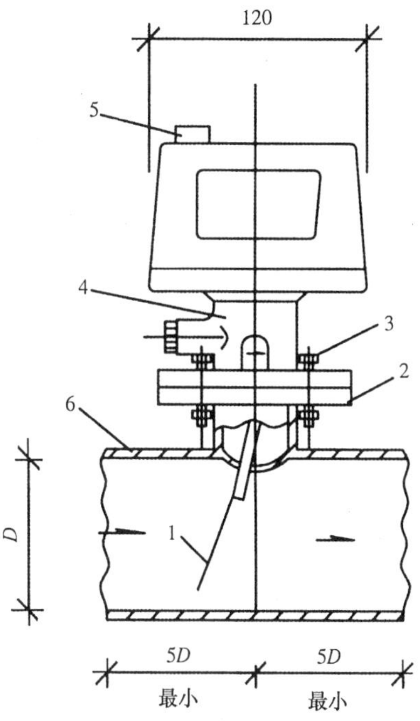


图 3-23 水流指示器

1—浆片；2—法兰底座；3—螺栓；4—本体；5—接线孔；6—喷水管道

4 . 末端试水装置

每个报警阀组控制的最不利点喷头处，应设末端试水装置，其他防火分区、楼层的最不利点喷头处，均应设置直径为 25mm 的试水阀。末端试水装置应由试水阀、压力表以及试水接头组成。试水接头出水口的流量系数，应等同于同楼层或防火分区内的最小流量系数喷头。末端试水装置的出水，应采取孔口出流的方式排入排水管道。

5. 火灾探测器

电动的感烟、感温、感光火灾探测器系统，由电气专业人员设计。

**四、系统的设计**

1. 喷头的选用

选用喷头时应注意下列情况：

(1) 应严格按照环境温度来选用喷头温级，一般应比高环境温度高 30°C 左右。

(2) 在蒸汽压力小于 1 $kg/cm^2$ 的散热器附近 2m 以内空间，采用高温级喷头(121～149°C)；2～6m 以内在空气热流趋向的一面采用中温级喷头(79～107°C)。

(3) 在设有保温的蒸汽管子上方 0.76m 和两侧 0.3m 以内的空间，应采用中温级喷头(79～107°C)；在低压蒸汽安全阀旁边 2m 以内，采用高级喷头(121～149°C)。

(4) 在既无绝热措施，又无通风的木板或瓦楞铁皮房顶的闷顶中和受到日光曝晒的玻璃天窗下，应采用中温级喷头(79～107°C)。

(5) 在装设喷头的场所，应注意防止腐蚀性气体的侵蚀，不得受外力的撞击，经常清除喷头上的尘土。

2. 喷头布置

喷头布置间距

(1) 喷头布置要考虑到房间的任何部位都能受到喷水保护，还应有一定的喷水强度。

① 正方形布置(图 3-24 和表 3-9)。

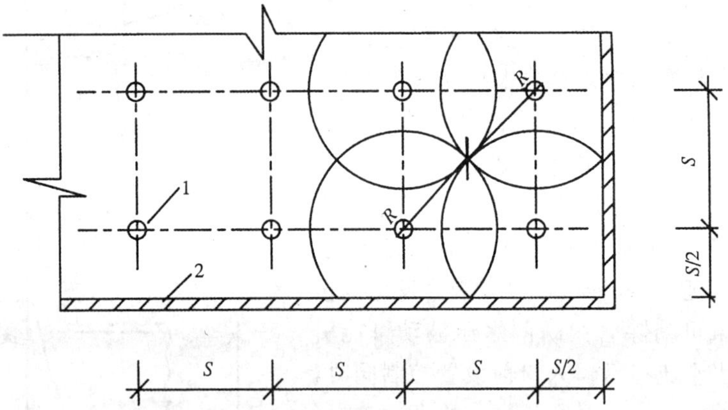


图 3-24 正方形布置示意

1—喷头；2—墙壁

**表 3-9** 同一根配水支管上喷头的间距及相邻配水支管的间距

| 喷水强度 (L/(min·m²)) | 正方形布置的边长 (m) | 矩形或平行四边形布置的长边边长 (m) | 一支喷头的最大保护面积 (m²) | 喷头与端墙的最大距离 (m) |
|---|---|---|---|---|
| 4 | 4.4 | 4.5 | 20.0 | 2.2 |
| 6 | 3.6 | 4.0 | 12.5 | 1.8 |
| 8 | 3.4 | 3.6 | 11.5 | 1.7 |
| 12～20 | 3.0 | 3.6 | 9.0 | 1.5 |

注：① 仅在走道设置单排喷头的闭式系统，其喷头间距应按走道地面不留漏喷空白点确定；
② 货架内喷头的间距不应小于 2m，并不应大于 3m。

② 长方形布置(图 3-25 和表 3-9)

③ 菱形布置(图 3-26)

(2) 喷头与梁的距离

喷头与梁的距离由图 3-27 和表 3-10 的规定确定。

**表 3-10** 喷头与梁、通风管道的距离(m)

| 喷头溅水盘与梁或通风管道的底面的最大垂直距离 $b$ | | 喷头与梁、通风管道的水平距离 $a$ |
|---|---|---|
| 标准喷头 | 其他喷头 | |
| 0 | 0 | $a<0.3$ |

续表

| 喷头溅水盘与梁或通风管道的底面的最大垂直距离 b | | 喷头与梁、通风管道的水平距离 a |
|---|---|---|
| 标准喷头 | 其他喷头 | |
| 0.06 | 0.04 | $0.3 \leqslant a < 0.6$ |
| 0.14 | 0.14 | $0.6 \leqslant a < 0.9$ |
| 0.24 | 0.25 | $0.9 \leqslant a < 1.2$ |
| 0.35 | 0.38 | $1.2 \leqslant a < 1.5$ |
| 0.45 | 0.55 | $1.5 \leqslant a < 1.8$ |
| >0.45 | >0.55 | $a = 1.8$ |

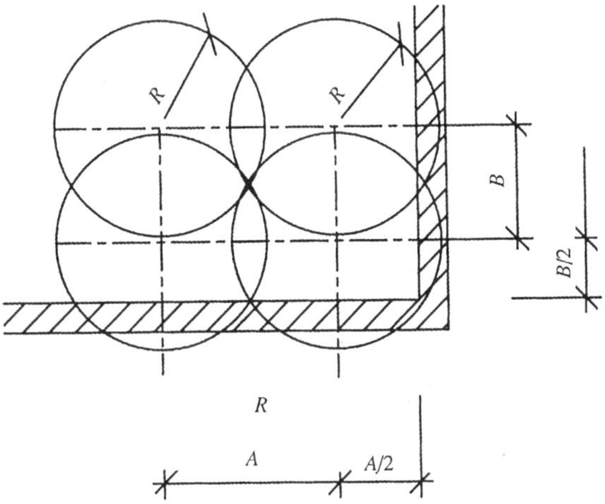


图 3-25　喷头长方形布置示意

(3) 斜屋面下的喷头布置

顶板或吊顶为斜面时，喷头应垂直于斜面，并应按斜面距离确定喷头间距。

尖屋顶的屋脊处应设一排喷头。喷头溅水盘至屋脊的垂直距离，屋顶坡度>0.333 时，不应大于 0.8m；屋顶坡度<0.333 时，不应大于 0.6m。

采用闭式系统场所的最大净空高度不应大于表 3-11 的规定，仅用于保护室内钢屋架等建筑构件和设置货架内喷头的闭式系统，不受此表规定的限制。

**表 3-11　　　　采用闭式系统场所的最大净空高度(m)**

| 设置场所 | 采用闭式系统场所的最大净空高度 |
|---|---|
| 民用建筑和工业厂房 | 8 |
| 仓库 | 9 |
| 采用快速响应早期抑制喷头的仓库 | 12 |

喷头应布置在顶板或吊顶下易于接触到火灾热气流并有利于均匀喷水的位置。当喷头附近有障碍物时，应符合规范的规定或增设补偿喷水强度的喷头。净空高度大于

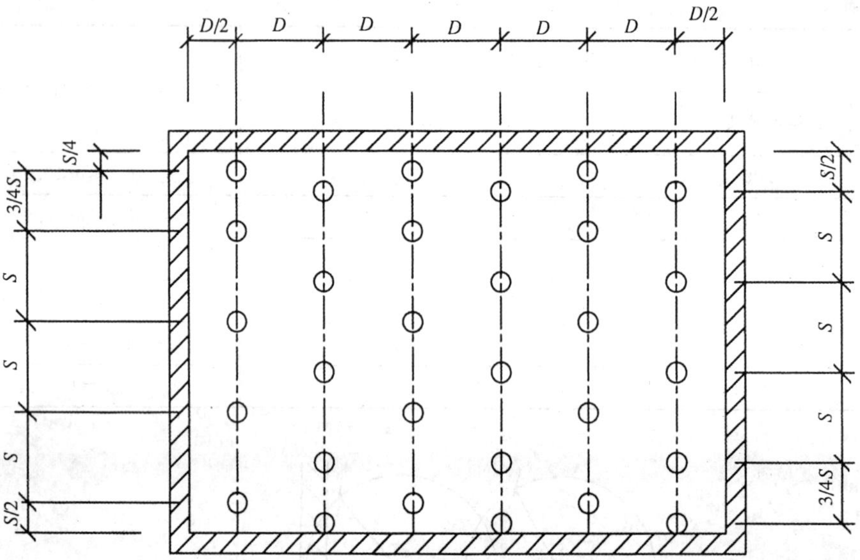


图 3-26　喷头菱形布置示意

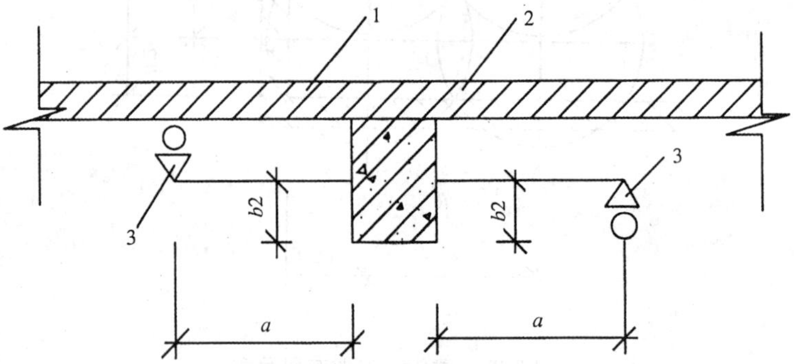


图 3-27　喷头与梁的距离

1—天花板；2—梁；3—喷头

800mm 的闷顶和技术夹层内有可燃物时，应设置喷头。

当局部场所设置自动喷水灭火系统时，与相邻不设自动喷水灭火系统场所连通的走道或连通开口的外侧，应设喷头。

装设通透性吊顶的场所，喷头应布置在顶板下。

边墙型标准喷头的最大保护跨度与间距，应符合表 3-12 的规定。

**表 3-12　　边墙型标准喷头的最大保护跨度与间距(m)**

| 设置场所火灾危险等级 | 轻危险级 | 中危险级　Ⅰ级 |
|---|---|---|
| 配水支管上喷头的最大间距 | 3.6 | 3.0 |
| 单排喷头的最大保护跨度 | 3.6 | 3.0 |
| 两排相对喷头的最大保护跨度 | 7.2 | 6.0 |

注：① 两排相对喷头应交错布置；

② 室内跨度大于两排相对喷头的最大保护跨度时，应在两排相对喷头中间增设一排喷头。

3. 管道布置与管材

自动喷水灭火系统应与室内消火栓给水系统分开设置，有困难时，可合用消防泵，但在自动喷水灭火系统的报警阀前(沿水流方向)必须分开设置。

自动喷水灭火系统报警阀后的管道上不应设置其他用水设施。

喷水系统的管道应以 0.002～0.004 的坡度坡向配水立管，以便泄空。一般应与配水立管并排，专设一根泄水立管，与一层的配水管接通。

配水立管最好设在配水系统的中央，配水支管宜在配水干管两侧均匀分布。每根配水支管或配水管的直径不应小于 25mm。

每侧、每根配水支管设置的喷头数应符合下列要求：

① 轻危险级、中危险级建筑物、构筑物不应多于 8 个。当同一配水支管在吊顶上下布置喷头时，其上下侧的喷头个数不多于 8 个。

② 严重危险级建筑物、构筑物不应多于 6 个。

自动喷水灭火系统管网内的工作压力不应大于 1.2MPa。

管道吊顶或支架的位置不能影响喷头的喷水效果，一般吊架与喷头的距离不应小于 0.3m，距末端喷头的间距应小于 0.75m，对圆钢制的吊架，其间距可小至 0.75m。

配水管道应采用内外壁热镀锌钢管。当报警阀入口前管道采用内壁不防腐的钢管时，应在该段管道的末端设过滤器。

系统管道的连接，应采用沟槽式连接件(卡箍)，或丝扣、法兰连接。报警阀前采用内壁不防腐钢管时，可焊接连接。

系统中直径等于或大于 100mm 的管道，应分段采用法兰或沟槽式连接件(卡箍)连接。水平管道上法兰间的管道长度不宜大于 20m；立管上法兰间的距离，不应跨越 3 个及以上楼层。净空高度大于 8m 的场所内，立管上应有法兰。

管道的直径应经水力计算确定。配水管道的布置，应使配水管入口的压力均衡。轻危险级、中危险级场所中各配水管入口的压力不宜大于 0.40MPa。

## 五、系统的水力计算

1. 设计流量

系统的设计流量，应按最不利点处作用面积内喷头同时配水的总流量确定，可按下式计算：

$$Q_s=\frac{1}{60}\sum_{i=1}^{n}q_i \qquad (3\text{-}4)$$

式中 $Q_s$——系统设计流量(L/s)；

$q_i$——最不利点处作用面积内各喷头节点的流量( L/min)；

$n$——最不利点处作用面积内的喷头数。

系统流量设计的计算，应保证任意作用面积内的平均喷水强度不低于表 3-13 的规定。最不利点处作用面积内任意 4 只喷头围合范围内的平均喷水强度，轻危险级、中危险级不应低于表 3-13 规定值的 85%；严重危险级和仓库危险级不应低于本规范表 3-13 和规范中的规定值。

**表 3-13　　　　　　　　民用建筑和工业厂房的系统设计基本参数**

| 火灾危险等级 | | 喷水强度(L/(min·$m^2$)) | 作用面积($m^2$) | 喷头工作压力(MPa) |
|---|---|---|---|---|
| 轻危险级 | | 4 | 160 | 0.10 |
| 中危险级 | Ⅰ级 | 6 | | |
| | Ⅱ级 | 18 | 260 | |
| 严重危险级 | Ⅰ级 | 12 | | |
| | Ⅱ级 | 16 | | |

注:系统最不利点处喷头的工作压力,不应低于 0.05MPa。

水力计算选定的最不利点处作用面积宜为矩形,其长边应平行于配水支管,其长度不宜小于作用面积平方根的 1.2 倍。

喷头的流量应按下式计算:

$$q=K\sqrt{10P} \tag{3-5}$$

式中　$q$——喷头流量(L/min);

$P$——喷头工作压力(MPa);

$K$——喷头流量系数。

2. 水头损失

自动喷水灭火系统管道内的水流速度不宜超过 5m/s,但配水支管内水流速度在个别情况可不大于 10m/s。

自动喷水灭火系统管道单位长度的水头损失按如下公式计算:

$$i=0.0000107\frac{V^2}{d_j^{1.3}} \tag{3-6}$$

$$h_f=Li=ALQ^2 \tag{3-7}$$

$$A=\frac{h_f}{LQ^2}=\frac{i}{Q^2}=\frac{0.001736}{d_j^{5.3}} \tag{3-8}$$

式中　$i$——每米管道的水头损失(MPa/m);

$V$——管道内水的平均流速(m/s);

$d_j$——管道的计算内径(m),取值应按管道的内径减 1mm 确定;

$h_f$——沿程水头损失(MPa);

$L$——计算管段长度(m);

$A$——管道比阻,见表 3-14;

$Q$——管段流量(L/s)。

管道的局部水头损失,宜采用当量长度法计算。管道局部水头损失一般按管网沿程水头损失 $h_f$ 值的 20%计算。

表 3-14　　　　　　　　**管道比阻 A 值(流量以 L/s 计)**

| 钢管 | | 铸铁管 | |
|---|---|---|---|
| 公称直径(mm) | $A$ | 公称直径(mm) | $A$ |
| 15 | 8.809 | 50 | 0.015090 |
| 20 | 1.643 | 75 | 0.001709 |
| 25 | 0.4367 | 100 | 0.0003653 |
| 32 | 0.09386 | 125 | 0.0001108 |
| 40 | 0.04453 | 150 | 0.00004185 |
| 50 | 0.01108 | 200 | 0.000009029 |
| 70 | 0.002893 | 250 | 0.000002752 |
| 80 | 0.001168 | 300 | 0.000001025 |
| 100 | 0.0002674 | 350 | 0.0000004529 |
| 125 | 0.00008623 | 400 | 0.0000002232 |
| 150 | 0.00003395 | 500 | 0.00000006839 |
| 200 | 0.000009273 | 600 | 0.00000002602 |

3. 水压力

水泵扬程或系统入口的供水压力应按下式计算。

$$H=\sum h+P_0+Z \tag{3-9}$$

式中　$H$——水泵扬程或系统入口的供水压力(MPa)；

$\sum h$——管道沿程和局部的水头损失的累计值(MPa)，湿式报警阀、水流指示器取值 0.02MPa，雨淋阀取值 0.07MPa(注：蝶阀型报警阀及马鞍型水流指示器的取值由生产厂提供)；

$P_0$——最不利点处喷头的工作压力(MPa)；

$Z$——最不利点处喷头与消防水池的最低水位或系统入口管水平中心线之间的高程差，当系统入口管或消防水池最低水位高于最不利点处喷头时，$Z$ 应取负值(MPa)。

高层建筑物内的自动喷水灭火系统喷头处的水压力，如超过规范的规定值，应采用减压孔板或节流管等技术措施。

减压孔板应符合下列要求：

① 应设置在直径不小于 50mm 的水平管段上；

② 孔口直径不应小于设置安装管段直径的 30%；

③ 孔板应安装在水流转弯处下游一侧的直管段上，与弯管的距离不应小于设置管段直径的两倍。

节流管内流速不应大于 20L/s。节流管的长度不宜小于 1m。节流管的直径宜按表 3-15的规定选用。

**表 3-15　　节流管的直径(mm)**

| 干管 | 50 | 70 | 80 | 100 | 125 | 150 | 200 | 250 |
|---|---|---|---|---|---|---|---|---|
| 节流管 | 25 | 32 | 40 | 50 | 70 | 80 | 100 | 125 |

## 六、水喷雾灭火系统

《建筑设计防火规范》规定，单台容量在 40MW 及以上的厂矿企业可燃油油浸电力变压器、单台容量在 90MW 及以上可燃油油浸电厂电力变压器或单台容量在 125MW 及以上的独立变电所可燃油油浸电力变压器和飞机发动机试车台的试车部位应设置水喷雾灭火系统。

《高层民用建筑设计防火规范》规定，高层建筑内的燃油、燃气的锅炉房；可燃油油浸电力变压器室；充可燃油的高压电容器和多油开关室；自备发电机房，应设置水喷雾灭火系统。

水喷雾系统由水源、供水设备、管道、雨淋阀组(包括雨淋阀、电磁阀、压力开关、水力警铃、压力表和配套的通用阀门)、过滤器和水雾喷头(在一定水压下，利用离心或撞击原理将水分解成细小水滴)等组成，向保护对象喷射水雾灭火或起防护冷却作用。图 3-28 为自备发电机水喷雾设计示意图。

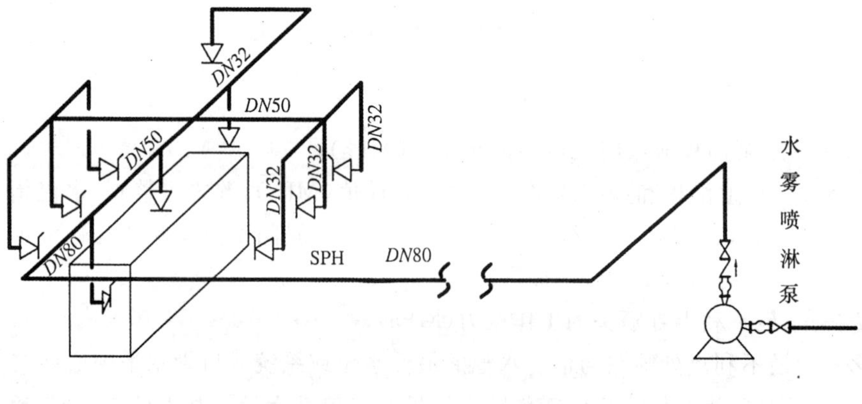


图 3-28　自备发动机水喷雾示意图

## 第三节　其他灭火系统

**一、建筑灭火器的配置**

为了有效地扑救工业与民用建筑初起火灾，除了9层及以下的普通住宅外，应设置建筑灭火器，特别是诸如油漆间、配电间、仪表控制室、办公室、实验室、厂房、库房、观众厅、舞台、堆垛等。灭火器应设置在明显（让人们一目了然）和便于取用的地点，且不得影响安全疏散。

《建筑灭火器的配置设计规范》对于灭火器配置场所的危险等级和灭火器的灭火级别、灭火器的选择、灭火器的具体配置、设置要求和保护距离以及灭火器配置的设计计算均有详尽的规定。一般而言，灭火器的设计计算应按照以下步骤进行：

（1）确定各灭火器配置场所的危险等级；

（2）确定各灭火器配置场所的火灾种类；

（3）确定划分灭火器配置场所的计算单元；

（4）测算各单元的保护面积；

（5）计算各单元所需的灭火级别；

（6）确定各单元的灭火器设置点；

（7）计算每个灭火器设置点的灭火级别；

（8）确定每个设置点灭火器的类型、规格与数量；

（9）验算各设置点和各单元实际配置的所有灭火器的灭火级别（应不小于其计算值）；

（10）确定每具灭火器的设置方式和要求，在设计图纸上标明其类型、规格、数量与设置位置。

**二、气体灭火**

1. 泡沫灭火系统

泡沫灭火的原理是通过泡沫层的冷却、隔绝氧气和抑制燃料蒸发等作用，达到扑灭火灾的目的。空气泡沫灭火是泡沫液与水通过特制的比例混合器混合而成泡沫混合液，经泡沫产生器与空气混合产生泡沫，通过不同的方式最后覆盖在燃烧物质的表面或者充满发生火灾的整个空间，致使火灾扑灭。泡沫灭火剂有化学泡沫灭火剂和空气泡沫灭火剂两大类。目前化学泡沫灭火剂主要是充装于100 L以下的小型灭火器内，扑救小型初期火灾；大型的泡沫灭火系统主要采用空气泡沫灭火剂。

根据扑灭灭火剂的发泡性能不同，又可分为低倍数泡沫灭火系统、中倍数泡沫灭火系统和高倍数泡沫灭火系统三类。这三类又根据喷射方式不同（液上、液下），设备和管道的安装不同（固定式、半固定式、移动式）以及灭火范围（全淹没式、局部应用式）组成各种形式的泡沫灭火系统。

泡沫灭火系统由泡沫消防泵、泡沫比例混合器、泡沫液压力储罐、泡沫产生器、阀门、管道等组成。

2. 二氧化碳灭火系统

二氧化碳灭火系统是一种纯物理的气体灭火系统，能产生对燃烧物窒息和冷却的作用。它采用固定装置，类型较多，一般分为全淹没式灭火系统（扑救空间内的火灾）和局部应用灭火系统（扑救不需封闭空间条件的具体保护对象的火灾）。其优点是不污损保护物、灭火快等。

二氧化碳灭火系统由储存装置、选择阀、喷头、管道及其附件组成。

常用的气体灭火系统还有卤代烷灭火系统、蒸汽灭火系统等。

## 第四节　消防其他设施

### 一、消防水泵接合器

当室内消防水泵发生故障或遇大火，室内消防用水不足时，消防车从室外消火栓取水，通过水泵接合器将水送到室内消防给水管网，供灭火使用。

1. 用于低层建筑的水泵接合器

超过四层的厂房和库房、设有消防管网的住宅及超过五层的其他民用建筑，其室内消防管网应设消防水泵接合器。距接合器 15～40m 内应设室外消火栓或消防水池。水泵接合器的数量应按室内消防用水量计算确定，每个水泵接合器的流量按 10～15L/s 计算。

2. 用于高层建筑的水泵接合器

高层建筑室内消火栓给水系统和自动喷水灭火系统应分别设水泵接合器，并应符合下列规定：

（1）水泵接合器的数量应按室内消防用水量经计算确定，每个水泵接合器的流量也应按 10～15(L/s)计算。

（2）高层民用建筑内部给水一般采用竖向分区给水方式，分区时各分区消防给水管网各自独立，因此在消防车供水压力范围内的每个分区均需分别设置水泵接合器。只有采用串联给水方式时，上区用水从下区水箱抽水供给，可仅在下区设水泵接合器，供全楼使用。水泵接合器应与室内环网连接，连接应尽量远离固定消防泵出水管内管网的接点。

（3）水泵接合器由消防车上的消防水泵从室外消火栓抽水，通过它向室内消防给水管网送水，其设置位置应考虑连接消防车水泵的方便，设置水泵接合器的地点：

① 设在室外；

② 便于消防车使用；

③ 不妨碍交通；

④ 与建筑物外墙应有一定距离，目前规定离水源（室外消火栓或消防水池）不宜过远，即 15～40m。

（4）水泵接合器的种类有地上式、地下式和墙壁式三种。地上式柱身与接口高出地面，目标显著，使用方便，规范推荐采用此种方式；地下式安装在路面下，不占地方，特别适用于寒冷地区和有美观要求的地点；墙壁式安装在建筑物墙根处墙面上只露两个接口，并有明显标致。各种类型的水泵接合器，其外形不应与消火栓相同，以免误用，而影响火灾的及时扑救。地下式水泵接合器的井盖与消火栓井盖亦应有所区别，亦应有明显标志。特别要注意水泵接合器设置位置，不致由于建筑物上部掉东西而影响供水和人员安全。

(5) 水泵接合器的附件有止回阀、安全阀、闸阀等(图 3-29)。止回阀用于室内消防给水管网压力过高,保障系统的安全。水泵接合器在工作时与室内消防给水管网沟通,因此,其工作压力应能满足室内消防给水管网的分区压力要求。

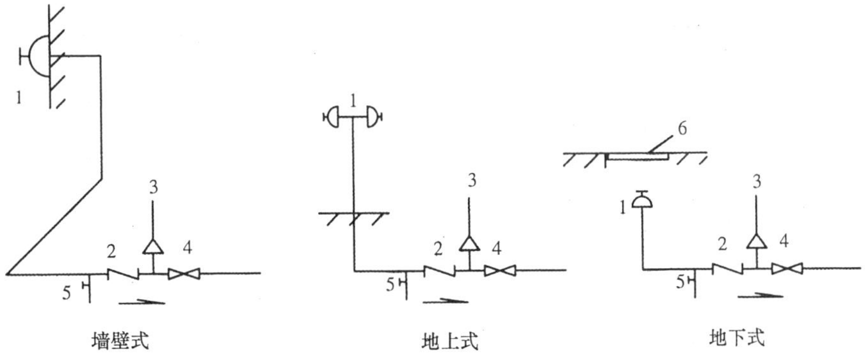


图 3-29 消防水泵接合器

1—消防接口;2—止回阀;3—安全阀;4—阀门;5—放水阀;6—井盖

**二、消防水池**

消防水源一般尽量采用城市自来水。有关天然水源,须谨慎采用,在既能保证水量又能保证水质的情况下方可采用。如果水量充沛,水质不好,会造成自动喷水灭火系统的喷头堵塞,甚至于使消防管道堵塞。有些天然水可作为消火栓消防备用水源。

消防用水与生活、生产用水合并的水池,应有确保消防用水不作他用的技术设施。寒冷地区的水池应有防冻设施。供消防车取水的消防水池应保证消防车的吸水高度不超过6m。

1. 低层建筑消防水池

当市政给水管道直径太小,不能满足消防用水量要求,即在生产、生活用水量达到最大时,不能保证消防用水量或市政给水管道为枝状或只有一条进水管,且消防用水量之和超过 25L/s 时应设消防水池。

居住区、工厂和丁、戊类仓库的火灾延续时间应按 2h 计算。其他性质的建筑物须按《建筑设计防火规范》规定的火灾延续设计计算消防水池容积;自动喷水灭火系统延续设计按1h计。在火灾发生时,若能连续补水,消防水池容量可减去火灾延续时间内补充的水量。

2. 高层建筑消防水池

(1) 高层建筑在下列情况下,应设有消防水池:

① 市政给水管道和进水管或天然水源不能满足消防用水量;

② 市政给水管道为枝状或只有一条进水管(二类居住建筑除外);

③ 不允许消防水泵从室外给水管网直接吸水;

④ 当生产、生活和消防用水达到最大时,室外低压给水管网不能保证不小于0.10MPa的压力(从室外地面算起)。

(2) 消防水池应满足下列要求:

① 当室外给水管网能保证室外消防用水量时，消防水池的有效容量应满足在火灾延续时间内室内消防用水量，当室外给水管网不能保证室外消防用水量时，消防水池的有效容积应满足火灾延续时间室内消防用水量和室外消防用水量不足部分之和的要求。消防水池的补水时间不宜超过 48 h。商业楼、展览楼、综合楼、一类建筑的财贸金融楼、图书馆、书库、重要的档案楼、科研楼和高级旅馆的火灾延续时间按 3h 计算，其他高层建筑可按 2 h 计算，自动喷水灭火系统可按火灾延续时间 1h 计算；

② 消防水池的总容量超过 $500m^3$ 时，应分成两个能独立使用的消防水池；

③ 供消防车取水的消防水池应设取水口或取水井，其水深应保证消防车的消防水泵吸水高度不超过 6.00m。取水口或取水井与被保护高层建筑的外墙距离不宜小于 5.00m，并不宜大于 100m；

④ 消防用水与其他用水共用的水池，应采取确保消防用水量不作他用的技术措施；

⑤ 寒冷地区的消防水池应采取防冻措施；

⑥ 高层建筑群可共用消防水池和消防水泵。消防水池的容量应按消防用水量最大的一幢高层建筑计算。

3. 消防水泵房

低层建筑消防水泵房应采用一二级耐火等级的建筑，附设在建筑内的消防水泵房，应用耐火极限 1 h 的非燃烧体墙和楼板与其他部位隔开。

高层建筑独立设置的消防水泵房，其耐火等级应不低于二级。在高层建筑内设置消防水泵房时，应采用耐火极限不低于 2.00 h 的隔墙和 1.50 h 的楼板与其他部位隔开，并应设甲级防火门。

设在底层(一层)消防水泵房应设有直通室外的安全出口；设在楼层的消防泵房，应紧靠建筑物的安全出口，以便于在发生火灾时，操作人员能坚持工作并能安全疏散。

消防泵房内应设集水坑，并应设置坡向集水坑的明沟，集水坑中应设置自动排污潜水泵。

除了室外消防用水量不超过 25L/s 的工厂、仓库和 7～9 层的单元式住宅可不设备用泵外，其他均需设置工作能力不应小于最大一台消防工作泵的备用泵。消防水泵应设不少于两条的供水管与室外环状网连接。一组消防水泵，吸水管不应少于两条，当其中一条损坏或检修时，其余吸水管仍能通过全部水量。当市政给水环形干管允许直接吸水时，应直接从室外管网吸水。消防水泵应采用自灌式吸水，吸水管上应设置阀门，出水管上应设压力表和 65mm 放水阀门。

消防水泵应保证在火警后 5min 内开始工作，并在火场断电时仍能正常运转。设有备用泵的泵房，应设备用动力，若采用双电源或双回路供电有困难时，可采用内燃机作动力。

消防水泵房宜设有与本单位消防队直接联络的通讯设备。

## 思考题三

1. 哪些低层建筑需设置室内消防用水？

2. 室内消火栓给水系统的给水方式有哪几种？

3. 高层民用建筑发生火灾有哪些特点？为什么要以“自救为主”？
4. 室内消火栓布置时应如何考虑？
5. 消防水箱、水池的容积是如何确定的？
6. 自动喷水灭系统有哪几种类型？各适用什么场所？
7. 自动喷水灭火系统的喷头如何选择？喷头布置及数量和什么有关？
8. 消防水泵结合器的作用是什么？它有几种形式？

# 第四章　室内排水工程

## 第一节　室内排水系统

### 一、室内排水系统分类

建筑物的排水系统分为如下几类：

1. 生活排水系统

(1) 生活污水系统

从大、小便器(槽)排出的污水。

(2) 生活废水系统

从浴盆、洗脸盆、洗涤盆、淋浴器、洗衣机等卫生器具排出的水，其中含有洗涤剂及一些洗涤下来的细小悬浮杂质，相对来说，比生活污水干净一些。

2. 生产排水系统

生产排水分为生产废水和冷却废水。

生产废水因生产工艺不同，水质差异很大。

从冷却机、空调机(器)等排出的冷却废水，水质一般污染轻微或不受污染，仅水温升高，可用冷却塔冷却后循环重复利用。但长期运转后，其 pH 值改变，需经水质稳定处理。

3. 雨水排水系统

一般是屋面与庭院雨水和融化的雪水，其中含有从屋面冲刷下来的泥沙和其他杂质。除大气污染严重的城市会下腐蚀性很强的酸雨外，相比之下，这种水还是比较干净。

4. 其他排水

从公共厨房排出的含油脂的废水，经隔油池处理排入废水管道，冲洗汽车的废水，亦需单独收集，局部处理后排放。还有游泳池排水等。

### 二、室内排水系统的组成

室内排水系统一般由卫生器具、排水横支管、立管、排出管、通气管、清通设备及某些特殊设备等部分组成，如图 4-1 所示。

1. 卫生器具(或生产设备)

卫生器具是室内排水系统的起点，接纳各种污(废)水后排入管网系统、污(废)水从器具排出口经存水弯和器具排水管流入横支管。

2. 横支管

横支管的作用是把各卫生器具排水管接纳来的污(废)水排至立管。横支管应具有一定的坡度坡向立管。

3. 立管

立管接纳各横支管中的污(废)水，然后再排至排出管，为了保证污(废)水流畅通，立

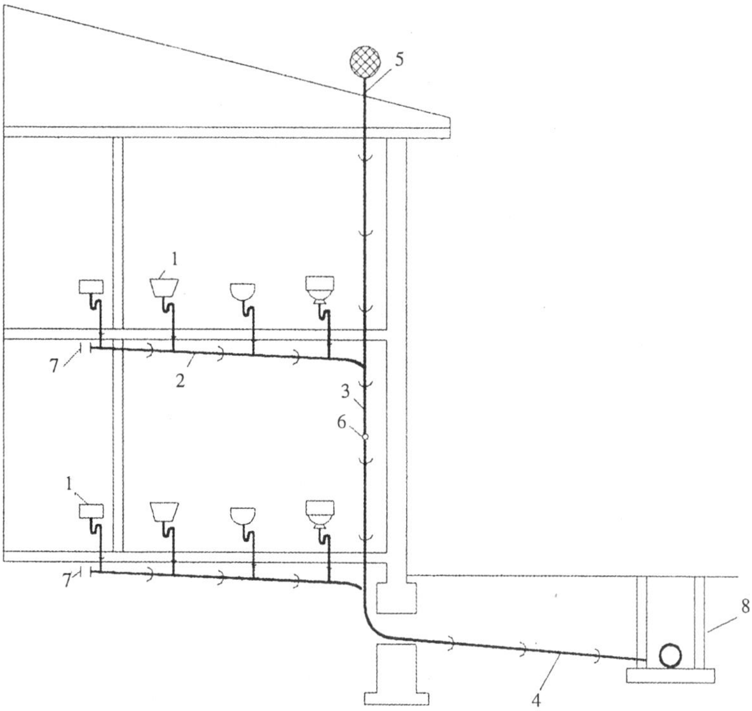


图 4-1 室内排水系统

1—卫生器具；2—横支管；3—立管；4—排出管；5—通气管；

6—检查口；7—堵头(可代替清扫口)；8—检查井

管的管径不应小于任何一根接入的横支管管径。

4. 排出管

排出管是室内排水立管与室外排水检查井之间的连接管段，排出管的管径不得小于连接立管的管径。排出管亦应具有一定坡度。

5. 通气系统

通气管不但能将室内排水管道中产生的有毒气体和臭气排到大气中去，并能保持排水管系的压力波动较小，保护卫生器具存水弯内的存水不致因压力波动而被抽吸(负压时)或喷溅(正压时)。

对于层数不多的建筑，在排水支管不长，卫生器具数量不多的情况下，采取排水立管上部延伸出屋顶的通气措施即可，排水立管延伸部分称为伸顶通气管，如图 4-1 所示。一般建筑物内的排水管道均设通气管。仅设一个卫生器具或虽接几个卫生器具但共用一个存水弯的排水管道，以及建筑物内底层污水单独排出的排水管道，可不设通气管。

生活污水立管所承担的卫生器具排水设计流量，当超过表 4-1 中无专用通气立管的排水立管的最大排水能力时，应设专用通气立管(图 4-2)，这种系统常适用于高层建筑。

下列污水管段应设环形通气管(图 4-3)：

(1) 连接 4 个及 4 个以上卫生器具并与立管的距离大于 12m 的污水横支管；

(2) 连接 6 个及 6 个以上大便器的污水横支管；

(3) 设有器具通气管。

**表 4-1**　　　　　　　　　**排水立管最大排水能力**

| 污水立管管径 (mm) | 排水能力 (L/s) | |
|---|---|---|
| | 无专用通气立管 | 有专用通气立管或主通气立管 |
| 50 | 1.0 | — |
| 75 | 2.5 | 5 |
| 100 | 4.5 | 9 |
| 150 | 10.0 | 25 |

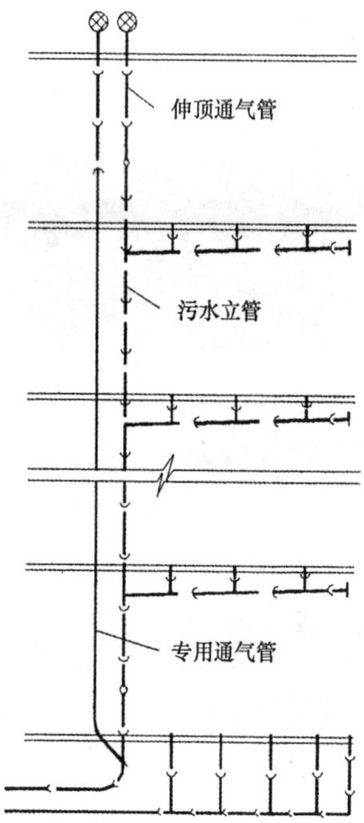


图 4-2　专用通气系统

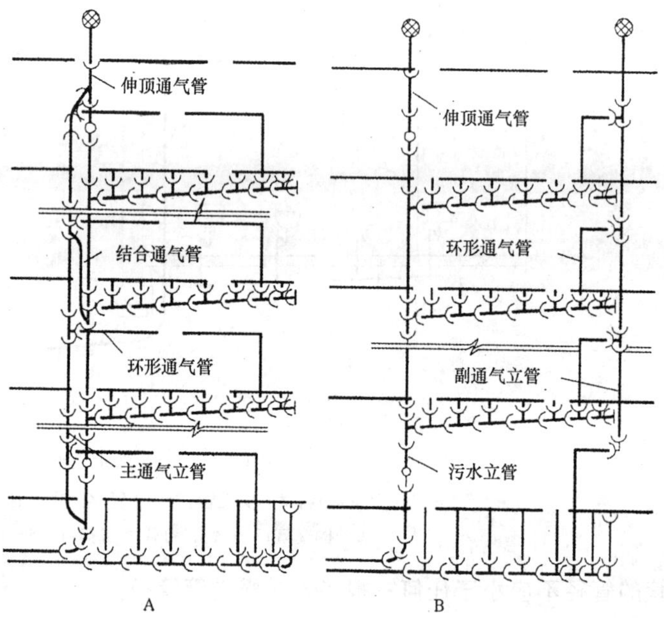


图 4-3　环形通气系统

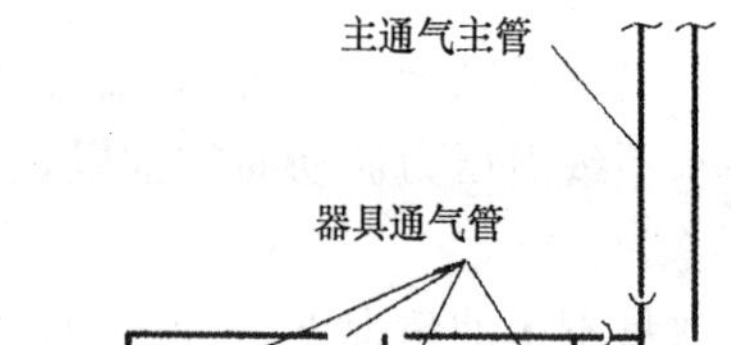


图 4-4　器具通气管

对于使用条件要求较高的建筑和高层公共建筑也可设环形通气管。

对卫生、环境安静要求较高的建筑物内，生活污水管道宜设置器具通气管(图 4-4)。

通气管和污水管的连接，应遵守下列规定：

(1) 器具通气管应设在存水弯出口端。环形通气管应在横支管上最始端的两个卫生器具间接出，并应在排水支管中心以上与排水支管呈垂直或45°角连接。

(2) 器具通气立管、环形通气管应在卫生器具上边缘以上不少于 0.15m 处。按不小于 0.01 的上升坡度与通气立管相连。

(3) 专用通气立管和主通气立管的上端可在最高层卫生器具上边缘或检查口以上与污(废)水

立管通气部分以斜三通连接，下端应在最低污（废）水横支管以下与污（废）水立管以斜三通连接。

（4）专用通气立管应每隔两层、主通气立管应每隔 8～10 层设结合通气管与污（废）水立管连接。结合通气管下端宜在污（废）水横支管以下与污（废）水立管以斜三通连接；上端可在卫生器具上边缘以上不小于 0.15m 处与通气立管以斜三通连接（图 4-3）。

通气管的管径，应根据污（废）水管排水能力、管道长度确定。一般不宜小于污水管管径的 1/2，其最小管径可按表 4-2 确定。

**表 4-2　　通气管最小管径**

| 通气管名称 | 排水管管径（mm） | | | | | |
|---|---|---|---|---|---|---|
| | 32 | 40 | 50 | 75 | 100 | 150 |
| 器具通气管 | 32 | 32 | 32 | — | 50 | — |
| 环形通气管 | — | — | 32 | 40 | 50 | — |
| 通气立管 | — | — | 40 | 50 | 75 | 100 |

注：① 通气立管长度在 50m 以上者，其管径应与污（废）水立管管径相同；
② 两个及两个以上污（废）水立管同时与一根通气立管相连时，应以最大一根污（废）水立管按表 4-2 确定通气立管管径，且其管径不宜小于其余任何一根污（废）水立管管径；
③ 结合通气管不宜小于通气立管管径。

当两根或两根以上污（废）水立管的通气管汇合连接时，汇合通气管的断面积应为最大一根通气管的断面积加其余通气管断面积之和的 25%。

通气管管口高出屋面不得小于 0.3m，且必须大于最大积雪厚度。通气管顶端应设风帽或网罩。

污（废）水立管上部的伸顶通气管管径可与污（废）水管管径相同，但在最冷月平均气温低于－13℃的地区，应在室内平顶或吊顶以下 0.3m 处将管径放大一级。

通气管不得与建筑物的通风管或烟道连接。

6. 清通设备

为了疏通排水管道，在排水系统内设检查口、清扫口和检查井。

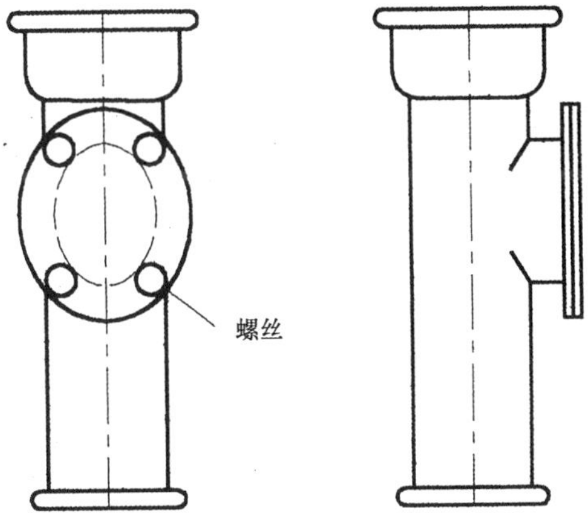


图 4-5　检查口

（1）检查口。设在排水立管上及较长的水平管段上，图 4-5 为一带有螺栓盖板的短管，其安装规定在建筑物的底层和最高层必设置外，其余每两层设置一个，当排水管采用 UPVC 管时，每 6 层设置一个，检查口的设置高度一般距地面 1.0 m。

（2）清扫口。当悬吊在楼板下面的污水横管上有两个及以上的大便器或三个及以上的卫生器具时，应在横管的起端设置清扫口，见图 4-6。

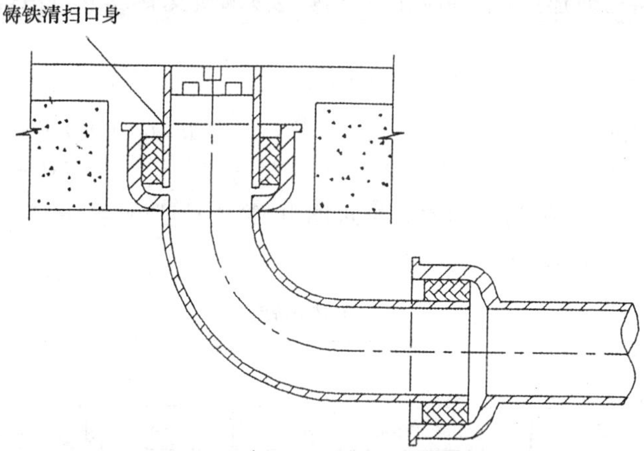


图 4-6　清扫口

(3) 污水横管的直线管段上检查口或清扫口之间的最大距离，应符合表 4-3 的规定。

表 4-3　污水横道的直线管段上检查口或清扫口之间的最大距离

| 管道管径(mm) | 清扫设备种类 | 距离(m) | | |
|---|---|---|---|---|
| | | 生产废水 | 生活废水及生活污水成分接近的生产污水 | 含有大量悬浮物和沉淀物的生产污水 |
| 50～75 | 检查口 | 15 | 12 | 10 |
| | 清扫口 | 10 | 8 | 6 |
| 100～150 | 检查口 | 20 | 15 | 12 |
| | 清扫口 | 15 | 10 | 8 |
| 200 | 检查口 | 25 | 20 | 15 |

(4) 检查井。对于不散发有毒气体或大量蒸汽的工业废水的排水管道，在管道拐弯、变径处和坡度改变及连接支管处，可在建筑物内设检查井，如图 4-7 所示，在直线管段上，排除生产废水时，检查井距离不宜大于 30m；排除生产污水时，检查井的距离不宜大于 20m。对于生活污水排水管道，在建筑物内不宜设置检查井。

排出管与室外排水管道连接处，应设检查井。室外排水管拐弯、变径处应设检查井，检查井中心至建筑物外墙的距离，不宜小于 3.0m。

7. 特殊设备

(1) 污水抽升设备

在工业与民用建筑的地下室、人防和大型铁道等地下建筑物中，卫生器具的污(废)水不能自流排至室外排水管道，需设置水泵和集水池等局部抽升水泵，将污(废)水抽送到室外排水管道中去。

(2) 污(废)水局部处理设备

1) 化粪池

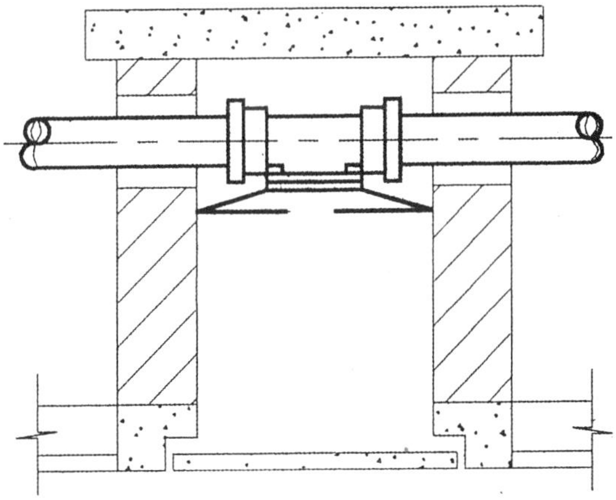

图 4-7　室内检查井

建筑物排出的污(废)水不符合排放要求时,可以进行局部处理,如用沉淀池去除固体物质;隔油池回收油脂、中和池中和酸碱性;消毒池灭菌消毒等。在民用建筑中常用的化粪池,它是以粪便沉淀并发酵腐化,污水在上部停留一定时间后排走,沉淀在池底粪便污泥经消化后定期清掏,尽管化粪池处理污水的程度很不完善,排出的污水仍有恶臭,但在我国多数城镇尚无污水处理厂的情况下,化粪池的使用还是比较广泛的。

化粪池(见图 4-8(a))可采用砖、石或钢筋混凝土等材料砌筑,目前,钢筋混凝土化粪池采用较多。

化粪池的形式有圆形和矩形两种,通常采用的是矩形化粪池。为了改善材料条件,较大的化粪池往往用带孔的间壁分为 2～3 隔间。

化粪池多设在庭院内建筑物背面靠近卫生间的地方,因在清理掏粪时不卫生,有臭气,不宜设在人们经常停留之处。

化粪池的池壁距离建筑物外墙不宜小于 5m,如受条件限制,可酌情减少,但不得影响建筑物基础,化粪池距离地下取水构筑物不得小于 10m。池壁、池底应防止渗漏。

化粪池的容积和尺寸,通常需要根据使用人数、每人每日的排水量标准、污水在池中的停留时间和污泥的清掏周期等因素通过计算决定。我国现行的《给水排水标准图集》制定了有效容积为 3.75～50m$^3$ 的砖砌和钢筋混凝土矩形、圆形化粪池,可供设计时选用,各种型号化粪池的容积、尺寸及使用人数,见表 4-4。

按表 4-4 选用单个建筑物的化粪池时,实际使用卫生设备的人数并不完全等于建筑物总人数,实际使用人数与总人数的百分比,根据建筑物的性质规定如下:

① 医院、疗养院、幼儿园(有住宿)等一类建筑,因病员、休养员和儿童全天生活在内,故百分比为 100%;

② 宿、集体宿舍、旅馆一类建筑中,人员在其中停留时间约为 16h,故采用 70%;

③ 办公室、教学楼、工业企业生活间等工作场所,职工在其内工作时间为 8h,故采用 40%;

④ 公共食堂、影剧院、体育馆等建筑,人们在其中停留时间约 2～3h,故采用 10%。

**表 4-4　　　　国家标准图集各号砖砌化粪池容积尺寸及适用人数**

| 化粪池型号（无地下水） | 有效容积（$m^3$） | 尺寸(m) | | | 时间使用人数 |
|---|---|---|---|---|---|
| | | 长($L$) | 宽($B$) | 高($H$) | |
| Ⅰ | 3.75 | 5.05 | 1.69 | 1.85 | 120 人以下 |
| Ⅱ | 6.25 | 5.33 | 1.94 | 2.05 | 120～200 |
| Ⅲ | 12.5 | 5.46 | 2.44 | 2.60 | 200～400 |
| Ⅳ | 20.0 | 6.31 | 3.44 | 2.80 | 400～600 |
| Ⅴ | 30.0 | 6.48 | 3.44 | 3.05 | 600～800 |
| Ⅵ | 40.0 | 8.08 | 3.44 | 3.05 | 800～1100 |
| Ⅶ | 50.0 | 9.68 | 3.44 | 3.05 | 1100～1400 |

注：表中的实际使用人数是按每人每日污水量 25L，污泥量 0.4L，污水停留时间 12 h，清掏周期 120d 计算得到的。

2）污水处理装置

目前，大、中城市除了集中的生活污水处理厂外，小型埋地式、地上式污水处理设备（由环境工程专业设计），用于少量生活污水处理。

3）隔油池

为截留公共食堂和饮食业污水中的食用油脂，应设隔油池，进行简单的隔油处理。否则，食用油脂凝固附着在管壁上，会使管道过水断面积减少或堵塞管道。污水在隔油池内

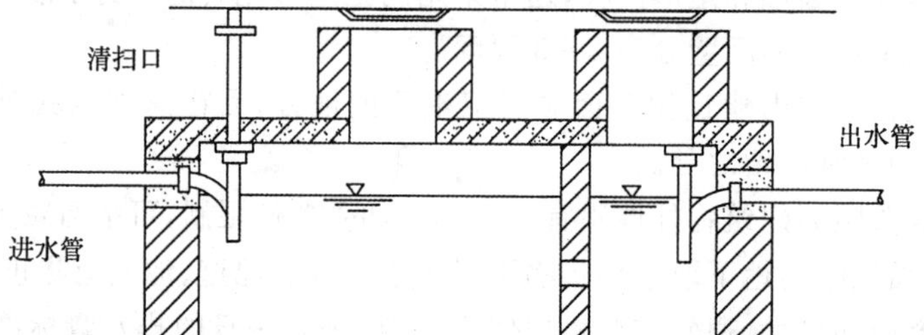


Ⅰ－Ⅰ　剖面

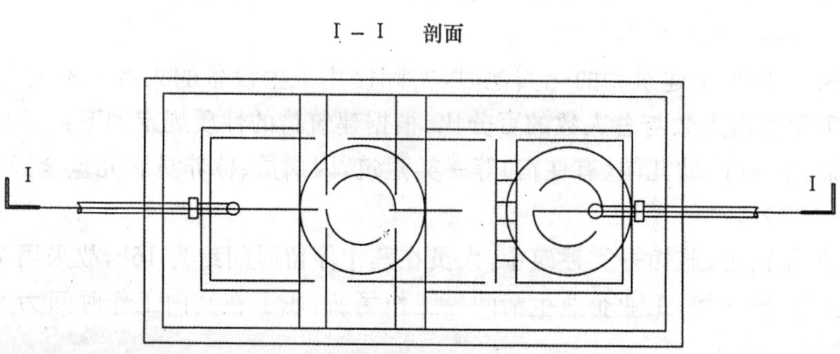


平面

(a) 双格化粪池

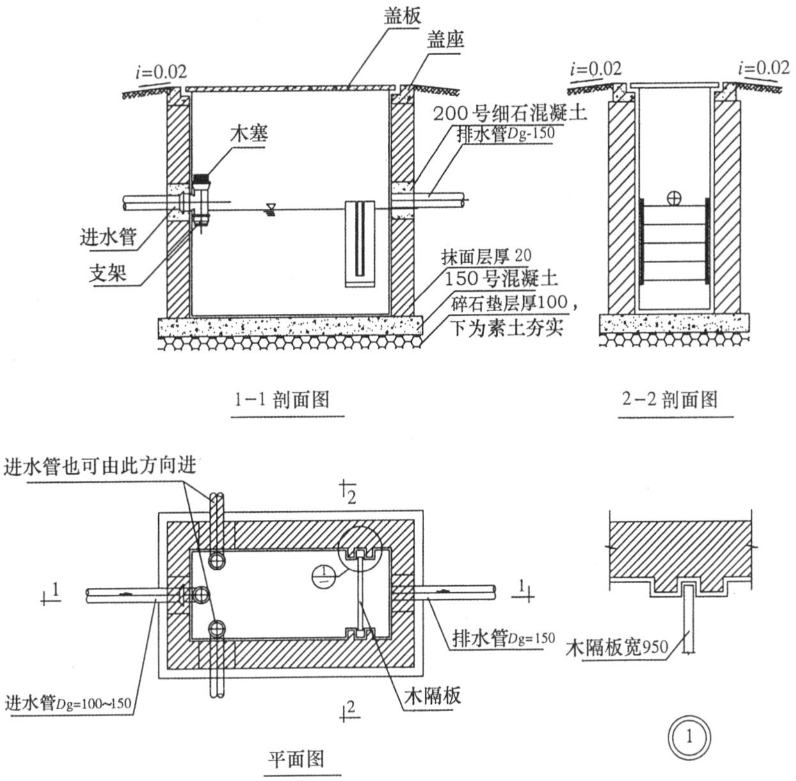


(b) 隔油池

图 4-8　污(废)水局部处理设备

的流速不得大于 0.005m/s，停留时间可采用 2～10min。井内存油部分容积，不得小于该井有效容积的 25%。

为截留汽车修理间和其他少量生产污水中的油类，也应设隔油池，以去除污水中含有的汽油和机油。否则，污油会聚集，浓度过高会发生爆炸，引起火灾，造成不必要的损失。此种污水在隔油池内的流速，宜采用 0.002～0.01m/s，停留时间可采用 0.5～1.0min。隔油池的排出管至池底深度，不宜小于 0.6m。

粪便污水和其他污水，不能排入隔油池内。对夹带杂质的含油污水，应在隔油池内附有沉淀部分。

隔油池见图 4-8(b)。

此外，还有医院污水处理、消毒等污水局部处理设备。

### 三、污水排放条件

上述三种污水排放体制的制定，要视污水的性质、室外排水系统的设置情况及污水的综合利用和处理情况而定。一般说，生活粪便污水不与室内雨水管道合流，冷却系统的废水可排入室内雨水管道；被有机质污染的生产污水，可与生活粪便污水合流；含有大量固体杂质的污水，浓度较大的酸性污水和碱性污水及含有毒物质或油脂的污水，则不仅要考虑设置独立的排水系统，而且要经过局部处理达到国家规定的污水排放标准后，才允许排入排水管网。

另外，医院的生活污水和涉外建筑的生活污水则要经过污水处理达到国家规定的污水排放标准后，方可排入排水管网。

直接排入城市排水管网的污水，应注意以下几点：

1. 水温度不应高于40℃。

2. 要求污水基本上呈中性(pH 值为 6～9)。浓度过高的酸碱污水排入城市下水道不仅对管道有侵蚀作用，而且会影响污水的进一步处理。

3. 污水中不应含有大量的固体物质，以免在管道中沉淀而阻塞管道。

4. 污水中不允许含有大量汽油或油脂等易燃液体，以免在管道中产生易燃、爆炸和有毒气体。

5. 污水中不能含有机物，以免伤害管道养护工作人员和影响污水的利用、处理和排放。

6. 对伤寒、痢疾、炭疽、结核、肝炎等病原体，必须严格消毒灭除；对含有放射性物质的污水，应严格按照国家有关规定执行，以免危害农作物、污染环境和危害人民身体健康。

7. 排入水体的污水应符合《工业企业设计卫生标准》的要求；利用污水农田灌溉时，亦应符合有关政府部门颁布的污水灌溉农田卫生管理的要求。

## 第二节　卫生器具和卫生间

### 一、卫生器具

卫生器具是室内给水、排水系统中的重要组成部分。它是用来满足日常生活中洗涤等卫生要求以及收集排除生活、生产中产生的污水的一种设备。

卫生器具要求不透水、耐腐蚀、表面光滑，易于清洗。常用的有陶瓷、搪瓷生铁、塑料、水磨石等材料。

1. 便溺用卫生器具

(1) 大便器

我国常用的大便器主要有三种：坐式大便器，蹲式大便器和大便槽。

1) 坐式大便器

坐式大便器有冲洗式和虹吸式两种，坐式大便器本身构造带有存水弯。坐式大便器常用在家庭、宾馆、旅馆等高级建筑内，见图4-9。

2) 蹲式大便器

它在使用的卫生条件上较坐式好，多设在公共卫生间、旅馆等一般建筑内，一般用高水箱冲洗。

3) 大便槽

大便槽较少采用，只用在某些造价较低的、一般公共建筑物中的公共厕所中。它的卫生条件较差，造价低，由于使用集中的冲洗水箱，故耗水量较少。

(2) 小便器

小便器安装在公共男厕所内，有挂式和立式两种。挂式小便器悬挂在墙上，它的冲洗设备可用自动冲洗水箱，亦可采用阀门冲洗，每只小便器均设有存水弯。

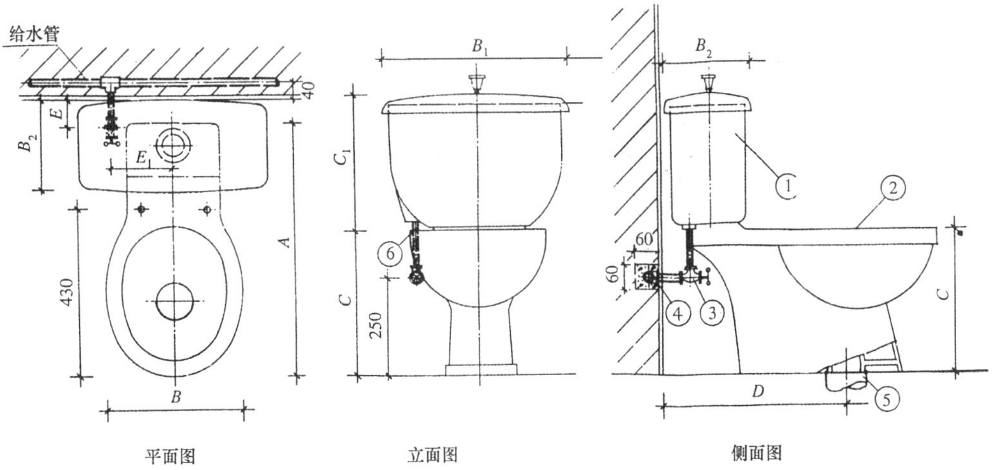


图 4-9 坐式大便器

立式小便器装置在对卫生设备要求较高的公共建筑，如展览馆、大剧院、宾馆等男厕所内，多为 2 个以上成组装置，见图 4-10，常用自动冲洗水箱。

(3) 小便槽

小便槽建造简单，造价低，能同时容纳较多的人使用，故在公共建筑、工厂、学校和集体宿舍的男厕所中应用较广，小便槽末端应设有带格图栅的排水口和存水弯，小便槽可用普通阀门控制多孔管冲洗或用自动冲洗水箱自动定时冲洗。

2. 沐浴用卫生器具

(1) 洗脸盆

洗脸盆大多用上釉陶瓷制成，形状有长方形、半圆形及三角形，见图 4-11。

(2) 盥洗槽

盥洗槽通常设置在集体宿舍及工厂生活间内，多用水泥或水磨石制成，造价较低。

(3) 浴盆

浴盆设在住宅、宾馆、旅馆、医院等建筑物的卫生间内和浴室中，它常用搪瓷生铁、水磨石、玻璃钢等材料制成，外形呈长方形，浴盆一般均设有冷、热水龙头或混合龙头，有的还有固定的莲蓬头或软管莲蓬头，见图 4-12。

(4) 淋浴器

淋浴器与浴盆比较，有较多优点，它占地少、造价低，清洁卫生，因此，淋浴器在工厂生活间、集体宿舍等公共浴室中被广泛采用，浴室的墙壁和地面需用易于清洗和不透水材料如水磨石或水泥建造，高级浴室可用贴瓷砖来装饰。

3. 洗涤用卫生器具

洗涤用卫生器具供人们洗涤器物之用，主要有污水盆、洗涤盆、化验盆等。通常，污水盆装置在公共建筑厕所，卫生间及集体宿舍盥洗室中，供打扫厕所、洗涤拖布及倾倒污水之用，洗涤盆装置在居住建筑、食堂及饭店的厨房内供洗涤碗碟及蔬菜食物之用。

4. 地漏及存水弯

(1) 地漏

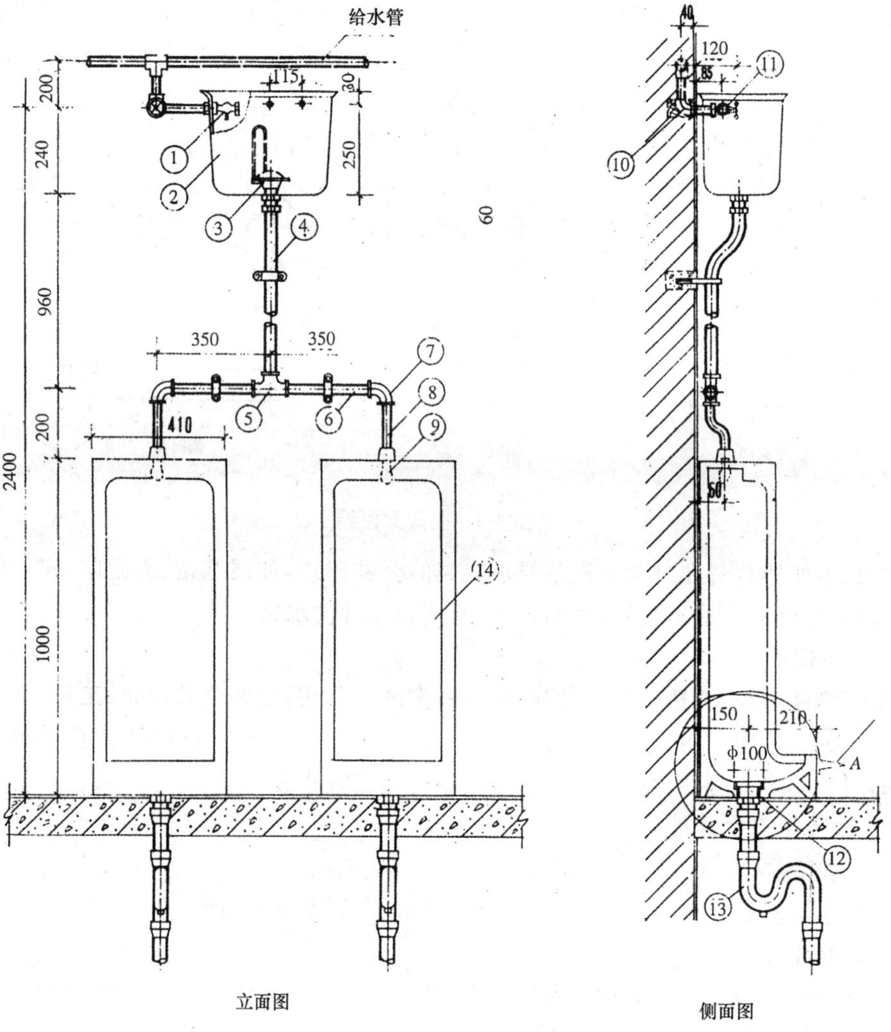


图 4-10　立式小便器

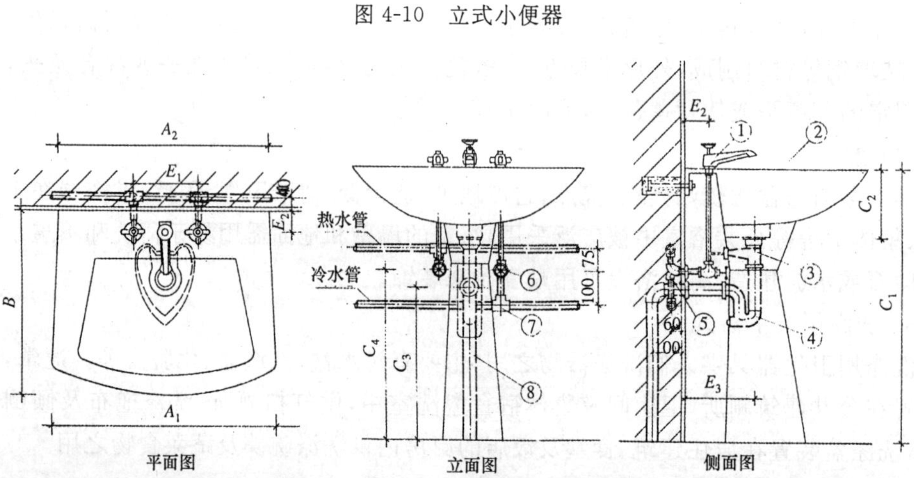


图 4-11　洗脸盆

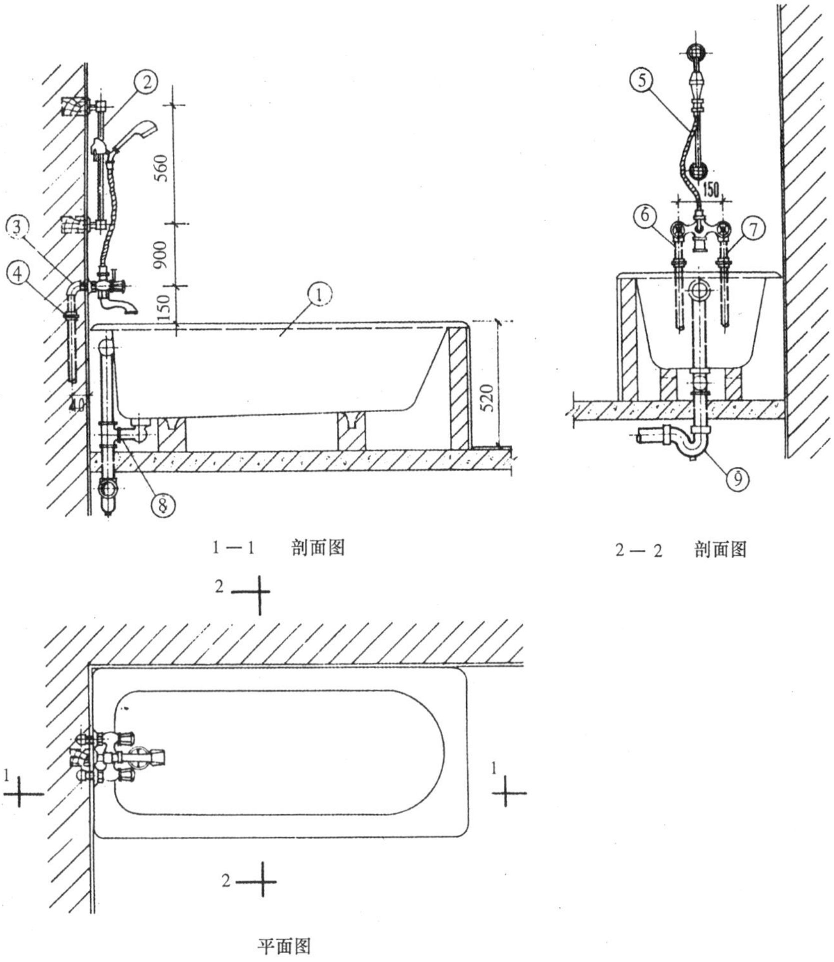


图 4-12　浴盆

在卫生间、浴室、洗衣房及工厂车间内，为了排除地面上的积水，需装置地漏。地漏一般用铸铁制成，本身大都包含存水弯，见图 4-13。

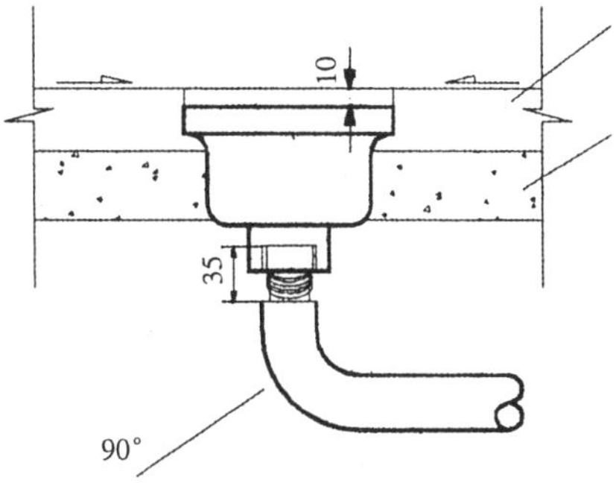


图 4-13　地漏

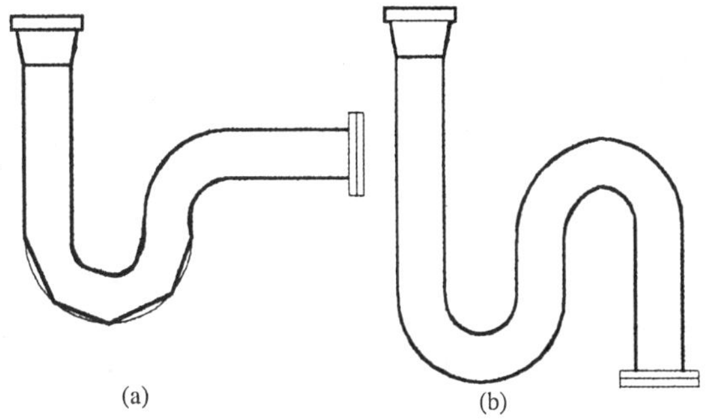


图 4-14　存水弯

地漏有 50mm，75mm，100mm 等三种规格，厕所及盥洗室一般设置一个直径为 50mm 的地漏。有两个以上淋浴龙头的浴室应设置一个直径为 100mm 的地漏。地漏一般设置在地面最低处，地面做成 0.005～0.01 坡度坡向地漏，地漏篦子顶面，应较该处地面低 5～10mm。

（2）存水弯

存水弯是一种弯管，在里面存着一定深度的水，这个深度称为水封深度。水封可以防止排水管网中所产生的臭气，有害气体或可燃气体通过卫生器具进入室内，因此，每个卫生器具的排出管上均需装设存水弯（附设存水弯的卫生器具除外）。存水弯的水封深度一般不小于 50mm。常用的存水弯有 P 型和 S 型，见图 4-14。

## 二、卫生器具设置定额

卫生器具设置定额应符合“工业企业设计卫生标准”和建筑设计要求；工业废水受水器的设置定额应按工艺要求确定。

表 4-5 至表 4-8 为各类卫生器具的设置标准。

**表 4-5　　工业企业生活间卫生器具设置数**

<table>
<tr><th colspan="2">男</th><th colspan="4">女</th></tr>
<tr><th>使用人数</th><th>大便器数（个）</th><th>使用人数</th><th>大便器数（个）</th><th>使用人数</th><th>妇女卫生盆（个）</th></tr>
<tr><td>20 以下</td><td>1</td><td>10</td><td>1</td><td>200～250</td><td>1</td></tr>
<tr><td>21～50</td><td>2</td><td>11～30</td><td>2</td><td>251～400</td><td>2</td></tr>
<tr><td>51～75</td><td>3</td><td>31～50</td><td>3</td><td rowspan="6">401 以上</td><td rowspan="6">100 人以上每增加 100～200 人增设一个</td></tr>
<tr><td>76～100</td><td>4</td><td>51～75</td><td>4</td></tr>
<tr><td>101～1000</td><td>100 人以上每增加 50 人增设一个</td><td>75～100</td><td>5</td></tr>
<tr><td rowspan="2">1000 以上</td><td rowspan="2">1000 人以上每增加 60 人增设一个</td><td>101～1000</td><td>100 人以上每增加 35 人增设一个</td></tr>
<tr><td>1000 以上</td><td>100 人以上每增加 45 人增设一个</td></tr>
</table>

注：卫生池——男、女厕所内需各设一个；小便器——男厕所内设置，数量同大便器。

**表 4-6　　公共建筑中每一卫生器具的使用人数**

<table>
<tr><th rowspan="2">序号</th><th rowspan="2">建筑类别</th><th colspan="2">大便器</th><th rowspan="2">小便器（个）</th><th rowspan="2">洗脸盆</th><th rowspan="2">盥洗龙头（个）</th><th rowspan="2">淋浴器（个）</th></tr>
<tr><th>男（人）</th><th>女（人）</th></tr>
<tr><td>1</td><td>集体宿舍</td><td>18</td><td>12</td><td>18</td><td rowspan="10">一般厕所至少应设洗脸盆或污水盆一个</td><td>5</td><td>20～40</td></tr>
<tr><td>2</td><td>旅馆</td><td>18</td><td>12</td><td>18</td><td rowspan="5">由设计决定</td><td rowspan="5">由设计决定</td></tr>
<tr><td>3</td><td>医院</td><td>12～20</td><td>12～20</td><td>25～40</td></tr>
<tr><td>4</td><td>门诊部</td><td>100</td><td>75</td><td>50</td></tr>
<tr><td>5</td><td>办公楼</td><td>50</td><td>25</td><td>50</td></tr>
<tr><td>6</td><td>学校</td><td>35～50</td><td>25</td><td>30～40</td></tr>
<tr><td>7</td><td>车站</td><td>500</td><td>300</td><td>100</td><td>—</td><td>—</td></tr>
<tr><td>8</td><td>百货公司</td><td>100</td><td>80</td><td>80</td><td>—</td><td>—</td></tr>
<tr><td>9</td><td>餐厅</td><td>80</td><td>60</td><td>80</td><td>—</td><td>—</td></tr>
<tr><td>10</td><td>电影院</td><td>200</td><td>100</td><td>100</td><td>—</td><td>—</td></tr>
<tr><td>11</td><td>剧院、俱乐部</td><td>75</td><td>50</td><td>25～40</td><td>100</td><td>—</td><td>—</td></tr>
</table>

表 4-7　　　　　　　　　　工业企业建筑每个淋浴器使用人数

| 车间卫生特征级别 | 1 级 | 2 级 | 3 级 | 4 级 |
|---|---|---|---|---|
| 每个淋浴器使用人数 | 3～4 | 5～8 | 9～12 | 13～24 |

表 4-8　　　　　　　　中、小学校、幼儿园等每一卫生器具使用人数

| 幼儿园 | | 中小学校 | | | |
|---|---|---|---|---|---|
| 儿童人数 | 大便器(个) | 总人数 | 大便器(个) | | 小便器(个) |
| | | | 男 | 女 | |
| 20 以下 | 8 | 100 以下 | 25 | 20 | 20 |
| 21～30 | 12 | 101～200 | 30 | 25 | 20 |
| 31～75 | 15 | 201～300 | 35 | 30 | 30 |
| 76～100 | 17 | 301～400 | 50 | 35 | 35 |
| 101～125 | 21 | | | | |

注:厕所内均设污水池一个。

## 三、对卫生器具的要求

1. 卫生器具的材质应耐腐蚀、耐摩擦、耐老化,具有一定的强度,不含有对人体有害的成分。

2. 设备表面要光滑,不易积污垢,沾污后要容易清洗。

3. 在完成卫生器具的功能——如大便器的功能是彻底清洗掉便器内的粪便和保持便器清洁外,应尽量节约用水和减少噪音。

4. 要便于安装、维修。

5. 如在卫生器具内设有存水弯时,则存水弯内要保持一定的水封深度。

## 四、卫生器具的安装

卫生器具的安装一般在土建装修基本完工,室内排水管道敷设完毕后进行。各种卫生器具的安装高度参照表 4-9 选定。

安装连接卫生器具的排水管,穿过楼板时,对没有预留孔洞的预制楼板,打洞的位置及尺寸要力求准确无误,现浇楼板则要预留孔洞。

表 4-9　　　　　　　　**卫生器具的安装高度**

| 编号 | 卫生器具名称 | | | 卫生器具边缘离地面高度(mm) | | 备　注 |
|---|---|---|---|---|---|---|
| | | | | 居住建筑和公共建筑 | 幼儿园 | |
| 1 | 污水盆(池) | 架空式 | | 800 | 800 | 自地面至上边缘 |
| | | 落地式 | | 500 | 500 | |
| 2 | 洗涤盆(池) | | | 800 | 800 | |
| 3 | 洗脸盆和洗手盆(有塞、无塞) | | | 800 | 500 | |
| 4 | 盥洗槽 | | | 800 | 500 | |
| 5 | 浴盆 | | | 480 | — | |
| 6 | 蹲式大便器 | 高水箱 | | 1800 | 1800 | 自台阶面至高水箱底 |
| | | 低水箱 | | 900 | 900 | 自台阶面至低水箱底 |
| 7 | 坐式大便器 | 低水箱 | 外露排出管式 | 510 | — | |
| | | | 虹吸喷射式 | 470 | 370 | 自地面至高水箱底 |
| | | | 冲落式 | 510 | — | |
| | | | 旋涡连体式 | 360 | — | |
| 8 | 小便器 | 立式 | | 100 | — | 自地面至受水部分上边缘 |
| | | 挂式 | | 600 | 450 | |
| 9 | 小便槽 | | | 200 | 150 | 自地面至台阶面 |
| 10 | 妇女卫生盆 | | | 360 | — | 自地面至上边缘 |
| 11 | 饮水器 | | | 900 | — | |
| 12 | 化验盆 | | | 800 | — | |
| 13 | 洗衣机盘 | | | 200 | — | |

## 五、卫生间及卫生器具布置间距

卫生间一般尽可能设置在建筑物的北面，各楼层卫生间位置宜上下对齐，以利于排水立管的设置和排水的通畅。食品加工车间、厨房、餐厅、贵重物品仓库、配电间和重要设备房的顶层不宜设置卫生间。

卫生间的卫生器具的布置间距一般为：

1. 坐便器到墙面最小应有 460mm 的间距，如图 4-15 所示。

2. 便器与洗脸盆并列，从便器的中心线到洗脸盆的边缘至少应相距 350mm，便器中心线离边墙至少为 380mm。

3. 洗脸盆放在浴缸或便器对面，两者净距至少 760mm。

4. 洗脸盆边缘至对墙最小应有 460mm，对身体魁梧者，460mm，还嫌小，因此，也有

560mm 的。

5. 脸盆的上部与镜子的底部间距为 200mm。

6. 各种卫生器具布置间距参见《全国通用给水排水标准图集》S342。

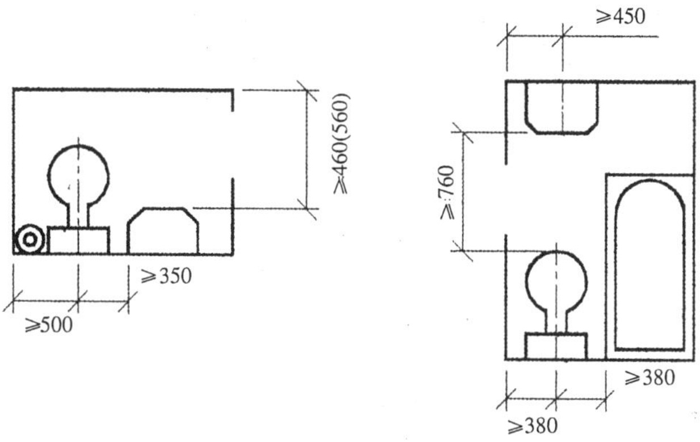


图 4-15　卫生间内器具布置间距

卫生间的布置形式，根据卫生器具的规格尺寸和数量合理布置，但必须考虑排水立管的位置，对于室内粪便污水与生活废水分流的排水系统，排出生活废水的器具或设备和浴盆、洗脸盆、洗衣机、地漏应尽量靠近，有利于管道布置和敷设。

**六、住宅、公寓、旅馆的卫生间**

1. 卫生间的面积，根据当地气候条件，生活习惯和卫生器具设置的数量确定。配置三件卫生器具的卫生间，其面积不得小于 $3m^2$。

2. 卫生器具的设置应根据建筑标准而定，住宅的卫生间内除设有大便器外，还应设有洗脸盆、浴盆(或淋浴)等设备，或预留沐浴设备的位置。还应考虑预留安装洗衣机的位置；普通旅馆的卫生间内一般设有坐便器、浴盆和洗脸盆；高级宾馆的一般客房的卫生间也设有坐便器、浴盆和洗脸盆三大件卫生器具，只是所选用器具的质量、外形、色彩和防噪有较高的要求；高级宾馆的部分高级客房内还应设置妇女卫生盆。

## 第三节　室内排水管网的布置和敷设

室内排水管道布置应满足水力条件要求，便于维护管理、保护管道不易受损，在保证生产和使用安全前提下应注意经济和美观。

**一、横支管的敷设位置**

横支管可以在底层或埋设在地下，在楼层可以沿墙明装在地板上或是悬吊在楼板下。当建筑有较高要求时，可采用暗装，将管道敷设在吊顶内，但必须考虑安装和检修的方便。

架空或悬吊横管不得敷设在有特殊卫生要求的生产厂房、食品和贵重物品仓库、通风小室和变配电间内，并尽量避免布置在食堂、饮食业的主、副食操作烹调间的上方。以防因管道结露、溺水而影响室内卫生和工作的正常进行。同时，架空管道的布置，应考虑建筑艺术和美观的要求，尽量避免通过大门和控制室等。

横管不得穿越沉降缝、烟道、风道，并应避免穿越伸缩缝。必须穿越时，应采取相应的技术措施，如装伸缩接头等。

横支管不宜过长，以免落差太大，一般不得超过 10m，并应尽量少转弯，以避免阻塞。

靠近排水立管底部的排水支管连接，应符合下列要求：

(1) 排水立管仅设置伸顶通气管时，最低排水横支管与立管连接处距排水立管管底垂直距离，不得小于表 4-10 的规定。底层单独排出的原则就依据此规定而来。

**表 4-10　最低横支管与立管连接处至立管管底的垂直距离**

| 立管连接卫生器具的层数(层) | 垂直距离(m) |
|---|---|
| ≤4 | 0.45 |
| 5～6 | 0.75 |
| 7～19 | 3.00 |
| ≥20 | 6.00 |

(2) 排水支管连接在排出管或排水横干管上时，连接点距立管底部水平距离不宜小于 3.0m。

## 二、污水立管的设置位置

污水立管应设在靠近最脏、杂质最多的排水点处，一般在墙角、柱角、或沿墙、柱设置，但应避免穿越卧室、办公室和其他卫生、环境安静要求较高的房间。生活污水立管应避免靠近与卧室相邻的内墙。

立管一般布置在墙角明装，无冻害地区亦可布置在墙外。当建筑有较高要求时，可在管槽或管井内暗装。暗装时，需考虑检修的方便，在检查口处设检修门。

立管需要穿越楼层时，预留的孔洞尺寸一般较通过的管径大 50～100mm，可参照表 4-11 的确定，并且应在通过的立管外加设一段套管，现浇楼板可预先镶入套管。

**表 4-11　立管穿越楼板时应留孔洞尺寸**

| 管径(mm) | 50 | 75～100 | 125～150 | 200～300 |
|---|---|---|---|---|
| 孔洞尺寸(mm×mm) | 150×150 | 200×200 | 300×300 | 400×400 |

## 三、排出管的位置设置

排出管宜以最短距离通至室外。排出管可埋在底层或悬吊在地下室的顶板下面。排出管的长度取决于室外排水检查井的位置。排出管自立管或清扫口至室外检查井中心的最大长度见表 4-12。

**表 4-12　排出管的最大长度**

| 排出管管径(mm) | 50 | 75 | 100 | >100 |
|---|---|---|---|---|
| 排出管最大长度(m) | 10 | 12 | 15 | 20 |

排出管与立管的连接宜采用45°弯头连接，排出管穿越承重墙时要预留洞或预埋穿墙套管，管顶要留有作为沉降的空间。排出管要根据土壤冰冻线深度和受压情况确定覆土深度。表4-13为排出管穿基础留洞尺寸。

**表4-13　排出管穿越基础预留孔洞尺寸**

| 管径(mm) | 50～75 | ＞100 |
|---|---|---|
| 预留孔洞尺寸(宽×高)(mm×mm) | 300×300 | $(d+300)\times(d+200)$ |

为防止埋设在地下的排水管道受机械损坏，按不同地面性质，规定各种材料管道的最小埋深为0.40～1.00m。

**四、管材**

建筑排水管道应采用粘接连接的建筑排水塑料管或柔性接口的排水铸铁管。

1. 建筑塑料管——硬聚氯乙烯塑料管(UPVC)

硬聚氯乙稀塑料管是次硬聚氯乙烯树脂为主要原料的塑料制品，具有优良的化学稳定性、耐腐蚀、物理性能好、质轻、管壁光滑、水头损失小、容易加工及施工方便。适用于建筑物内连续排放温度不大于40℃、瞬时排放温度不大于80℃的污水管道。

建筑排水室外埋地用硬聚氯乙烯管材为实壁管，实壁管有$D_e$110mm，$D_e$ 160mm，$D_e$ 200mm，$D_e$ 250mm和$D_e$ 315mm共5种规格，根据设计要求选用。

硬聚氯乙烯塑料管的连接方法主要用聚氯乙烯承插粘接。其常用的规格见表4-14。

**表4-14　硬聚氯乙烯塑料管规格(轻型)**

| 公称直径(mm) | 15 | 20 | 25 | 32 | 40 | 50 | 65 | 80 | 100 | 125 | 150 | 200 |
|---|---|---|---|---|---|---|---|---|---|---|---|---|
| 公称外径(mm) | 20 | 25 | 32 | 40 | 50 | 63 | 75 | 90 | 110 | 140 | 160 | 200 |
| 壁厚(mm) | 2 | 2 | 3 | 3.5 | 4 | 4.5 | 5 | 6 | 7 | 8 | 9 | 10 |
| 近似重量(kg/m) | 0.16 | 0.20 | 0.38 | 0.56 | 0.88 | 1.17 | 1.56 | 2.20 | 3.30 | 4.54 | 5.60 | 7.50 |

2. 排水铸铁管

用于排水的铸铁管，因不承受水压力，管壁较给水铸铁管薄，重量较轻，管径一般为50～200mm，多用于室内排水系统的排出管。

当排水温度＞40℃时，应采用金属排水管。

工业废水管管材，应根据废水的性质、管材的机械强度及管道敷设方法等因素，经技术经济比较后确定。

## 第四节　室内排水系统的计算

**一、排水量标准**

每人每日排出的生活污水量和用水量一样，是与气候、建筑物卫生设备完善程度以及生活习惯等因素有关。生活污水排水量标准和小时变化系数，一般采用生活用水量标准和小时变化系数。生产污(废)水排水量标准和小时变化系数应按工艺要求确定。

各种卫生器具的排水量、当量、排水管管径及管道的最小坡度见表 4-15。

**表 4-15　　卫生器具的排水量、当量、排水管管径和管道的最小坡度**

| 序号 | 卫生器具名称 | 排水量(L/s) | 当量 | 排水管管径(mm) | 管道的最小坡度 |
|---|---|---|---|---|---|
| 1 | 污水盆(池) | 0.33 | 1.0 | 50 | 0.025 |
| 2 | 单格洗涤盆(池) | 0.67 | 2.0 | 50 | 0.025 |
| 3 | 双格洗涤盆(池) | 1.00 | 3.0 | 50 | 0.025 |
| 4 | 洗手盆、洗脸盆(无塞) | 0.10 | 0.3 | 32～50 | 0.020 |
| 5 | 洗脸盆(有塞) | 0.25 | 0.75 | 32～50 | 0.020 |
| 6 | 浴盆 | 0.67 | 2.0 | 50 | 0.020 |
| 7 | 淋浴器、半身淋浴器 | 0.15 | 0.45 | 50 | 0.020 |
| 8 | 大便器 | | | | |
| | 高水箱 | 1.50 | 4.5 | 100 | 0.012 |
| | 低水箱 | 2.00 | 6.0 | 100 | 0.012 |
| | 自闭式冲洗阀 | 1.50 | 4.5 | 100 | 0.012 |
| | 拉管式冲洗阀 | 2.50 | 7.6 | 100 | 0.012 |
| 9 | 大便槽(每蹲位) | 1.50 | 4.5 | | |
| 10 | 小便器 | | | | |
| | 手动冲洗阀 | 0.05 | 0.15 | 40～50 | 0.02 |
| | 自动冲洗水箱 | 0.17 | 0.50 | 40～50 | 0.02 |
| 11 | 小便槽(每 m 长) | 0.05 | 0.15 | | |
| 12 | 妇女卫生盆 | 0.10 | 0.10 | 50 | 0.02 |
| 13 | 饮水器 | 0.05 | 0.15 | 50 | 0.01～0.02 |
| 14 | 洗衣机 | 0.50 | 1.5 | 32 | |

注:排水管管径是指存水弯以下的支管管径。

## 二、生活污水管道的设计秒流量应根据不同性质的建筑计算

1. 住宅、集体宿舍、旅馆、医院、办公楼、学校等建筑

住宅、集体宿舍、旅馆、医院、办公楼、学校等建筑的生活污水管道的设计秒流量按下式计算。

$$q_w = 0.12\alpha\sqrt{N} + q_{\max} \tag{4-1}$$

式中　$N$——计算管段排水量总数，见表 4-15；

$\alpha$——根据建筑物用途确定的系数，见表 4-16；

$q_{max}$——计算管段上排水量最大的一个卫生器具排水量(L/s)。

**表 4-16**　　**根据建筑物用途而定的系数 α 值**

| 建筑物名称 | 幼儿园<br>托儿所 | 门诊楼<br>诊疗所 | 办公楼<br>商　所 | 学校 | 医院、疗养院、<br>休养所 | 住宅 | 集体宿舍<br>旅　馆 |
|---|---|---|---|---|---|---|---|
| α 值 | 1.2 | 1.4 | 1.5 | 1.8 | 2.0～2.5 | 2.0～2.5 | 2.0～2.5 |

注：如计算所得流量值大于该管段上按卫生器具排水量流量累加值时，应按卫生器具排流量累加值计。

2. 工业企业生活间、公共浴室、洗衣房、公共食堂、实验室、影剧院、体育场等建筑

工业企业生活间、公共浴室、洗衣房、公共食堂、实验室、影剧院和体育场等建筑的生活污水管道的设计秒流量按下式计算。

$$q_w = \sum \frac{q_v n b}{100} \tag{4-2}$$

式中　$q_w$——计算管段的排水设计秒流量(L/s)；

$q_v$——计算管段上同类型的一个卫生器具排水量；

$n$——计算管段上同类型卫生器具数；

$b$——卫生器具同时排水百分数，同给水相同，可参见表 2-13。大便器的同时试验百分数按 12%计算，当排水量小于一个大便器排水量时，应按一个大便器计算。

## 三、水力计算

（一）按经验确定某些排水管的最小管径

室内排水管的管径和管道坡度在一般情况下是根据卫生器具的类型和数量按经验资料选定的，具体规定如下：

(1) 为防止管道淤塞，室内排水管管径不小于 50mm；

(2) 对于单个洗脸盆、浴盆、下身盆等排泄较洁净废水的卫生器具，最小管径可采用 40mm 钢管；

(3) 对于单个饮水器的排水管排泄的清水，甚至可采用 25mm 钢管；

(4) 公共食堂厨房排泄含大量油脂和泥砂等杂质的排水管管径不宜过小，干管管径不得小于 100mm，支管不得小于 75mm；

(5) 医院住院部的卫生间或洗污间内，由于试验污水器具人员繁杂，而且常有棉花球、纱布碎块、竹签、玻璃瓶等杂物投入各种污水器具内，因此，洗涤盆或污水池的排水管管径不得小于 75mm；

(6) 小便槽或连接 2 个及以上手动冲洗小便器的排水管，也应考虑冲洗不及时而结尿垢的影响，管径不得小于 75mm；

(7) 凡连接有大便器的管段，即使仅有一只大便器，也应考虑其排放时水量大而猛的

特点，管径应为 100mm；

(8) 对于大便槽的排水管，同理，管径至少应为 150mm。

(二) 按排水当量总数确定管径

生活污水管道的管径，在污水器具数量不多时，不必进行详细的水力计算，可根据管段上接入的污水器具排水当量总数，分别不同的建筑物，按表 4-17 确定。

**表 4-17　　　　生活污水排水管允许负荷的当量值总数**

| 类别 | 建筑物性质 | 管径(mm) | 横管允许负荷的当量总数(N) | | | | 立管允许负荷当量总数(N) |
|---|---|---|---|---|---|---|---|
| | | | 当采用最小坡度时 | | 当采用标准坡度时 | | |
| | | | i | (N) | i | (N) | |
| 1 | 住　宅 | 50 | 0.025 | 3 | 0.035 | 6 | 16 |
| | | 75 | 0.015 | 8 | 0.025 | 14 | 36 |
| | | 100 | 0.012 | 50 | 0.020 | 100 | 260 |
| 2 | 集体宿舍、旅馆、医院、办公楼、学校 | 50 | 0.025 | 3 | 0.035 | 5 | 10 |
| | | 75 | 0.015 | 8 | 0.025 | 12 | 22 |
| | | 100 | 0.012 | 30 | 0.020 | 80 | 120 |
| 3 | 工业企业污水间、公共浴室、洗衣房、公共食堂、实验室、影剧院、体育场 | 50 | 0.025 | 2 | 0.035 | 3 | 5 |
| | | 75 | 0.015 | 4 | 0.025 | 6 | 12 |
| | | 100 | 0.012 | 8 | 0.020 | 11 | 22 |

注：第三类中卫生器具当量总数为各类型卫生器具当量值乘以该类型卫生器具数和同时排水百分数所得的积之总和。

(三) 通过水力计算确定管径

当计算管段上卫生器具数量相当多，其排水当量总数超过表 4-16 的数值时，必须进行水力计算。水力计算的目的在于合理、经济地确定管径、管道坡度以及是否需要设置通气管系，以使排水管系工况良好。

1. 计算规定

为确保排水系统正常工作，排水横管要求满足管道充满度、流速和坡度三个规定；

(1) 充满度

管道充满度表示管内水深($h$)和管径($d$)的比值。在重力流的排水管中，污水应在非满流的情况下排除，管道上部未充满水力的空间的作用是使污(废)水中的有害气体能经过通气管排走，或容纳未被估计到的高峰流量。排水管道的最大充满度应满足表 4-18 的规定。

表 4-18　　排水管道的最大充满度

| 排水管道名称 | 管径(mm) | 最大计算充满度(h/d) |
| --- | --- | --- |
| 生活污水管道 | ≤125 | 0.5 |
| | 150～200 | 0.6 |
| 生活废水管道 | 50～75 | 0.6 |
| | 100～150 | 0.7 |
| | ≥200 | 1.0 |
| 生产污水管道 | 50～75 | 0.6 |
| | 100～150 | 0.7 |
| | ≥200 | 0.8 |

注：① 生活废水管道，在短时间排泄大量洗涤废水时(如浴室、洗衣房排水)，可按满流计算；
② 生产废水和雨水合流的排水管道，可按地下雨水管道的设计充满度计算。

(2) 管道流速

污(废)水在管道内流动，应保持其悬浮杂质不能沉淀的不淤流速，如表 4-19 所示。

表 4-19　　各种排水管道的不淤流速(m/s)

| 管渠类别 | 生活污(废)水管道 | | | 明　渠 | 雨水管及合流制排水管 |
| --- | --- | --- | --- | --- | --- |
| | $d<150$mm | $d=150$mm | $d>150$mm | | |
| 不淤流速 | 0.60 | 0.65 | 0.70 | 0.40 | 0.75 |

污(废)水流速也不允许超过最大允许流速，否则将会冲刷损坏管道。各种管材的排水管道最大允许流速如表 4-20 所示。

表 4-20　　排水管道最大允许流速值(m/s)

| 管道材料 | 生活污水 | 含有各种杂质的工业废水、雨水 |
| --- | --- | --- |
| 金属管 | 7.0 | 10.0 |
| 陶土及陶瓷管 | 5.0 | 7.0 |
| 混凝土及石棉水泥管 | 4.0 | 7.0 |

(3) 管道坡度

排水管道敷设应具有一定坡度，才能保证满足流速和充满度的要求。生活污(废)水管道一般采用标准坡度，只有在条件不允许时才与生产污(废)水一样采用最小坡度。管道坡度不得大于 0.15。生活污(废)水标准坡度和最小坡度及生产污(废)水最小坡度，根据不同的管材，可按表 4-21(a)和表 4-21(b)选用。

表 4-21(a) 排水铸铁管道标准坡度和最小坡度

| 管径(mm) | 工业废水(最小坡度) | | 生活污水 | |
|---|---|---|---|---|
| | 生产废水 | 生产污水 | 标准坡度 | 最小坡度 |
| 50 | 0.020 | 0.030 | 0.035 | 0.025 |
| 75 | 0.015 | 0.020 | 0.025 | 0.015 |
| 100 | 0.008 | 0.012 | 0.020 | 0.012 |
| 125 | 0.006 | 0.010 | 0.015 | 0.010 |
| 150 | 0.005 | 0.006 | 0.010 | 0.007 |
| 200 | 0.004 | 0.004 | 0.008 | 0.005 |
| 250 | 0.0035 | 0.0035 | — | — |
| 300 | 0.003 | 0.003 | — | — |

表 4-21(b) 硬聚氯乙烯排水干管标准坡度的最小坡度和最大充满度

| 外径(mm) | 标准坡度 | 最小坡度 | 最大充满度 |
|---|---|---|---|
| 110 | 0.026 | 0.004 | 0.5 |
| 125 | 0.026 | 0.003 | 0.5 |
| 160 | 0.026 | 0.002 | 0.6 |
| 200 | 0.026 | 0.002 | 0.6 |

2. 水力计算公式

室内排水当量的水力计算可按如下公式计算：

$$q_u = wv \tag{4-3}$$

$$v = C\sqrt{Ri} \tag{4-4}$$

$$C = \frac{1}{n}R^{1/6} \tag{4-5}$$

式中 $q_u$——计算管段的设计秒流量($m^3/s$)；

$w$——管道或明沟的水流断面积($m^2$)；

$v$——过水断面的流速(m/s)；

$R$——水力半径(m)；

$i$——水力坡度(采用排水管或明沟的坡度)；

$C$——流速系数，见式(4-5)；

$n$——管道的粗糙系数，室内范围采用：

钢管：0.012

铸铁管：0.013

混凝土、钢筋混凝土管：0.014

硬聚氯乙烯塑料管：0.009

3. 排水立管管径

排水立管管径在卫生器具不多时，一般可不作水力计算，其管径应不小于接入的任一横管的管径，也可考虑采用与排出管系统的管径。

## 第五节 屋面排水

将落在建筑物屋面的雨水和融化的雪水，必须妥善地予以迅速排除，以免造成屋面积水、漏水，影响生活及生产。屋面雨水的排除方式，一般可分为外排水和内排水两种。根据建筑结构形式、气候条件及生产使用要求，在技术经济合理的情况下，屋面排水应尽量采用外排水。

## 一、外排水系统

1. 檐沟外排水(水落管外排水)

对一般居住建筑、屋面面积较小的公共建筑及单跨的工业建筑，雨水由屋面檐沟汇集，然后通过设在墙外的水落管排入建筑物外的明沟，再通过雨水管引至室外检查井，檐沟外排水系统如图 4-16 所示，室外检查井如图 4-17 所示。

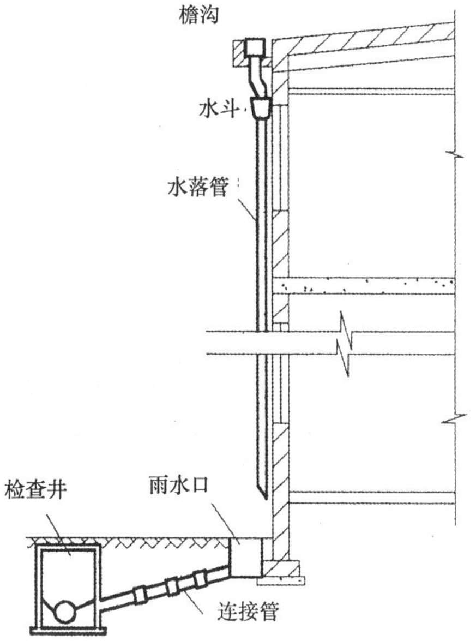

图 4-16　檐沟外排水的组成

水落管管径一般为 100mm 或 150mm，多用镀锌铁皮制成，截面为矩形或圆形；也有用石棉水泥管的，但其下端极易碰撞而破裂，故使用时，其下部距离 1m 高应考虑保护措施(多用水泥砂浆抹面)。工业建筑的水落管也用铸铁管。目前，UPVC 水落管正被广泛采

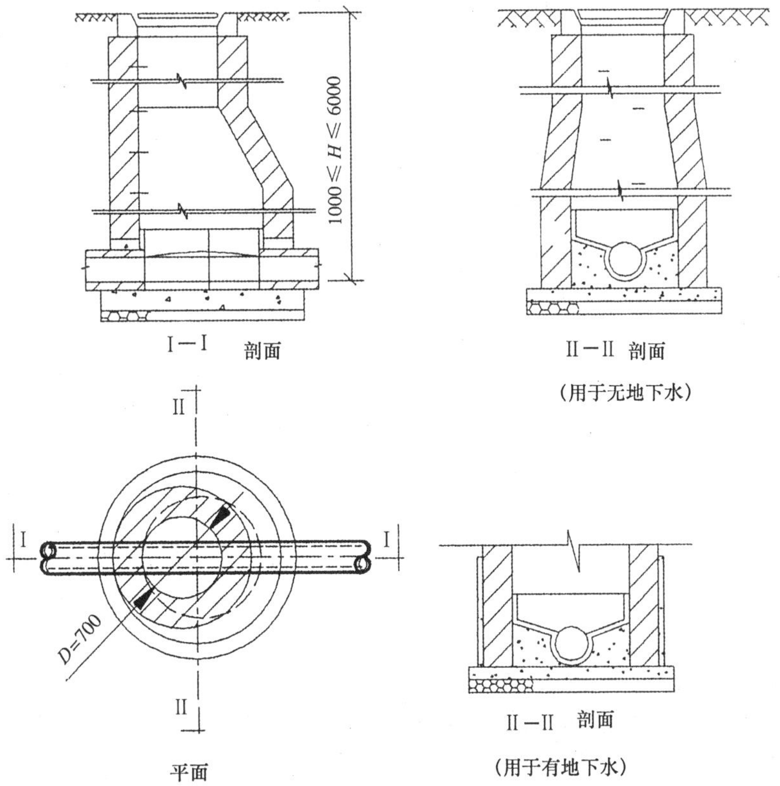

图 4-17　室外排水检查井

用。水落管的间距：民用建筑间距为 12～16m；工业建筑间距为 18～24m。

2. 长天沟外排水

多跨工业厂房用长天沟外排水方式。这种排水方式的优点是可以消除厂房内部检查井冒水的问题，而且节约投资，节省金属，施工方便，安全可靠以及为厂区雨水系统提供明沟排水或减少管道埋深等。但若设计不善或施工质量不佳，将会发生天沟渗漏的问题。图 4-18 是长天沟布置示意。天沟以伸缩缝为分水线坡向两端，其坡度不小于 0.005，天沟伸出山墙 0.4 m。关于雨水斗及雨水立管的构造与安装见图 4-19 所示。

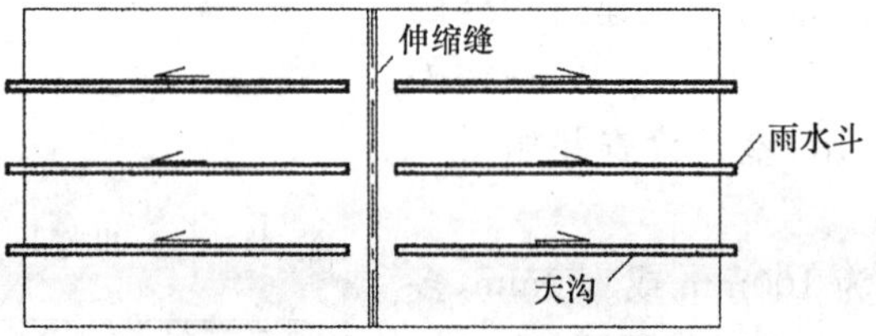


图 4-18　长天沟布置示意图

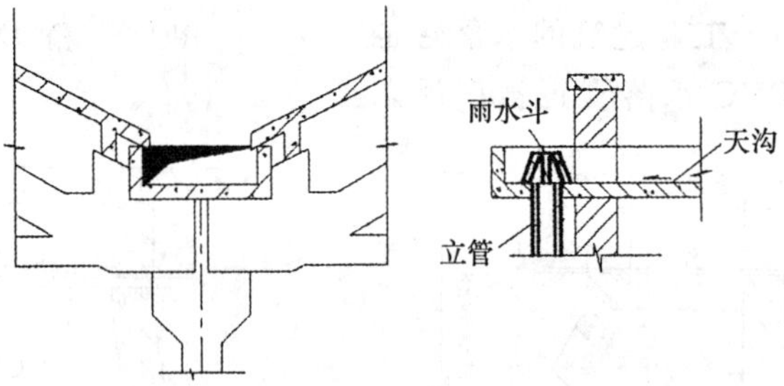


图 4-19　天沟与雨水管连接

天沟流水长度应根据暴雨强度、建筑物跨度（即汇水面积）、屋面结构形式（涉及天沟断面大小）等，进行水力计算而定，一般以 40～50m 为宜；天沟底的坡度不得小于0.003，天沟的水面宽度常用 0.5～1.0m（大型屋面板可再宽些），水深常按 0.1～0.3m 来设计（天沟全深须再加不小于 0.02m 的保护高度），天沟始端的深度应不小于 0.08m，天沟的终端宜穿出山墙，其出口如图 4-15 所示，雨水沿墙外的立管而下（为防止阻塞，其管径宜不小于 100mm，在寒冷的地区，为避免冰冻阻塞，可将雨水立管设于外墙内壁一侧），为了防止当暴雨使立管超负荷时能以应急排泄天沟内的过量积水（防止雨水经过天窗户进入室内而增大屋顶的荷载，影响结构安全），宜于天沟墙壁设置溢流口，如图 4-20 所示（其下缘比天沟上缘宜低 50～100mm）。

## 二、内排水系统

大屋面面积（跨度甚大）的工业建筑和民用建筑，尤其是屋面天窗、多跨度、锯齿形屋面或壳性屋面等工业厂房，如图 4-21 所示，其屋面面积大或曲折，内跨屋面雨水用水落管排除有较大困难时，可采用内排水系统。对锯子立面处理要求较高的建筑物；高层大密集平屋顶民用建筑，特别是处于寒冷地带的此类建筑物，也应采用内排水系统。

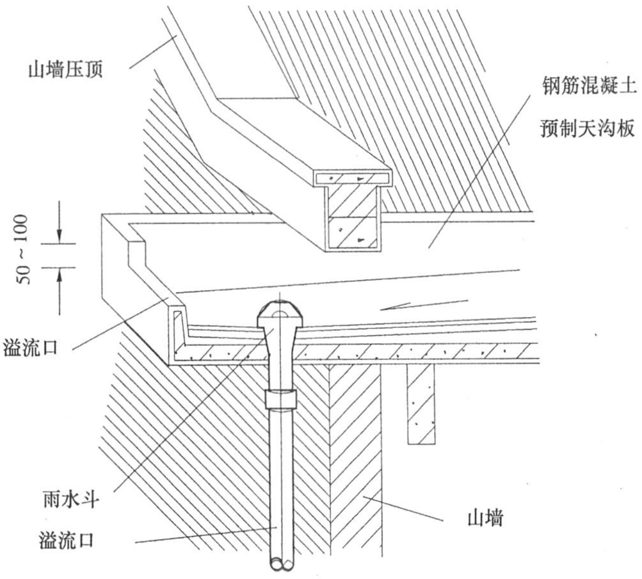


图 4-20　天沟穿出山墙和设置溢流口

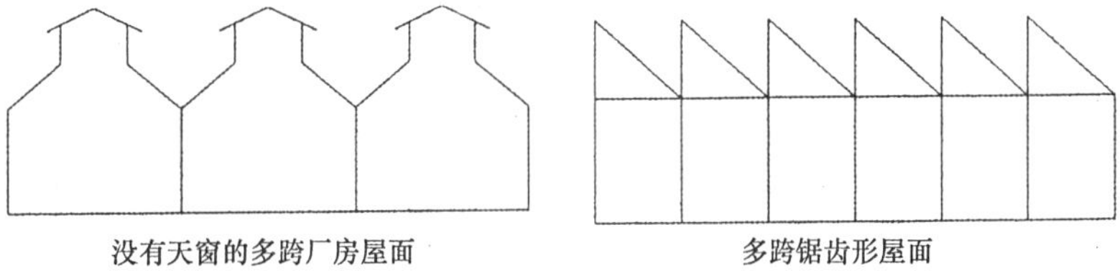


图 4-21　工业厂房屋面形式示例

（一）内排水系统的组成

屋面雨雪水要求安全地排除，而不允许有溢、漏、冒水等现象发生。内排水管道系统是由雨水斗、悬吊管、立管及埋地横管和清通设备等组成，但视具体情况和不同要求，也有用悬吊管直接吊出室外，或无悬吊管的单斗系统，可参见图 4-22。

（二）系统的布置和安装

1. 雨水斗

雨水斗的作用为汇集屋面雨水，使流过的水流平稳、畅通和截留杂物，防止管道阻塞。为此，要求选用导水畅通、排水量大、斗前水位低和泄水时渗水量小的雨水斗。常用的雨水斗为 65 型和 79 型，65 型为铸铁浇铸，79 型为钢板焊制，目前多采用 87 型。图 4-23 为雨水斗及雨水斗安装图。

雨水斗布置的位置要考虑集水面积比较均匀和便于与悬吊管及雨水斗立管的连接以确保雨水能畅通流入。布置雨水斗时，应以伸缩缝或沉降缝作为屋面排水分水线，否则应在该缝的两侧各设一个雨水斗。在防火墙处设置雨水斗时，应在该墙的两侧各设一个雨水斗。雨水斗的间距，一般应根据建筑结构的特点（如柱子的布置等）决定，一般间距采用 12～24m。雨水斗与天沟连接处，应作好防水，不使雨水由该处漏入房间内。

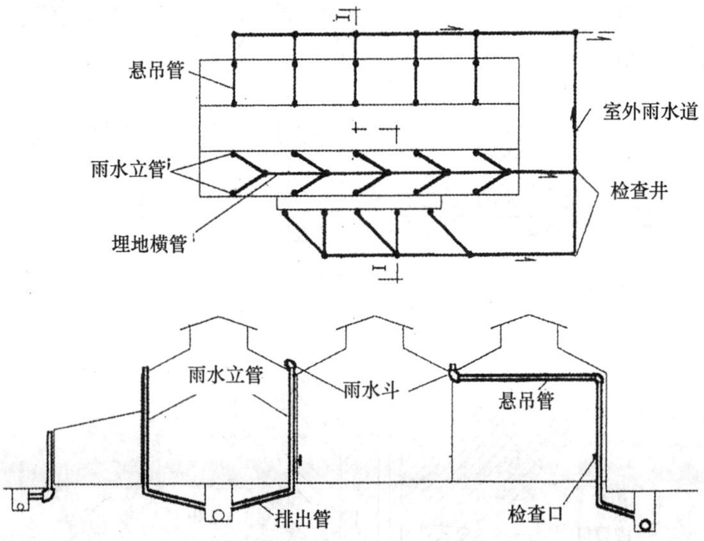


图 4-22 内排水雨水管系统

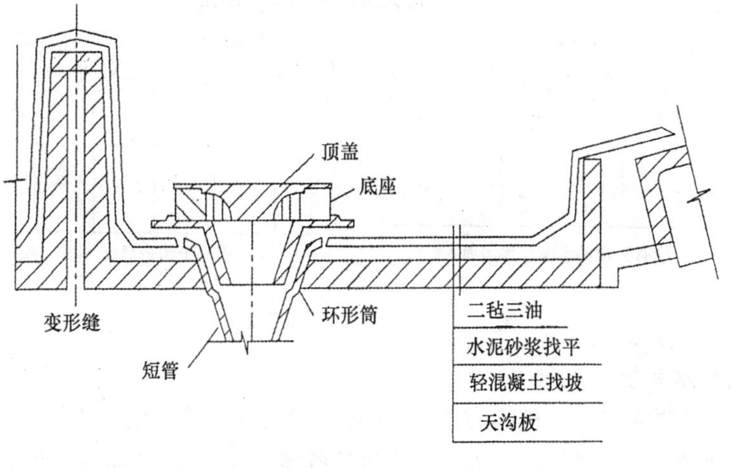


图 4-23 雨水斗及其安装示意图

2. 连接管

连接管为承接雨水斗流来的雨水，并将其引入悬吊管的一段短管。连接管的管径不得小于雨水斗短管的管径。连接管应牢固地固定在建筑物的承重结构(如桁架梁)上。

3. 悬吊管

悬吊管承接连接管流来的雨水并将它引入立管。由悬吊管连接雨水斗的数量可分为单斗悬吊管和多斗悬吊管，连接 2 个及以上雨水斗的为多斗悬吊管。悬吊管一般沿桁架或梁敷设，并牢固地固定在其上。悬吊管需有不小于 0.003 的管坡，坡向立管。

4. 立管

立管是接纳悬吊管或雨水斗流来的水流。立管宜沿墙、柱安装，一般为明装，若建筑或工艺要求暗装时，可敷设于墙槽或管井内，但必须考虑安装和检修方便，立管上应装设检查口，检查口中心距地面 1.0m。立管的管径不得小于与其连接的悬吊管的管径。

5. 排出管

排出管是将立管雨水引入检查井的一段埋地管。排出管管径不得小于立管的管径；当穿越地下室墙壁时，应有防水措施。排出管穿越基础墙处应预留洞，洞口尺寸应保证建筑物沉陷时不压坏管道，在一般情况下，管顶宜有不小于150mm的净空。

6. 埋地管

埋地管是接纳各立管流来的雨水，它是敷设于室内地下的横管，并将雨水引至室外的雨水管道。其最小管径不得小于200mm，最大管径不宜大于600mm。埋地管不得穿越设备基础及其他可能受水发生危害的构筑物。埋地管坡度应不小于0.003。

连接管、悬吊管和立管一般用UPVC管、铸铁管(石棉水泥接口)，如管道有可能受到振动和生产工艺等有特殊要求时，可采用钢管，焊接接口，外涂防锈油漆。埋地管一般采用非金属管道，如混凝土管、钢筋混凝土管、UPVC管(或加筋UPVC管)等。

## 三、屋面排水的计算

(一) 雨量计算

1. 小时降雨厚度

降雨量应根据当地的暴雨公式，按下列条件换算成小时降雨厚度(mm/h)；

(1) 降雨历时采用5min。

(2) 重现期$P$应根据生产工艺和土建情况确定，见表4-22。一般情况采用一年，但不得小于室外雨水管道所采用的重现期。

**表4-22　　工业建筑雨水设计重现期$P$值**

| 工业企业特征 | $P$(年) |
|---|---|
| 1. 生产工艺因素 | |
| 生产和机械设备不会因水受损害 | 0.5 |
| 生产可能因水受影响，但机械设备不会因水受损害 | 1.0 |
| 生产不会因水受影响，但机械设备可能因水受损害 | 1.5 |
| 生产和机械设备均可能因水受损害 | 2.0 |
| 2. 土建因素 | |
| 房屋最低层地板标高低于室外地面标高 | 0.5 |
| 天窗玻璃位于天沟之上低于10cm | 0.5 |
| 屋顶各个方向被房屋高出部分紧紧包围，妨碍雨水流动 | 0.5 |

注：① 将表中1、2两项中有关相应的数据相加，即可求得$P$值；

② 机械设备可能因水而受损害的生产，系指下列类型工厂：丝绸厂、卷烟厂、棉纺织厂、冶金厂以及各种金属加工厂、化学联合企业等。

(3) 计算式：

$$h=36q_5 \tag{4-6}$$

式中　$h$——小时降雨厚度(mm/h)；

$q_5$——降雨历时5min的暴雨强度(L/s·100m$^2$)，表4-23所示为我国部分城市降雨强度表。

表 4-23　　　　我国部分城镇降雨强度

| 城镇名称 | | 降雨强度 $\frac{q_5(L/s \cdot 100m^2)}{h(mm/h)}$ | | | | |
| --- | --- | --- | --- | --- | --- | --- |
| | | $P=1$ | $P=2$ | $P=3$ | $P=4$ | $P=5$ |
| 北　京 | | 3.23 | 4.01 | 4.48 | 4.81 | 5.06 |
| | | 116 | 145 | 161 | 173 | 182 |
| 上　海 | | 3.36 | 4.19 | 4.67 | 5.02 | 5.29 |
| | | 121 | 151 | 168 | 181 | 190 |
| 天　津 | | 2.77 | 3.48 | 3.89 | 4.19 | 4.42 |
| | | 100 | 125 | 140 | 151 | 159 |
| 重　庆 | | 3.07 | 3.69 | 4.02 | 4.25 | 4.42 |
| | | 111 | 133 | 145 | 153 | 159 |
| 河北 | 石家庄 | 2.76 | 3.51 | 3.94 | 4.25 | 4.49 |
| | | 99 | 126 | 142 | 153 | 162 |
| | 秦皇岛 | 2.66 | 3.26 | 3.61 | 3.87 | 4.06 |
| | | 96 | 117 | 130 | 139 | 146 |
| | 唐　山 | 3.60 | 4.49 | 5.04 | 5.42 | 5.72 |
| | | 128 | 162 | 181 | 195 | 206 |
| | 廊　房 | 2.79 | 3.44 | 3.81 | 4.08 | 4.29 |
| | | 100 | 124 | 137 | 147 | 154 |
| | 沧　州 | 3.68 | 4.56 | 5.07 | 5.44 | 5.72 |
| | | 133 | 164 | 183 | 196 | 206 |
| | 保　定 | 2.55 | 3.08 | 3.39 | 3.61 | 3.78 |
| | | 92 | 111 | 122 | 130 | 136 |
| | 刑　台 | 2.64 | 3.34 | 3.76 | 4.05 | 4.28 |
| | | 95 | 120 | 135 | 146 | 154 |
| | 邯　郸 | 2.81 | 3.62 | 4.09 | 4.43 | 4.69 |
| | | 101 | 130 | 147 | 160 | 169 |
| 山西 | 太　原 | 2.31 | 2.92 | 3.27 | 3.52 | 3.72 |
| | | 83 | 105 | 118 | 127 | 134 |

续表

| 城镇名称 | | 降雨强度 $\frac{q_5(L/s \cdot 100m^2)}{h(mm/h)}$ | | | | |
|---|---|---|---|---|---|---|
| | | $P=1$ | $P=2$ | $P=3$ | $P=4$ | $P=5$ |
| 山西 | 大同 | 1.78 | 2.35 | 2.69 | 2.93 | 3.12 |
| | | 64 | 85 | 97 | 106 | 112 |
| | 朔县 | 2.01 | 2.50 | 2.78 | 2.98 | 3.14 |
| | | 72 | 90 | 100 | 107 | 113 |
| | 原平 | 2.23 | 2.92 | 3.34 | 3.63 | 3.85 |
| | | 80 | 105 | 120 | 130 | 139 |
| | 阳泉 | 2.64 | 3.41 | 3.86 | 4.18 | 4.43 |
| | | 95 | 123 | 139 | 151 | 160 |
| | 榆次 | 1.94 | 2.57 | 2.94 | 3.20 | 3.40 |
| | | 70 | 92 | 106 | 115 | 122 |
| | 离石 | 1.77 | 2.20 | 2.45 | 2.62 | 2.76 |
| | | 64 | 79 | 88 | 94 | 99 |
| | 长治 | 1.99 | 2.84 | 3.34 | 3.70 | 3.97 |
| | | 72 | 102 | 120 | 133 | 143 |
| | 临汾 | 2.10 | 2.69 | 3.04 | 3.29 | 3.48 |
| | | 76 | 97 | 110 | 118 | 125 |
| | 运城 | 1.69 | 2.22 | 2.52 | 2.74 | 2.91 |
| | | 61 | 80 | 91 | 99 | 105 |
| 安徽 | 安庆 | 3.32 | 4.09 | 4.56 | 4.88 | 5.13 |
| | | 120 | 148 | 164 | 176 | 185 |
| | 合肥 | 3.04 | 3.73 | 4.14 | 4.42 | 4.65 |
| | | 109 | 134 | 149 | 159 | 167 |
| | 蚌埠 | 2.85 | 3.51 | 3.89 | 4.17 | 4.37 |
| | | 102 | 126 | 140 | 150 | 158 |
| 浙江 | 杭州 | 2.98 | 3.74 | 4.18 | 4.49 | 4.74 |
| | | 107 | 135 | 151 | 162 | 171 |

续表

| 城镇名称 | | 降雨强度 $\frac{q_5(L/s \cdot 100m^2)}{h(mm/h)}$ | | | | |
|---|---|---|---|---|---|---|
| | | P=1 | P=2 | P=3 | P=4 | P=5 |
| 浙江 | 诸暨 | 4.03 | 5.07 | 5.68 | 6.11 | 6.45 |
| | | 145 | 183 | 205 | 220 | 232 |
| | 宁波 | 3.15 | 3.88 | 4.31 | 4.61 | 4.85 |
| | | 114 | 140 | 155 | 166 | 175 |
| | 温州 | 4.14 | 4.90 | 5.34 | 5.66 | 5.90 |
| | | 149 | 176 | 192 | 204 | 212 |
| 江西 | 南昌 | 4.23 | 5.10 | 5.62 | 5.98 | 6.26 |
| | | 152 | 184 | 202 | 215 | 226 |
| | 庐山 | 3.26 | 3.86 | 4.21 | 4.46 | 4.65 |
| | | 117 | 139 | 152 | 161 | 168 |
| | 修水 | 3.53 | 4.36 | 4.86 | 5.20 | 5.47 |
| | | 127 | 157 | 175 | 187 | 197 |
| | 波阳 | 3.26 | 3.83 | 4.16 | 4.39 | 4.58 |
| | | 117 | 138 | 150 | 158 | 165 |
| | 宜春 | 3.30 | 3.97 | 4.36 | 4.64 | 4.85 |
| | | 119 | 143 | 157 | 167 | 175 |
| | 贵溪 | 3.32 | 3.81 | 4.10 | 4.30 | 4.46 |
| | | 120 | 137 | 147 | 155 | 160 |
| | 吉安 | 4.15 | 4.75 | 5.10 | 5.34 | 5.54 |
| | | 149 | 171 | 184 | 193 | 199 |
| | 赣州 | 3.74 | 4.37 | 4.73 | 5.00 | 5.20 |
| | | 135 | 157 | 170 | 180 | 187 |
| 福建 | 福州 | 3.48 | 4.13 | 4.52 | 4.79 | 5.00 |
| | | 125 | 149 | 163 | 172 | 180 |
| | 厦门 | 4.37 | 5.10 | 5.52 | 5.82 | 6.06 |
| | | 157 | 184 | 199 | 210 | 218 |

续表

| 城镇名称 | | 降雨强度 $\frac{q_5(L/s\cdot 100m^2)}{h(mm/h)}$ | | | | |
|---|---|---|---|---|---|---|
| | | $P=1$ | $P=2$ | $P=3$ | $P=4$ | $P=5$ |
| 河南 | 安阳 | 2.63 | 3.46 | 4.07 | 4.57 | 4.99 |
| | | 95 | 125 | 147 | 165 | 180 |
| | 新乡 | 3.12 | 3.70 | 4.05 | 4.29 | 4.48 |
| | | 112 | 133 | 146 | 154 | 161 |
| | 郑州 | 3.31 | 4.35 | 4.95 | 5.38 | 5.72 |
| | | 119 | 157 | 178 | 194 | 206 |
| 内蒙 | 包头 | 2.27 | 2.92 | 3.33 | 3.61 | 3.83 |
| | | 82 | 106 | 120 | 130 | 138 |
| | 集宁 | 1.94 | 2.52 | 2.86 | 3.11 | 3.29 |
| | | 70 | 96 | 103 | 112 | 119 |
| | 赤峰 | 1.83 | 2.58 | 3.01 | 3.32 | 3.56 |
| | | 66 | 93 | 109 | 120 | 128 |
| | 海拉尔 | 1.80 | 2.37 | 2.70 | 2.94 | 3.12 |
| | | 65 | 85 | 97 | 106 | 113 |
| 黑龙江 | 哈尔滨 | 2.67 | 3.39 | 3.81 | 4.11 | 4.34 |
| | | 96 | 122 | 137 | 148 | 156 |
| | 漠河 | 1.87 | 2.43 | 2.76 | 2.99 | 3.17 |
| | | 67 | 88 | 99 | 108 | 114 |
| | 呼玛 | 1.99 | 2.51 | 2.81 | 3.03 | 3.19 |
| | | 72 | 90 | 101 | 109 | 115 |
| | 黑河 | 2.49 | 3.12 | 3.48 | 3.74 | 3.94 |
| | | 90 | 112 | 125 | 135 | 142 |
| | 嫩江 | 2.37 | 2.94 | 3.28 | 3.52 | 3.70 |
| | | 85 | 106 | 118 | 127 | 133 |
| | 北安 | 2.32 | 2.91 | 3.26 | 3.50 | 3.69 |
| | | 83 | 105 | 117 | 126 | 133 |

续表

| 城镇名称 | | 降雨强度 $\frac{q_5(\text{L/s}\cdot100\text{m}^2)}{h(\text{mm/h})}$ | | | | |
|---|---|---|---|---|---|---|
| | | P=1 | P=2 | P=3 | P=4 | P=5 |
| 黑龙江 | 齐齐哈尔 | 2.37 | 3.00 | 3.37 | 3.64 | 3.84 |
| | | 85 | 108 | 121 | 131 | 138 |
| | 大　庆 | 2.48 | 3.16 | 3.56 | 3.84 | 4.06 |
| | | 89 | 114 | 128 | 138 | 146 |
| | 佳木斯 | 2.46 | 3.19 | 3.61 | 3.92 | 4.15 |
| | | 89 | 115 | 130 | 141 | 149 |
| | 同　江 | 2.55 | 3.19 | 3.57 | 3.84 | 4.05 |
| | | 92 | 115 | 129 | 138 | 146 |
| | 抚　运 | 2.41 | 3.00 | 3.34 | 3.59 | 3.77 |
| | | 87 | 108 | 120 | 129 | 136 |
| | 虎　林 | 2.27 | 2.95 | 3.35 | 3.63 | 3.85 |
| | | 82 | 106 | 121 | 131 | 139 |
| | 鸡　西 | 2.36 | 2.91 | 3.22 | 3.45 | 3.62 |
| | | 85 | 105 | 116 | 124 | 130 |
| | 牡丹江 | 1.97 | 2.50 | 2.81 | 3.03 | 3.20 |
| | | 71 | 90 | 101 | 109 | 115 |
| 吉林 | 长　春 | 3.41 | 4.11 | 4.52 | 4.81 | 5.03 |
| | | 123 | 148 | 163 | 173 | 181 |
| | 白　城 | 2.52 | 3.05 | 3.36 | 3.58 | 3.75 |
| | | 91 | 109 | 121 | 129 | 135 |
| | 前敦尔罗斯 | 2.64 | 3.19 | 3.51 | 3.74 | 3.91 |
| | | 96 | 115 | 126 | 135 | 141 |
| 陕西 | 西　安 | 1.34 | 1.87 | 2.21 | 2.43 | 2.61 |
| | | 49 | 68 | 80 | 88 | 94 |
| | 榆　林 | 1.87 | 2.52 | 2.90 | 3.17 | 3.38 |
| | | 67 | 91 | 105 | 114 | 122 |

续表

| 城镇名称 | | 降雨强度 $\frac{q_5(L/s \cdot 100m^2)}{h(mm/h)}$ | | | | |
| --- | --- | --- | --- | --- | --- | --- |
| | | P=1 | P=2 | P=3 | P=4 | P=5 |
| 陕西 | 子 长 | 2.25 | 2.95 | 3.36 | 3.65 | 3.88 |
| | | 81 | 106 | 121 | 132 | 140 |
| | 延 安 | 1.53 | 2.13 | 2.47 | 2.72 | 2.91 |
| | | 55 | 77 | 89 | 98 | 105 |
| | 宜 川 | 2.57 | 3.35 | 3.81 | 4.14 | 4.35 |
| | | 93 | 121 | 137 | 149 | 158 |
| | 彬 县 | 1.44 | 2.01 | 2.34 | 2.58 | 2.77 |
| | | 52 | 72 | 84 | 93 | 99 |
| | 铜 川 | 1.88 | 2.66 | 3.12 | 3.45 | 3.70 |
| | | 68 | 96 | 112 | 124 | 133 |
| | 商 县 | 1.60 | 2.06 | 2.32 | 2.51 | 2.66 |
| | | 58 | 74 | 84 | 90 | 96 |
| | 汉 中 | 1.39 | 1.83 | 2.08 | 2.26 | 2.40 |
| | | 50 | 66 | 75 | 81 | 87 |
| 宁 夏 | 银 川 | 1.12 | 1.40 | 1.57 | 1.68 | 1.78 |
| | | 40 | 51 | 56 | 61 | 64 |
| 甘肃 | 兰 州 | 1.47 | 1.89 | 2.14 | 2.31 | 2.45 |
| | | 53 | 68 | 77 | 83 | 88 |
| | 张 掖 | 0.42 | 0.65 | 0.84 | 1.01 | 1.16 |
| | | 15 | 24 | 30 | 36 | 42 |
| | 临 夏 | 1.76 | 2.22 | 2.49 | 2.68 | 2.82 |
| | | 64 | 80 | 90 | 96 | 102 |
| | 靖 远 | 1.26 | 1.77 | 2.07 | 2.28 | 2.45 |
| | | 45 | 64 | 75 | 82 | 88 |
| | 平 凉 | 1.92 | 2.55 | 2.92 | 3.18 | 3.39 |
| | | 69 | 92 | 105 | 115 | 122 |
| | 天 水 | 1.75 | 2.22 | 2.50 | 2.70 | 2.85 |
| | | 63 | 80 | 90 | 97 | 103 |

续表

| 城镇名称 | | 降雨强度 $\frac{q_5(L/s \cdot 100m^2)}{h(mm/h)}$ | | | | |
|---|---|---|---|---|---|---|
| | | P=1 | P=2 | P=3 | P=4 | P=5 |
| 湖南 | 长沙 | 2.75 | 3.31 | 3.64 | 3.87 | 4.05 |
| | | 99 | 119 | 131 | 139 | 146 |
| | 常德 | 2.98 | 3.80 | 4.28 | 4.62 | 4.88 |
| | | 108 | 137 | 154 | 167 | 176 |
| | 益阳 | 3.57 | 4.52 | 5.07 | 5.47 | 5.77 |
| | | 129 | 163 | 183 | 197 | 208 |
| | 株州 | 4.07 | 5.23 | 5.91 | 6.39 | 6.77 |
| | | 146 | 188 | 213 | 230 | 244 |
| | 衡阳 | 3.56 | 4.28 | 4.70 | 5.00 | 5.23 |
| | | 128 | 154 | 169 | 180 | 188 |
| 辽宁 | 沈阳 | 2.86 | 3.57 | 3.97 | 4.26 | 4.48 |
| | | 103 | 128 | 142 | 153 | 161 |
| | 大连 | 2.44 | 2.93 | 3.21 | 3.41 | 3.57 |
| | | 88 | 105 | 116 | 123 | 128 |
| 新疆 | 乌鲁木齐 | 0.39 | 0.49 | 0.54 | 0.59 | 0.62 |
| | | 14 | 18 | 20 | 21 | 22 |
| | 塔城 | 1.91 | 2.54 | 2.91 | 3.17 | 3.38 |
| | | 69 | 92 | 105 | 114 | 122 |
| | 乌苏 | 1.26 | 1.89 | 2.39 | 2.83 | 3.22 |
| | | 45 | 68 | 86 | 102 | 116 |
| | 石河子 | 0.81 | 1.62 | 2.45 | 3.27 | 4.10 |
| | | 29 | 58 | 88 | 118 | 148 |
| 四川 | 成都 | 3.07 | 3.49 | 3.68 | 3.79 | 3.87 |
| | | 111 | 126 | 132 | 137 | 139 |
| | 自贡 | 3.37 | 3.99 | 4.33 | 4.55 | 4.76 |
| | | 121 | 144 | 156 | 164 | 171 |
| | 泸州 | 2.44 | 2.85 | 3.10 | 3.27 | 3.39 |
| | | 88 | 103 | 112 | 118 | 122 |
| | 宜宾 | 3.32 | 3.82 | 4.07 | 4.18 | 4.29 |
| | | 120 | 138 | 147 | 151 | 155 |
| | 乐山 | 2.47 | 2.91 | 3.20 | 3.36 | 3.49 |
| | | 89 | 105 | 115 | 121 | 126 |

续表

| 城镇名称 | | 降雨强度 $\frac{q_5(L/s \cdot 100m^2)}{h(mm/h)}$ | | | | |
|---|---|---|---|---|---|---|
| | | $P=1$ | $P=2$ | $P=3$ | $P=4$ | $P=5$ |
| 山东 | 济南 | 2.86 | 3.52 | 3.90 | 4.17 | 4.38 |
| | | 103 | 127 | 140 | 150 | 158 |
| | 德州 | 2.89 | 3.50 | 3.86 | 4.11 | 4.31 |
| | | 104 | 126 | 139 | 148 | 155 |
| | 淄博 | 2.25 | 2.78 | 3.09 | 3.31 | 3.48 |
| | | 81 | 100 | 111 | 119 | 125 |
| | 潍坊 | 2.81 | 3.51 | 3.92 | 4.21 | 4.43 |
| | | 101 | 126 | 141 | 152 | 160 |
| | 烟台 | 2.31 | 3.05 | 3.48 | 3.79 | 4.03 |
| | | 83 | 110 | 125 | 136 | 145 |
| | 莱阳 | 2.47 | 3.26 | 3.72 | 4.05 | 4.31 |
| | | 89 | 117 | 134 | 146 | 155 |
| | 枣庄 | 3.17 | 3.94 | 4.39 | 4.71 | 4.95 |
| | | 114 | 142 | 158 | 170 | 178 |
| | 青岛 | 2.10 | 2.54 | 2.80 | 2.98 | 3.12 |
| | | 76 | 91 | 101 | 107 | 113 |
| 江苏 | 南京 | 2.92 | 3.51 | 3.86 | 4.10 | 4.29 |
| | | 105 | 126 | 139 | 148 | 155 |
| | 徐州 | 2.79 | 3.22 | 3.48 | 3.65 | 3.79 |
| | | 101 | 116 | 125 | 132 | 137 |
| | 连云港 | 2.16 | 2.69 | 3.01 | 3.23 | 3.40 |
| | | 78 | 97 | 108 | 116 | 123 |
| | 扬州 | 2.20 | 2.63 | 2.88 | 3.05 | 3.19 |
| | | 79 | 95 | 104 | 110 | 115 |
| | 南通 | 2.17 | 2.67 | 2.95 | 3.16 | 3.32 |
| | | 78 | 96 | 106 | 114 | 119 |
| 湖北 | 汉口 | 3.13 | 3.83 | 4.24 | 4.53 | 4.76 |
| | | 113 | 138 | 153 | 163 | 171 |
| | 荆州 | 2.45 | 3.12 | 3.52 | 3.80 | 4.02 |
| | | 88 | 112 | 127 | 137 | 145 |
| | 沙市 | 3.21 | 4.08 | 4.60 | 4.95 | 5.23 |
| | | 116 | 147 | 165 | 178 | 188 |

续表

| 城镇名称 | | 降雨强度 $\frac{q_5(L/s \cdot 100m^2)}{h(mm/h)}$ | | | | |
|---|---|---|---|---|---|---|
| | | P=1 | P=2 | P=3 | P=4 | P=5 |
| 湖北 | 黄石 | 4.10 | 4.98 | 5.49 | 5.85 | 6.14 |
| | | 148 | 179 | 198 | 211 | 221 |
| | 宜昌 | 3.28 | 3.72 | 3.94 | 4.09 | 4.20 |
| | | 118 | 134 | 142 | 147 | 151 |
| 广东 | 广州 | 3.80 | 4.41 | 4.77 | 5.02 | 5.22 |
| | | 137 | 159 | 172 | 181 | 188 |
| | 韶关 | 3.99 | 4.76 | 5.19 | 5.51 | 5.76 |
| | | 144 | 171 | 187 | 198 | 207 |
| | 汕头 | 4.75 | 5.58 | 6.04 | 6.36 | 6.64 |
| | | 171 | 201 | 217 | 229 | 239 |
| | 深圳 | 4.78 | 5.86 | 6.49 | 6.93 | 7.28 |
| | | 172 | 211 | 234 | 250 | 262 |
| | 佛山 | 3.38 | 3.97 | 4.31 | 4.56 | 4.75 |
| | | 122 | 143 | 155 | 164 | 171 |
| 海南 | 海口 | 4.21 | 4.71 | 5.01 | 5.22 | 5.38 |
| | | 151 | 170 | 180 | 188 | 194 |
| 广西 | 南宁 | 4.02 | 4.56 | 4.83 | 5.01 | 5.13 |
| | | 145 | 164 | 174 | 180 | 185 |
| | 桂林 | 3.64 | 4.08 | 4.33 | 4.52 | 4.66 |
| | | 131 | 147 | 156 | 163 | 168 |
| | 柳州 | 3.71 | 4.21 | 4.54 | 4.77 | 4.95 |
| | | 134 | 152 | 163 | 172 | 178 |
| | 百色 | 3.80 | 4.42 | 4.79 | 5.05 | 5.25 |
| | | 137 | 159 | 172 | 182 | 189 |
| | 贵阳 | 2.96 | 3.53 | 3.90 | 4.14 | 4.32 |
| | | 107 | 127 | 140 | 149 | 156 |
| | 宁明 | 3.82 | 4.54 | 4.95 | 5.25 | 5.48 |
| | | 138 | 163 | 178 | 189 | 197 |
| | 钦州 | 4.59 | 5.29 | 5.70 | 5.99 | 6.22 |
| | | 165 | 191 | 205 | 216 | 224 |
| | 北海 | 4.65 | 5.26 | 5.61 | 5.81 | 6.06 |
| | | 167 | 189 | 202 | 211 | 218 |

续表

| 城镇名称 | | 降雨强度 $\frac{q_5(L/s \cdot 100m^2)}{h(mm/h)}$ | | | | |
|---|---|---|---|---|---|---|
| | | $P=1$ | $P=2$ | $P=3$ | $P=4$ | $P=5$ |
| 广西 | 玉　林 | 4.30 | 4.93 | 5.29 | 5.56 | 5.76 |
| | | 155 | 177 | 191 | 199 | 207 |
| | 梧　州 | 4.46 | 5.09 | 5.45 | 5.71 | 5.92 |
| | | 161 | 183 | 196 | 206 | 213 |
| 贵　州 | 铜　仁 | 3.36 | 4.06 | 4.50 | 4.76 | 4.86 |
| | | 121 | 146 | 162 | 172 | 175 |
| 云南 | 昆　明 | 3.15 | 3.88 | 4.32 | 4.63 | 4.83 |
| | | 113 | 140 | 155 | 167 | 174 |
| | 丽　江 | 1.54 | 1.98 | 2.24 | 2.42 | 2.57 |
| | | 55 | 71 | 81 | 87 | 92 |
| | 下　关 | 1.96 | 2.57 | 2.93 | 3.19 | 3.38 |
| | | 71 | 93 | 106 | 115 | 122 |
| | 大　理 | 1.98 | 2.42 | 2.73 | 2.95 | 3.13 |
| | | 64 | 87 | 98 | 106 | 113 |
| 青海 | 西　宁 | 1.21 | 1.72 | 2.01 | 2.22 | 2.39 |
| | | 44 | 62 | 73 | 80 | 86 |
| | 同　仁 | 0.81 | 1.10 | 1.28 | 1.40 | 1.49 |
| | | 29 | 40 | 46 | 50 | 54 |
| 西藏 | 拉　萨 | 2.57 | 3.15 | 3.49 | 3.72 | 3.91 |
| | | 92 | 113 | 125 | 134 | 141 |
| | 林　芝 | 2.70 | 3.17 | 3.51 | 3.75 | 3.94 |
| | | 97 | 114 | 126 | 135 | 142 |
| | 日喀则 | 2.68 | 3.29 | 3.64 | 3.89 | 4.09 |
| | | 97 | 118 | 131 | 140 | 147 |
| | 昌　都 | 2.70 | 3.17 | 3.51 | 3.75 | 3.94 |
| | | 97 | 114 | 126 | 135 | 142 |

注:表中 $P$ 为重现期(年);$q_5$ 为 5min 降雨强度;$h$ 为小时降雨厚度,根据 $q_5$ 值折算而来的。

2. 汇水面积

(1) 屋面的汇水面积应按屋面的水平投影面积计算。

(2) 高出屋面的侧墙应按侧墙面积的50%折算成屋面汇水面积。

(3) 排入室内雨水管中的生产废水量如大于5%的雨水量时，雨水管的设计流量应以雨水量和生产废水量的总和计算；一般可将废水量换算成"当量汇水面积"，换算公式如下：

$$F_e = KQ \tag{4-7}$$

式中 $F_e$——当量汇水面积($m^2$)

$Q$——生产废水流量(L/s)

$K$——换算系数($m^2 \cdot s/L$)，见表4-24。

**表4-24　　降雨强度与系数K的关系**

| 小时降雨厚度(mm/h) | 50 | 60 | 70 | 80 | 90 | 100 | 110 | 120 | 140 | 160 | 180 | 200 |
|---|---|---|---|---|---|---|---|---|---|---|---|---|
| 系数 $K$ | 72 | 60 | 51.4 | 45 | 40 | 36 | 32.7 | 30 | 25.7 | 22.5 | 20 | 18 |

注：降雨强度介于表中两数之间时，$K$值按内插法确定。

(二) 天沟外排水设计计算

天沟外排水设计的关键是它的本身，应从经济安全排除雨水的角度，配合土建要求来设计天沟形式和断面，并确定天沟长度。

1. 计算公式

雨水流量可按下式计算：

$$Q = K_1 \frac{Fh}{3600} = K_1 \frac{Fq_5}{100} \tag{4-8}$$

天沟内流速可按下式计算：

$$v = \frac{1}{n} R^{2/3} i^{1/2} \tag{4-9}$$

过水断面积可按下式计算：

$$w = \frac{Q}{v} \tag{4-10}$$

汇水面积可按下式计算：

$$F = LB \tag{4-11}$$

式中 $Q$——天沟排除雨水流量(L/s)；

$F$——屋面的汇水面积($m^2$)；

$h$——小时降雨厚度(mm/h)；

$K_1$——考虑重现期为一年和屋面蓄积能力的系数。平屋面(坡度小于2.5%) $K_1=1$；斜屋面(坡度小于2.5%) $K_1=1.5\sim2.0$；

$v$——天沟中水流速度(m/s)；

$n$——天沟的粗糙系数；

$R$——水力半径(m)；

$i$——天沟坡度；

$w$——天沟的过水断面积($m^2$)；

$L$——天沟长度(m)；

$B$——厂房跨度(m)；

2. 粗糙系数 $n$ 值

$n$ 值的选用应根据天沟的材料及施工情况确定，天沟的 $n$ 值一般情况如表 4-25 所示。

**表 4-25　　各种材料天沟的 $n$ 值**

| 天沟壁面材料的种类 | 表面粗糙系数 $n$ 值 |
|---|---|
| 钢管、石棉水泥管、水泥砂浆光滑水槽 | 0.012 |
| 铸铁管、陶土管、水泥砂浆抹面混凝土槽 | 0.012 |
| 混凝土及钢筋混凝土槽 | 0.013～0.014 |
| 无抹面的混凝土槽 | 0.014～0.017 |
| 喷浆护面的混凝土槽 | 0.016～0.021 |
| 表面不整齐的混凝土槽 | 0.020 |
| 豆砂沥青玛\u9507脂护面混凝土槽 | 0.025 |

3. 天沟断面及尺寸

天沟断面的形式多是矩形或梯形，其尺寸应由计算确定。为了排水安全，应另增加 20～50mm 的保护高度。天沟起端的深度不应小于 80mm。

4. 天沟排水立管

天沟排水立管的管径可参照表 4-26 选用。

**表 4-26　　一根立管负荷流量**

| 立管管径(mm) | 75 | 100 | 150 | 200 | 250 | 300 |
|---|---|---|---|---|---|---|
| 允许流量(L/s) | 10 | 20 | 45 | 80 | 120 | 170 |

5. 溢流口

天沟末端山墙女儿墙上设置溢流口，用以排泄立管来不及排除的雨水量，其排水能力可按宽顶堰计算，计算公式如下：

$$Q=mb\sqrt{2g}\,H^{3/2} \tag{4-12}$$

式中　$Q$——溢流水量(L/s)；

$b$——堰口宽度(m)；

$H$——堰上水头(m)；

$m$——流量系数，见表 4-27。

表 4-27　　　　　　　　　　**宽顶堰流量系数**

| 堰进口形式 | 流量系数 | |
| --- | --- | --- |
| | $m$ | $M$ |
| 直　角 | 320 | 1420 |
| 45°斜角 | 360 | 1600 |
| 圆　角 | 360 | 1600 |
| 斜　坡<br>$\theta=80°\sim20°$ | 340～380 | 1510～1680 |

6. 计算例题

［例 4-1］　已知天津某厂车间全长为 144m，跨度为 18m；利用拱形屋架及大型屋面板所形成的矩形凹槽为天沟，天沟槽宽度为 0.65m，天沟深度为 0.30m；积水深度为 0.15m；天沟坡度为 0.006；天沟表面铺绿豆砂，粗糙系数 $n=0.025$。天沟布置如图 4-19。要求计算天沟的排水量是否满足要求，并求立管管径和溢流口溢流量。

［解］（1）天沟的过水断面积

$$w=0.65\times0.15=0.0975(\text{m}^2)$$

（2）湿周

$$x=0.65+2\times0.15=0.95(\text{m})$$

（3）水力半径

$$R=\frac{0.0975}{0.95}==0.103(\text{m})$$

（4）水流速度

$$V=\frac{1}{n}R^{2/3}i^{1/2}=\frac{1}{0.025}(0.103)^{2/3}(0.006)^{1/2}=0.68(\text{m/s})$$

（5）天沟的排水量

$$Q=0.0975\times0.68=67(\text{L/s})$$

（6）天沟的汇水面积

$$F=LB=\frac{144}{2}\times18=1296(\text{m}^2)$$

（7）暴雨量公式

当重现期为 1 年时，查表 4-23 得

$$q_5=2.77(\text{L/s}\cdot100\text{m}^2)$$

$$Q=1.5\times1296\times2.77\times10^{-2}=53.8(\text{L/s})$$

1 年重现期暴雨量<天沟的排水量。

通过以上核算可知符合排水要求。

也可用天沟流水长度核算：

当重现期为 1 年时，允许的汇水面积为

$$F=\frac{Q}{q_5}=\frac{67\times100}{2.77}=2418(\mathrm{m}^2)$$

允许天沟流水长度为

$$L=\frac{2418}{18}=134(\mathrm{m})>72(\mathrm{m})$$

由以上天沟长度的计算也可以说明设计的天沟无问题。

(8) 雨水立管

查表 4-26，如立管管径采用 200mm，则允许排水流量为 80L/s，能满足 1 年重现期的排水要求。

(9) 溢流口

在天沟端墙上开一个溢流口，口宽 $b=0.65\mathrm{m}$，堰上水头采用 $H=0.15\mathrm{m}$，由表 4-27 查得流量系数 $m=320$，则溢流口的排水流量为

$$Q=mb\sqrt{2g}H^{3/2}=320\times0.65\sqrt{2g}\times0.15^{3/2}=53.5(\mathrm{L/s})$$

可基本满足 53.8(L/s)溢流要求。

(二) 内排水计算(略)

表 4-28 为单斗系统一个雨水斗最大允许汇水面积。

表 4-29 为多斗系统一个雨水斗最大允许汇水面积。

表 4-30 为多斗悬吊管最大允许汇水面积。

表 4-31 为立管最大允许汇水面积。

**表 4-28　　单斗系统一个雨水斗最大允许汇水面积 ($\mathrm{m}^2$)**

| 雨水斗形式 | 雨水斗直径 (mm) | 降雨厚度 (mm/h) | | | | | | | | | | | |
|---|---|---|---|---|---|---|---|---|---|---|---|---|---|
| | | 50 | 60 | 70 | 80 | 90 | 100 | 110 | 120 | 140 | 160 | 180 | 200 |
| 79 型 | 75 | 684 | 570 | 489 | 428 | 380 | 342 | 311 | 285 | 244 | 214 | 190 | 171 |
| | 100 | 1116 | 930 | 797 | 698 | 620 | 558 | 507 | 465 | 399 | 349 | 310 | 279 |
| | 150 | 2268 | 1890 | 1620 | 1418 | 1260 | 1134 | 1031 | 945 | 810 | 709 | 630 | 567 |
| | 200 | 3708 | 3090 | 2648 | 2318 | 2060 | 1854 | 1685 | 1545 | 1324 | 1159 | 1030 | 927 |
| 65 型 | 100 | 1116 | 930 | 797 | 698 | 620 | 558 | 507 | 465 | 399 | 349 | 310 | 279 |

表 4-29 多斗系统一个雨水斗最大允许汇水面积($m^2$)

| 雨水斗形式 | 雨水斗直径 (mm) | 降雨厚度 (mm/h) | | | | | | | | | | | |
|---|---|---|---|---|---|---|---|---|---|---|---|---|---|
| | | 50 | 60 | 70 | 80 | 90 | 100 | 110 | 120 | 140 | 160 | 180 | 200 |
| 79 型 | 75 | 569 | 474 | 406 | 356 | 316 | 284 | 259 | 237 | 203 | 178 | 158 | 142 |
| | 100 | 929 | 774 | 663 | 581 | 516 | 464 | 422 | 387 | 332 | 290 | 258 | 232 |
| | 150 | 1865 | 1554 | 1331 | 1166 | 1036 | 932 | 847 | 777 | 666 | 583 | 518 | 466 |
| | 200 | 2822 | 2352 | 2016 | 1764 | 1568 | 1411 | 1283 | 1176 | 1008 | 882 | 784 | 706 |
| 65 型 | 100 | 929 | 774 | 663 | 581 | 516 | 464 | 422 | 387 | 332 | 290 | 258 | 232 |

表 4-30 多斗悬吊管最大允许汇水面积($m^2$)

| 坡度 \ 管径 $d$(mm) | 75 | 100 | 150 | 200 | 250 | 300 |
|---|---|---|---|---|---|---|
| 0.005 | 60 | 129 | 379 | 817 | 1480 | 2408 |
| 0.006 | 65 | 141 | 415 | 896 | 1621 | 2638 |
| 0.007 | 71 | 152 | 449 | 967 | 1751 | 2849 |
| 0.008 | 75 | 163 | 480 | 1034 | 1872 | 3046 |
| 0.009 | 80 | 172 | 509 | 1097 | 1986 | 3231 |
| 0.010 | 84 | 182 | 536 | 1156 | 2093 | 3406 |
| 0.012 | 92 | 199 | 587 | 1266 | 2293 | 3731 |
| 0.014 | 100 | 215 | 634 | 1368 | 2477 | 4030 |
| 0.016 | 107 | 230 | 678 | 1462 | 2648 | 4308 |
| 0.018 | 113 | 244 | 719 | 1551 | 2800 | 4569 |
| 0.020 | 119 | 257 | 758 | 1635 | 2960 | 4816 |
| 0.022 | 125 | 270 | 795 | 1715 | 3105 | 5052 |
| 0.024 | 131 | 281 | 831 | 1791 | 3243 | 5276 |
| 0.026 | 136 | 293 | 865 | 1864 | 3375 | 5492 |
| 0.028 | 141 | 304 | 897 | 1935 | 3503 | 5699 |
| 0.030 | 146 | 315 | 929 | 2002 | 3626 | 5899 |

注:① 本表计算的充满度为 0.80;

② 管道的粗糙度为 0.013;

③ 小时降雨厚度为 100mm。

表 4-31　　　　立管最大允许汇水面积和排水流量

| 管径(mm) | 75 | 100 | 150 | 200 | 250 | 300 |
|---|---|---|---|---|---|---|
| 汇水面积($m^2$) | 360 | 680 | 1510 | 2700 | 4300 | 6100 |
| 排水流量(L/s) | 10 | 19 | 42 | 75 | 120 | 170 |

注:本表是根据降雨强度 100mm/h 计算的,如为其他强度时,应换算为相当于 100mm/h 的汇水面积和排水流量后,再查用本表。

## 思考题四

1. 室内排水系统由哪几部分组成?
2. 室内排水可分哪几类?
3. 低层建筑和高层建筑通气管系统设计有何不同?
4. 室内排水管道布置和敷设时应向土建专业提哪些要求?
5. 屋面排水的任务是什么?有哪几种排水方式?各有何特点?

# 第五章　热水供应

## 第一节　热水供应系统概述

热水供应是住宅、旅馆、医院、公共浴室、洗衣房、车间等建筑物必须设置的系统。

### 一、热水供应系统的分类

建筑物内热水供应系统，按照热水供应范围可以分为局部热水供应系统、集中热水供应系统和区域热水供应系统三类。

局部热水供应系统，采用小型加热器，如电加热器、燃气热水器、太阳能热水器等设置在建筑物中的厨房、卫生间或其他辅助用房就地加热，供局部范围内的一个或几个用水点使用。这种系统适用于热水用水点少的多层或小高层、高层住宅、小别墅、单元旅馆、饮食店、理发室、门诊所、办公楼等热水用水量小且比较分散的建筑。

集中热水供应系统，可以供一幢或几幢建筑物需要的热水，即在锅炉房或热交换站将水集中加热，通过热水管道将热水输送到一幢或几幢建筑物。这种系统适用于医院、旅馆、疗养院、公共浴室等热水用水量大、用水点多且较集中的建筑。

区域热水供应系统，以集中供热热力管网中的热媒为热源，即水在热电厂或区域锅炉或区域热交换站加热，通过室外热水管网将热水输送至城市街坊、住宅小区等各建筑中。这种系统热效率高、操作管理的自动化程度高，由于消除了分散的小锅炉房，因此减少环境污染，适用于有城市热网或区域热网地区的建筑物。

热水供应系统的选用，应根据建筑物所在地区的热源情况、建筑物的性质和使用要求等因素进行技术经济分析后确定。

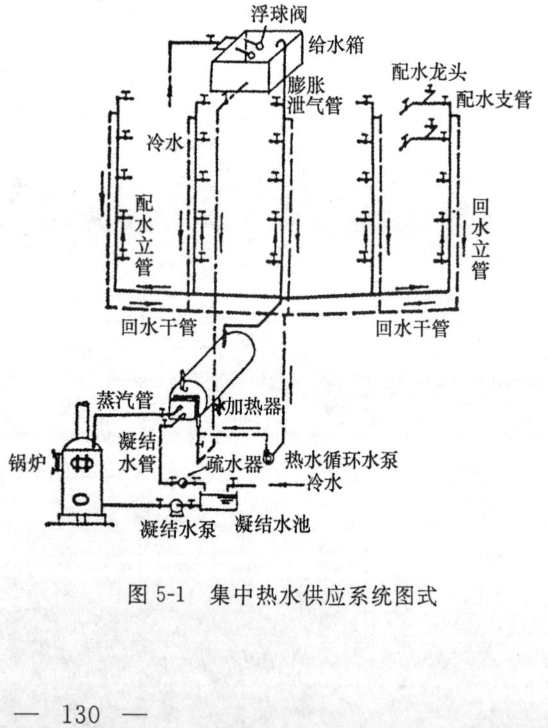


图 5-1　集中热水供应系统图式

### 二、热水供应系统的组成

热水供应系统一般由热源或热媒、加热设备、输配水管、热水配水点以及水质处理设备组成，如图 5-1 所示。

锅炉产生的蒸汽经热媒管道送入水加热器把冷水加热，蒸汽凝结水由凝结水管接至凝结水池。凝结水和新补充的软化水经凝结水泵再送回锅炉加热为蒸汽。水加热器中所需的冷水由给水箱供给，加热器中的热水由配水管送到各个用水点。为了保证热水的温度，循环管（回水管）和配水管中还循环流动着一定数量的循环热水，用来补偿配水管路在不配水时的散热损失，因此，集中热水供应系统可以认为由第一循环（发热和加热设备）和第二循环（配水和回水管网等设备）组成。

## 三、加热方式及加热设备

### （一）加热方式

热水按其加热方式不同，有直接加热和间接加热两种。

1. 直接加热

直接加热方法，如图 5-2 所示，冷水由热水锅炉直接加热，这种系统设置热水箱或热水贮水罐是为了稳定压力和调节热水量。它的优点是设备简单、热效率高、噪声小和工作稳定；缺点是当水没有经过软化处理，水的硬度比较大时，锅炉容易结垢，影响传热。热水罐安装高度，应当使罐底高出锅炉顶部最小的要有 100mm 距离。

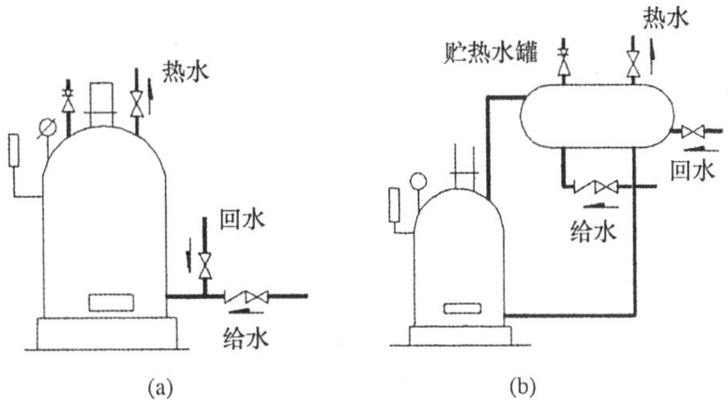


图 5-2　热水锅炉直接加热方式

图 5-3 是蒸汽和水混合的加热方式。它采用多孔管或蒸汽引射器通过蒸汽加热冷水。这种蒸汽和水混合加热方式热效率较高，设备、管道简单，维修方便，但是凝结水不能回收，增加了蒸汽锅炉给水处理负荷，噪声比较大，应采用必要的消声和减振措施。采用这种加热方式，应当特别注意，凡蒸汽中含有危害人体皮肤成分时，均不能作为直接加热的热媒。这种方式仅适用于对噪声要求不严格的建筑，如公共浴室、洗衣房、工业企业的卫生间等。

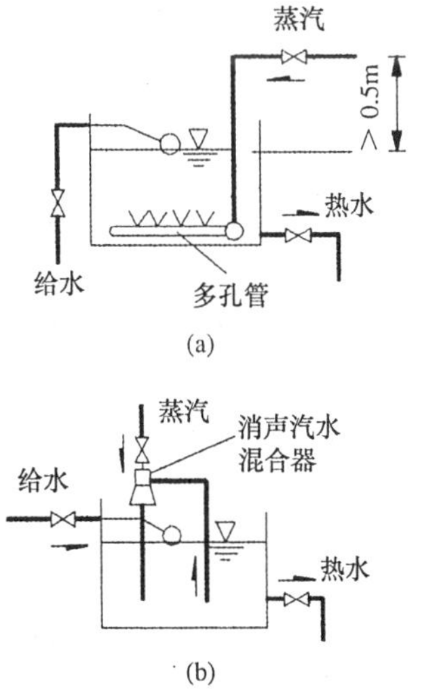


图 5-3　蒸汽和水混合加热方式

此外，直接加热还有太阳能热水器、电加热器和燃气热水器。

2. 间接加热

这种方式的热媒（蒸汽或热水）不和被加热的冷水混合，而是借热媒管散热把冷水间接加热。这种加热方式可以回收凝结水。如图 5-4 为容积式加热器间接加热方式。

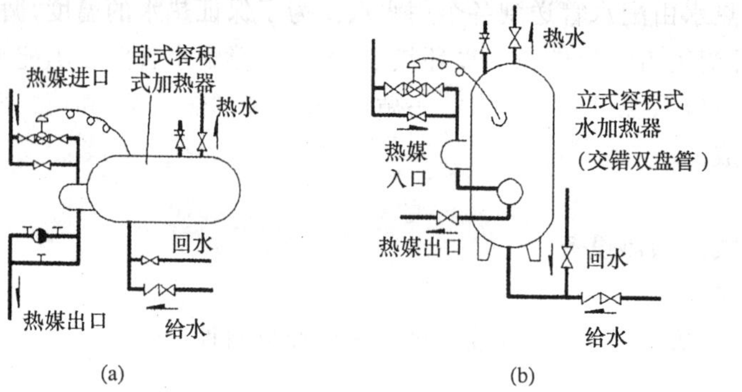


图 5-4　容积式间接加热

容积式加热器有卧式和立式两种类型。加热器不仅能加热水而且还能贮存一定容积的热水，而且出水温度稳定，设备可以承受一定水压、噪声低，可以设置在任何位置，布置方便。立式加热器占地面积小，但要求设备房的净高≮3.5m，卧式加热器占地面积比较大。适用于要求水温稳定、噪声低的建筑，如宾馆、医院、办公楼、住宅等。

此外，还有快速间接加热方式，如图 5-5 所示。这种加热器换热效果好，热效率高、结构紧凑，占地面积小，但当水质较差时，加热器结垢较严重，若用水不均匀或热媒压力不稳定，水温不易调节。它适用于热水用水量较大且均匀的工业企业和大型公共建筑。

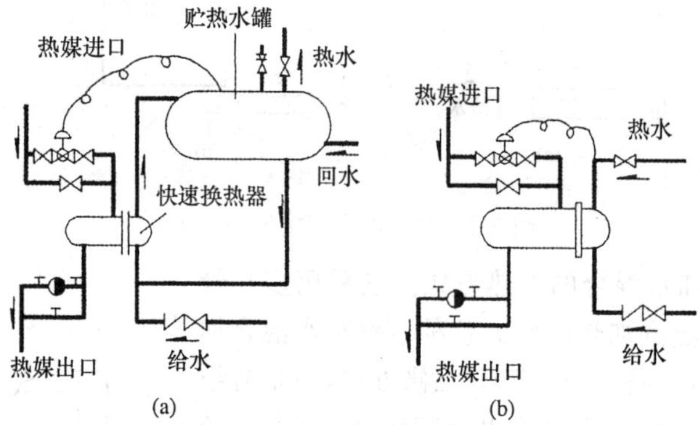


图 5-5　快速间接加热

（二）加热设备

1. 小型锅炉

集中热水供应系统采用的小型锅炉有燃煤、燃油和燃气三种。

燃油锅炉其构造示意如图 5-6，该锅炉通过燃烧器向正在燃烧的炉膛内喷射成雾状油，燃烧迅速，燃烧比较完全。该锅炉还可改用煤气作为燃料。具有构造简单，体积小，热效率高，排污总量少的优点。对环境有一定要求的建筑物可考虑使用。

目前，在国外发达国家加热设备以使用大型电加热设备和燃油锅炉为主。

2. 水加热器

水加热器是间接加热方式中的加热设备。长期以来，我国采用的间接加热设备主要是传统的容积式水加热器。近年来，新型加热设备不断涌现，快速式、半容积式、半即热式水加热器相继问世。

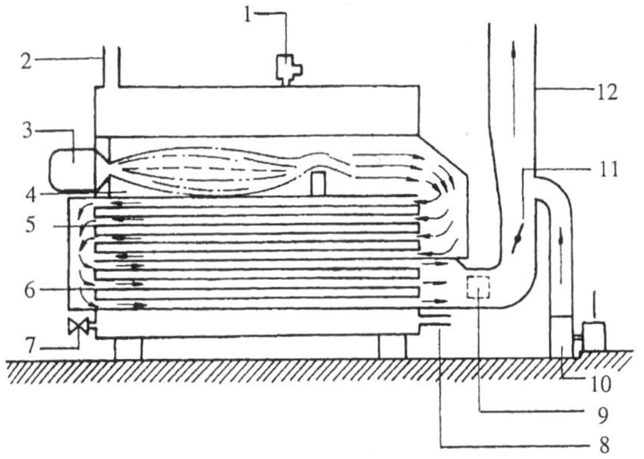

图 5-6　燃油(燃气)锅炉构造示意图

1—安全阀;2—热媒出口;3—油(煤气)燃烧器;4——级加热管;5—二级加热管;
6—三级加热管;7—泄空阀;8—回水(或冷水)入口;9—导流器;10—风机;11—风档;12—烟道

(1) 容积式水加热器

容积式水加热器是内部设有热媒导管的热水贮存容器,具有加热冷水和贮备热水两种功能,热媒为蒸汽或热水。有卧式、立式之分、图 5-7 为卧式容积式水加热器构造示意图,其容积为 0.5～15m$^3$,换热面积为 0.86～50.82m$^2$,有 10 种型号。这种水加热器在过去使用较为普遍;立式容积式水加热器容积为 0.53～4.28m$^3$,换热面积为 1.42～6.46m$^2$。系统连接图式见图 5-1。

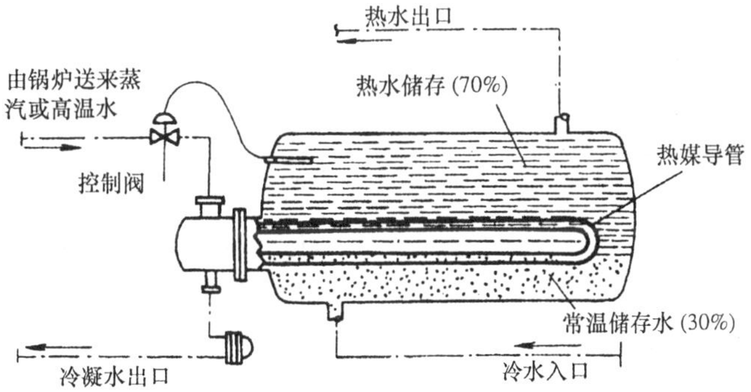

图 5-7　容积式水加热器(卧式)

容积式水加热器的优点是具有较大的贮存和调节能力,被加热水通过时压力损失较小,用水点处压力变化平稳,出水水温较为稳定。但该加热器中,被加热水流速缓慢,传热系数小,热交换效率低,且体积庞大占用过多的建筑空间,在热媒导管中心线以下约有 30%的贮水容积是低于规定水温的常温水或冷水,所以贮罐的容积利用率也很低。

(2) 快速式水加热器

快速式水加热器就是热媒与被加热水通过较大速度的流动进行快速换热的一种间接加热设备。

根据热媒的不同,快速式水加热器有汽-水和水-水两种类型,前者热媒为蒸汽,后者热媒为过热水;根据加热导管的构造不同,又有单管式、多管式、板式、管壳式、波纹板式、螺旋板式等多种形式。图 5-8 所示为多管式汽-水快速式水加热器。这种水加热器是将被加热水通入导管内，热媒(即蒸汽)在壳体内散热。

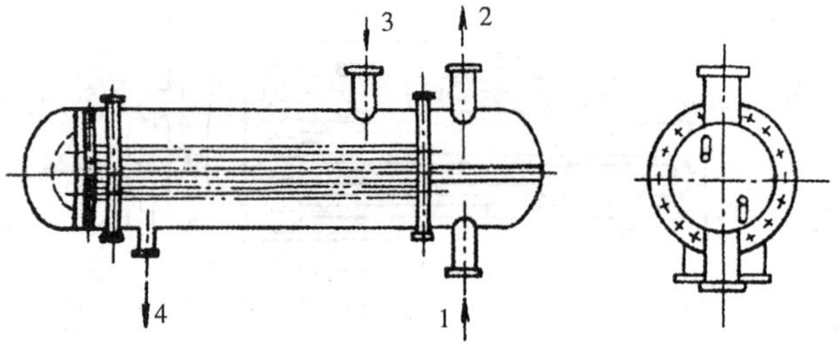


图 5-8　多管式汽-水快速式水加热器

1—冷水；2—热水；3—蒸汽；4—凝水

快速式水加热器具有效率高、体积小、安装搬运方便的优点，缺点是不能贮存热水，水头损失大，在热媒或被热水压力不稳定时，出水温度波动较大，仅适用于用水量大而且比较均匀的热水供应系统或建筑物热水采暖系统。

(3) 加热水箱和热水贮水箱

加热水箱是一种简单的热交换设备。在水箱中安装蒸汽多孔管或蒸汽喷射器，可构成直接加热水箱。在水箱内安装排管或盘管即构成间接加热水箱。加热水箱适用于公共浴室等用水量大而均匀的定时热水供应系统，如图 5-9 所示。

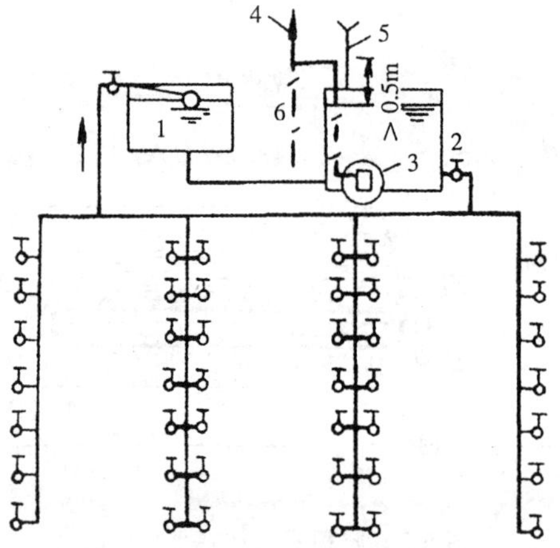


图 5-9　加热水箱直接加热上行下给方式

1—冷水箱；2—加热水箱；3—消声喷射器；4—排气阀；5—透气管；6—蒸汽管

热水贮水箱(罐)是一种专门调节热水量的容器。可在用水不均匀的热水供应系统中设置，以调节水量，稳定出水温度。

(4) 加热设备的选择

加热设备是热水供应系统的核心组成部分，加热设备的选择是关系到热水供应系统能否满足用户使用要求和保证系统能否长期正常运转的关键。因此，应根据现有的热源条件、燃料种类、建筑物功能及热水用水规律、耗热量和建筑物内部布局等因素经综合比较后确定。

近年来,随着热水供应理论和技术的发展,确定了一次换热总体效率高于二次换热的基本原则,并提出以燃气、油、煤为燃料的热水锅炉作为首选加热设备。

在无条件采用热水锅炉直接加热方式或在需要供应蒸汽的场所,可以采用间接加热方式。在选择二次换热的加热设备时,既要考虑加热器本身的安全性能、热力性能、阻力性能、维修条件、一次投资、占地面积等诸多因素,还要考虑与其配套的热媒供应设备等因素。国内已有水加热器中的产品,容积式有单管束、双管束、多管束之分;半容积式有 RV 型、HRV 型、浮动盘管式之分;快速式有 U 形管式、列管式、板式、波纹板式、螺旋板式之分;半即热式有热高型、浮头型之分;还有热管式水加热器和离子体水加热器等。

在无条件利用燃气、燃油、煤等燃料,且无蒸汽、高温水作热源而当地有充足的电能和供电条件时,也可采用电热水器制备热水;当有条件利用太阳能作为热源时,则可采用热管、真空管式太阳能热水器,为保证热水供应不受气候的影响,满足不间断供水的要求,应另外增设一套其他热水器用以辅助太阳能热水器的供热工况。

## 四、热水供应系统的循环方式

前面所述按加热方式可分直接加热和间接加热两种,按照热水系统循环方式可以分为全循环系统、半循环系统和不循环系统。

全循环方式,是管网中的供水干管和立管均设循环管,(回水管)能够保证需要的水温,一般适用于五层以上,并且对热水温度的稳定性要求比较高的建筑,如旅馆、医院、疗养院、托儿所以及高层民用建筑等,如图 5-10 所示。

半循环方式,只是在管网的供水干管设循环管(回水管),适用于对水温要求不高、不甚严格且支管、分支管较短,用水较集中或一次用水量较大的建筑,如工业企业的生产和生活用水、服务半径大于 30m,一般住宅和集体宿舍等地区,该系统较全循环方式简单,节省管材,如图 5-11 所示。

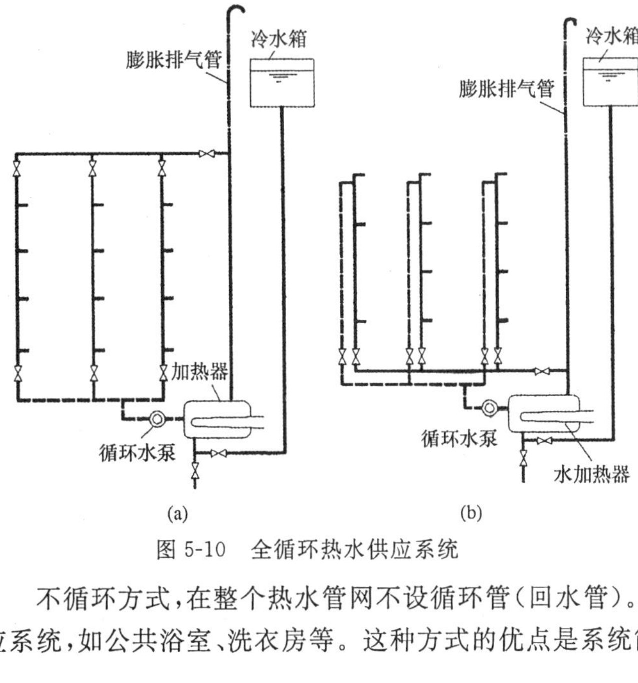


图 5-10　全循环热水供应系统

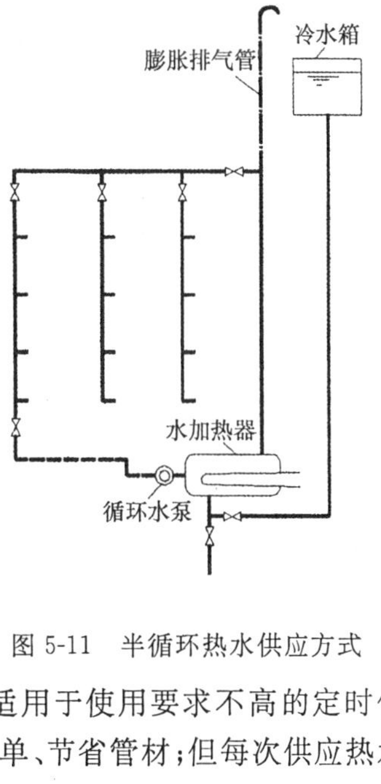


图 5-11　半循环热水供应方式

不循环方式,在整个热水管网不设循环管(回水管)。适用于使用要求不高的定时供应系统,如公共浴室、洗衣房等。这种方式的优点是系统简单、节省管材;但每次供应热水前需要排掉管道中的冷水，浪费水量，使用不便，如图 5-12 所示。

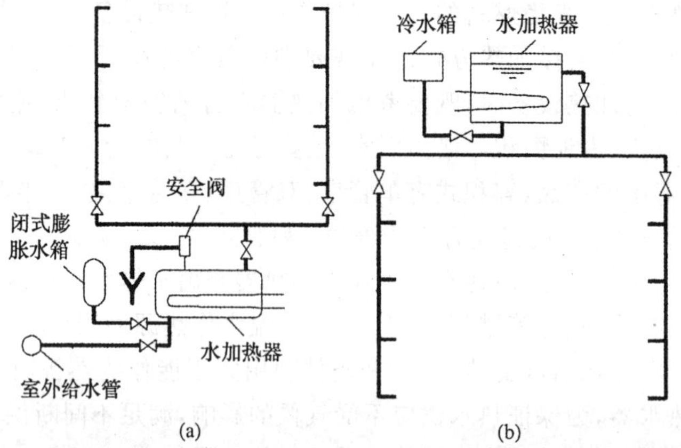


图 5-12　不循环热水供应方式

另外，按循环管网是否设置循环水泵又可分为机械循环方式和自然循环方式(自然循环方式在热水供应系统中已很少采用)。

### 五、高层建筑热水供应

高层建筑的热水供应系统和给水系统一样应作竖向分区，分区的原则、方法和要求也和给水系统一样。

由于高层建筑使用热水要求标准比较高，管路长，因此宜设置机械循环热水供应系统。

1. 集中设置加热设备的热水供应方式

如图 5-13 所示，各区热水管网自成独立系统，各区的加热设备集中设置在建筑物的

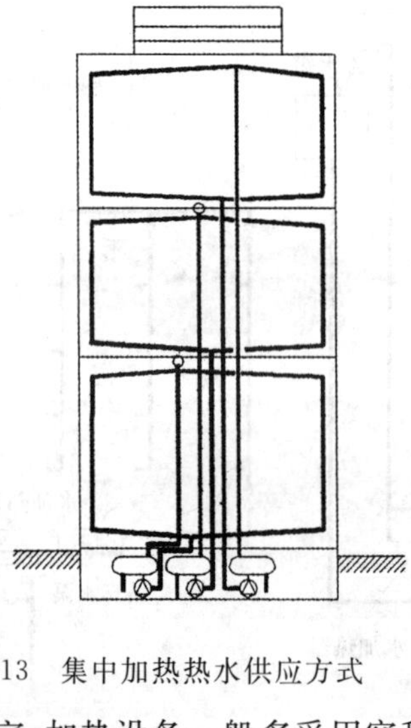

图 5-13　集中加热热水供应方式

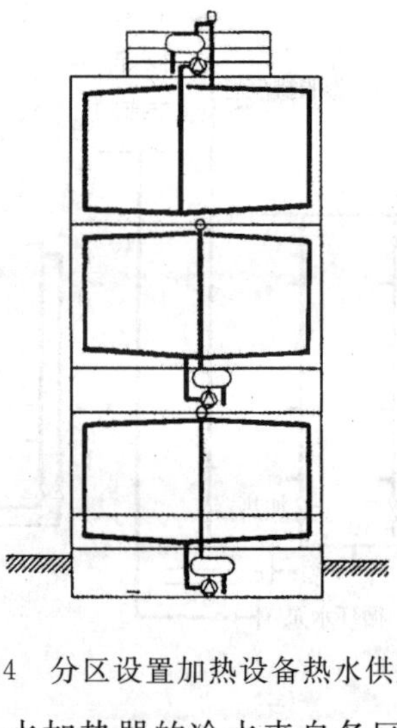

图 5-14　分区设置加热设备热水供应方式

低层或地下室，加热设备一般多采用容积式水加热器，水加热器的冷水来自各区的给水水箱，这样可使卫生器具的冷热水水龙头出水均衡。这种系统的供水方式采用上行下给式。

集中加热热水供应方式的优点是加热设备集中设置，便于管理维护，缺点是高区的水

加热器承受压力大，因此加热器需选优质钢材且耗钢材较多，这种方式适用于建筑高度在100m以内的建筑物。

2. 分区设置加热设备的热水供应方式

如图5-14所示，各区的加热设备和循环水泵分别设置在本区的设备层。这种方式的优点是容积式水加热器承受压力小，制造要求低，造价低。缺点是设备分散设置，管理维修不便，增加设备层的负荷载。这种方式适用于建筑高度在100m以上的建筑物。

高层建筑热水供应系统管网的水力计算方法、设备选择、管网布置与低层建筑热水供应系统相同。

此外，对于一般单元式高层住宅、公寓以及一些高层建筑内部局部需用热水的用水场所，可使用局部热水供应系统。

## 第二节　热水用水量定额、水温、水质

### 一、热水用水量标准

室内热水供应，是水的加热、储存和输配的总称。

室内热水供应系统主要供给生产、生活用户洗涤及盥洗用热水，应能保证用户随时可以得到符合设计要求的水量、水温和水质。

生活热水用水定额应根据水温、卫生设备完善程度、热水供应时间、当地气候条件和生活习惯等因素确定。

热水用水量标准有两种：一种是按热水用水单位所消耗的热水量及其所需水温而制定的，如每人每日的热水消耗量及所需水温，洗涤每kg干衣所需的水量及水温等，此标准见表5-1；另一种是按照卫生器具一次或一小时热水用水量和所需水温而制定的，见表5-2。

生产热水用水量和小时变化系数，应根据工艺要求或同类型生产实际数据确定。

**表5-1　　60℃热水用水定额**

| 序号 | 建筑物名称 | 单位 | 用水定额（最高值）(L) |
|---|---|---|---|
| 1 | 普通住宅，每户设有淋浴设备 | 每人每日 | 85～130 |
| 2 | 高级住宅和别墅，每户设有淋浴设备 | 每人每日 | 110～150 |
| 3 | 集体宿舍　有盥洗室<br>有盥洗室和浴室 | 每人每日<br>每人每日 | 27～38<br>38～55 |
| 4 | 普通旅馆、招待所　有盥洗室<br>有盥洗室和浴室<br>设有浴盆的客房 | 每人每日<br>每人每日<br>每人每日 | 27～55<br>55～110<br>110～162 |
| 5 | 宾馆　客房 | 每人每日 | 160～215 |
| 6 | 医院、疗养院、休养所　有盥洗室<br>有盥洗室和浴室<br>设有浴盆的客房 | 每人每日<br>每人每日<br>每人每日 | 30～65<br>65～130<br>160～215 |

**续表**

| 序号 | 建筑物名称 | 单位 | 用水定额（最高值）(L) |
|---|---|---|---|
| 7 | 门诊部、诊疗所 | 每病人每次 | 5～9 |
| 8 | 公共浴室　设有淋浴器、浴盆、浴池及理发室 | 每顾客每次 | 55～110 |
| 9 | 理发室 | 每顾客每次 | 5～13 |
| 10 | 洗衣房 | 每 kg 干衣 | 16～27 |
| 11 | 公共食堂　营业食堂<br>工业、企业、机关、学校食堂 | 每顾客每次<br>每顾客每次 | 4～7<br>3～5 |
| 12 | 幼儿园、托儿所　有住宿<br>无住宿 | 每儿童每日<br>每儿童每日 | 16～32<br>9～16 |
| 13 | 体育场　运动员淋浴 | 每人每次 | 27 |

注：本表摘自《建筑设计给水排水设计规范》(GBJ15—2000)(征求意见稿)。

**表 5-2　　卫生器具的一次和小时热水用水定额及水温**

| 序号 | 卫生器具名称 | 一次用水量(L) | 小时用水量(L) | 水温(℃) |
|---|---|---|---|---|
| 1 | 住宅、旅馆　带有淋浴器的浴室<br>无淋浴器的浴室<br>淋浴器<br>洗脸盆、盥洗槽水龙头<br>洗涤盆(池) | 150<br>125<br>70～100<br>3<br>— | 300<br>250<br>140～200<br>30<br>180 | 40<br>40<br>37～40<br>30<br>50 |
| 2 | 集体宿舍　淋浴器：有淋浴小间<br>无淋浴小间<br>盥洗槽水龙头 | 70～100<br>—<br>3～5 | 210～300<br>450<br>50～80 | 37～40<br>37～40<br>30 |
| 3 | 公共食堂　洗涤盆(池)<br>洗脸盆　工作人员用<br>顾客用<br>淋浴器 | —<br>3<br>—<br>40 | 250<br>60<br>120<br>400 | 50<br>30<br>30<br>37～40 |
| 4 | 幼儿园、托儿所　浴盆：幼儿园<br>托儿所<br>淋浴器：幼儿园<br>托儿所<br>盥洗槽水龙头<br>洗涤盆(池) | 100<br>30<br>30<br>15<br>15<br>— | 400<br>120<br>180<br>90<br>25<br>18 | 35<br>35<br>35<br>35<br>30<br>50 |
| 5 | 医院、疗养院、休养所　洗手盆<br>洗涤盆(池)<br>浴盆 | —<br>—<br>125～150 | 15～25<br>300<br>250～300 | 35<br>50<br>40 |

续表

| 序号 | 卫生器具名称 | 一次用水量（L） | 小时用水量（L） | 水温（℃） |
| --- | --- | --- | --- | --- |
| 6 | 公共浴室　浴盆 | 125 | 250 | 40 |
| | 淋浴器：有淋浴小间 | 100～150 | 200～300 | 37～40 |
| | 无淋浴小间 | — | 450～540 | 37～40 |
| | 洗脸盆 | 5 | 50～80 | 35 |
| 7 | 理发室　洗脸盆 | | 35 | 35 |
| 8 | 实验室　洗脸盆 | | 60 | 50 |
| | 洗手盆 | | 15～25 | 30 |
| 9 | 剧场　淋浴器 | 60 | 200～400 | 37～40 |
| | 演员用洗脸盆 | 5 | 80 | 35 |
| 10 | 体育场　淋浴器 | 30 | 300 | 35 |
| 11 | 工业企业生活间　淋浴器：一般车间 | 40 | 360～540 | 37～40 |
| | 脏车间 | 60 | 180～480 | 40 |
| | 洗脸盆或盥洗槽水龙头：一般车间 | 3 | 90～120 | 30 |
| | 脏车间 | 3 | 100～150 | 35 |
| 12 | 净身器 | 10～15 | 120～180 | 30 |

注：一般车间指现行《工业企业设计卫生标准》中规定的3级、4级卫生特征的车间，脏车间指该标准中规定的1级、2级卫生特征的车间。

## 二、热水温度

1. 生活热水使用温度

各种卫生器具的使用温度见表5-2。其中淋浴器的使用温度应根据气候条件、使用对象和使用习惯来确定。在计算耗热量的热水用水量时，幼儿园、托儿所和体育馆应按35℃计算，其余一般按40℃计算。

洗衣机用热水与洗涤衣物的布料有关，一般的棉、麻宜为50～60℃；真丝宜为35～45℃；毛料宜为35～40℃；人造纤维宜为30～35℃。其中洗衣机洗涤时宜采用较高温度，手工洗涤时宜采用较低温度。

餐厅厨房用热水与水的用途有关，一般洗碗机宜用60℃；餐具过清宜用70～80℃；餐具消毒宜用100℃；一般洗涤宜用45℃。

汽车冲洗用水，在寒冷地区，为防止本身结冰，宜用20～25℃的热水。

儿童游泳池宜用24～26℃；练习游泳池宜用27～28℃；比赛游泳池宜用24～26℃；跳水池宜用26～27℃。

2. 生产热水使用温度应根据工艺或同类型生产实际数据确定。

## 三、热水供应水质标准

热水供应系统中管道的结垢和腐蚀是两个普遍问题，影响其使用寿命与投资维修费用。

防止热水管道腐蚀的措施是减少水中的溶解氧和采用防腐管材，工程设计时常设置排气装置和采用铜管。

热水管道中水垢的形成因素很多，如水的硬度、温度、流速、管道粗糙度、溶解气体、pH 值等。但通常主要的因素为热水中的暂时硬度含量和水温。

我国《建筑给排水设计规范》对热水供应水质要求规定：

(1) 生活用热水的水质应符合现行的《生活饮用水卫生标准》的要求。

(2) 集中热水供应系统的热水在加热前，水质是否要软化处理，应根据水质、水温、水温使用要求等因素经技术经济分析比较后确定，按 60℃计算，当日用量$<10m^3$ 时，其原水可以不作软化处理。

## 第三节　热水供应系统的管道布置和敷设

### 一、室内热水管道的布置与敷设特点

热水管道布置的基本原则应该是在满足使用、便于维修管理的前提下管线布置尽量短、直，同时也应兼顾室内美观的要求。

热水管道的布置与给水管道基本相同，同样也是根据所选定的方式，干管可以敷设在室内地沟、地下室顶板下面、建筑物最高层的顶板下面或吊顶内、管道设备层内。热水立管明装时，一般布置在卫生间内；暗装时，一般都设置在管道井内，横支管可以沿墙布置，也可以布置在预留的墙槽内。

为不影响建筑的美观，管道应尽量避免穿越走廊、门厅和居住房间等。

当热水管道穿越建筑物顶棚、楼板、墙壁和基础时，均应加套管，以免管道胀缩时损坏建筑结构和管道设备。楼板套管应高出室内地面 50～100mm，以避免地面积水从套管渗到下层。

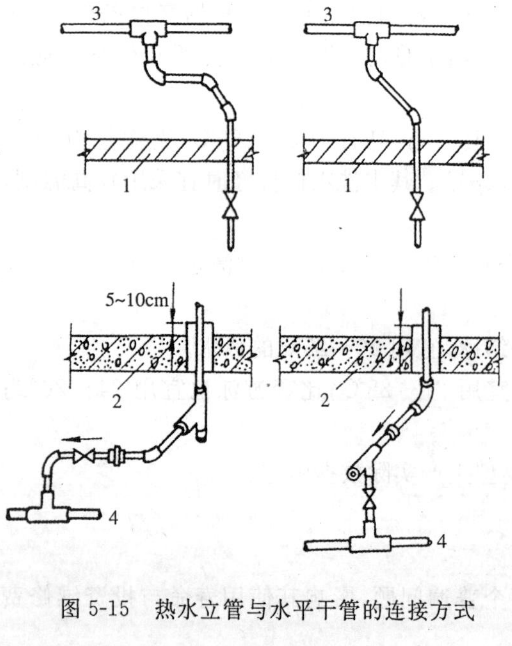


图 5-15　热水立管与水平干管的连接方式

配水立管始端、回水立管末端以及多于 5 个配水点的支管始端应设置阀门，以便调节和检修。为了防止热水倒流或窜流，水加热器或热水罐上、机械回水管上、直接加热混合器的冷热水供水管上，都应设止回阀。

为了保证管道在热力状态下的稳定性和使用安全，避免热胀冷缩对管件或管道接头的破坏作用，在不可能依靠管道弯曲来达到自然补偿作用时，热水干管应考虑装设伸缩器。立管与水平干管连接时，立管应加弯管，如图 5-15 所示，这样可以消除立管对干管伸缩的影响。

为了便于排气和泄水，所有热水横管均应有不小于 0.003 坡度的坡向水加热器。同时，管道系统最低处应设泄水阀门，

以便检修时排泄系统的积水。

在上行下给式系统的供水干管最高点，应根据系统的要求设置排气装置，如自动排气阀、集气罐、排气管或膨胀水箱。

下行式回水立管的始端应设置在立管最高点以下 0.5m 处，以使热水中析出的气体不致于被循环水带回加热器或锅炉。

**二、管材、附件、保温**

1. 管道材料

热水供应系统的管道应采用塑料管、复合管、薄壁铜管或热浸镀锌钢管(适用温度均不低于 80℃)。对于标准高的宾馆、高级办公楼、高级住宅等建筑应采用铜管及铜制配件，也可以采用复合管。

2. 附件

热水供应系统需要装设一系列器材和附件，以便控制系统的水温、热膨胀、排气等，从而保证系统安全、高效率地工作。主要附件有温度自动控制器、自动排气阀、疏水器、膨胀罐、水质处理设备、伸缩器等。

3. 热水管道的保温

为减少管道及加热或贮水设备的散热和系统的热损失，热水系统的配水干管、贮水罐、水加热器等均应保温。保温材料应选用导热系数小、耐热性高、重量轻、吸水率小、性能稳定，有一定的机械强度、施工简便、价廉的材料。

选用的保温材料，其导热系数应不大于 0.139W/(m·℃)，材料的密度应不大于 500 $kg/m^3$ 和允许的使用温度。

常用的保温材料有膨胀珍珠岩、膨胀蛭石、玻璃棉、矿渣棉、石棉、硅藻土和泡沫混凝土等制品。保温层厚度应根据管道的直径而确定。

管道和设备保温结构的形式很多，应根据当地条件，使用对象和施工技术水平等条件选用。

## 第四节　饮水供应

饮水有开水、凉开水和凉水三种，通常用于旅馆、办公楼、学校、医院、幼儿园、托儿所、体育馆及工业企业等建筑。

**一、饮水定额**

饮水定额及小时变化系数因建筑物性质(或劳动性质)和地区的条件不同而异，详见表 5-3。

表 5-3 中所列数据既适用开水、温水、饮用水，也适用于冷饮水。

**二、饮水水质**

饮水水质必须满足现行的《生活饮用水卫生标准》的要求。对于作为能直接饮用的温水、生活和冷饮水，除满足《生活饮用水水质标准》外，为防止贮存、运输过程中的再污染和进一步提高饮水水质，在接至饮水装置前，还必须进行过滤和消毒处理。

表 5-3 饮水定额及小时变化系数

| 建筑物名称 | 单　　位 | 饮水定额(L) | 小时变化系数 |
|---|---|---|---|
| 招待所、旅馆 | 每客人每日 | 2～3 | 1.5 |
| 办 公 楼 | 每人每班 | 1～2 | 1.5 |
| 集体宿舍 | 每人每日 | 1～2 | 1.5 |
| 教 学 楼 | 每学生每日 | 1～2 | 2.0 |
| 医　　院 | 每病床每日 | 2～3 | 1.5 |
| 影 剧 院 | 每观众每场 | 0.2 | 1.0 |
| 体育馆(场) | 每观众每日 | 0.2 | 1.0 |
| 热 车 间 | 每人每班 | 3～5 | 1.5 |
| 一般车间 | 每人每班 | 2～4 | 1.5 |
| 工厂生活间 | 每人每班 | 1～2 | 1.5 |

## 三、饮水温度

1. 开水

为满足卫生标准的要求，应将水烧开至100℃，并维持3min。饮用开水是目前我国旅馆、饭店、办公楼、学校等建筑采用较多的饮水方式。

2. 温水

它的计算温度可采用50～55℃，在我国较少采用。

3. 生水

随地区不同、水源种类不同而异，生水水温一般为10～30℃。国外饮用较多，国内一些饭店、宾馆设计的饮用水系统也常用这种水。

4. 冷饮水

根据气候条件、人的生活习惯、工作(劳动)性质和建筑标准而异。一般可参照下述温度：

| | |
|---|---|
| 高温环境重体力劳动 | 14～18℃ |
| 重体力劳动 | 10～14℃ |
| 轻体力劳动 | 7～10℃ |
| 高级饭店、餐馆、冷饮店 | 4.5～7℃ |

## 四、开水制备及供应

1. 开水制备

开水通过开水器将水烧开制成。用于开水器的热源有煤、蒸汽、燃气、电等，表5-4为采用不同热源开水器的优缺点比较。

表 5-4　　各种开水器的优缺点比较

| 热　源 | 优　点 | 缺　点 | 备　注 |
|---|---|---|---|
| 煤 | 设备简单、投资省、维护管理方便，热效高，运行成本低 | 易造成环境污染，操作条件差，需经常清理烟尘，开水炉易受腐蚀 | 不同地区应根据使用的煤种选用不同的开水炉，广泛使用于各类临时和永久集中式开水供应点 |
| 蒸　汽（间接加热） | 蒸汽凝结水可以回收，开水水质不受蒸汽品质影响，噪音低 | 效率低，投资大 | 使用广泛，尤其对建筑楼层采用分散制备分散供应时 |
| 燃　气 | 热效高，维护管理简单，占地少，运行成本低 | 对安全防护要求较高，使用中火焰熄火易发生安全事故 | 使用于有安全保证的开水供应点 |
| 电 | 热效高，清洁卫生，使用方便，占地少，维护管理简单 | 耗电量大，运行费用高 | 使用广泛，尤其供电量富余地区 |

2. 开水供应

开水供应有两种方式：一种是集中制备分装供应，即由热水锅炉或开水器集中烧制开水，然后用保温容器灌装后，发送到各用水点或者通过管道输送到各层使用水点，如图 5-16所示；另一种分散制备、分散供应，如图 5-17 所示。此种方式为每层设置开水间，开水间内设开水器，热源送至各层的开水器制备开水然后供应各层。

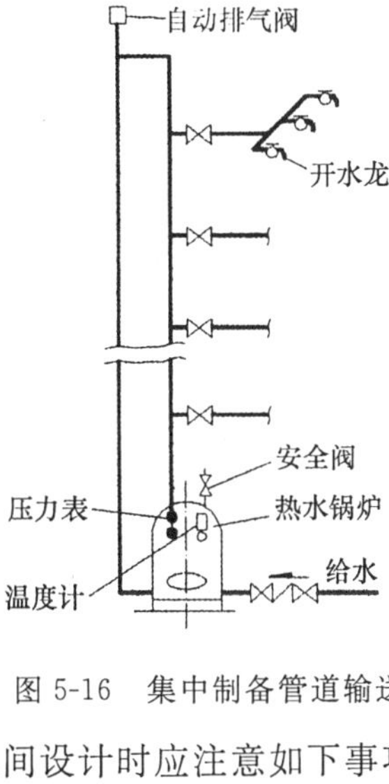


图 5-16　集中制备管道输送

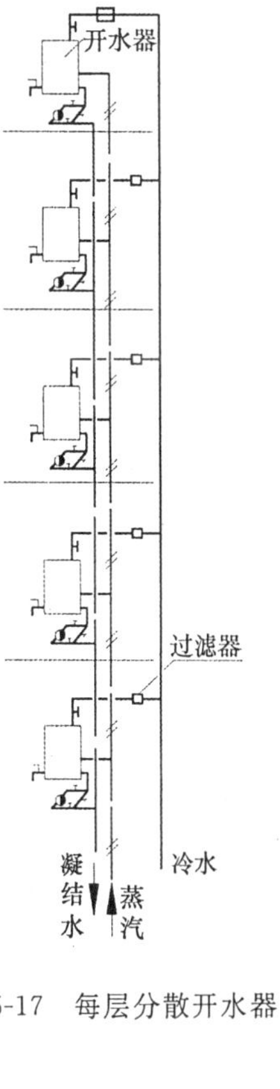


图 5-17　每层分散开水器

开水间设计时应注意如下事项：

开水间的间距，对于热车间不宜大于 75m，对于一般车间不宜大于 125m。

每层设置开水间时，上、下各层要对齐，以便其他管道的设置。

开水间不宜设在卫生间等易污染和有臭气散发的附近，以免影响饮水卫生。

开水间的面积应便于使用、安装和维修，高度不宜小于 2.5m。

开水间应有良好的通风和照明设施，通气管必须引至室外。地面应有排水措施。

### 五、饮用生水的制备及供应

饮用生水的制备只需将自来水经过砂棒过滤器，或活性炭过滤器过滤后再经过紫外线杀菌装置处理后便可直接使用。供应方式可以采用将自来水全系统处理后通过任何一个水龙头取用；也可以采用专用的饮用生水管道通过专用水龙头取用。前者处理量大，系统简单，经常费用增加；后者仅处理饮用水，需增加建设费用，但处理费用低，可根据技术与经济分析后选用。

在一些工程设计中，往往将饮用生水和冷饮水结合为一个系统，在夏天或需要冷饮水时开动冷冻机系统，便能得到冷饮水；反之，则停止冷冻系统即能得到常温水。

## 思考题五

1. 哪些建筑物内必须设置热水供应系统？
2. 热水供应系统的加热方式有哪几种？主要有哪些加热设备？
3. 热水供应系统的循环方式有哪几种？各适合用于哪些不同的建筑？
4. 室内开水系统的制备有哪几种方式？
5. 开水房设计时从建筑角度来讲应注意些什么？

# 第六章　居住小区给水排水工程

居住小区是指含有教育、医疗、文体、经济、商业服务及其他公共建筑的城镇居民住宅建筑区。根据《城市生活居住区规划设计规范》，我国城镇居民居住用地组织的基本构成单元为三级：

1. 居住组团

它是最基本的构成单元，占地面积小于 $10\times10^4\,m^2$，居住 300～800 户，居住人口约 1000～3000 人。

2. 居住小区

该小区由若干个居住组团组成，占地面积为 $10\times10^4\sim20\times10^4\,m^2$，居住 2000～3000 户，居住人口约 7000～13000 人。

3. 居住区

它由若干个居住小区组成，居住 7000～10000 户，居住人口约 25000～35000 人。

居住小区的居住面积大，人口多，其用水和排水特点已经和城市给水排水的特点相同，属于市政工程范围。本章只研究居住小区级。在 1 个居住小区内，除了住宅以外，还应包括为小区内向居民提供生活、娱乐、休息和服务的公共设施，如医院、邮局、银行、影剧院、运动场馆、中小学、幼儿园、各类商店、饮食服务业、行政管理及其他设施。居住小区内还应有道路、广场、绿地等。

居住小区的给水排水管道，是建筑给水排水管道市政给水排水管道的过渡管段，其服务范围不同，给水、排水的不均匀系数也不相同。所以，居住小区给水、排水的设计流量与建筑内部和城市给水、排水设计流量的计算方法均不相同。

居住小区给水排水工程包括给水工程（含生活给水、消防给水），排水工程（含污水管网、废水管网、雨水管网和小区污水处理）和中水工程。

## 第一节　居住小区给水工程

### 一、居住小区给水水源

居住小区位于市区或厂矿区供水范围内时，应采用市政或厂矿给水管网作为给水水源，以减少工程投资。若居住小区离市区或厂矿较远，不能直接利用现有供水管网，需铺设专门的输水管线时，可经过技术经济比较，确定是否自备水源；若自备水源，居住小区供水系统应独立；一般不能与城镇生活饮用水管网直接连接；若需连接，以城镇管网为备用水源时，需经当地供水部门同意。在远离城镇或厂矿的居住小区，可自备水源。在严重缺水地区，应考虑建设居住小区中水工程，用中水来冲洗便器、浇绿化、浇洒道路和洗车。

### 二、居住小区给水设计用水量

居住小区给水设计用水量包括居住小区生活用水量，公共建筑用水量，消防用水水量，浇洒道路、广场用水量，绿化用水量，市政公用设施用水量及管网漏水水量和未预见水量。居住小区的综合生活用水定额和小时变化系数，应根据当地的气候条件，生活习惯，住宅区的规模和公共建筑情况等因素确定，在缺乏实际用水资料情况下，可按表 6-1 采用。

**表 6-1　　居住小区综合生活用水定额(L/人·d)**

| 城市规划 | 特大城市 | | | 大城市 | | | 中、小城市 | | |
|---|---|---|---|---|---|---|---|---|---|
| 用水情况区域 | 最高日 | 平均日 | 小时变化系数 | 最高日 | 平均日 | 小时变化系数 | 最高日 | 平均日 | 小时变化系数 |
| 一 | 260～410 | 210～340 | 2.0～1.8 | 240～390 | 190～310 | 2.3～2.1 | 220～370 | 170～280 | 2.5～2.2 |
| 二 | 190～280 | 150～240 | | 170～260 | 130～210 | | 150～240 | 110～180 | |
| 三 | 170～270 | 140～230 | | 150～250 | 120～200 | | 130～230 | 100～170 | |

表 6-1 中的综合生活用水包括城市居民日常生活用水和公共建筑用水。但不包括道路、绿化、市政用水及管网漏失水量；

特大城市指市区和近郊非农业人口≥100 万；

大城市指市区和近郊非农业人口≥50 万或 100 万；

中等城市指市区和近郊非农业人口≥20 万或 50 万；

小城市指市区和近郊非农业人口＜20 万。

表 6-1 中的区域划分如下所列：

一区：贵州、四川、湖北、湖南、江西、浙江、福建、广东、广西、海南、上海、云南、江苏、安徽、重庆；

二区：黑龙江、吉林、辽宁、北京、天津、河北、山西、河南、山东、宁夏、陕西、内蒙古河套以东和甘肃黄河以东的地区；

三区：新疆、青海、西藏、内蒙古河套以西和甘肃黄河以西的地区。

经济开发区和特区城市，根据用水实际情况，用水定额可酌情增加。

居住小区公共建筑生活用水定额及小时变化系数与建筑室内给水相同。浇洒道路、广场用水量应根据路面、绿化、气候和土壤等条件，按车行道面积计算确定。对于高级住宅小区，用水定额为 1.0～1.5L/($m^2$·次)，普通住宅小区为 0.5～1.0L/($m^2$·次)，按每日浇洒 1 次计算。绿化用水量包括公共绿地用水量、居民小院绿化用水量和阳台盆栽花用水量。一般按小区绿化面积计算，标准为 1.0～3.0L/($m^2$·d)。居住小区管网漏失水量与未预见水量之和可按小区最高日用水量的 10%～20%计算。

居住小区的消防用水量、水压和火灾延续时间，应按现行《建筑设计防火规范》和《高层民用建筑设计防火规范》执行。

### 三、供水方式

居住小区的供水方式应根据小区内建筑物的类型、建筑高度、市政给水管网的资用水头和水量等因素综合考虑来确定，做到技术先进合理、供水安全可靠、投资省、节能、便于管理。

对于多层建筑的居住小区，当城镇管网的水压和水量满足居住小区使用时，应充分利用现有管网的水压，采用直接供水方式。当水量、水压周期性或经常性不足时，采用调蓄增压供水方式；对于高层建筑小区一般采用调蓄增压供水方式；对于多层建筑和高层建筑混合居住小区，应采用分压供水方式，以节省动力消耗。

调蓄增压系统设置应根据高层建筑的数量、分布、高度、用途管理及供水安全可靠性等因素，经技术经济比较后确定。当居住小区内只有一幢高层建筑或幢数不多且各幢所需压力相差很大时，宜分散设置即每1幢建筑物单独设调蓄增压设施；当小区内若干幢高层建筑高度和所需供水压力相近，布置较集中时，可共用1套调蓄增压设施采用分片集中设置方式；当居住小区内所有建筑的高度和所需水压都相近时，可集中设置即整个小区共用一套调蓄增压设施。

居住小区独立设置的水泵房，宜靠近用水大户；水泵机组的运行操作应符合现行的国家标准《城市区域环境噪声标准》的要求。

居住小区水池、水塔和高位水箱的有效容积应根据小区生活用水量的调蓄贮水量，安全贮水量和消防贮水量确定。其中生活用水的调蓄水量，对于水池，可按居住小区最高日用水量的20%～30%确定。对于水塔和高位水箱，可按表6-2确定。

**表6-2　　水塔和高位水箱(池)生活用水的调蓄水量**

| 居住小区最高日用水量($m^3$) | ≤100 | 101～300 | 301～500 | 501～1000 | 1001～2000 | 2001～4000 |
|---|---|---|---|---|---|---|
| 调蓄贮水量占最高日用水量的百分数 | 30%～20% | 20%～15% | 15%～12% | 15%～8% | 8%～6% | 6%～4% |

多层建筑居住小区中的7层及7层以下建筑一般不设室内消防给水系统，由室外消火栓和消防车灭火，应采用生活和消防共用的给水系统。高层建筑居住小区宜采用生活和消防各自独立的供水系统。

对于严重缺水的地区，可采用生活饮用水和中水的分质供水方式。无合格水源地区可考虑采用深度处理水(供饮用)和一般处理水(供洗涤、冲厕等)的分质供水方式。

居住小区供水方式的选择受许多因素的影响，应根据城镇供水现状、小区规模及用水要求，对各种供水方式的技术指标(如先进性、供水可靠性、水质保证、调节能力、操作管理、压力稳定程度等)、经济指标(如基建投资、动力消耗、供水成本、节能等)和社会环境指标(如环境影响、施工方便程度、占地面积、市容美观等)经综合评判确定。

### 四、管道布置和敷设

居住小区给水管道有小区干管、小区支管和接户管三类，在布置小区给水管网时，应按干管、支管、接户管的顺序进行。

居住小区给水管网，宜布置成环网，或与市政给水管道连接成环网。

为提高小区供水可靠性。小区环状给水管网与市政给水管的连接管不应少于两条，当其中一条发生故障时，其余的连接管应能通过不小于70%的流量。

居住小区的室外给水管通道应沿区内道路平行于建筑物敷设，宜敷设在人行道、慢车道或绿化带下；小区支管布置在居住组团的道路下，与小区干管连接，一般为枝状。接户管与支管连接，向建筑物供水。

小区给水管道布置时，管道外壁距建筑物外墙的净距不应小于1.0m，且不得影响建筑物基础，与树木中的距离不应小于1.2m，与污水管道的净距离不应小于1.0m，与通信电缆套管、电力电缆沟，燃气管、雨水管(渠)的净距不应小于0.8m。并尽量减少与其他管线的交叉，如不可避免时，给水管应在排水管上面。同时应考虑留有一定的垂直净距(一般≥0.15m)。

给水管道埋设的深度，应根据土地冰冻深度、车辆荷载、管道材质及强度、管道与管道交叉阀门的高度等因素确定且不宜小于0.7m。

为便于小区管网的调节和检修，应在与城市管网连接处的小区干管上，与小区干管连接处的小区支管上，与小区支管连接的接户管上及环状管网需调节和检修等处设置阀门。阀门应设在阀门井内，居住小区内城市消火栓保护不到的区域应设室外消火栓，设置数量和间距应按现行的《建筑设计防火规范》和《高层民用建筑设计防火规范》执行，当居住小区绿化和道路需洒水时，可设洒水栓，其间距不宜大于80m。

## 第二节　居住小区排水工程

### 一、排水体制

居住小区排水体制的选择，应根据城市排水制度和环境保护要求等因素确定。

新建居住小区在下列情况下应采用分流制排水系统：

市政排水为分流制或远期改造为分流制；

居住小区建有独立的污水处理系统；

另外居住小区需进行中水回用时，也应设分质分流排水系统。

### 二、排水管道的布置与敷设

居住小区排水管道应根据小区总体规划、道路和建筑物布置、地形标高、污水、废水和雨水的流向等实际情况，按照管线短、埋深小、尽量自流排出的原则来布置。管道一般应沿道路或建筑物平行敷设，尽量减少与其他管线的交叉。排水管道与建筑物基础间的最小水平净距与管道的埋设深浅有关，当管道埋深浅于建筑物基础时，最小水平净距不小于1.5m，否则，最小水平间距不小于2.5m。

居住小区排水管道的覆土层厚度应根据地面荷载、管材强度和土层冰冻因素，结合当地实际情况确定。小区干道和小区组团道路下的管道的覆土层厚度不小于0.7m，生活污水接户管道埋设深度不得高于冰冻以上0.15m，且覆土层厚度不小于0.3m。管道的基础和接口应根据地质条件、布置位置、施工条件、地下水位、排水性质等因素确定。

小区排水管与室内排水管连接处，管道交汇、转弯、跌水、管径或坡度改变处以及直线管段上一定距离应设检查井，检查井井底应设流槽。直线管段上检查井最大间距见表6-3。雨水口的形式和数量应根据布置位置、雨水流量和雨水口的泄流能力经计算确定。雨水口一般布置在道路交汇处或建筑物单元出入处附近、外排水建筑物的水落管附近、建筑物前后空地和绿地的低洼处，地下坡道入口处。道路布置的雨水口间距宜在20～40m之间。雨水连接管长度不宜超过25m，每根连接管上最多连接2个雨水口。平箅雨水口的箅口宜低于道路路面30～40mm，低于土地面50～60mm。

表 6-3　　　　检查井最大间距

| 管　径<br>(mm) | 最大间距<br>(m) | |
|---|---|---|
| | 污水管道 | 雨水管和合流管道 |
| 150(160) | 20 | — |
| 200～300(200～315) | 30 | 30 |
| 400(400) | 30 | 40 |
| ≥500(500) | — | 50 |

## 三、居住小区排水量

居住小区的生活污水排水量是指生活用水使用后能排入污水管道的流量，其数值应该等于生活用水减去不可回收的水量。一般情况下，生活排水量为生活给水量的80%～90%。但考虑到地下水经管道接口渗入管内，雨水经检查井口流入及其他原因可能使排水量增大。所以，居住小区生活排水的最大时流量取与生活给水最大时流量相同，也包括居民生活排水量和公共建筑排水量。居住小区生活排水定额和小时变化系数与生活用水定额和小时变化系数相同。按表 6-1 选取。

居住小区雨水设计流量的计算与城市雨水相同，其中设计重现期应根据地形条件和地形特点等因素确定，一般宜选用 0.5～1.0 年。径流系数按表 6-4 选取，经加权平均后确定。小区综合径流系数也可以根据建筑稠密程度按 0.5～0.8 选用，建筑稠密取上限，反之取下限。设计降雨历时包括地面集水时间和管内流行时间两部分，地面集水时间根据距离长短，地面坡度和地面覆盖情况而定，一般取 5～10min。小区雨水干管的折减系数 $m$ 的取值与室外排水相同。小区支管和接户管属于小区雨水排水系统起始部分的管段，雨水流行时上游管段的空隙很小，为避免造成地面积水，折减系数 $m$ 取 1。

居住小区排水系统采用合流制时，设计流量为生活排水流量与雨水设计流量之和。生活排水量可取平均流量。雨水设计流量计算时，设计重现期宜高于同一情况下分流制雨水排水系统的设计重现期。

根据城镇排水管网的位置，市政部门同意的小区污水和雨水排出口的个数和位置，小区的地形坡度，布置小区排水管网，确定管道流向，按最小管径和最小坡度进行设计。居住小区排水最小管径和最小坡度见表 6-5。

表 6-4　　　　径流系数

| 地　面　种　类 | 径　流　系　数 |
|---|---|
| 各种屋面 | 0.9 |
| 混凝土和沥青路面 | 0.9 |
| 块石等铺砌路面 | 0.6 |
| 非铺砌路面 | 0.3 |
| 绿　地 | 0.15 |

表 6-5　　居住小区生活排水管道最小管径和最小设计坡度

| 管　　别 | 管　　材 | 最小管径 (mm) | 最小坡度 |
|---|---|---|---|
| 接户管 | 硬聚氯乙稀管 | 160 | 0.005 |
| | 混凝土管 | 150 | 0.007 |
| 支　管 | 硬聚氯乙稀管 | 160 | 0.005 |
| | 混凝土管 | 200 | 0.004 |
| 干　管 | 硬聚氯乙稀管 | 200 | 0.004 |
| | 混凝土管 | 300 | 0.003 |

居住小区排水接户管管径不应小于建筑物排水管径，下游管段的管径不应小于上游管段的管径。

**四、污水处理**

居住小区污水排放应符合现行的《污水排放城市下水道水质标准》和《污水综合排放标准》规定的要求。居住小区污水处理设施的建设应由城镇排水工程总体规划统筹确定，并尽量纳入城镇不集中处理工程范围。当城镇已建成或规划入了污水处理厂时，居住小区不宜再设污水处理设施；若新建小区远离城镇，小区污水无法排入城镇管网时，居住小区内应设生活污水处理设施。城镇近期无污水处理厂、生活污水经化粪池处理达不到污水排放标准，也应设污水处理设施。

小区生活污水处理站的位置应在常年主导风向的下风向，宜应用绿化带与建设物隔开；宜设置在绿地、停车坪及室外地坪下；处理站与给水泵及清水池水平距离不得小于10m。

## 第三节　居住小区中水工程

中水工程由给水工程和排水工程派生出来的，其水质介于给水和排水之间。建筑中水工程是指民用建筑或居住小区内使用后的各种排水如生活排水、冷却水及雨水等经过适当处理后，回用于建筑物或居住小区内，作为杂用水的供水系统。经处理后的水质应符合现行的《生活杂用水质标准》的要求。

随着城市建设和工程的发展，用水量特别是工业用水量急剧增加，大量污废水的排放严重地污染了环境和水源，造成水资源日益不足，水质日益恶化。在这种情况下，采用建筑中水工程立足于本地区、本部门水资源，现实可行的有效措施，既可以有效地利用和节约有限的、宝贵的淡水资源，又可以减少污废水排放数量。减轻水环境污染，还可以缓解城市下水道的超负荷现象，具有明显的社会效益、环境效益和经济效益。

中水工程正被广泛地应用于大型公共建筑、居住小区和城镇建设。

居住小区的中水系统的中水水源取自居住小区内各建筑物排放的污废水。根据居住小区居民城镇排水设施的完善程度，确定室内排水系统，但应使居住小区给排水系统与建筑内部给排水系统相配套。由于，新建居住小区的排水体制多为分流制。因此，以优质杂排水管网为生活饮用水和杂用水双管配水系统，如图 6-1 所示：

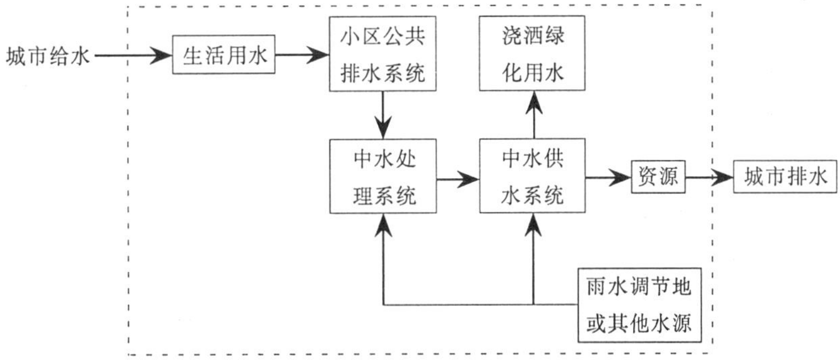


图 6-1　居住小区中水系统框图

从图 6-1 可知，中水系统由中水水源系统、中水处理设施和中水供水系统三部分组成。

居住小区的优质杂排水或杂排水水量经处理后，可以满足自身杂用水水量需求。中水处理流程简单、处理设施少、占地面积小、降低了造价。同时还减少了污泥处理困难及产生臭气对建筑环境的影响。

中水供水系统应单独设立，包括配水管网，中水贮水池、中水高位水箱、中水泵站或中水气压给水设备。

中水供水系统的管网系统类型、供水方式、系统组成、管道敷设及水力计算与给水系统基本相同，只是在供水范围、水质、使用等方面有些限定和特殊要求。

## 第四节　居住小区给排水管材

### 一、给水管材

居住小区埋地给水管道采用的管材，应具有耐腐蚀和能承受相应地面荷载的能力，一般可采用塑料给水管和有衬里的球墨铸铁给水管。

给水管道上使用的各类阀门的性质，应耐腐蚀和耐压，根据管径大小和所受压力的等级，一般可采用铁壳铜芯、全铜、全塑和全不锈钢阀门。

### 二、排水管材

居住小区的排水管道，宜采用埋地塑料管和混凝土管。当居住小区内设有生活污水处理装置时，生活排水管道应采用埋地塑料管。埋地塑料管管材质量应符合现行的国家、行业产品标准的要求。

### 思考题六

1. 居住小区设计用水量包括哪几部分？
2. 居住小区给水管道布置和敷设有哪些要求？
3. 居住小区排水体制的选择与什么有关？

4. 居住小区排水管道如何布置？检查井如何设置？

5. 居住小区中水系统的源水有哪些？中水系统的组成？为什么中水系统在居住小区和大型公共建筑设计时被广泛使用？

# 第二篇　暖通空气调节

随着社会的进步，科技的发展，建筑业的兴旺发达，暖通空调的应用也越来越广泛。

如何在改建和新建的建筑中体现绿色建筑，即高效地利用能源、最大限度地保护自然、改善室内的空气质量和生态环境的保护。这些对建筑师来讲无疑是一个新的挑战和研究课题，而这些又与暖通空调有着直接的联系。因此，在建筑设计中必须合理地运用暖通空调技术，才能在“绿色浪潮”的推动下，创造出一个现代的建筑环境。

“暖通”通常指供暖、通风、空气调节以及燃气供应和建筑防排烟等方面的内容，它是建筑设备的一个重要组成部分，也是房屋建筑的一个不可缺少的部分。以下各章节就暖通空调的基本原理、各种不同类型的系统设计及新技术应用、主要设备类型和性能、设备布置、管道安装的建筑要求及管理将分别叙述。

# 第七章　建筑供暖

## 第一节　供暖系统概述

冬季，室外温度低于室内温度，因此房间里的热量不断地通过建筑物的围护结构传向室外，同时室外的冷空气通过门缝，窗缝或开门、开窗时侵入房间而耗热。为了维持室内所需的空气温度，必须向室内供给相应的热量，这种向室内供给热量的工程设施，称作供暖系统。

### 一、供暖系统的组成

一般而言，供暖系统由热源、管网和散热设备三大部分组成。

1. 热源

泛指锅炉房、电或热电厂等，作为热能的发生器，在热能发生器中燃料燃烧经载热体热能转化，形成热水或蒸汽。也可利用工业余热、太阳能、地热，核能等作为供暖系统的热源。

2. 管网

是指由热源转送热媒至热用户，散热冷却后返回热源的闭式循环管道网络。

3. 散热设备

供暖房间的放热设备，带热体在其中放出热量加热室内空气。

如果热源和散热设备都布置在同一个房间内，称作“局部供暖系统”。这类供暖系统包括火炉供暖，燃气供暖、电热供暖。如热源远离供暖房间，利用一个热源产生的热量输送给很多房间，称作“集中供暖系统”，如图 7-1 所示。

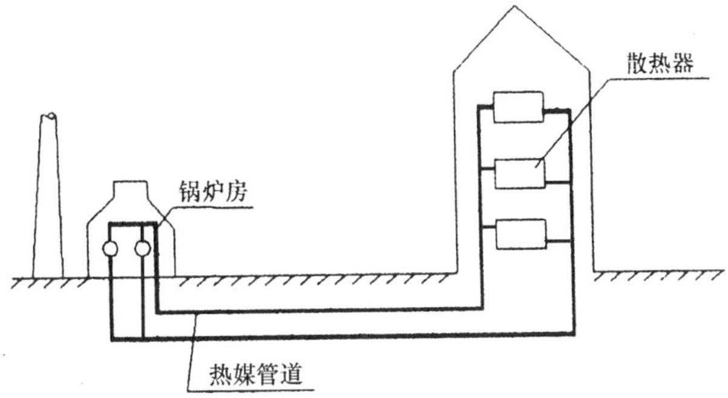


图 7-1　集中供暖系统示意图

### 二、供暖系统分类

在集中供暖系统中，把热量从热源输送到散热器的物质叫“热媒”。按所用热媒(热水或蒸汽)不同，集中供暖系统分为三类：热水供暖系统、蒸汽供暖系统和热风供暖系统。

（一）热水供暖系统

以热水作为热媒的供暖系统，称为“热水供暖系统”。它是目前广泛使用的一种供暖系统，不仅用于居住和公共建筑，而且也用在工业建筑中。

热水供暖系统，按照热媒参数分低温热水供暖系统（热水温度低于 100℃），高温热水供暖系统（热水温度高于 100℃）两类。

水在锅炉中被加热后通过管道送入布置在供暖房间内的散热器。散热器散发出热量对房间供暖，散热后的热水（称回水）则由管道再流回锅炉中重新加热后循环使用。当水在系统中的循环只是靠回水和供水之间的密度差来进行的，这种系统就称为“自然循环热水供暖系统”；当水在系统中的循环是靠水泵压力进行的，这种系统就称为“机械循环热水供暖系统”。

按供、回水管道设置方式可分为单管系统和双管系统；按管道敷设方式，可分为垂直式系统和水平式系统。

1. 自然循环热水供暖系统

图 7-2 为自然循环热水供暖系统工作原理图。

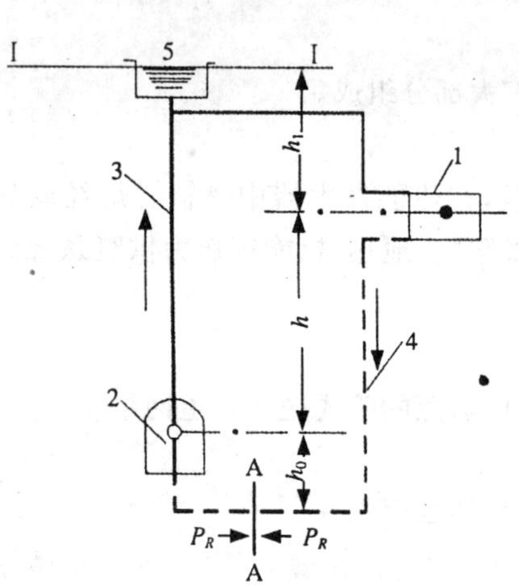

图 7-2　自然循环热水供暖系统工作原理
1—散热器；2—热水锅炉；3—供水管路；
4—回水管路；5—膨胀水箱

在图 7-2 中假设整个系统有一个放热中心 1（散热）和一个加热中心 2（锅炉）用管路 3（供水管）和 4（回水管）把散热器和锅炉连接起来，在系统最高处连接一个膨胀水箱 5，用它来容纳水在受热后因膨胀而增加的体积。

在系统工作之前，先将系统中充满冷水。当水在锅炉内被加热后，它的密度减小，同时受着从散热器流回来密度较大的回水的驱动，使热水沿着回水干管流回锅炉。这样，水连续被加热，热水不断上升，在散热器及管路中被散热冷却后的回水又流回锅炉被重新加热，形成图 7-2 中箭头所示的方向循环流动。

这种系统不设水泵，仅靠热水散热冷却所产生的自然压头促使水在系统内循环，自然压头即为系统最低点（A—A）断面左右两侧所受到不同的水柱压力，这两方面所受到水柱压力之差就是驱使水进行循环流动的作用力。

断面 A—A 右侧的水柱作用力为

$$P_1=g(h_0\rho_h+h\rho_h+h_1\rho_g)$$

断面 A—A 左侧的水柱作用力为

$$P_2=g(h_0\rho_h+h\rho_g+h_1\rho_g)$$

断面 A—A 两侧之差 $\Delta P=P_1-P_2$，即系统内的作用压力，其值为

$$\Delta P=gh(\rho_h-\rho_g) \qquad (7\text{-}1)$$

式中　$\Delta P$——自然循环系统的作用力（Pa）；

$g$——重力加速度，取 9.81($m/s^2$)；

$h$——锅炉中心到散热器中心的垂直距离(m)；

$\rho_g$——热水的密度($kg/m^3$)；

$\rho_h$——水冷却后的密度($kg/m^3$)。

由式(7-1)可知，当供、回水温度固定时，自然循环作用力与锅炉中心到散热器中心的垂直距离成正比。

以上所述，是在假设水温只有在锅炉内和散热器内发生变化，但在实际情况中，即使管道外面有保温，沿途中管壁散热还是不可避免的，而水的温度和密度沿着循环环路长度不断变化，这在自然循环系统中起着不可忽略的作用。在工程计算中，对于因管壁散热引起水温沿途改变而加上一个附加压力。

由于自然循环热水供暖系统的作用力很小，为了避免系统的管径过大，要求锅炉中心与最低散热器中心的垂直距离不宜小于 2.5～3.0m。因此，只有建筑物占地面积较小，且有可能在地下室、半地下室或就近较低处设置锅炉时，才能采用自然循环热水供暖系统。

自然循环热水供暖系统因不设水泵，工作时不消耗电能，无噪声而且管理也较简单，但它的作用半径较小，通常不宜超过 40～52m。

在自然循环热水供暖系统中，膨胀水箱连接在总立管顶端，它不仅能容纳水受热膨胀后的体积，而且还有排除系统内空气的作用。

自然循环热水供暖系统内的水流速度较慢，水平干管流速小于 0.2m/s，水中的空气能够逆着水流方向向高度聚集，为了能顺利排除系统内的空气，系统内的供水干管必须有向膨胀水箱方向上升的坡度，其坡度为 0.5%～1.0%。

为使系统顺利排除空气和在系统停止运行检修时能通过回水干管的顺利排水，回水干管应有沿水流向锅炉方向的向下坡度。

2. 机械循环热水供暖系统

机械循环热水供暖系统在系统中设置循环水泵，靠水泵的机械能使水在系统中循环。图 7-3 为机械循环热水供暖系统图。它由锅炉，输热管道，水泵，散热器和膨胀水箱等组成。

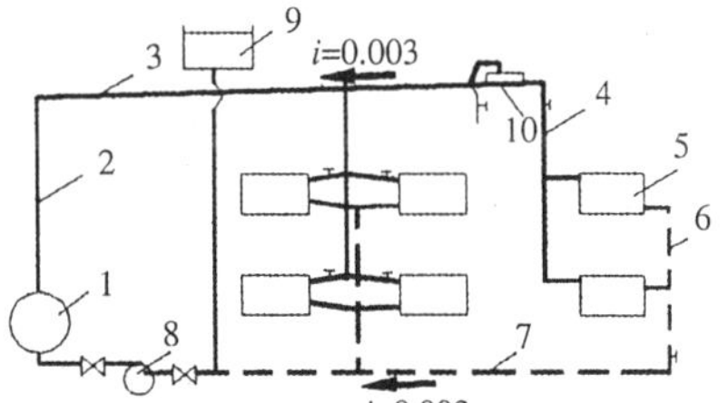


图 7-3 机械循环双管上行下给式热水供暖系统图

1—锅炉；2—总立管；3—供水干管；4—供水立管；5—散热器；6—回水立管；7—回水干管；8—水泵；9—膨胀水箱；10—集气罐

机械热水供暖系统中，由于水在管道内的流速大，因此管径可小些，使系统中循环时的冷却温降小，它的作用力主要靠水泵所产生的压力。因此，系统的启动较自然循环系统容易，但是系统中的水泵和电动机需要经常检修，而且当系统运行时，水泵机组的消声、减振及排水问题必须予以考虑。

在机械循环热水供暖系统中，为了顺利排除系统中的空气，供水干管应按水流方向有向上的坡度，坡度为 0.003，并在干管的最高点处设置排气阀或集气罐以排除系统中的空气。

在这种系统中，水泵设在回水管的干管上，并将膨胀管连接在水泵的吸入端管路上，膨胀水箱位于系统的最高点，由于它能容纳水受热后膨胀的体积，可使整个系统处于正压工况(高于大气压)下工作,这就保证了系统中的水不致汽化,从而避免因水汽化而断水的现象。

机械循环热水供暖系统中设置了水泵,它的循环作用压力比自然循环系统大得多,因此,应用范围更广泛,锅炉房不需要设置在地下室,但需消耗电能,系统管理比较复杂,适用于民用建筑及工业建筑。

3. 常用热水供暖系统形式

(1) 自然循环热水供暖系统

a) 单管上供下回式

图 7-4 为单管上供下回式示意图,适合作用半径不超过 50m 的多层建筑。它的特点是升温慢、作用压力小;管径大、系统简单;水力稳定好、可缩小锅炉中心与散热器中心距离。

b) 双管上供下回式

图 7-5 为双管上供下回式示意图,它适合作用半径不超过 50m 的三层(≯10m)以下的建筑。它的特点是升温慢、作用压力小;管径大、系统简单;易产生垂直失调;室温可调节。

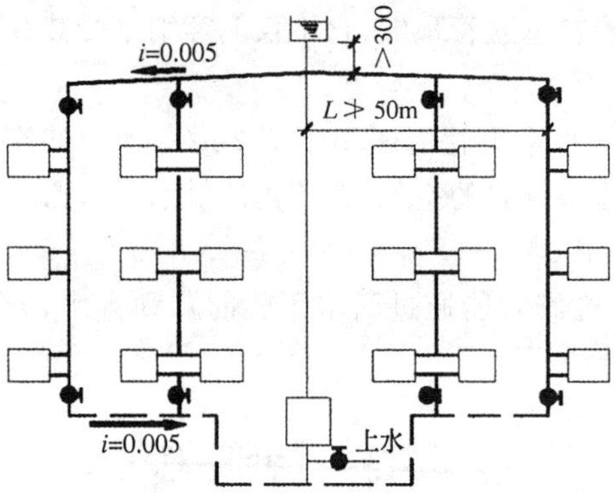


图 7-4　单管上供下回式

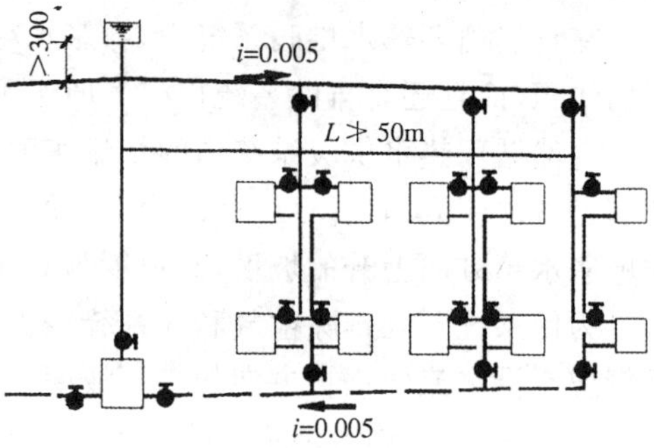


图 7-5　双管上供下回式

c) 单户式

图 7-6 为单户式自然循环热水供暖示意图,适用单户单层建筑,一般锅炉与散热器在同一平面,故散热器安装至少提高到 300～400mm 高度,尽量缩小配管长度以减少阻力。

(2) 机械循环热水供暖系统

a) 双管上供下回式

图 7-7 为双管上供下回式机械循环热水供暖系统示意图,它适用于室温有调节要求的四层以下建筑。最常用双管系统,排气方便,室温可调节;易产生垂直失调。

b) 双管下供下回式

图 7-8 为双管下供下回式,它适用于室温有调节要求且顶层不能敷设干管时的四层以下建筑,缓和了上供下回系统垂直失调现象,但安装供、回水干管需设置地沟或直埋地下,排气不便。

c) 双管中供式

图 7-9 为双管中供式示意图,它适用于顶层无法设置供水干管或边施工边使用的建

筑。可解决一般供水干管档窗的问题,对解决垂直失调比上供下回和楼层扩建有利,但排气不方便。

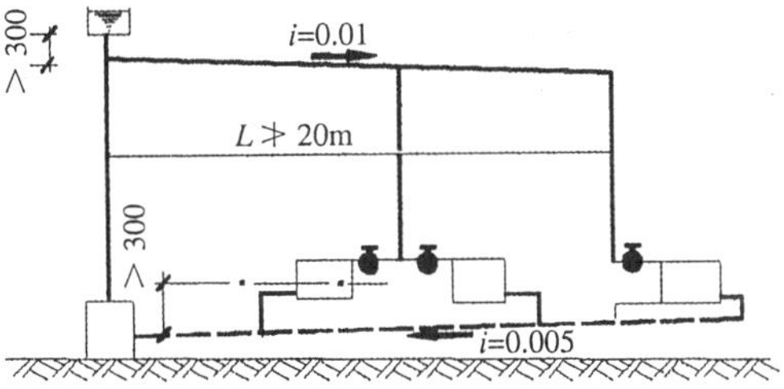


图 7-6 单户式

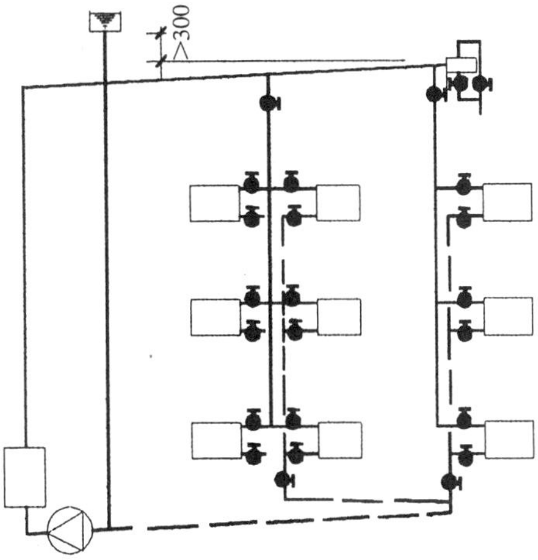


图 7-7 双管上供下回式

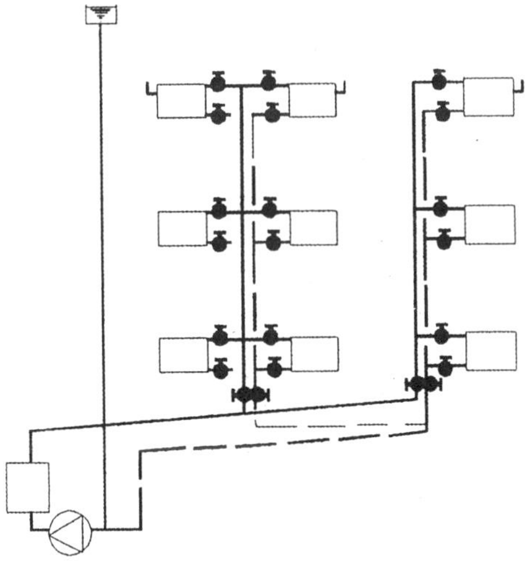

图 7-8 双管下供下回式

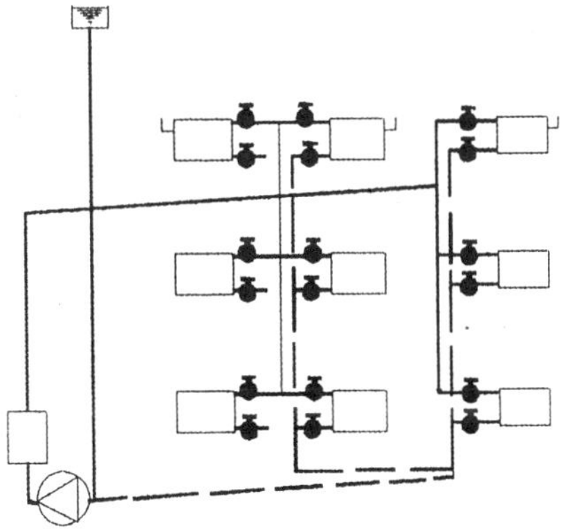

图 7-9 中供式

d) 双管下供上回式

图 7-10 为双管下供上回式示意图,它适用于室温需调节的四层以下建筑,热媒为高温热水,对解决垂直失调有利且排气方便。

e) 双管上供上回式

图 7-11 为双管上供上回式示意图,这种供暖系统将回水干管设置在散热设备的上面,而每根立管下端应装一个泄水阀,可在必要时将水泄空,避免冻结。它适用于工业建筑及不可能将供暖管道设置在地板上或地沟里的建筑物。

f) 单管上供下回式

图 7-12 为单管上供下回式示意图,它适用于一般多层建筑,具有水力稳定性好、排气方便、安装构造简单的特点。

g) 垂直下供上回式

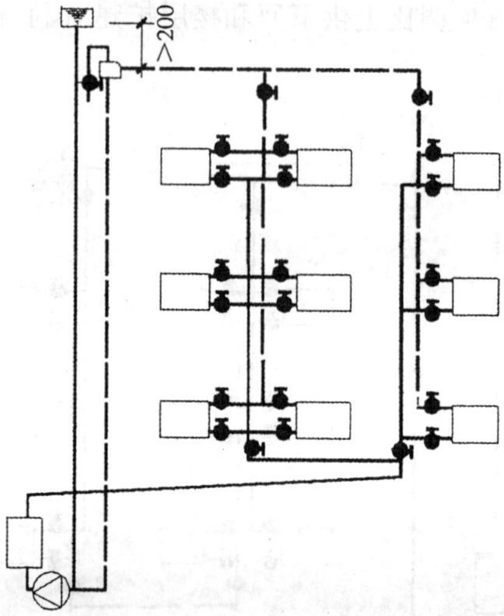


图 7-10 双管下供上回式

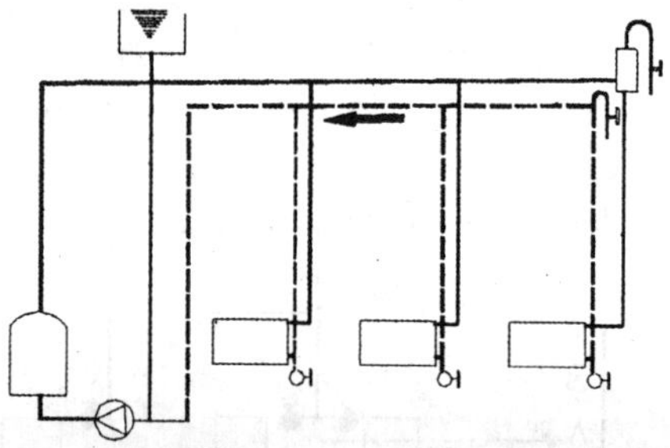

图 7-11 双管上供上回式

图 7-13 为垂直下供上回式示意图，它适用于热媒为高温水的多层建筑。

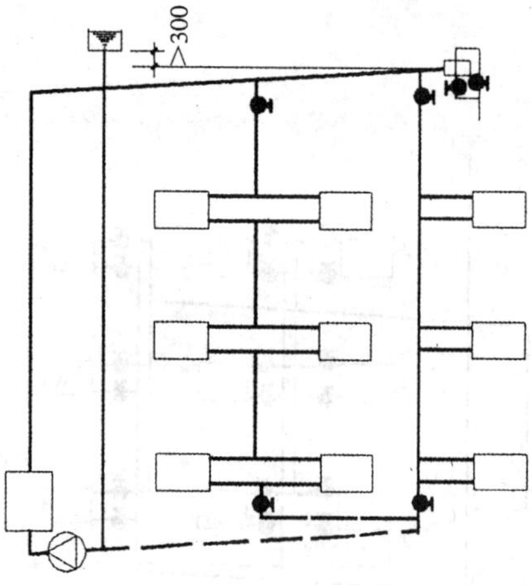


图 7-12 单管上供下回式

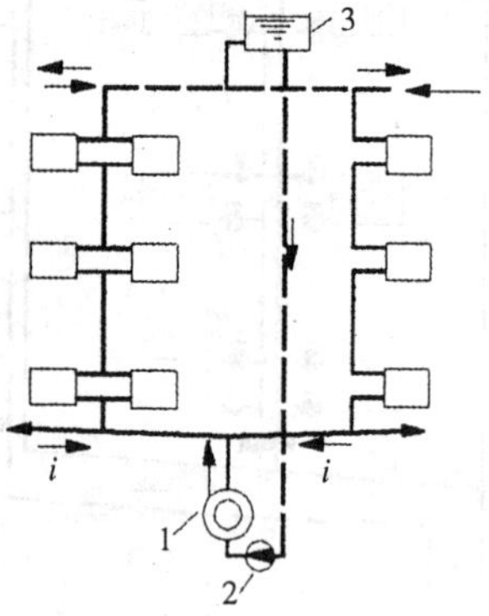


图 7-13 垂直下供上回式

h) 水平单管顺流式

图 7-14 为水平顺流式示意图，顺流系统虽然节省管材，但每个散热器不能进行局部调节，所以它只能用在对室温控制要求不严格的建筑物或大的房间中。

i) 水平跨越式

跨越式系统可以在散热器上进行局部调节，适用于需要局部调节的建筑物。

跨越式系统又分为水平式(图 7-15)和垂直式两种。水平式系统的总造价要比垂直式系统低得多，但对于较大系统，由于有较多的散热器处于低水温区，尾端散热器面积可能较垂直式系统要多些。但它具有管路简单，便于快速施工，除了供、回水立管外，没有其他穿楼板的立管，不影响室内美观，膨胀水箱的布置可以利用最高层的辅助房间(如楼梯间等)，不仅降低造价，而且还不影响建筑物外形的美观，因而该系统较多地运用于大面积，多层民用或公共建筑。

（二）蒸汽供暖系统

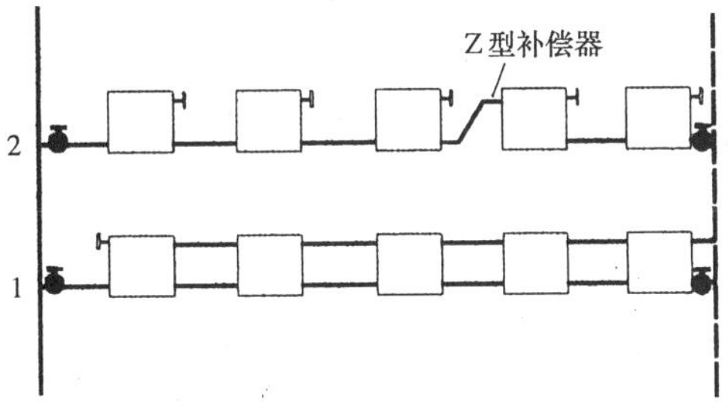


图 7-14　水平顺流式系统

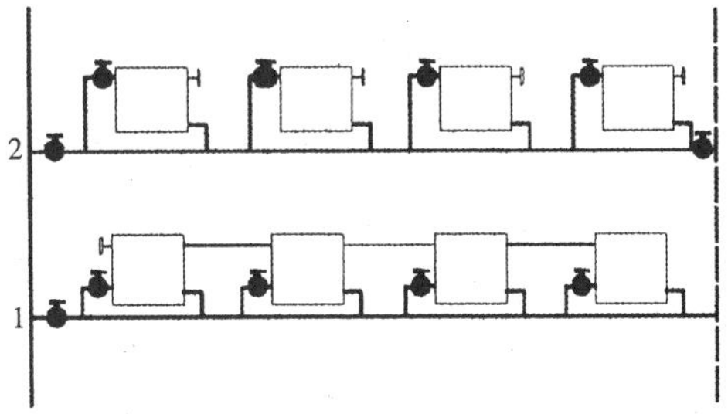


图 7-15　水平跨越式系统

在蒸汽供暖系统中，热媒是蒸汽。蒸汽含有的热量由两部分组成：一部分是水在沸腾时含有的热量；另一部分是从沸腾的水变为饱和蒸汽的汽化潜热。在这两部分热量中，后者远大于前者。蒸汽供暖系统中所利用的是蒸汽的汽化潜热。蒸汽进入并充满散热器，热量通过散热器散发到房间内，与此同时蒸汽冷凝成同温度的凝结水。图 7-16 为蒸汽供热原理图。

锅炉产生的蒸汽，经蒸汽管道进入散热器，放热后，凝结水经疏水器由凝结水管流入凝结水箱，然后由凝结水泵经凝水管送入锅炉。

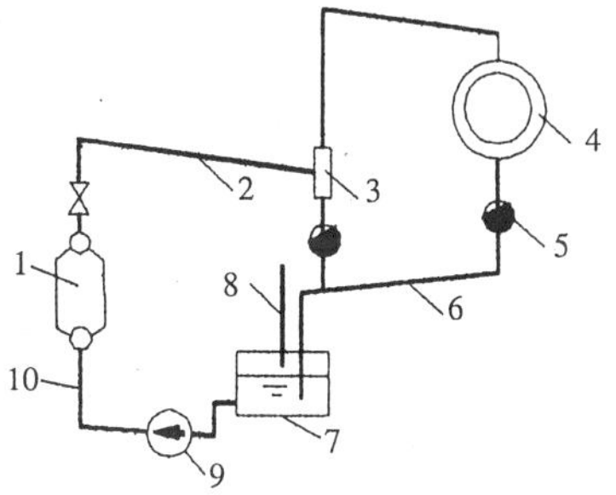


图 7-16　蒸汽供暖系统原理图

1—热源；2—蒸汽管道；3—分汽缸；4—散热器；5—疏水器；6—凝结水管；7—凝水箱；8—空气管；9—凝结水泵；10—凝水管

蒸汽供暖系统，按其供汽压力的大小，可成为三类：供汽压力高于 70kPa 时，称为高压蒸汽供暖；供汽压力等于或低 70kPa 时，称为低压蒸汽供暖；蒸汽压力低于大气压力时，称为真空蒸汽供暖。

蒸汽供暖系统按干管布置的不同，也可分为上供式、中供式和下供式；按立管布置特点，也可分单管式和双管式；按回水动力不同，可分为重力回水和机械回水系统。

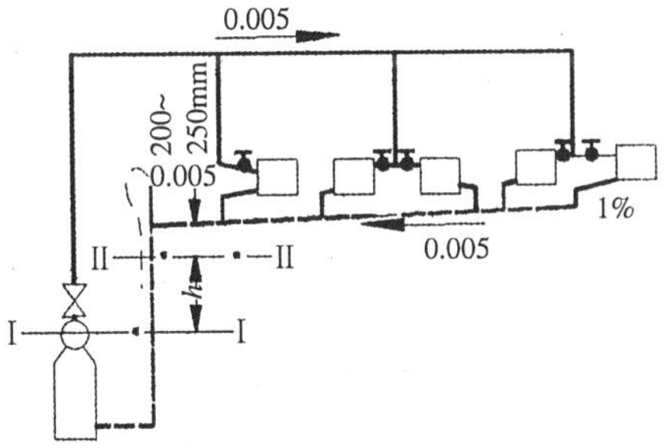


图 7-17　重力回水低压蒸汽供暖系统图

1. 低压蒸汽供暖系统

(1) 重力回水低压蒸汽供暖系统

图 7-17 为重力回水低压蒸汽供暖示意图，它是双管上供式，锅炉中充水至 I—I 平面加热后产生具有一定压力和温度的蒸汽。蒸汽在自身压力作用下，克服流动阻力，沿管道输送到散热器内。与此同时将聚集在供暖管道及散热器内的空气排至凝水管，经末端所连接的空气管 B 排入大气。蒸汽在散热器内放热后变成凝结水，靠重力沿凝水管流回锅炉，重新加热变成蒸汽。

重力回水低压蒸汽供暖系统形式简单，运行时不消耗电能，适用于小型供暖系统。

(2) 机械回水低压蒸汽供暖系统

当低压蒸汽供暖系统的作用半径较大时，不应采用重力回水，而应将凝结水先通入专用的凝结水箱，然后，用水泵将凝结水送入锅炉。重新加热产生蒸汽(见图 7-18)。在低压蒸汽供暖系统中，散热器中流出的凝水经凝水干管靠重力流进凝水箱，凝水干管应作顺水流向下的坡度，凝水箱设置的高度应低于散热器和凝水管，系统中的空气经凝水管上部断面流入凝水箱，再经凝水箱上的空气管排入大气。

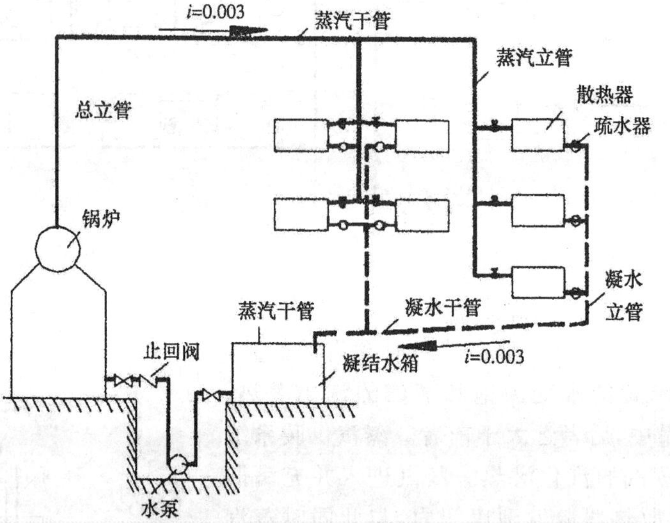


图 7-18 机械回水双管上供下回式蒸汽供暖系统示意图

低压蒸汽供暖系统较多使用在民用建筑中。

2. 高压蒸汽供暖系统

高压蒸汽供暖系统供汽压力高，流速大，管径小，系统作用半径大，散热器表面温度高，因此，在热负荷相同的情况下，高压蒸汽供暖系统有较好的经济性。由于散热器表面温度高，容易烫伤人，烧焦落在散热器上面的有机灰尘发出难闻的气味，安全条件与卫生条件较差。因此，这种系统一般适用于工业建筑。图 7-19 为高压蒸汽供暖系统示意图。

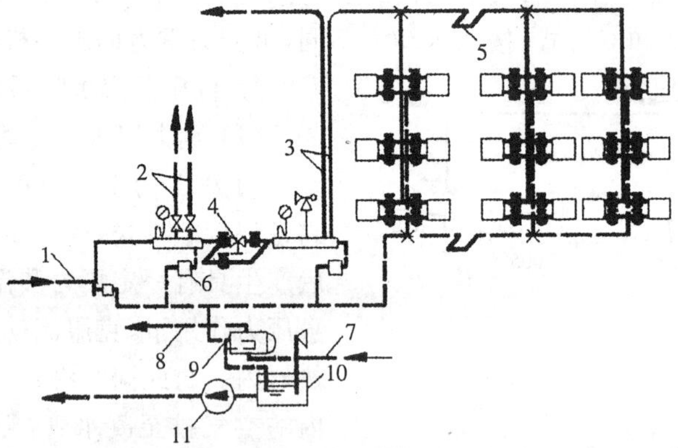


图 7-19 高压蒸汽室内供暖系统图

1—室外蒸汽管；2—室内高压蒸汽供热管；3—室内蒸汽供暖管；4—减压装置；5—补偿器；6—疏水器；7—热水供应自来水进入管；8—热水供应热水管；9—水-水换热器；10—凝结水箱；11—凝水泵

3. 蒸汽供暖与热水供暖的比较

(1) 在一般的热水供暖系统中，供水温度为 95℃，回水温度为 70℃，散热器内热媒的平均温度为 82.5℃。而在低压及高压蒸汽供暖系统中，散热器内热媒的温度等于或高于 100℃。蒸汽供暖系统散热器传热系数亦比热水供暖系统散热器高，这就使所用散热器的片数比热水供暖系统少(约少30%)。在管道的造价方面,蒸汽供暖系统也比热水供暖系统要少,因此,蒸汽供暖系统的初投资少于热水供暖系统。

(2) 由于蒸汽供暖系统系间歇工作,管道内时而充满蒸汽,时而充满空气,管道内壁的氧化腐蚀要比热水供暖系统快,因而其使用年限要比热水供暖系统短,特别是凝结水管,更易损坏。

(3) 在蒸汽供暖系统中,蒸汽的容重很小,所以当蒸汽充满系统时,由于本身重力所产生的静压力也很小。热水的容重远大于蒸汽的容重,当热水供暖系统高到30~40m时,最底层的铸铁散热器就有被压破的危险。因此,在高层建筑中采用热水供暖系统时,就要将供暖系统在垂直方向分成几个互不相通的热水供暖系统。

(4) 在真空蒸汽供暖系统中,蒸汽的饱和温度低于100℃,蒸汽的压力越低,则蒸汽的饱和温度也越低。在这种系统中,散热器表面温度能满足卫生要求,且能用调节蒸汽饱和压力的方法来调节散热器的散热量。但由于系统中的压力低于大气压力,稍有缝隙空气就会渗入,从而破坏系统的正常工作。因此要求系统的严密性很高,并需要抽气设备和保持真空的专门自控设备。这就使真空蒸汽供暖系统应用不广。

(5) 一般的蒸汽供暖系统不能调节蒸汽温度。当室外温度高于供暖室外计算温度时,蒸汽供暖系统必须运行一段时间,停止一段时间,即采用间歇调节。间歇调节会使房间温度上下波动,而从卫生角度考虑,室内温度波动过大是不合适的。

(6) 蒸汽供暖系统的热惰性很小,即系统的加热和冷却过程都很快。对于人数骤多骤少或不经常有人停留而要求迅速加热的建筑物如工业车间、会议厅、剧院等是比较合适的。

(7) 在热水供暖系统中,散热器表面温度较低,从卫生角度考虑采用热水供暖系统为佳。在低压蒸汽供暖系统中,散热器表面温度始终在100℃左右,有机灰尘剧烈升华,对卫生不利。因此,对卫生要求较高的建筑物如住宅、学校、医院、幼儿园等宜采用热水供暖系统。

(8) 在蒸汽供暖系统中,目前由于疏水阀质量欠佳,致使有大量蒸汽通过疏水阀流入凝结水管,最后经凝结水箱排入大气。这种情况对热能的有效利用极为不利。

(三) 热风供暖系统

热风供暖系统以空气作为热媒,在热风供暖系统中,首先将空气加热,然后将高于室温的空气送入室内,热空气在室内降低温度,放出热量,从而达到供暖目的。

在该系统中,可以用蒸汽、热水或烟气来加热空气。在既需供暖又需要通风换气的建筑物通常采用能送较高温度空气的通风系统。

在产生有害物质很少的工业厂房中,广泛地应用暖风机进行供暖;也可用蒸汽或热水供暖系统与热风供暖系统相结合进行供暖。

暖风机由通风机、电动机及空气加热器组合而成的供暖机组。暖风机直接设置在厂房内。

图7-20是NA型暖风机外形图。它可以吊装在柱子上,也可装在埋于墙内的支架上。暖风机安装高度2.2~3.5m。

图7-21是NBL型暖风机外形图,它可直接放在地面上。在工业厂房中,车间内的供暖系统设计常可采用热水或蒸汽供暖与热风供暖相结合的供暖方式。散热器沿外墙下布

置，在外墙或柱子旁边布置暖风机。图 7-22 为工业厂房中常见的布置方案。

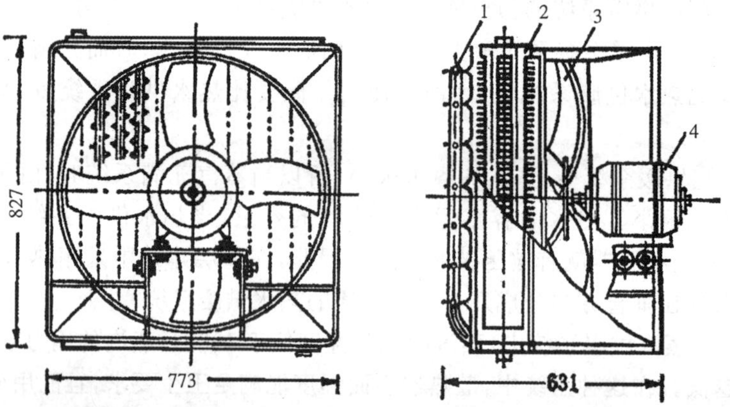


图 7-20　NA 暖风机外形图

1—导向板；2—空气加热器；3—轴流风机；4—电动机

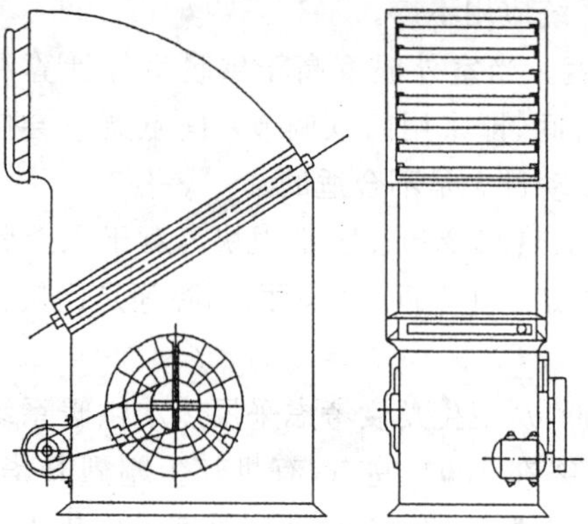

图 7-21　NBL 型暖风机外形图

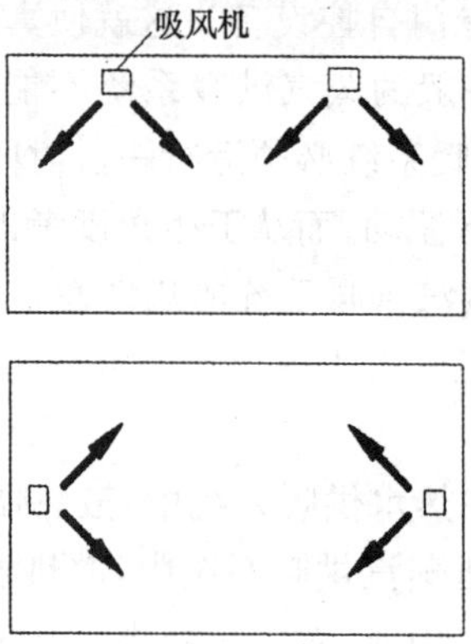


图 7-22　暖风机布置方案

热风供暖系统具有热惰性小、能迅速提高室温的特点。它适用于人们短时间逗留的场所如影剧院、体育馆、礼堂等建筑。

面积比较大的工业厂房，冬季需要补充大量热量，因此往往采用暖风机或采用与送风系统相结合的热风供暖方式。同时，亦可采用少量散热器，在下班后及节、假日能维持车间温度为＋5℃；

热风供暖系统可同时兼有通风换气作用，但热风供暖系统噪声比较大。

（四）辐射供暖

辐射供暖是一种利用建筑物内部的顶面、墙面、地面或其他表面进行供暖的系统。

辐射供暖是一种卫生条件和舒适标准都比较高的供暖方式。早在 20 世纪 30 年代，国外有些高级住宅就已经开始应用，近二十年来，应用范围已经逐步扩大，几乎各类建筑都有应用辐射供暖，而且使用效果比较好。在我国建筑设计中近年来辐射供暖方式也已逐步推广应用。

辐射供暖具有辐射强度和温度的双重作用，造成了真正符合人体散热要求的热环境，由于室内围护结构内表面温度比较高，从而减少了四周表面对人体的冷射辐射。因此，具有最佳的舒适感。辐射供暖与土建专业关系比较密切。不需要在室内布置散热器和连接散热器的支管、立管，所以不仅美观，而且不占建筑面积，也便于布置家具。而且室内沿高度方向上的温度分布较均匀，温度梯度小，节约能量。

同样舒适条件的前提下，辐射供暖房间的设计温度可以比对流供暖时降低 2～3℃，因此，可以降低供暖热负荷，节约能量。

在辐射供暖中，热量的传播主要以辐射形式出现，但同时也伴随着对流形式的热传播，所以，衡量供暖效果的标准，既不能单纯地以辐射强度也不能仍以室内设计温度作为标准，通常以实感温度作为衡量辐射供暖的标准。实感温度也称等感温度或黑球温度，它标志着在辐射供暖环境中，人或物体辐射和对流热交换综合作用时以温度表示出来的实际感觉。

辐射供暖的形式较多，按辐射供暖表面温度可分为：低温辐射（辐射板面温度<80℃）、中温辐射（辐射板面温度一般为 80～200℃）、高温辐射（辐射板面温度 500℃）。

目前，低温辐射供暖使用较多，可设计成粉刷顶面辐射板，混凝土地面辐射板，混凝土楼面辐射板等各种形式，通常在顶棚、地面或墙面埋管，埋管用盘管形状一般为蛇形管，近年来采用新型塑料管、铝塑复合管，这些管材耐腐蚀承压高、不结垢、无毒性、易安装。

地面辐射供暖已广泛用于住宅建筑和公共建筑。住宅建筑采用低温地板辐射，可以取得良好的舒适效果，节约能耗，便于用户热计量；用于游泳馆、展览厅、宾馆大堂等高大空间的公共建筑，可以克服冬季温度梯度大，上热下冷的现象。

图 7-23 所示为地板低温辐射供暖原理图。它由换热器出来的热水经过滤器进入分水器分别送到用户散热管，回水经集水器，水泵送至换热器再加热，循环使用。三通阀用于调节供水温度，当供水温度升高时，从回水管上混入部分回水。图 7-24 为地板辐射结构图。其热媒供水温度一般为 40～60℃；供回水温差 6～10℃。低温辐射供暖适用于民用建筑与公共建筑，尤其适合于因安装散热器会影响室内美观的建筑物。

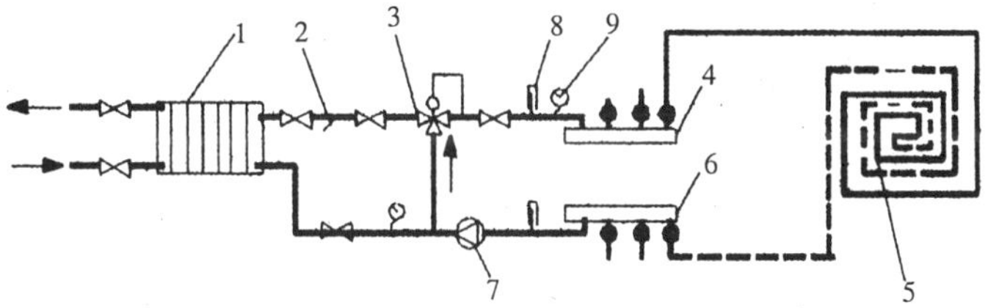


图 7-23　地板低温辐射供暖原理图

1—换热器；2—过滤器；3—三通调节器；4—分水器；5—散热盘管；6—集水器；7—水泵；8—温度计；9—压力表

辐射板表面平均温度，推荐采用下列数值；

地面式辐射（经常有人停留）24～26℃

（短期有人停留）28～30℃

顶面式辐射（房高 2.5～3.0m）28～30℃

（房高 3.1～4.0m）33～36℃

墙面式辐射（离地≤1.0m）35℃

（离地 1.0～3.5m 以下）45℃

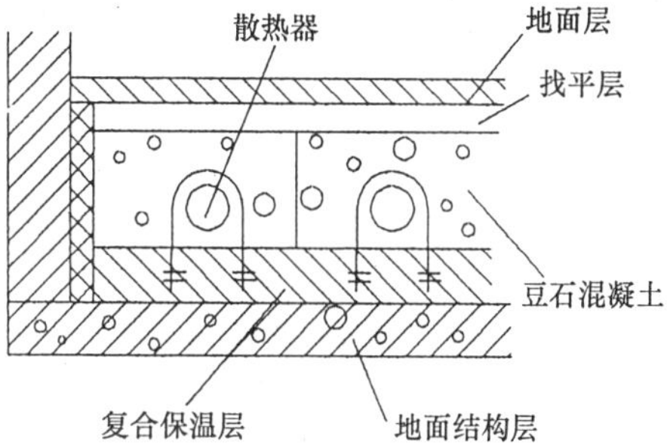


图 7-24　地板辐射结构图

# 第二节　供暖热负荷

冬季，室内空气温度高于室外空气温度，室内的热量便不断地向外散失，人们为了生产和生活，要求室内具有一定的温度。供暖系统热负荷是在某一室外温度下，为了达到要求的室内温度，保持房间的热平衡，在单位时间内向建筑物供给的热量。

建筑物热负荷有两部分：一部分是围护结构热负荷，即通过建筑物的墙、门、地面、屋顶等围护结构由室内传向室外的热量；另一部分是加热通过门、窗进入房间或通过门缝、窗缝渗透到室内的室外冷空气的热量。

正确计算出建筑物热负荷（耗热量），是设计供暖系统的第一步。但由于确定建筑物耗热量值的某些因素，例如室外空气温度、日照时间和照射强度以及风向、风速等都是随时间而变的，这就使经过建筑物围护结构的传热过程成为复杂的不稳定传热过程，热流随时间都在变化。因此，要准确计算出建筑物的耗热量比较困难。

在工程计算上，通常以某一稳定传热过程来代替实际的不稳定传热过程，以稳定传热的简单计算代替不稳定传热的复杂计算。

## 一、围护结构的耗热量

当室内外存在温差时，围护结构将通过导热、对流和辐射三种传热方式将热量传至室外。在稳定传热条件下，通过各部分围护结构的基本传热量可由下式计算：

$$Q=KF(t_n-t_w)\alpha \tag{7-2}$$

式中　$Q$——围护结构传热量（W）；

$F$——围护结构传热面积（$m^2$）；

$K$——围护结构传热系数（$W/m^2\cdot ℃$）；

$t_n$——室内空气计算温度（℃）；

$t_w$——室外供暖计算温度（℃）；

$\alpha$——围护结构温差修正系数（表 7-1）。

整个房间的基本耗热量为它的围护结构各部分基本耗热量之和。

**表 7-1　温差修正系数**

| 序　号 | 围护结构及其所处情况 | $\alpha$ 值 |
|---|---|---|
| 1 | 外墙，屋顶、地面及直接接触室外空气的楼板等 | 1.00 |
| 2 | 闷顶及与室外空气相通的不供暖地下室上面的楼板等 | 0.90 |
| 3 | 与有外门窗的不供暖楼梯间相邻隔墙（1～6 层建筑） | 0.60 |
|  | 与有外门窗的不供暖楼梯间相邻的隔墙（7～30 层建筑） | 0.50 |
| 4 | 不供暖地下室上面的楼板 |  |
|  | 当外墙上有窗户时 | 0.75 |
|  | 当外墙上无窗户且位于室外地坪以上时 | 0.60 |
|  | 外墙上无窗户且位于室外地坪以下时 | 0.40 |

续表

| 序　　号 | 围护结构及其所处情况 | α值 |
| --- | --- | --- |
| 5 | 与有外门窗的不供暖房间相邻的隔墙<br>与无外门窗的不供暖房间相邻的隔墙 | 0.70<br>0.40 |
| 6 | 伸缩逢、沉降缝墙<br>抗震缝墙 | 0.30<br>0.70 |

（一）室外空气计算温度

从传热公式可知，通过建筑物围护结构传热量是与室内外空气的温度差成正比的。当室内温度保持一定时，室外空气温度越低，则传热量较大，会造成供暖设备投资增加，如室外计算温度采用值过高，则不能保证供暖效果。因此，合理地确定室外供暖计算温度尤为重要，室外供暖计算温度可查有关气象手册。

（二）室内空气计算温度

室内空气计算温度一般是指距地面 2.0m 以内人们活动地区的环境温度，室内计算温度的高低应满足人们的生活要求和生产的工艺要求，生产要求的温度一般由工艺设计人员提出，人们生活要求的温度，主要决定于人体的生理热平衡。它和房间用途、室内的潮湿情况和散热强度，劳动强度以及生活习惯，舒适要求等因素有关。表 7-2 为民用建筑供暖室内计算温度。

（三）围护结构的传热系数

建筑物围护结构的传热系数可用下式计算：

$$K=\frac{1}{R}=\frac{1}{\dfrac{1}{\alpha_n}+\dfrac{\delta_1}{\lambda_1}+\cdots+\dfrac{\delta_n}{\lambda_n}+\dfrac{1}{\alpha_w}} \tag{7-3}$$

式中　$R$——围护结构的传热热阻（$m^2 \cdot ℃/W$）；

$\alpha_n,\alpha_w$——分别为围护结构内表面和外表面的换热系数（$W/(m^2 \cdot ℃)$）；

$\delta_1,\cdots,\delta_n$——围护结构各层材料的厚度（m）；

$\lambda_1,\cdots,\lambda_n$——围护结构各层材料的导热系数（$W/(m \cdot ℃)$）；

上述参数可根据具体条件从有关手册中查得。

建筑围护结构既要满足建筑结构上的要求，也要满足建筑热工方面的要求。在技术上主要的要求如下：

（1）要满足建筑结构上的强度要求；

（2）要保证在建筑结构内表面不结露，即外墙及顶棚内表面温度不应低于室内空气的露点温度；

（3）围护结构内表面温度不应过分低于室内空气温度否则人体将会因辐射散热过大而感到不舒适；

（4）要考虑建筑物的热稳定性，即由于室外空气温度或室内产生的热量发生变化而使经过围护结构的热流发生变化时，室内保持原有温度的能力。对于不同的建筑物，若在相同的热流变化下，室温波动越小，则建筑物的热稳定性越好；

表 7-2　　　　民用建筑供暖室内空气计算温度

| 序号 | 房间名称 | 室内温度(℃) | 序号 | 房间名称 | 室内温度(℃) |
|---|---|---|---|---|---|
| | 一、居住建筑 | | 4 | 储藏室、鱼肉 | 5 |
| 1 | 饭店、宾馆的卧室 | 20 | 5 | 米面 | 10 |
| 2 | 起居室 | 20 | 6 | 百货 | 12 |
| 3 | 住宅、宿舍的卧室 | 18 | | 七、体育建筑 | |
| 4 | 起居室 | 18 | 1 | 比赛厅 | 16 |
| 5 | 厨房 | 10 | 2 | 休息厅 | 16 |
| 6 | 走廊 | 16 | 3 | 练习厅 | 16 |
| 7 | 厕所 | 15 | 4 | 运动员更衣室 | 22 |
| 8 | 浴室 | 25 | 5 | 运动员休息室 | 20 |
| 9 | 盥洗室 | 18 | 6 | 游泳馆 | 26 |
| | 二、医疗建筑 | | | 八、图书建筑 | |
| 1 | 病房(成人) | 20 | 1 | 书报资料室 | 16 |
| 2 | 病房(儿童) | 22 | 2 | 阅览室 | 18 |
| 3 | 厕所(病人) | 20 | 3 | 目录厅 | 16 |
| 4 | 浴室 | 25 | 4 | 出纳厅 | 16 |
| 5 | 诊室 | 20 | 5 | 胶卷库 | 16 |
| 6 | 办公室 | 18 | | 九、公共饮食建筑 | |
| 7 | 工作人员厕所 | 16 | 1 | 小吃餐厅 | 16 |
| | 三、幼儿建筑 | | 2 | 厨房加工 | 16 |
| 1 | 儿童活动室 | 18 | 3 | 储存、干货 | 12 |
| 2 | 儿童厕所 | 18 | 4 | 蔬菜 | 8 |
| 3 | 儿童盥洗室 | 18 | 5 | 酒 | 12 |
| 4 | 婴儿室 | 20 | 6 | 小冷库 | 2～4 |
| 5 | 医务室 | 20 | 7 | 洗碗间 | 26 |
| | 四、学校 | | | 十、洗澡、理发 | |
| 1 | 教室 | 16 | 1 | 更衣 | 22 |
| 2 | 实验室 | 16 | 2 | 淋浴、浴池 | 25 |
| 3 | 礼堂 | 16 | 3 | 过厅 | 25 |
| 4 | 医务室 | 18 | 4 | 蒸汽浴 | 40 |
| 5 | 图书馆 | 16 | 5 | 理发厅 | 18 |
| | 五、影剧院 | | | 十一、交通、通讯建筑 | |
| 1 | 观众厅 | 16 | 1 | 火车站候车厅 | 16 |
| 2 | 休息厅 | 16 | 2 | 售票厅 | 16 |
| 3 | 放映室 | 15 | 3 | 汽车站 | 16 |
| 4 | 舞台、化妆 | 18 | 4 | 广播、电视台的演播室 | 20 |
| 5 | 吸烟室 | 14 | 5 | 技校用房 | 20 |
| 6 | 售票大厅 | 12 | | 十二、其他 | |
| | 六、商业建筑 | | 1 | 公共建筑的门厅 | 14 |
| 1 | 营业室、百货 | 15 | 2 | 走廊 | 14 |
| 2 | 鱼肉 | 10 | 3 | 公共食堂 | 16 |
| 3 | 杂活副食 | 12 | | | |

（5）建筑物围护结构的厚度，应根据技术经济比较确定。但其传热热阻不得小于按下式确定的数值；

$$R_{\min}=\frac{a(t_n-t_w)}{\Delta t_y\cdot\alpha_n}R_n \tag{7-4}$$

式中 $R_{\min}$——最小传热热阻（$m^2\cdot$℃/W）；

$t_w$——室外供暖计算温度（℃）；

$t_n$——冬季室内计算温度（℃）；

$\Delta t_y$——冬季室内计算温度与围护结构内表面温度的允许温差（℃）；

$a$——围护结构的温差修正系数。当围护结构两侧的温差为室内，室外供暖计算温度的差值时，$a=1$；

$R_n$——围护结构内表面换热阻（$m^2\cdot$℃/W）；

$\alpha_n$——围护结构内表面换热系数（W/（$m^2\cdot$℃））。

围护结构的传热系数 $K$，一般可根据土建提供的资料查手册。对于不常用的结构形式，应按式（7-3）进行计算。

用以计算围护结构耗热量的式（7-2），是把复杂的不稳定传热过程加以简化而得出的。在应用过程中，必须对某些略去的因素加以补充。所用的方法是对用式（7-2）计算的出的耗热量，在朝向、风力、房间高度等方面以附加值的形式加以修正。朝向修正率列于表 7-3。

**表 7-3　朝向修正率**

| 围护结构朝向 | 修正率（%） |
|---|---|
| 北、东北、西北 | 0～10 |
| 东南、西南 | －10～－15 |
| 东、西 | －5 |
| 南 | －15～－30 |

注：① 应根据当地冬季日照率、辐射强度、建筑物使用和遮挡等情况选用修正率；

② 冬季日照率＜35%的地区，东南、西南和南向的修正率，宜采用－10%～0，东西向可以不修正。

（四）围护结构传热面积

在工程计算中，围护结构的传热面积可按如图 7-25 所示的规则丈量。

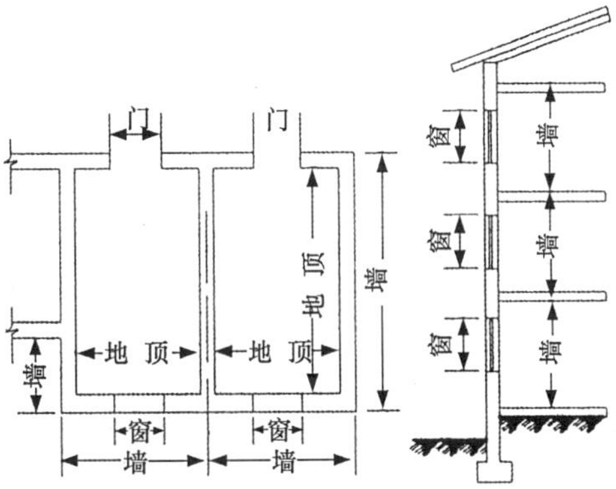

图 7-25　围护结构传热面积的尺寸丈量规则

1. 朝向修正

因朝向不同，使围护结构的基本耗热量计算结果与实际耗热量不相同，其差异可用朝向修正率加以修正。将围护结构基本耗热量乘以朝向修正率，得到该围护结构朝向修正耗热量。

2. 风力附加

建筑在不避风的高地、河边、海岸、旷野

以及城镇或厂区内特别高出的建筑物，垂直的外围护结构应附加 5%～10%，以考虑风力增大的影响。

3. 房高附加

用房高附加来考虑室内空气温度沿房间高度上的增量。当房高大于 4m 时，每增高 1m，将房间耗热量(考虑了其他各项附加以后的值)增加 2%，但总增加值不得超过 15%。

4. 两面外墙附加

对公共建筑，当房间有两面以及两面以上外墙时，将外墙、窗、门的基本耗热量增加 5%。

5. 窗墙之比超过 1∶1 时，对窗的基本耗热附加 10%。

**二、加热进入室内的冷空气所需要的热量**

在供暖期中，冷空气经窗缝，门缝或经开启的外门进入室内，供暖系统也应将这部分冷空气加热到室温，所需之热量为：

$$Q'=Lc\rho(t_n-t_w) \tag{7-5}$$

式中 $Q'$——冷空气所需要的热量(W)；

$L$——冷空气进入量($m^3/s$)；

$c$——空气的定压比热(1kJ/(kg·℃))；

$\rho$——在室外温度下空气的密度(kg/ $m^3$)；

$t_n$——室内空气计算温度(℃)；

$t_w$——供暖室外空气计算温度(℃)。

经门、窗缝隙渗入室内的冷空气量与冷空气流经缝隙的压力差、缝隙长度以及缝隙宽度等因素不仅涉及到室外风向、风速、室内通风情况，而且也涉及到建筑物的高度及形状和门、窗制作和安装质量。因此计算出的冷空气进入量只能是个大致的数值。计算冷空气进入量的方法很多，详见《供暖通风设计手册》。

**三、供暖热负荷的估算方法**

在估算建筑物的供暖热负荷时，可用热指标法。常用的指标法有两种形式，一种是单位面积热指标法；另一种是在室内、外温差为 1℃时的单位体积热指标法。热指标是在调查了同一类型建筑物的供暖热负荷后，得出的该类型建筑物每 $1m^2$ 建筑面积或在室内、外温差为 1℃时每 $1m^3$ 建筑物体积的平均供暖热负荷。

1. 单位面积供暖热指标估算

用单位面积供暖热指标法估算建筑物的热负荷时，供暖热负荷用下式计算：

$$Q=q_fF \tag{7-6}$$

式中 $Q$——建筑物的供暖热负荷(W)；

$q_f$——单位面积供暖热指标($W/m^2$)；

$F$——总建筑面积($m^2$)。

民用建筑的单位面积供暖热指标，如表 7-4 所示。

表 7-4　　一些民用建筑的单位面积供暖指标

| 建筑物类型 | 供暖面积指标 $q_f$ | |
| --- | --- | --- |
| | (单位:kcal/m² · h) | (单位:W/m²) |
| 住宅 | 40～60 | 47～70 |
| 办公楼、学校 | 50～70 | 58～81 |
| 医院、幼儿园 | 55～70 | 64～81 |
| 旅馆 | 50～60 | 58～70 |
| 图书馆 | 40～65 | 47～76 |
| 商店 | 55～75 | 64～87 |
| 单层住宅 | 70～90 | 81～105 |
| 食堂、餐厅 | 100～120 | 116～140 |
| 影剧院 | 80～100 | 93～116 |
| 大礼堂、体育馆 | 100～140 | 116～163 |

总建筑面积大、外围护结构热工性能好、窗户面积小的建筑采用下限;建筑面积小,外围护结构热工性能差,窗户面积大的建筑采用上限。

2. 单位体积供暖热指标估算

用单位体积供暖热指标法估算建筑物的热负荷时,供暖热负荷用下式计算:

$$Q = qV(t_n - t_w) \tag{7-7}$$

式中　$q$——单位体积供暖热指标(W/(m³·℃));

$V$——建筑物的体积(按外部尺寸计算)(m³);

$t_n$——冬季室内计算温度(℃);

$t_w$——室外供暖计算温度(℃);

表 7-5 所示为北京地区建筑物单位体积的供暖热指标参数。

表 7-5　　北京地区建筑物单位体积供暖热指标

| 建筑物名称 | 建筑物体积(m³) | 单位体积供暖热指标(W/(m³·℃)) | |
| --- | --- | --- | --- |
| | | 一层玻璃 | 北面及西面两层玻璃 |
| 住宅 1～2 层 | 700～1200 | 1.396 | 1.163 |
| 住宅 4～5 层 | 9000～12000 | 0.64 | 0.58 |
| 行政办公楼 4～5 层 | 18000～22000 | 0.58 | 0.52 |
| 高等学校及中学 3～4 层 | ～22000 | 0.58 | 0.52 |
| 小学、幼儿园、托儿所等 2 层 | ～3500 | 0.814 | 0.76 |
| 医院 4～5 层 | ～10000 | 0.64 | 0.58 |

注:墙厚为 360mm

用热指标法估算建筑物的供暖热负荷,宜用于初步设计或规划设计。

# 第三节　常用的供暖设备及附件

**一、散热器**

散热器是安装在房间里的一种放热设备，它把热媒(热水或蒸汽)的部分热量传给室内空气，用以补充建筑物的热损失，使室内保持所需要的温度达到供暖目的。

热水或蒸汽从散热器内流过，使散热器内部的温度高于室内空气温度，因此热水或蒸汽的热量便通过散热以对流和辐射两种方式不断地传给室内空气。

散热器按其制造材质分为铸铁、钢制和其他材质的散热器；按其结构形状分为管型、翼型、柱型、平板型和串片式等；按其传热方式分为对流型(对流换热占 60%以上)和辐射型(辐射换热占 60%以上)。

(一) 常见散热器类型

1. 柱型散热器

柱型散热器由铸铁制成，是呈柱状的单片散热器，表面光滑，无肋，每片各有几个中空的立柱相互连通。根据散热面积的需要，可把各个单片组对在一起形成一组。我国常用的柱型散热器有四柱、五柱和二柱 M-132 等类型(图 7-26、图 7-27)。

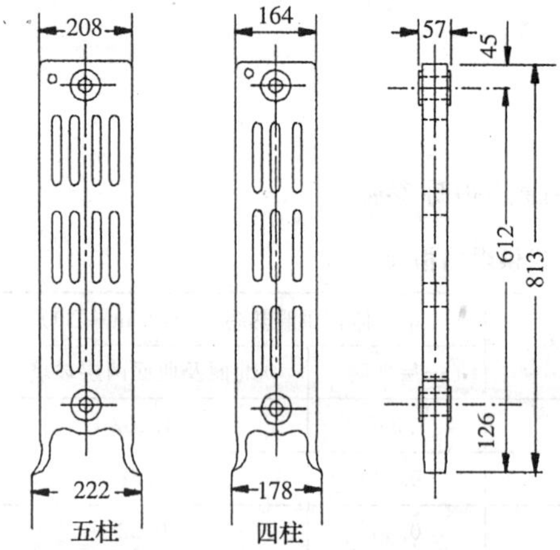


图 7-26　四柱、五柱型散热器

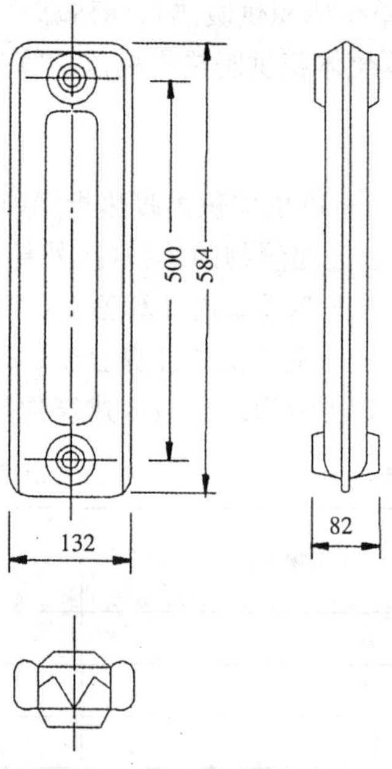


图 7-27　二柱 M-132 型散热器

2. 翼型散热器

翼型散热器分圆翼型和长翼型两种(图 7-28、图 7-29)。

3. 钢串片对流散热器

钢串片对流散热器外形美观，体积小，重量轻，金属耗量少，热工性能好，由钢管、钢片，联箱，放气阀及管接头组成，散热器串片采用 0.5mm 薄钢片，运输安装易损坏，串片易伤人。因此对该结构修正后改成闭式对流串片散热器(见图 7-30)。

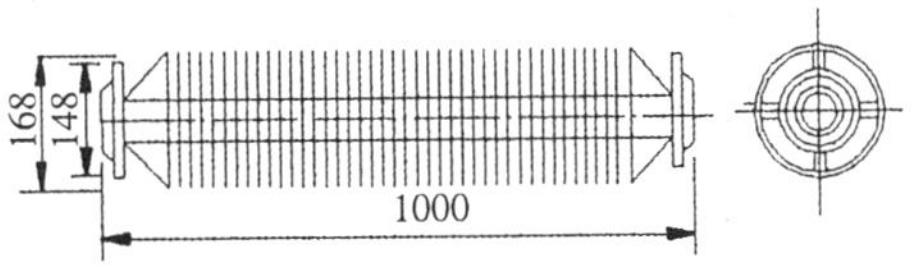


图 7-28　圆翼型散热器

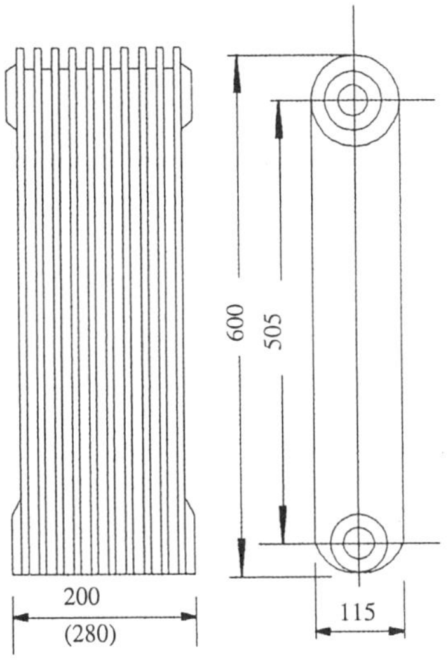


图 7-29　长翼型散热器

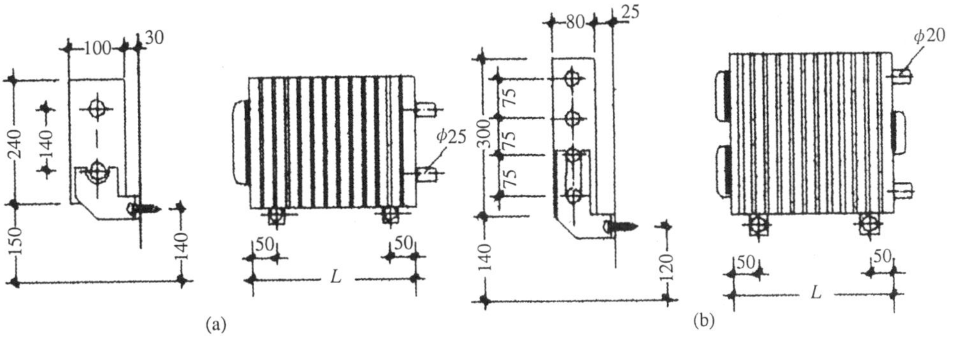


图 7-30　闭式钢串片散热器

闭式钢串片散热器适用于公共建筑以及工厂车间的供暖系统。

4. 钢制柱型散热器

钢制柱型散热器(图 7-31)金属耗量少,耐压强度高,但钢制散热器易腐蚀。

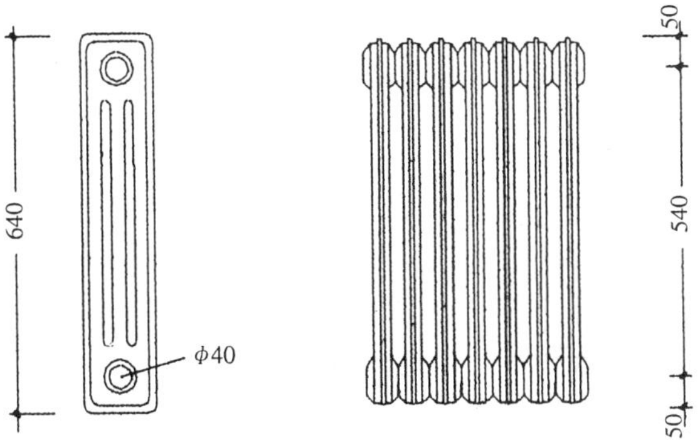


图 7-31　钢制柱型散热器

5. 板式散热器

这类散热器由面版、背板，对流片、进出水口接头、放水阀门固定套及上下支架组成(图 7-32)。

6. 扁管式散热器

它采用 52mm×11mm×1.5mm(宽×高×厚)的水通路扁管作为片状半柱型经压力滚焊复合成单片。一般每组片数不宜超过 20 片(图 7-33)。

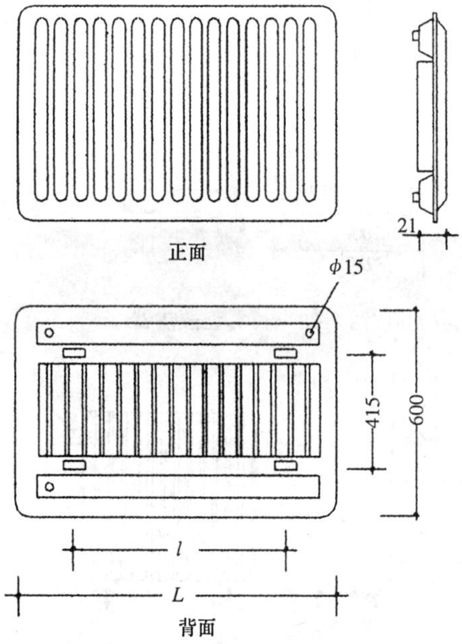


图 7-32　板式散热器

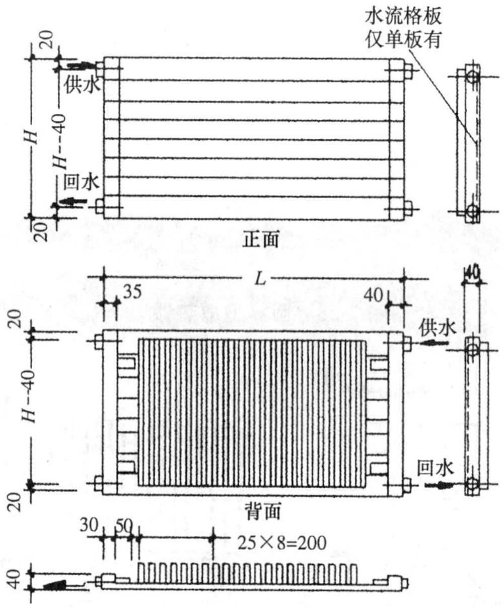


图 7-33　扁管单板带对流片散热器

钢制散热器金属耗量少，耐压强度高，尤其适用于高层建筑供暖和高温水系统中，但是钢制散热器容易受腐蚀，使用寿命比铸铁散热器短。为了防止内腐蚀，热水供暖系统的补水最好进行除氧处理，非供暖期散热器内也应充满水。散热器的选择应根据房间的使用要求而定。民用建筑宜选用外形美观，易于清扫的散热器；放散粉尘或防尘要求较高的生产厂房，应采用易清扫的散热器；对有酸碱等腐蚀性气体的车间及湿度较大的房间，宜采用铸铁散热器。

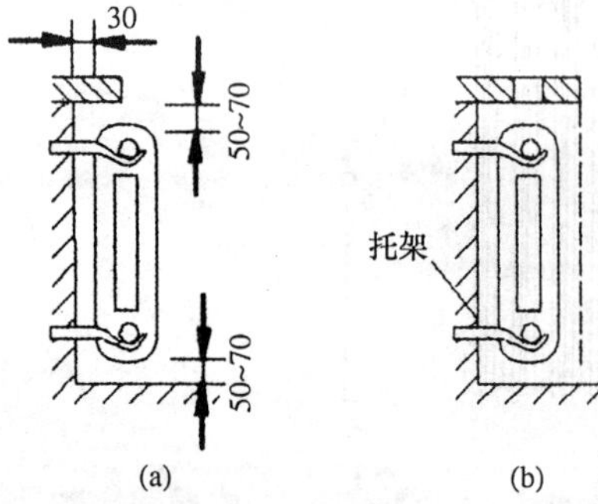


图 7-34　散热器安装

(二) 散热器布置

散热器设置在外墙窗口下最为合理，经散热器加热的空气沿外窗上升，能阻止渗入的冷空气沿墙及外窗下降，因而防止了冷空气直接进入室内工作区域。对于要求不高的房间，散热器也可靠内墙设置。

一般情况下，散热器应明装，这样的放置散热效果好，且易于清除灰尘。

当建筑或工艺方面有特殊要求时，就要将散热器加以围挡。如某些建筑物为了美观，可将散热装在窗下壁龛内，外面用装饰性面板把散热器遮住。另外，在采用高压蒸汽供暖的浴室中，也要将散热器加以围档，防止人体烫伤。散热器安装见图 7-34，散热器明装、半暗装、暗装立、支管连接见图 7-35。

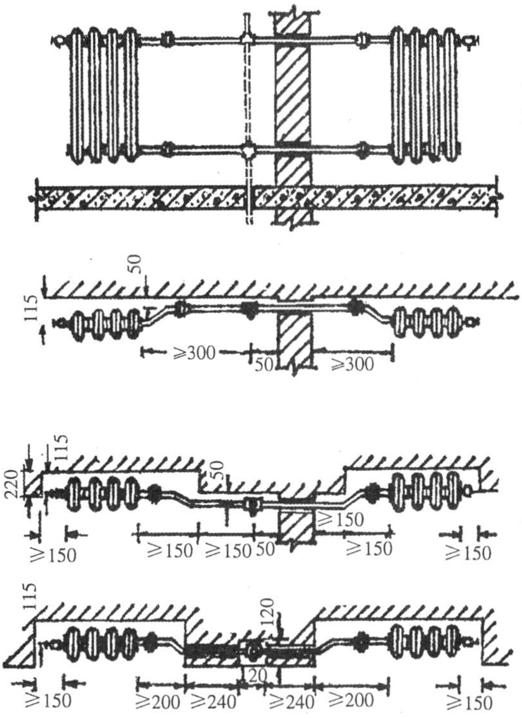


图 7-35　热水单管供暖系统散热器明装、半暗装、暗装立、支管连接图

楼梯间内的散热器应尽量设置于低层，因为底层散热器所加热的空气能够自行上升，从而补偿上部的热损失。楼梯间散热器分配百分数可参照表 7-6。

**表 7-6　　各层楼梯间散热器的分配百分数**

| 建筑物总层数 | 被考虑的层数 | | | | | | |
|---|---|---|---|---|---|---|---|
| | 1 | 2 | 3 | 4 | 5 | 6 | 7 |
| 2 | 65 | 35 | — | — | — | — | — |
| 3 | 50 | 30 | 20 | — | — | — | — |
| 4 | 50 | 30 | 20 | — | — | — | — |
| 5 | 50 | 25 | 15 | 10 | — | — | — |
| 6 | 50 | 20 | 15 | 15 | — | — | — |
| 7 | 45 | 20 | 15 | 10 | 10 | — | — |
| 8 | 40 | 20 | 15 | 10 | 5 | — | — |

## 二、膨胀水箱

膨胀水箱在供暖系统中用来贮存系统加热后的膨胀水量，在自然循环上供下回式系统中起排气作用，另外，还可起恒定供暖系统压力的作用。

1. 开式高位膨胀水箱

膨胀水箱一般用钢板制作，通常是圆形或矩形，如图 7-36 所示。开式高位膨胀水箱适用于中小型的低温热水供暖系统。

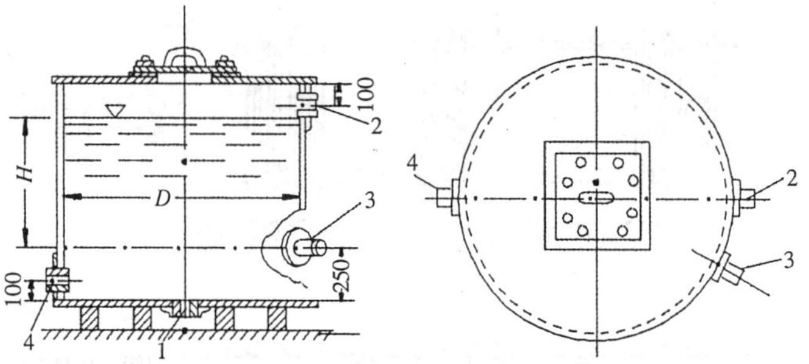


图 7-36　膨胀水箱

1—膨胀管；2—溢流管；3—信号管；4—循环管

膨胀水箱的设置位置，应考虑防止箱内水的冻结。若水箱设置在非供暖房间内时，应考虑保温。当膨胀管与自然循环系统连接时，应接在总立管的顶端，如图7-37所示。膨胀管与机械循环系统连接时，一般接在水泵入口前(图 7-38)，且一般开式膨胀水箱内的水温不应超过 95℃。

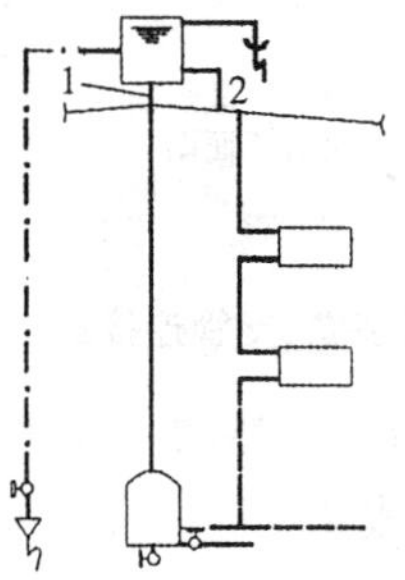


图 7-37　膨胀水箱与自然循环系统的连接

1—膨胀管；2—循环管

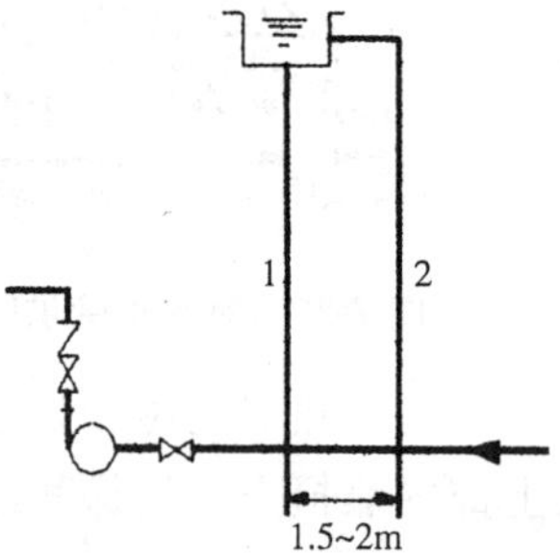


图 7-38　膨胀水箱与机械循环系统的连接

1—膨胀管；2—循环管；3—；4—水泵

2. 闭式低位膨胀水箱

当建筑物顶部设置高位开式膨胀水箱有困难时，可采用气压罐方式。这不但能解决系统中水的膨胀问题，而且可与锅炉自动补水和系统稳压结合起来。气压罐安装在锅炉房内(图 7-39)。

### 三、除污器

除污器可以阻留热网水中的污物以防它们造成室内系统管路的堵塞，除污器一般为圆形钢制筒体，如图 7-40 所示。

除污器一般安装在供暖系统的入口调压装置前；或锅炉房循环水泵的吸入口和热交换器前；其他小孔口阀也应该设除污器或过滤器。除污器或过滤器接管直径可取与干管的相同直径。

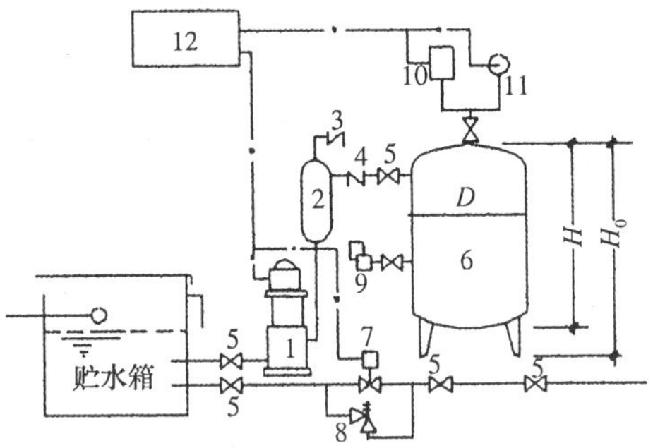


图 7-39　气压罐工作原理图

1—补给水泵；2—补气罐；3—吸气罐；4—止回阀；5—闸阀；6—气压罐；7—泄水电磁管；8—安全阀；9—自动排气阀；10—压力控制箱；11—电接点压力表；12—电控箱

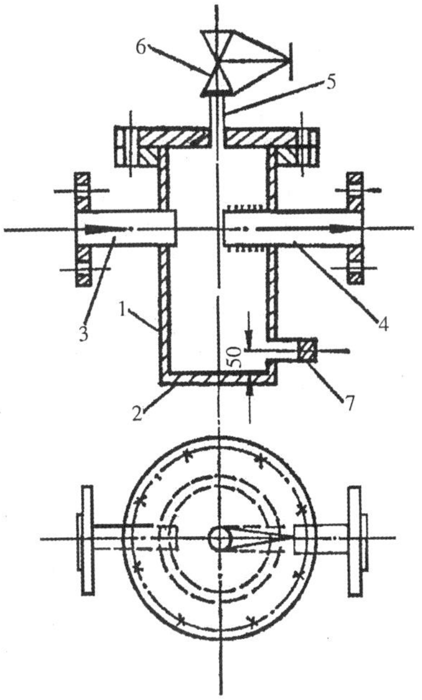


图 7-40　除污器

1—筒体；2—底板；3—进水管；4—出水花管；5—排气管；6—截止阀；7—排污丝堵

## 四、集气罐与自动排气阀

### 1. 集气罐

集气罐一般用直径 100～250mm 的短管制成，它分立式和卧式两种(图 7-41)。

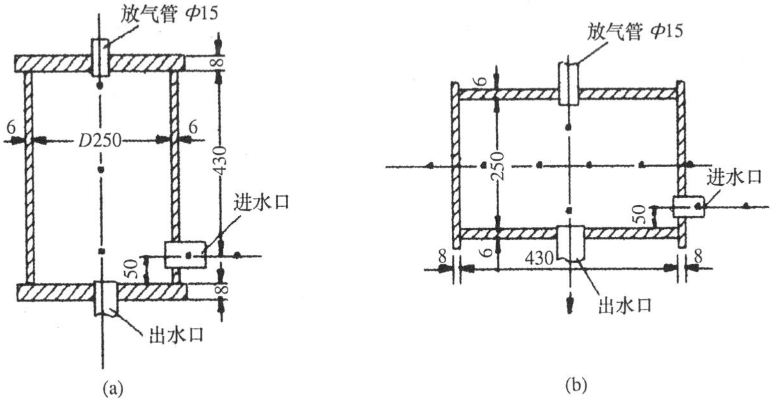


图 7-41　集气罐

图 7-41(a)为立式集气罐，图 7-41(b)为卧式集气罐。集气罐一般设在系统末端最高处，其中立式集气罐容纳的空气比卧式多，所以在一般情况下采用立式，只是在干管距顶棚的距离太小，不能设置立式罐时，才用卧式。

### 2. 自动排气阀

自动排气靠本体内的自动机构使系统中的空气自动排出系统外，如图 7-42 所示。

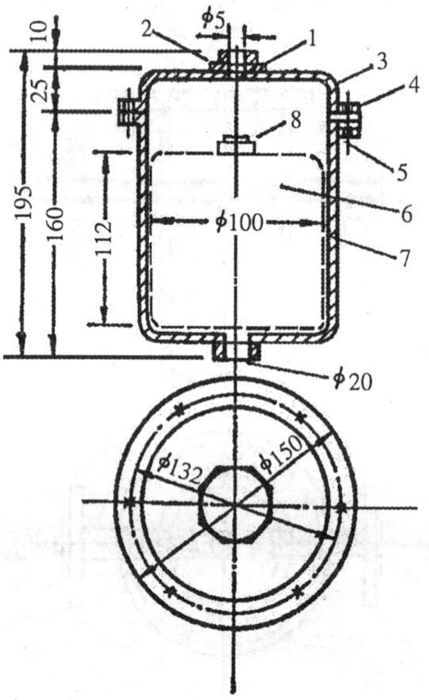


图 7-42　自动排气阀

1—排气口；2—橡胶石棉垫；3—罐盖；4—螺栓；
5—橡胶石棉垫；6—浮漂；7—罐体；8—耐热橡皮

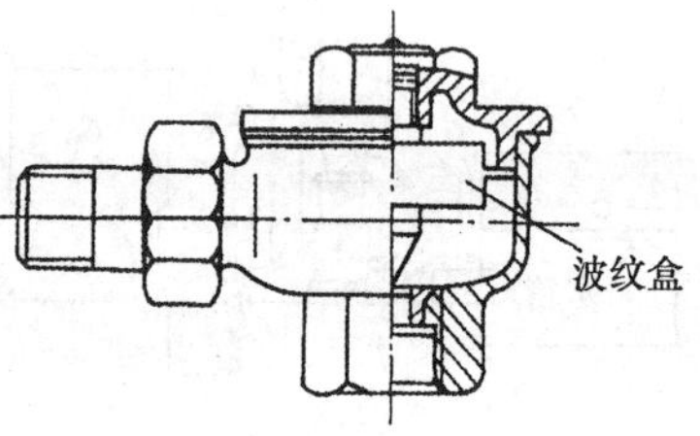


图 7-43　恒温式疏水器

自动排气阀外形美观，体积小，管理方便，节约能源。自动排气阀应设在系统的最高处，对热水供暖系统最好设在末端最高处。

**五、疏水器**

疏水器是蒸汽供暖系统中不可缺少的重要设备，通常设置在散热器回水支管或系统的凝水管上。它的作用是自动阻止蒸汽逸漏而且迅速地排出用热设备及管道中的凝水，同时能排除系统中积留的空气和其他不凝性气体。

疏水器的种类比较多，最常用的疏水器有机械型疏水器、热动力型疏水器和恒温型疏水器。图 7-43 为恒温式疏水器，凝水流入疏水器后，经过缩小的孔口排出。此孔的启动由一个能热胀冷缩的薄金属片波纹盒操纵。盒中装有少量受热易蒸发的液体（如酒精），当蒸汽流入疏水器时，小盒被迅速加热，液体蒸发产生压力，使波纹盒伸长，带动盒底的锥形阀，堵住小孔，防止蒸汽逸漏，直到疏水器内的蒸汽全部凝成饱和水并冷却后，则波纹盒收缩，阀孔打开，排出凝水。当空气或凝水流入时，疏水器的锥形阀阀门一直打开，它们可以顺利通过。

## 第四节　供暖管道布置和敷设

供暖管道的布置和敷设应符合暖通设计规范和施工安装技术规程上的要求。它的布置和敷设是否合理，将直接影响系统的造价和使用效果，因此，在布置时，要考虑建筑物的类型、用途、建筑物外形、结构尺寸和使用要求；同时也要考虑已确定的供暖系统的种类和系统形式以及与热源的种类、位置和连接方式等诸方面的因素。

### 一、室内管道

室内管道除了在建筑美观要求较高的房间内采用暗装外，一般都是明装。这样便于系统安装和维修。在布置管道之前，首先应确定引入口位置。引入口宜设置在建筑物热负荷对称分配的位置，一般可设在建筑物中部，这样可缩短系统的作用半径。

在布置干管时，首先应确定系统的形式。系统应合理地分成若干支路，而且尽量使它们的阻力损失易于平衡。

对于上供下回式系统，美观要求比较高的民用建筑，供暖干管可布置在建筑物顶部的吊顶内，明装时可布置在顶层的顶棚以下，顶棚的过梁面标高距窗户顶部之间的距离应满足供暖干管的坡度和集气罐的设置要求。图 7-44 和图 7-45 所示为敷设在吊顶内的供热干管平面布置图。

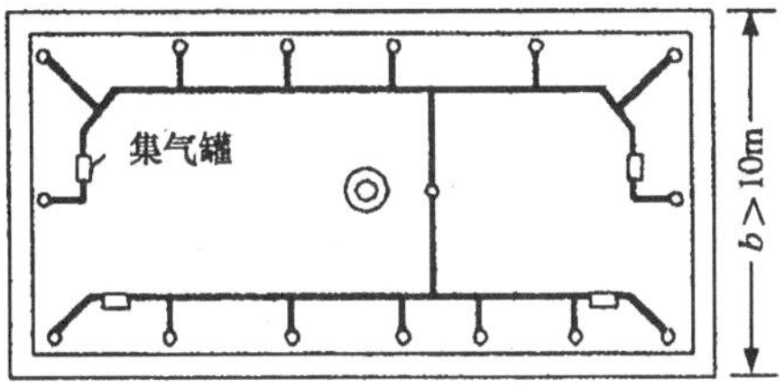

图 7-44　在阁楼内敷设干管(机械循环)

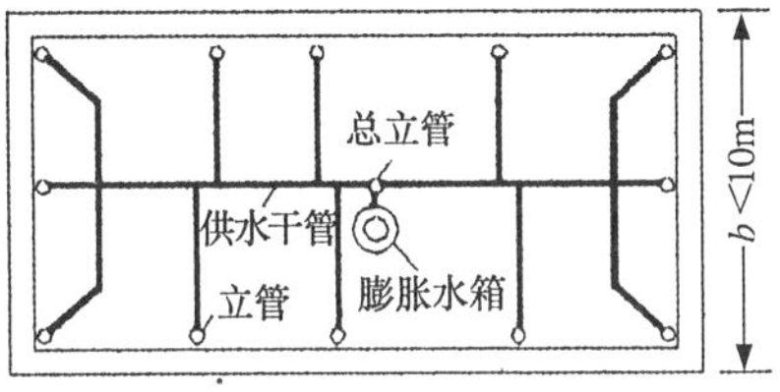

图 7-45　阁楼内敷设干管(自然循环)

大型民用建筑和美观要求较高、地下水位很低以及建筑管道沟比较经济时，宜地下敷设管道，即采用下供下回式系统。

对于下供下回式系统或上供下回式的回水干管，一般都布置在建筑物底层地坪下面的管道沟内，如图 7-46 所示。管道沟的高度、宽度应根据管道的数量、管径(通常为保温层后的管径)、管道长度、坡度以及安装与检修所需的空间来决定。为了检修方便，在管道沟中的有些地方应设有活动盖板或检修人孔。沟底应有 0.003 的坡向供暖系统引入口的坡度用以排水。在蒸汽供暖系统中，当蒸汽干管较长、管道沟的高度不能够满足干管所需坡度的要求时，每隔一段距离设抬高管子泄水装置，如图 7-47 所示，供汽、回水干管上的连接管上的疏水器将供汽干管的沿途凝水排至回水管。

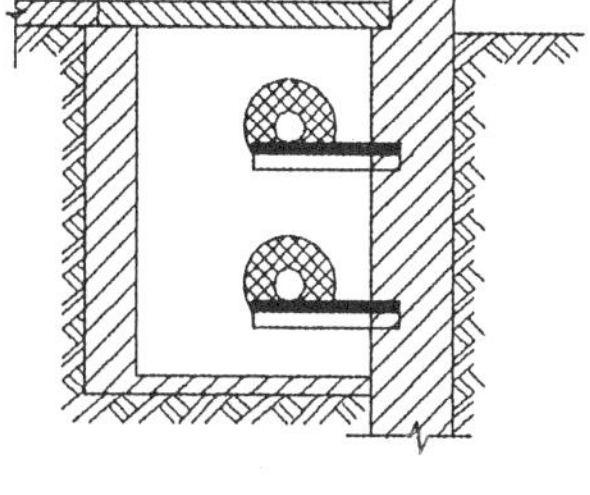
图 7-46　供暖系统的管沟

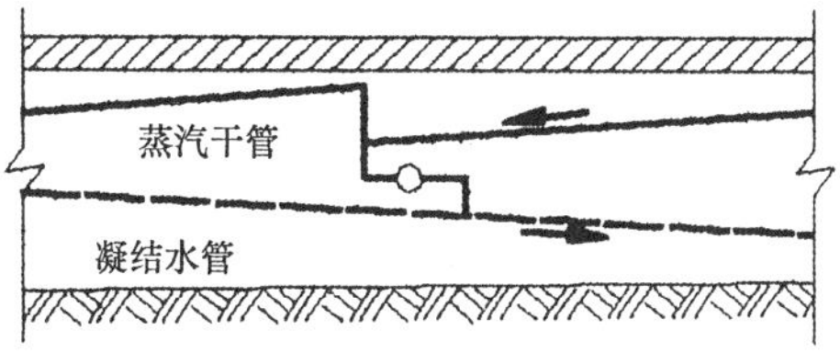

图 7-47　蒸汽干管抬高处理方法

如建筑物有不供暖的地下室，则供暖干管也可设置在地下室的顶板下面；也可沿墙明装在底层地面上，但干管必须穿越门洞时，应局部暗装在沟槽内。

供暖管道穿越建筑物基础发生变形缝时，应采取预防建筑物下沉而损坏管道的措施。

当供暖管道必须穿过建筑物防火墙时，在管道穿过处应采取固定和密封措施，并使管道可向两侧伸缩。

供暖立管一般布置在房间的窗间墙处，可向两侧连接散热器，对于两面有外墙的房间，在房间的外墙转角处应布置立管，楼梯间的立管一般单独设置。供暖立管靠墙布置时则可布置在预留的墙槽（或管槽）内。

供暖管道的安装有明装和暗装两种方式。一般民用建筑，公共建筑以及工业厂房较多采用明装。装饰要求较高的建筑物如剧院、礼堂、展览馆、宾馆、综合楼、办公楼以及某些有特殊要求的建筑物常采用暗装。

管道系统安装时，立管应与地面垂直安装；同一房间内的散热器的安装高度应保持一致并且要使干管及散热器支管具有规范要求的坡度。

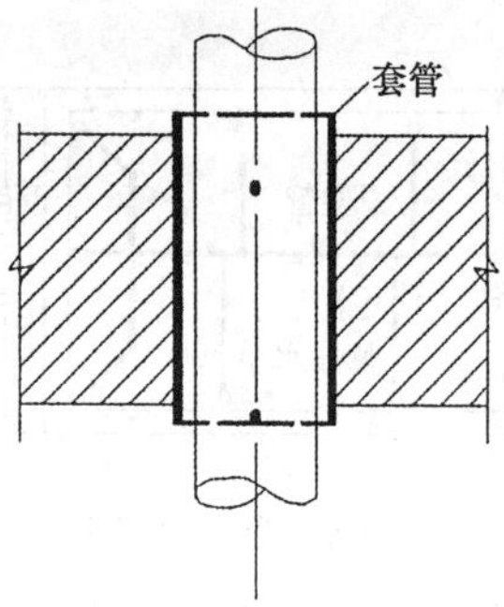

图 7-48　管道穿楼板或隔墙

管道穿过楼板或隔墙时，为了使管道可自由移动且不损坏楼板或墙面，应在穿楼板或隔墙的位置预埋套管。套管的内径应稍大于管道的外径，套管长度顶部应高出地面不少于20mm，底部与楼板下部齐平。在管道与套管之间，应填以石棉绳，如图 7-48 所示。

暗装管道时，最重要的一点是要求确保质量。管道及配件在安装前后都要仔细检查，以免外面覆盖后有漏水、漏汽等现象发生，即使发现了，检修也很困难，这不仅对供暖系统不利，而且也会影响建筑物的寿命。

在设计和安装暗装系统时，要考虑暗装管道沟槽对墙的厚度、强度和热工方面的影响。对沟槽砌砖的质量应要求较高，并且在沟槽内部应抹灰，使沟槽与室外不能有不严密的砖缝，以免因冷空气渗透而加大管道的耗热量或将管道冻坏。

为了减少沟槽内空气对流运动造成的立管耗热量，在多层建筑物中，沟槽应在每层之间都设置有隔板，以将空气隔开。

在供暖系统中，金属管道会因受热而伸长，每米钢管当它本身的温度每升高 1℃时，便会伸长 0.012mm. 因此，平直管道的两端都被固定不能自由伸长时，管道就会因伸长而弯曲；当伸长量很大时，管道的管件就有可能因弯曲而破裂。因此管道的伸长问题必须妥善处理。

解决管道热胀冷缩变形问题最简单的办法是合理地利用管道本身具有的弯曲。如图 7-49 所示的管道系统，在两个固定点间的管道伸缩均可由弯曲的部分补偿。一般供暖系统中的室内管道都具有很多的弯曲部分，而且直线管段并不长，因此不必设置专门的补偿装置。当伸缩量很大，管道的弯曲部分不能很好地起补偿作用或管段上没有弯曲部分时，要用伸缩补偿器来补偿管道的伸缩量。最常见的伸缩补偿器是方形补偿器（见图 7-50 所示）。方形补偿器具有制作简单、工作可靠等优点，其缺点是占据空间大或占地面积大，而且费管材，投资也多。

供暖管道在下列情况下必须保温：

管道内输送必须保证一定参数的热媒时；

图 7-49　管道本身具有弯曲和固定点

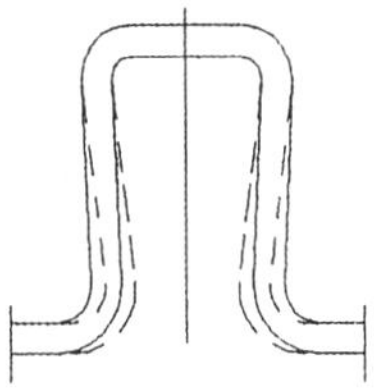

图 7-50　方形补偿器

管道敷设在室外，非供暖房间、外门内及有冻结危险的地方；

管道敷设在管道沟、技术夹层，闷顶或管道井内；

热媒温度高于 100℃的管道安装在易于使人烫伤的地方。

保温应采用不易腐烂、导热系数小的非燃烧材料。保温层的厚度根据管道的管径来确定，保温层外面应做保护层。

## 二、室外管道

室外管道通常指从锅炉房或热交换站出来的接至建筑物之间的供暖管道。室外管道布置应力求短直，尽量利用各类自然补偿方式，管道的敷设应考虑当地气象、水文、地质、交通线，绿化和总平面布置(包括其他各种管道的布置)、维修方便等因素，并作好经济比较。

1. 架空敷设

住宅小区及公共建筑的供暖管道一般不宜考虑架空敷设，只有在不允许地下敷设时和不影响美观的前提下才可考虑架空敷设。架空敷设时应尽量利用建筑物外墙、屋顶并考虑建筑或构筑物对管道荷载的支承能力。架空供暖管道固定支架的做法及布置在外墙、屋顶等处，需进行推力核算，并与结构专业密切配合。

管道保温层的厚度应通过计算确定，保温层外需设置防日晒、雨淋的保护壳，可与建筑专业配合使架空管道与建筑协调，不影响建筑的美观。

2. 地下管道沟

供暖管道布置在地下管道沟内是一种比较常用的方式。管道沟分为不通行管道沟、半通行管道沟和通行管道沟三种。

不通行管道沟，适用敷设数量不多的管道，管沟宽度一般不宜超过 1.5m。管沟内管道应采用水平单排布置，要考虑自然通风措施。

半通行管道沟，沟内净高宜为 1.2～1.4m，管道应尽量采用沿壁一侧单排上下布置，人行通道净宽不应小于 0.7m。

通行管道沟，投资比较大，一般不宜采用，管道沟内净高 1.8m，要考虑照明排水措施。人行通道净宽不应小于 0.7m。

管道沟应在结构上尽量做到严密不透水，管沟墙应做防水处理，管沟盖板应作出 0.03～0.06 的横向坡度以便将地面渗下的水排至室外，同时还要在某些地点设置检查井。

3. 无沟直埋

当建筑物所处地区的地下水位比较低，通常可采用直埋敷设的方式。直埋敷设的供暖管道应敷设在地下水位以上的土层内。直埋管道的保温层需选用电绝缘性和防水性良好的保温材料制作。

## 第五节　高层建筑供暖特点

### 一、高层建筑供暖应予特殊考虑的问题

前面介绍的是一般建筑物供暖方面的有关问题，高层建筑的供暖则应有特殊考虑的问题。

1. 关于围护结构的传热系数

围护结构的传热系数与围护结构的材料、材料的厚度以及内外表面的换热系数有关。

在上述因素中，围护结构外表面的换热系数取决于外表面的对流放热量和辐射放热量。

室外风速从地面到上空逐渐加大。对一般建筑来讲，在建筑物上部和下部的风速差别可不予考虑。然而对于高层建筑物，由于高层部分的室外风速大，因此高层部分外表面的对流换热系数也大。除此之外，一般建筑物由于邻近有高度差不多的建筑等，所以建筑物之间的相互辐射可忽略不计。而高层建筑物，其高层部分四周则无其他建筑物屏档，使高层建筑物不断向天空辐射热量，而周围建筑物的辐射热量却少得几乎没有，因此高层部分外表面辐射放热的增加不可忽视。

由于高层部分外表面对流换热系数加大，并且辐射放热量也增加，所以增大了高层部分围护结构的传热系数。

2. 关于室外冷空气的进入量

室外风速随高度而增加，使作用于高层部分迎风面上的风压也相应地增加，这就加大了室外冷空气的渗透量。冷空气从迎风面缝隙渗入，并从背风面缝隙排出，为了不使迎风面房间温度过低，必须将渗入的冷空气加热，这就加大了高层部分的热负荷。

此外，在冬季高层建筑物内热外冷，使得室外空气经建筑物下部出入口(或缝隙)进入建筑物，而后通过上部各种开口排出。这种在热压作用下的空气流动，当高度越高，室内外温差越大时，就会使更多的室外空气流入建筑物，这种作用增大了高层建筑物下层部分的热负荷。

3. 室内负荷特点

在国外，因高层建筑一般均采用幕墙，其传热系数虽然可能比传统结构还要小，但其热容量却较传统的建筑物小得多了，从而使得高层建筑物室内的蓄热能力大为降低，在室外气温及太阳辐射变化时，便使房间的供暖热负荷迅速变化。

### 二、高层建筑在建筑及供暖方面所采取的措施

(1) 为了减少由风压造成的室外空气渗入量，应尽量减少窗缝的长度和提高窗缝的气密性，例如用单扇窗，并在窗缝间加装橡胶密衬垫等。

由热压造成的空气流动，使室外空气主要经底层大门进入建筑物。为了避免门厅部分温度过低，通常将底层大门做成双层门、旋转门，在门外加一个深度适当的门斗或者加装空气幕。冷空气进入建筑物后，沿楼梯间上升，经上层房间的窗缝或其他开口排至室外，因此在楼梯间通向走廊的地方应设置常闭的内门，如弹簧门、自动开关门等。

(2) 宜将供暖系统按朝向分区，并且在每区的供暖系统中加装室温自控装置。

(3) 在高层建筑内如果采用热水供暖系统，由于下层散热器只能承受一定的静水压力，

因而限止了系统的高度，这就是使高层建筑内的热水供暖系统必须沿垂直方向分区。图7-51是高层建筑热水供暖系统分区示意图，在建筑物的低层部分，供暖系统与热水管网直接连接，混合设备可用混水器，也可用水泵。在高层部分，供暖系统则通过水-水加热器与热水热力管网间接连接，用这种方法把上、下两个系统分开，使最下面的散热器所承受的静水压力与上层系统有关。

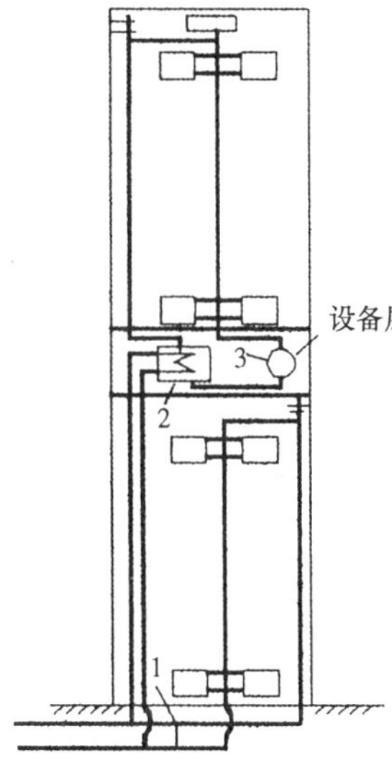

图 7-51　高层建筑的热水采暖系统
1—热水热力管网；
2—水-水热交换器；3—水泵

水-水加热器，水泵等设备均可设置在辅助房间内。这个房间可布置在建筑物的中间层，也可布置在建筑物的底层，这要视具体情况而定。通常将供暖设备，空调设备，给水排水设备和电气设备等的机房设备均放在同一层内，它可占去这一层楼的大部分面积。这一层楼就叫设备层。设备层比标准层高，其高度大约是标准层的 1.6 倍。对于旅馆之类的高层建筑物，各种机房所占的面积大约是总建筑面积的 4%～7%。

在高层建筑中，除了用地下层或屋顶层作为设备层以外，也有必要在中间层和最上层设置设备层，一般认为每 10～20 层设一设备层最好。

供暖系统可用锅炉也可用室外热力管网作为热源。

在高层建筑中，如采用蒸汽供暖系统，则系统的高度不受限制。但在高层建筑中通常不采用高压或低压蒸汽供暖，这是因为高压或低压蒸汽供暖系统除散热器表面温度过高，不符合卫生要求外，而且只能用间歇工作的方法调节散热器的散热量，这就会造成室温在较大的范围内波动。但在高层建筑中，可用真空蒸汽供暖系统，它的高度既不受限制，也没有蒸汽供暖系统在卫生及调节方面的缺点。在采用真空气蒸汽供暖系统时，不仅要使系统内保持真空，而且要用改变真空度的办法来调节散热器的散热量这就要求系统严密不漏，并需要保持真空的自控设备。

## 第六节　热源

### 一、供热锅炉

（一）常用锅炉类型

锅炉是供热之源，它是将燃料的化学能转换成热能，通过传热的方式将热能传递给冷水继而产生热水或蒸汽的加热设备。

根据用途锅炉可分为供热锅炉和动力锅炉。供热锅炉主要用于民用建筑生活供热或工业生产供热；动力锅炉用于动力、发电。

锅炉按其工作介质不同可分为蒸汽锅炉和热水锅炉。按其压力大小又可分为低压锅炉和高压锅炉。

蒸汽锅炉中，当蒸汽压力低于 0.7MPa 称为低压锅炉；当蒸汽压力高于 0.7MPa 称为高压锅炉。在热水锅炉中，热水温度低于 100℃称为低压锅炉，热水温度高于 100℃称为高压锅炉。集中供暖系统常用热水温度为95℃，常用的蒸汽压力小于0.7MPa。所以大多用低压锅炉。低压锅炉用铸铁或钢制造，高压锅炉用钢制造。

锅炉按高温烟气与受热面的相对位置，可分为水管锅炉和火管锅炉。按锅筒放置方式，锅炉又可分为立式锅炉和卧式锅炉两种。

锅炉按所用燃料种类可分燃煤锅炉、燃油锅炉和燃气锅炉三类。

蒸汽锅炉工作时，在锅炉内部有三个工作过程，即燃料的燃烧过程，烟气和水的交换过程以及水的受热和汽化过程。

为了表明锅炉的容量、参数和经济性，通常用下列指标说明锅炉的基本特性。

蒸发量：是指蒸汽锅炉每小时的蒸汽产量，它表明锅炉容量的大小，一般用$D$表示，单位为kg/h或t/h。

产热量：是指热水锅炉每小时产生的热量，它同样表明锅炉的容量，一般用$Q$表示，单位为MW。

蒸汽（或热水）参数：是指蒸汽（或热水）的压力和温度，单位为MPa和℃。

受热面发热率（或发热率）是指每平方米受热面每小时生产的蒸汽量（或热量），单位为$kg/(m^2 \cdot h)$或$MW/m^2$。

锅炉效率：是指锅炉产生蒸汽或热水的热量与燃料在锅炉内完全燃烧时放出的全部热量的比值，通常用符号$\eta$表示，单位为%。

“$\eta$”数值的大小直接说明锅炉运行的经济性。

（二）锅炉房设备及系统

锅炉由锅炉本体即锅和炉两大部分组成。所谓“炉”，就是将燃料的化学能转化为热能的燃烧设备，所谓“锅”，就是将高温烟气的热量传递给低温的水、将其加热成热水或蒸汽的设备。

为保证锅炉本体正常运行，必须设置锅炉辅助设备，它们是为了保证锅炉房能安全可靠、经济有效地正常工作而设置的辅助性机械设备、安全控制器材及仪表控制器材等。图7-52为锅炉房设备布置图。

1. 燃料燃烧系统

（1）燃煤锅炉。设置运煤、除灰除渣设备保证燃料的运入和灰渣的排除，锅炉房外必须设置煤场、灰渣场地，此外还有煤粉碎、筛选、输送及除渣输送装置。

（2）燃油锅炉。设置从贮油罐至锅炉房的输油系统，锅炉房内设置日用油箱，室外需设置埋地贮油罐，由输油泵将油输送到日用油箱，进入锅炉燃烧器内雾化喷出燃烧。

（3）燃气锅炉。设置从燃气调压站（间）送至燃气锅炉房的输气管道系统，有燃气调压站、（间）输气管道等。

2. 通风除尘系统

风机的风量和风压，应根据锅炉额定蒸发量或额定出力、燃料品种、燃烧方式和通风系统的阻力计算来确定，并计入当地气压和空气、烟气的温度和密度对风机的特性进行修正。应使风道、烟道平直且气密性好、附件少、阻力小。锅炉房烟气的排放应采取综合治理，排入大气中的有害物质的浓度应符合现行国家有关“三废”排放试行标准、工业企业设计卫生标准、锅炉烟尘排放标准和大气环境质量标准的规定。

3. 水汽系统

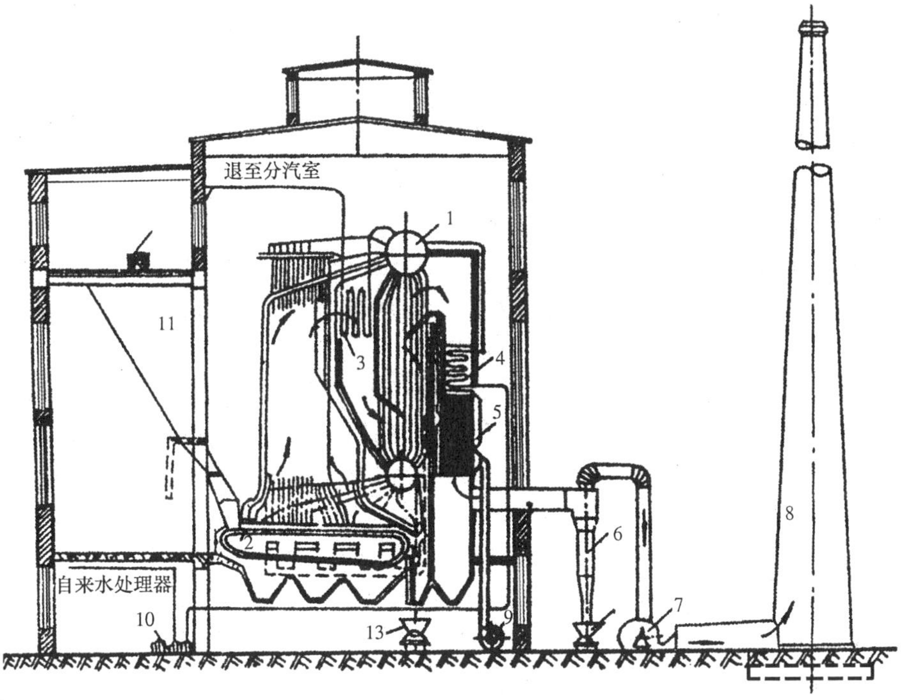


图 7-52　锅炉房设备布置图

1—上汽锅；2—炉排；3—蒸汽过热器；4—渣斗、省煤器；5—空气预热器；6—除尘器；7—引内机；8—烟囱；9—鼓风机；10—水泵；11—煤仓

为确保锅炉用水符合锅炉给水水质标准，给水在进入锅炉前必须先进行软化处理，除去水中重金属离子，再由水泵将软化水送入锅炉加热产生热水或蒸汽。

热水可通过热水分水器分配输送；蒸汽可通过分汽缸分配输送。同时锅炉房内需设置锅炉排污管道，室外需设置排污降温池等排水系统。

4. 仪表控制设备

为保证锅炉安全和经济运行，通常需设置流量计、压力表、温度计、水位指示计、电控或自控设备。

## 二、锅炉房

锅炉房设计应在取得热负荷、燃料和水质资料以及气象、地质、水文、电力和供水等有关资料后进行设计。

(一) 锅炉房的位置

锅炉房的设置应配合建筑总图专业在总体规划中合理安排。

锅炉房一般应设置在地上独立的建筑物内，和其他建筑应考虑一定的防火间距。

当锅炉房单独设置确有困难时，才可考虑与其他建筑物相连或设置在地下室。锅炉房与其他建筑相连或设置在地下室时，锅炉的容量、运行压力、使用燃料以及锅炉房建筑设计等必须符合《建筑设计防火规范》、《高层民用建筑设计防火规范》等有关规定。

在总图规划许可的条件下，锅炉房应靠近热负荷比较集中的区域；应便于燃料和灰渣的运输及存放，如燃煤用铁路运输送时，则锅炉房应靠近铁路专用线，并应有足够的煤场和灰渣场面积；当设计采用燃油锅炉时，应考虑贮油罐的位置；当设计采用燃气燃料的锅炉应尽量靠近供气管网和燃气调压站。为减少烟尘及有害气体、噪声、灰渣等对环境的污染，全年运行的锅炉房宜位于居住区和主要环境保护区的全年最小频率风向的下风侧，季节性运行的锅炉房宜位于该季节盛行风向的下风侧。锅炉房位置应有较好的朝向，主要的操作间一般应布置成南向或东向，避免太阳西晒，炎热地区的锅炉房尤其应注意此点，并应考虑有较好的自然通风和采光，锅炉房的位置与周围建筑物的相互影响，因而不应距空气压缩机站、制氧站、油库、有较强振动的大型汽锤以及净化厂房和洁净要求比较高的建筑太近。如建设工程同时有煤气站时，则锅炉房和煤气站应尽可能布置在同一区域内，以利燃料的运输和灰渣的清除。新建锅炉房应考虑有扩建的可能和余地，锅炉房的扩建端不应设置固定建筑物或体型较大的设备或构筑物。锅炉房的位置应便于给，排水和供电，并且要有较好的地形，地质条件，不能将锅炉房特别是大容量的锅炉房设置在地质条件很差的地方。锅炉房区域的场地应进行绿化。

（二）锅炉房布置

锅炉房区域内各建筑物、构筑物如烟囱、烟道、排污降温池、凝结水回收池以及燃料灰渣场地、贮油罐和燃气调压站的布置，应按工艺流程和规范要求合理安排。

锅炉房、煤场、灰渣场，贮油罐、油泵房、燃气调压站之间和其他建筑物、构筑物的间距均应符合现行国家标准《建筑设计防火规范》、《高层民用建筑设计防火规范》以及《工业企业设计卫生标准》的有关规定。

锅炉房应根据其规模大小和工艺布置要求设置锅炉间、辅助间（机械上煤间、日用油箱间、给水和水处理间、化验间、风机和除尘设备间、维修间、控制室、贮存室等）和生活区（厕所、浴室、值班室）。

锅炉间的操作面或辅助间应布置在主要道路边，以便满足燃料运输车、消防车进行作业的要求。

烟囱、烟道、排污降温池一般布置在锅炉房的后面，以减少对主要道路的污染。

煤场、灰渣场宜布置在锅炉房发展端一侧，以便于运煤除渣。煤场距锅炉房的距离根据煤场贮煤量按防火规范的有关规定确定，灰渣场距锅炉房之间的距离，一般不应小于10m。

室外凝结水回水池宜布置在锅炉房辅助间的一侧。燃油锅炉房的贮油罐与锅炉房的距离应按防火规范有关规定确定，容量小的日用油箱设置在锅炉房内。燃气锅炉房的燃气调压站与锅炉房距离应按防火规范有关规定和城市燃气设计规范的有关规定确定。

一般将水泵、水处理、变配电间、机修间、办公室、值班室、休息生活等辅助用房布置在锅炉间的固定端，独立的鼓风机、引风机及除尘器间布置在锅炉间的后面，化验室和仪表控制间应布置在采光良好、监测和取样方便、噪声和振动较小的部位。

单层布置的锅炉房的出入口不应少于两个，当锅炉前走道长度不大于12m，且面积又大于200m$^2$时，其出入口可设一个；多层布置的锅炉房各层的出入口不应少于两个。楼层上的出入口应有通向地面的楼梯。

锅炉房通向室外的门应朝外开，锅炉房内其他辅助房间的门应朝锅炉间开。锅炉房门的高度和宽度应根据设备的大小而定。

锅炉房建筑应有良好的通风采光，特别是燃油锅炉房、燃气锅炉房应尽量避免有聚集气体的死角，如不能避免时，必须采取局部排风措施。

锅炉房应采用轻型层项，每平方米一般不超过 120kg，否则应开设天窗或在高出锅炉间的墙上开设玻璃窗，开窗面积至少为锅炉间占地面积的 10%。

锅炉房的面积应根据锅炉台数、型号、锅炉与建筑物之间的净距、操作、检修和布置辅助设备的需要而定，锅炉房的高度应由锅炉而定，在一般情况下，锅炉房的顶棚或屋顶下弦应比锅炉最高操作点高出 2.0m。

（三）烟囱

为了使燃料在锅炉内完全和连续燃烧，必须不间断的向锅炉内供给空气，同时将所产生的烟气经烟道及烟囱排入大气。烟囱高度应符合国家标准 GWPB3—1999《锅炉大气污染物排放标准》的规定（表 7-7）。

**表 7-7　　烟气排放标准要求的烟囱高度**

| 锅炉房总容量 | t/h | <1 | 1～<2 | 2～<4 | 4<10 | 10～<20 | 20～<40 |
|---|---|---|---|---|---|---|---|
| | MW | <0.7 | 0.7<1.4 | 1.4～<2.8 | 2.8～<7 | 7～<40 | 14～<28 |
| 烟囱最低允许高度 | m | 20 | 25 | 30 | 35 | 40 | 45 |

当新建烟囱周围半经 200m 距离内有建筑物时，烟囱高度还应高于最高建筑物 3m 以上，如烟囱高度达不到这一要求，则在 GB3095《大气环境质量标准》规定的二类区和三类区内，新安装的锅炉最高允许烟尘排放浓度均不得超过 200mg/Nm$^3$。

当锅炉房总容量大于 40t/h（或 28MW）时，其烟囱高度应按环境影响评价要求确定，且不得低于 45m。

当烟囱位于飞行航道或飞机场附近时，烟囱高度不得超过有关航空主管部门的规定，烟囱上应装信号灯，并涂刷标志颜色。

## 三、热力管网及热力引入口

供暖系统除可用小型锅炉作为热源外，也可用区域供暖系统作为热源。

区域供暖系统的热源是热电站或大型锅炉房。在区域供暖系统中，热源所产生的热量，通过室外管网（即热力管网）送到各建筑物的热用户。

区域供暖系统由于使用大型锅炉，其机械化程度高，自动控制及技术管理也较好，因此燃料中热量的利用率高，节约经常费用，减少大气污染，减少管理人员。

区域供暖系统的热媒有热水或蒸汽。通过室外管网，将热水或蒸汽送至各个热用户，室外管网一般为双管系统。

区域供暖系统如以热水为热媒，热水热力管网的供水温度为 95℃～150℃，甚至更高些，回水温度为 70℃～90℃。

区域供暖系统如以蒸汽为热媒，热媒的参数以用户的需要和室外管网长度而定。当供暖系统与区域供暖系统的室外管网相连接时，室外热力管网中的热媒参数，不可能与全部热用户所要求的热媒参数完全一致，这就要求在各热用户的热力引入口将热媒参数加以改变。

图 7-53 和图 7-54 分别是热水和蒸汽热力引入口的示意图。

由于热力引入口是调节、统计和分配从热力管网取得热量的中心。因此，建筑物热力

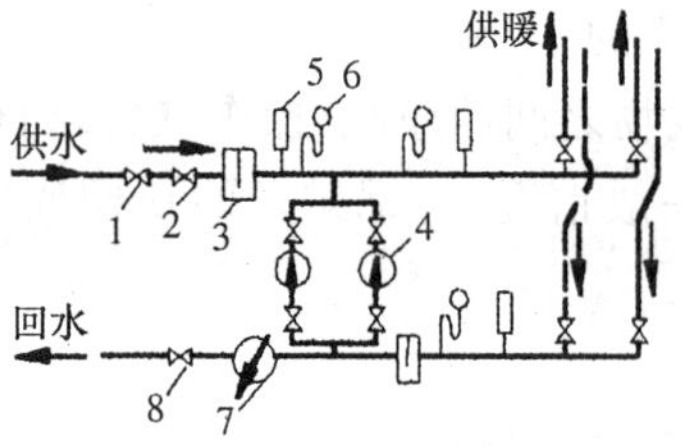


图 7-53　热水热力引入口

1—阀门；2—止回阀；3—除污器；4—水泵；
5—温度计；6—压力表；7—水量表；8—阀门

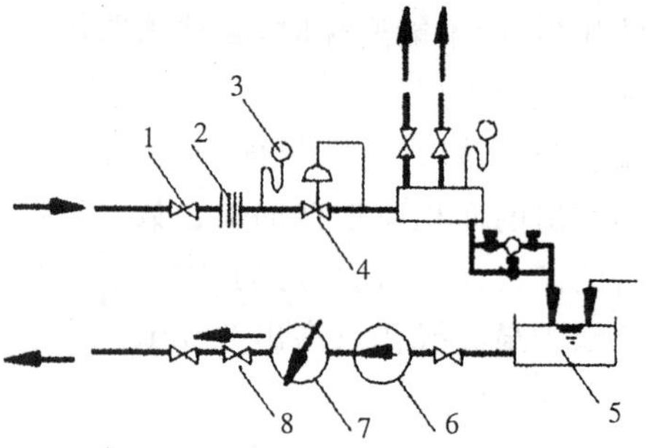


图 7-54　蒸汽热力引入口

1—阀门；2—蒸汽流量计；3—压力表；4—减压阀；
5—凝结水箱；6—水泵；7—水量表；8—止回阀

引入口的位置最好设置在建筑物的中央。可用地下室楼梯间或次要房间作为设置热力引入口的房间。房间的面积必须考虑设备布置、操作维修通道等因素，其最低的高度不小于2.0m，宽度大约为1.5～2.0m，长度约为2.5～3.0m；如热力引入口处设有水泵、凝结水箱或热交换器，则上述尺寸应根据这些设备型号、布置及操作要求加大，同时，热力引入口房间应有良好的通风、采光等，并保持房间的清洁。

供暖系统热用户与室外热力管网的连接方式可分直接连接和间接连接两种方式。

直接连接方式是热用户系统直接连接于室外热力管网上，热力管网内热媒直接进入热用户系统中。该种连接方式简单、造价低，被广泛用于小型供暖系统。

间接连接方式是热用户系统与管网连接处设置表面式热交换设备，即热用户系统与热力管网的连接是通过表面式热交换设备，热力管网中的热媒不直接进入热用户，而只将热量传递给热用户。

（一）建筑物供暖系统与热水热力管网连接

热水供暖系统、热水供应系统与热水热力管网连接的原理图，图 7-55。

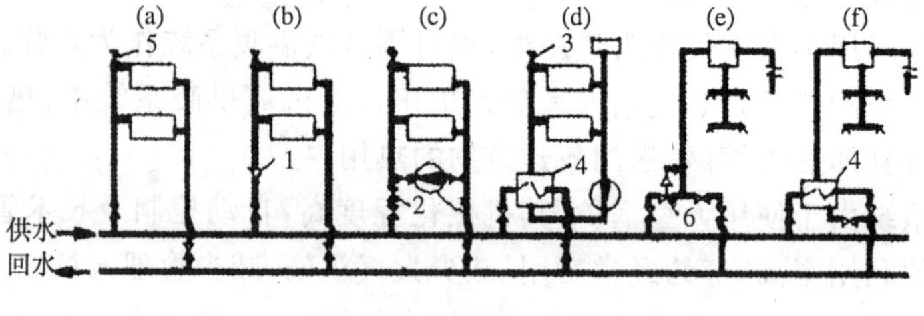


图 7-55　热用户与热水热力管网连接

1—混水器；2—止回阀；3—水泵；4—加热器；5—排气阀；6—温度调节器

在图 7-55(a)、(b)、(c)及(d)中，是热水供暖系统与热水热力管网的连接图式；(e)及(f)是热水供应系统与热水热力管网连接的图式。

在图 7-55(a)、(b)、(c)及(e)是热力用户与热水热力管网的直接连接图式；(d)及(f)则是借助于表面水-水加热器的间接连接图式。

在直接连接时，必须遵循以下的条件：

(1) 热用户中的压力，不应高于其允许压力；

(2) 热用户最高点的压力要高于热用户中热水的饱和压力，即不允许热用户中热水汽化；

(3) 要满足热用户对温度和流量的要求。

在用图 7-55(a)的连接方式时，热水从供水干管直接进入供暖系统，放热后返回回水干管。这种连接方式，在热力管网的水力工况(指供水、回水干管的压力及它们的差值)和热力工况(指整个供暖季的温度)与供暖系统相同时才采用。

当热力管网供水温度过高时，就要用图 7-55(b)及(c)的连接方式。供暖系统的部分回水通过混水器或水泵与供水干管送来的热水相混合，达到所需要的水温后，进入供暖系统。放热后，一部分回水返回到回水干管；另一部分回水再次与供水干管送来的热水相混合。在用图 7-55(c)的连接方式时，为防止水泵升压后将热力管网回水干管中的回水压入供水干管，应在供水干管引向供暖系统的引入管上加装止回阀。

如果热力管网中的压力过高，超过了供暖系统所允许的压力，或者当供暖系统所需压力较高而又不宜普遍提高热力管网的压力时，供暖系统就不能直接与热力管网连接，而必须通过表面式水一水加热器将供暖系统与热力管网隔开，此时，应按图 7-55(d)给出的图式连接。

图 7-55(e)及(f)的情况大致与前面相应的图式相同，只不过一个是供暖系统，而另一个是热水供应系统而已。

(二) 与蒸汽热力管网连接

供暖系统、热水供应系统与蒸汽热力管网连接的原理图，如图 7-56。

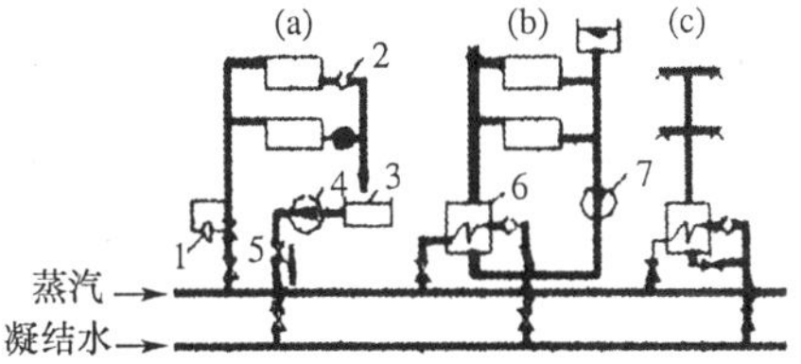


图 7-56　热用户与蒸汽热力管网连接

1—减压阀；2—疏水阀；3—凝结水箱；4—凝结水泵；5—止回阀；6—加热器；7—循环水泵

图 7-56(a)是蒸汽供暖系统与蒸汽热力管网直接连接图式。蒸汽热力管网中压力较高的蒸汽通过减压阀进入蒸汽供暖系统，放热后，凝结水经疏水器流入凝结水箱，然后用水泵将凝结水送回热力管网。为了防止热力管网凝结水干管中的凝结水和二次蒸汽倒流入凝结水箱之中，在水泵出口装置了止回阀。由于这种连接方法比较简单，因此得到了广泛的应用。

图 7-56(b)是热水供暖系统与蒸汽热力管网的间接连接图式。来自蒸汽热力管网的高压蒸汽，通过汽-水加热力将供暖系统中的循环水加热。热水供暖系统用水泵使水在系统内循环。图 7-56(c)是热水供应系统与蒸汽热力管网连接的方式。

连接区域锅炉房及单独锅炉房蒸汽管网上的建筑供暖系统，其入口符合下列要求：

当蒸汽管网的蒸汽压力和温度高于建筑物供暖系统要求的参数时，应设减压装置，减压装置低压侧应设安全阀。在减压装置前、后需设温度计、压力表及疏水装置，在分汽缸的下面应设疏水装置及泄水管、分汽缸上设压力表。安全阀的设置应与管道系统综合考虑。

## 思考题七

1. 按热媒不同，供暖系统可以分为哪几类?
2. 幼儿园、托儿所为何要采用低温热水供暖系统?

3. 地板辐射供暖有哪些特点？

4. 建筑物围护结构传热系数 $K$ 直接影响供暖热负荷及舒适性，在围护结构材料选用时应如何考虑？

5. 供暖热源有哪几类？如何选用？

6. 供热锅炉按燃料不同可分成哪几类？

7. 锅炉房设计时涉及到的锅炉房位置、面积、高度应如何考虑？建筑布置有些什么要求？

8. 室外供暖管道布置和敷设时可采取哪些方式？

# 第八章　建筑通风

## 第一节　建筑通风的任务和分类

### 一、建筑通风的任务

建筑通风的首要任务是排除建筑物内的各种空气污染物和向建筑物补充新鲜空气。建筑作为人类生活、活动或劳动的场所会产生各种空气污染物。这些空气污染物可以是人类新陈代谢的产物，如二氧化碳、氨、细菌等，也可以是人类工业活动的产物，如各种粉尘、挥发性溶剂、酸性废气、甚至是会对生命带来危险的剧毒废气等。对一般空气污染物，只需作通风换气便可使建筑物内空气质量达到卫生标准。对有毒有害空气污染物，除了采用通风换气使室内空气质量达到卫生标准外，还必须根据污染物性质和毒性，按照当地环保排放标准，进行污染治理，只有达到排放标准后，才能按规定的高度排放。

建筑通风的另一个任务是防暑降温，即排除建筑物内的热湿空气，使建筑物内有一个较舒适的空气环境。

建筑通风还有一个重要的安全任务，即一旦发生火灾，及时排除火灾场所产生的有毒烟气。在密闭建筑物内发生火灾，除了设置排烟通风外，还应向紧急疏散通道正压送风，既杜绝有毒烟气侵入，又向疏散人群提供必需的空气，以保证人员的安全疏散。

### 二、建筑通风的分类

建筑通风按其作用力可分自然通风和机械通风两大类。

自然通风不需额外提供能量，可利用室内外温差和建筑高度产生的热压差使室内空气产生自下而上的流动，也可利用室外风力提供的风压，使室内空气产生流动。

机械通风一般由通风机、风管和风口组成。机械通风可分全面通风、局部通风两种。

全面通风对整个房间进行通风换气。它可以排除室内空气污染物，补入新鲜空气，使室内空气质量达到卫生标准。

局部通风指采用局部气流排除局部污染源散发的气体污染物，以此保证局部污染源之外的场所不受污染的通风措施。当局部气流内的污染物数量、浓度超过大气污染物综合排放标准时，还必须对此进行净化治理。

建筑物火灾情况下的排烟措施是特殊情况下的建筑通风，一般以机械通风为主，范畴划分应归为局部通风。建筑防排烟将在以后的章节介绍。

## 第二节　自然通风

建筑物的自然通风由室外风力提供的风压或者由室内外温度差和建筑物高度产生的热压差来实现的。自然通风消耗的仅仅是自然能或室内人为因素造成的附加能(这种附加能一般指室内工艺设备运行时散发的热量使室内空气温度上升的能量)。因此，绿色环保、经济节能、造价低廉的自然通风方式被许多建筑采纳使用，并且取得了较好的建筑通风效果。住宅建筑、产生轻度空气污染物的民用或工业建筑、产生较大热量的工业建筑大都采用自然通风方式来达到通风换气、改善室内空气质量的目的。

## 一、自然通风的原理

当建筑物外墙上的窗孔两侧存在压力差 $\Delta P$ 时，压力较高一侧的空气将通过窗孔向压力较低一侧的方向流动。若空气流过窗孔的阻力值正好由窗孔两侧存在的压力差相等，则下式成立：

$$\Delta P=\xi\frac{\rho v^2}{2} \tag{8-1}$$

式中 $\Delta P$——窗孔两侧的压力差(Pa)；

$v$——空气通过窗孔时的流速(m/s)；

$\xi$——窗孔的局部阻力系数，与窗的构造有关，可查相关设计手册得到。

$\rho$——空气的密度(kg/m³)，其计算公式为

$$\rho=\frac{1.293}{1+\frac{1}{273}t}\approx\frac{353}{T} \tag{8-2}$$

其中，1.293 为 0℃时干空气的密度(kg/m³)，$t$ 及 $T$ 为空气的摄氏温度(℃)及绝对温度(K)。

由式(8-1)得到

$$v=\sqrt{\frac{2\Delta P}{\xi\rho}}$$

通过窗孔的空气量(m³/s 或 kg/s)可由下列公式计算：

$$L=vF=F\sqrt{\frac{2\Delta P}{\xi\rho}} \tag{8-3}$$

或

$$G=L\rho=F\sqrt{\frac{2\rho\Delta P}{\xi}} \tag{8-4}$$

式中，$F$ 为窗孔面积(m²)。

由式(8-3)和式(8-4)可见，当已知窗孔两侧的压力差 $\Delta P$、窗孔面积 $F$ 和窗构造(局部阻力系数)时，即可求得通过该窗孔的空气量 $L$(或 $G$)。若 $\xi,F,\rho$ 为定值，$L$(或 $G$)值随 $\Delta P$ 的增大而增大。所以，分析产生 $\Delta P$ 的原因和提高该值的途径是建筑自然通风的关键。

1. 风压作用下的自然通风

室外气流与建筑物相遇时，将发生绕流，如图 8-1 所示。由于建筑物的阻挡，建筑物四周

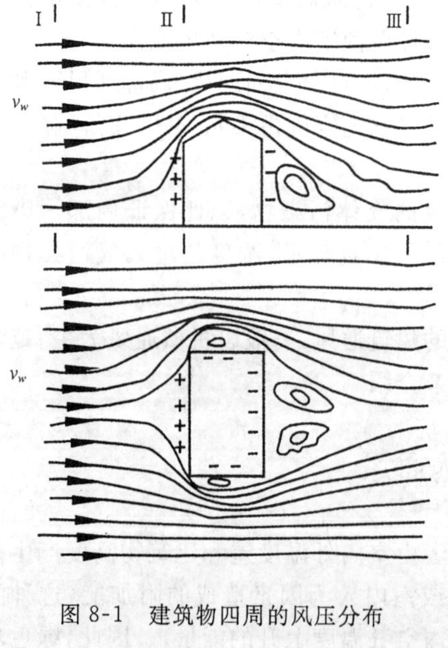


图 8-1 建筑物四周的风压分布

围室外气流的压力发生变化：室外气流首先冲击到建筑物的迎风面，此时，动压降低，静压升高，侧面和背风面由于产生涡流，静压降低。与远处未受干扰的气流相比，这种静压的升高或降低统称为“风压”。静压升高，风压为正，称为正压；静压降低，风压为负，称为负压。

建筑物四周的风压分布，与该建筑物的几何形状以及室外的风向有关。风向一定时，建筑物外围护结构上各点的风压值可按下式计算：

$$P_f = k\frac{v_w^2}{2}\rho_w \tag{8-5}$$

式中 $P_f$——某点的风压(Pa)；

$k$——空气动力系数；

$v_w$——室外空气流速(m/s)；

$\rho_w$——室外空气密度(kg/m$^3$)。

$k$ 值为正，说明该点的风压为正值；$k$ 值为负，该点风压为负值。不同形状的建筑物在不同方向的风力作用下，空气动力系数的分布是不同的。

如果在建筑外围护结构上风压值不同的两个部位开设窗孔，处于 $k>0$ 位置的窗孔将进风，而处于 $k<0$ 位置上的窗孔则排风，由此，风压作用下的建筑物便实现了自然通风(见图 8-2)。这种风压作用下的自然通风，由 $k>0$ 位置上的窗孔进风量等于由 $k<0$ 位置上的窗孔排风量，此时，室内静压保持为某个稳定值，即 $k=0$。

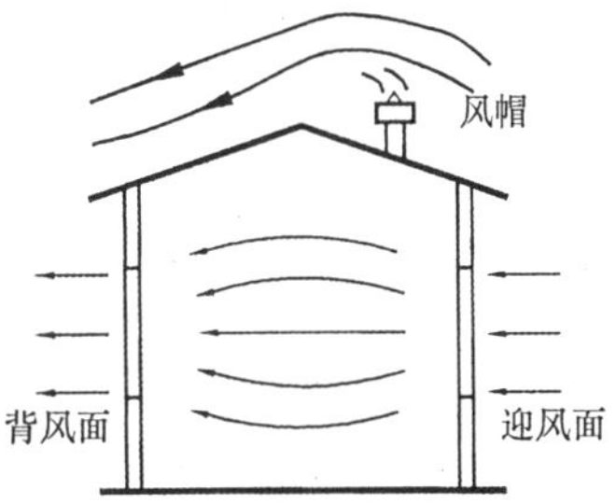

图 8-2 风压作用的自然通风

2. 热压作用下的自然通风

当室内空气温度比室外空气温度高时，室内空气的密度就比室外空气的密度小。在建筑物下部，由室外空气柱形成的压力要比室内空气柱形成的压力大。这种因温度差形成的压力差促使室外温度较低的空气从建筑物下部门窗孔隙处进入室内。同时，室内温度较高的空气被置换抬升后从建筑物上部窗孔缝隙处排出室外。这种因室内外空气温度差而形成的空气自然交换形式就是热压自然通风，如图 8-3 所示。

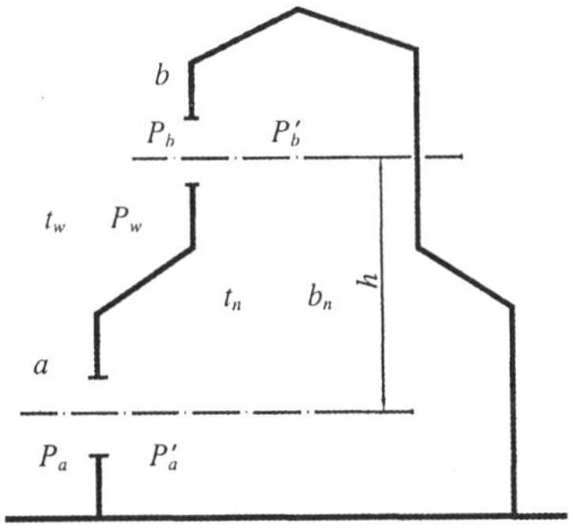

图 8-3 热压作用下的自然通风

在高温车间内，热设备不断地散发大量热量，从而使车间内空气温度不断升高，车间内外的空气温度差变得更大，其形成的热压值也就更大。这时，室内热成了热压通风的主要动力。由此可见，高温车间内热源的存在是高温车间能获得巨大的自然通风换气量的根本原因。

我们知道，相同压力状态下的空气密度，温度高的密度小于温度低的密度。因此，当室内外空气温度存在差别时就会形成重力压差，这种重力压差就称为“热压”。热压值的大小取决于室内外空气的不同密度和建筑物外围护结构进、排风口之间的垂直距离。即

$$\Delta P = gh(\rho_w - \rho_n) \tag{8-6}$$

式中　$\Delta P$——热压(Pa)；

$h$——进、排风口中心线间的垂直距离(m)；

$\rho_w$——室外空气密度(kg/m³)；

$\rho_n$——室内空气密度(kg/m³)。

不同温度下的空气密度可按式(8-2)计算。

由式(8-6)可以看出，在室内外空气密度差一定的情况下，加大进、排风口之间的垂直距离，就可以加大热压从而增加通风换气量。设有天窗的车间(图 8-4(c))比不设天窗的车间(如图 8-4(a))和只设一个通风口的车间(图 8-4(b))的热压大。虽然设置天窗一般会增加建筑造价，但因此也相应地增大了通风量，可以补偿这一经济费用。

夏季的热压由于室外温度的增加而减少，在这种情况下，要保证车间的通风量，除要求建筑上采取增加上、下窗口面积的措施外，还要求增加上、下窗口之间的垂直距离。

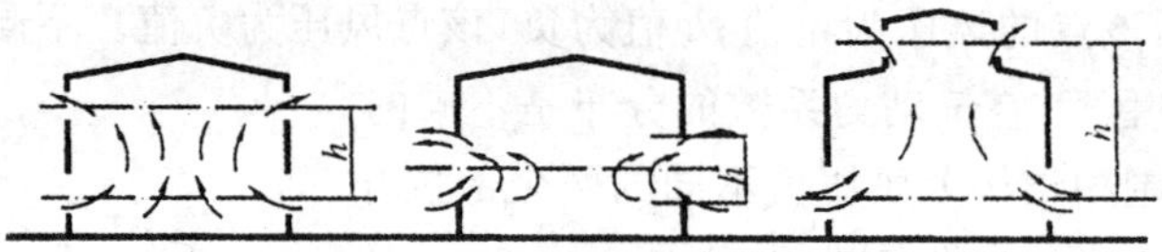


图 8-4　不同位置孔口的车间自然通风

从增加热压的角度考虑，下窗口设得越低越好，但太低时，气流会把灰尘吹入车间，因此，窗子高出地面一般为 0.5～0.8m，最大不得越过 1.2m。冬季和春秋过渡季节的热压因室外空气温度降低而增大。因此，要求减少上、下窗口面积和高度来保证车间的通风量。为使室外冷空气进入室内工作区以前能和室内空气相混合，下部窗口应布置在地面 4.0m 以上。为满足全年自然通风的要求，车间下部应开设两排窗，以便夏季开启下面一排窗，冬季开启上面一排窗。

由上可知，热压作用的自然通风即由室内外空气密度差形成的，由于室内空气的平均密度 $\rho_{np}$ 小于室外空气的密度 $\rho_w$，形成了室内外空气柱的压力差，使室外冷空气从建筑物下部的开口“1”进入室内，而使室内的热空气从建筑物上部开口“2”排出室外。

可以理解，在上、下两孔口之间的某一高度上，必然存在着一个室内外压力差等于零的水平面，也就是说，在该水平面上的内外压力相等。如果在该平面高度的墙上开一孔口，则空气将不会通过孔口流动，即既不进风，也不排风。该水平面称为等压面或中和面，如图 8-5 所示。其中，O－O 为中和面，$h_1$ 为孔口 $a$ 到中和面的距离，$h_2$ 为孔口 $b$ 到中和面的距离。

3. 热压和风压同时作用的自然通风

在大多数情况下，建筑物是在热压和风压同时作用下进行自然通风换气的。一般说来，热压作用的变化较小，而风压作用的变化较大。

显然，当热压和风压共同作用时(图 8-6)，在建筑物迎风面外墙下部的开口，热压和风压的作用方向是一致的。因此，从下部开口的排风量比热压单独作用时来得大。而此时建筑物迎风面外墙上部开口，热压和风压的作用方向却相反(未加挡风板时)，因此从上部开口的排风量，要比热压单独作用时来得小。如果上部开口所受的风压大于热压，那就根本不可能从上部开口排风，相反地将会进风，形成了“灌风”现象。

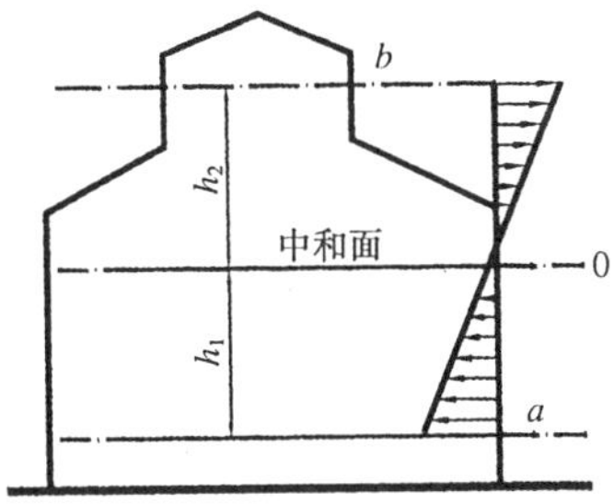


图 8-5　热压通风的中和面示意图

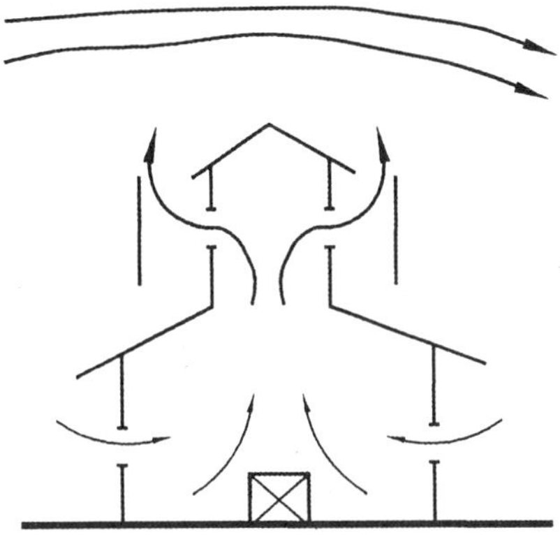

图 8-6　热压和风压作用的自然通风

对建筑物背风面的外墙来说，当热压和风压共同作用时，在上部开口两者作用的方向是一致的，而在下部开口两者作用的方向是相反。因此，从上部开口的排风将比热压单独作用时来得大，但从下部开口的进风量将会减少，或者相反地将从下部开口排风。

当车间外墙上的开口面积很大约占外墙总面积 30%以上时，在较大的风速下，车间内就会形成“穿堂风”，即车间外的气流将以较大的速度从迎风面开口进入，横贯车间而从背风面开口排出。当有穿堂风作用时，车间的通风换气量将显著增大。

应该指出，风压除了取决于空气动力系数 $k$ 外，也取决于风的速度 $v$。由于风的速度和风向(它与 $k$ 值有密切关系)，不仅在不同的季节变化很大，即使在同一天内也变化不定。因而，在自然通风设计时，如果考虑了风压的作用在没有风的时候，车间的实际通风量就小于计算的通风量使车间自然通风量达不到设计的要求，造成车间气象条件恶化。因此，为了保证车间有足够的通风量，通常在进行自然通风开口面积计算时，只考虑热压而不考虑风压的作用。但是为了保证生产车间获得良好的通风效果，在自然通风中必须充分考虑风压对建筑物的影响。

## 二、自然通风量的计算

建筑物的自然通风分设计计算和校核计算两类。设计计算一般用于拟新建的工业厂房或其他建筑的工程设计过程中。它主要根据已经确定的工艺条件和要求的工作区温度、卫生标准，计算所需要的自然通风量，确定工业厂房外墙上的进风、排风窗孔的位置和面积。校核计算一般用于工业厂房或其他建筑已经建成，且工艺也已确定的情况下，根据建筑物已有的进风、排风窗孔的位置和面积，计算其所能达到的最大自然通风量，校核工作区的温度和卫生状态是否可满足卫生标准的要求。

1. 设计计算

现对热加工车间进行自然通风设计。

(1) 由热平衡计算，确定车间的总余热量 $Q$。车间所需要的自然通风量可按下式计算：

$$G=\frac{Q}{C(t_p-t_w)} \tag{8-7}$$

式中 $G$——车间的自然通风量(kg/s)；

$Q$——车间的总余热量(kJ/s)；

$C$——空气的定压比热，$C=1.01$(kJ/(kg·℃))；

$t_w$——车间的进风温度，取手册中的夏季通风室外设计温度(℃)；

$t_p$——车间上部的排风温度(℃)。

对于热源强度较大的车间，

$$t_p=t_w+\frac{t_d-t_w}{m}$$

式中 $t_d$——车间内工作区的温度(℃)；

$m$——有效放热系数，表明实际进入工作区并影响该处的热量与车间总余热量的比值，可按表 8-1 选取。

**表 8-1　根据热源占地面积估算 $m$ 值**

| $f/F$ | 0.05 | 0.1 | 0.2 | 0.3 | 0.4 |
|---|---|---|---|---|---|
| $m$ | 0.35 | 0.42 | 0.53 | 0.63 | 0.7 |

(2) 确定进、排风窗孔的位置。

(3) 计算各窗孔的内外压差和窗孔面积。

计算各窗孔的室内外压差时，先假设中和面的位置。如果假设的中和面位置不同，计算出的进、排风窗孔的面积也不同。如图 8-6，在热压作用下，进、排风窗孔面积分别可有如下公式计算：

$$F_a=\frac{G_a}{\sqrt{\frac{2h_1g(\rho_w-\rho_n)\rho_w}{\xi_a}}} \tag{8-8}$$

$$F_b=\frac{G_b}{\sqrt{\frac{2h_2g(\rho_w-\rho_n)\rho_p}{\xi_b}}} \tag{8-9}$$

式中 $F_a$——窗孔 $a$ 的进风面积($m^2$)；

$F_b$——窗孔 $b$ 的排风面积($m^2$)；

$G_a$——窗孔 $a$ 的进风量(kg/s)；

$G_b$——窗孔 $b$ 的排风量(kg/s)；

$\rho_w$——室外空气的密度($kg/m^3$)；

$\rho_n$——室内平均温度下的空气密度($kg/m^3$)；室内平均温度 $t_n=\frac{t_d+t_p}{2}$，$t_d$ 为工作区温度，$t_p$ 为排风温度(℃)；

$\rho_p$——排风温度下的空气密度($kg/m^3$)；

$\xi_a$——窗孔 $a$ 的局部阻力系数；

$\xi_b$——窗孔 $b$ 的局部阻力系数。

取 $\xi_a\approx\xi_b$，$\rho_w\approx\rho_p$，由 $G_a=G_b$ 可得：

$$\left(\frac{F_a}{F_b}\right)^2=\frac{h_2}{h_1} \tag{8-10}$$

由式(8-10)可知，进、排风窗孔面积的二次方比值与它们到中和面的距离成反比。当 $h_1=h_2$，即中和面与进、排风窗孔距离相等时，进、排风窗孔面积相等；当 $h_1>h_2$，即中和面上移，排风窗孔 $b$ 面积增大，进风窗孔 $a$ 面积减小；当 $h_1<h_2$，即中和面下移，排风窗孔 $b$ 面积减小，进风窗孔 $a$ 面积增大。

由于上述原因，在设计热加工车间时，考虑到上部排风窗一般选用天窗，下部进风窗大都选用侧窗，而天窗造价比侧窗高，操作亦较麻烦，故在设计时可适当降低中和面位置，使排风天窗面积适当减小些。

**[例 8-1]** 某车间如图 8-7 所示，总余热量 $Q=582$(kJ/s)，两侧外墙各有进、排风窗 1 和 2，窗中心高度分别为 2m 和 16m。已知窗孔的局部阻力系数 $\xi_1=\xi_2=2.37$，夏季通风室外计算温度 $t_w=30$℃，要求作业地带温度 $t_d\leqslant t_w+3$℃，有效热量系数 $m=0.45$。试计算只考虑热压作用时所需进、排风窗孔的面积。

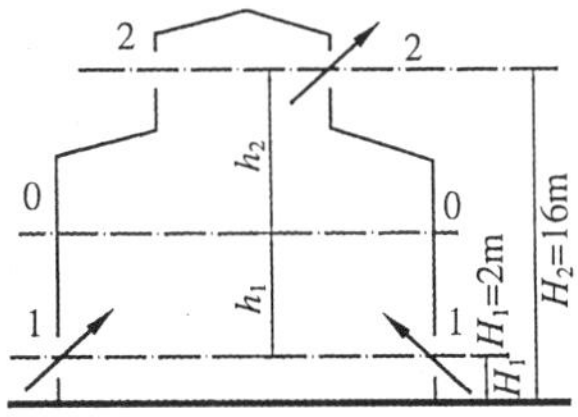


图 8-7 例 8-1 插图

[解]

(1) 计算自然通风量

作业地带温度

$$t_d=t_w+3=30+3=33(℃)$$

上部排风温度

$$t_p=t_w+\frac{t_d-t_w}{m}=30+\frac{33-30}{0.45}=36.7(℃)$$

车间平均空气温度

$$t_n=\frac{t_d+t_p}{2}=\frac{33+36.7}{2}=34.9(℃)$$

自然通风量

$$G=\frac{Q}{C(t_p-t_w)}=\frac{582}{1.01\times(36.7-30)}=86(\text{kg/s})$$

按(8-2)公式计算得

$$\rho_w=1.165(\text{kg/m}^3);\rho_p=1.140(\text{kg/m}^3);\rho_n=1.146(\text{kg/m}^3)。$$

(2) 选取中和面位置

由于只有上、下两排窗孔，现取进、排风窗孔面积比 $F_1/F_2=1.25$，求得上、下两排窗孔中心至中和面的距离。由

$$\left(\frac{F_1}{F_2}\right)^2=\frac{h_2}{h_1}=\frac{h-h_1}{h_1}$$

得进风窗孔中心距中和面的距离：

$$h_1=\frac{h}{1+\left(\frac{F_1}{F_2}\right)^2}=\frac{14}{1+1.25^2}=5.46(\mathrm{m})$$

排风窗孔中心距中和面的距离：

$$h_2=h-h_1=14-5.46=8.54(\mathrm{m})$$

(3) 计算进、排风窗孔的面积

由式(8-8)和式(8-9)分别得进、排风窗孔面积：

$$F_1=\frac{G_1}{\sqrt{\frac{2h_1g(\rho_w-\rho_n)\rho_w}{\xi_1}}}=\frac{86}{\sqrt{\frac{2\times5.46\times9.8\times(1.165-1.146)\times1.165}{2.37}}}=86.0(\mathrm{m}^2)$$

$$F_2=\frac{G_2}{\sqrt{\frac{2h_2g(\rho_w-\rho_n)\rho_p}{\xi_2}}}=\frac{86}{\sqrt{\frac{2\times8.54\times9.8\times(1.165-1.146)\times1.140}{2.37}}}=69.6(\mathrm{m}^2)$$

校核：$\frac{F_1}{F_2}=\frac{86}{69.6}\approx1.25$，与原假定进、排风窗孔面积比基本相符，计算正确。

因本例车间两侧外墙上进、排风面窗孔对称，原取每侧外墙进风窗孔面积：

$$F_1'=\frac{F_1}{2}=\frac{86}{2}=43(\mathrm{m}^2)$$

每侧外墙排风窗孔面积：

$$F_2'=\frac{F_2}{2}=\frac{69.6}{2}=34.8(\mathrm{m}^2)$$

**三、自然通风与建筑设计**

自然通风是利用室内外空气密度差引起的热压或室外风力造成的风压来使室内空气流动的一种通风换气方式。充分合理地利用自然通风是一项绿色环保、经济节能的重要技术措施，在满足工艺要求的前提下，工业建筑设计应优选采纳自然通风方案，以改善工作场区的劳动卫生条件。由于自然通风利用的是自然能和建筑物内产生的热能，因此建筑物的环境气象条件、建筑方位、建筑间距、建筑布局、建筑形式及构造特点对建筑物的自然通风都有着直接的关系。

(一) 厂房的总平面布置

在决定厂房总图方位时，厂房纵轴线应尽量布置成东、西向，避免有大面积的窗和墙受日晒的影响，特别在炎热地区更应注意；厂房主要进风面一段应与夏季主导风向成60°～90°角，不宜小于45°角，并应与避免西晒的问题一同考虑，在炎热地区的冷加工厂房，一般应以避免西晒为主。

(二) 厂房型式的选择与布置

在确定厂房型式设计方案时，通风、工艺等各专业应密切配合，对有关问题进行综合考虑。

(1) 热加工厂房的平面布置，不宜采用"□"型或"□□"型等布置，应尽量布置成"L"型，"凵"型或"凵凵"型等型式。开口部分应位于夏季主导风向的迎风面，而各翼的纵轴与主导风向成0°～45°角。

(2) "凵"或"凵凵"型建筑物各翼的间距一般不小于相邻两翼高度和的一半，最好在15m以上，如建筑物内不产生大量有害物时，其间距可减至12m，但须符合防火规范的规定。

(3) 放散大量余热的车间和厂房应尽量采用单层建筑，并且在厂房四周不宜建坡屋，当确有必要时，应避免建在夏季主导风向的迎风面。

(4) 在多跨厂房中，应将冷、热跨间隔布置，尽量避免热跨相邻。如图8-8所示，并使图中 $L>(2\sim3)h$。

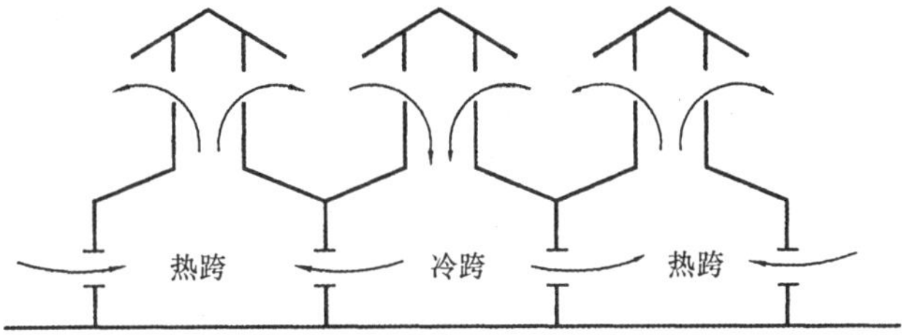


图8-8　多跨车间进、排风

(5) 如果迎风面和背风面的外墙开孔面占外墙总面积25%以上，而且车间内部阻挡较小时，在风力作用下，室外气流能横贯整个车间或主要活动地区，形成所谓的"穿堂风"。我国南方的冷加工车间和一般的民用建筑广泛采用穿堂风，有些热车间还把它作为车间的主要降温措施。如图8-9所示的开敞式厂房是应用穿堂风的主要建筑形式之一。

(6) 有些生产车间(如铝电能车间)的发热量很大，散热强度大110(kcal/(m$^3$·h))，为降低作业地带温度，稀释有害物浓度，厂房采取双层结构，如图8-10所示，将电能排放在楼层，下面作为进风层，其两侧的楼板上设置四排连续的进风格子板，室外新空气下面和楼板上的进风格子板直接进入工作地点，大大提高了自然通风的降温效果。

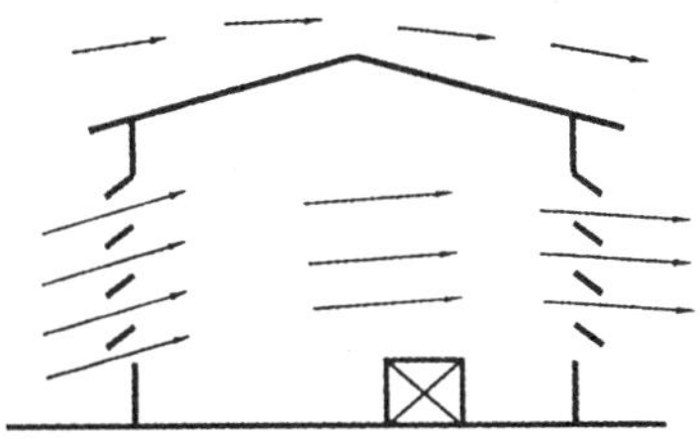

图8-9　穿堂风通风示意

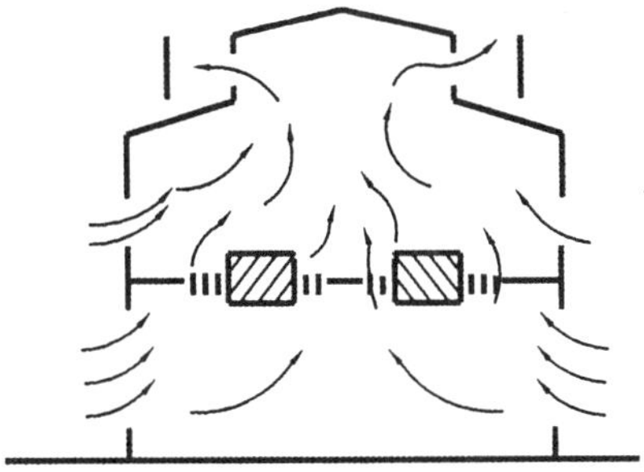

图8-10　某双层厂房的自然风

(三) 进、排风窗(口)的布置和选择

(1) 厂房的主要进风面应根据建筑形式，按夏季最有利的方位布置，一般可布置在夏季白天主导风向的上风侧。布置进风孔时，即使一侧外墙的进风孔面积已能满足要求，另一侧外墙也应布置适当数量的进风孔。

(2) 当冷、热跨相邻而利用冷跨天窗进风时，应避免使进风受到排风的污染。一般靠近排风一侧的天窗不宜作进风用。

(3) 自然通风进风口的标高，可根据下列条件选取：

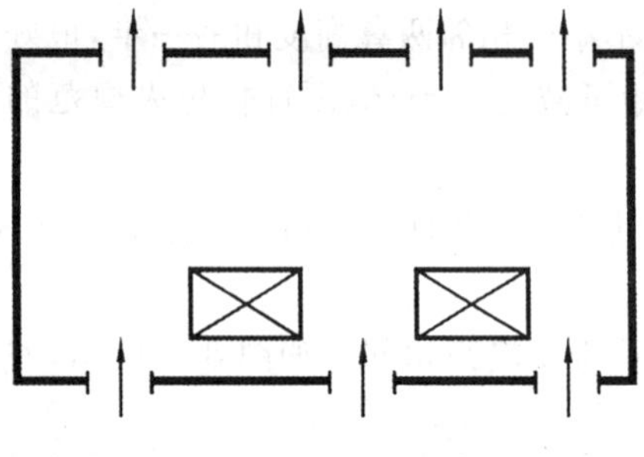

图 8-11 热源与孔口位置

① 夏季进风口，其下缘距室内地面的高度，应采用 0.3～1.2m。当进风口较高时，应考虑进风效率降低的影响。

② 在集中供热地区，冬季的进风口，其下缘不宜低于 4m，如低于 4m，应采取防止冷风吹向工作点的措施。

(4) 当热源靠近生产厂房的一侧墙布置，且外墙与热源之间无工作点时，该侧外墙上的进风口，应尽量布置在热源的间断处，如图 8-11 所示。

(5) 夏季自然通风的进风口，宜采用门、洞、平开窗或垂直转动窗板等。

(6) 利用天窗排风的生产厂房，符合下列情况之一时，应采用避风天窗。

① 历年最热月平均温度高于或等于 28℃的地区，室内散热量大于 $23W/m^2$ 时；

② 不允许倒灌时。

多跨厂房的相邻天窗或天窗两侧与建筑物相邻接，且处于负压时，无挡风板的天窗，可视为避风天窗。

对于新建厂房，通常多采用避风天窗，选择避风天窗时，应根据不同地区及不同性质的厂房，选用结构简单、空气动力性能好、阻力小、通风量大、造价低的天窗。

(7) 利用天窗排风的生产厂房及辅助建筑物，符合下列情况之一时，可不设避风天窗。

① 利用天窗能稳定排风时；

② 夏季室外平均风速小于或等于 1m/s 时。

(8) 挡风板和天窗之间，以及作为避风天窗的多跨生产厂房之间的端部应当封闭。当天窗较长时，需设置横向隔板，其间距不应大于挡风板上缘至地坪高度的三倍，且不应大于 50m。挡风板下缘至屋面的距离，宜采用 0.1～0.3m。在挡风板或封闭物上，应设置检查门。

挡风板的尺寸和位置可参阅图 8-12。挡风板除应沿厂房纵轴方向横布外，并应在山墙处的两端加以封闭。此外每隔一定距离用横隔板隔开，以防止风沿厂房纵轴方向吹来时影响天窗的排风作用。

当厂房屋顶坡度小于 1/10，且边跨外墙与天窗的距离 $L$ 不超过天窗高度 $h$ 的 5 倍时 ($L \leqslant 5h$)，可以加高边跨外墙，即采用女儿墙代替挡风板。女儿墙上缘高度应比天窗顶面延长线低 100～150mm(图 8-13)。

(9) 当建筑物一侧与较高建筑物邻接时，为了防止避风天窗或风帽倒灌，其各部位尺寸应符合图 8-14 及表 8-2 的要求。

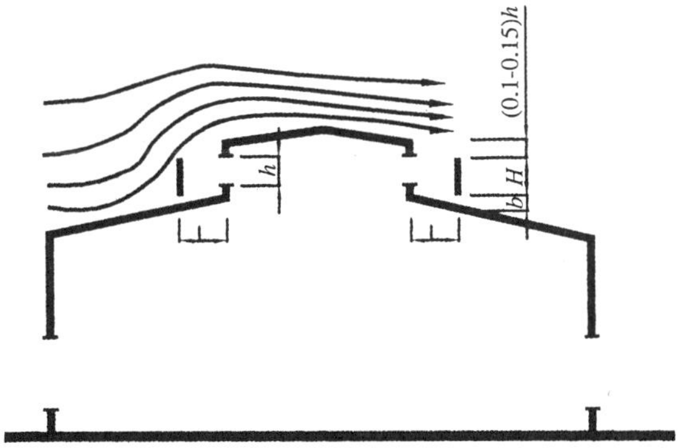


图 8-12　天窗外侧设置挡风板

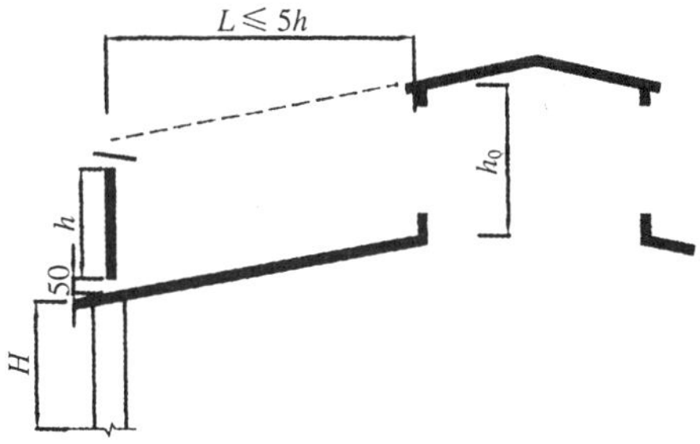


图 8-13　女儿墙代替挡风板

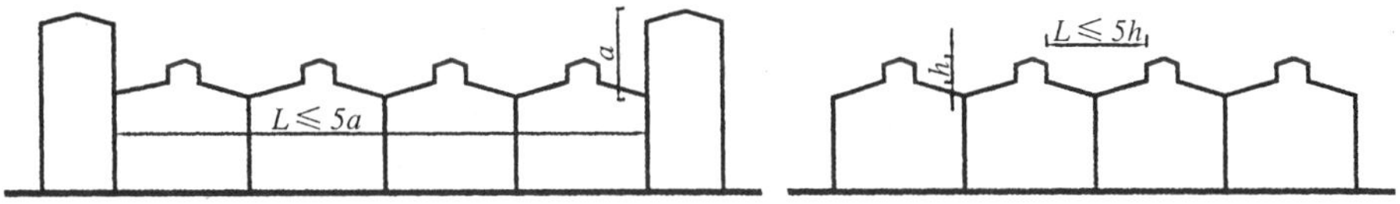


(a)　　　　(b)

图 8-14　避风天窗或风帽与建筑物的相关尺寸

**表 8-2　　避风天窗或风帽与建筑物的相关尺寸**

| $z/a$ | 0.4 | 0.6 | 0.8 | 1.0 | 1.2 | 1.4 | 1.6 | 1.8 | 2.0 | 2.1 | 2.2 | 2.3 |
|---|---|---|---|---|---|---|---|---|---|---|---|---|
| $\frac{L-z}{h}$ | ≤1.3 | 1.4 | 1.45 | 1.5 | 1.65 | 1.8 | 2.1 | 2.5 | 2.9 | 3.7 | 4.6 | 5.6 |

注：$z/a>2.3$ 时，厂房的相关尺寸可以不受限制。

## 第三节　机械通风

自然通风虽然具有绿色环保、经济节能、结构简单、无需专人管理等优点，但自然通风容易受室外自然环境影响，通风量及通风效果不易控制，且风压较小，难以胜任对通风要求较高场所的要求。机械通风依靠风机提供的风压、风量，通过管道和送、排风口系统可以有效地将室外新鲜空气或经过处理的空气送到建筑物的任何工作场所；还可以将建筑物内受到污染的空气及时排至室外，或者送至净化装置处理合格后再予排放。因此，机械通风作用范围大，风量风压易受控制，通风效果显著，可满足建筑物内任何位置上的工作场所对通风的要求。

机械通风系统一般由风机、风道、阀门、送排风口组成。根据需要，机械通风系统还可有空气处理装置、大气污染物治理装置。机械通风系统根据作用范围的大小、通风功能的区别可划分为全面通风和局部通风两大类。

### 一、全面通风

对整个建筑物或者整个房间进行机械通风换气的通风方式称为全面通风。全面通风的主要目的是把散发在整个建筑空间内的污浊空气排出室外，同时将新鲜空气从室外送入室内,使室内空气达到卫生标准。

(一) 通风系统

根据室内通风换气的不同要求,或者室内空气污染物的不同情况(污染物性质、在空气中的浓度等),可选择不同的送风、排风形式进行全面通风。常见的室内全面通风系统有以下几种送风、排风形式组合。

1. 机械送风、自然排风

图 8-15 所示为机械送风、自然排风系统。室外新鲜空气经过热湿处理达到要求的空气状态后,由风机通过风管、送风口送入室内。由于室外空气源源不断地送入室内,室内呈正压状态。在正压作用下,室内空气通过门、窗或其他缝隙排出室外,从而达到全面通风的目的。这种全面通风方式在以产生辐射热为主要危害的建筑物内采纳比较合适。若建筑物内有大气污染物存在,其浓度较高,且自然排风时会渗入到相邻房间时,采纳这种通风方式就欠妥。

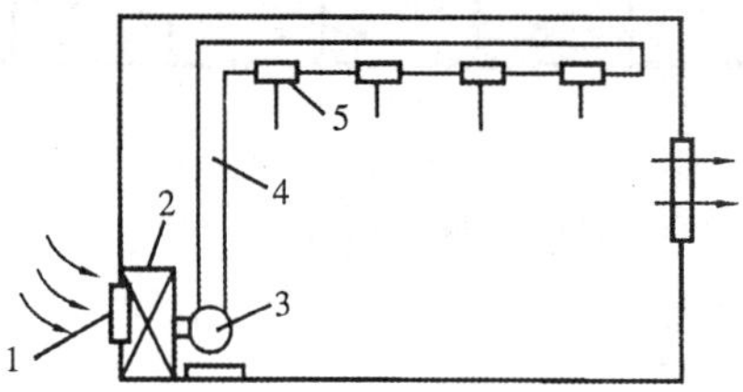


图 8-15　全面机械送风、自然排风示意图

1—进风口;2—空气处理设备;3—风机;4—风道;5—送风口

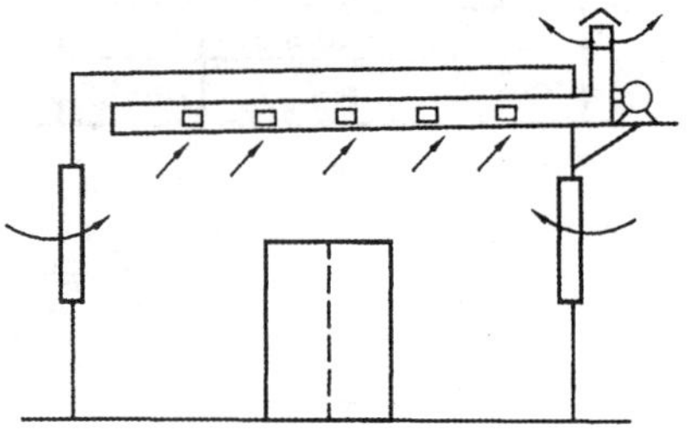

图 8-16　全面机械排风、自然进风示意图

2. 自然进风、机械排风

图 8-16 所示为自然进风、机械排风系统。室内污浊空气通过吸风口、风管由风机排至室外。由于室内空气连续排出,室内造成负压状态,室外新鲜空气通过建筑物的门、窗和缝隙补充到室内,从而达到全面通风的目的。这种全面通风方式在室内存在热湿及大气污染物危害物质时较为适用,但相邻房间同样存在热湿及大气污染物危害物质时就欠妥。因为在负压状态下,相邻房间内的危害物质会经过渗入通道进入室内,使室内全面通风达不到预期的效果。

3. 机械进风、机械排风

图 8-17 所示为机械进风、机械排风系统。室外新鲜空气经过热湿处理达到要求的空气状态后,由风机通过风管、送风口送入室内。室内污浊空气通过吸风口、风管由风机排至室外。这种机械送风、排风系统可以根据室内工艺及大气污染物散发情况灵活、合理地进行气流组织,达到全室全面通风的预期效果。当然,这种系统的投资及运行费用比前两种通风方式要大。

(二) 全面通风的气流组织

除了选择合理的全面通风系统外,通风房间内的气流组织形式对通风效果的好坏亦起着非常重要的作用。合理选择、设置送排风系统的风口、数量和位置,组织好合理的气流组织,对提高通风效果可起到事半功倍的作用,甚至可起到决定性的作用。图 8-18 为常见的全面通风房间内的几种气流组织形式。

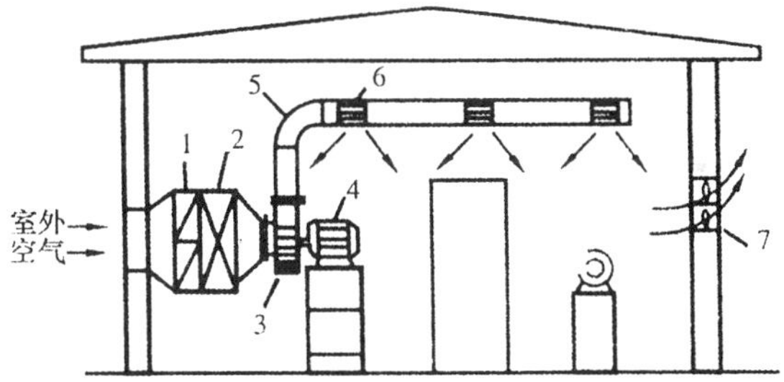


图 8-17

1—空气过滤器；2—空气加热器；3—风机；4—电动机；5—风管；6—送风口；7—轴流风机

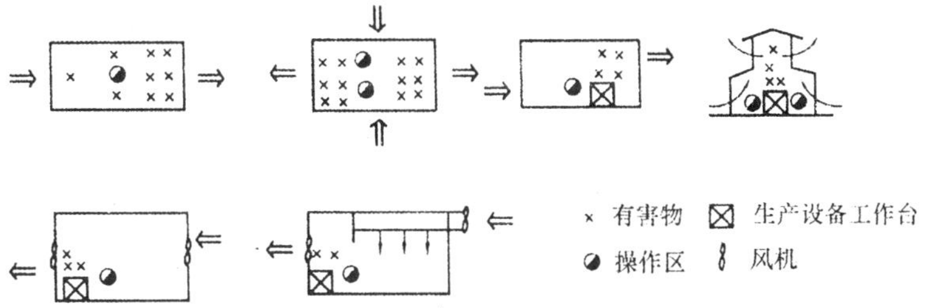


图 8-18　全面通风房间的气流组织示图

在通风房间的气流组织中，送风系统的送风口应设置在工作场所的邻近区域，送风机的进风口应远离排风口，进风口及空气处理装置宜单独设置，避免被污染的可能。排风系统的吸风口应当设置在污染物的产生处或污染物浓度较高处，达到有效而迅速地排除被污染的空气的目的。若被污染气体的密度小于空气密度，吸风口位置应布置在上部，送风口位置可设置在中下部；反之，当被污染气体的密度大于空气的密度时，吸风口位置可布置在下部，上部也应设置一些吸风口，而送风口位置则布置在上部，但送风口位置与吸风口位置之间应相隔一定距离。当被污染气体的温度高于周围空气的温度，或房间内有上升热气流时，排风系统的吸风口均应布置在房间的上部，送风系统的送风口则布置在下部，此时可忽略被污染气体的密度是否比周围空气的密度大的因素。

（三）全面通风量的计算

全面通风量是指为了排除建筑物内产生的余热、余湿或稀释空气污染物的浓度，使之达到室内空气质量卫生标准而需要的通风换气量。

1. 排除建筑物内产生的余热而需要的通风换气量计算

消除室内余热所需的通风量可按下式计算：

$$L=\frac{Q}{C\rho(t_p-t_s)} \tag{8-11}$$

式中　$L$——全面通风量（$m^3/h$）；

$Q$——室内余热量（kW）；

$C$——空气定压比热，取 1.01（kJ/（kg·℃））；

$\rho$——送风空气密度（$kg/m^3$）；

$t_p$——排风温度(℃)；

$t_s$——送风温度(℃)。

2. 消除建筑物内产生的余湿而需要的通风量计算

消除室内余湿所需的通风量可按下式计算：

$$L=\frac{W}{\rho(d_p-d_0)} \tag{8-12}$$

式中 $L$——通风量($m^3/h$)；

$W$——建筑物内总余湿量(g/h)；

$\rho$——空气密度($kg/m^3$)，取排风空气的密度；

$d_p$——排风空气的含湿量(g/kg 干空气)；

$d_0$——送风空气的含湿量(g/kg 干空气)。

3. 排除建筑物内产生的空气污染物所需要的通风换气量计算

排除室内的空气污染物所要的通风换气量：

$$L=\frac{Z}{C_p-C_0} \tag{8-13}$$

式中 $L$——建筑物的通风量($m^3/h$)；

$Z$——建筑物内空气污染物的散发量(mg/h)；

$C_p$——排风空气污染物的浓度($mg/m^3$)，取车间卫生标准中的最高允许浓度；

$C_0$——送风空气污染物的浓度($mg/m^3$)。

当建筑物内同时散发多种空气污染物时，应分别计算所需要的通风量，然后取最大值作该建筑的通风换气量。但是，当建筑物内散发的数种空气污染物对人体健康的危害在性质上相同时，可以把它们视作同一种空气污染物，建筑物所需的通风换气量是分别排除每一种空气污染物所需的通风换气量的总和。如建筑物内同时散发数种溶剂(苯及其同系物，醇、醋酸脂类)，或数种刺激性气体(三氧化硫、二氧化硫、氯化氢、氟化氢、氮氧化物等)，全面通风量应按各种气体分别稀释到最高允许浓度所需空气量的总和计算。

当建筑物内同时散发余热、余湿和数种空气污染物时，按经分别计算后的最大所需通风换气量确定建筑物的全面通风量。

如果建筑物内有粉尘散发，一般不采用全面通风的方式，因为全面通风可以使已经沉降在地面的粉尘重新扬起，造成二次污染。防尘措施将在局部通风一节中介绍。

当建筑物内散发的空气污染物数量无法统计时，根据空气污染物性质，一般按经验数据或建筑物的通风换气次数来确定全面通风量。通风换气次数 $n$ 值的大小一般与空气污染物的危害程度有关。危害越大，$n$ 的取值就越大。这种全面通风量的计算式如下：

$$L=nV \tag{8-14}$$

式中 $n$——换气次数，可查有关手册获得(次/h)；

$V$——建筑物的空间体积($m^3$)；

$L$——建筑物的全面通风量($m^3/h$)。

**[例 8-2]** 某车间同时散发两种溶剂的蒸汽，其中苯的散发量为 200(g/h)，醋酸乙脂的散发量为 180(g/h)，求该车间的全面通风量。

［解］ 由"工业企业卫生标准"查得车间内这两种溶剂蒸汽的最高允许浓度：
苯——40(mg/m³)；醋酸乙脂——300(mg/m³)。

进风为室外新鲜空气，故 $C_0=0$。

$$L_1=\frac{Z}{C_p-C_0}=\frac{200\times1000}{40-0}=5000(\mathrm{m^3/h})$$

$$L_2=\frac{Z}{C_p-C_0}=\frac{1820\times1000}{300-0}=600(\mathrm{m^3/h})$$

全面通风量取二者之和，则

$$L=L_1+L_2=5000+600=5600(\mathrm{m^3/h})$$

（四）风量平衡和热平衡

任何一个通风系统，为了能够正常进风和排风，必须保持室内压力稳定不变。为此，必须使进入建筑物的总风量等于排出建筑物的总风量，即控制建筑物内的空气量平衡。

在实际工程中，为保证通风的卫生效果，对产生空气污染物的建筑物，为防止空气污染物向邻室扩散，常使建筑物的排风量大于进风量（一般总排风量取 1.1～1.2 倍的总进风量），使室内形成一定的负压，不足的进风量由邻室和自然渗透弥补。对于要求较清洁的建筑物，其周围环境较差时，取总进风量大于总排风量（一般总进风量取 1.05～1.1 倍的总排风量），以保持室内一定的正压，阻止外界的空气进入室内。此时，室内多余的风量可以自然渗透出去，或通过泄压风阀予以排泄。

建筑物的热量平衡指其得热量（含进风带入的热量及其他得热量）与失热量（含排风带出的热量及其他失热量）相等，这时建筑物内的空气温度稳定不变。

在寒冷地区的冬季，建筑物要求保持一定的室内温度，不允许将温度过低的室外空气直接送入室内作业场所。在设计全面通风系统时，需将风量平衡和热量平衡统一考虑，既保证要求的通风换气量，又可保持一定的室内温度。

**［例 8-3］** 已知车间的排风量 $G_p=2000$(kg/h)，冬季工作场所的温度 $t_n=15$℃，失热量（生产散热量与建筑热损失之差值）$Q=21\,000$(kJ/h)，当地供暖室外计算温度 $t=-25$℃。试确定冬季机械送风系统的风量和温度。

［解］

(1) 取送风量等于总排风量的 90%，即 $G_w=0.9G_p$

$$G_w=0.9G_p=0.9\times2000=1800(\mathrm{kg/h})$$

不足的进风量靠自然渗透弥补，渗入风量：

$$G_{w1}=2000-1800=200(\mathrm{kg/h})$$

(2) 由热量平衡方程求得送风温度 $t_s$

$$1.01G_wt_s+1.01G_{w1}t_w=1.01G_pt_n+Q$$

$$t_s=\frac{1.01G_pt_n+Q-1.01G_{w1}t_w}{1.01G_w}=\frac{1.01\times2000\times15+21000-200\times(-25)\times1.01}{1.01\times1800}=31(℃)$$

## 二、局部通风

用局部气流的方法，向建筑物内的工作场所送风，或将该场所散发的热、湿、空气污染物排出建筑物的通风方式称作局部通风。显然，局部通风可以根据空气污染物的特性和散发情况，用合理的局部气流方式予以捕集，依靠风机的作用，送到治理装置进行净化处理，达到环保排放标准后才予排放。由此可见，局部通风在捕集、治理空气污染物方面比全面通风方式更有效、更具针对性，而且节省投资、节省能耗，被广泛应用在空气污染物的环保治理工程方面，如图 8-19 所示为典型的局部通风方式。

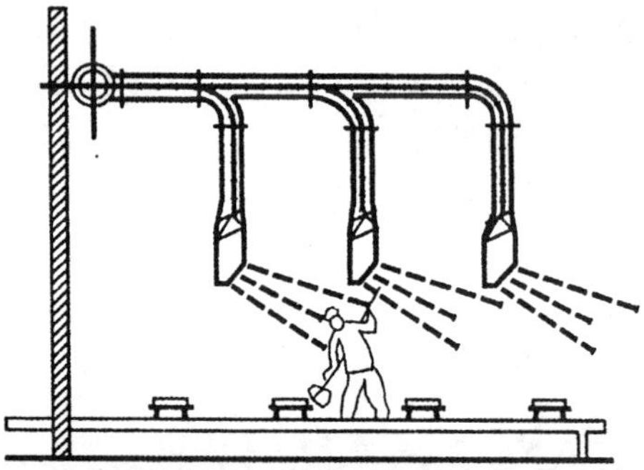

图 8-19　局部送风示图

(一) 局部送风系统

在大面积的热车间中，经常采用向工作岗位输送经过处理的新鲜空气，由此达到工作岗位区域的防暑降温目的。设计局部送风系统时应符合以下要求：

(1) 单独设立局部送风系统，不应与其他进风系统合并；

(2) 不得将空气污染物或热气流吹向人体；

(3) 送风气流宜从人体前侧或前侧上方倾斜吹到头、胸部，或从上而下垂直送风；

(4) 送到人体上的有效气流宽度，宜采用 1m；轻作业者，且室内散热量较小时，可采用 0.6m。

局部送风系统一般由进风口、空气处理设备、风机、送风管和送风口组成。送风口常见的有旋转式送风口，它带有导流叶片，可任意调节气流方向，还可适当调节送风量。

设计局部送风系统时，首先应根据卫生要求，确定工作地点所需要的温度和风速，然而利用空气自由射流的运动规律，求出送风口出口风速、送风量、送风口尺寸以及送风温度。考虑到设置局部送风系统的目的是要在工作地点造成一定的风速和空气温度，但在自由射流的边界处其气流速度等于零，其温度已接近于室内空气温度，这部分气流实际上已不可能起到局部送风作用。所以局部送风系统并不采用射流的全部宽度，而只是应用气流的中间部分(称为有效部分)。

局部送风系统的计算直接涉及空气自由射流的运动规律，与送风口的型式、当量直径、局部阻力系数有关，计算过程较复杂，具体可参见有关专业设计手册相关内容。

(二) 局部排风系统

《大气污染物综合排放标准》(GB16297-1996)对各类空气污染物在相应排放高度处的最高允许排放浓度、排放速率作出了明确的规定。这是局部排风系统的重要设计依据之一。而《工业企业设计卫生标准》(GBZ1-2002)则规定了各种空气污染物在车间环境空气中的平均或最高允许浓度值标准，该卫生标准同样是局部排风系统的重要设计依据。因此，局部排风系统的设计及建成运行后的唯一检验标准就看该系统是否同时满足上述两个标准的要求。

局部排风系统一般由吸风罩、风管、空气污染物治理设备、风机、排风管、风帽组成。

一个好的局部排风系统可以用较小的排风量将工艺装置散发的空气污染物有效地收集起来进行处理，达到环保排放标准后再按规定的高度予以排放。

图 8-20 为一个局部排风系统示意图，它由吸风罩、风管、废气净化装置和风机组成。

局部排风系统中的吸风罩是一个很重要的部件。一个合理有效的吸风罩可以用最小的局部风量将工作区域产生的气体污染物或热量有效地吸走。而一个不合理的吸风罩，即使用了很大的局部吸风量也可能无法将工作区域产生的气体污染物有效排尽。吸风罩有多种形式，如收集热烟气的上挂接受式伞形罩；将散发气体污染物的工艺设备围在罩内的密闭式吸风罩；为不影响操作而设计的吹吸式吸风罩等等。总之，采用何种形式的吸风罩必须考虑散发气体污染物的工艺设备的具体情况，在不影响工艺操作的前提下，尽可能采用密闭式吸风罩；不密闭的，要尽可能接近污染物散发处设置形式合理的吸风罩，以便用较小的吸风量有效地排除气体污染物。吸风罩的设计可参见有关专业设计手册。

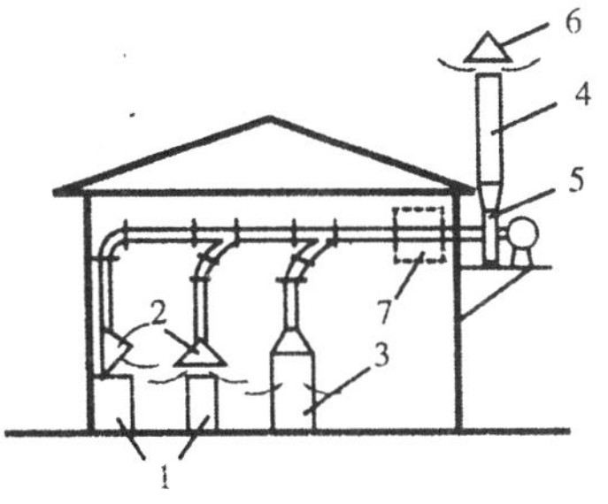


图 8-20　局部排风示意

1—工艺设备；2—局部排风罩；3—排风柜；4—风道；5—风机；6—排风帽；7—排风处理装置

## 第四节　通风系统的主要设备和构件

前面介绍的自然通风，其设备装置比较简单，只需要进、排风窗以及附属的开关装置。其他各种通风方式中，除利用管道输送空气以及风机造成空气流通的作用力外，一般还包括排风口、排风处理装置、室外排风装置、局部吸风罩、送风口、进风处理装置和室外进风装置等设备。

### 一、室内送、排风口

室内送风口是送风系统中的风道末端装置，由送风道输送来的空气通过送风口以适当的速度分配到各个指定的送风地点。

图 8-21 是构造最简单的两种送风口，风口直接开设在风道上，用于侧向或下向送风，在图 8-21(a)中是风管侧送风口；图(b)是插板式风口，它设有插板，这种风口可调节风量。

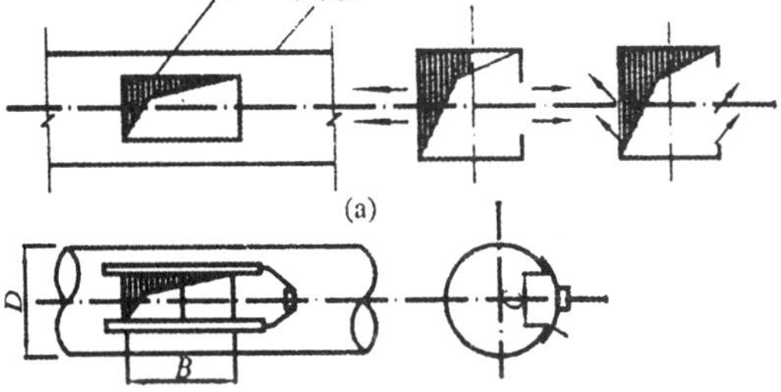


图 8-21　两种最简单送风口

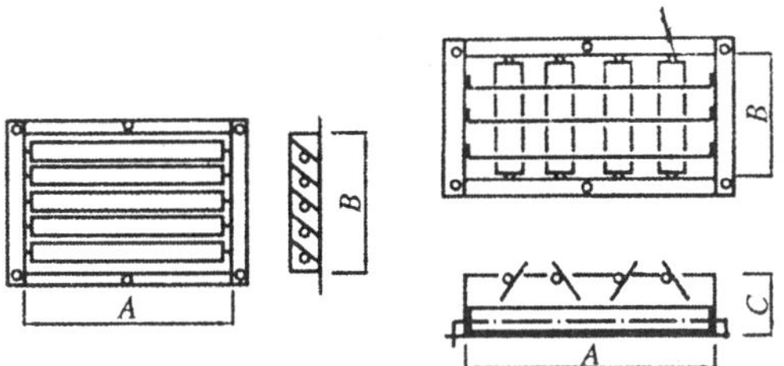


图 8-22　百叶送风口

图 8-22 是常用的一种性能较好的百叶风口，可以安装在风管上也可以安装在墙上。其中双层百页式风口不仅可以调节出风口气流速度，而且可以调节气流角度。

送风口及空气分布器的类型很多，构造和性能可查阅《采暖通风国家标准图集》。

室内排风口是全面排风系统的一个组成部分，室内被污染的空气由排风口进入排风管道。排风口的种类较少，通常采用单层百页风口作为排风口。

室内送、排风口的布置情况，是决定通风气流方向的一个重要因素。而气流的方向是否合理，将直接影响通风的效果。

## 二、风道

可用来制作风道的材料很多，一般工业通风系统常使用薄钢板制作风道，有时也采用铝板或不锈钢板制作。输送腐蚀性气体的通风系统，往往采用硬质聚氯乙稀塑料板或玻璃钢制作；埋在地坪下的风道，通常用混凝土板做底，两边砌砖，内表面抹光，上面再用预制的钢筋混凝土板做顶板，如地下水位较高，还需做防水层。

风道截面积可按下式计算：

$$F=\frac{L}{3\,600v} \tag{8-15}$$

式中 $L$——通过风道的风量($m^3/h$)；

$v$——风道中空气流速(m/s)。

显然，在确定风道截面积时，必须先定风速，对于机械通风系统，如果流速取得较大，则可以减少风道的截面积，从而降低通风系统的造价和减少风道占用的空间；但却增大了空气流动的阻力，增加风机消耗的动能，并且气流流动的噪声也随之增大。如果流速取得偏低，则与上述情况相反，将增加系统的造价和降低运行费用。因此，对流速的选定应该进行技术经济比较，其原则是使通风系统的初投资和运行费用的总和最经济，同时也要兼顾噪声和风管布置方面的一些因素。选定风道的风速可参考表 8-3 的数据。

**表 8-3　　风道中的空气流速(m/s)**

| 风管类别 | 钢板及塑料风管 | 砖及混凝土风管 |
|---|---|---|
| 干　管 | 6～14 | 4～12 |
| 支　管 | 2～8 | 2～6 |

风管的形式很多，一般采用圆形或矩形风管。圆形风管强度大，耗材料少，但加工工艺复杂，占用空间大，不易布置得美观，常用于暗装，圆形风管 $D=100\sim2\,000$mm。矩形风管易布置，弯头及三通等部件的尺寸较圆形风管的部件小，且容易加工，因而使用较为普遍，矩形风管的宽高之比宜$\leqslant3$，矩形风管 $A\times B=120\text{mm}\times120\text{mm}\sim2\,000\text{mm}\times1250\text{mm}$。

风道的布置应服从整个通风系统的布局，在确定送风口、排风口、风机的位置后进行，并与土建、生产工艺和给排水等专业互相协调、配合、风道布置应尽量避免穿越沉降缝、伸缩缝和防火墙等，对于埋地风道应尽量避开建筑物基础及生产设备基础。

在有些情况下，可以把风道和建筑物本身的构造结合起来，如在居民住宅和公共建筑中，垂直砖砌的风道常砌筑在建筑物的墙体内，但为避免结露和影响自然通风的作用压力，一般不允许设在建筑物的外墙中而应该设在内墙中。相邻的两个排风道或进风道的间距不能小于 1/2 砖；排风与进风竖风道的间距不小于 1 砖。

如果墙壁较薄时，应设贴附风道，如图 8-23所示。当贴附风道沿外墙内侧布置时，需在风道壁与墙壁之间留 40mm 宽的空气保温层。

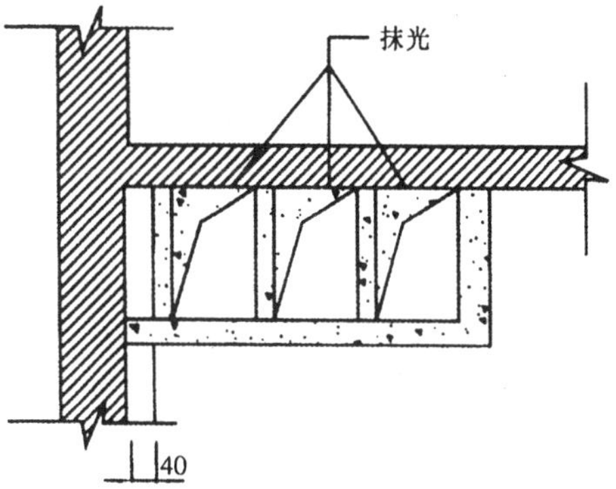

图 8-23　贴附风道

工业通风系统在地面以上的风道通常采用明装，风道用支架支承，沿墙壁及柱子敷设，或者用吊架吊在楼板或桁架的下面。

风道布置时应力求缩短风道的长度，但不能影响生产过程和各种工艺设备相冲突，并尽可能布置得美观。

### 三、室外进、排风装置

1. 室外进风装置

机械送风系统和管道式自然通风系统的室外进风装置应设在室外空气比较清洁的地方，在水平和垂直方向上都要尽量远离和避开污染源。

室外进风装置的进风口是通风系统采集新鲜空气的入口。根据建筑设计要求的不同，室外进风装置可以设置在地面上，也可以设置在屋顶上。图 8-24 是设置在地面上的构造形式进风装置。在图 8-24(a)中是贴附在建筑物的外墙上；图 8-24(b)是做成离建筑物而独立的构造物；图 8-24(c)是设置在外墙壁上的进风装置。

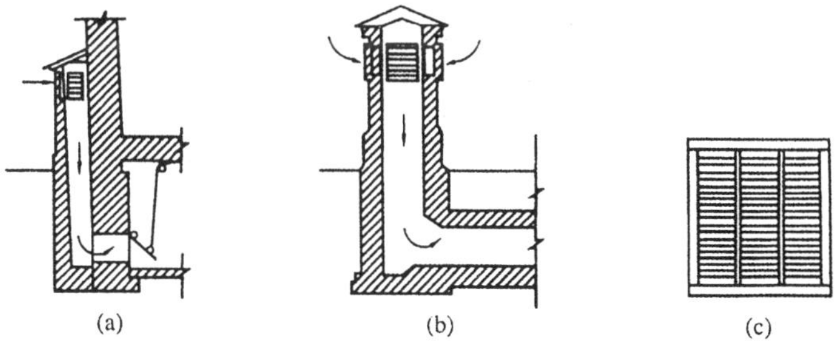

图 8-24　室外进风装置

室外进风装置进风口底部距室外地坪高度不宜小于 2.0m，当布置在绿化地带时，不宜低于 1m。进风口应设置百叶窗，避免吸入地面的粉尘和污物，同时还可避免雨、雪的侵入。

进风装置若设置在屋顶上时，进风口应高出屋面 0.5～1.0m，以免吸入屋面上的灰尘和冬季被雪堵塞。

机械送风系统的进风室常设置在建筑物的地下室或底层，在工业厂房里为减少占地面积也可设在平台上。图 8-25 为设置在地下室的进风室示意图。

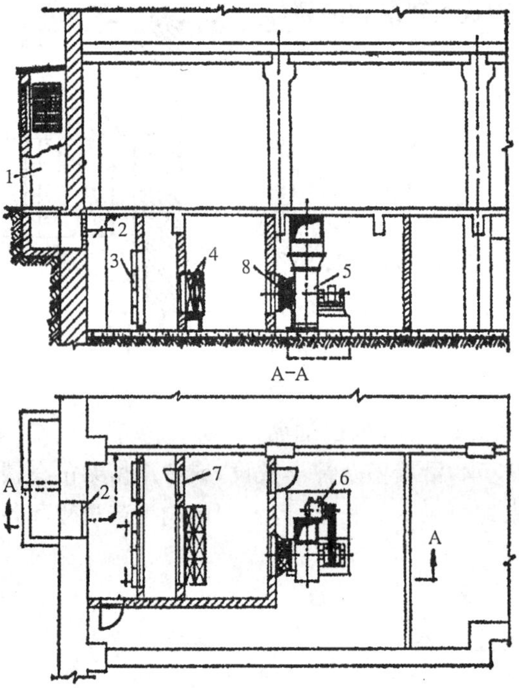


图 8-25　设在地下室的进风室

1—进风装置；2—保温阀；3—过滤器；4—空气加热器；5—风机；6—电动机；7—旁通阀；8—帆布接头

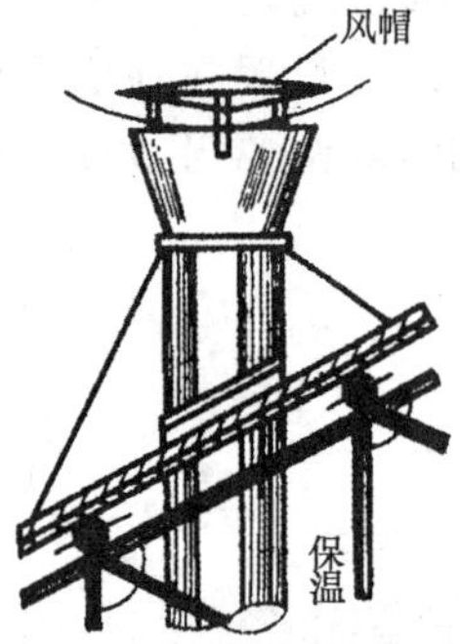


图 8-26　室外排风装置

2. 室外排风装置

室外排风装置的任务是将室内被污染的空气由排风口、排风管通过排风装置直接排至室外大气。

排风系统的排风口一般设置在屋顶上，如图 8-26 所示。为保证排风效果，往往在排风口上加设一个风帽或百叶风口。若从屋顶排风不便时，也可以从侧墙上排出。

一般而言，排风口应高出屋面 1.0m 以上。若附近设有进风装置，则应比进风口至少高出 2.0m。

## 四、风机

风机为通风系统中的空气流动提供动力，它可分为离心式风机和轴流式风机两种类型。根据输送气体的组成和特性，制造风机的材料可以是全钢、塑料和玻璃钢，前者适合输送类似空气一类性质的气体，后者适合输送具有腐蚀性质的各类废气。当输送具有爆炸危险的气体时，还可以用异种金属分别制成机壳和叶轮，以确保当叶轮和机壳摩擦时无任何火花产生，这类风机称为防爆风机。

1. 离心式风机

离心式风机主要由叶轮、机轴、机壳、集流器（吸气口）、排气口等组成，其叶轮的转动由电动机通过机轴带动。

离心式风机的进风口与出风口方向呈 90°角，进风口可以是单侧吸入，也可以是双侧吸入，但出风口只有一个。

离心式风机工作时，叶轮作旋转运动，叶片间的空气随叶轮旋转获得离心力，从叶轮中心高速抛出，压入蜗形机壳中，并随机壳断面的逐渐增大，气流动压减小、静压增大，最后以较高的压力从风机排气口流出。因叶片间的空气被高速抛出，叶轮中心形成负压，从而再把风机外的空气吸入叶轮，由此形成连续的空气流动。

离心式风机的叶轮叶片可以做成向心的直片式，也可做成与旋转方向一致的前曲式或相反方向的后曲式。叶片角度不同的叶轮旋转时叶片间获得的离心力大小不一致，空气流出风机时的压力也就不一致。因此，可以将风机分成低压、中压和高压三种。一般将风压小于 1kPa 的风机称为低压风机；风压在 1～3kPa 的风机称为中压风机；风压大于 3kPa 的风机称为高压风机。低压风机消耗能量低，高压风机消耗能量大。

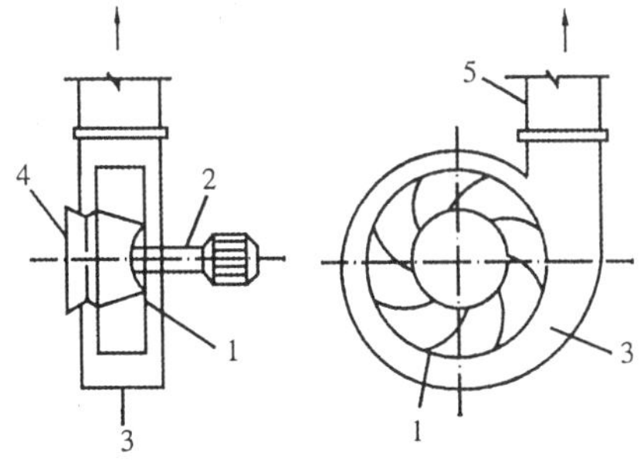

图 8-27　离心风机构造示意图

1—叶轮；2—机轴；3—机壳；4—吸气口；5—排气口

2. 轴流式风机

轴流式风机的叶轮安装在圆筒形的机壳内，当叶轮在电动机带动下旋转时，空气从吸风口进入，轴向流过叶轮和扩压管，静压升高，最后从排气口流出。轴流式风机结构比较简单，能够提供的风压较低，一般用于阻力较小的通风换气系统中。图 8-27 和图 8-28 分别为离心式风机和轴流式风机构造示意图。

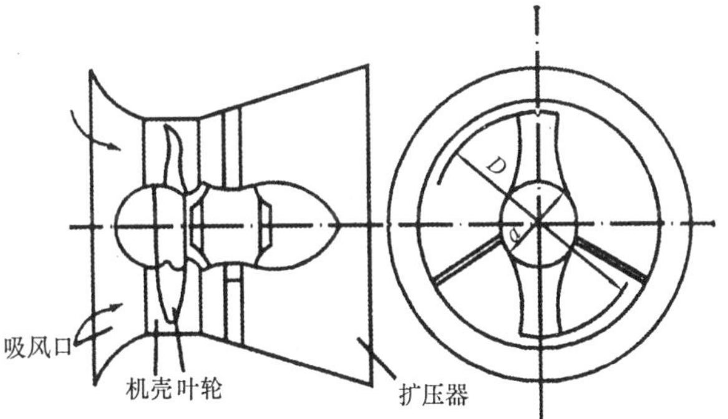

图 8-28　轴流风机构造示意图

3. 风机的主要性能参数

风机有如下的主要性能参数：

风量 $L$——表明风机在标准状态下单位时间输送的空气量($m^3/h$)；

全压 $P$——表明在标准状态下 $1m^3$ 空气通过风机后所获得的动压和静压之和(Pa 或 kPa)；

轴功率 $N$——电动机加在风机轴上的功率(kW)；

有效功率 $N$——空气通过风机后实际得到的功率(kW)；

转速 $n$——叶轮每分钟旋转的转数(r/min)；

效率 $\eta$——风机有效功率与轴功率的比值(%)。

在选择风机时,应根据通风系统所需的风量和风压进行运行工况分析,然后确定所选风机的风量和风压。为了节约能源,通风系统有条件时,应尽量选用变速风机。

4. 风机的安装

轴流式风机通常安装在风管中间或者墙洞中。风机可以固定在墙上、柱上或混凝土楼板下面。图 8-29 是风机安装在墙上的示意图。

小型直联传动的离心式风机可以用支架安装在墙上、柱上及平台上,或者通过地脚螺栓安装在混凝土基础上或型钢基础上,如图 8-30(a)所示。大、中型皮带传动的离心风机一般都安装在混凝土基础上,如图 8-30(b)所示。

风机运转时将产生噪声和振动,因此,对隔振有特殊要求时,应在风机基础下面设置隔振器或隔振垫。

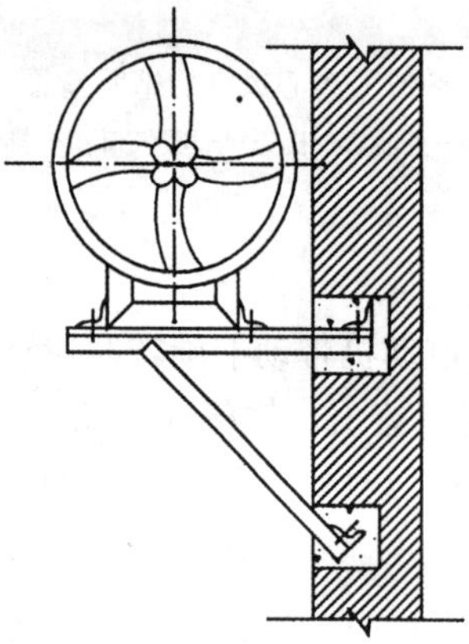

图 8-29 轴流风机在墙上安装

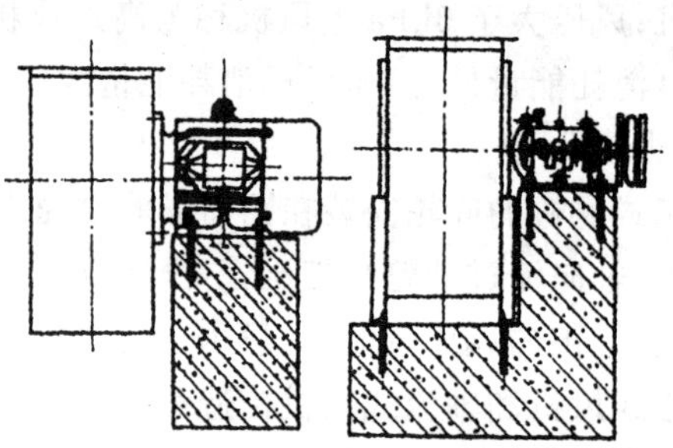

(a) (b)

图 8-30

### 思考题八

1. 为什么要考虑建筑通风?
2. 建筑通风有哪几种方式?请分别叙述其主要特点和适用场合。
3. 在建筑设计中如何充分地运用自然通风?
4. 机械通风系统由哪几部分组成?
5. 房间的换气次数 $n$ 的含义是什么?
6. 通风房间的空气量平衡与房间的使用要求有什么关系?

# 第九章　空气调节

## 第一节　概　　述

空气调节可以通过加热或冷却、加湿或去湿的方法来达到控制空气温度和湿度的目的，还可以通过过滤或其它方法来达到洁净空气的目的。这种使室内空气温度、相对湿度、空气流速、空气洁净度等参数保持在一定范围内的技术称空气调节(简称空调)。

舒适的环境令人精神愉快、精力集中，从而确保人们能有效地工作和愉快地生活，然而，涉及到舒适概念的因素很多，如建筑环境的空间大小、空气温度、墙壁、顶棚表面温度、空气湿度、空气的流速、空气的品质，室内照明水平、噪声及视觉环境等都会影响人的心情和生活质量。

一些公共建筑为了更发好地满足各种不同的使用需求，也对空气环境提出了较高的要求。如人民大会堂中能容纳万人的大礼堂和几千人的宴会厅，考虑到来宾的正常活动和舒适，对空气不仅要有一定的温湿度，还要求有足够的新鲜度；体育馆除了有上述的要求外，在乒乓球、羽毛球类比赛时，不能够影响球的运动方向和落点，因此要求风速不能超过 0.2m/s；在进行冰上运动时，既要保持冰面不能融化，又要及时消除冰面上的积雾。

新建的高层建筑，如宾馆、饭店、办公楼等均用轻质材料和大面积玻璃幕墙，为了使室内人员与室外噪声隔绝，以及防止灰尘和烟气进入室内，通常不打开窗户，由于设有空调设备，所以能满足来自世界各国外宾的不同习惯和要求。

随着社会生产力的发展，工业、农业及科学研究的需要，为稳定生产环境和保证产品质量，有一些工业建筑要优先考虑工艺过程的需要，对空气环境提出了严格的要求。如机械制造工业的精密机械加工，各种计量室、高精度刻划机等，对空气温度和湿度的基数和允许波动的范围都有较高的要求，例如，空气温度 $t=20\pm1℃$；空气相对湿度 $\varphi=55\%\pm5\%$等等。棉纺织工业是以纯棉或棉与化学纤维混纺为原料的加工业，棉、纤维具有吸湿和放湿性能，对空气湿度比较敏感，如果空气湿度太低，会使纱线变粗而脆，加工时易产生静电，容易造成飞花和断头；如果湿度太高，会使纱线粘结，影响产品的质量。电子工业的光刻、扩散、制版、显影，光学仪器工业的抛光、细磨、镀膜、胶合、精密刻划和医药工业的抗菌素制造、无菌分类、针剂及大输溶液调配，印刷工业纸张胀缩，医院的手术室、血液病隔离室等的空气洁净程度都具有严格的要求。

综上所述，不同类型的建筑物，根据其性质、用途对空气环境提出各种不同的要求。因此，空气调节可分为舒适性空气调节和工艺性空气调节。

舒适性空气调节是根据不同用途而确定能满足人们舒适要求的空气诸参数的空气调节(如电影院、剧场、商店、体育场、办公楼、旅馆、住宅等)；工艺性空气调节则根据工艺生产的不同而确定诸参数的空气调节(包括恒温恒湿空气调节和净化空气调节)。

表 9-1 为部分民用建筑室内空气参数；工业建筑的室内空气参数由工艺而定，详见《空气调节设计手册》。

**表 9-1　　　　民用与公共建筑内空调房间的室内空气参数**

| 建筑类别 | 房间类型 | 夏季 | | 冬季 | | 备注 |
|---|---|---|---|---|---|---|
| | | 温度（℃） | 相对湿度（%） | 温度（℃） | 相对湿度（%） | |
| 住宅 | 卧室与起居室 | 26～28 | 45～65 | 18～20 | ≥30 | GBJ 96—86 |
| 旅馆 | 客房 | 24～27 | 50～65 | 18～22 | 40～50 | GB 50189—93 |
| | 宴会厅、餐厅 | 24～27 | 55～65 | 18～22 | 40～50 | JGJ62—90 |
| | 娱乐室 | 25～27 | 40～60 | 18～20 | 40～50 | |
| | 大厅、休息室、服务部门 | 26～28 | 50～65 | 16～18 | 40～50 | |
| 医院 | 病房 | 25～27 | 45～65 | 18～22 | 40～55 | 特殊病房有空气净化要求 |
| | 手术室、产房 | 25～27 | 40～60 | 22～26 | 40～60 | 有空气净化要求，防静电 |
| | 检查室、诊断室 | 25～27 | 40～60 | 18～22 | 40～60 | JGJ49—88 |
| 办公楼 | 一般办公室 | 26～28 | <65 | 18～20 | ≥30 | JGJ67—89 |
| | 高级办公室 | 24～27 | 40～60 | 20～22 | 40～60 | |
| | 会议室 | 25～27 | <65 | 16～18 | ≥30 | |
| | 计算机房 | 25～27 | 45～65 | 16～18 | ≥30 | |
| 影剧院 | 观众厅 | 26～28 | ≤65 | 16～18 | ≥35 | JGJ57—88 |
| | 舞　台 | 25～27 | ≤65 | 16～20 | ≥35 | JGJ58—88 |
| 化　妆 | 25～27 | ≤60 | 18～22 | ≥35 | | |
| 休息厅 | 28～30 | ≤65 | 16～18 | — | | |
| 学校 | 教　室 | 26～28 | ≤65 | 16～18 | — | |
| | 礼　堂 | 26～28 | ≤65 | 16～18 | — | GBJ99—86 |
| | 实验室 | 25～27 | ≤65 | 16～20 | — | |
| 图书馆 | 阅览室 | 26～28 | 45～65 | 16～18 | ≥30 | JGJ38—87 |
| 博物馆 | 展　厅 | 26～28 | 45～60 | 16～18 | 40～50 | JGJ66—91 |
| 美术馆 | 珍藏、贮放室 | 22～24 | 45～60 | 12～16 | 45～60 | 重要艺术品收藏库要求全年恒温恒湿 |
| 档案馆 | 缩微胶片库 | 20～22 | 30～50 | 12～16 | 30～50 | JGJ25—86 |
| 体育馆 | 观众席 | 26～28 | ≤65 | 16～18 | 35～50 | |
| | 比赛厅 | 26～28 | ≤65 | 16～18 | — | |
| | 练习厅 | 26～28 | ≤65 | 16～18 | — | |
| | 游泳池大厅 | 25～28 | ≯75 | 25～27 | ≯75 | |
| | 休息厅 | 28～30 | ≤65 | 16～18 | — | |
| 百货商店 | 营业厅 | 26～28 | 50～65 | 16～18 | 30～50 | JGJ48—88 |
| 电视、广播中心 | 播音室，演播室 | 25～27 | 40～60 | 18～20 | 40～50 | |
| | 控制室 | 24～26 | 40～60 | 20～22 | 40～55 | |
| | 节目制作室录音室 | 25～27 | 40～60 | 18～20 | 40～50 | |
| 饮　食 | | | | | | JGJ64—89 |

注：本表摘自《简明空调设计手册》．北京：中国建工出版社，1998

# 第二节　空调冷负荷和空调房间

## 一、空调冷负荷

空调冷负荷是空气调节系统设计中的最基本依据，它也是确定空调系统的风量和空调设备装置容量的基本依据，同时也将直接影响空调系统的经济性和建筑节能。

空调冷负荷由三大部分组成。其一是空调房间的冷负荷，包括由于室内外温差引起建筑物围护结构传入室内热量形成的冷负荷；太阳辐射传入热量形成的冷负荷；人体散热、散湿形成的冷负荷；室内灯光照明散热形成的冷负荷和室内其他设备的散热、散湿形成的冷负荷。二是室外新风负荷。为了满足空调房间空气质量的需要，必须向空调房间输送一定量的新鲜空气，而冷却室外新鲜空气所消耗的冷量为新风冷负荷。三是系统冷负荷。它包括空调风管、水管、风机、水泵、水箱等温升引起的附加冷负荷。

从上述冷负荷的组成得知，围护结构传热、太阳辐射散热以及室外新风所形成的冷负荷与建筑物的周围环境、所处的位置、外界的气候条件、太阳辐射强度与时间、建筑物外围护结构材料的选用、外墙上开窗面积的大小和建筑体形系数都有直接的关系，而这些因素都与建筑设计有直接的联系。人体散热、散湿与建筑物性质和使用要求有关。例如，商场空调冷负荷中，人体散热、散湿约占50%、新风负荷约占30%；又如在电影院里，人体散热、散湿也是占主要的负荷，但它属于间断使用，使用时间也不长而且人体散热、散湿本身也不是稳定的。综合大楼，空调房间也不一定都同时使用。因此，空调冷负荷是随时间不断变化，且影响负荷变化因素很多。

空调冷负荷的计算是空调工程设计中最基础的计算工作，冷负荷计算的准确性直接影响到工程投资费用、能耗、运行费以及使用效果。在方案和初步设计阶段，由于建筑专业的设计深度有限，对冷负荷计算中的热工计算的基础数据、人体、照明及其他发热设备等没有完整的资料，不能得到精确的参数。因此，在实际设计工程中为了估算设备容量和投资费用，一般可采用冷负荷估算指标来估算系统的冷负荷，以便确定设备容量及型号。在施工图阶段对冷负荷再作详细的计算。冷负荷估算指标如表9-2所示。

**表 9-2**　　空调冷负荷设计指标

| 序号 | 建筑类型或房间名称 | 冷负荷指标（$W/m^2$ 空调面积） |
|---|---|---|
| 1 | 旅馆类 | |
| | 标准客房 | 80～110 |
| | 酒吧、咖啡 | 100～180 |
| | 西餐厅 | 160～200 |
| | 中餐厅、宴会厅 | 180～350 |
| | 中庭、大堂 | 120～160 |
| | 小会议室（允许少量吸烟） | 200～300 |
| | 大会议室（不允许吸烟） | 180～280 |

续表

| 序号 | 建筑类型或房间名称 | 冷负荷指标(W/m² 空调面积) |
|---|---|---|
| 1 | 旅馆类 | |
| | 理发、美容 | 120～180 |
| | 保龄球(投球区) | 160～240 |
| | 健身房 | 100～150 |
| | 交谊舞厅 | 200～250 |
| | 迪斯科舞厅 | 250～350 |
| | 办公室 | 90～120 |
| 2 | 商场、百货大楼 | 底层 250～300,二楼或以上 200～250 |
| 3 | 餐馆 | 200～350 |
| 4 | 科研、办公室 | 90～140 |
| 5 | 公寓、住宅 | 80～90 |
| 6 | 图书馆、阅览室 | 75～120 |
| 7 | 展览厅、陈列室 | 130～200 |
| 8 | 会堂、报告厅 | 150～200 |
| 9 | 影剧院 | |
| | 舞台(剧院) | 250～350 |
| | 观众厅 | 180～350 |
| | 休息厅(允许吸烟) | 300～350 |
| | 化妆室 | 90～120 |
| 10 | 体育馆 | |
| | 比赛馆 | 120～300 |
| | 观念休息厅(允许吸烟) | 300～350 |
| | 贵宾室 | 100～120 |

## 二、空调房间的建筑要求

空调房间的布置应考虑空调房间的使用要求、空调系统的技术、节能和经济要求。

为了减少能量损失和降低空调系统的造价及建筑节能,空调房间尽量集中布置。室内温、湿度基数、使用班次和消声等要求相近的空调房间,应相邻布置或上、下布置。多房间空调时,宜将其集中在一起,成一区域,在其共用走廊的端头设置门斗和保温门,这样,可减少每个房间内的内门斗和保温门,并可采用走廊回风,节省回风管道。

空调房间不要靠近产生大量灰尘或腐蚀性气体的房间,也不要靠近振动和噪声大的场所,无有害物产生的车间要布置在散发有害气体产生的车间的上风向。

空调房间应尽量避免布置在有两相邻外墙的转角处、有伸缩缝的地方。

空调房间的层高,在满足生产、建筑、气流组织、管道及设备布置和人体舒适等要求的条件下,尽可能降低高度。

屋顶受太阳辐射热的作用后,能使屋顶表面温度较室外气温高 30～40℃。因此,空调房间应尽量避免设置在顶层。如设置在顶层,则应采取良好的屋顶隔热措施。小于或等于±0.5℃的空调房间在单层建筑物内时,最好设通风屋顶。

各种不同室温允许波动范围的空调房间,其建筑布置如表 9-3 所示。

**表 9-3　　空调房间外墙与朝向、层次**

| 室内允许温度波动范围(℃) | 外墙 | 朝向 | 所在层次 |
|---|---|---|---|
| ≥±1 | 应尽量减少 | 应尽量北向 | 应尽量避免顶层,在顶层时,宜设通风屋顶等措施 |
| ±0.5 | 不宜有 | 如有外墙时,宜北向 | 宜底层 |
| ±0.1～0.2 | 不宜有 | 如有外墙时,应北向,且工作区距外墙不应小于 0.8m | 宜底层 |

注:表中规定的"北向",适用于北纬 23°以北的地区。对于北纬 23°以南的地区,北向与南向的太阳辐射强度相差不大,也可相应地采用南向。

为避免太阳辐射热的影响,空调房间应尽量避免东、西朝向,外墙宜采用浅色饰面。

外窗的传热量和太阳辐射热占围护结构总传热量的比例很大,对室温波动的影响也是主要因素之一。因此,空调房间的外窗面积应尽量减少,考虑到照明要求,一般不超过房间面积的 17%;并应采取密封和遮阳措施。外窗应尽量南、北朝向,避免东、西朝向。

外窗的朝向、外窗和内窗的层数参数见表 9-4。

**表 9-4　　外窗和外窗朝向层数**

| 室温允许波范围(℃) | 外窗、外窗朝向 | 外窗层数 |
|---|---|---|
| ≥±1 | 尽量北向,并能部分开启,±1℃时不应有东、西向外窗 | 双层 |
| ±0.5 | 不宜有,如有应北向 | 双层 |
| ±0.1～0.2 | 不应有 | — |
| 舒适性空气调节 | 尽量南、北向,并能部分开启 | 有条件时,用双层,亦可用单层 |

空调房间的外窗,在空调系统尚未投入运行或停止时,起着通风换气作用,在过渡季节采用开窗换气保持室内的通风要求。

为防止室外空气渗透进入空调房间,窗缝应有良好的密封性,双层窗一般用双框。

空调建筑物外围护结构必须尽量严密，经常有人进、出的外门应设门斗或转门，人流多的外门必要时可设空气幕。门缝应严密，当门两侧温差≥7℃时，门应保温，门的传热系数可稍大于安装门的这面墙的传热系数；内门的两侧当温度≥7℃时，宜设门斗。

建筑物围护结构传热系数应根据建筑物的用途和空气调节类别，通过技术经济比较确定，但最大传热系数不宜大于表 9-5 所规定的数值。

**表 9-5　　围护结构最大传热系数(W/(m²·℃))**

| 围护结构名称 | 工艺性空气调节 室内允许波动范围(℃) | | | 舒适性空气调节 |
| --- | --- | --- | --- | --- |
| | ±0.1～0.2 | ±0.5 | ≥1.0 | |
| 屋盖 | — | — | 0.8 | 1.0 |
| 顶棚 | 0.5 | 0.8 | 0.9 | 1.2 |
| 外墙 | — | 0.8 | 1.0 | 1.5 |
| 内墙和楼板 | 0.7 | 0.9 | 1.2 | 2.0 |

注:(1) 表中内墙和楼板的有关数值，仅适用于相邻房间的温差大于 3℃；

(2) 确定围护结构的传热系数时，尚应符合围护结构最小热阻的规定。

空调房间的外围护结构应考虑防潮隔汽措施。隔蒸汽层应设在蒸汽分压力较高的一侧，并根据有关计算来确定，既要考虑夏季空气调节，又要考虑冬季供暖时的蒸汽分压力的分布情况。必要时，保温层的两侧均要设置隔蒸汽层，并应注意排除施工时在材料内残留的水分，当屋盖已有防水层或外墙有外粉刷时，可不再设隔汽层。

## 第三节　空气调节系统

空气调节技术就是用人工的方法使室内温度、相对湿度、洁净度和气流速度等参数符合室内空气环境的要求。

### 一、空气调节系统的组成

空气调节的目的是要求随着室外气象条件和室内余热量和余湿量不断变化而使室内空气的温度、相对湿度稳定在一定的范围内。采用的措施是调节送入室内的空气温度和空气湿度或送风量。这就要求对空气进行适当的处理（如加热、冷却、加湿、减湿和过滤等）和输送分配。由空气处理设备、风机、风道和送、回风口构成的整套设备称为空气调节系统。为了处理空气还需要一定的热源（如锅炉等）和冷源（如各类冷冻设备或深井水等）。

### 二、空气调节系统的分类

近年来，空调技术发展很快，空调系统种类也很多，根据上述这些设备的布置，空气调节系统基本归纳为如下几类。

（一）集中式空气调节系统

集中式空气调节系统的特点是空气处理设备（空调器）和风机、水泵集中设置在一个空调机房里，处理后的空气通过送风管道、送风口送入空调房间来维持房间所需要的温度和湿度，室内空气再通过回风口、回风管道，根据需要可再循环，部分排至室外。空气处理需要的冷源、热源可以集中在冷冻机房或锅炉房内，如图 9-1 所示。

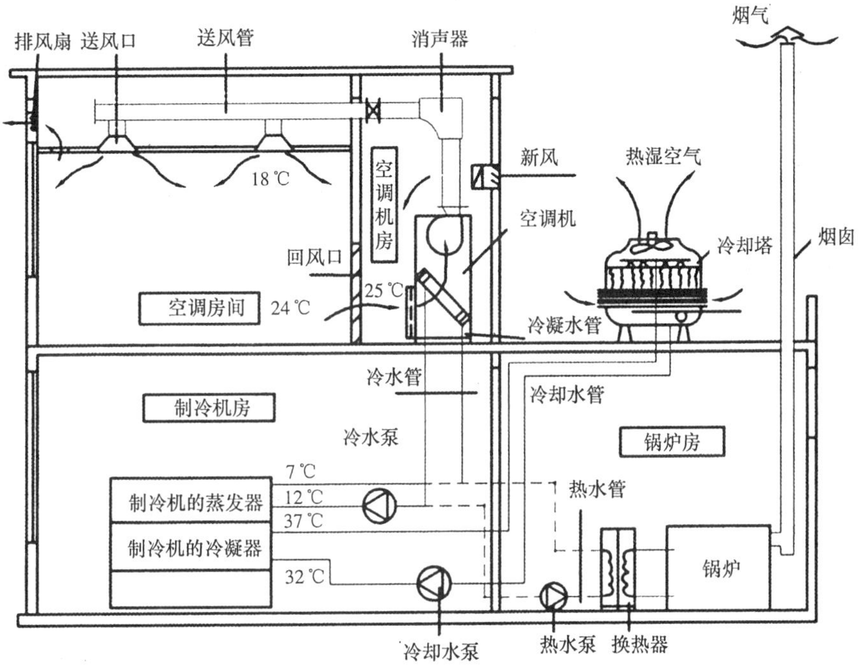


图 9-1　集中式空调系统示意图

集中式空调系统的空气处理设备设置在专用的空调机房，管理和维修比较方便，使用寿命长，初投资和运行费用比较小。因为集中空调系统的管道内输送的是空气，如果风量大，则风道的截面积也相应较大，所以该系统所占建筑的空间也较大。集中式空调系统适用于处理空气量多、服务面积比较大的建筑。如纺织厂、造纸厂、百货商场、影剧院等工业和民用建筑。

（二）半集中式空气调节系统

上述的集中式空气调节系统由于有风道截面积大、占用建筑面积和空间较多以及系统的灵活性较差等缺点，因此，在应用上也受到一定的限制。特别是高层旅馆、办公楼等建筑，根据其房间的用途和使用者的要求，往往需要选用比较灵活的空调系统，而风机盘管加上新风系统的空调克服了集中式空调系统不足而发展起来的一种半集中式空调系统。在这个系统中既有水，又有空气，因此也可叫“水-气”系统，如图 9-2 和图 9-3 所示。

风机盘管空调系统的冷、热媒分别由冷源和热源集中供给，即为水系统。而解决房间空气质量即靠新风系统，因此，风机盘管空调系统是由风机盘管机组、水系统和新风系统三部分组成。为了收集排放夏季湿工况运行时产生的凝结水，还需要设置凝结水管路系统。

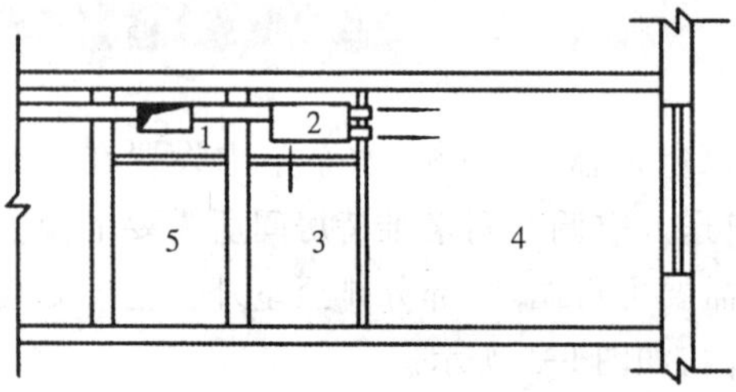


图 9-2　卧式风机盘管机组和独立新风系统并用方式

1—新风道；2—机组；3—过道；4—客房；5—走廊

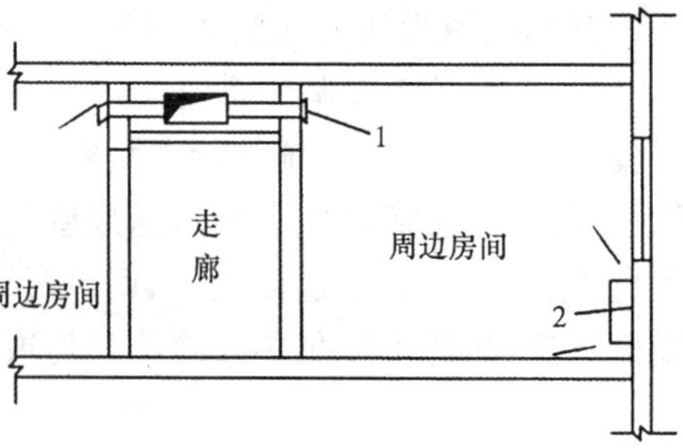


图 9-3　立式风机盘管和独立新风系统并用方式

1—新风口；2—机组

风机盘管机组由风机、表面式热交换器(盘管)、过滤器组成。其型式有卧式和立式机组，如图 9-4 所示。风机盘管机组采用的电动机多为单向电容调速电机，可通过调节输入电压，通过改变风机转速来调节冷、热量。

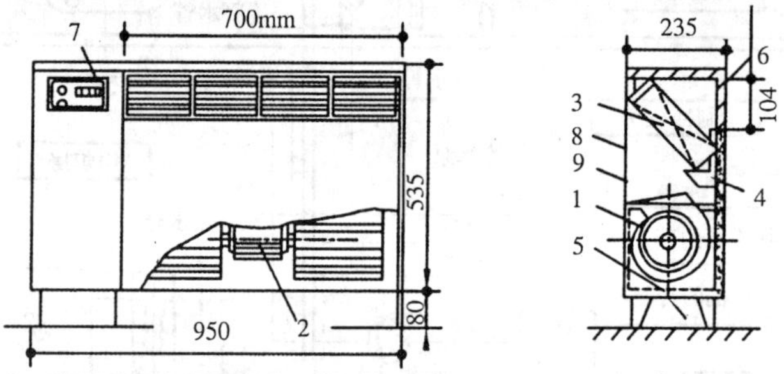


(a) 立式

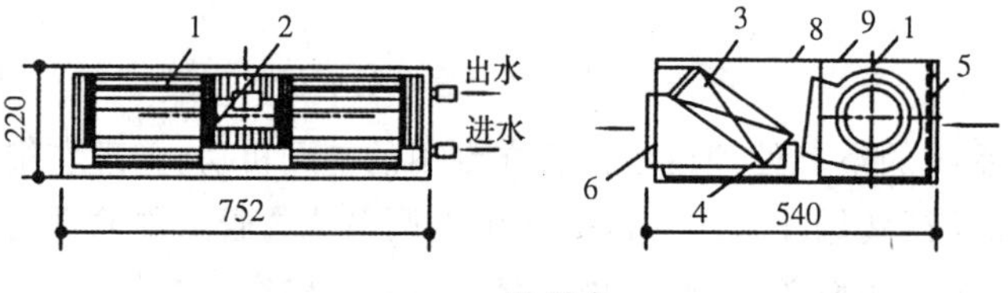


(b) 卧式

图 9-4　风机盘管构造示意图

1—风机；2—电机；3—盘管；4—凝结水盘；5—循环风进口及过滤器；6—出风格栅；7—控制器；8—吸声材料；9—箱体

风机盘管的水系统分为双管系统、三管系统和四管系统三种。

1. 双管系统

这种系统冬季供热水、夏季供冷水都在同一管路中进行。特点是系统简单、初投资节省。

2. 三管系统

这种系统每个风机盘管机组在全年内都可使用热水和冷水。它由一根供热水管、一根供冷水管和一根公共回水管组成，由温度调节器自动控制每个机组水阀门的转换，使机组接通热水或冷水，做到有的盘管供热水而有的盘管供冷水，比较严格地保持各个房间的温度。

3. 四管制系统

这种系统热水和冷水由二根供水管分别输送，回水管也是分开设置。因此，这种系统与三管制一样可以在全年使用冷水和热水，对空调房间温度实现灵活性调节，同时又克服了三管制存在的回水管混合问题，但系统复杂，管道占空间较多，初投资多。

风机盘管空调系统的新鲜空气的补给方式：可通过房间的缝隙自然渗入和排出；从机组背面墙洞引入新风和从缝隙自然排出；由内部空间在空调系统供新风和单独设排风系统；或采用单独新风系统和排风系统的方式。

对于旧建筑增设风机盘管空调系统，如布置新风道有困难，则可取上述前两种方式。新建的建筑大部分都采用单独新风系统。这种系统设置单独的空气处理机组，可随室外气象参数变化进行调节，保证室内参数，特别是房间的湿度。这种方式房间的新风量全年都可以得到保证，但投资大一些，占用空间也较多。

风机盘管空调系统的室温控制分为风量控制和水量控制两种方法。

风量控制方法采用三档（高、中、低），用手动转换开关或自动改变风机电机转速来增加或减少送风量的方法。

水量控制的方法比风量控制方法所需的费用高得多，一般用于室温控制要求较高的场合。

（三）局部式空气调节系统

这种系统在一个较大的建筑中，只有少数房间需要空调，或需要空调的房间在比较分散的情况下采用；旧建筑改建加装空调设备等采用局部式空调系统比较经济、合理。

局部式空调系统是将空调机组安装在需要空调的房间或相邻房间就地处理空气。空调机组是将冷源、热源、空气处理、风机和自动控制等设备组装在一起的定型产品。局部式空调系统不需要空调机房，风管很短或不用风管，而且安装简单，使用方便、灵活，施工安装工作量小；但它的初投资比集中式空调要高。如将机组设置在空调房间，则无新风送入；如果将外墙开孔吸入空气，则破坏了建筑外立面，既不美观也带来噪声、灰尘等一些问题。

1. 常用的空调机组

空调机组，是将一个空调系统连同相应的制冷和制热系统中的全部设备或部分设备配套组装，形成整体，而由工厂定型生产的一种空调设备。将空调和制冷系统中的全部设备都组装在同一箱体内的，称作整体式空调机组；而将空调器和压缩制冷机组分作两个组成部分的，称作分体空调机组。

空调机组的种类很多，大致可以按容量大小，分为窗式空调器、分体挂壁式、立柜式空调器和屋顶式空调器。按制冷设备冷凝器的冷却方式；又可分为水冷式和风冷式；按用途不同，可分为恒温恒湿机组；按供热方式不同，分为普通式和热泵式，如图 9-5、图 9-6、图 9-7 所示。

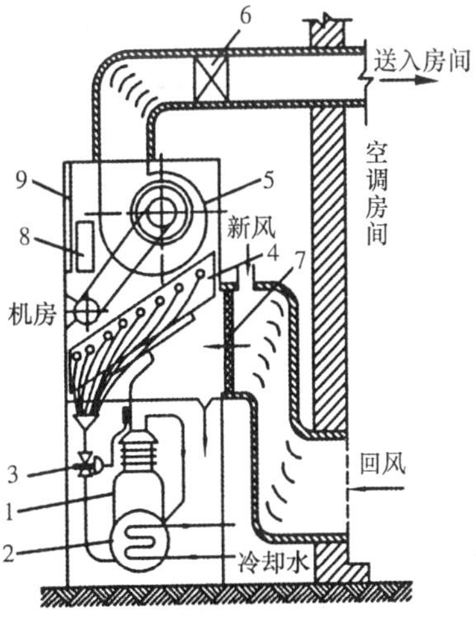

图 9-5　水冷式空调机组

1—压缩机；2—冷凝器；3—膨胀阀；4—蒸发器；5—风机；6—电加热器；7—空气过滤器；8—电加湿器；9—自动控制屏

屋顶空调机组是一种单元整体机组，其制冷、送风、加热、加湿或减湿、空气过滤、电气控制等组装在机组箱

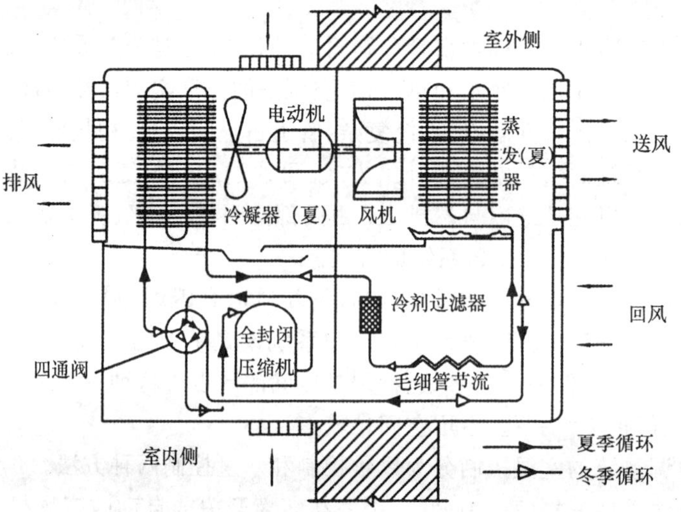


图 9-6　风冷式空调机组(窗式、热泵式)

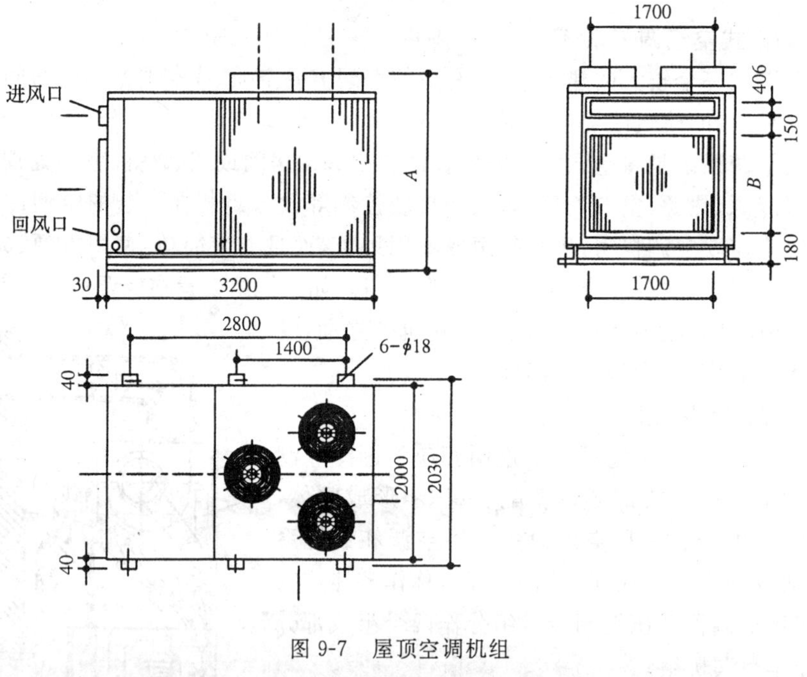


图 9-7　屋顶空调机组

体之中，因为机组设置在屋顶上，所以机组在结构上考虑了防雨措施。为了便于管理，机组均带有电器控制系统。屋顶空调机组不占房间内的有效面积，因此，在有条件的地方使用可达到较好的经济效果。

2. 变冷剂量空调机组

变冷剂量(VRV)空调机组，这种机组属于冷剂系统，采用变频技术，一台室外机组可以配置 8 台不同规格、不同容量的室内机组，如图 9-8 所示。由于该机组采用了电子膨胀阀和变频压缩机，室内负荷的变化可以通过冷剂连续调节和控制系统所需的冷量或热量，各区域能独立加以精确容量控制，根据室外气象条件和房间使用要求，从低负荷至满负荷运转，与此同时，只需向需要空调的房间供冷、供热，而对不需要空气调节的房间，系统则可完全停止运转。这样能使系统运转更趋灵活性和节能性。

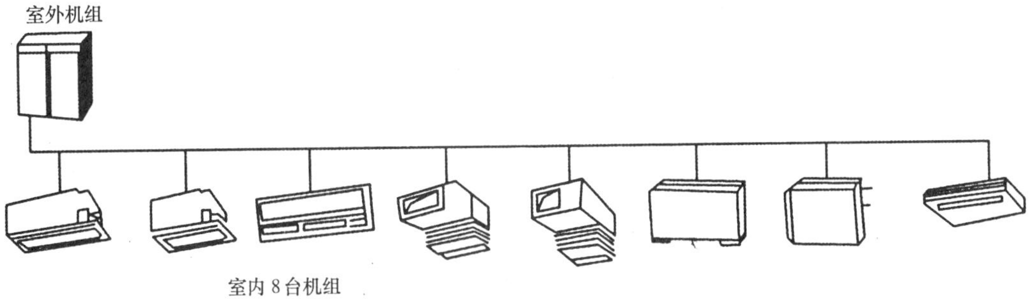


图 9-8　一台室外机组带 8 台室内单机

在该系统中，冷剂配管长度最长可达 100m，室内外机之间的高差可达 50m(当室外机高于室内机时)，而且在同一系统中，上层与下层各室内单机之间能有 15m 的高低差，如图 9-9 所示。

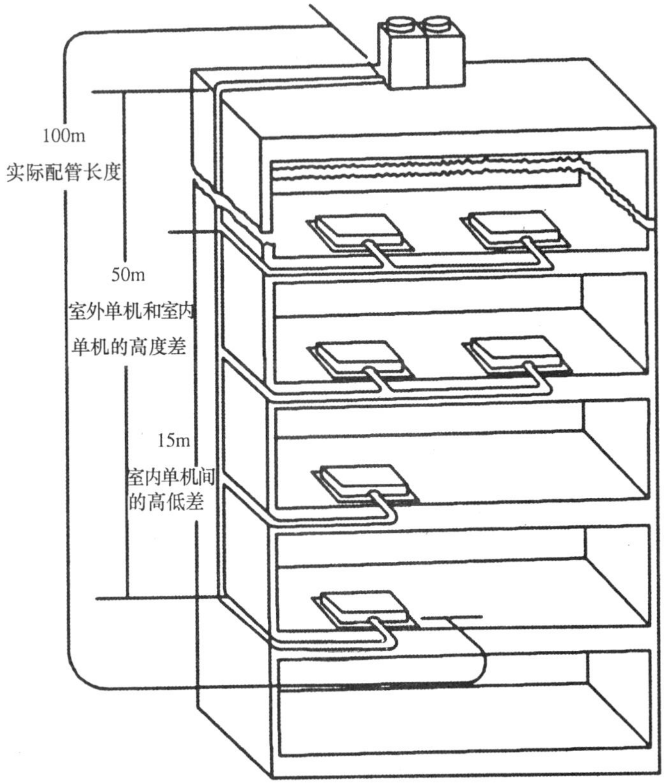


图 9-9　制冷剂配管长度延长

注：(1) 图上数值是根据室外单机安装于室内单机上面的条件取得；

(2) 室外单机位于室内单机下面时的高低差最大为 40m。

由于此种机组有较宽的频率范围(30～90Hz),运用温度范围较广,能适用于需要全年空调的中(小)型办公室小别墅、餐厅、商店等多种建筑物。当建筑物较大时,可分层按容量选用。为保证室内空气的质量,使用该机组时,应考虑新风系统。

## 第四节　空调房间送风量和气流组织

在空气调节工程中,利用送风和排风状态的差异带走室内余热和余湿,以维持空调房间所要求的一定状态。

### 一、空调房间风量

空调房间的送风量通常按夏季最大室内冷负荷来确定的。春、秋、冬季负荷减少,则送风量也可以相应减少。如果房间有局部排风系统时,送风量应不小于局部排风以及为造成房间正压所需的风量。一般房间的送风量可根据房间的换气次数的大小来确定,通常换气次数 $n \geqslant 5$;对于高大房间应按其冷负荷计算求得。

通常,送入空调房间的总风量包括新风量和回风量。其中新风量占总风量的比例应根据各房间的需要来确定,它的大小对室内人员的健康影响很大,对室内的冷量、热量影响也很大。因此,在设计时,必须根据空调房间的具体要求、既要保证空调房间空气质量又要本着节约的原则,综合考虑确定新风量。表 9-6 所示为部分民用建筑的新风量。

**表 9-6　　部分民用建筑新鲜空气需要量($m^3/(h \cdot 人)$)**

| 建筑类型 | 每人需要供给的新鲜空气量 | | 吸 烟 情 况 |
|---|---|---|---|
| | 适 当 | 最 少 | |
| 公 寓 | 35 | 18 | 有一些 |
| 一般办公室 | 25 | 18 | 有一些 |
| 个人办公室 | 50 | 25 | 大 量 |
| 影剧院、博物馆、体育馆、商店 | 15 | 9 | 无 |
| 商业中心、百货大楼 | 12 | 10 | 无 |
| 饭 店 | 25 | 18 | 大量 |
| 高级旅游旅馆 | 50 | 40 | 大量 |
| 舞 厅 | 33 | 18 | 有一些 |

### 二、空调房间气流组织

在空气调节系统中,将经过处理的空气通过送风管从送风口送入空调房间内。同时,也将利用过的空气及时从回风口排出或循环使用(经过重新处理后),以满足工艺或卫生所需的温湿度要求。但是在几个热湿负荷相同的空调房间内，送入同样风量和温度的空气时，有的房间内满足了要求，而有的房间内却不能满足要求。例如，在夏季，送入空气的温度要比室内气温低，如果这股冷气流直接吹到工作区内，由于空气温差大，人体会感到不适，或工艺会受到影响；如果使冷气流先与室内空气适当混合后，然后吹到工作区，情况就得到改善。而且空调房间内的要求，不仅在空气温度方面，还要从生产工艺或劳动保护考虑，对室内工作区的温湿度的均匀程度和允许波动范围，对工作区内风速大小的均匀程度，以及空气净化或消声等方面都有一定的要求。特别是精度要求或净化要求比较高的空气调节，室内的温度场、速度场和净化区域，受室内气流流动和分布的影响更大。所以，空气从送风口进入空调房间后，还有一个气流流动和分布问题，要解决得好，才能满足室内的空气调节要求。这种技术上的考虑和措施，称为气流组织。

空气调节房间内气流组织合理与否与送风口和回风口的位置、形式、大小、送风气流的流态和运动参数、送风气流温度与室内温度的温差、房间建筑结构的布置大小、室内的工艺设备布置等都有关系，而且相互之间的关系比较复杂，气流组织将直接影响着空调系统的使用效果，尤其是在有室温允许波动范围和洁净度要求较高以及高大空间的建筑中，合理的气流组织具有更重要的作用。

（一）送风

国内空调房间常用的气流组织的送风方式，按其特点主要分以下几种：

1. 侧向送风

侧向送风是空调房间中最常用的一种气流组织方式。如图 9-10 所示。一般以贴附射流形式出现，工作区通常是回流区。送、回风口分别布置在房间同一侧的上部和下部，送风射流到达对面的墙壁处，然后下降回流，使整个工作区处于回流之中。为避免射流中途下落，常采用贴附射流（使送风射流贴附于顶棚表面流动），以增大射流流程。图 9-11 是几种侧向送风布置实例，在图 9-11(a) 中，是将回风管设在室内或走廊内；图 (b) 是利用送风管道周围的空间作回风干管；图(c) 是利用走廊回风。

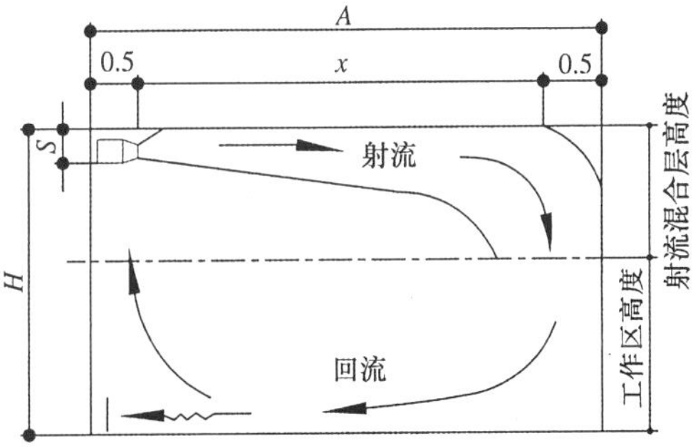


图 9-10　侧送贴附射流流型

一般层高的小面积空调房间宜采用单侧送风；当房间长度较长，用单侧送风射程或区域温差不能满足时，可采用双侧送风；当空调房间中部顶棚下安装风管对生产工艺影响不大时，可采用双侧外送的方式。高大厂房上部有一定余热量时宜采用中部双侧内送，上下回风或下回上排风的方式，将上部热量通过设置在上部的排风口排走，如图 9-12 所示。侧向送风布置方便、结构简单、适用室温允许波动范围大于或等于±0.5℃的空调房间。这种送风方式的送风射程（房间进深）通常在 3～8m 之间，送风口每隔 2～5m 设置一个。房间高度一般在 3m 以上，送风口应尽量靠近顶棚，或设置向上倾斜 10°～20°的导流片形成贴附射流。

侧向送风风口形式有单层送风口、双层送风口，如图 9-13 所示。风口通常用铝合金

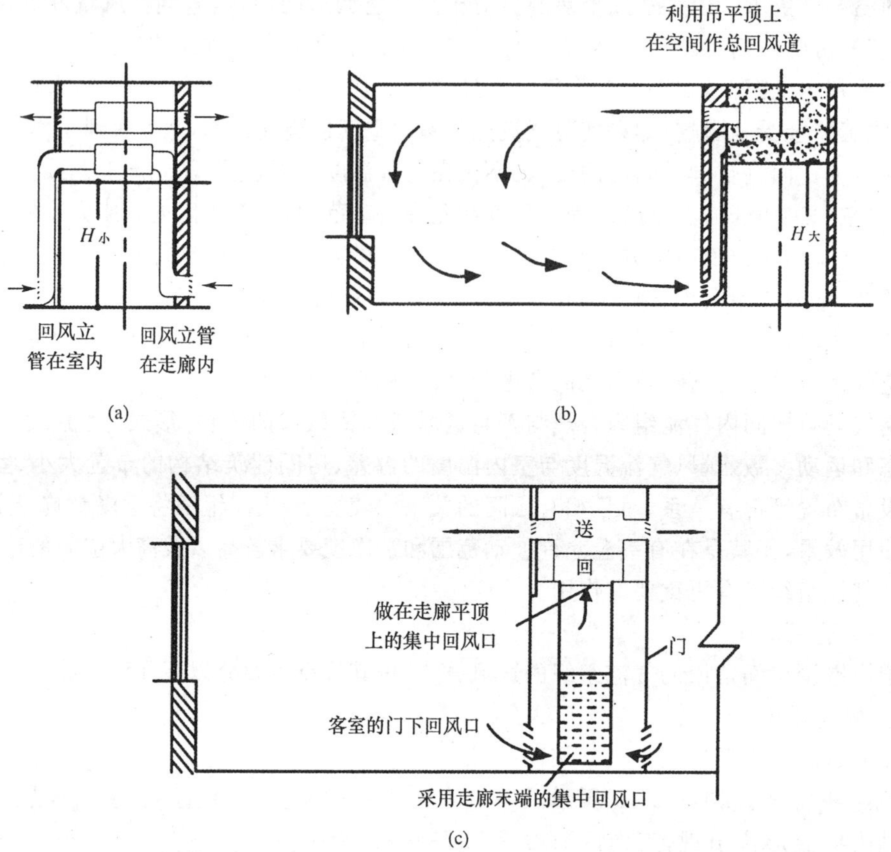


图 9-11　侧向送风布置实例

制成。

2. 散流器送风

散流器是设置在顶棚上的一种送风口，它具有诱导室内空气使之与送风射流迅速混合的特性。散流器送风可以分为平送和下送两种。

(1) 散流器平送

散流器平送方式，一般用于室温允许波动范围有要求，层高较低且有技术夹层的空调房间。送风射流沿着顶棚径向流动形成贴附射流，保证工作区稳定而均匀的温度和风速。应用散流器平送时，风管通常布置在吊顶层内。图 9-14 为散流器平送气流流型，图 9-15 为散流器的结构示意图。

散流器的布置，一般按对称位置或梅花形布置，圆形或方形散流器相应送风面积的长宽比不宜大于 1∶1.5，散流器中心线和侧墙的距离，一般不小于 1.0m，散流器间距一般为 3～6m。

(2) 散流器下送

散流器下送的气流流型如图 9-16 所示。这种送风方式使房间的气流分成两段，上段叫混合层，下段是比较稳定的平行流，整个工作区全部处于送风气流之中。图 9-17 是常用的一种流线型散流器的示意图。这种气流方式需要顶棚密集布置散流器，管道布置较

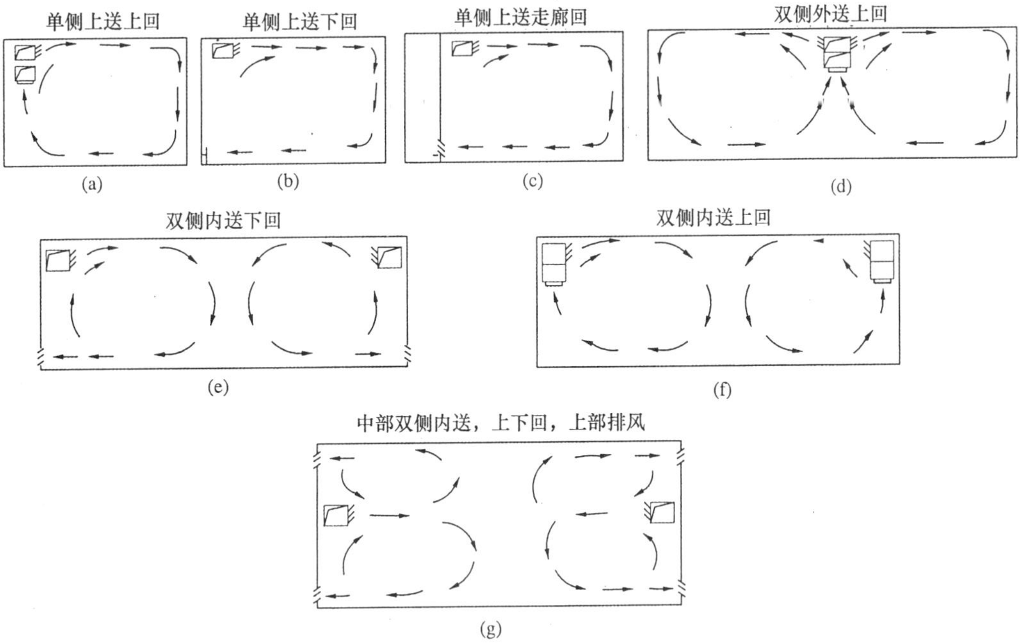


图 9-12　侧向送风的几种方式

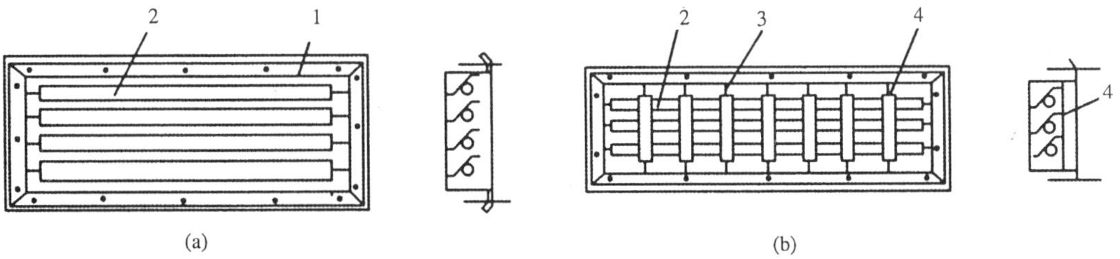


图 9-13　侧向送风口

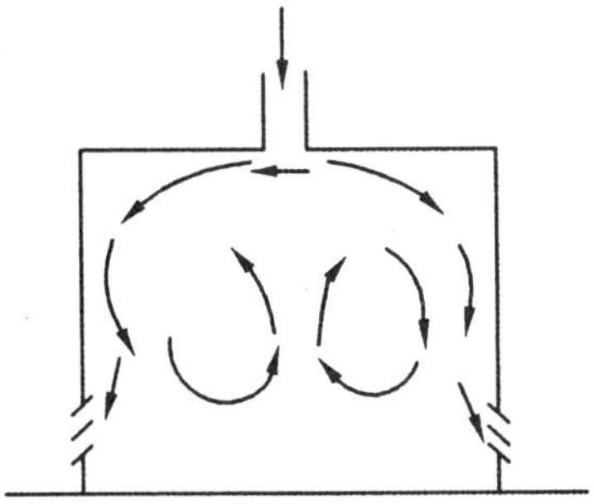

图 9-14　散流器平送的气流流型

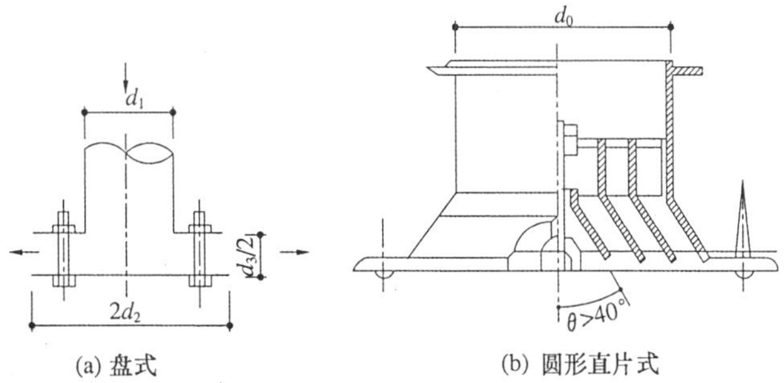


图 9-15　平送散流器示意图

复杂，因此，它主要适用于有高度净化要求的房间。房间高度一般为 3.5～4.0m，散流器布置间距一般不超过 3.0m，散流器中心离墙距离不宜超过 1.0m。

3. 孔板送风

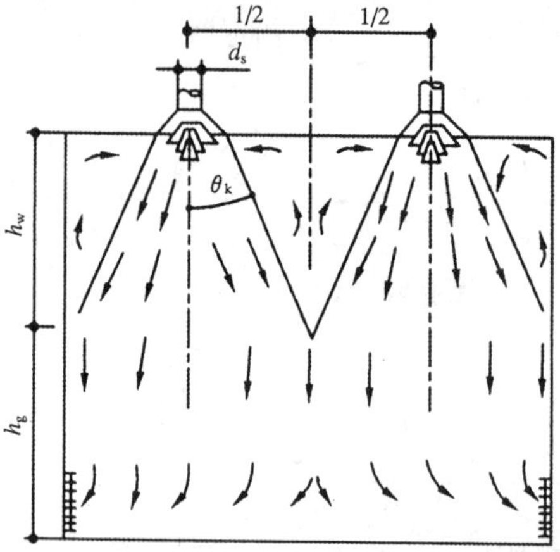

图 9-16 顶棚密集散流器下送的流型和混合层高度

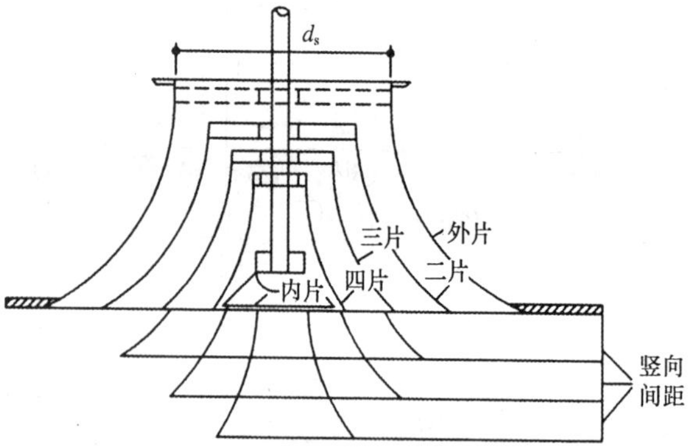

图 9-17 流线形散流器

在室温允许波动范围较小的空调房间中，通常采用孔板送风。孔板送风是将空气送入顶棚上面的稳压层中，在稳压层的作用下，通过顶棚上的大量小孔均匀地进入房间。可以利用顶棚上面的整个空间作为稳压层，也可以利用另外设置的稳压箱。稳压层的净高应不小于 0.2m，孔径一般为 4～6mm，孔距为 40～100mm。

孔板送风可以分为全面孔板和局部孔板送风两种类型。

(1) 全面孔板送风

在顶棚上均匀地布置孔板，在孔板下面将形式下送平行流的气流流型，如图 9-18 所示。它主要用于有高度净化要求的空调房间，如图 9-18(a)所示。

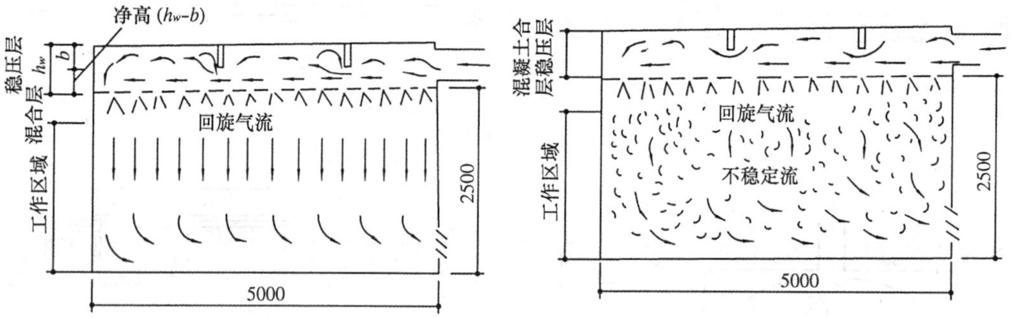

(a) 下送单向流

(b) 不稳定流

图 9-18 全面孔板流型

如果送风速度较小，送风温差也较小时，将在孔板下面形成不稳定流型，如图 9-18(b)所示，这时的流速和区域温差都很小，适用于室温允许波动范围较小和要求气流流速较低的房间。

(2) 局部孔板送风

顶棚上有一块或多块有孔眼的或条缝状的送风孔板，如图 9-19 所示，送出的气流流型如图 9-20 所示。采用局部孔板送风时，在孔板的下部同样可以形成平行流或不稳定流，但在孔板周围则形成回旋气流。

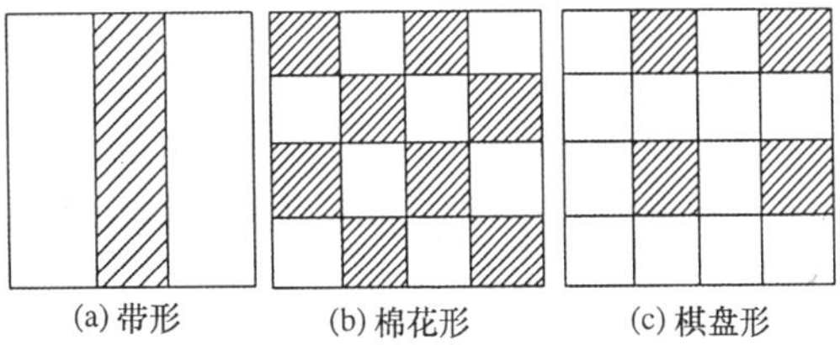


图 9-19　局部孔板布置图

在实际工程中，孔板常用铝板、木丝板、五夹板、石膏板等材料制作，装在室内顶棚上。在相对湿度比较高的场合，如 $\phi>60\%$ 应尽量少用五夹板以避免长期使用受潮而变形。

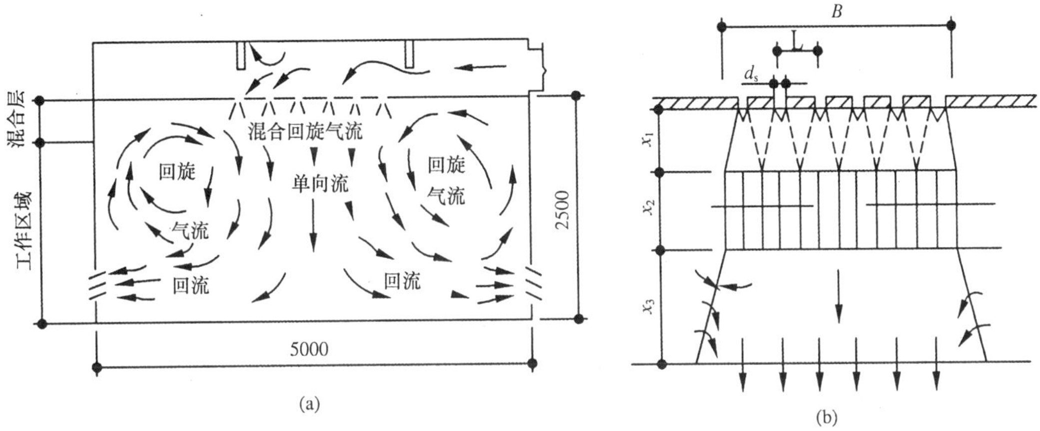


图 9-20　局部孔板送风

设计孔板送风的稳压层时应注意下列问题：

· 稳压层管道布置。当房间面积不大时，稳压层内不设管道；对区域温差要求高的大面积空调房间，稳压层内气流流经距离又较长时，稳压层内可设管道，一般气流从管道内向顶棚上部送出再压下，向稳压层内送风速度一般采用 3～5m/s。

· 稳压层高度。孔板上稳压层高度应按计算确定，但净高不应小于 0.2m。

· 稳压层保温。当送冷热风时，需在稳压层侧面及顶部采取保温措施，稳压层要有良好的气密性。

· 孔板送风的回风口一般均布置在房间的下部。尤其在有洁净要求的孔板下送平行流时，一定要把回风口设在房间下部。除要求工作区全部为平行流的有洁净要求的房间及小面积室温允许波动范围较小的空调房间外，一般宜采用局部孔板送风方式，并可与照明、排风等相结合布置、孔板的形式除在顶棚上开设圆孔外也可设置成格栅式顶棚。

4. 喷口送风

喷口送风是大型体育馆、礼堂、通用大厅以及高大厂房中常用的一种送风方式，如图 9-21 所示。这种送风方式由高速喷口送出射流，带动室内空气进行强烈混合，使室内形成的空气流动量增至送风量的 3～5 倍，射流面积不断扩大，速度逐渐衰减，室内形成大的回旋气流（工作区域一般是回流）。由于这种送风方式具有射程远、系统简单、投资较省。一般能够满足工作区舒适条件。因此，在高大空间以及要求舒适性的空调建筑中，宜采用喷口送风方式。

喷口有圆形和扁形两种型式,圆形喷口的结构如图 9-22 所示。为了提高喷口的使用灵活性,亦可做成球形转动的型式。

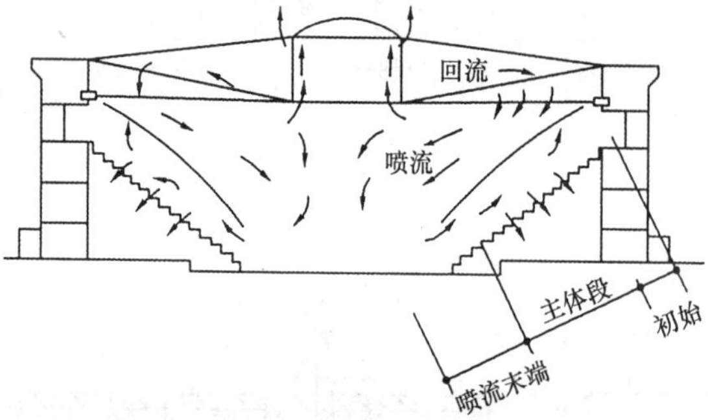


图 9-21 喷口送风流型

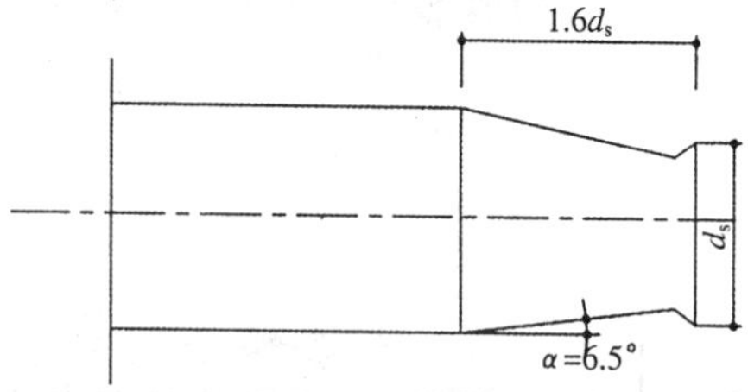


图 9-22 圆形喷口

喷口送风的风速一般取 4～10m/s,喷口直径一般取 0.2～0.8m,喷口角度要按计算确定。当冷射流时,$\alpha=0°\sim15°$;热射流时 $\alpha>75°$。喷口安装高度根据工程具体要求而定。对于高大建筑一般取 6～10m。例如,北京工人体育馆比赛大厅是一座直径为 94m 的圆形建筑,大厅内空调的送风方式是采用直径为 600mm 的圆形喷射风口,送风速度达 8m/s,围绕大厅周围共布置 64 个风口,射流未到赛区即回流,使比赛区处于涡流区内,气流速度可以符合要求。图 9-23 是上海体育馆的空调系统送、回风方式的示意图,该馆比赛大厅也是圆形建筑,直径为 110m,送风方式用喷射风口和平顶送风相结合,喷射风口也是沿周围布置,共 64 个,直径为 580mm、平送处为静压箱,下有条缝风口向下送风。回风口布置在四周座位台阶的直面上。

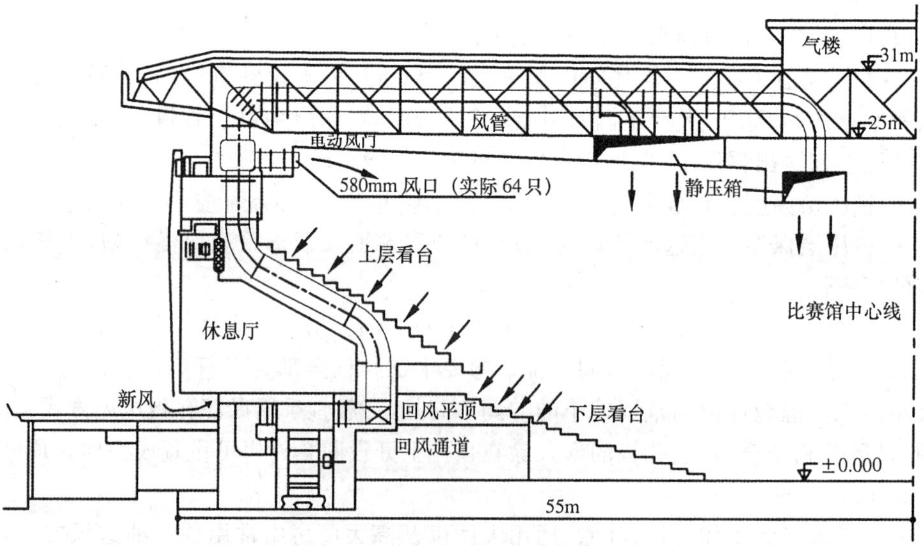


图 9-23 上海体育馆空调送、回风示意图

5. 条缝型送风

条缝送风属于扁平射流,与喷口送风相比,射程较短,温差和速度衰减较快。它适用

于工作区允许风速 0.25～1.5m/s，温度波动范围为±1～2℃的场所。在办公室、会议室采用这种型式的风口，如沿窗户上部布置，可以起屏风的作用，有利于稳定和调节房间内的温湿度参数。如果将条缝型风口与采光带互相配合布置，可使室内显得整洁美观。

在空调房间里，一般将条缝送风口安装在顶棚并与顶棚镶平，气流以水平方向向两侧送出，也可设置在侧墙上，如图 9-24 所示。

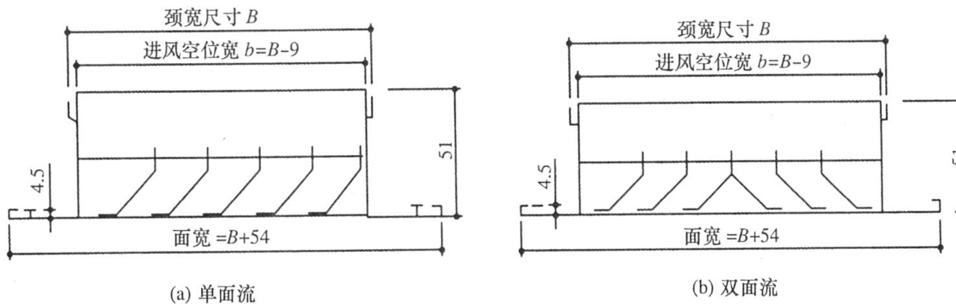


图 9-24 条缝送风口

（二）回风

1. 回风口的布置

空调房间的气流流型主要取决于送风射流，回风口处的气流速度衰减很快，对气流流型影响很小，对区域温差影响亦小。因此，除了高大空间或面积大而有较高区域温差要求的空调房间外，一般可在房间一侧集中布置回风口。

对于侧送方式，回风口一般设在送风口同侧下方；采用孔板和散流器送风形式，回风口也应设在下侧。

设大厂房上部有一定余热量时，宜在上部增设排风口或回风口将余热量排除，以减少空调区的热量。

有走廊的多间空调房间，如对消声、洁净度要求不高，室内又不排出有害气体时，可在走廊端头布置回风口集中回风；而各空调房间内，在与走廊邻接的门或内墙下侧，宜设置可调百叶栅口，走廊两端应设密闭性能较好的门。

回风口的底边距地面 0.2～0.3m。为防止杂物被吸入，在回风口上应装过滤网。

2. 回风口的风速与型式

(1) 回风口的风速

回风口的风速应根据回风口设置的位置确定，一般可按表 9-7 选用。回风口的风景可通过设置在回风口或回风支管上的阀门调节。

(2) 常用回风口型式

常用的回风口有单层百叶风口、固定格栅风口，网板风口，篦孔或孔板风口等，也有与相同效果的过滤器组合在一起的网式回风口。

（三）空调房间送、回风口布置形式

空调房间气流的分布形式取决于空调房间的使用要求、房间的层高及送、回(排)口布置的位置等因素，通常有如下几种。

表 9-7　　　　　　　　　　　**回风口风速**

| 回风口位置 | | 回风风速（m/s） | 备　注 |
|---|---|---|---|
| 房间上部 | | 4.0～5.0 | |
| 房间下部 | 不靠近操作位置 | 3.0～4.0 | |
| | 靠近操作位置 | 1.5～2.0 | |
| | 用于走廊回风 | 1.0～1.5 | |

1. 上送下回

这是一种用得比较多的送、回风方式，它使室内气流主要是纵向运动。常用送风口有双层百叶风口、散流器。图 9-25 所示为设置房间平顶中部的散流器，气流先向四周扩散后再向下，而由两侧回风。所以工作区内气流主要是纵向的。这种方式适合房间较宽、且工作区要求气流均匀时，送入气流在到达工作区前，有充分机会与室内空气混合与换热，能够形成比较均匀的温度场和速度场。但是在吊顶上面要求有适当的空间布置风管（风管外还需设置保温层），这样就要求建筑物层高相应要增加。

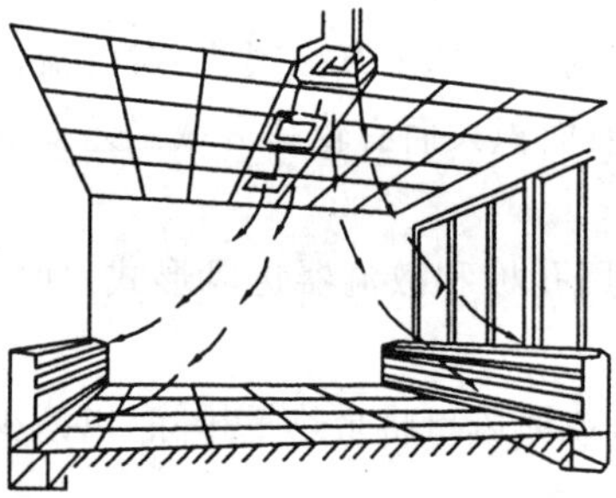

图 9-25　上送下回气流分布示意图

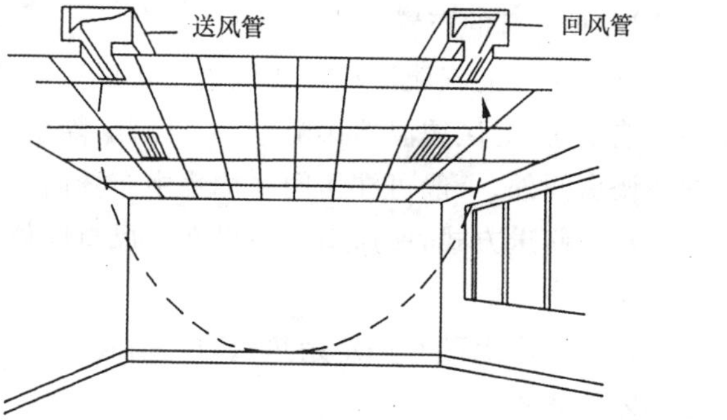


图 9-26　上送上回气流分布示意图

2. 上送上回

这种送、回风方式用得比上送下回方式少。只有在房间下部由于工艺设备或放置物品不便布置回风口时选用。送风口可用侧送风口，散流器在吊顶里一边设送风管，一边设回风管，如图 9-26 所示，利用风管底面开孔作为送、回风口，气流从上部送下，经过工作区后，回流向上进入回风管。如果吊顶上面没有安设管道的空间，也可将送、回风管叠置明装在房间内，如图 9-27 所示，这样做，风管布置比较方便，但房间中部净高受到影响，如果房间一边允许设置管道，那么可以利用侧送式上送上回，如图 9-28 所示。

当送、回风口靠得太近时，宜选用较小的回风速度，以免形成送风气流的短路现象。

3. 下送上回

这种送回风方式也可称为“置换通风”。经过处理的空气以较低的送风速度自地面送风口进入工作区，在重力的作用下，先是下沉，然后慢慢扩散，在地面上方形成薄薄的一层空气层，保证工作区内的空气参数满足人体健康和舒适的要求。同时，室内热源产生的浊

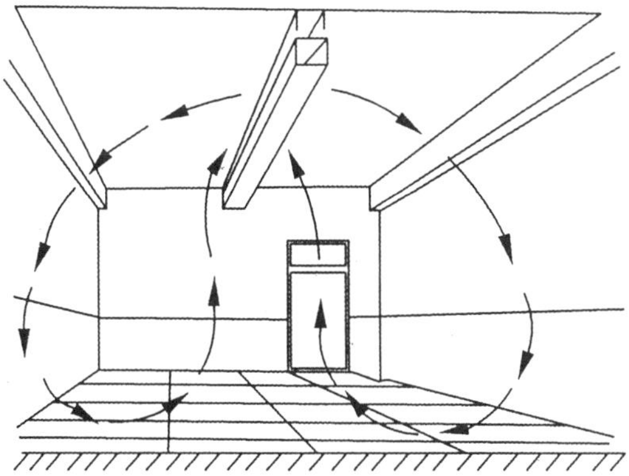

图 9-27 上送上回(风管叠置)气流分布示意图

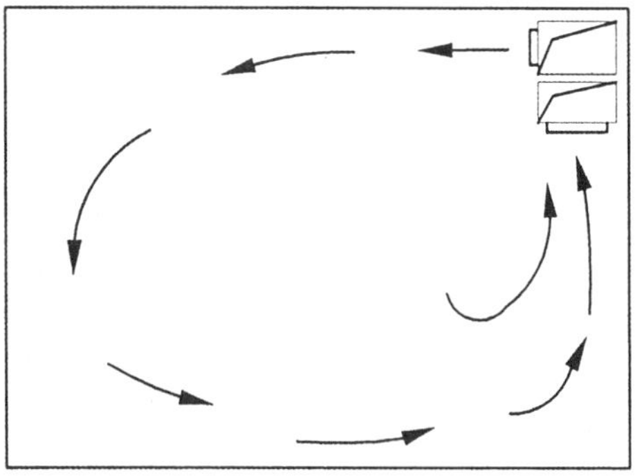

图 9-28 上送上回(侧送)气流分布示意图

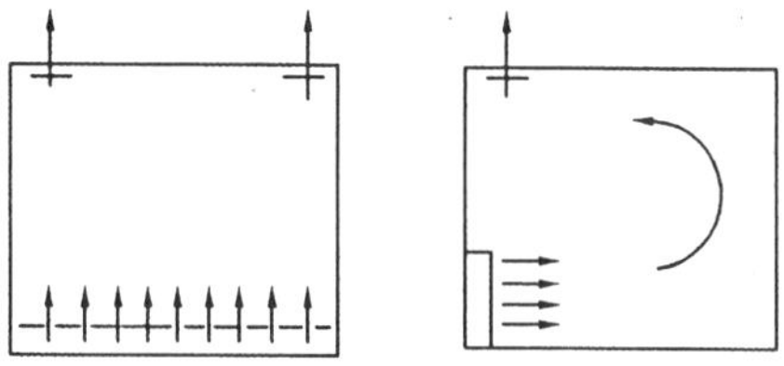

(a) 地板下送　　(b) 置换下送式

图 9-29 下送下回气流示意图

热气流由于浮力的作用而上升,并在上升过程中不断卷吸周围空气,上升到吊顶附近的回风口(或排风口)排走。这种送回风方式具有一定的节能效果,同时也改善了工作区的空气质量。近年来,在国内外的工程中也较多使用,可以采用地板格栅送风,也可采用置换式送风,如图 9-29所示。

4. 中送风

在一些高大的建筑物,实际工作区一般在建筑物下部,则在考虑送、回风方式时,不必将整个空间作为控制调节的对象;采用中送风的方式可节省电能。但它的气流分布会造成竖向温度分层不均匀,存在着温度分层的现象,如图 9-30 所示。

此外,对于机场中主要厅堂如出港大厅、办票大厅、候机大厅等二、三层共享空间都是高大空调,根据其负荷特点,可采用上、下分层送风方式。

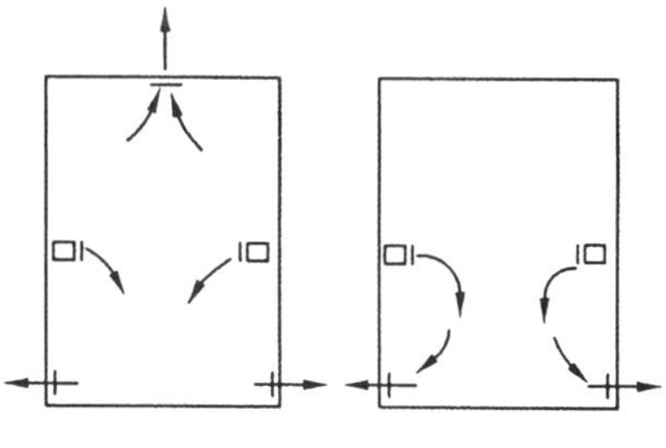

图 9-30 中送风气流分布示意图

## 三、空调系统风管布置

集中式空调系统设计时,空调风管布置必须考虑到建筑、结构等方面的实际情况和敷设可能,同时也要考虑室内给水、消防管道、排水管、电气、电话、闭路电视管道(或桥架)的布置要求。

管道布置主要考虑使用调节时的灵活性,当系统服务于几个房间时,可根据房间用途分成几个便于集中控制布置方式。

为减少管道系统的沿程阻力损失和局部阻力损失。管道在布置时,要尽量减少管道的长度,避免复杂的局部管件和减少不必要的分支管。图 9-31 为空调风管系统示意图。

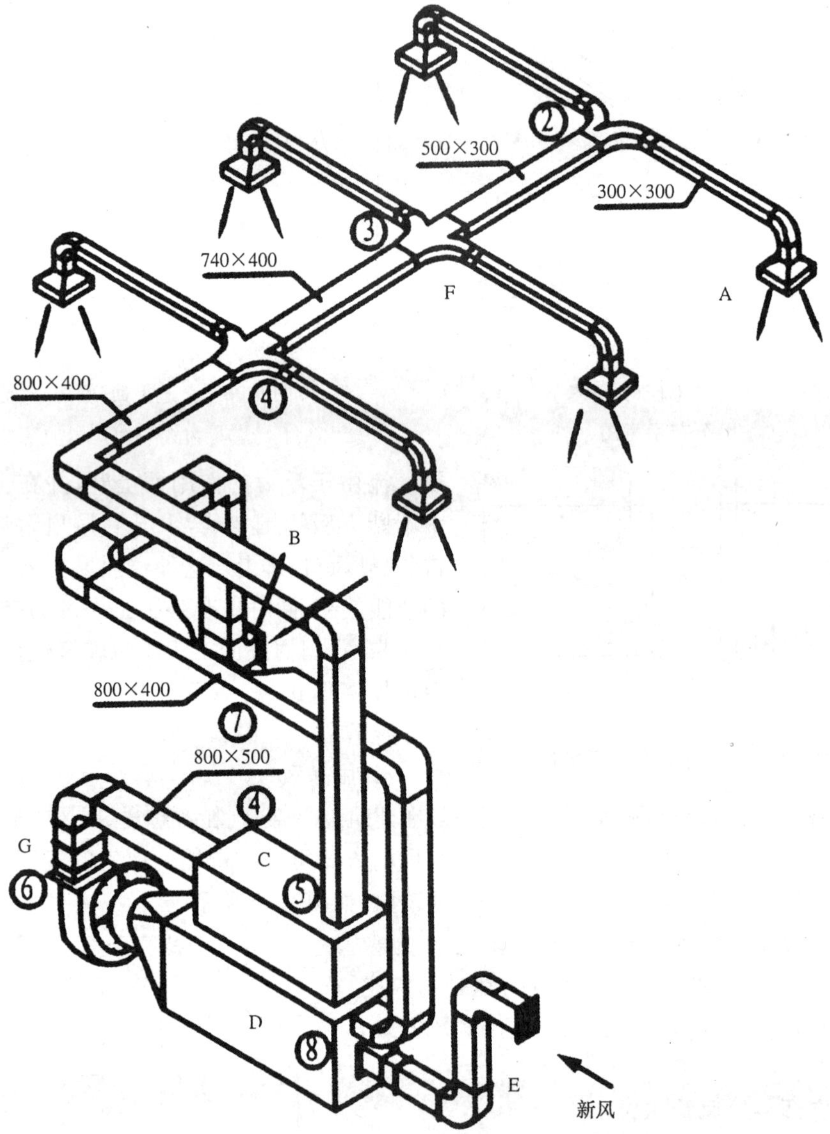


图 9-31　空调风管系统示意图

图注：A—送风口(孔板 600×600)；B—集中回风口(1250×800)；C—中交过滤器箱

D—空调箱；E—新风口；F—支风管多页调风门；G—总管多页调风门

(图中风道断面尺寸是计算后的结果)

# 第五节 空气处理、消声和减振

## 一、空气的组成

自然界的空气是由多种气体和水蒸汽组成的混合物。

在通常情况下，除水蒸气外，其余各种气体的组成比例基本不变，各自的重量百分比为：氮($N_2$)——75.55%；氧($O_2$)——23.10%；二氧化碳($CO_2$)——0.05%；稀有气体——1.3%。

由于上述各组成成分的多少对于空气的物理性质并无特殊意义，而且各组成比例又基本稳定，因此，常把它们合在一起当作一个整体来看待，称为“干空气”；而将连同水蒸气在内的实际存在的空气称为“湿空气”，或者称“空气”。

水蒸气在空气中的含量很少，并且没有固定的比例，它随着季节、气候以及产生水蒸气的来源情况而经常发生变化。实践表明，空气中含有水蒸气的多少，直接影响到人们的日常生活，影响到许多工业生产过程以及对产品质量和物资的贮存保管。因此，尽管水蒸气的含量很少，它却是影响空气物理性质的一个重要因素。

## 二、空气的处理

由于室外空气随地区、气候不断变化，因此必须通过多种处理方法对室外空气处理达到所要求的送风状态而后送入空调房间。

常用的空气处理过程有过滤、加热、冷却、加湿和降湿。

1. 空气过滤

一般说来，空气调节工程的主要矛盾是空气的温湿度的处理和调节，由于处理空气的来源是室外新风和室内回风两者的混合物。新风中因室外环境有尘埃的污染、而室内空气则因人的生活、工作和工艺发生污染。空气中所含的灰尘除对人体危害外，对空气处理设备(如加热、冷却器等设备的传热效果)亦不利。所以要除去空气中的悬浮尘埃，此外在某些场合还要除臭、增加空气负离子等要求。另一种情况是从生产工艺的空气环境要求，必须采用“净化空调”——即空调是以净化为主要任务。对空气环境的要求已远远超过从卫生角度出发的尘埃要求。而有这种要求的生产车间；即可谓“洁净室”或“超净车间”，这种车间的设计是一项综合技术，它包括生产工艺、建筑设计、空气调节、空气净化及操作管理等。

对绝大多数的空调系统来说，设置一道粗效过滤器，将空气中大颗粒灰尘过滤掉即可。

对有一部分空调系统，有一定的洁净要求，但提不出确切的洁净度指标，或者提出的洁净度指标还达不到最低级别洁净室的洁净度要求，在这种系统中需设置两道过滤器，即第一道为粗效过滤器，第二道为中效过滤器。

所谓洁净室，从工艺的特殊要求出发，和空气的洁净的要求除了设置上述两道空气过滤器外，在空调送风口前需再设置第三道过滤器，即高中效、亚高效或高效过滤器。

空气过滤器按过滤灰尘颗粒直径的大小可分为：

粗效过滤器过滤$\geqslant 5.0\mu m$的大颗粒灰尘；

中效、高中效过滤器过滤≥1.0μm 的中等粒子灰尘；

亚高效过滤器过滤≥0.5μm 的小颗粒灰尘；

高效过滤器过滤≥0.3μm 的细小颗粒灰尘。

实践表明，过滤器不仅能过滤掉空气中的灰尘，还可以过滤掉细菌。

过滤器材料大多采用化纤无纺布滤料，有一部分粗效、中效过滤器仍然采用泡沫塑料，亚高效过滤器多数采用聚丙烯超细纤维滤料。高效过滤器采用超细玻璃纤维滤纸。各类过滤器结构型式如图 9-32、图 9-33、图 9-34、图 9-35 和图 9-36 所示。

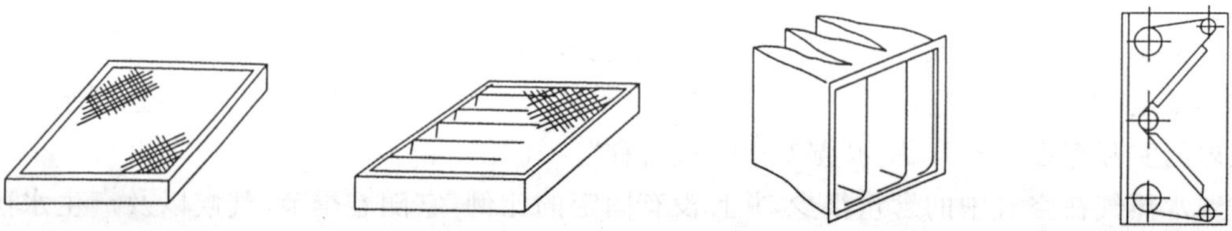

(a) 板式　(b) 折叠式　(c) 袋式　(d) 卷绕式

图 9-32　粗效过滤器的结构形式

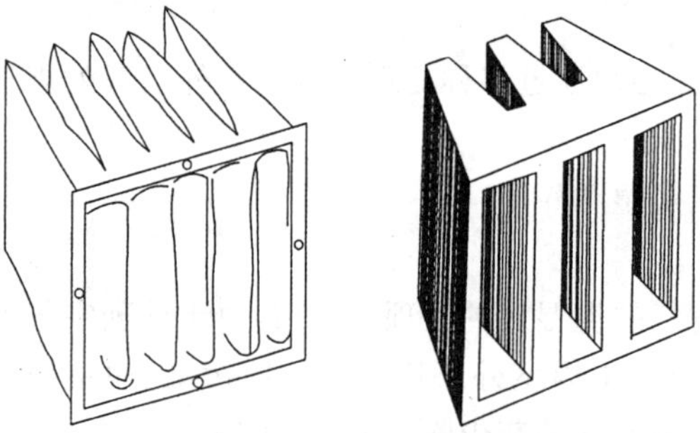

(a) 袋式　(b) 楔形组合式

图 9-33　中效过滤器的结构型式分布示意图

图 9-34　高中效过滤器的结构型式

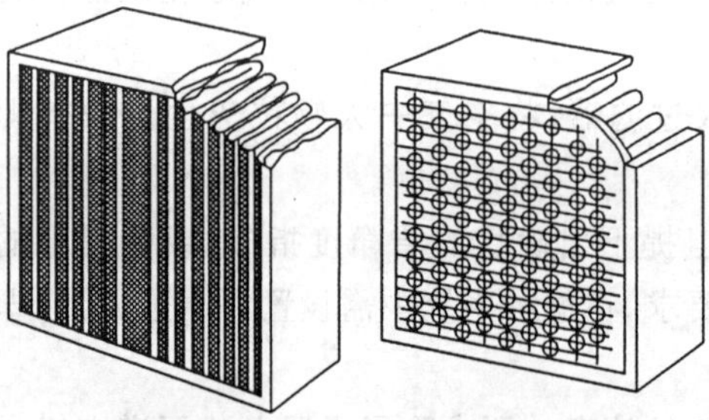

(a) 折叠式　(b) 管式

图 9-35　亚高效过滤器的结构型式

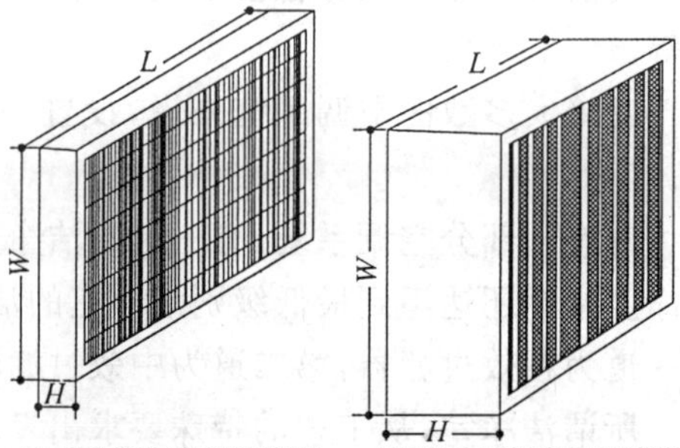


(a) 无分隔板高效过滤器　(b) 有分隔板高效过滤器

图 9-36　高效过滤器结构型式

此外，去除空气中某些有味、有毒的气体可以采用活性炭过滤器。利用活性炭对有害气体的吸附性能和内部孔隙中形成的较大表面面积，当污染空气通过活性炭过滤器时，将污浊气体去除掉。近年来，在空气净化的技术领域内，空气的离子化也逐渐受到人们的重视。

2. 空气加热

在空调工程中经常需要对送风进行加热处理。目前，广泛使用的空气加热设备，有表面式空气加热器和电加热器两种类型。前者用于集中式空调系统的空气处理设备和半集中空调系统的末端装置中；后者主要用于各空调房间的送风支管上作为精调设备以及用于空调机组中。

表面式空气加热器以热水或蒸汽作为热源通过金属表面传热的一种加热设备，即被加热的空气与热源（热水或蒸汽）不直接接触，而是通过金属表面进行热交换方式。图9-37是用于集中加热空气的一种表面式空气加热器的外形图。不同型号的加热器，其肋管（管道及肋片）的材料和构造型式亦不同，分别有钢管绕钢片和钢管绕铝片。

表面式空气加热器通常设置在空气处理设备内，它可以垂直或水平安装，当蒸汽作为热媒时，空气加热器必须水平安装，为了便于排除凝结水，安装时应具有 0.01 的坡度。

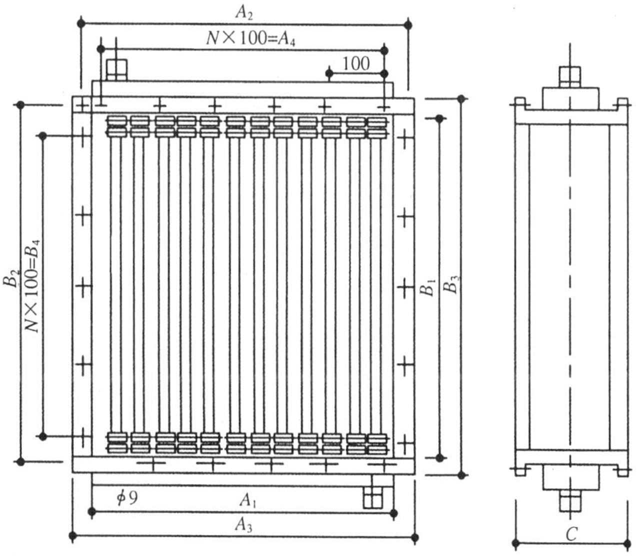


图 9-37　空气加热器外型图

电加热器是由电流通过电阻丝发热来加热空气的设备。它可分为裸体线电加热器和管式电加热器两种。裸体线电加热器的构造如图 9-38 所示。该加热器结构简单，热惰性小，加热迅速。但由于电阻丝容易烧断，安全性差，使用时必须有可行的接地装置。为方便检修，常做成抽屉式；管式电加热器是由若干根管状电热元件组成的。管状电热元件是将螺旋形的电阻丝装在细钢管里，并在空隙部分用导热而不导电的结构晶氯镁绝缘，如图 9-39 所示。

3. 空气冷却

在空气调节系统中，空气的冷却处理过程很多，尤其是我国南方地区，它不仅是空调

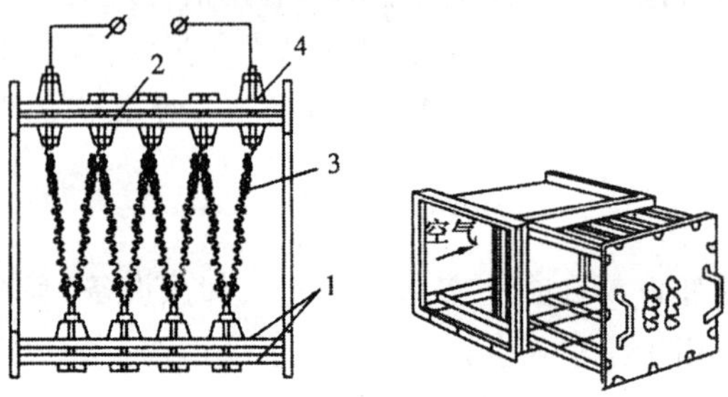


(a) 裸线式电加热器　　(b) 抽屉式电加热器

图 9-38　裸体线电加热器

1—钢板；2—隔热层；3—电阻丝；4—瓷绝缘子

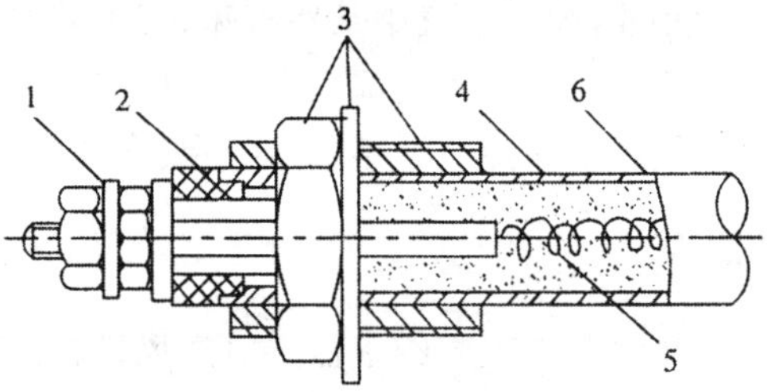


图 9-39　管式电加热器的结构型式

1—接线端子；2—瓷绝缘子；3— 紧固装置；4—绝缘材料；5—电阻丝；6—金属套管

技术的重要问题，而且与空调设备及运行费用的关系密切。

冷却空气的冷源有天然冷源（深井水等）和人工冷源（制冷设备）两种，最常用的是人工冷源。冷却空气方法有以下几种：

(1) 用水冷式表面冷却器冷却空气，即用冷水与空气间接热交换（如同前所述的表面空气加热器原理）来冷却空气；

(2) 用直接蒸发式表面冷却器冷却空气，它相当于制冷系统中的蒸发器，靠致冷剂在蒸发器内蒸发吸热而冷却空气；

(3) 用喷水室冷却空气，即在喷水室中直接向流过的空气喷淋大量的低温水滴，使水滴与空气直接接触，进行热、湿交换使空气冷却：

图 9-40 为冷水式表面冷却器水管连接示意图，图 9-41 为滴水盘安装示意图，图 9-42 为喷水室构造原理图。

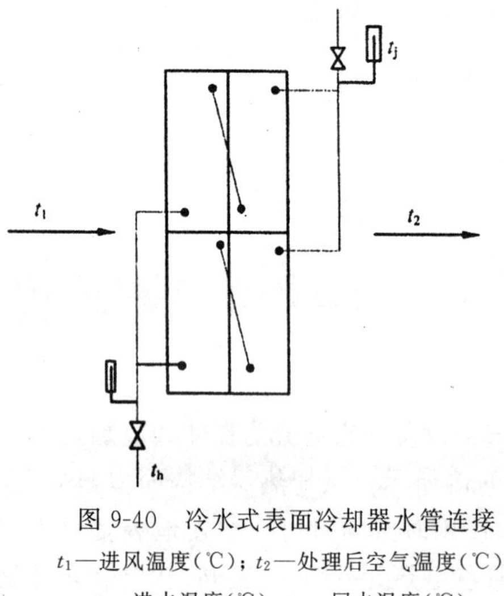


图 9-40　冷水式表面冷却器水管连接

$t_1$—进风温度(℃)；$t_2$—处理后空气温度(℃)；$t_j$—进水温度(℃)；$t_h$—回水温度(℃)；

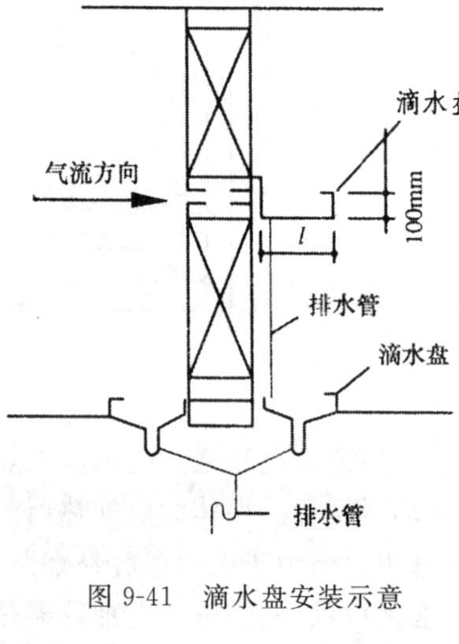


图 9-41　滴水盘安装示意

表面式冷却器结构紧凑，机组占地面积小，水系统简单，操作方便。因而，它使用比较广泛，较多应用于民用建筑的集中空气调节系统中。

喷水式空气处理，耗水量大，水系统较复杂，机组占地面积大，但用此方式处理空气时既能冷却空气又可以对空气加湿处理。因此，当空调房间的生产工艺要求严格控制空气的相对湿度（如化纤厂）或要求空气具有较高的相对湿度（如纺织厂）时，用喷水室处理空气的方式较为理想。

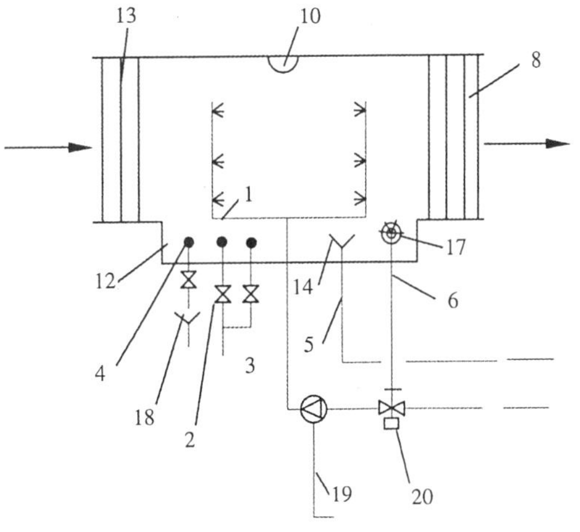


图 9-42　喷水室构造原理

1—进水管；2—阀门；3—自动补水管；4—排水管；5—溢水管；6—滤水管；8—挡水板；10—防水灯；11—喷淋管；12—水槽；13—分风板；14—溢水器；16—浮球阀；17—滤水器；18—排水漏斗；19—水泵；20—三通阀

4. 空气加湿

空气加湿是空气调节工程中热、湿处理的基本方法之一。根据热、湿交换理论，在实际工程中常用的集中加湿方法有如下两种：

（1）喷水室喷循环水加湿空气，是由水滴与空气进行热、湿交换。

（2）喷蒸汽加湿和水蒸发加湿。喷蒸汽加湿是用普通管（多孔管）或专用的蒸汽加湿器将来自锅炉房的蒸汽喷入空气中去；水蒸发加湿是用电加湿器加热水以产生蒸汽，使其在常压下蒸发到空气中去。这种方式，主要用于空调机组。但用电加湿耗电大、运行费用高。因此采用电加湿的基本原则是，能不用就尽量不用，能少用就尽量少用，只有当工艺要求无菌、无水滴，且有一定的湿度要求，而又不能利用其他加湿措施或其他加湿措施更不经济时，才予以采用。

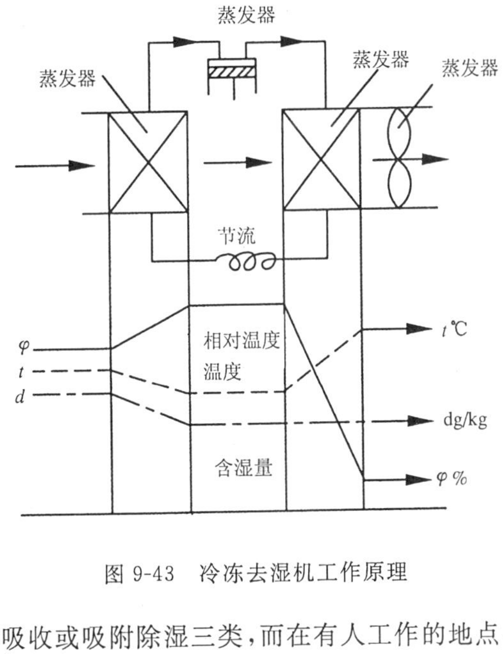


图 9-43　冷冻去湿机工作原理

另外还有一种加湿器，即将水雾化为微小的水粒在空气中蒸发加湿的设备，如超声波加湿器、离心式加湿器等，它们可在空调器内及风管中加湿时，而且在加湿时一般与空气加热器同时使用。

5. 空气减湿

在气候比较潮湿或环境比较潮湿的地方，或某些生产工艺和产品贮存、或珍贵书画展览等要求空气干燥的场合以及仓库、地下建筑，经常要对空气进行减湿处理。此外，虽然湿度的变化给人的感受不如温度那样明显，然而，随着生活水平的提高，对湿度的调节要求也越来越高，舒适的环境，更需要湿度调节。

常用的减湿方式有升温减湿、冷却减湿、吸收或吸附除湿三类，而在有人工作的地点，必须通风换气。

冷却减湿是靠制冷去湿机来降低空气的含湿量。图 9-43 是冷冻除湿机的工作原理图。它用制冷系统和风机组成，当潮湿的空气通过制冷系统的蒸发器时，由于蒸发器表面温度低于空气露点温度，于是不仅使空气降温，而且能出现一部分凝水，这样便达到了空气去湿的目的。已经冷却减湿的空气通过制冷系统的冷凝器时，又被加热升温，从而降低了空气的相对湿度。制冷去湿机的种类较多，有小型立柜式、有固定或移动式整体机组，不同型号的去湿量在每小时几千克到几十千克的范围内。

吸附除湿是利用固体吸湿剂吸湿。固体吸湿剂有两种类型：一种是具有吸附性能的多孔材料，如硅胶($SiO_2$)、铝铰($Al_2O_2$)等，吸湿后，材料的固体形态并不改变；另一种是具有吸收能力的固体材料，如氯化钙($CaCl_2$)等，这种材料吸湿后，由固态逐渐变为液态，最后失去吸湿能力。

### 三、空气处理机组(空调器)

空气处理机组或称空调器，是集中各种空气处理设备的一个专用小室或箱体。可以根据空气处理方案要求自行设计，也可选用定型产品。

空调器根据其制作材料可分为金属空调器(用钢板、复合钢板、铝合金板、不锈钢板为制作材料)和非金属空调器(用玻璃钢为制作材料)也可用砖或钢筋混凝土材料制作。

定型生产的空调器有卧式、立式和吊顶式三种类型。如图 9-44、图 9-45、图 9-46 所示(处理风量约 2000～36000$m^3/h$)。

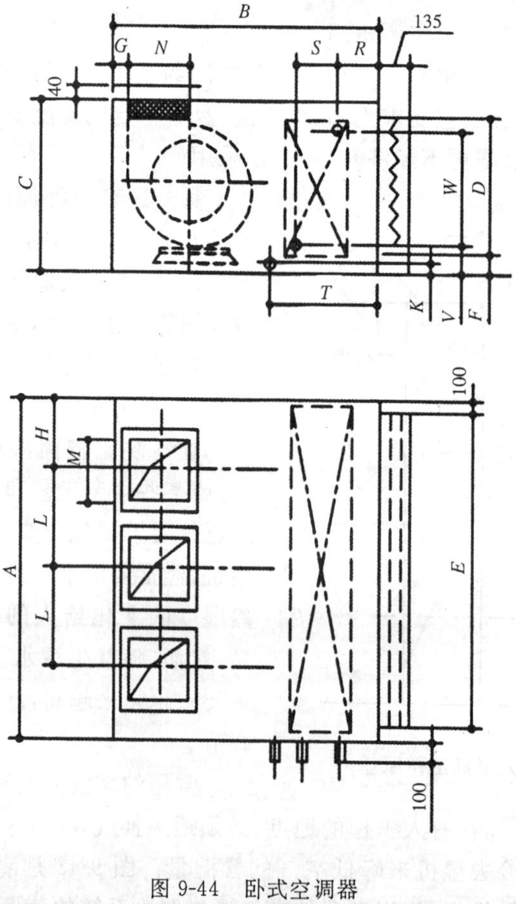


图 9-44 卧式空调器

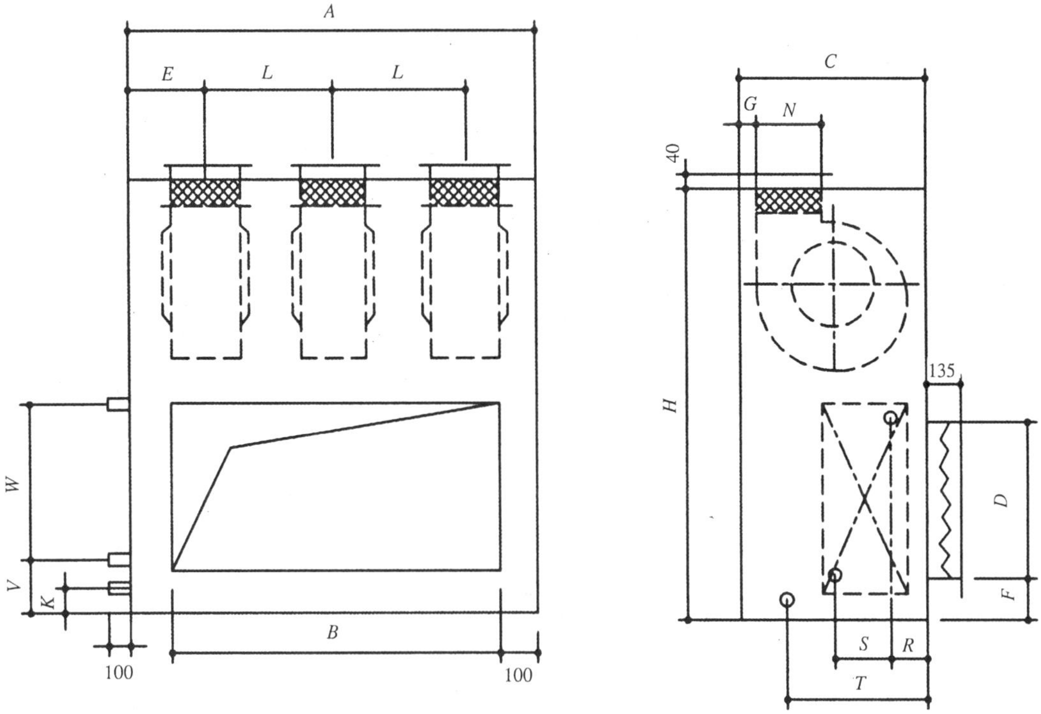


图 9-45　立式空调器

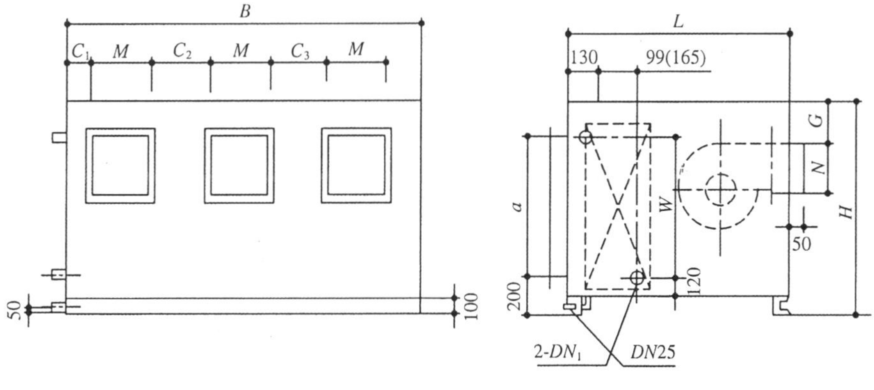


图 9-46　吊顶式空调器

薄型吊顶式空调器一般悬吊在楼板或顶板下面的吊顶内，也可以悬吊在楼板或顶板梁和梁之间(尤其适合建筑跨度比较大的超市)。

除上述几种空调器外，另外还有组合式空调器。生产厂仅生产各种空气处理段，如过滤段、回风段、混合段、加热或表面冷却段、喷水段蒸汽加湿段、能量加收段、消声段、送风机段等。用户可以根据空调系统对空气处理的要求选择各功能段后现场组装，如图9-47所示为金属组合式空调器示意图。图 9-48 为非金属空调器组合图。

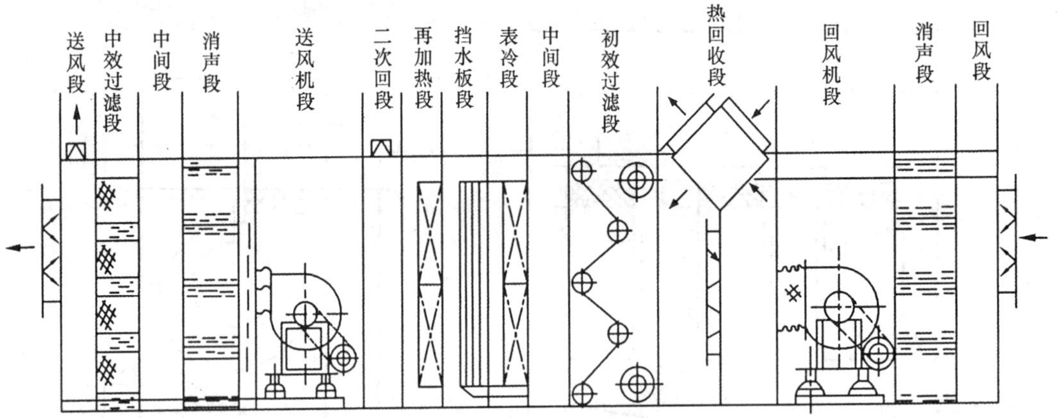


图 9-47　(金属)组合式空调器

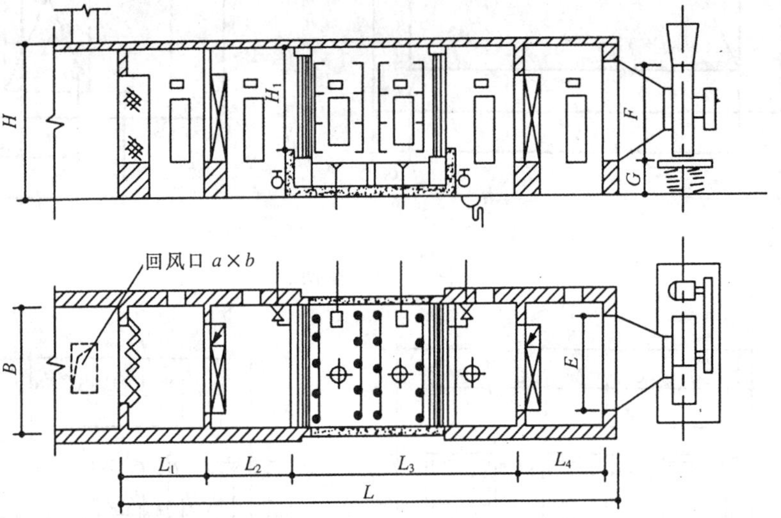


图 9-48　非金属空调器组合图

**四、消声与减振**

(一) 消声

空调设备(主要是风机)在运行时产生噪声和振动,并通过风道或其他结构物传入空调房间,如图 9-49 所示。因此,对于要求控制噪声和防止振动的空调工程,应采取适当的消声和减振措施。

通风和空调系统的消声和隔振设计应根据房间的功能要求,噪声和振动的频率特性及传播方式通过计算来确定。通风和空调系统产生的噪声传播至使用房间和周围环境的噪声级应符合国家现行《工业企业噪声卫生标准》,《城市区域环境噪声标准》以及民用建筑隔声设计规范中对住宅、学校、旅馆、医院四类建筑室内允许噪声级的规定。

消声措施有两个方面:一是减少噪声的产生;二是在系统中设置消声器。

在选择设备时,应尽量选用高效率、低噪声的设备(如风机、冷冻机和水泵等),且设备机房的布置不宜靠近对噪声要求严格控制的空调房间。

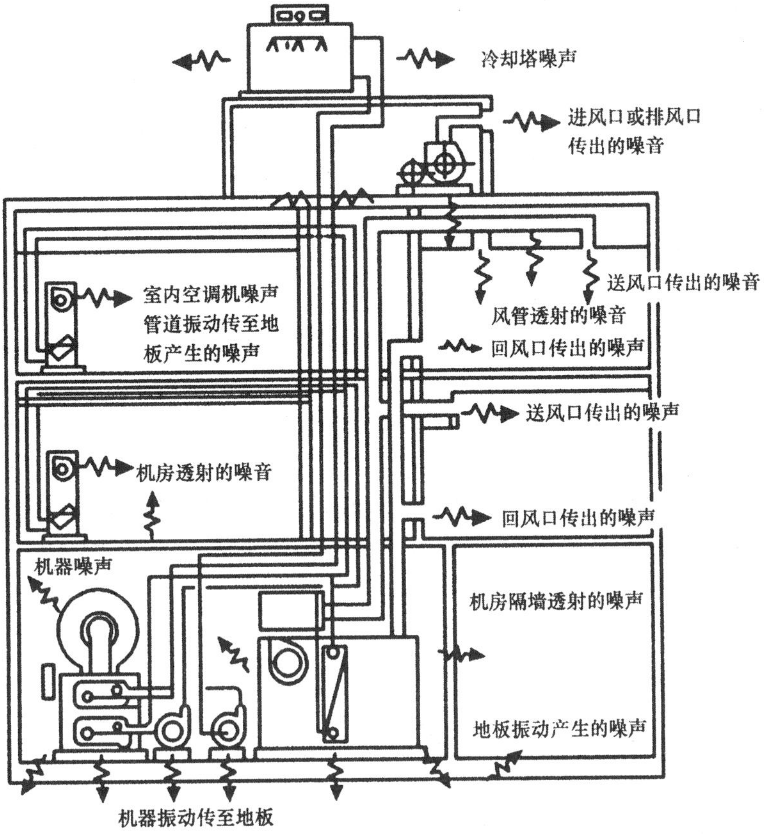


图 9-49　噪声的传播

通风机和电动机的连接应采用直接传动方式，且转速不宜过高，空气调节器内的送风机或回风机宜采用三角胶带传动的双进风低噪声通风机。

当通风机配用变频调速的电动机时，在特殊情况下，可采用降低运行转速的方法来满足空调房间对噪声的严格要求，如同期录音的电视演播室和录音室，可允许短时间内适当降低风量。

有消声要求的通风和空调系统，其风管内的空气流速和送风口、回风口的空气流速应适当降低(表 9-8)。

**表 9-8**　　**按房间允许噪声标准推荐的风速(m/s)**

| 室内允许噪声级 $L_A$ (dB) | 主管风速 | 支管风速 | 送风口、回风口风速 |
|---|---|---|---|
| 20 | 4.0 | 2.5 | 1.0～2.5 |
| 25 | 4.5 | 3.5 | 1.5～2.0 |
| 30 | 5.0 | 4.5 | 2.0～2.5 |
| 35 | 6.5 | 5.5 | 2.5～3.3 |
| 40 | 7.5 | 6.0 | 4.0 |
| 45 | 9.0 | 7.0 | 5.0 |

注：通风机出口与消声器之间的风管风速可为 8m/s 左右。

一个系统的总风量和阻力不宜过大；最好是采用分层分区系统，既便于降低噪声，且对防火和节能也有利。

风管及部件应有足够的强度，其材料厚度不得小于现行的《通风与空气调节工程施工及验收规范》的规定值，调节阀、防火阀，散流器风口、百叶风口等可调节的部件应坚固而不颤动，以免产生附加噪声。

在空调机房内可以贴吸声材料，或采用消声通风采光隔声窗，或将空调机房做成隔声室，从而达到消声效果。

消声器的安装位置应靠近空调机房，并与之隔开，如只能设在机房内时，消声后的风管应作隔声处理，以防出现“声桥”，对消声要求严格的房间，每个送、回风管上宜增设消声器。

消声器的型式很多，按消声原理可以分如下几类：

1. 阻性消声器

阻性消声器是利用敷设在气流通道内的多孔材料来吸收声能。当声波传播时，将激发材料孔隙中的分子振动，由于摩擦阻力的作用，使声能转化为热能而消失，降低沿通道传播的声能。这种消声器具有良好的中、高频有声性能，形式简单、应用广泛。

阻性消声器有管式、片式、蜂窝式、折板式、声流式、小室式以及消声弯头等，如图 9-50 所示。其中，最简单的是直管式消声器，如图 9-51 所示。

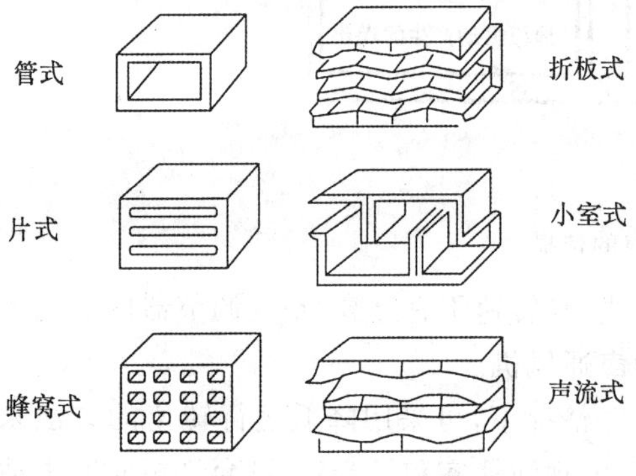


图 9-50　几种阻性消声器型式示意图

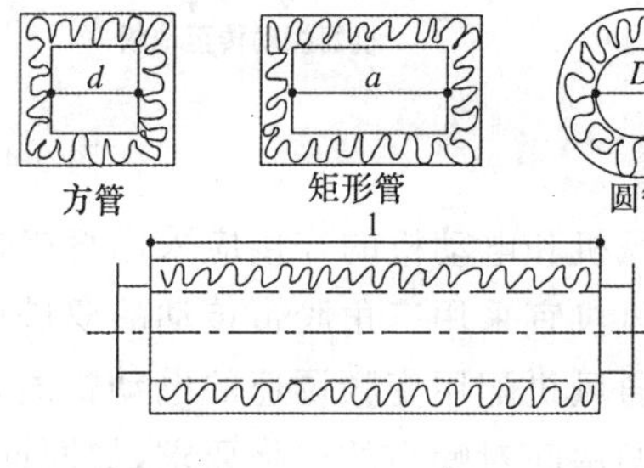


图 9-51　阻性直管式消声器

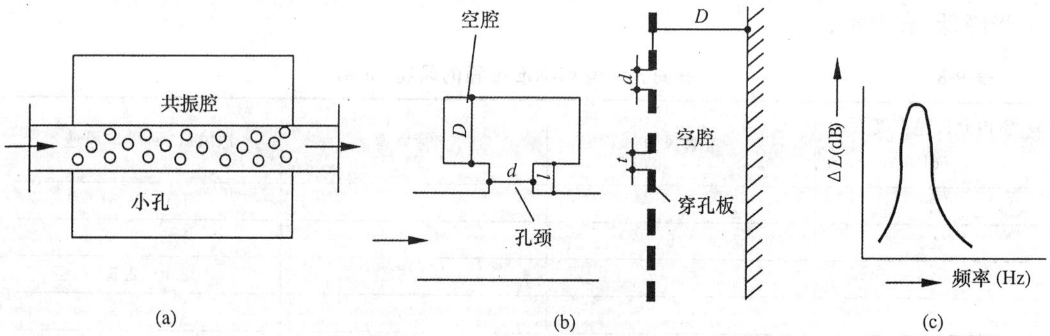


图 9-52　共振性消声器

2. 共振性消声器

共振性消声器如图 9-52 所示。消声器小孔处的空气柱和共振腔内的空气构成一个弹性振动系统。当外界噪声的振动频率与该弹性振动系统的振动频率相同时，引起小孔处的空气柱强烈共振，空气柱与孔壁发生剧烈摩擦，声能就因克服摩擦阻力而消耗。这种消声器对低频噪声的消除性能较好，但频率范围很窄。

3. 抗性消声器

抗性消声器也称扩张式或膨胀式消声器，如图 9-53 所示。气流通过截面积突然改变的风管时，将沿风管传播的声波向声源方向反射回去而起消声作用。这种消声器对消除低频噪声有一定的效果。

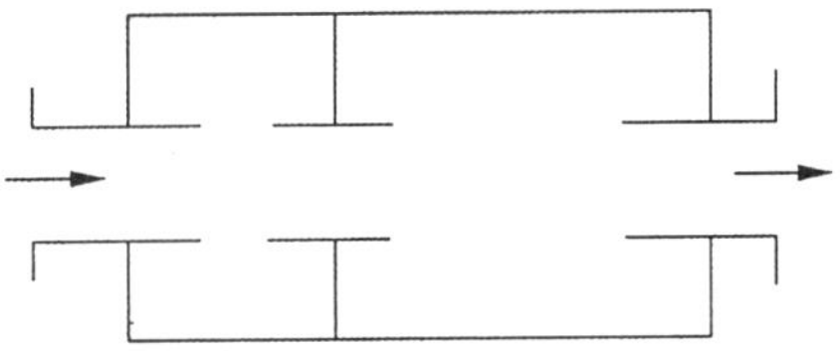

图 9-53　抗性消声器

4. 宽频带复合式消声器

宽频带复合式消声器是上述几种消声器的综合体，它对低频消声有一定程度的改善，故又称宽频式消声器。如阻、抗复合式消声器、阻性、共振性消声器等。这种消声器对于高、中、低频噪声均有良好的消声性能。近几年来，较多采用微穿孔消声器，微穿孔消声器的微穿孔板是把穿孔径缩小到 1mm 以下，板厚 1mm 以下，微孔有足够大的声阻，从而具有良好的吸声性能。由于微穿孔板消声器的摩擦阻力系数小，又没有填料、不起尘，因此适合在高温高速管道和净化车间的通风机房或防尘车间的通风管道中使用。图 9-54 为阻、抗复合消声器示意图、图 9-55 为微穿孔板消声器示意图。

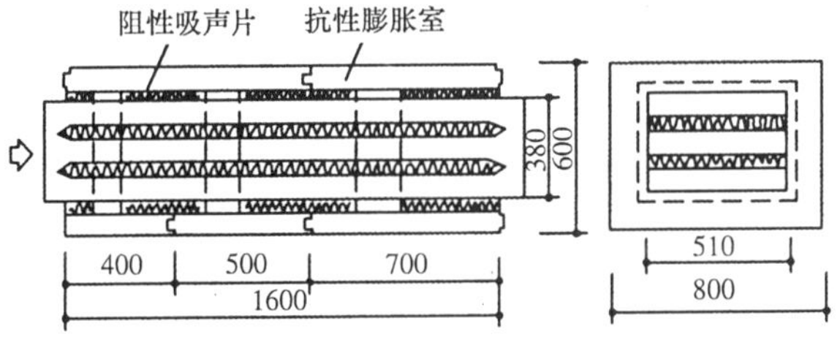


图 9-54　阻、抗复合消声器示意图

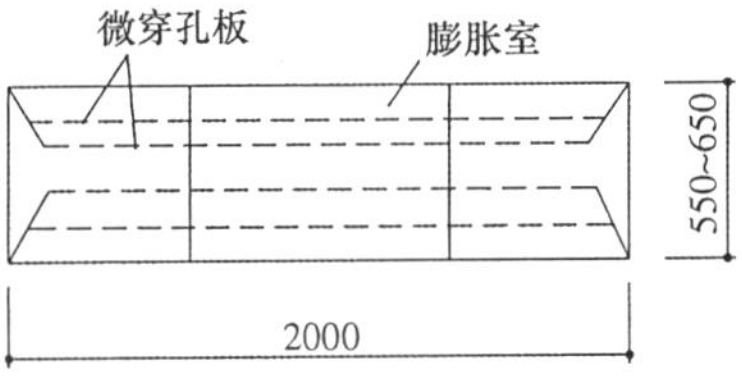


图 9-55　微穿孔板消声器示意图

此外还有消声弯头、消声静压箱和与土建结合的有室式消声器。其中消声弯头设置在风管拐弯处，消声静压箱设置在空调器(箱)出口处。图 9-56 为消声弯头示意图，图 9-57为消声静压箱与空调器(箱)的连接示意图。

(二) 隔振

空调系统中的通风机、水泵、制冷压缩机等设备是产生振动的振源。机器的振动又传至支承结构(如楼板或基础)或管道，引起后者振动。这些振动有时会影响人的身体健康或者会影响产品的质量，甚至还会危及支承结构的安全。因此，对振源采取隔振措施是很重要的。

1. 设备隔振

为减弱风机等设备运行时产生的振动，可将风机固定在钢筋混凝土板上，下面再安装隔振器；有时也可将风机固定在型钢支架上，下面再安装隔振器。图 9-58 为钢筋混凝土

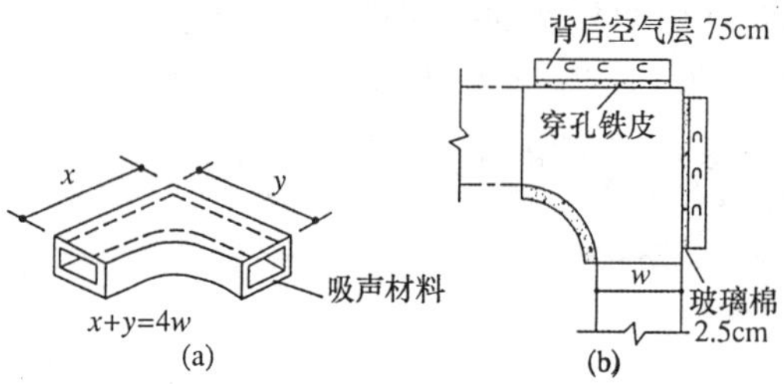


图 9-56　消声弯头

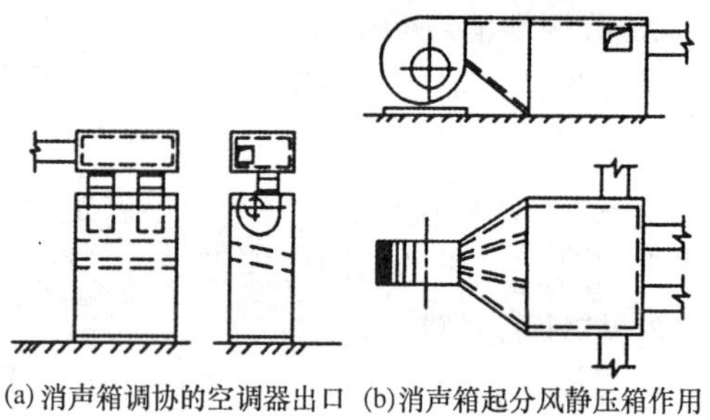


图 9-57　消声静压箱与空调器连接

台隔振座示意图，图 9-59 为通风机型钢隔振台座示意图。

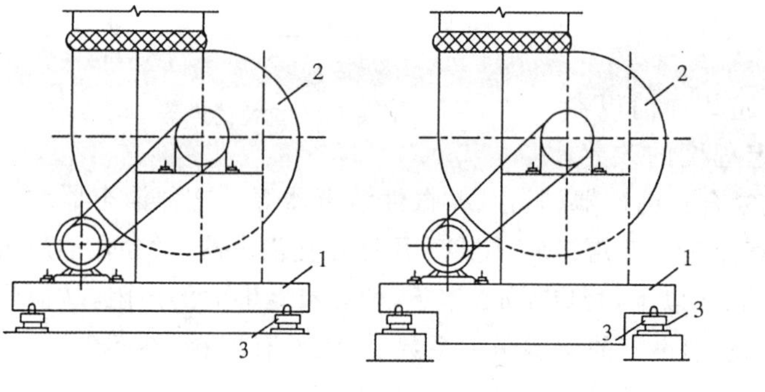

图 9-58　通风机钢筋混凝土隔振台座

1—台座；2—设备；3—隔振器

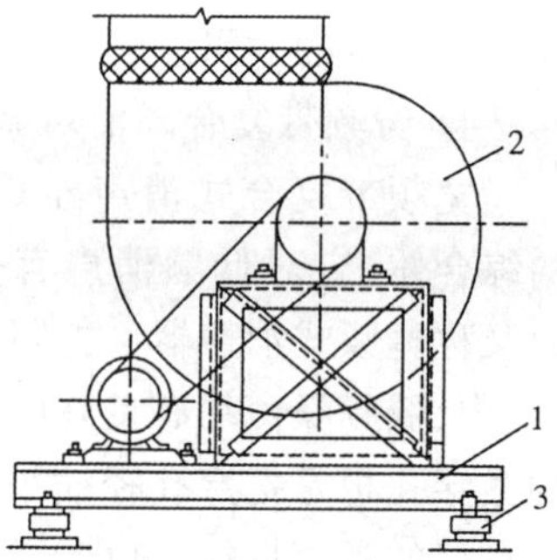

图 9-59　通风机型钢隔振台座

1—台座；2—设备；3—隔振器

钢筋混凝土台座的重量较大，台座振动小、运行比较平稳，但制作复杂，安装也不太方便。

型钢台座重量轻、制作、安装方便，应用比较普遍，特别是当设备设置在楼层或屋顶时，较多采用这种台座，但台座振动较大。

图 9-60 为钢筋混凝土台座节点构造示意图，图 9-61 为型钢台座节点构造示意图。

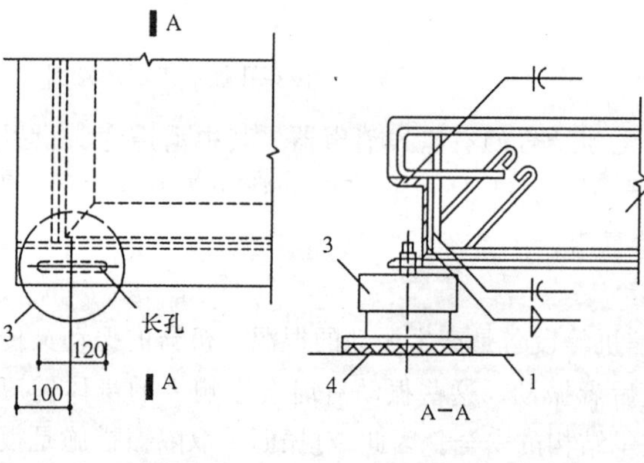


图 9-60　钢筋混凝土台座节点构造

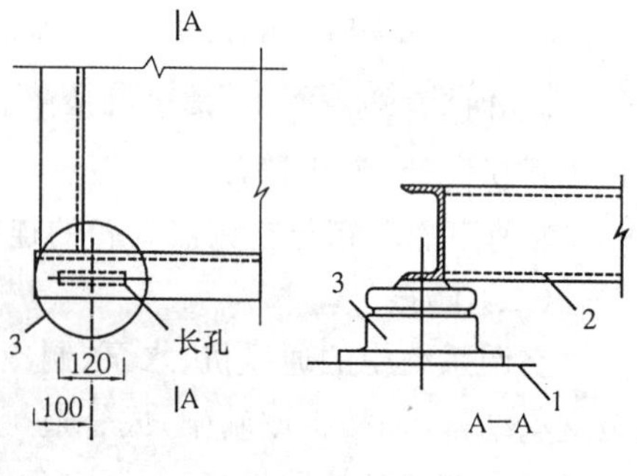


图 9-61　型钢台座节点构造

2. 管道隔振

与设备连接的管道均应采用软连接，软连接可采用帆布管、橡胶管、金属波纹管等。图 9-62 为可曲绕橡胶接头用于水泵隔振降噪系统示意图。

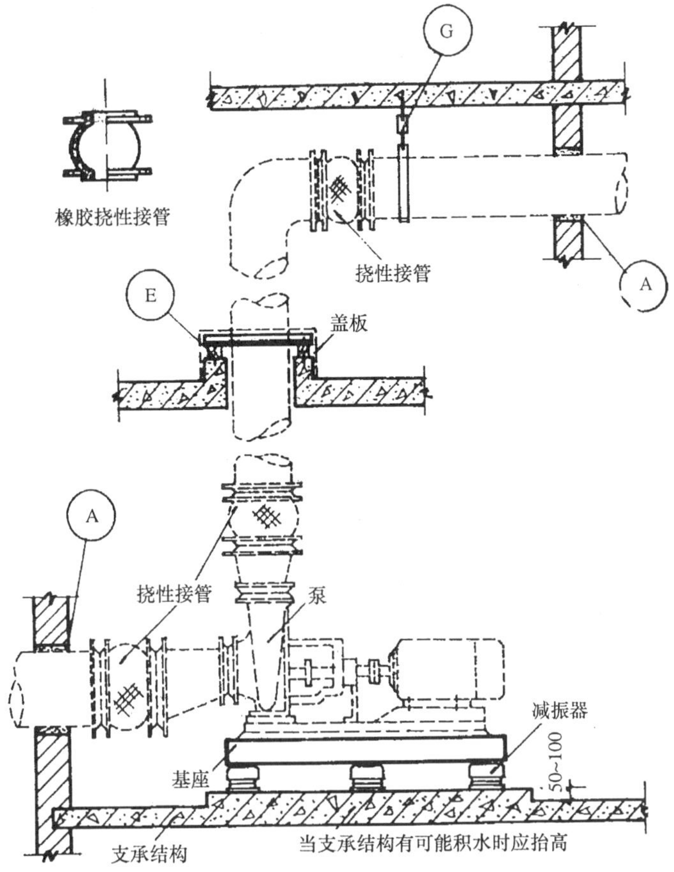


图 9-62　水泵隔振降噪系统示意图

管道振动是由于振动设备的振动及输送介质(气体、液体)的振动冲击所造成的(安装在地坪或楼板上)。为减少管道振动时对周围的影响,除了在管道与隔振设备的连接处采用软接头外,同时每隔一定距离设置管道隔振吊架或隔振支承,在管道穿墙、楼板(或屋面)时,应采用软接头连接。水平管道隔振吊架见图 9-63,水平管道隔振支承见图 9-64,垂直管道隔振支承见图 9-65,管道穿墙时的软连接见图 9-66。

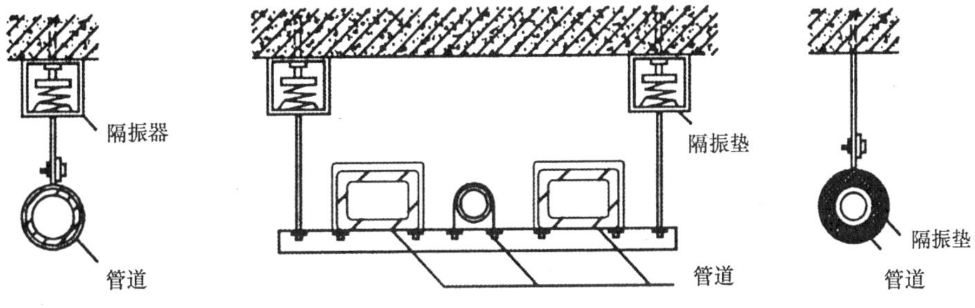


图 9-63　水平管道隔振支吊架

隔振材料品种很多,空调设备常用的隔振器有金属弹簧、橡胶或其他材料制作。

图 9-67 为安装在地坪或楼板上的风机隔振降噪系统意示图,图 9-68 为安装在屋顶

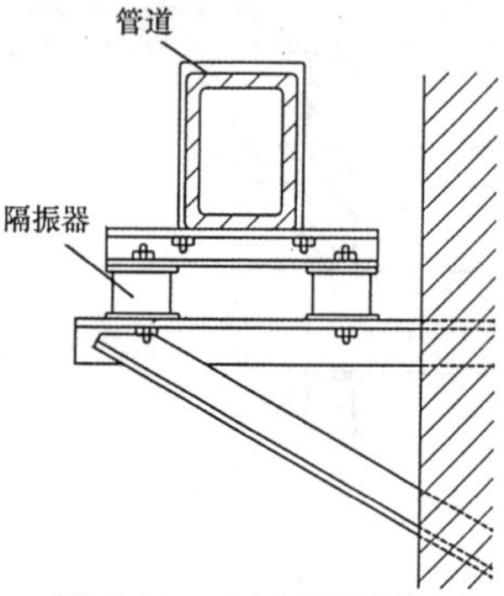


图 9-64 水平管道隔振支承

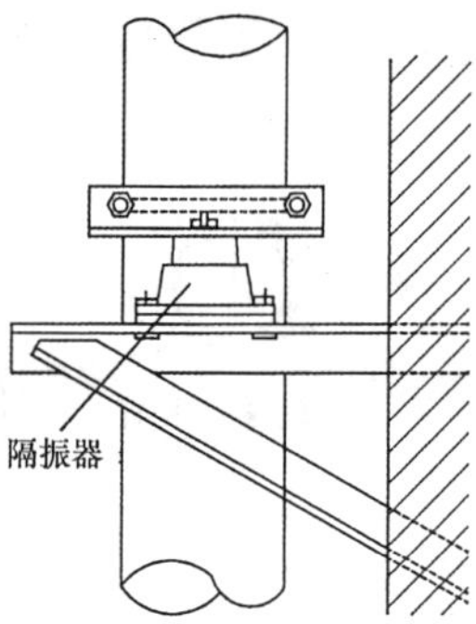


图 9-65 垂直管道隔振支承

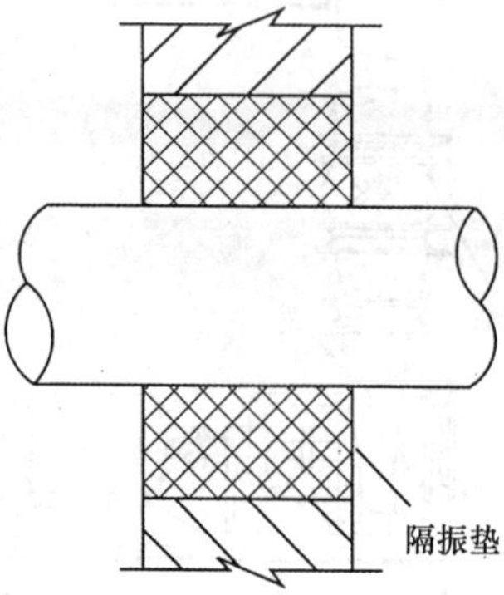


图 9-66 管道穿墙时的软连接

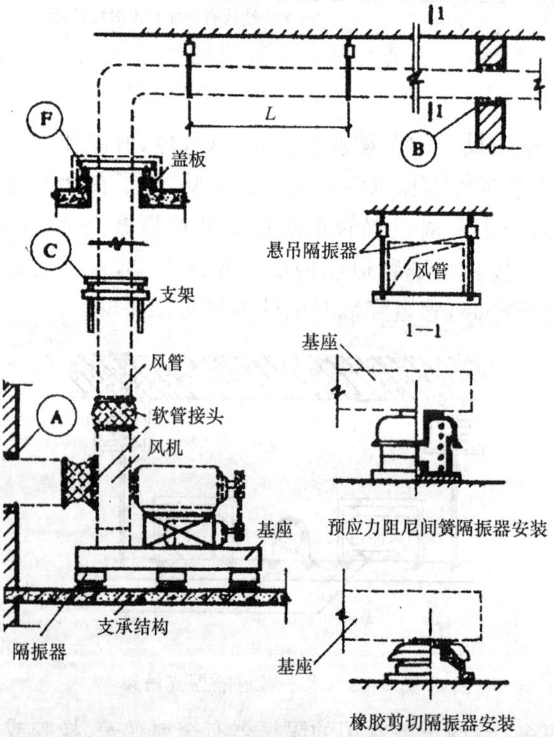


图 9-67 风机隔振降噪系统示意图(安装在地坪或楼板上)

上的风机隔振降噪系统示意图，图 9-69 为制冷压缩机隔振基座图。

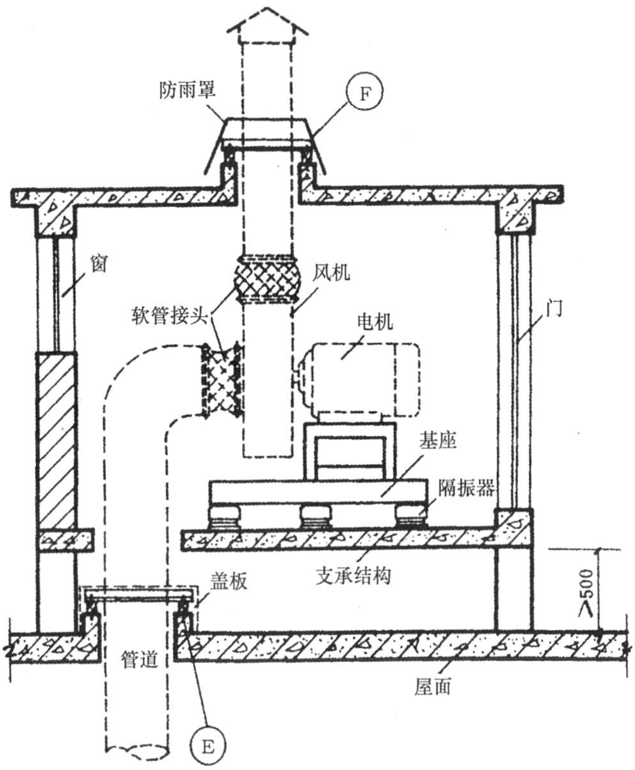


图 9-68　风机隔振降噪系统示意图

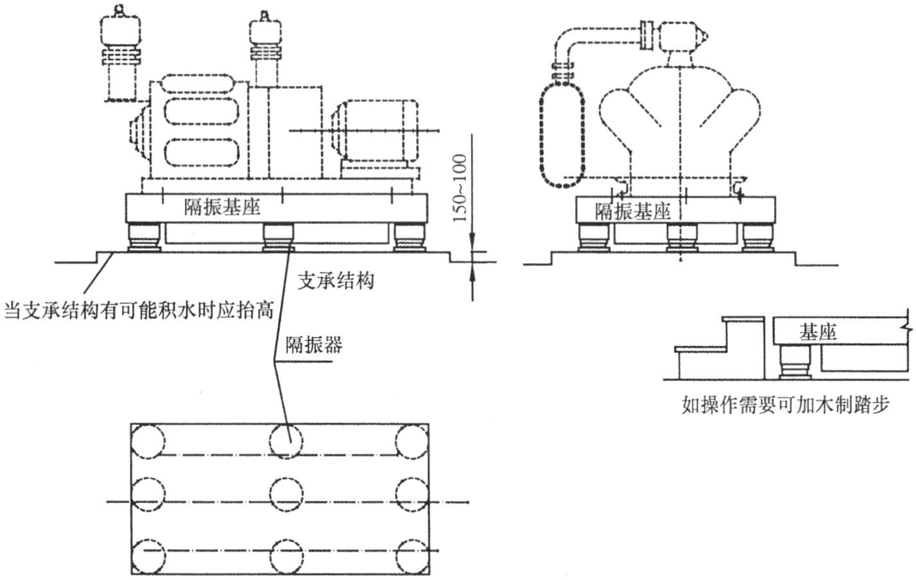


图 9-69　制冷压缩机隔振基座

根据房间功能和使用要求，可以从安装和建筑两方面同时采取隔振和降噪的措施，如图 9-70 所示。

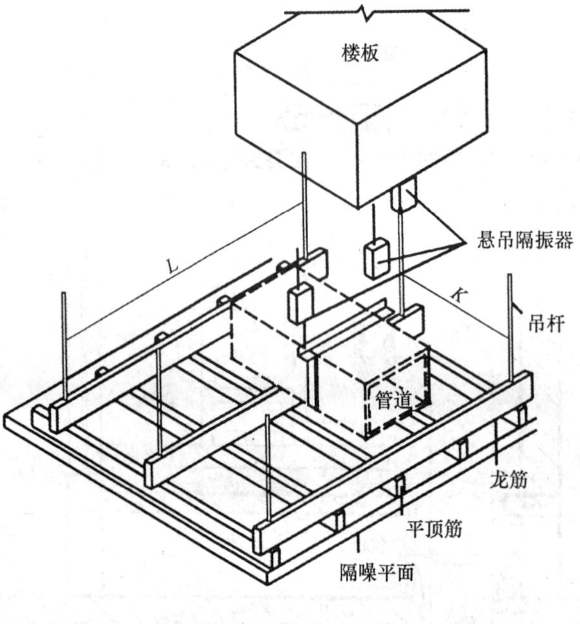


图 9-70 隔声吊顶及管道隔振降噪安装示意图

## 第六节 空调机房、制冷机房的建筑设计

### 一、空调机房的建筑要求

空调机房是用来布置空调器(箱)、风机、自动控制柜以及其他一些附属设备并在其中进行运行、管理的专用房间。因此，空调机房的位置、机房的面积、高度的确定与机房内设备的数量、型号、操作、维修等因素有关。

空调机房的布置，应在保证设备正常运转的前提下，从管理方便、不影响周围房间的使用、占地面积少以及节省初投资、运行费用等为原则。

1. 机房位置

空调机房应尽量靠近空调房间，以减少风管长度和阻力损失，但应远离要求振动、噪声等小的房间。

一般情况下，空调机房以设置在建筑物底层或地下室为宜。根据建筑物每层面积或层数，也可以每层设置或隔几层设置，但各层机房必须设置在建筑物同一轴线处，以便于其他管线的布置。

空调机房宜有非正立面的外墙，以便新风进入，如设置在地下室或大型建筑的内区应有足够断面的新风竖井或新风道。

为了消声、隔振，可以把空调机房和空调房间分别布置在建筑物沉降缝或伸缩缝的两侧。考虑到消防要求，空调机房不应穿越防火分区，即对于大中型建筑物，应在每个防火分区内设置空调机房。

2. 空调机房的面积和高度

空调机房的面积(包括长、宽尺寸)应根据空调系统负荷的大小及参数要求与所选用设备的数量、型号并保证有足够的操作面积和检修通道来确定。自动控制屏的位置应便于操作。当机房内有数只空调器且分散布置时,宜单独考虑设置控制屏。空调机房的高度应按空调器的高度及风管、水管和电线管(桥架)高度以及检修空间决定。

风管的布置应尽量避免交叉,以减少空调机房和吊顶的高度。

3. 空调机房布置

空调机房布置应包括如下内容:

空调机房的新风入口应处在室外空气较清洁的地方,并宜设在北外墙。应尽量设在排风口的上风侧,且低于排风口,进风口底部距室外地坪高度不宜低于 2.0m,绿化地带,不宜低于 1.0m。

空调机房要有良好的通风和采光。空调器和自动控制屏的操作面应有充足的光线,最好是自然采光,较大的空调机房内应设置检修照明,经常操作面宜有不小于 1.0m 的距离(净距),需要检修的设备旁要有不小于 0.7m 的检修距离。

空调机房内必须设置地漏、电话机。

空调机房的门、窗、基础,墙面和屋顶应考虑隔声措施。

大型空调机房应有独立通往室外及搬运设备的出入口,如设备构件过大不能由门入口搬入时应预留安装孔洞。

按照空调机房面积的大小及管理人员的多少,设置必要的管理室(或值班室)及卫生间。

## 二、空调冷源

空气调节工程使用的冷源有天然冷源和人工冷源。

1. 天然冷源

地下水、水库水是常用的天然冷源。我国大部分地区,用地下水喷淋空气具有一定的降温效果,特别是在北方地区,地下水的温度较低(如东北地区的北部和中部地下水温约为 4～12℃),可满足恒温恒湿空调工程的需要。但是必须指出,我国水资源不够丰富,在北方地区尤为突出,大量采集地下水甚至造成地面沉陷。因此,节约用水和重复利用水是空调技术的一个重要课题。

此外,还有天然冰、深湖水和山涧水等,也都是可以利用的天然冷源。

地道风(包括地下隧道、人防地道以及天然隧洞)也是一种天然冷源。由于夏季地道壁面的温度比地面空气的温度低得多,因此在有条件利用时,使空气通过一定长度的地道也能实现冷却或冷却减湿的处理过程。

2. 人工冷源

人工制冷的设备叫制冷机。

空调工程中使用的制冷机有蒸气压缩式和吸收式两种。压缩式制冷,根据压缩机形式可以分为活塞式冷水机组(往复式)、螺杆式冷水机组、离心式冷水机组,另外,还有模块化冷水机组,一般用电能作为能源。

压缩式制冷机主要由制冷压缩机、冷凝器、膨胀阀和蒸发器等四个部件组成,并用管道连接组成一个封闭的循环系统,如图 9-71 所示。制冷剂在制冷系统中经历蒸发、压缩、冷凝和节流四个热力过程。制冷压缩机的工作原理，是利用液体变气体时要吸收热量这一物理特性，通过制冷剂(工质)的热力循环，以消耗机械能作为补偿条件达到制冷目的。

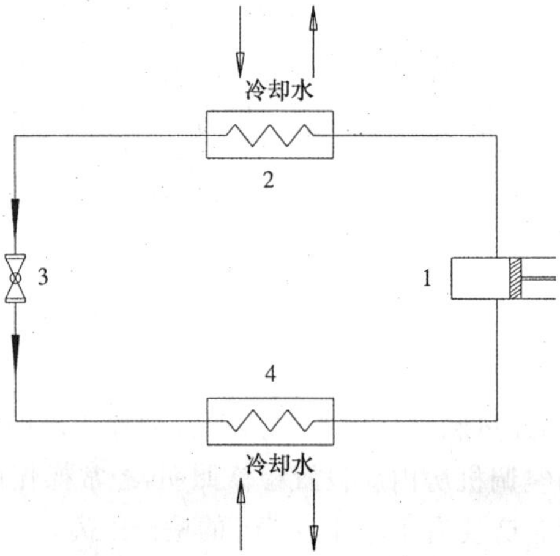


1—压缩机；2—冷凝器；3—膨胀阀；4—蒸发器

图 9-71　蒸气压缩式制冷机原理图

3. 制冷剂

可以作为制冷剂的物质很多，空调工程制冷机广泛应用氟里昂作为制冷剂。即为CFC(注:CFC 为氯氟碳化合物的简写)，如通常用的 R-11，R-12 和 R-22 等。氟里昂制冷剂具有安全、性能稳定、无毒热效率高等特点，但它在大气中具有极高的稳定性，且对臭氧层有很大的破坏性。臭氧层是防护地球生物免受太阳紫外线影响的一个天然屏障，因此CFC 类制冷剂对环境有破坏作用。根据保护臭氧层的蒙特利尔公约，从在 1996 年 1 月 1 日起全面淘汰 CFC 取而代之的用 HCFC-123 和 HFC-134a 作制冷剂，但这也仅是一种过渡性的制冷剂。目前正期待开发出一些热工性能好、对环境无破坏的代替制冷剂。

吸收式制冷机，按其热源种类又可分为蒸汽热水式机组和直燃式机组。前者利用蒸汽或热水作为热源，以沸点不同而相互溶解的两种物质的溶液为工质，其中高沸点组分为吸收剂，低沸点组分为制冷剂。制冷剂在低压时沸腾产生蒸汽，使自身得到冷却。吸收剂遇冷吸收大量制冷剂所产生的蒸汽，受热时将蒸汽放出，热量由冷却水带走，形成制冷循环。后者利用燃烧重油、柴油、煤气或天然气等作为热源。吸收式制冷机分为冷水和冷温水两种机组。其原理与蒸汽热水式相同。

另外，还有空气热源热泵以及冰蓄冷机组。

4. 制冷机的选择

制冷机的选择，应根据建筑物的用途、空调冷负荷的容量，各类制冷机的特性并结合当地水源(包括水量、水温及水质)、电源、热源(包括热源性质、品位高低)等情况，从初投资和运行费用进行综合技术经济比较来确定。同时也要考虑建筑物周围的环境要求。

一般情况下，当有合适热源特别有余热或废热时或电力缺乏的场所，宜选用吸收式制冷机。

对大型集中空调系统，宜选用结构紧凑、占地面积小、压缩机、电动机、冷凝器、蒸发器和自控元件等都组装在同一框架上的冷水机组。对小型全空气调节系统，宜选用直接蒸发式的压缩冷凝机组。

制冷机组一般以选用2～4台为宜，中小型规模的空调系统宜选用2台，较大型规模的空调系统宜选用3台，特大型则可选用4台。机组之间要考虑其互为备用和轮换使用的可能性。同一机房（或站房）内可选用不同类型、不同容量的机组采取搭配的组合式方案，以节约能耗。

**三、制冷机房**

制冷机房的设计应贯彻国家现行的有关方针政策，符合有关规定。在工程设计中严格遵守安全规定、节约能源、保护环境、改善操作条件，提高自动化水平，采用国内外先进技术，使设计符合安全生产、技术先进和经济合理等要求。

1. 制冷机房位置的选择

一般而言，在工程设计中，制冷机房位置由建筑设计人员和空调设计人员根据工程项目的具体要求商量确定。应考虑如下要求：

单独设置制冷机房时，应尽量靠近冷负荷中心，力求缩短冷冻水和冷却水管路，使室外管网布置经济合理。

对于选用压缩式制冷机的制冷机房，一般用电负荷较大，因此，应尽量靠近供，配电房间，在环境条件许可的情况下，往往和压缩空气站、变电站、配电站等组合成为综合的动力站，以便节省建筑物的占地面积，便于运行、管理，同时也可以减少管理人员。

单独设置制冷机房时，应防止冷水机组、水泵和冷却塔等设备的噪声影响周围环境。

压缩式制冷装置应布置在单独的建筑物内，或用防火墙隔断的毗邻产生厂房的房间内，但不得布置在民用建筑和企业辅助建筑物内，并应设置在厂区的下风侧。对于高层建筑，制冷机房宜设置在建筑物的地下室，许多工程都将制冷机房设在地下一层、二层甚至三层。机房设置在地下室最大优点是不占用地面建筑，防止了设备噪声对周围环境的影响，其缺点是地下室潮湿、通风条件差、大型设备运输吊装比较困难，在设计时应考虑周到。燃油、燃气型直燃式机房由于消防安全要求，一般不允许设在地下二层或地下二层以下。溴化锂吸收式机组，因其体形较大，对机房的高度要求相应提高，同时还要设置必要的消防措施。也有的工程将制冷机房设置在高层建筑的设备层或屋顶。对于超高层建筑，制冷机房的位置应综合考虑，诸如设备及管道的工作压力、噪声及振动影响等。

2. 制冷机房设计

制冷机房内主要设备有制冷机组（或冷水机组）、冷冻水泵、冷却水泵、冷却塔（一般设置在屋顶上）、分水器、集水器及动力配电箱等。对于大、中型制冷机房尤其是溴化锂制冷机，制冷主机与水泵宜分开设置，避免噪声的相互影响。设备的配置应考虑工艺流程的合理性，管道走向清晰，设备配置要考虑到运行管理，操作维修方便，设备与设备之间应保留必要的距离。

大、中型制冷机与控制室中间需设玻璃隔断分开，并做好隔声处理。

制冷机房的面积应考虑设备数量、型号、安装和操作维修的方便，制冷机房的净高应根据选用的制冷机种类，型号而定。

活塞式制冷机，小型螺杆式制冷机，净高为3～4.5m；

离心式制冷机，大、中型螺杆式制冷机，其净高控制为4.5～5.0m，在有电动起吊设备时，还应考虑起吊设备的安装和工程高度；

吸收式制冷机原则与离心式制冷机的净高相同，但设备最高操作点距梁底应不小于1.2m。

当采用直燃式溴化锂吸收式制冷机组时，制冷机房应设有燃油或燃气的独立供应系统。燃料的贮存、输送、使用等对建筑设计的要求可参照燃油或燃气锅炉房设计规范的规定执行。

制冷机房、设备间和水泵房等室内要有冲刷地面的上、下水设施，地面要有便于排水的坡度，设备易漏水的地方，应设地漏或排水明沟。

制冷机房所有房间的门、窗必须朝同一方向开，对氨制冷机房应设置两个互相尽量远离的出口，其中至少应有一个出口直接通向室外，机房应设有为主要设备安装、维修的大门及通道，必要时可设置设备安装孔。

制冷机房和设备间应有良好的通风采光，设置在地下室的制冷机房应设机械通风、人工照明和相应的排水设施。当周围环境对噪声、振动等有特殊要求时，应考虑建筑隔声、消声和隔振等措施。

在大、中型制冷机房内应装设电话，并应考虑事故照明。

综上所述，制冷机房工艺设计技术人员应与建筑、结构等有关专业人员共同商定机房的建筑形式、结构、柱网、跨度、高度、门窗大小及房间分隔等要求。图 9-72 为离心式制冷机房的平面布置图。

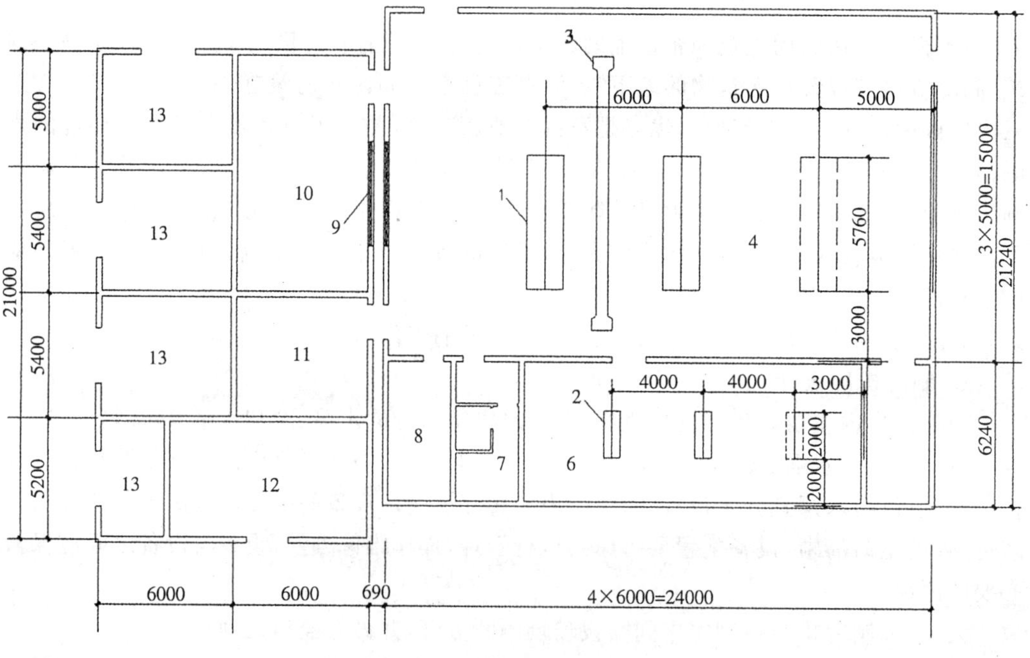


图 9-72　离心式制冷机房

1—KF240×O 型离心式制冷；2—10sh·9 型冷冻水泵；3—A571 型电动单梁起重机；4—机器间；5—维修间；6—水泵间；7—厕所；8—休息室；9—玻璃隔断；10—控制室；11—贮存间；12—低压配电室；13—变压器室

在设计空气调节系统时，空调、制冷机房的面积随系统的集中与分散、制冷机与空气调节器的不同而异。全部设空气调节的建筑物，其通风，空调与制冷机房的面积可按总建筑面积的3%～8%考虑。其中风道与管道井约占总建筑面积的1%～3%，制冷机房面积占0.5%～1.2%。设备层的设置，高层建筑中应考虑到空气调节设备的耐压大小及风道设备尺寸所占用的空间，必要时可设中间设备层。设备层的层高一般高于标准层(常为标准层的1.6倍)。设备层有时也可以作为管道层用。设备层的位置应该依据空气调节、制冷设备的耐压大小及建筑物分区确定。

## 思考题九

1. 空气调节与通风有什么区别?
2. 衡量空调房间的空气环境常用哪些指标?
3. 空调系统由哪些部分组成?
4. 空调系统有哪几种类型? 各有什么特点及适用场所?
5. 为减少空调系统的冷负荷，建筑设计时应如何考虑?
6. 空调房间的气流组织有哪几种形式? 怎样应用?
7. 空气处理有哪几个过程? 在什么地方进行处理?
8. 空调系统主要有哪些噪声源? 通常用什么样的方式消声?
9. 空调风管、设备隔振措施有哪些?
10. 空调机房、制冷机房在建筑设计时应怎样考虑?

# 第十章　燃气供应

燃气供应是向工业和民用用户提供气体燃料。

燃气是一种气体形式的能源载体，它和传统的固体燃料相比，具有输送方便、有利于燃烧应用设备的调节与控制、能源利用效率高以及燃气燃烧后没有固体废渣需要清运等优点。而且供应的燃气都是经过净化工艺处理的，有害杂质含量得到了控制，燃烧废气中污染物少，对环境保护的贡献不言而喻。燃气供应和电力供应、集中供热以及区域供冷等部门共同组成了一个较为完整的能源供应体系。

工业上燃气的使用促进了生产工艺的进步，产品产量、质量和生产效率都有提高，劳动条件也得到了改善；在民用燃气事业中，燃气供应民居住宅、办公楼宇、学校、商业中心等公共建筑物，主要作为居民生活、团体炊事和营业餐饮等的气体能源，方便生活与工作。它和给水排水、通风与空调、建筑电气、电梯等构成建筑物和建筑群体中重要的机电设备工程项目。近几年燃气供应和应用技术的发展，燃气已经是不仅仅作为传统意义上的炊事燃料，它也作为动力能源供应的一部分，和建筑设备以及建筑能源消耗联系在一起了。一些与建筑有关的大型机电项目，加燃气空调制冷机组、燃气锅炉以及能耗水平更先进的热电(冷)联产机组都有一定规模的发展。

另一方面，由于燃气易燃、易爆，有些种类的燃气因含有一氧化碳而有一定的毒性，建筑设备系统中燃气管道、燃气设备的设计、安装和实际使用都有安全方面的特殊要求。

本章简要介绍燃气的基本特性和城市燃气的供应体系，叙述室内燃气系统的构成、主要的燃气设备，以及系统、设备相关的设计、施工安装和安全使用方面的技术规定和要求。

## 第一节　燃气气源概述

认识建筑设备组成中的燃气系统，需要对整个燃气工程有个概貌性的了解。建筑设备燃气系统是城市燃气供应大系统的延续，城市燃气工程体系起始于的上游工程即燃气气源工程，燃气经城市燃气输配管网、小区燃气管网，最后进入建筑物室内燃气管道系统，而室内燃气管道的末端是各燃气用户的燃气应用设备。

一般而言，燃气是各种气体燃料的统称。事实上城市供应的燃气有人工燃气、液化石油气和天然气三大类型，而且，在许多情况下燃气本身还是非单纯组分的混合气体。不同种类燃气因气体组成的差异，构成各自特有的燃气性质，从而影响了燃气系统及设备的设计、施工安装、运行管理和安全使用要求。

### 一、燃气性质

城市燃气是多种稳定组分的混合体。掌握有关燃气的组成、热值以及密度等主要燃气技术数据，能基本确定燃气的性质，为正确进行燃气系统及设备的设计、制造、安装以及指导我们安全使用燃气奠定基础。

1. 燃气的组成

燃气一般是由多种组分混合而成的混合气体，如何来描述这样的混合气体？燃气行业内有以燃气的初始来源来定性燃气，例如焦炉煤气、天然气、液化石油气等。用燃气中各种组分的比例来表述燃气则更为精确，这样的燃气组成比例用各单一组分的体积组成百分比来表示。表 10-1 所示是常见有代表性的民用燃气燃气组成与燃气热值表。在表 1-1 中我们可以看到燃气的组成可以划分为可燃组分和不可燃组分。可燃组分由哪些可燃组成，比例多少，这和燃气气源工程的生产工艺和原矿条件有关。有些燃气虽然同属一个大类，但各燃气制造厂的原料、工艺可能有某些差异，气体组成还是略有不同。当然有时候这样的差异是很小的，还不至于引起性质上根本性的变化。

**表 10-1　　有代表性的民用燃气燃气组成与燃气热值表**

| 燃气品种 | 燃气组分（体积百分比，%） | | | | | | | | | 密度（$kg/Nm^3$） | 低热值（$MJ/Nm^3$） |
|---|---|---|---|---|---|---|---|---|---|---|---|
| | $CH_4$ | $C_3H_8$ | $C_4H_{10}$ | $C_mH_n$ | CO | $H_2$ | $CO_2$ | $O_2$ | $N_2$ | | |
| 焦炉煤气 | 22.2 | | | 2.0 | 8.1 | 58.7 | 2.0 | 0.7 | 6.3 | 0.4693 | 17.07 |
| 城市混合燃气 | 13.0 | | | 1.7 | 20.0 | 48.0 | 4.5 | 0.8 | 12.0 | 0.5178 | 13.86 |
| 液化石油气 | | 50 | 50 | | | | | | | 1.8178 | 108.4 |
| 天然气 | 98.0 | 0.3 | 0.3 | 0.4 | | | | | 1.0 | 0.5750 | 36.4 |

注：城市混合燃气是国内许多城市典型的以煤制气为主的混合型人工燃气，它由焦炉煤气、水煤气或者重油催化裂解油制气等一些传统制气工艺制取的燃气混合而成。

仅从燃气输送成本、燃气燃烧应用方面的考虑，燃气中可燃组分越高越有利。只是在有些情况下，制气原料、工艺条件、设备技术以及资金投入方面等诸多原因，选择什么气源还是有很多限制因素的。

通过燃气组成数据，还可以推算燃气其他一些有用的技术参数来确定燃气的性质。

2. 燃气热值

人们使用燃气是为了获取它的热量。燃气的热值是 1 标准 $m^3$ 燃气完全燃烧所放出的热量，单位为 $kJ/Nm^3$。燃气的热值越高，其经济价值也越高。因为输送同样 $1m^3$ 的燃气，热值越高实际所输送的热量就越高。燃气热值可进一步分为高热值和低热值。高热值是 1 标准 $m^3$ 燃气完全燃烧后的烟气冷却至原始温度，而其中的水蒸气以凝结水状态排出时燃气所放出的热量；低热值则是 1 标准 $m^3$ 燃气燃烧后其烟气冷却至原始温度，但烟气中的水蒸气仍为蒸汽状态时所放出的热量。显然，一般燃烧应用条件下，排放的烟气不会回复到原始温度，烟气中的水蒸气也未冷凝，因此比较而言我们所能得到的燃气热量更接近于燃气的低热值。

燃气的热值数据可以采用按照热平衡原理设计的水流式热量计通过实验测定，也可以根据燃气的组成，按照单一组分的数据及混合法则计算得到。计算公式如下：

$$H=\sum_{i=1}^{i=n}H_i \tag{10-1}$$

式中　$H$——燃气混合体的热值；

$H_i$——燃气纯组分的热值。

当 $H_i$ 取值是燃气纯组分的高热值时，计算所得的 $H$ 就是燃气混合体的高热值；当 $H_i$ 取值是燃气纯组分的低热值时，计算所得的 $H$ 就是混合组成燃气的低热值。表 10-2 是燃气主要组分的特性数据。

**表 10-2　　燃气主要组分的特性数据表**

| 气体名称 | 分子式 | 分子量 $M$ | 摩尔体积 ($Nm^3/kmol$) | 密度 $\rho$ ($kg/Nm^3$) | 临界压力 $P_k$ (MPa) | 临界温度 $T_k$ (K) | 运动粘度 $\mu$ ($\times 10^6 m^2/s$) | 动力粘度 $\nu$ ($\times 10^6 Pa\cdot s$) |
|---|---|---|---|---|---|---|---|---|
| 氢 | $H_2$ | 2.0160 | 22.4270 | 0.0899 | 1.255 | 33.3 | 93.00 | 8.36 |
| 一氧化碳 | $CO$ | 28.0104 | 22.3984 | 1.2506 | 3.383 | 133.0 | 13.30 | 16.58 |
| 甲烷 | $CH_4$ | 16.0430 | 22.3621 | 0.7174 | 4.491 | 190.7 | 14.50 | 10.40 |
| 丙稀 | $C_3H_6$ | 42.0810 | 21.9900 | 1.9136 | 4.452 | 365.1 | 3.99 | 7.65 |
| 丙烷 | $C_3H_8$ | 44.0970 | 21.9362 | 2.0102 | 4.119 | 369.9 | 3.81 | 7.50 |
| 丁烯 | $C_4H_8$ | 56.1080 | 21.6067 | 2.5968 | 3.970 | 419.6 | 2.81 | 7.34 |
| 正丁烷 | $n\text{-}C_4H_{10}$ | 58.1240 | 21.5036 | 2.7030 | 3.677 | 425.2 | 2.53 | 6.84 |
| 异丁烷 | $i\text{-}C_4H_{10}$ | 58.1240 | 21.5977 | 2.6912 | 3.530 | 408.1 | — | — |
| 二氧化碳 | $CO_2$ | 44.0098 | 22.2601 | 1.9771 | 7.149 | 304.2 | 7.09 | 14.03 |
| 氧 | $O_2$ | 31.9988 | 22.3923 | 1.4291 | 4.913 | 154.8 | 13.60 | 19.42 |
| 氮 | $N_2$ | 28.0134 | 22.4035 | 1.2504 | 3.285 | 126.2 | 13.30 | 16.68 |
| 空气 |  | 28.9660 | 22.4003 | 1.2931 | 3.645 | 132.5 | 13.40 | 17.17 |
| 水蒸气 | $H_2O$ | 18.0154 | 21.6290 | 0.833 | 21.409 | 647.0 | 10.12 | 8.44 |

续表

| 气体名称 | 高热值 (kJ/Nm³) | 低热值 (kJ/Nm³) | 爆炸极限 (下限) (%) | 爆炸极限 (上限) (%) |
|---|---|---|---|---|
| 氢 | 12753 | 10794 | 4.0 | 75.9 |
| 一氧化碳 | 12644 | 12644 | 12.5 | 74.2 |
| 甲烷 | 39842 | 35906 | 5.0 | 15.0 |
| 丙稀 | 93671 | 87667 | 2.0 | 11.7 |
| 丙烷 | 101270 | 92344 | 2.1 | 9.5 |
| 丁烯 | 125847 | 117695 | 1.6 | 10.0 |
| 正丁烷 | 133885 | 123649 | 1.5 | 8.5 |
| 异丁烷 | 133048 | 122857 | 1.8 | 8.5 |
| 二氧化碳 | | | | |
| 氧 | | | | |
| 氮 | | | | |
| 空气 | | | | |
| 水蒸气 | | | | |

注:燃气可燃纯组分的爆炸极限(上、下限)的数据为常压 20℃条件下的数据。

3. 燃气密度

燃气密度是 1 标准 $m^3$ 燃气所具有的质量。燃气的密度在燃气管道阻力计算、燃气应用设备设计时是一个重要的技术参数。在燃气安全使用方面,燃气密度也是一个重要概念。一般的人工燃气、天然气的密度小于空气密度,表 10-1 列举的代表性人工燃气和天然气的密度值都小于空气密度值,当燃气系统有泄漏时,燃气会向上飘逸。再看建筑物室内的燃气立管系统,管道越是向上,管内燃气附加压头越大,当管内气体不流动时立管顶部静压最大。而液化石油气密度较大,表 10-1 中列举的液化石油气密度为 1.8178 ($kg/Nm^3$),因而泄漏的液化石油气气体会沉积在低处,不易飘散,危险性较大。

燃气用户安装燃气泄漏安全报警器时就要注意,一般燃气报警器的探测头位置应设置在建筑室内空间高处,而液化气用户的燃气泄漏报警器的探测头就应该安装在建筑室内的底部。否则,不能及时有效地报警和采取安全对策措施。

燃气密度一般采用按照比较法原理设计的测试仪测定,根据燃气流过测试孔板的时间和空气流过测试孔板的时间进行比较,得出燃气的密度值。当燃气组成已知时,也可以和燃气热值一样,用混合法则按照燃气的组成来计算从而得到混合燃气的密度值。

4. 燃气爆炸极限

燃气有易燃易爆的特性，燃气的爆炸极限是燃气气体的重要性质之一。当燃气和空气或氧气混合，在达到一定的比例时，就会形成具有爆炸危险的混合气体，一旦有明火介入，就会发生爆炸。举例来说，空气中少量的燃气不足以形成可发生剧烈氧化反应的混合体，当空气中燃气浓度上升到能形成可爆炸气体时，该浓度就是燃气爆炸极限的下限值；当空气中燃气浓度升高，混合气体中的含氧量满足不了剧烈氧化反应所需的氧气时，这一燃气浓度称为燃气爆炸极限的上限值。若空气中燃气浓度继续上升，就不再能形成具有爆炸可能的混合气体。表 10-2 给出了燃气纯组分的爆炸极限上、下限数值。

燃气爆炸极限可以根据燃气组成、纯组分爆炸极限数据、可燃组分和惰性组分配比实验所得爆炸极限数据来计算从而得到混合燃气的爆炸极限。当然计算式不同于前面燃气热值、密度推算时所用的一般混合计算法则，有关这方面的计算可以查阅有关燃气工程手册。

燃气爆炸极限的概念增长了我们燃气安全使用方面的知识。燃气泄漏后发生爆炸必须有两个基本条件：

(1) 泄漏的燃气在空气中的浓度在爆炸极限浓度上、下限之间；

(2) 要有明火导入。

因此，建筑物室内燃气管道、燃气设备的设置场所一定要有良好的通风条件，万一管道和设备系统有泄漏事故，也可以尽量避免空气中的燃气浓度达到爆炸极限范围内；专用的燃气计量表房、调压设备间的电气设备应该是防爆等级的产品，这样就杜绝了电火花作为启爆“导火索”的可能性。同样，当人们怀疑室内有燃气泄漏需要检查时一定要注意明火和电气开关产生的电火花可能带来的危险。

5. 燃气杂质控制标准

燃气供应工程是一项综合工程。为了保证燃气输送系统和燃气应用设备的正常使用，减少系统堵塞、腐蚀，延长系统和设备的使用寿命，同时也为了环境保护，国家对燃气杂质含量有规定的控制标准。杂质影响较大的人工燃气杂质控制含量如表 10-3 所示。建筑室内燃气管道系统对引入管最小管径的规定主要是为了避免管道内可能产生的堵塞，这些堵塞和燃气中的萘、焦油灰尘的含量有很大的关系。冬天，人工燃气中的萘容易凝华结晶，杂质控制标准值就比夏天的控制值小。在建设建筑物燃气管道系统时，人工燃气引入管要设置清扫口或提供清扫条件，就是为可能发生的输气障碍提供解决措施。

**表 10-3　　人工燃气杂质允许含量(mg/Nm³)**

| 序号 | 杂质名称 | 允许含量 | 说明 |
|---|---|---|---|
| 1 | 焦油和灰尘 | $<10$ | |
| 2 | 硫化氢 | $<20$ | |
| 3 | 氨 | $<50$ | |
| 4 | 萘 | 冬天 $<\frac{50}{P}\times10^5$<br>夏天 $<\frac{100}{P}\times10^5$ | $P$ 为管网输气点的绝对压力(Pa) |

天然气、液化石油气的杂质含量和气田开采、石油炼制和石油化工等工艺技术有关。为了保证天然气长输管线及设备，天然气的质量标准中对总硫量、硫化氢量有严格的要求，可比较的硫化氢含量不高于人工燃气的标准水平。液化石油气质量标准除了控制总硫含量外，还有 $C_5$ 及 $C_5$ 以上组分含量的控制要求。$C_5$ 的含量控制是为了避免过多的不易气化的残留液积留在液化气钢瓶中，降低钢瓶的利用容积，造成往返运输的不合理现象。

总的看来，达到质量标准的燃气本身对我们的建筑燃气系统及设备在抗腐蚀等方面没有很高的要求，建筑物室内燃气管道系统和应用设备应更注重其本身的严密性、管道的外保护措施和设备外部运行条件。

## 二、燃气分类

燃气一般按照燃气生产原料、生产工艺等技术条件进行大宗分类，国家燃气分类标准在按此大宗分类的基础上，结合燃烧设备的互换性将燃气进一步划分。

1. 燃气分类标准

燃气分类标准将燃气划分为人工燃气 R、天然气 T 和液化石油气 Y 三个大类，各大类燃气再按照反映燃气互换性能的特性指标华白数 W、燃烧势 Cp 继续细分，如表 10-4 所示。

燃气分类指标中的华白数、燃烧势是燃气互换性的重要判定依据。不同燃气对燃气设备的通用性是燃气的互换性问题，它是安全使用燃气的重要因素。燃气的互换性主要和燃气热值、燃气密度以及燃气燃烧速度的差别而造成设备系统燃气流量变化、热负荷变化以及燃烧状况变化有关。

**表 10-4　燃气分类表**

| 类别 | | 华白数 $W$ (MJ/m³) | | 燃烧势 $C_p$ | |
|---|---|---|---|---|---|
| | | 标准 | 范围 | 标准 | 范围 |
| 人工燃气 | 5R | 22.7 | 21.1～24.3 | 94 | 55～96 |
| | 6R | 27.1 | 25.2～29.0 | 108 | 63～110 |
| | 7R | 32.7 | 30.4～34.9 | 121 | 72～128 |
| 天然气 | 4T | 18.0 | 16.7～19.3 | 25 | 22～57 |
| | 6T | 26.4 | 24.5～28.2 | 29 | 25～65 |
| | 10T | 43.8 | 41.2～47.3 | 33 | 31～34 |
| | 12T | 53.5 | 48.1～57.8 | 40 | 36～88 |
| | 13T | 56.5 | 54.3～58.8 | 41 | 40～94 |
| 液化石油气 | 19Y | 81.2 | 76.9～92.7 | 48 | 42～49 |
| | 22Y | 92.7 | 76.9～92.7 | 42 | 42～49 |
| | 20Y | 84.2 | 76.9～92.7 | 46 | 42～49 |

一个城市多气源燃气供应是保证燃气供应系统稳定、安全可靠的重要措施之一，但燃气组成的不同，性质上差别较大的燃气并网会影响燃气设备的正常使用，一个燃气设备本身的设计与制造也需考虑对不同燃气的适用性。为了界定各种燃气能否输入同一燃气管网，又不影响设备的正常使用，或者为了明确燃气设备所适应的燃气范围，燃气分类标准除了根据燃气来源分类外，还引用了华白数、燃烧势作为其分类指标。有关燃气具体的燃气华白数和燃烧势数值的计算可以参考有关燃气工程方面的书籍手册。

我国早期燃气发展的地域性很强。城市燃气以人工燃气为主，不同的原料、生产工艺等其他技术因素导致各地燃气品质不尽相同。市场上民用燃气灶具、燃气热水器都标明该设备适用于哪些地区的燃气。有了燃气的分类标准，燃气设备关于使用气种的规定，只要标明相应的燃气种类代号就可以了。例如，一燃气灶具标明使用表 10-1 中某地区的焦炉煤气，而该气种华白数 $W$ 为 32，燃烧势 $C_p$ 为 119，是 7R 人工燃气。事实上设备只要标明本设备使用 7R 气种就可以了。其他地区的用户，如果他们当地供应的燃气种类也是 7R 燃气，理论上该灶具应该可以正常使用。这就像建筑电气产品标明是使用 220V 交流电，还是使用 24V 安全电源一样，明确了使用条件和对电源的要求。

2. 燃气种类

(1) 人工燃气

人工燃气有煤制气和油制气两大类，气种系列如图 10-1 所示。

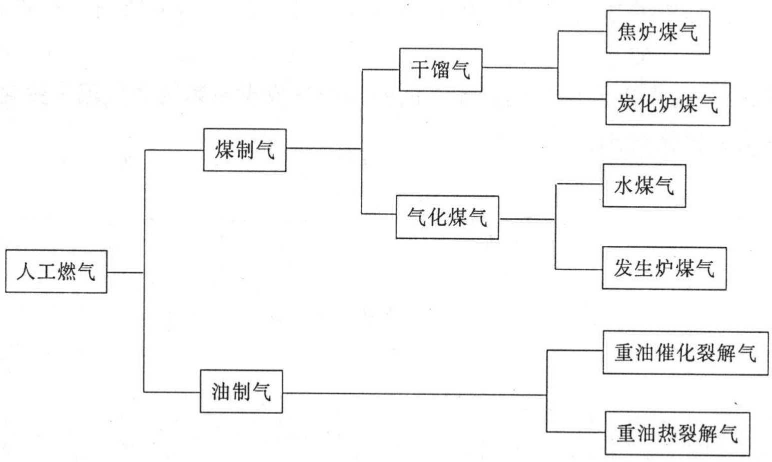


图 10-1　人工燃气常见的气种系列

作为民用燃气的人工燃气主要是焦炉气为主的煤制气，焦炉煤气是煤在焦炉炭化室内隔绝空气受热干馏，生产焦炭过程中得到的煤气，也称为干馏气。由于焦化厂主导产品是焦炭，焦炉煤气产量有限，一般作为副产品。为了扩大燃气供应量，一般城市燃气气源厂还在焦炉煤气中适量掺混了生产技术简单，成本较低的气化煤气——水煤气。水煤气的热值较低，一般只有 10MJ/Nm$^3$ 左右，而焦炉煤气的热值属中热值，也仅 18MJ/Nm$^3$ 左右，因此，按城市燃气标准燃气低热值应在 14.7MJ/Nm$^3$ 以上，水煤气的掺混比例不能太高。有的气源工程没有水煤气制气设备，只能在焦炉煤气中掺混量更少的发生炉煤气(低热值仅 5MJ/Nm$^3$)等。

我国有为数不多的几个的城市，多种燃气气源中还选择了工程建设速度较快、投资造价略低的催化裂解油制气为城市燃气主气源的一部分。油制气掺混水煤气后的混合气和焦炉煤气为主的混合气性质相近，可以互换，共同作为一个城市的气源。

人工燃气的特点是燃气的热值中等，燃气中一氧化碳含量较高，燃气毒性大，泄漏后易造成人身死亡事故。另外人工燃气都经过净化处理工艺，在这过程中大量使用了水。因此，燃气中水的含量较高。一般人工燃气为气源的建筑物室内燃气管道系统要考虑可能的凝结水排放需求。当管道采用镀锌钢管，管道相连选用丝扣的连接方式时，接口填料可用厚白漆或聚四氟乙烯生料带。但采用厚白漆填料的管道系统气源日后向天然气转换时，天然气几乎是完全干燥的气流，因而采用厚白漆填料的管道丝扣连接处就有填料干裂导致漏气的隐患。

人工燃气在城市燃气事业中曾作为主力气源占有较重要的地位，特别是工业化大城市有大量的用户。人工燃气供应采用管道供应方式，有的地方习惯上常将人工燃气称之为管道煤气。城市人工燃气热值中等，管网服务范围一般局限在一个城市中，若管道距离太长，会造成燃气输配成本上升。

(2) 天然气

从天然气气田、石油油田钻井开采得到的高甲烷组成的燃气就是天然气。天然气具有优良的品质，主要组成是甲烷，气体中惰性成分少，热值一般在 $36MJ/m^3$ 以上。天然气不含一氧化碳，没有毒性，为避免泄漏时人们无法察觉，通常还进行加臭处理，加臭剂现在常见的有四氢噻吩($C_4H_8S$)。

除了已进入开采晚期的气田气，一般气田开采得到的天然气压力很高，具备长距离输送的动力优势。现在的天然气管网可以实现城际、省际联网，就像高压供电网络一样通达四方。天然气的联网使得天然气供应范围大大扩大，这对天燃气输配调度是十分有利的。而这一点，地域化较强的人工燃气网络是不可比拟的。我国天然气在燃气供应中的主导地位越来越明显。

(3) 液化石油气

液化石油气主要是经过油气田的油气分离、原油炼制、石油化工生产过程中获取的，主要组成为丙烷、丙稀、丁烷、丁烯等 $C_3$,$C_4$ 类碳氢化合物。由于液化石油气的主要组成为 $C_3$,$C_4$ 类物质，它突出的特点是常温下加压，很容易发生气相向液相的转化，而且体积大大地缩小。液化石油气常温下发生相变的压力不需要升得很高，储存液化石油气的钢瓶内压力在 1.6MPa 以下，钢瓶一般使用者不需接受特殊专门的技术培训，液化石油气钢瓶用户有相对的安全性。这样的条件非常适合于向零星分散的用户供应。

远离燃气管网或其他原因分散独立的建筑群体区域都可以发展为液化石油气的用户。一般普通居民用户可以选择 15kg 容量的液化石油气钢瓶，较大耗气量的别墅居民用户或团体炊事燃气用户可以选用 50kg 容量规格的钢瓶，若单瓶供气量还不够，可以将数个钢瓶并联使用。更大用气规模的液化石油气用户群体，根据情况可考虑建设一个液化石油气气化站，采用管道输送的方式，向一栋楼、一个小区或更大区域范围的用户(上百户到上万户)，提供气相液化石油气或液化石油气掺混空气的混合气。

液化石油气液态的载热量大，长途运输也是经济合理的。铁路、公路、水路甚至于跨海远洋都可作为液化石油气的运输路径。

### 三、燃气气源工程

1. 城市煤气气源厂

城市煤气气源厂主要是指人工燃气气源厂。一般的人工燃气气源厂主要以煤为原料，煤焦化生产干馏煤气的产率在 0.3$m^3$/kg 左右，煤制造水煤气的产率约 1.5$m^3$/kg，一家中等规模，日产煤气 $30\times10^4 m^3$ 的焦化煤制气厂每天就要消耗近千吨的原煤，因此，气源厂的位置通常需要有良好的水路、铁路运输条件。城市规模较大的，为供气安全考虑，还应建设两个或更多的气源厂，并分布在燃气管网的不同方向，使燃气管网形成多点气源供气的安全供应网络。图 10-2 所示为一个典型的焦化煤制气厂制气、净化工艺流程框图。

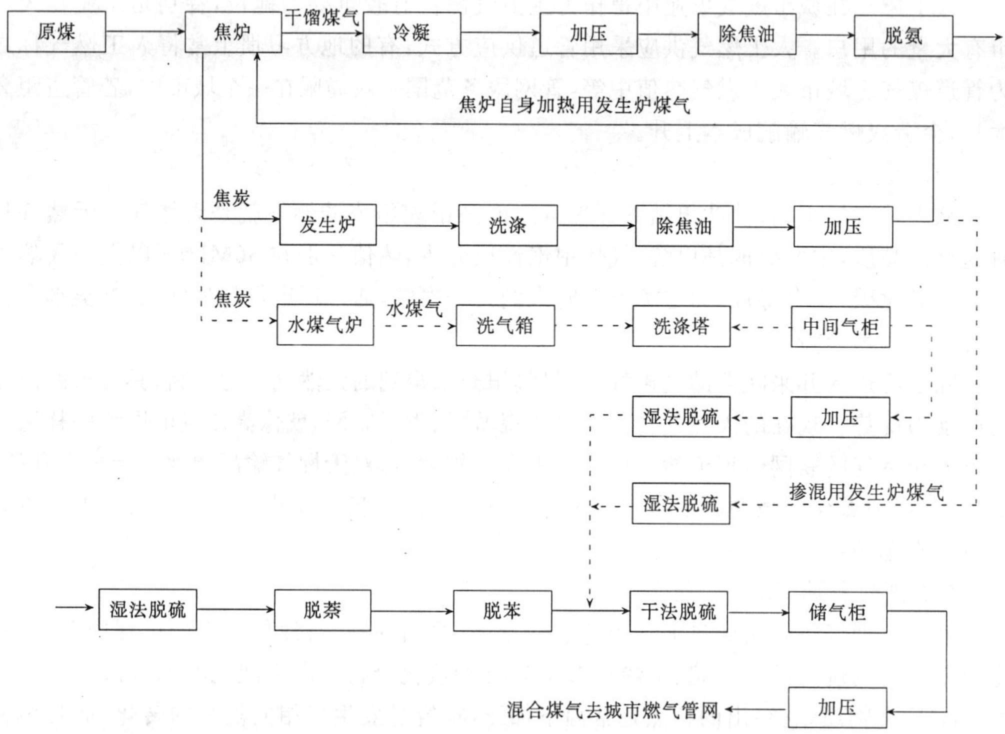


图 10-2 一个典型的焦化煤制气厂制气、净化工艺流程图

2. 天然气气源工程

我国天然气气源主要有两种情况。一种是天然气气田作为气源，气田采气后经过脱水、脱油和脱硫净化处理后，经长输管线送达到城市燃气管网门站，在经过计量、减压流程后进入城市天然气管网；另一种是天然气气田开采后，经过天然气净化处理厂处理，在压缩或超低温液化后采用远洋船舶运输，到达目的港后再登陆上岸。无论是长输管线还是远洋船运，天然气都需经过门站进入城市燃气管网。门站好比是一个管网的入口，从管网的角度来看门站就是气源。保证城市燃气供应的安全，天然气气源的多元化也是一个需要考虑的重要因素。

3. 液化气液化石油气气源

(1) 液化石油气气源

液化石油气储配站是液化气的储存、罐瓶场所。液化石油气来源于油气田、石油炼制厂和石油化工厂经过分离、净化工艺后得到的液态液化石油气，经海陆运输后进入城市的液化气储配站。液化石油气储配站有 1000～2000$m^3$ 的球形储罐、100～200 $m^3$ 的卧式圆筒形储罐，这些储罐储存了大量液态的液化石油气，成为城市燃气液化石油气的气源。有的储配站上游企业离储配站不远，液化石油气也可以通过管道输送进入储配站，只是此种方法传输管道路径不能太长，不然为了保持液化气的液相状态，必须维持一定的管道工作压力，能量消耗是否合理需经过科学的技术论证。

储配站第二个功能是罐装液化石油气钢瓶。燃气用户的 15kg、50kg 液化气钢瓶在储罐场站灌装后由专用汽车分散运输到各定点的液化气钢瓶用户服务站存放，向瓶装燃气用户提供换瓶服务。用户用完气的空瓶，再回送到液化气储配站，倒空残液、钢瓶经过安全检测、重新充装液化气，完成一个循环。

(2) 液化石油气气化站

当液化石油气用户相对集中或其他因素认为技术经济可行的情况下，液化石油气也可采用管道供气的方法，这时液化石油气气化站就是一个气源。例如一栋住宅大楼，地理位置远离城市燃气管网，居民用户若选用瓶装燃气供应方法仍感到用气换瓶的麻烦，可建立一个液化气气化站，管道送气至居民用户单元内，供应的形式和人工燃气、天然气一样，大大方便了居民生活。

① 瓶组自然气化。气化站供气量小的例如近百户燃气用户，可选用比较简单的数个 50kg 钢瓶并联工艺，自然气化向燃气管网送气。图 10-3 是瓶组气化的系统示意图。

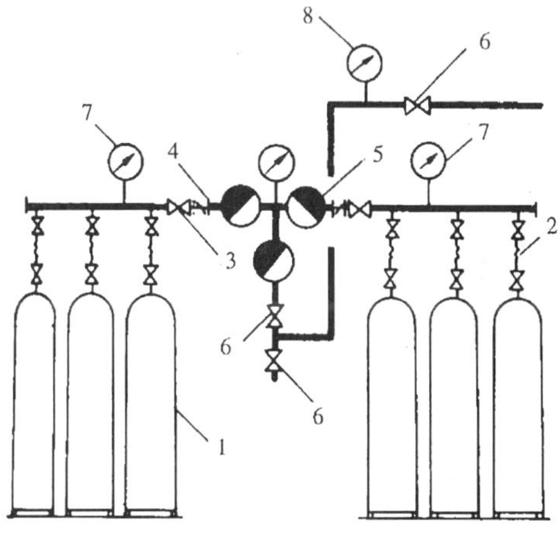


图 10-3 液化石油气瓶组气化系统示意图

1—50kg 标准钢瓶；2—高压耐油胶管；3—止回阀；4—过滤器；
5——体型自动化切换调压器；6—球阀(截止阀)；
7—高压端压力计；8—低压端压力计

② 强制气化。当供气量加大，例如不是一栋楼，而是几栋楼或一个小区，则钢瓶内液态的液化石油气仅靠自然换热，气化速度可能满足不了供气需求。这时需要外界供热方能满足气化要求。这种供热气化液化石油气的工艺称为强制气化工艺。

强制气化工艺常见的有电直接加热、电加热热水供热、液化气燃烧热水供热方法，图 10-4 所示是电加热强制气化站系统示意图。电加热工艺的设备系统比较简单，但加热时有电能消耗；液化气燃烧热水供热是自用能源，热水由液化气燃烧所得，但气化站站场布置有严格的明火控制防火要求。液化气明火加热水装置需要有一定的防火间隔场地，建造这类气化站占地较大，一般要有 3000 户用户以上较为合适。

在阳光、气温等气象条件较好的南方地区，液化石油气中 $C_3$ 类轻组分较多的也可以

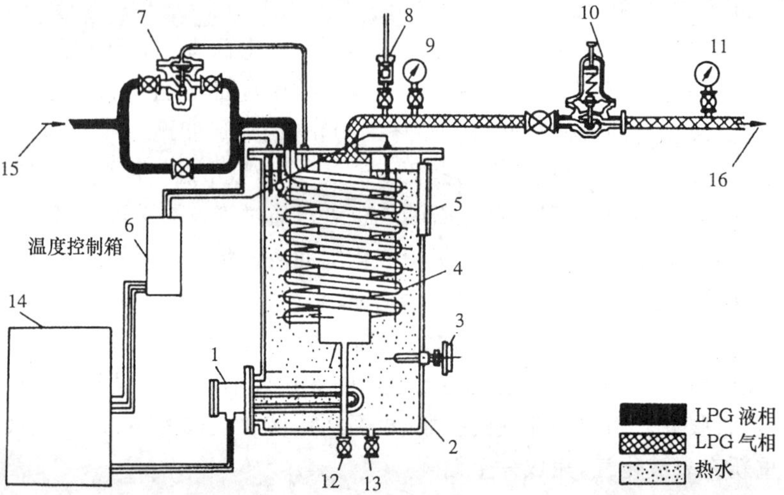


图 10-4　电加热强制气化站系统示意图

1—加热器；2—热水容器；3—温度计；4—加热盘管；5—水位计；6—温度控制箱；
7—控制阀；8—安全阀；9—压力表；10—调压器；11—供气压力指示计；12—液化石油气排液阀；
13—水放空阀；14—控制盘；15—液相液化石油气入口；16—气相液化石油气出口

采用由多翅片大换热面积构成的室外空气加热器来提供液化气气化所需的能量。图10-5所示是液化石油气空气气化器设备图。空气气化器能充分利用大气能量，运行成本低，管理费用有明显的优势。

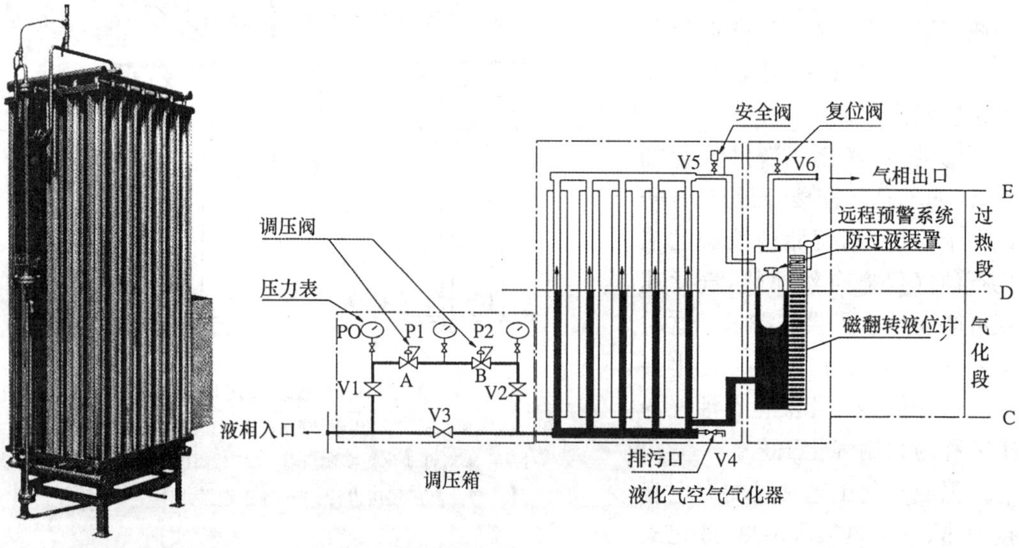


图 10-5　液化石油气空气气化器设备示意图

气化的液化石油气供气途中相态保持是液化石油气管道供应的重要条件。我们已经知道液化石油气一般条件下容易发生气液相态的转变。当管道输送的距离较长，地表温度较低时，管道内已经气化的液化石油气又有可能回复到液态，这对安全供气是不利的。

为避免已气化的液化石油气再度液化，我们可以采取掺混空气降低气体中 $C_3$，$C_4$ 的分压，最终降低混合气露点温度，达到保持 $C_3$，$C_4$ 气态的目的。

③ 液化石油气掺混空气。液化石油气中掺混空气的目的是降低燃气中的液化石油气的分压和露点温度，这样就可以保证气态的液化石油气不再返回成液体。液化石油气中掺混空气是不是已形成了一个会有爆炸危险的混合气体？液化气掺混的空气的技术要求之一是使混合后的气体中的液化石油气的体积百分数必须高于其爆炸极限上限的 1.5 倍。一般液化石油气的爆炸极限在 1.5%～10%左右，而掺混后的混合气中液化石油气和空气的比例一般在 50%:50%，它远高于液化气的爆炸极限上限。因此，掺混工艺是安全的。

液化石油气掺混空气的主要工艺过程分为液化气气化和掺混两大部分。液化气气化和前面所说的强制气化是类似的。掺混空气的方法常见的有引射法、比例法等。引射法工作原理引自文丘里引射混合原理，高压的气态化液化气喷射，在引射器口部造成负压区，从而引入空气，并在引射器的混合段达到液化石油气和空气充分的混合。图 10-6 所示是引射法液化石油气掺混空气装置示意图。引射法混气装置最大的特点是引射器无运动部件，构造简单，混合比例稳定，热值容易控制，装置运行能耗低。引射法混气设备也有

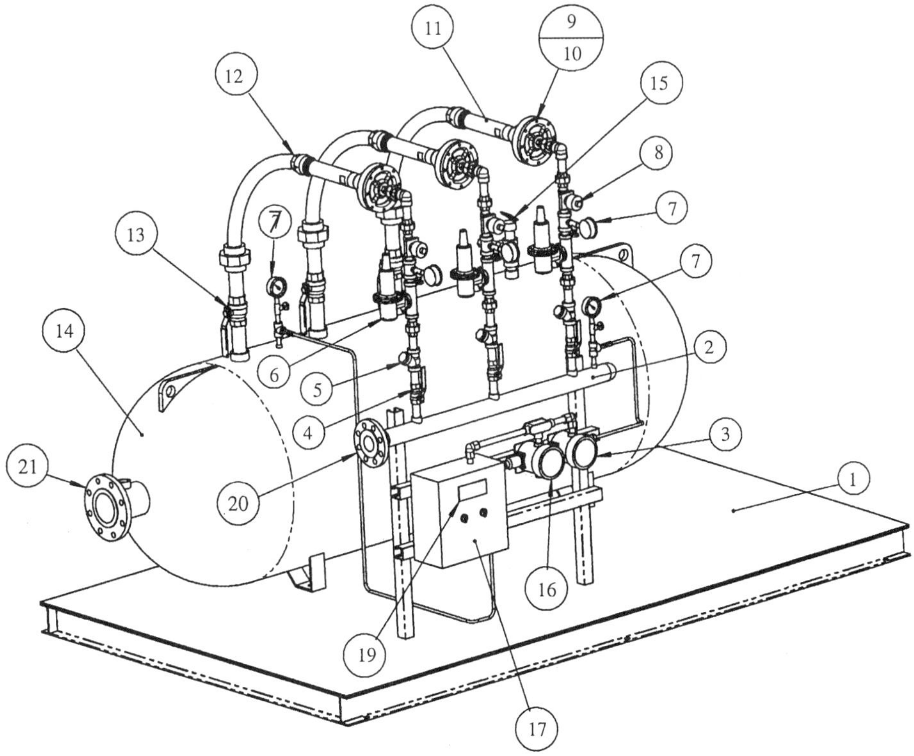


图 10-6　引射法液化石油气掺混空气装置示意图

1—钢支架；2—气相分配管；3—低压蒸汽开关；4—球阀；5—Y 型过滤器；6—调压器；7—压力表；
8—电磁阀；9—空气入口/单向阀；10—文丘里喷嘴；11—文丘里管；12—单向阀；13—球阀；
14—缓冲罐；15—安全阀；16—压力变送器；17—控制箱；18—可编程序控制器(在控制箱内)；
19—显示屏；20—液化气气相入口；21—混合气出口

缺点，它运行时有噪声，需采取消音措施。

液化石油气掺混空气的比例法一般是通过比例阀和调节器装置将气态化的液化石油气和空气按比例混合，达到掺混工艺的要求。混合时，液化石油气气相有压力，空气需要鼓风，比例混气后所得燃气压力较高，但采用掺混的系统设备较为复杂，配套设备较多，整个系统造价较高。

液化石油气掺混空气供应燃气有一个很大的优点在于液化石油气掺混空气的混合燃气和天然气有很好的互换性。在一个居住小区里，项目建设计划竣工日期由于种种原因，小区天然气可能还不能到位，我们可以先期实施液化石油气掺混空气供气，若干年后当天然气供应条件具备时，可以对整个燃气供应工程进行适量的改造，原先小区的管网、建筑室内管道系统和燃气设备就能使用上天然气，实现气源的平稳置换，经济损失最小。

## 第二节　城市燃气输配系统

城市燃气主要有人工燃气、天然气和液化石油气三个大类。根据燃气的性质、城市的特点和用户的要求建立合理的城市燃气输配系统，将燃气输送到住宅小区或建筑物。

### 一、城市燃气供应方式

1. 燃气管道供应方式

人工燃气、天然气和液化石油气都可以实现管道输送，但从实际运行的条件来说，采用管道供气方式的气种常常是人工燃气和天然气。

人工燃气和天然气的管道输送技术互相比较，一般人工燃气的输送压力较低，而天然气由于气源本身的高压优势，输送压力较高，加上天然气热值是人工燃气的两三倍，因此，同等热量供应的前提下天然气管道的直径较小。

液化石油气在常温条件下容易发生气液两相的转化，气化的液化石油气在管道内再结露会造成液、气两相共存，会引起不少问题。液化石油气实现管道输送可以用掺混空气或其他一般条件下不结露的低热值燃气的方法，来减小混合气体中液化石油气的气体分压，降低混合气的露点温度，达到管网内的混合燃气不结露的目的。南方地区气温高，在有限区域内，采用单一液化石油气气相管道供应方式也是有可能的。

2. 燃气瓶装分散供应方式

燃气管道网络供应方式是理想的燃气客户服务方式，就像水电输配网络服务客户那样。但一些因人工燃气或天然气气源建设、输配管网覆盖有困难或其他诸多原因的地区或局部区域，燃气供应就可能需要适应性好灵活性强的液化石油气瓶装供气方式。

普通居民用户的燃气钢瓶规格为 15kg 容量(图 10-7)，按一般消费水平用量，可供三口之家 20～25 天之用，如果用户有燃气热水器，则消耗量会大大增加，换瓶周期将要缩短。团体炊事和营业餐饮燃气大用户，燃气钢瓶规格就要采用 50kg 的大容量，有的甚至要几个钢瓶并联，组成瓶组供气，并安排合理的换瓶周期，方能保证正常供气。瓶装供气有很大的灵活性，供气基础设施建设少；缺点就是钢瓶容量有限，钢瓶周期调换总有不尽如人意的感觉。

3. 燃气供应安全

为保证燃气供应的安全，配置多点气源是重要的，这样才能将一个气源的事故对整个管网范围的燃气供应影响尽可能地降低到最小程度。另外，气源的连续稳定的供气也是燃气供应安全保障的一个方面。对此，人工燃气气源厂要有一定的原料储备。为了解决燃气生产的相对固定性和燃气消费的时间不均匀性之间的矛盾，除了有可能建设可调峰的生产流程外，常见的对策是配置储气罐设施，消费需求低峰时储气，用气高峰时储罐出气补足气源厂恒定生产的缺口，这和城市水厂生产工艺中的蓄水池作用是相同的。

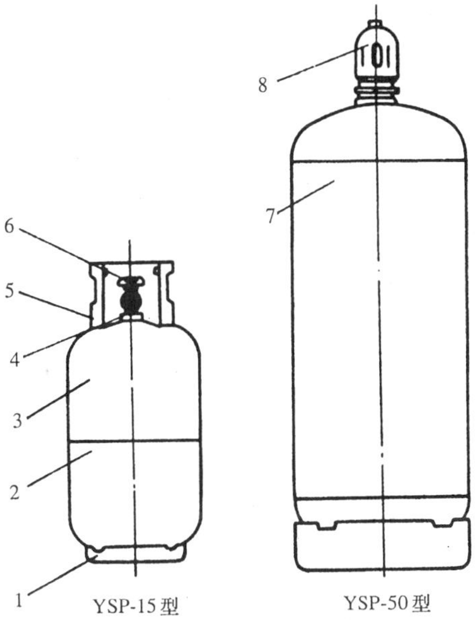


图 10-7 液化石油气钢瓶

1—底座；2—下封头；3—上封头；4—瓶阀座；5—护罩；6—瓶阀；7—筒体；8—瓶帽

为了保证天然气供应的安全性，可采用长输管线上多处天然气气田气源引入的方案，必要时建设不同方向和来源的第二条长输管线。这一点和城市的电网供电安全多路入网措施是相似的。一般的长输管线天然气供应量是稳定的，要解决高低峰调节问题，可以采取长输管线末端升压储气的方式来平衡用气量的波动。投资更大的安全保障措施是建设超低温液化天然气储存设施，当然这样的技术和运行维护费用是相当高的。

液化石油气供应的安全保障相对来说容易些，这得益于液化石油气本身的特性。大容量的储存、长短距离多种形式的运输以及调峰迅速的液化气气化工程都是比较容易实现的。

## 二、城市燃气管网

城市燃气管网的任务是通过大范围敷设的燃气管道，将燃气从气源输送到千家万户，方便用户使用。完善的燃气管道网络成为燃气供应体系的重要一环。

1. 燃气供应量

城市燃气供气量应包括居民生活用气量、事业团体用气量、公共建筑用气量和工业企业生产用气量等。其中民用燃气需求可以参照国家标准《城镇燃气设计规范》，按各类用气指标推算。

居民用气指标如表 10-5 所示，公共建筑用气量指标如表 10-6 所示。公共建筑的设施标准应根据有关建设规划来确定。

表 10-5　　居民用气指标(单位:MJ/(人·年)(1.0×$10^4$ kcal/(人·年)))

| 城镇地区 | 有集中采暖的用户 | 无集中采暖的用户 |
|---|---|---|
| 东北地区 | 2303～2721(55～65) | 1884～2303(45～55) |
| 华东、中南地区 | — | 2093～2303(50～55) |
| 北京 | 2721～3140(65～75) | 2512～2931(60～70) |
| 成都 | — | 2512～2931(60～70) |

表 10-6　　公共建筑用气量指标

| 类别 | | 单位 | 用气量指标(J) |
|---|---|---|---|
| 职工食堂 | | MJ/(人·年)(1.0×104kcal/(人·年)) | 1884～2303(45～55) |
| 饮食业 | | MJ/(座·年)(1.0×104kcal/(座·年)) | 7955～9211(190～220) |
| 托儿所、幼儿园 | 全托 | MJ/(人·年)(1.0×104kcal/(人·年)) | 1884～2512(45～60) |
| | 半托 | MJ/(人·年)(1.0×104kcal/(人·年)) | 1256～1675(30～40) |
| 医院 | | MJ/(床位·年)(1.0×104kcal/(床位·年)) | 2931～4187(70～100) |
| 旅馆、招待所 | 有餐厅 | MJ/(床位·年)(1.0×104kcal/(床位·年)) | 3350～5024(80～120) |
| | 无餐厅 | MJ/(床位·年)(1.0×104kcal/(床位·年)) | 670～1047(16～25) |
| 高级宾馆 | | MJ/(床位·年)(1.0×104kcal/(床位·年)) | 8374～10467(200～250) |
| 理发 | | MJ/(人·年)(1.0×104kcal/(人·年)) | 3.35～4.19(0.08～0.1) |

2. 燃气管网的压力选择

燃气实现管网输配，管网的工作压力如何选择？城市电网为经济安全地供电，上游连接跨省市的110kV,220kV甚至于500kV超高压输电网，城区建设10kV,35kV高压电网，经区域柱上变压器、用户变电所向用户提供220V,380V的照明和动力电源。燃气管网压力选择也需考虑多种因素。燃气管网的压力太高，城区地下敷设输送易燃易爆的燃气管道安全性不好，压力过低，为保证流通能力，输配管道口径就要变大，材料消耗上升。而且，低压管道燃气流量的调节能力也大大降低。如表10-7所示为城市燃气管道的压力分级。

长输管线输送来的天然气压力高，考虑到能源的充分利用，城市燃气管网可建设成高压、中压以及低压三级网络，或高中压两级管网。主干管道，敷设条件较好的建设高压管线，城区主体网络选用中压管，街坊住宅小区一般埋设低压管网。

**表 10-7　城市燃气管道的压力分级**

| 名称 | | 压力(表压)(MPa) |
|---|---|---|
| 高压燃气管道 | A | $0.8 < P \leqslant 1.6$ |
| | B | $0.4 < P \leqslant 0.8$ |
| 中压燃气管道 | A | $0.2 < P \leqslant 0.4$ |
| | B | $0.005 < P \leqslant 0.2$ |
| 低压燃气管道 | | $P \leqslant 0.005$ |

如图 10-8 所示为高、中、低压三级燃气管网示意图。这是国内大多数城市常见的典型燃气管网压力级制。

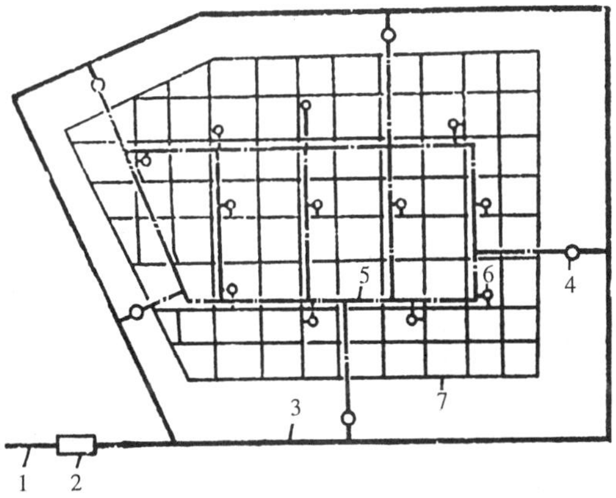


图 10-8　高、中、低压三级燃气管网示意图

1—长输管线；2—门站或配气站；3—高压管网；4—高、中压调压站；5—中压管网；6—中、低压调压站；7—低压管网

人工燃气由于气源本身生产工艺的特点，出厂前人工燃气压力为常压，需辅助加压。因此，选用人工燃气的城市燃气管网一般采用中低压两级制。

3. 燃气管网的调压设备

不同压力级制的燃气管网连接需要有调压设备过渡。天然气地区入网门站有高中压调压器，可以将 6.4MPa，4.0MPa 等高压天然气调整到下级燃气管网所需的压力，例如 1.6MPa，0.8MPa 等。三级压力级制和中低压两级压力级制的城市燃气管网有大量的中低压调压器，调压器的形式多种多样，代表性的有雷诺式调压器、T 型调压器等，如图 10-9 所示是典型的雷诺式调压器。

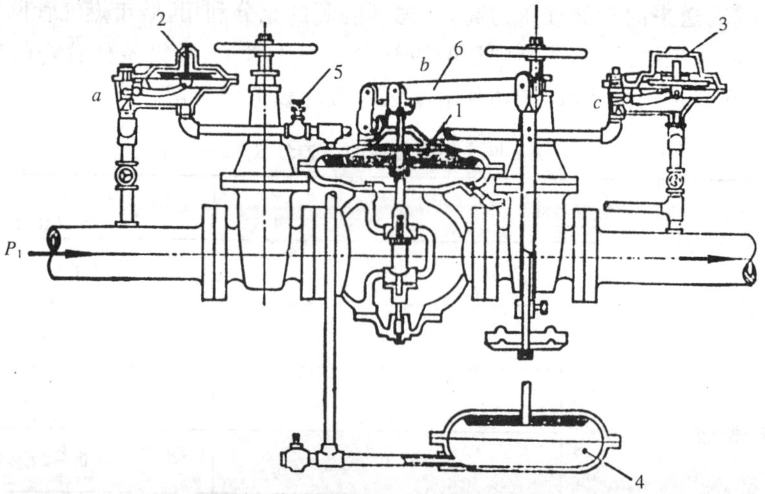


图 10-9 雷诺式调压器

1—主调压器；2—中压辅助调压器；3—低压辅助调压器；
4—压力平衡器；5—针形阀；6—杠杆

雷诺式调压器有调压精度高，调压器阻力损失小、流量大和性能稳定的优点，但它设备庞大，还需建设一个调压器站房，如图 10-10 所示。调压器站房周围要有一定的安全防火距离。

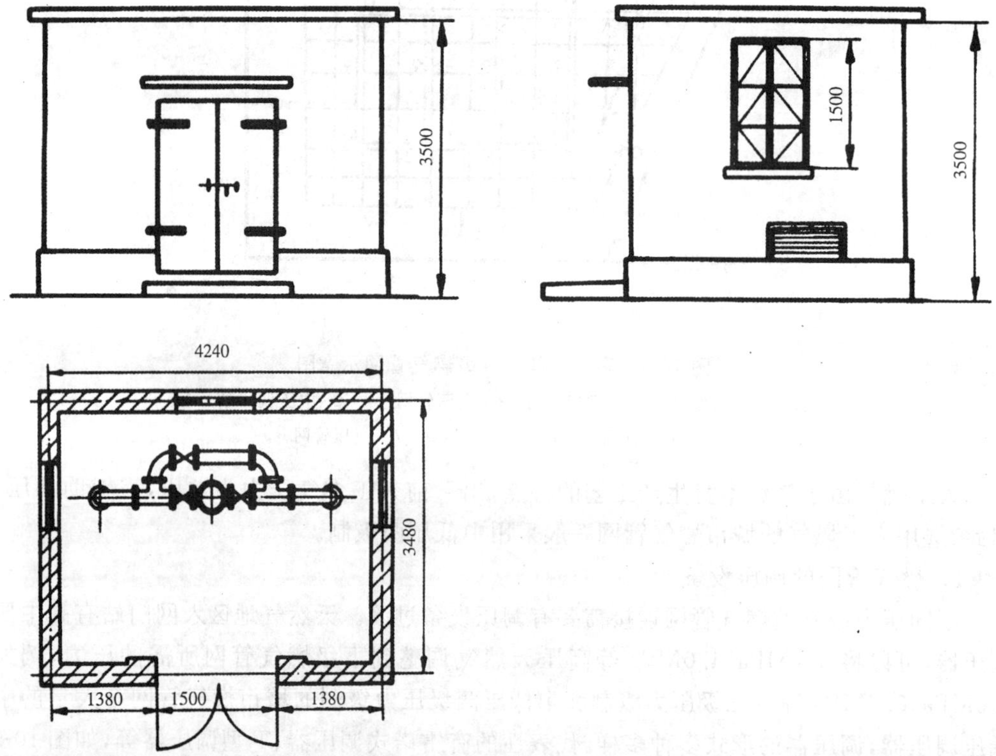


图 10-10 雷诺式调压器站房

相比之下，T 型调压器的结构较为简单，但调压器的阻力损失大。现在调压器选用较多的是组合式调压器。组合式调压器是将一系列调压器件、阀门等装置组合在一个箱体中，具有安装维护方便，占地面积小等优点，很受用户的欢迎。随着天然气供气范围的扩大，燃气中压管道直接进入小区，经楼栋调压器调压后进入建筑内部的燃气输配方案也越来越多地被采纳。

## 三、小区燃气管网

住宅小区燃气管网是建筑工程项目重要的配套项目，目前的建筑项目建设更加强调一体化建设进程，住宅小区燃气管网的设计、施工包括以后的运行管理，应充分考虑小区燃气管网与建筑、燃气系统和其他建筑设备系统的关系。

1. 小区低压燃气管网系统

住宅小区的燃气管网是城市燃气管网的一个组成部分，是总体燃气管网络的延伸。小区管网设计要综合考虑城市燃气管网和小区建筑两大因素。当城市燃气管网采取高中低三级压力级制或中低压两级级制时，小区的燃气管网可以独立成一体系，或与周边建筑小区组成一个低压管网体系。小区燃气管网若根据流量计算和燃气专业公司规划的要求需独立设置调压站的，则站址应在小区的平面规划中予以考虑。小区独立燃气调压站房在小区建筑平面布置上要遵循的安全距离规定如表 10-8 和表 10-9 所示。

**表 10-8　　调压站与建筑物的距离(m)**

| 调压站建筑形式 | 最小距离 | |
|---|---|---|
| | 一般建筑 | 重要公共建筑 |
| 地上独立建筑 | 6.0 | 25 |
| 毗连建筑 | 允许 | 不允许 |

**表 10-9　　调压站与高层民用建筑物的距离(m)**

| 调压站进口压力(MPa) | 一类建筑 | | 二类建筑 | |
|---|---|---|---|---|
| | 主体建筑 | 相连的附属建筑 | 主体建筑 | 相连的附属建筑 |
| 0.005～0.15 | 20 | 15 | 15 | 13 |

住宅小区的燃气中低压调压站入口管道和城市中压燃气管网连接，出口管道和小区低压燃气和管网连接，其压力则根据小区燃气管网最大允许压差选择。小区主干管应尽量成环状，通向建筑物的支线管道可以敷设成枝状管网。为了提高城市燃气管网的安全性，小区之间的燃气管网也可相互连接，增强管网供气的互补性。当然，要合理地解决并网互补性和小区管网相对独立性的矛盾，小区管网间的连接点不宜过多，连接点处还要设置截断阀门，以利于区域抢修时分区隔断的需求。

2. 小区中压燃气管网系统

使用天然气的城市，燃气管网系统除采用小区低压输气方式外，还可以将中压管道直接进入住宅小区的方式。几栋多层住宅楼，或一栋高层选用一个楼栋箱式调压器，直接将中压燃气调至低压燃气，经引入管进入建筑室内燃气管道系统。这样的调压器可以是落地式的，也有挂壁式安装的。如图 10-11 所示为楼栋调压器结构示意图。

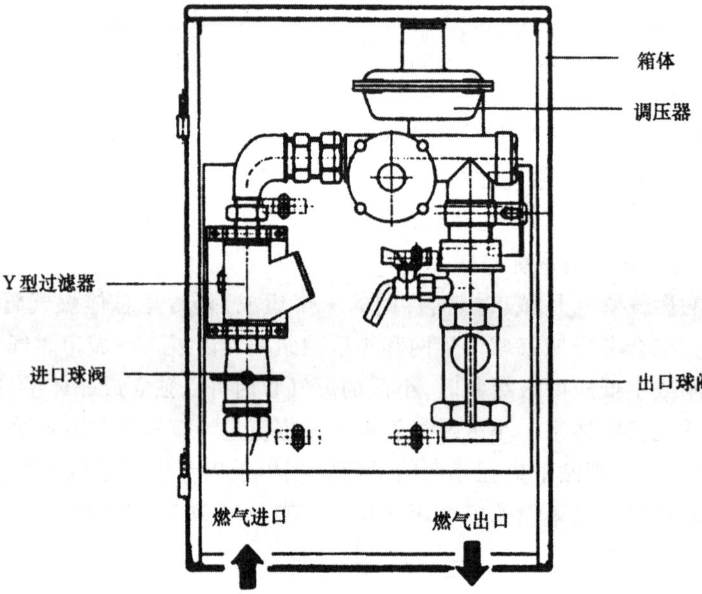


图 10-11　楼栋调压器结构示意图

小区中压燃气管道建设和低压燃气管道建设相比，管道需要有较大的敷设间距，新开发的小区有这样的建设条件，管内燃气压力大，供气条件改善，管材消耗也有所降低。

3. 小区燃气管网流量及管道阻力计算

小区燃气管网和城市燃气管网一样，供气是非均匀的，存在着高峰和低谷。燃气管网建设既要强调燃气管网的经济性，又要保证供气的安全，不能脱气脱压，因此，管道设计一般按最大小时流量设计。不同的用气规模有不同的确定方法：

(1) 2000 户以下的燃气流量

当某一管道负责供气户数在 2000 户以下时，其最大小时流量应按室内燃气管道的流量计算方法确定，计算公式如下；

$$Q_h = k_t(\sum kNQ_n) \tag{10-2}$$

式中　$Q_h$——燃气管道的计算流量($m^3/h$)；

$k_t$——不同类型用户的同时工作系数；当缺乏资料时，可取 $k_t=1$；

$k$——燃具同时工作系数，居民生活用燃具可按《城镇燃气设计规范》确定(见表 10-10)，公共建筑和工业用燃具可按加热工艺要求确定；

$N$——同一类型燃具的数目；

$Q_n$——燃具的额定流量($m^3/h$)。

表 10-10　　　　居民生活用燃具的同时工作系数 $k$

| 同类型燃具数目 $N$ | 燃气双眼灶 | 燃气双眼灶和燃气快速热水器 | 同类型燃具数目 $N$ | 燃气双眼灶 | 燃气双眼灶和燃气快速热水器 |
|---|---|---|---|---|---|
| 1 | 1.00 | 1.00 | 40 | 0.39 | 0.18 |
| 2 | 1.00 | 0.56 | 50 | 0.38 | 0.178 |
| 3 | 0.85 | 0.44 | 60 | 0.37 | 0.176 |
| 4 | 0.75 | 0.38 | 70 | 0.36 | 0.174 |
| 5 | 0.68 | 0.35 | 80 | 0.35 | 0.172 |
| 6 | 0.64 | 0.31 | 90 | 0.345 | 0.171 |
| 7 | 0.60 | 0.29 | 100 | 0.34 | 0.17 |
| 8 | 0.58 | 0.27 | 200 | 0.31 | 0.16 |
| 9 | 0.56 | 0.26 | 300 | 0.30 | 0.15 |
| 10 | 0.54 | 0.25 | 400 | 0.29 | 0.14 |
| 15 | 0.48 | 0.22 | 500 | 0.28 | 0.138 |
| 20 | 0.45 | 0.21 | 700 | 0.26 | 0.134 |
| 25 | 0.43 | 0.20 | 1000 | 0.25 | 0.13 |
| 30 | 0.40 | 0.19 | 2000 | 0.24 | 0.12 |

注：表中"燃气双眼灶和燃气快速热水器"是指一户居民装设一个双眼灶和一台快速式热水器的同时工作系数。

(2) 2000 户以上的燃气流量

当一管道供气户数在 2000 户以上时，其最大小时流量可采用不均匀系数法计算。居民生活和公共建筑燃气小时计算流量宜按下式计算：

$$Q_k = K_m K_d K_h \frac{Q_a}{365 \times 24} \tag{10-3}$$

式中　$Q_h$——燃气小时计算流量($m^3/h$)；

$Q_a$——年燃气用量($m^3/a$)；

$K_m$——月高峰系数。计算月的日平均用气量和年的日平均用气量之比；

$K_d$——日高峰系数。计算月中的日最大用气量和该月日平均用气量之比；

$K_h$——小时高峰系数。计算月中最大用气量日的小时最大用气量和该日小时平均用气量之比。

燃气用气的高峰系数，应根据住宅小区所在地区有关统计资料确定。当缺乏用气状况资料时，可结合当地具体情况分析，月高峰系数 $K_m$ 可按 1.1～1.3 选用；日高峰系数 $K_d$

可按 1.05～1.2 选用；小时高峰系数 $K_h$ 可按 2.2～3.2 选用。

(3) 小区中压燃气管道的沿程阻力计算公式可按下式计算：

$$\frac{P_1^2 - P_2^2}{L} = 1.27 \times 10^{10} \lambda \frac{Q^2}{d^5} \rho \frac{T}{T_0} \tag{10-4}$$

式中 $P_1, P_2$——燃气管道始末端的压力(绝对压力，kPa)；

$L$——管道的长度(km)；

$\lambda$——燃气管道的摩擦阻力系数，紊流状态，$Re > 3\,500$ 时，阻力系数 $\lambda$ 按 $\lambda = 0.11 \times \left(\frac{K}{d} + \frac{68}{Re}\right)^{0.25}$ 公式计算，其中，$K$ 为管道的粗糙度，钢管取 0.2mm，PE 管取 0.01mm。

$Q$——计算流量($m^3/h$)；

$d$——管道内径(mm)；

$\rho$——燃气密度($kg/m^3$)；

$T$——燃气温度(K)；

$T_0$——273K。

室外燃气管道的局部阻力损失可按上述管道沿程阻力计算值的 5%～10%推算。

(4) 低压燃气管道的沿程阻力计算公式可按下式计算：

$$\frac{\Delta P}{l} = 6.26 \times 10^7 \lambda \frac{Q^2}{d^5} \rho \frac{T}{T_0} \tag{10-5}$$

式中 $\Delta P$——燃气管道摩擦阻力损失(Pa)；

$l$——管道的长度(m)；

$\lambda$——燃气管道的摩擦阻力系数，$\lambda$ 系数的确定和管内燃气的流动状态有关。当流动处于紊流状态，$Re > 3\,500$ 时，钢管的 $\lambda$ 系数按 $\lambda = 0.11\left(\frac{K}{d} + \frac{68}{Re}\right)^{0.25}$ 计算，其中，$K$ 为管道的粗糙度，钢管取 0.2mm，PE 管取 0.01mm。

$Q$——计算流量($m^3/h$)；

$d$——管道内径(mm)。

$\rho$——燃气密度($kg/m^3$)；

$T$——燃气温度(K)；

$T_0$——273K。

4. 小区埋地燃气管管材

小区的燃气管管材可选用铸铁管、钢管和聚乙烯管。

普通铸铁管最大的优点是耐腐蚀，但缺点是脆性大。为了改进普通铸铁管的强度低的弱点，通过添加碱土金属或稀土金属生产了球墨铸铁。球墨铸铁耐腐蚀性好，强度高，又具有较强韧性，使用效果较好，特别适用于沿海城市和盐碱地质地区敷设埋地管。铸铁管的连接现在已广泛采用机械接口的形式，安装方便，密封性也好。

小区燃气管道一般口径不大，埋地管材可选用无缝钢管。无缝钢管管材性能优良，埋设施工更重要的是如何做好管道防腐。常规的方法是环氧煤沥青防腐绝缘涂层法，新研发的有聚乙烯防腐绝缘胶粘带和绝缘壳等工艺。无缝钢管的连接可以采用直接焊接连接或焊接法兰连接的形式。

聚乙烯管(PE管)是目前埋地燃气管使用较为广泛的新材料。聚乙烯管的优点是耐腐蚀,管壁光滑,流动阻力小,具有较高的断裂延伸率,安全性好。聚乙烯管有柔性,埋设时可蛇形铺设,轻易绕过障碍物,小口径的管材还可以盘管成卷,施工时就可减少接头数量。管道接头时广泛采用电熔连接法,施工方便,接头质量又好。国内聚乙烯管的工作压力见表10-11。从表中可以看到,PE管能胜任小区低压和中压的燃气管道。一般情况下,管道外径De250mm以下的管道,选用聚乙烯燃气管道的工程费用优于金属燃气管道。当然聚乙烯管最大的弱点是抗紫外线能力差,因此,聚乙烯管仅用于埋地管。

**表10-11　　PE管输送不同种类燃气的最大允许工作压力**

| 燃气种类 | 最大允许工作压力(MPa) | |
|---|---|---|
| | SDR11 | SDR17.6 |
| 人工燃气 | 0.005 | |
| 天然气 | 0.4 | 0.2 |
| 液化石油气(气态) | 0.1 | |

注:SDR是管道公称外径与壁厚的比值。我国聚乙烯燃气管标准有SDR11和SDR17.6两个系列。

## 第三节　室内燃气管道

### 一、室内燃气管道系统

室内燃气管道系统是在建筑物内根据燃气用户的需求,按照燃气供应的专业技术标准建立起来的室内燃气输送分配系统。它由引入管、主干管道(立管)、用户支管、表后管、阀门及其配件等构成。建筑物室内燃气管道系统经引入管和小区低压燃气管网或街坊低压燃气管网相连,当采用楼栋调压器方法时,室内燃气管道经引入管和楼栋调压器的低压出口管道连接。

室内燃气管道系统可划分为用户表前管和用户表后管两部分。大型建筑物的炊事团体燃气用户的燃气计量表一般设置在建筑物底层有外墙的专用计量表房内,燃气引入管首先进入建筑物内的燃气计量表房,燃气表安装如图10-12所示。燃气计量表出口管路上加装切断阀门,而后燃气管道通达用户用气点。在用气点设有燃气灶具、热水炉等燃气应用设备。

当建筑物中有大型燃气用气设备,例如燃气锅炉、溴化锂冷水机组等大负荷建筑空调及供暖设备时,为避免燃气大流量用气对城市燃气管网压力平衡的冲击,设备用气一般都从城市中压燃气管网直接引入,该设备往往需要专用的燃气管道经专用调压器和城市中压燃气管网接驳。这种专门用户的调压器站房也需要设立独立专用调压器站房。调压计

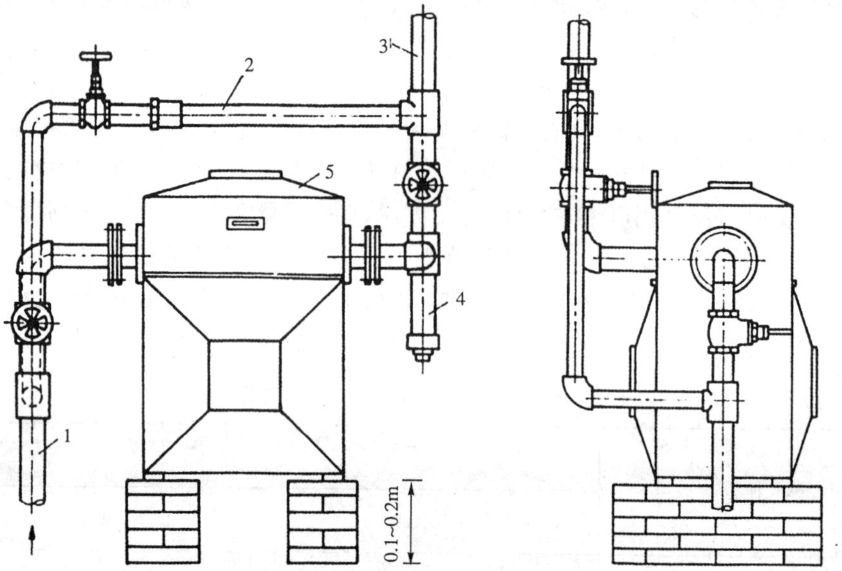


图 10-12　大流量燃气计量表安装图

1—进气管；2—旁通管；3—用气管；4—积水管；5—燃气表

量后的燃气管道系统应按建筑和用气设备安装要求进行专门设计。

住宅建筑的用气，燃气引入管进入建筑物和室内燃气管道系统主干管道直接连接，一般的室内燃气系统干管为立管，通常设置在专用的燃气管道竖井中，或者直接设置在用户的厨房内。而后，主干管分出的水平支管经用户燃气计量表才真正进入住宅单元、居民用户的燃气计量表后管再连接燃气灶具、热水器等燃气设备，系统示意图见图 10-13。

## 二、室内燃气管道的设计计算

室内燃气管道的设计计算，首先要确定各管段的局部阻力系数，再计算各管段的沿程阻力损失、局部阻力损失、附加压头，最后校核管道系统的总阻力损失是否在允许范围之内。

(1) 室内管道阻力损失计算

室内管道一般采用镀锌钢管，管道沿程阻力损失采用和住宅小区低压管阻力损失相同的计算：

$$\frac{\Delta P}{L}=6.26\times10^{7}\lambda\frac{Q^{2}}{d^{5}}\rho\frac{T}{T_{0}} \tag{10-6}$$

各项的定义、单位同前。

局部阻力损失可单独计算或根据局部阻力系数求出当量长度计入管段长度后一并计算。

(2) 附加压头

室内燃气管道系统的计算还应考虑因高程差而引起的燃气附加压力。燃气的附加压力可按下式计算：

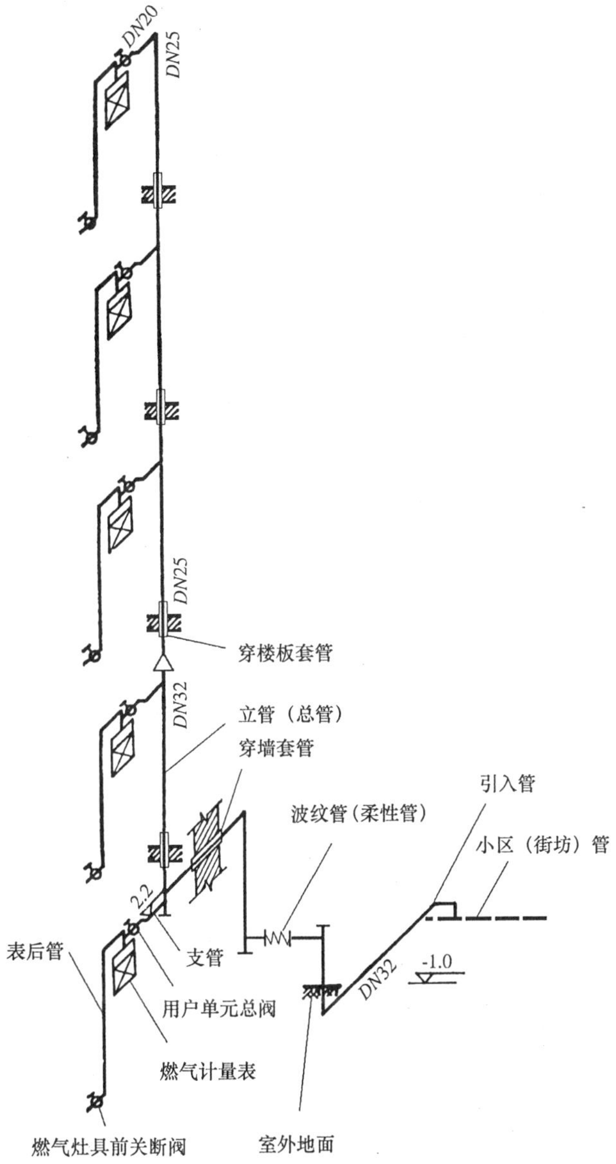


图 10-13　住宅楼燃气系统管道示意图

$$\Delta H=10(\rho_k-\rho_m)h \tag{10-7}$$

式中　$\Delta H$——燃气的附加压力(Pa)；

$\rho_k$——空气的密度($kg/m^3$)；

$\rho_m$——燃气的密度($kg/m^3$)；

$h$——燃气管道终点、起点的高程差(m)。

管道系统的各管段的实际压力损失应为 $\Delta P-\Delta H$。当室内燃气管道的总压力降超过允许值时则需调整管径。这里的 $\Delta P$ 为管段沿程阻力损失和局部阻力损失的总和。

## 三、室内燃气管道管材和管道设置要求

1. 室内燃气管道管材

室内燃气管道的材料近几年有不少探索，管材的开发无不和室内燃气管道的敷设方式联系起来。通过长期的工程实践，国内行业内仍然认为室内燃气管明管敷设是较为安全的方案。埋地敷设的燃气管管材研发焦点较集中于聚乙烯塑料管，但塑料管使用寿命易受紫外线照射的影响，以及抗打击强度、防火要求等诸多因素，目前暂未用于室内燃气管。流行的室内燃气管道选材采用镀锌钢管、无缝钢管仍占主导地位。正在研究的室内燃气管道暗管敷设工艺，铜管是首选对象，管道连接采用焊接方法。

室内燃气管道的工作压力因安全因素，一般均采用低压管。较小管径的室内燃气管道，管径在 DN100mm 以下的，采用低压流体输送用热浸镀锌焊接钢管（GB/T 3091-93），工程上俗称白铁管。钢管在镀锌前的外径和壁厚尺寸与俗称水煤气钢管（黑铁管）的规格相同（GB/T3092-93）。镀锌钢管的连接常采用丝扣连接方式，施工安装时有特殊需要的，可考虑丝扣法兰连接方式。丝扣接口的密封填料采用聚四氟乙烯密封带或厚白漆。当燃气气种是天然气时，为避免填料干裂漏气，一定要选用聚四氟乙烯密封带。聚四氟乙烯密封带的施工要求较高，丝扣旋紧后不能再次倒旋，否则应彻底退出，重新缠绕密封带，旋紧安装。

室内燃气管道管径较大的，或设计有特殊要求的可选用无缝钢管。管材材质可选用 #10，#20 钢等。无缝钢管的连接方式常有焊接和法兰连接两种方式。一般无特殊要求时，无缝钢管制作的燃气管道防腐只需对管道外表涂刷防锈漆处理，表层可根据需要再涂装黄色的防腐识别漆。当燃气管道采用发兰连接时，法兰的填料一般采用石棉橡胶板。对管道工作压力低的，管道法兰可采用普通的平焊法兰即可。

2. 室内燃气管道设置要求

（1）引入管

引入管是指住宅小区或街坊低压燃气管网和一幢建筑物的室内燃气管道接驳的管段。引入管的形式有地下管、地上管等多种形式。

燃气的引入管采用地下引入法在我国北方地区是常见的方法，它是一种非地面暴露的引入管设计。当燃气中有一定的含湿量，例如人工燃气，此法可避免冬季管道内燃气中的湿气形成冰塞而影响通气。

图 10-14 中的引入管一端和室外燃气管道——住宅小区或街坊低压燃气管相接，另一端从地下穿过房屋基础或建筑物首层厨房外墙直接引入室内。在室内的引入管上，离地面 0.5m 处，安装一个 DN20 或 DN25 的斜三通作为清扫口。引入管采用无缝钢管，而套管可采用普通钢管。外墙至室内地面的管段采用加强防腐层绝缘。

地下引入法要注意建筑物沉降的影响。在燃气引入管的穿墙处要预留管洞，且管洞与后敷设的燃气管管顶的间隙应不小于建筑物的最大沉降量，两侧保留一定的间隙，并用沥青油麻堵严。为防止建筑物的沉降的影响，还可以采取其他安全可靠的措施。

图 10-15 所示是建筑物的燃气地下引人管遇到有暖气沟或地下室的做法大样。当建筑物首层下部有暖气沟或地下室，引入管不可穿越它们时，只能在建筑物外墙部位建造管井来保护升出地面的引入管。引入管的地下管道采用无缝钢管煨弯，地上部分亦可采用

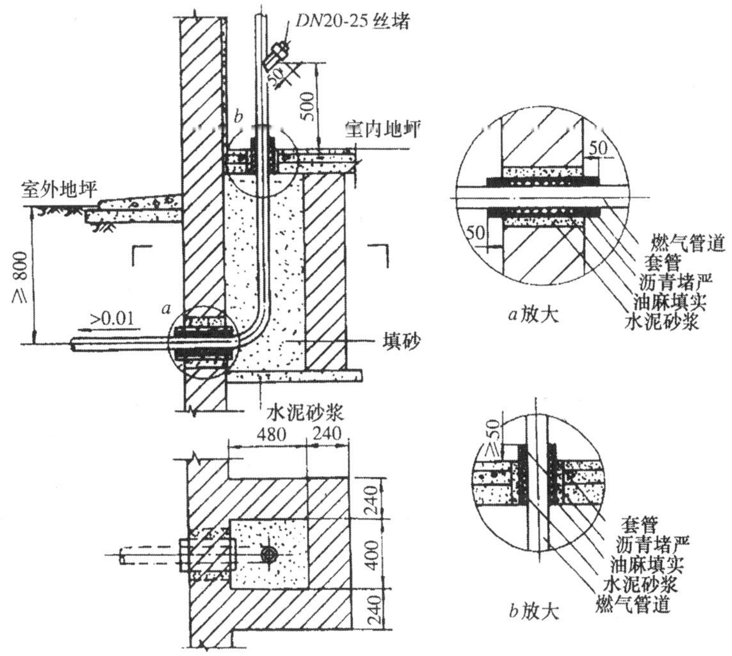


图 10-14　燃气引入管

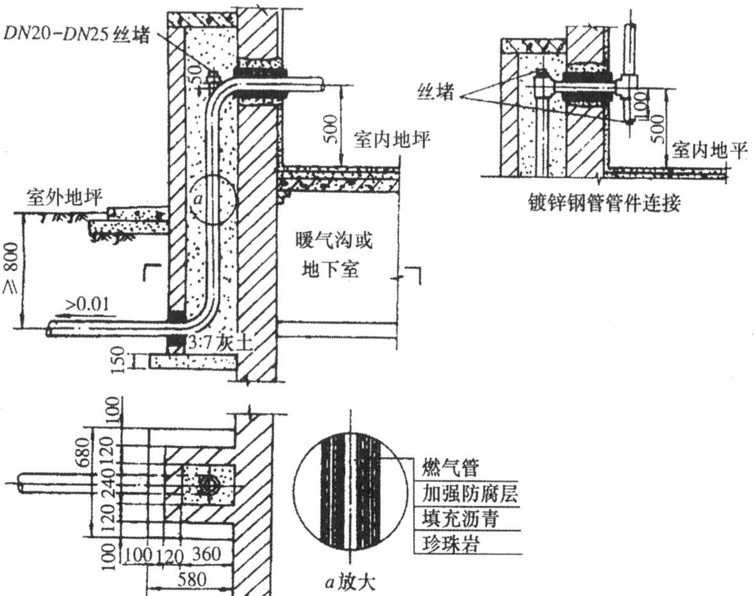


图 10-15　燃气地下引入管

镀锌钢管管件连接。引入管的室外部分做加强防腐层和管井砖台砌筑，井内需填充膨胀珍珠岩作保温保护。砖台井内外抹# 75 砂浆，并且砖台与建筑物外墙应连接严密，不能有裂纹，盖板保持 3°倾斜角，以防止顶面积水。

引入管是室内燃气系统的起始端，系统起始端一般应具备切断功能。切断措施可以在引入管上设置室内总阀门，如图 10-16 所示。总阀门应装在离地 0.5m 的水平管上。

燃气的引入管采用地上引入法在我国长江以南没有冰冻期的地方或供应的燃气干燥且不含湿气的地区经常采用，它的引入管一端在建筑物墙外就升出地面，并沿外墙敷设到一定高度后穿过建筑物外墙进入室内和室内燃气系统主管镶接。

图 10-17 为燃气地上引入管的低位引入安装示意图，引入管升出地面后一般在室内地坪 0.30m 处引入室内。对这类的引入管施工可采用无缝钢管或镀锌钢管，由于地上的部分管道暴露，若靠近车道或易受撞击损坏的地方，应设置保护栏等必要的防范设施来确保安全。低压燃气的地上引入管直径小于或等于 DN65mm 时，一般不另设楼栋切断阀门。引入管上安装的带堵丝的三通除了清通管塞的功能外，必要时填入软布或木塞就可发挥临时切断的作用。地上引入管穿墙的处理和地下引入管方法一样，套管保护，沥青丝麻填实。

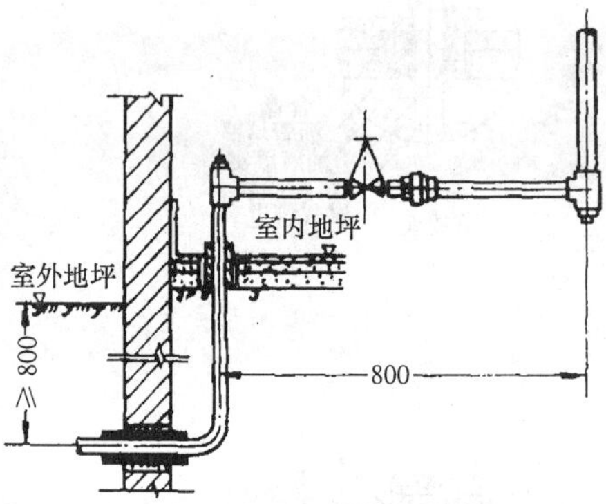


图 10-16　燃气管道系统入口总阀门

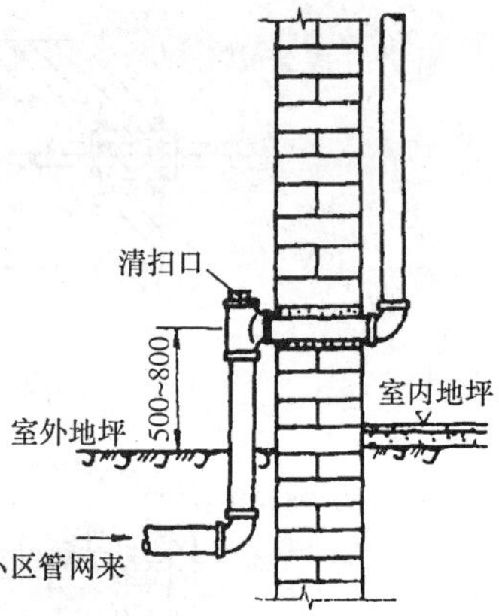


图 10-17　燃气地上引入管

地上引入法的特点是引入管在进入建筑物前就裸露，对有关房屋沉降的影响便于检查，这对民用燃气的使用安全是十分有利的。为了较好地解决建筑物的沉降影响，引入管和建筑物燃气管连接时采用可绕曲的波纹管过渡。图 10-18 为多层住宅燃气引入管地上引入法中采用可绕曲波纹管的施工示意图。高层建筑的燃气引入管的施工方法与多层住宅燃气引入管类似。

图 10-18 中 $H_2$ 为引入管升出地面管段的高度，其内螺丝顶端使用管塞旋紧，$H_1$ 为安装波纹管的燃气横管高度，也是引入管低位穿墙进入建筑物的安装高度，当引入管采用高位穿墙进入建筑物时，可如图示意的那样使引入管继续升爬，在确定的安装高度处接弯头穿墙进入建筑物内。

安装波纹管及横管两端立管的距离应按照图 10-18 中 $L$ 间距预留，而且两根立管之间的墙面上不应有雨水管等障碍；波纹管、管路连接器、横管连接时，应在同一轴线，严格防止作为补偿器的波纹管产生扭曲现象。输送湿燃气时，波纹管适当向升出地面的立管倾斜，严禁倒坡。

为了避免引入管低位引入的方式影响首层房间的布置，地上高位的引入方式值得推荐，具体的标高应结合室内立管布置及用户支管高度而定。管道穿越墙壁或隔墙时，应在墙上设置套管，套管端头与内墙面齐平，伸出外墙面 50mm。套管和燃气管道间的间隙用

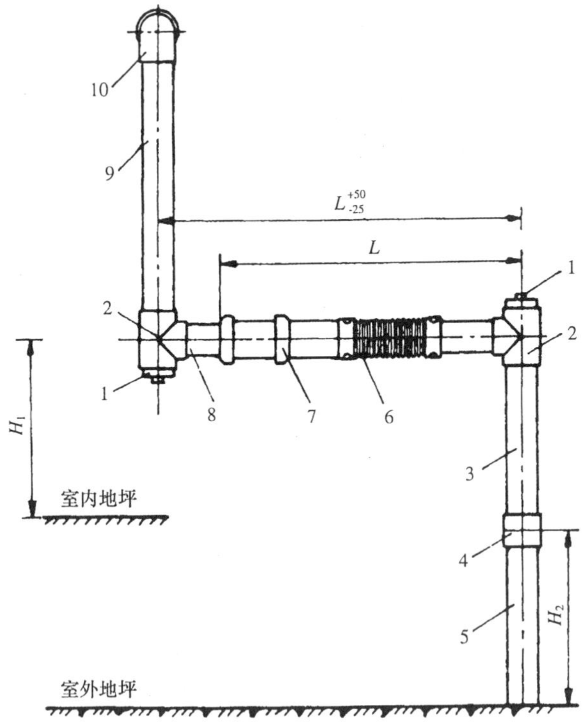


| 管径 | $H_1$ | $H_2$ | $L$ |
|---|---|---|---|
| $DN32$ | 300 | 330 | 610 |
| $DN40$ | 300 | 330 | 610 |
| $DN50$ | 300 | 330 | 654 |

图 10-18　地上燃气引入管波纹管安装示意图

1—管塞;2—三通;3—镀锌钢管;4—内螺丝;5—防腐加强镀锌钢管;6—不锈钢柔性补偿器;7—管路连接件;8—单头外接件;9—引入管;10—弯头

油麻填实,沥青封堵。套管中的燃气管道禁止有任何接头。

地上引入管的安全性好,然而在实际施工安装中有时显得与建筑外装饰协调困难,特别是高位引入方式。高位爬墙的引入管可置入墙上设置三面密封的凹槽,外表装饰透气的百叶来掩饰。

(2) 立管

住宅建筑室内的燃气管道系统中的立管常常作为系统主干管道,负责建筑物中燃气的纵向分配。立管的布置可以敷设在专用的管道井内,但管道井每层应设有检修门,并有通风孔。按照消防要求,管道竖井在每层的楼板处要采用与楼板耐火极限等同的材料隔断封堵,这样的处理方法实际上就隔断了层面上下的通道,管道井任何一层面段有燃气泄漏将不会影响上下层。燃气立管也常常设立在用户的厨房内,优点是燃气支管路径较短,对用户厨房内的燃气设备接管有利。厨房内设置的燃气立管管位不要太靠近水池,厨房料理台和燃气立管的交汇要有套管保护,防止潮湿的台面和立管相交处长期积水而使管道锈蚀。

燃气立管穿过楼板、楼梯平台时和其他燃气管道穿过墙壁和隔墙时一样,必须安装在套管中。套管设置主要是为了适应房屋沉降、温度变化时的管道伸缩位移和管道大修时的抽换等需要。埋设的套管穿越楼板或平台时应在上部升出楼板或平台 50～80mm,下部和楼板齐平,如果楼板下有吊顶,则下部与吊平顶齐平。立管支架除参考一般水管水平间距规定外，每层室内燃气立管至少设一个固定卡子，楼层层高超过 5m 的，通常还要加设第二个固定卡子。

人工燃气的室内管道系统还应考虑燃气管中可能集聚的冷凝水，通常是把燃气立管的下端作为冷凝水排污口的理想设置地点，排污口实际上是一个三通管配件的端口，平时可用丝堵密封。采用大口径的燃气立管下的排污口，要考虑到排污时的安全性，可以在排污口下部再接上由一段小口径管段构成的排污管，底部还需设可快速关断的阀门，立管底部配截止阀，排污管底部再配置小口径的球阀，经过双道阀门把关，使用人工燃气就安全了。

(3) 支管

从燃气立管上引伸出很多水平管，用户的水平支管就是其中的一部分。人工燃气室内的管道系统中的水平管布置也应考虑坡度，这是为了避免管道内出现的冷凝水影响输气，甚至于在较低的环境温度下可能发生的冻结现象。一般的水平管道应有 0.001～0.003的坡度，表前燃气管坡向原则是坡向燃气立管，表后管是坡向燃气用具。当怀疑冷凝水影响管内燃气通畅时，可以由专业人员拆卸燃气用具接管进行冷凝水排放。

3. 室内燃气管道的安全性

室内燃气管道的布置要强调安全性，管道敷设的场所应避免泄漏燃气可能的聚集，管位要有日常检查的条件。

(1) 室内燃气管道不敷设在下列场所：

① 卧室、浴室、卫生间及地下室；

② 人员不常走动的仓库、储物室；

③ 配电室、变电所和电缆通道内；

④ 通风道和烟道内；

⑤ 易燃易爆的仓库以及有腐蚀性介质的房间。

(2) 当燃气管道必须敷设在地下室时，则必须采取的措施包括：

① 保持良好的通风条件，通风换气次数为 10 次/h，并有事故紧急排风手段；

② 装设燃气泄漏报警器，一旦有泄漏事故可以及时采取措施消除危险；

③ 燃气管道上装设与燃气泄漏报警器关联的自动切断阀；

④ 地下室燃气管道的末端应设放散管，便于设备投用、系统检修和危险情景处置时的放空。放散管应接至地面安全可放散的区域。

(3) 特殊的明管隐蔽措施

室内天花水平燃气管道的敷设，要从建筑学上的美观考虑，燃气管道可敷设在三面周壁密封，但下部有透气的百叶，类似倒扣的管沟槽内。管沟槽的尺寸要考虑维修时的方便。参考的管沟槽尺寸如表 10-12 所示。

**表 10-12　　管沟槽参考尺寸规格(mm)**

| 管道公称直径 | 20～32 | 40～50 | 80～100 | 150～200 |
| --- | --- | --- | --- | --- |
| 管槽宽度 | 150 | 180 | 500 | 600 |
| 管槽高度 | 150 | 200 | 400 | 450 |

## 第四节 燃气设备及安装

近几年来建筑设备中的燃气设备在不断地发展，产品种类增多，技术更新很快。除了一般民用炊事和热水供应为主的厨房燃气设备、热水器（炉）外，改进、开发研制和已经投用的燃气设备还有空调系统的直燃式溴化锂制冷机组、供热动力系统的燃气蒸汽锅炉、集中热水供应系统的热水炉等大负荷燃气设备。本节主要介绍一般的民用炊事和热水供应的燃气设备。

### 一、燃气灶具

燃气灶具是指使用最广泛的民用燃气设备。灶具中关键的燃气燃烧器一般采用的是引射式燃烧器，其工作原理是有压力的燃气流从喷嘴喷出，在燃烧器引射管入口形成负压，引入一次空气，燃气与空气混合，在燃烧器头部已混合的燃气空气流流出火孔燃烧，在二次空气加入的情况下完全燃烧放热。从以上可以看到，燃气的供应压力对燃气灶具的正常运行是至关重要的，因而燃气灶具的燃气额定工作压力对建筑物室内燃气管道的工作压力提出了相应的要求。灶具设计时应根据使用的气种，确定灶具的额定用气压力，具体参数如下：

人工燃气 800～1000Pa；

天然气 2000～2500Pa；

液化石油气 2800～3000Pa。

双眼灶是常见的灶具品种，有两个燃烧器，可以满足一般民用炊事的需要。尽管灶具都有特定的使用气种限制，但设备外形是类似的，图 10-19 所示就是家用燃气双眼灶。市场上近几年还出现新型的嵌入式双眼灶，该设备要嵌入厨房灶台，和厨房家具成为一体。图 10-20 是一种嵌入式双眼灶。嵌入式灶具安装时要注意该设备是如何要求一次空气进风的。若一次空气仍和普通灶具一样从底部提供一次空气，则厨房灶台下部一定要有进风的条件。

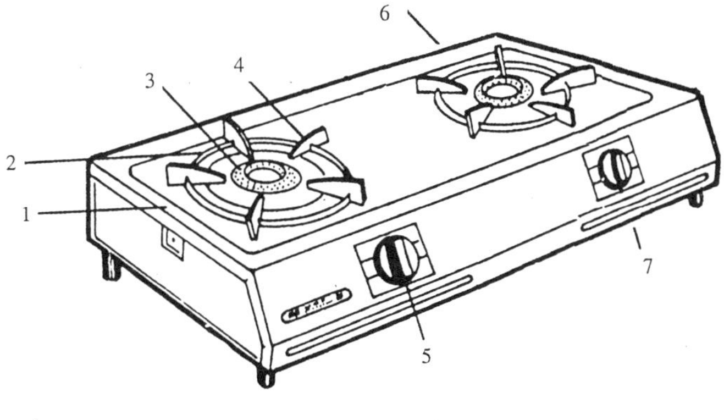


图 10-19 家用燃气双眼灶

1—灶面；2—积水盘；3—左燃烧器；4—锅架；

5—左燃烧旋塞；6—右燃烧器；7—左燃烧旋塞

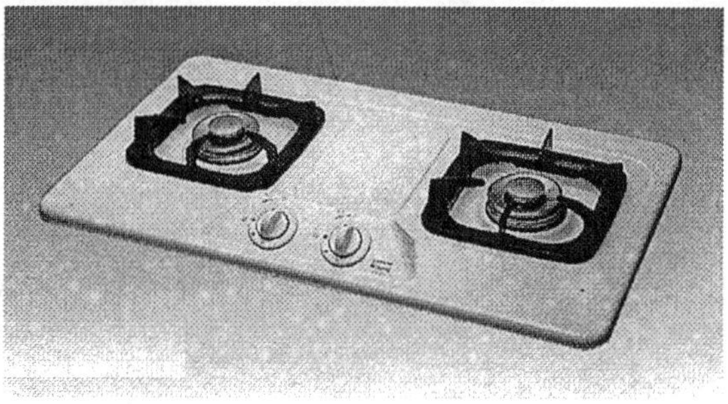

图 10-20　嵌入型燃气双眼灶

一般的燃气灶设计负荷最低值是 5.82kW。

普通型燃气双眼灶放置后的灶具面高度应控制在离地面 800mm 处，这是烹调时合适的操作标高。双眼灶的燃气进口和表后管相接可采用耐油橡胶软管连接。为了防止软管脱落，从安全角度考虑，软管和灶具的接口处应用管卡固定。此外，双眼灶和表后管连接处还应设置切断阀门，常用球阀或旋塞阀，以满足快速切断的要求。

嵌入型燃气灶具的安装是将灶具嵌入橱柜，使之成为一体。橱柜构造形式一定要注意燃气灶具燃烧时的空气供给方式。如果灶具的设计需要从灶具下部供给部分燃烧用空气，嵌入灶具的橱柜应有进风通道。另外，橱柜附近墙面应该可以经受超过室温 60℃的影响，为了散热的需要，橱柜内灶具的底部还要有最小的空间距离，有的灶具规定这种最小空间距离为 130mm。

西式带烤箱的燃气灶一般是四眼燃烧器的灶具和燃气烤箱的组合。这样的一体化灶具设备其热负荷要大些，一般为普通双眼灶热负荷的两倍左右。

除了居民生活厨房用气设备外，餐饮业、企业及事业团体厨房内的燃气灶具都是负荷较大的炊事用具，这些灶具现在也是组合式设备，设备燃烧器件的形式及工作原理和家用炊事灶具类似。但由于厨房燃气设备容量大，安全很重要。因而一些管理先进的厨房燃气总管或分支管上一般都加设了事故紧急切断装置，一旦发生燃气泄漏探测器报警，切断装置即时关断燃气通路，并同时启动事故送排风风机。这样的燃气系统大大提高了使用的安全性。

图 10-21 是团体、餐饮业厨房中餐燃气炒菜灶图。

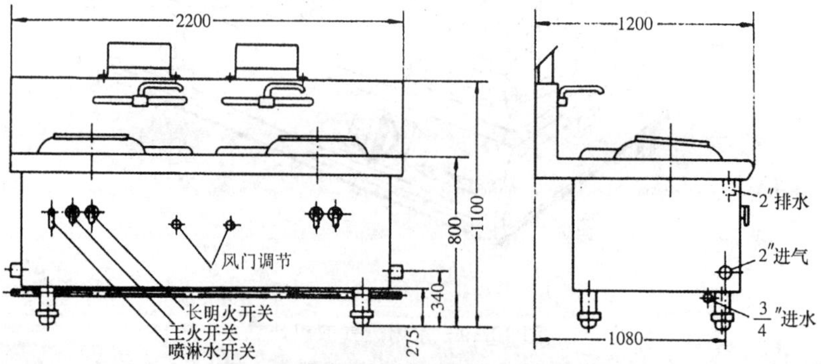


图 10-21　大厨房中餐燃气炒菜灶

**二、燃气热水器**

燃气热水器是另一类常见的民用燃气设备。热水器的燃气额定工作压力和使用同种燃气的燃气灶具相同。燃气热水器分为快速式和容积式两类。

1. 快速式燃气热水器

快速式热水器的单位时间消耗的热能即热负荷较大，例如，10L/min 规格热水器的输入功率达到 21.8kW，设备热效率较高，为 80%，水流温升达到 25℃，输出功率达到 17.4kW。通过对比，若输出同等的热量，选用 17.4kW 输出功率的电热水器，一般居民住宅用户的 4kW 供电容量是不能胜任的，这就是快速式热水器采用燃气热水器居多的原因。

燃气热水器能量消耗较大，前面提到的液化石油气钢瓶用户，单瓶只有 15kg 的容量(考虑到一定的充装度，实际装瓶容量还要降低)。若热水器由液化石油气钢瓶供气，真正使用起来会明显缩短气瓶调换的周期。

早期的快速式燃气热水器用于一般洗涤、理发店洗头等用途，出水量小，一般只有 5L/min，现在大量使用的是可供家庭淋浴的快速式燃气热水器，规格有 8L/min 和 10L/min或更大出水量的产品。大水流的燃气热水器燃烧时放热增强，燃烧产生的烟气量也随之加大，烟气排放方式的革新也发展了燃气热水器的技术水平。目前，燃气热水器的燃烧烟气像燃气灶那样直接排放在室内的直排式快速热水器已经不再生产了，其他形式的快速热水器有烟道式、平衡式等。

(1) 烟道式快速热水器

烟道式快速热水器，燃烧时用的空气取自室内，燃烧后的废气通过烟道自然排至室外，根据这样的工作原理燃气热水器的安装场所一定要保证燃气热水器在运行时有足够空气量，另外还要注意烟道自然排烟能力。

燃气热水器的具体安装要求如下：

① 燃气热水器安装的房间进风可以通过窗户开启或缝隙进风，厨房门底部要有缝隙，或直接开设进风百叶。当房间内设置吸油烟机等机械换气设备，这些设备工作时，房间内易形成负压，这对热水器依靠自然排气能力，外排烟气实际上是不利的。

② 自然排烟方式安装时要考虑烟道阻力的影响，烟道一般管长 2～3m，烟道弯头尽量少。水平烟道敷设要有一定的坡度，坡向烟道出口，以利于烟气流中的冷凝水流出烟道；

③ 烟道出口不正面迎风，要有挡风措施。破墙开孔的排烟口要考虑口和周边的关系，要有利于烟气流动和排放。图 10-22 是常见的烟道口部周边建筑墙面的关系示意图。

④ 热水器的安装高度(见图 10-23)以其炉火观察窗高度与人的眼睛高度齐平，一般为 1.5m，现在的燃气热水器都有熄火保护系统，有的还有燃烧状态显示，但人工观察、控制仍是重要的条件；

⑤ 燃气热水器的安装墙面应是阻燃性的，否则要夹垫阻燃板；墙面的上部要有烟道上升空间，燃气热水器两边要有约 150mm 距离，以便于热水器面罩的拆卸；

⑥ 燃气热水器面板前的空间宽度至少 1m，便于检修和危险时的避让，这一点在燃气热水器安装在走廊时要特别注意的；

⑦ 燃气热水器工作时，表面有热量散发，燃气热水器本体应离开燃气计量装置300mm，以及其他应该避免受热的物体，例如目前广泛使用的PVC塑料给排水管等。

燃气热水器的燃气管道一般采用钢管，丝扣连接，热水器燃气入口前的管道和燃气灶的管道相似，设置球阀作为设备供气关断装置。热水器出水管应该选用铜管、复合型水管或耐热的塑料管。热水器出水管不选用镀锌钢管是由于镀锌钢管的镀锌层经常接触热水会引起脱落，影响燃气热水器系统的运转。

新型的烟道式燃气热水器是烟道强排式的燃气热水器。改进的关键是实现了机械排烟，热水器增加了内置排烟风机。强排式热水器燃烧加热和烟气排放效果更好。

(2) 平衡式快速热水器

平衡式燃气快速热水器的燃烧系统本身是一种密闭式设计。所谓密闭式意为燃烧系统和安装热水器的房间内的空气隔离，燃烧所用的空气直接从室外获取，而燃烧废气也直接排放至室外，设备使用的安全性大大提高。这种形式的热水器还可以安装在浴室内。早期平衡式热水器采取自然吸入排放的气流组织方式，空气吸入和烟气排放口装置为一夹套矩形管道(尺寸大约300mm×250mm)，在热水器背部，位置也较低。这种矩形管道底部一般要求相对热水器安装房间的地面标高1.6m左右。自然吸排的平衡式燃气快速热水器的抗风能力较差，要在穿墙洞口外设置挡风板来增强抗风能力。高层建筑使用这类热水器的效果仍然不理想。新型改进的密闭强制式热水器是增加内置机械送排风装置，有的在排风管道上设置电动排风机，增强排风能力；有的在进风管道上设置风机，成为密闭式强送风热水器。

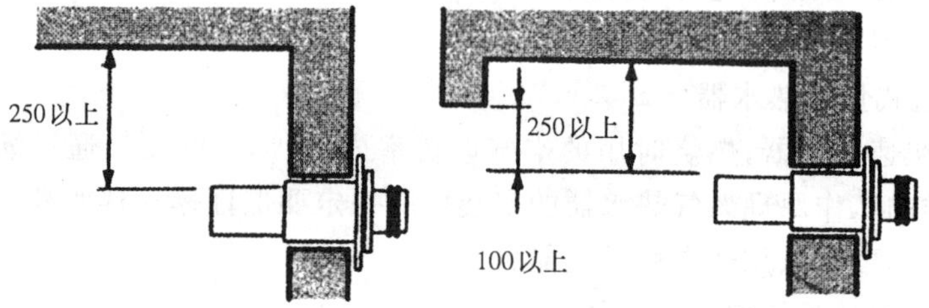


燃气热水器进排气口部外墙窗檐、走廊和建筑构造等距离 (mm)

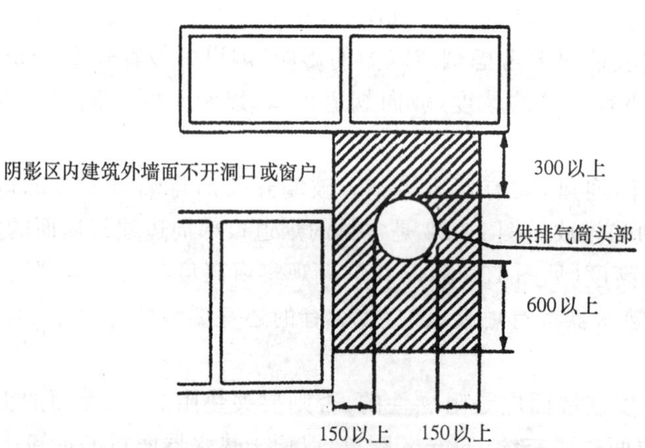


燃气热水器进排气口部周边外墙开洞距离要求(mm)

图10-22 热水器烟道口部和周边建筑墙面的关系示意图

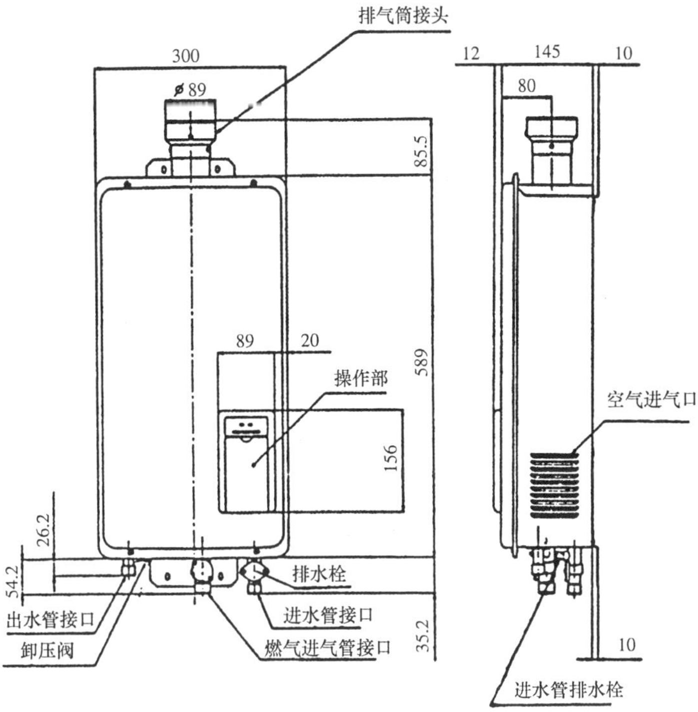


烟气强排式燃气热水器

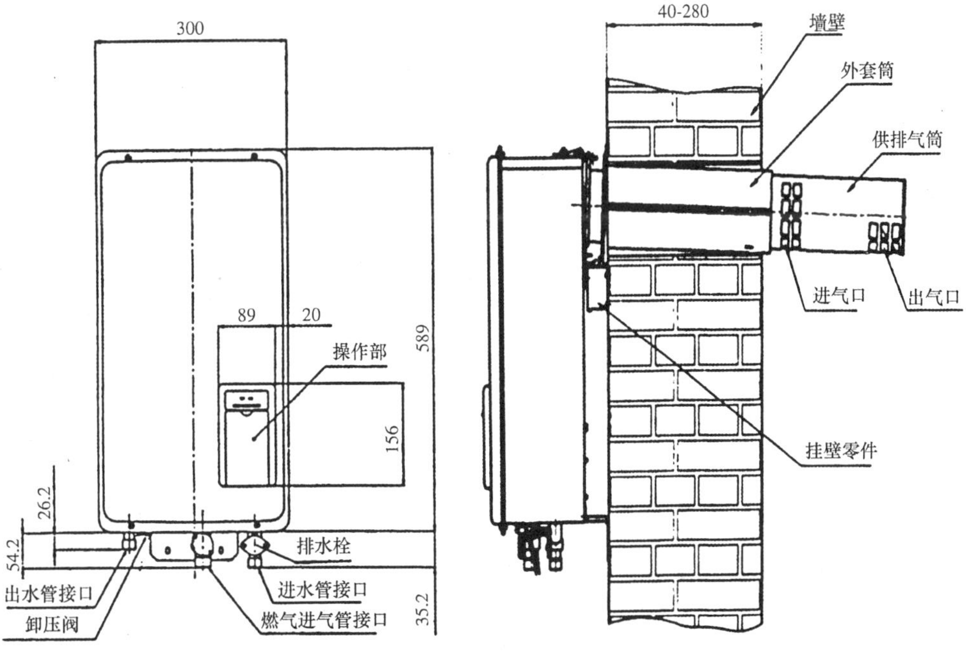


平衡式燃气热水器

图 10-23　热水器安装示意图

无论哪一种密闭强制式的热水器外形改动都很小，施工安装要求基本相同。

2. 容积式燃气热水器

当用户要求在较短的时间内提供一定容量的热水，例如，居民家庭浴缸需短时间内供应一定量的热水，一般快速式热水器额定流量在 8～10L/min 不能满足用户的要求。而加大热水出水流量，匹配的热水器就要增加燃气负荷，目前的家庭配置的燃气系统、燃气计量表是不能胜任的。要解决这一矛盾，可采用容积式热水器。

家用容积式热水器的特点是有个大容量的热水保温桶，热水器以较小的负荷运行，加热蓄热一段时间后可在短时间内一次提供较多的热水。例如，一台 150L 的容积式燃气热水器，热负荷仅和一台双眼燃气灶相当，比 8L 快速式热水器的热负荷还要小，它依靠高效保温桶来积蓄加热的热水，在用户需要时，短时间可一次供应 150L 温升至 65℃的热水。然而，家用容积式热水器一次供水后的后续热水供应能力是不足的。

一般情况下，民用的电热水器都是容积式的产品，原因就是基于小负荷的工作状态。

大容量、快速特点的商业用途容积式燃气热水器的负荷更大，能胜任较大的热水供应需求，市场上也有多种产品可供选择，但相关系统要放大配置。

容积式燃气热水器是大水量的热水设备。它的水系统设计不同于快速式热水器，容积式热水器进水阀常开，并有单向阀限制，内胆平时是维持压力的，为保证系统的安全，热水器设备上还含有自动卸压阀，故此在安装过程中不能疏忽。图 10-24 为容积式热水器的管路安装示意图。

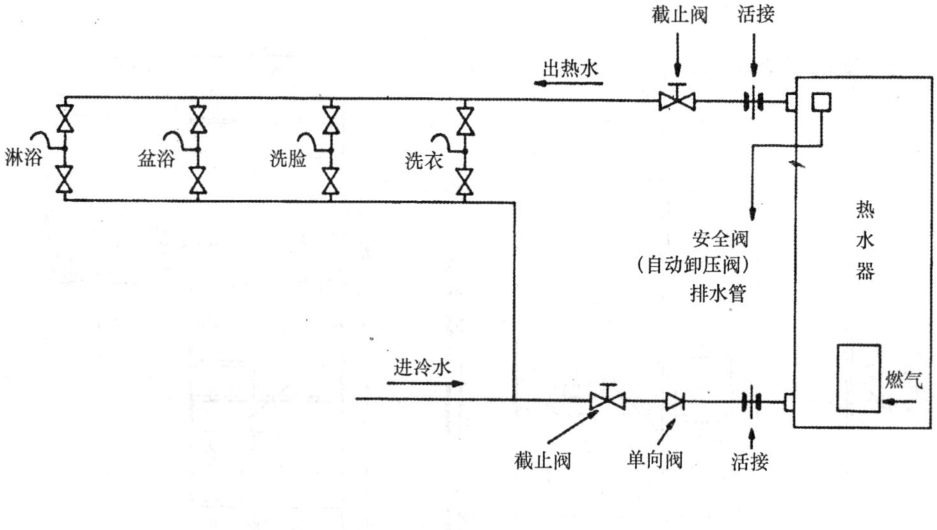


图 10-24　容积式热水器的管路安装示意图

容积式燃气热水器要求安装在通风良好的走廊或单独的房间内，通常也设置自然排烟或风机强制排烟的管道。为了适合单元住宅的容积式燃气热水器的安装，热水器也有室外安装型的规格。室外安装的容积式燃气热水器主要是增加了抗风装置，以适应户外的工作条件。没有类似抗风装置的室内型热水器是绝对不能安装在室外的。

小型团体用户可能需要短期内供应更多的热水，因此，可以将数台商用型容积式燃气热水器并联起来，它的系统如图 10-25 所示。

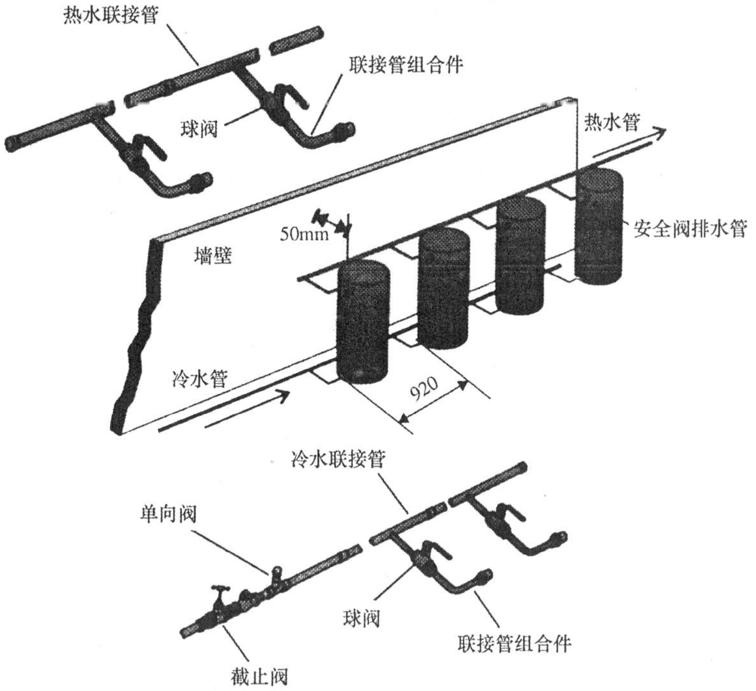


图 10-25　并联安装的容积式燃气热水器

燃气热水器的技术在不断发展，设备燃气管路系统和水管路系统是联动的，如果水压太低就不能开启燃气管路，这也是热水器防止无水干烧的一种保护措施。新型的热水器能在较低的水压下启动，例如在 20～30kPa 的低水压情况下，这样的设计对一般多层建筑顶层依靠楼顶水箱供水的用户是非常有利的，也便于安装。

## 三、燃气计量表

燃气计量表是燃气公司计量用户燃气消费量的装置。它的选型由燃气公司根据燃气的工作压力、温度、燃气的最大流量和最小流量等条件挑选符合国家计量标准的产品。燃气计量表有代表性的是皮膜式燃气计量表(图 10-27)。燃气进入计量表时，表中两个皮膜袋轮换接纳燃气气流，皮膜的进气换气带动机械传动机构计数。有关皮膜式燃气计量表的参数如表 10-13 所示。

**表 10-13　　　　普通皮膜式燃气计量表的样本尺寸**

| 型号 | JBD4 | BMR6 | BMR10 | BMR20 | BMR34 | BMR57 | BMR100 | BMR170 |
|---|---|---|---|---|---|---|---|---|
| 使用压力(Pa) | 1000～2000 | | | | | | | |
| 使用温度(℃) | 0～35 | | | | | | | |
| 额定流量($m^3/h$) | 4 | 6 | 10 | 20 | 34 | 57 | 100 | 170 |

续表

| 型号 | JBD4 | BMR6 | BMR10 | BMR20 | BMR34 | BMR57 | BMR100 | BMR170 |
|---|---|---|---|---|---|---|---|---|
| 额定流量时的误差(%) | ±2 | | | | | | | |
| 额定流量时压力损失(Pa) | ≤180 | | | | | ≤200 | | |
| 灵敏度 | | 490Pa 压力，额定流量 1%能连续运转 | | | | 981Pa 压力，额定流量 1%能连续运转 | | |
| 进出气管连接形式 | 内螺纹 | 友仁螺纹 | | | | 法兰 | | |
| 进出气管连接尺寸<br>公称尺寸 DN(mm) | 15 | 32 | 40 | 50 | 50 | 80 | 100 | 150 |
| 重量(kg) | 3.5 | 5.6 | 13 | 24.7 | 32 | 90 | 147 | 235 |
| 外形尺寸(mm) 长 $L$ | 251 | 310 | 405 | 450 | 585 | 815 | 920 | 1200 |
| 外形尺寸(mm) 宽 $W$ | 176 | 215 | 310 | 360 | 430 | 575 | 790 | 940 |
| 外形尺寸(mm) 高 $H$ | 280 | 365 | 495 | 640 | 765 | 965 | 1320 | 1410 |

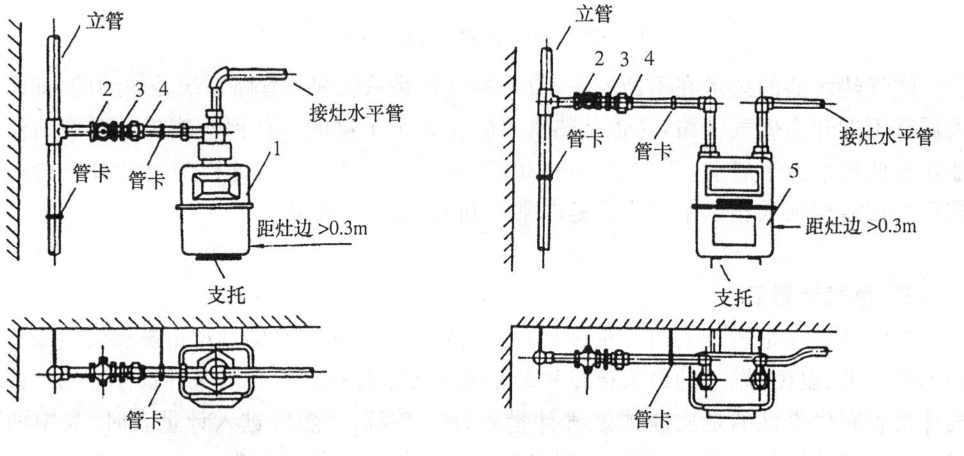


单管式燃气表安装　　双管式燃气表安装

图 10-26　居民用户厨房内燃气计量表安装图

居民住宅燃气用户计量表一般安装在厨房内(见图 10-26)。这几年，为了改进抄表工作，有的建筑设计将燃气计量表安装在住宅单元外，但表后燃气管道要明管敷设，不如水表外置的效果好。其他改进方案是表在住宅单元内，采用信号远传等。信号远传的燃气计量表本体没有多大变化，但附加的计量信号远传装置可将计量信号远传至物业管理中心或直接送达燃气公司集中抄表。另外，也有在计量表内增加 IC 卡辅助装置，使计量表读卡计费供气，成为智能化仪表(图 10-28)。

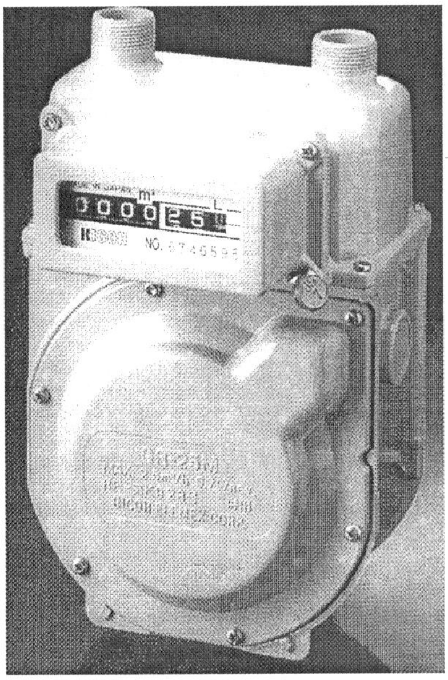

图 10-27　普通皮膜式燃气计量表

图 10-28　数据远传的皮膜式燃气计量表

厨房内燃气计量表的安装应符合如下要求：

(1) 计量表的安装位置要有利于计量表数据的人工读取。计量表的安装高度主要和计量表的大小式样、安装空间以及当地燃气公司规定有关。一般居民用户计量表底部距厨房地面 1.8m。

(2) 燃气计量表不能安装在燃气灶具正上方，表灶水平距离不得小于 300mm。这是为了避免热气流对燃气体积流量计量正确性的影响，以及保证计量表的防火安全性。

大型用户燃气计量表除了皮膜式燃气计量表外，还有罗茨式、涡轮式和旋叶式计量表等。罗茨式计量表工作原理是燃气进入计量表腔体内，推动转鼓转动，实现流量的计量。罗茨式计量表的构造类似于罗茨式风机。涡轮式和旋叶式计量表的工作原理和相同形式的水表类似。

## 思考题十

1. 城市燃气是如何分类的？典型的几种燃气热值是多少？
2. 城市燃气系统有哪些基本组成？
3. 城市燃气管网系统的压力等级有哪几级？小区管网和城市燃气管网如何连接？
4. 室内燃气管道布置与其他管道布置有什么区别？
5. 为了安全使用燃气，各种燃气设备布置时应注意哪些问题？

# 第十一章　防排烟设计

## 第一节　高层民用建筑防排烟

### 一、概述

防排烟是消防系统的一个重要组成部分，由于我国许多城市中的高层建筑数量越来越多，且建造的高度也越来越高。因此对消防系统的设计也提出了更新、更高的要求。

高层建筑内部功能复杂，如有办公室、客房、会议室、餐厅、商场、厨房、舞厅、锅炉房、机房、变配电房、各种库房等。这些部位均有大量着火源和可燃物。若使用或管理不当容易引发火灾。

室内一旦发生火灾，可燃物着火最初限于着火物周围的环境，然后蔓延到室内家具、内装修至整个房间，此时温度急剧上升，燃烧产生的烟气会从开口部位很快喷射出来，烟气可通过房间进入走廊，火势有向建筑物内部扩展的危险。

火灾发生时，物质燃烧所生成的气体、水蒸汽及固体微粒等称为燃烧产物。其中能被人所看到的部分叫烟。但是实际上不可见气体也与之混合在一起，所以通常把燃烧产物中可见和不可见部分的混合物统称“烟气”。

火灾形成烟气的成分取决于可燃物的化学组成和燃烧条件。大部分可燃物质属于有机化合物，在不完全燃烧时，不仅会生成 $CO_2$、水蒸气、$SO_2$ 等完全燃烧产物，还会生成CO、醇类、酮类、醛类，醚类及烟灰、烟渣等不完全燃烧产物，有继续燃烧或与空气形成爆炸性混合物的危险。此外，还可能产生少量的剧毒气体，例如氯化氢、碳酸氯（$COCl_2$，即光气）、氢化氰（HCH）、氨（$NH_3$）、硫化氢和氮氧化物等。各种材料在燃烧时所产生的毒气见表11-1所示。

**表 11-1　　各种材料燃烧产生的毒气种类**

| 材料名称 | 产生的主要毒气 |
| --- | --- |
| 木　　材 | 二氧化碳、一氧化碳 |
| 羊　　毛 | 二氧化碳、一氧化碳、硫化氢、氨、氢化氰 |
| 棉花、人造纤维 | 二氧化碳、一氧化碳 |
| 聚苯乙稀 | 苯、甲苯 |
| 聚氯乙稀 | 氢氯化物、二氧化碳、一氧化碳 |
| 酚 树 脂 | 氨、氰化物、一氧化碳 |
| 环氧树脂 | 丙酮、二氧化碳、一氧化碳 |

烟气对人体的危害很大。国内外火灾死亡人数中大部分人是由于烟气中毒或是窒息死亡的。烟气中 CO 对人体毒害最大。不同浓度时对人体的影响程度如表 11-2 所示。

表 11-2　　　　　　　　　　一氧化碳对人体影响程度

| 一氧化碳含量(%) | 对人体影响程度 |
|---|---|
| 0.01 | 数小时对人体影响不大 |
| 0.05 | 1h 对人体影响不大 |
| 0.1 | 1h 后头痛、不舒服、呕吐 |
| 0.5 | 引起剧烈头晕,经 20～30min 有死亡危险 |
| 1.0 | 呼吸数次失去知觉,经 1～2min 即可能死亡 |

在着火区域烟雾弥漫的房间中,一氧化碳浓度通常为 0.01%～0.65%。其次烟气中有甲醛、乙醛、氢氧化物、氢化氰等毒气时,对人体也是极为有害的。同时,在着火区域的空气中充满了一氧化碳、二氧化碳及其他有毒气体,而且燃烧需要大量的氧气,这就造成了空气中的含氧量大大降低。高层建筑中大多数房间的气密性均较好,更易引起室内大量缺氧而危及人们的生命。火灾时,室内人员可能因吸入高温烟气而使口腔及喉头肿胀,以致引起呼吸道阻塞而窒息。此外,烟气还会对眼睛、鼻和喉部产生强烈刺激,使人们视力下降、能见度大大降低且呼吸困难,从而严重地影响建筑物内人员的及时疏散和消防队员的扑救。

为了保证火灾初期建筑物内人员的疏散和消防队员的扑救。因此,在高层民用建筑设计中,不仅需要设计完整的消防系统,而且必须慎重研究和处理防、排烟问题。

根据《高层民用建筑设计防火规范》的规定,按建筑物使用性质、火灾危险性、疏散和扑救难度等对建筑进行分类。

凡建筑高度大于 24m 设有防烟楼梯及消防电梯的建筑物均应设防排烟设施。高层民用建筑的防排烟设计应与建筑设计、防火设计和通风及空气调节设计同时进行,建筑与暖通专业设计人员应密切配合,根据建筑物用途、平立面组成、单元组合、可燃物数量以及室外气象条件的影响等因素综合考虑,确定经济、合理的防排烟设计方案。

## 二、高层民用建筑需设置防烟、排烟的部位

(1) 防烟楼梯间及其前室、消防电梯前室和合用前室和封闭的避难层。

(2) 一类建筑和建筑高度超过 32m 的二类建筑的下列走道或房间;

1) 长度超过 20m 的内走道;

2) 面积超过 $100m^2$,且经常有人停留或可燃物较多的房间;

3) 高层建筑的中庭和经常有人停留或可燃物较多的地下室。

防烟楼梯间和消防电梯设置前室的目的是阻挡烟气进入防烟楼梯和消防电梯,可作为人员临时避难场所,降低建筑物本身由于热压差而产生的烟囱效应,以减慢烟气蔓延的速度。

在进行防排烟设计时,首先要确定建筑物的防火分区和防烟分区,然后再确定合理的防排烟方式,送风竖井或排烟竖井的位置及送风口和排烟口的位置。

## 三、防排烟方式

排烟与通风中的排风做法和原理都是相似的,根据利用的动力,可以分自然排烟和机械排烟。在任何一个建筑物中,采用自然排烟还是采用机械排烟应视建筑设计的具体情况确定。

(一) 自然排烟

根据高层民用建筑设计防火规范规定。除建筑高度超过 50m 的一类公共建筑和建筑高度超过 100m 的居住建筑外，靠外墙的防烟楼梯间及其前室、消防电梯间前室和合用前室，宜采用自然排烟方式。

自然排烟是利用火灾时室内热气流的浮力或室外风力的作用，与室外相邻的阳台、凹廊窗户或专用排烟口将室内烟气排出。

1. 利用建筑物的阳台、凹廊进行排烟，如图 11-1 所示。

2. 靠外墙的防烟楼梯前间、消防电梯前室或合用前室直接对外开启的窗进行排烟，如图 11-2 所示。

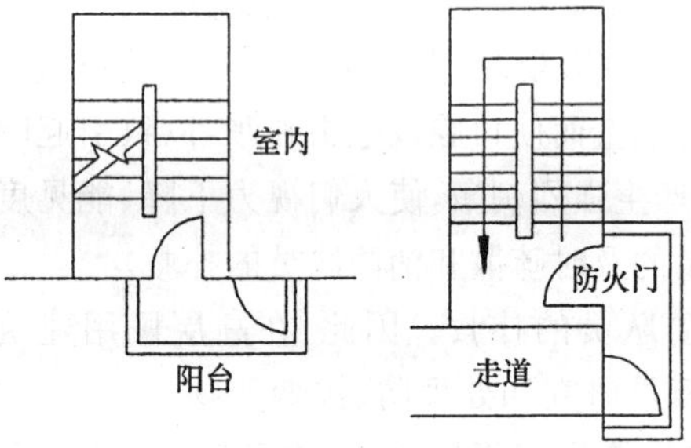


图 11-1　利用室外阳台或凹廊排烟

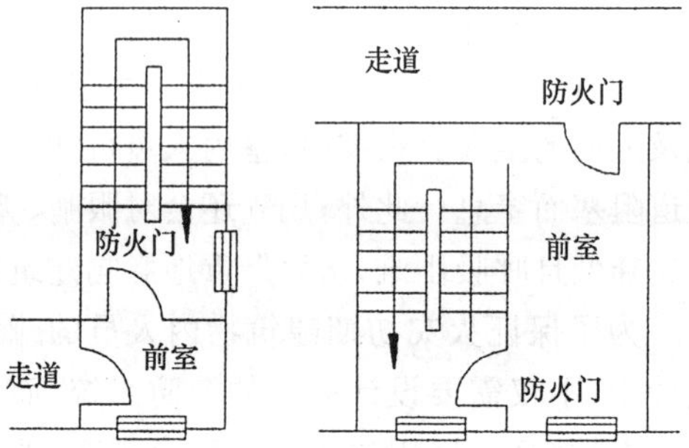


图 11-2　利用直接向外开启的窗排烟

排烟窗的开窗面积可按如下参数选择：

防烟楼梯前室、消防电梯前室为≥2.0m²；合用前室≥3.0m²；

靠外墙的防烟楼梯间每五层可开放外窗的总面积之和不应小于 2.0m²；

长度不超过 60m 的内走道可开启外窗面积不应小于走道面积 2%；

需排烟的房间，可开启外窗面积不应小于该房间面积 2%；

净空高度小于 12m 的中庭，可开启的天窗或高侧窗的面积不应小于该中庭地板面积的 5%。

排烟窗一般应设置在房间的上方、并应有方便开启的装置。

3. 设竖井排烟

对于无窗房间、内走道或外墙无法开窗的前室可设排烟竖井进行排烟，如图 11-3 所示。

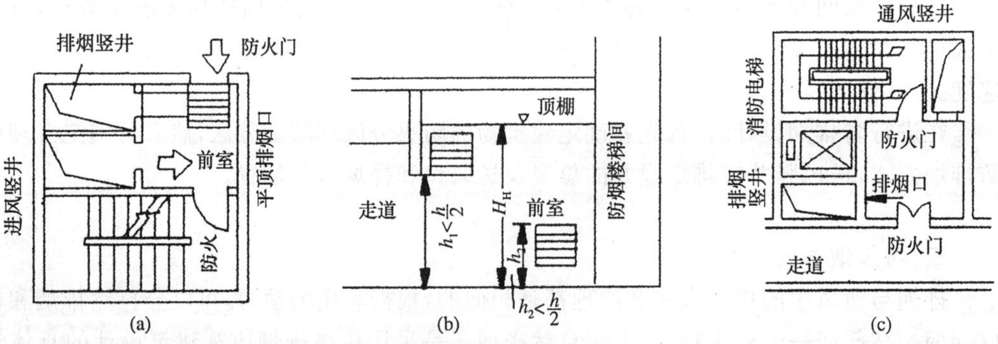


图 11-3　排烟竖井排烟

利用排烟竖井排烟时，其排烟竖井和送风竖井的面积如表 11-3 所示。

表 11-3　　　　　　　　　　　　排烟道、进风道标准($m^2$)

| 名称＼部位 | 防烟楼梯间前室 | 消防电梯前室 | 合用前室 |
|---|---|---|---|
| 送 风 口 | ≥1.0 | ≥1.0 | ≥1.5 |
| 送风竖井的断面积 | ≥2.0 | ≥2.0 | ≥3.0 |
| 排 烟 口 | ≥4.0 | ≥4.0 | ≥6.0 |
| 排烟竖井的断面积 | ≥6.0 | ≥6.0 | ≥9.0 |

排烟竖井排烟的作用力是依靠室内火灾时产生的热压和风压形成烟囱效应,进行有组织的排烟(排烟口与排烟竖井直接连接,各层应设自动或手动装置控制排烟口),从表 11-3 中所列数据可以看出,排烟竖井和进风竖井所占的面积比较大,这就降低了建筑的使用面积。因此,近几年来这种排烟方式已很少被采用。

在进行自然排烟设计时,自然排烟的排烟口的面积一般为地板面积的 1/50。自然排烟不使用动力,结构简单。但是,自然排烟容易受到室外风力的影响,当火灾房间处在迎风侧时,由于排烟口受风压的作用,烟气很难排出,此时若在建筑物背风面的房间设开口时,烟气还会流回房间,使房间充满烟气。由此可见,只有当火灾房间处于背风面,烟气才能比较顺利地通过排烟口排至室外。

(二) 机械防烟

机械防烟是利用风机产生的气流和压力差来控制烟气流动方向的防烟技术。在高层建筑的垂直疏散通道,如防烟楼梯间、前室、合用前室及封闭的避难层等部位,进行机械送风和加压,使上述部位室内空气压力值处于相对正压,阻止烟气进入,以便人们进行安全疏散和扑救。这种防烟设施系统简单、安全,近年来在高层建筑的防排烟设计中得到了广泛的应用。

按《高层民用建筑设计防火规范》规定,在下列部位应设置独立的机械加压送风的防烟设施。

不具备自然排烟条件的防烟楼梯间、消防电梯前室或合用前室;采用自然排烟措施的防烟楼梯间,其不具备自然排烟条件的前室;封闭的避难层(间)。

机械加压送风系统由加压送风机、送风道、加压送风口及其自控装置等部分组成。

1. 加压送风系统的方式[注]

防烟楼梯间及其前室、消防电梯前室及合用前室的加压送风方案及压力控制如表 11-4 所示。

防烟楼梯间要求的正压值为 40～50Pa;

前室、合用前室、消防电梯间前室、封闭避难层(间)为 25～30Pa。

机械加压送风系统的风量计算,通常以火灾发生时,保持疏散通道维持必要的正压值和火灾层疏散通道门、洞一定的风速作为理论依据。但是,建筑构件及建筑施工的质量、设计资料的不完整、设计参数的不明确等原因将会影响风量计算的准确性。为此,高层民用建筑设计防火规范对不同的建筑层数、不同的部位确定加压送风系统风量的取值范围如表 11-5 所示。

---

注:室内正压过高、宜考虑采用泄压阀泄压。

表 11-4　　　　防烟楼梯间及消防电梯间加压送风系统方式

| 序　号 | 加压送风系统方式 | 图　　示 |
| --- | --- | --- |
| 1 | 仅对防烟楼梯间加压送风时(前室不加压) | 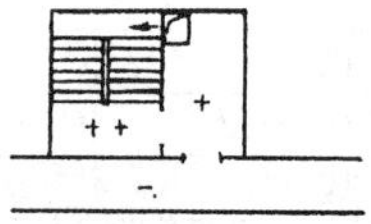 |
| 2 | 对防烟楼梯间及其前室分别加压 | 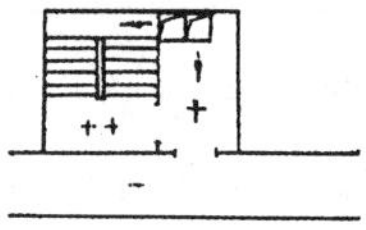 |
| 3 | 对防烟楼梯间及有消防电梯的合用前室分别加压 | 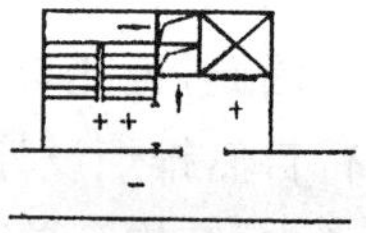 |
| 4 | 仅对消防电梯的前室加压 | 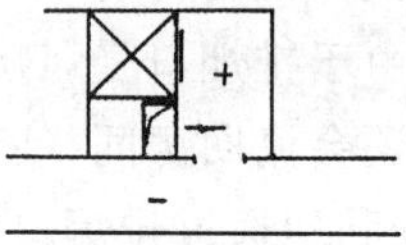 |
| 5 | 当防烟楼梯间具有自然排烟条件,仅对前室及合用前室加压 | 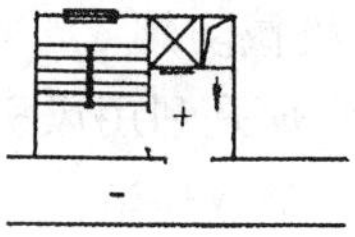 |

注:图中"++","+","−"表示各部位静压力的大小。

表 11-5　　　　加压送风控制风量

| 序　号 | 机械加压送风部位 | | 风量($m^3/h$) | |
| --- | --- | --- | --- | --- |
| | | | 系统负担层数<20 层 | 系统负担层数 20～32 层 |
| 1 | 仅对防烟楼梯间加压(前室不送风) | | 25000～30000 | 35000～40000 |
| 2 | 对防烟楼梯间及其前室分别加压 | 楼梯间 | 14000～18000 | 18000～24000 |
| | | 前　室 | 10000～14000 | 14000～20000 |
| 3 | 对防烟楼梯间及其合用前室分别加压 | 楼梯间 | 16000～20000 | 20000～25000 |
| | | 合用前室 | 12000～16000 | 18000～22000 |
| 4 | 仅对消防电梯前室加压 | | 15000～20000 | 22000～27000 |
| 5 | 仅对前室及合用前室加压(楼梯间自然排烟) | | 22000～27000 | 28000～32000 |
| 6 | 对全封闭的避难层(间)加压 | | 按避难层间净面积每 $m^2$ 不小于 $30m^3/h$ 确定 | |

注:表中 1～5 按每个加压间为一樘双扇门计,当为单扇门时,表中风量乘以 0.75;当有两樘双扇门时,风量乘以 1.5～1.75。建筑层数超过 32 层时,宜分段设置加压送风系统。

风量上、下限的取值应根据楼层数、风道材料、防火门的漏风量等因素综合比较确定。剪刀楼梯间可合用一个风道,其风量按两个楼梯间的风量来计算,送风口应分别设置。

2. 机械加压送风系统的设计

防烟楼梯间的加压送风口宜每隔 2～3 层设一个风口。风口采用自垂式百叶风口或常开式风口。当采用常开式风口时,应在加压风机的压出管上设置止回阀,如图 11-4 所示。

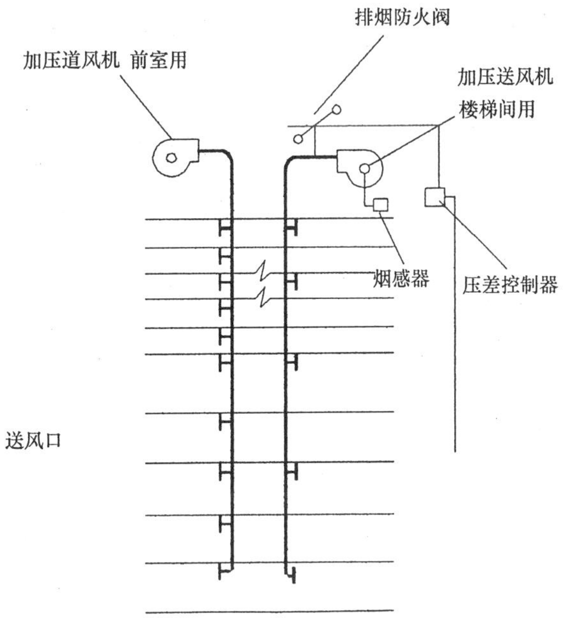


图 11-4　机械加压送风系统

前室或合用前室的送风口应每层设置。如风口为常闭型时，发生火灾只开启着火层的风口。风口应设手动或自动开启装置，并应与加压风机启动联锁装置，手动开启装置宜设在距地 0.8～1.5m 处；如风口为常开百叶风口时，应在加压风机的压出管上设止回阀。

加压空气的排出，可通过走廊或房间的外窗、竖井等自然排出，也可以通过走廊的机械排烟装置排出。

加压送风管道应采用密实而不漏风的非燃烧材料。采用金属风道时，其风速不应大于 20m/s；采用非金属风道时，其风速不应大于 15m/s。

加压送风机可采用轴流风机或中、低压的离心风机，风机位置应根据供电条件、风量分配均衡、新风入口不受火、烟威胁等因素确定。加压送风机必须从室外吸气，采气口应远离排烟口，以保证进气的清洁；采气口的位置应低于排烟口和其他排气口。

加压送风系统的控制方式一般是由消防控制中心远距离控制和就地控制两种形式相结合；消防控制中心设有自动和手动两套集中控制装置，当大楼某部位发生火灾时，通过火灾报警系统将火情传至消防控制中心，随即通过远程控制系统（自动或手动）控制，开启加压送风口，同时开启送风机。

（三）机械排烟

机械排烟是使用排烟风机进行强制排烟。根据《高层民用建筑设计防火规范》规定：一类高层建筑和建筑高度超过 32m 的二类的高层建筑以下部位，应设置机械排烟设施：

无直接自然采光，且长度超过 20m 的内走道或虽有直接自然通风，且长度超过 60m 内走道；面积超过 $100m^2$，且经常有人停留或可燃物较多的地上无窗房间或设固定窗的房间；不具备自然排烟条件或净空高度超过 12m 的中庭；除利用窗井等开窗进行自然排烟的房间外，各房间总面积超过 $200m^2$ 或一个房间面积超过 $50m^2$ 且经常有人停留或可燃物比较多的地下室等部位都应设置机械排烟系统。

机械排烟系统由烟壁(活动式或固定式挡烟壁)、排烟口(或带有排烟阀的排烟口)、防火排烟阀、排烟管道、排烟风机和排烟出口等部件组成,如图 11-5 所示。

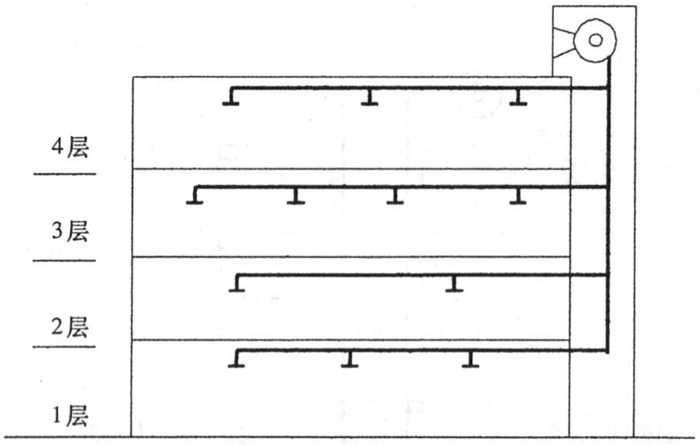


图 11-5　机械排烟系统的组成

1. 走道和房间的机械排烟

走道排烟是根据自然通风条件和走道长度来划分。根据高层建筑层数多,建筑的高度高的特点,为保证排烟系统的可靠性。走道的排烟一般设计成竖向排烟系统。即在建筑物内靠近走道的适当位置设置竖向排烟管道,每层靠近顶棚的位置设置排烟口如图 11-6 所示。

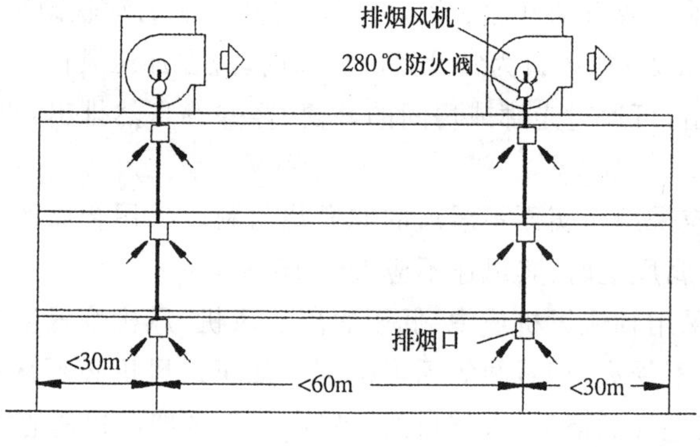


图 11-6　走道竖向排烟系统

房间排烟系统宜按防烟分区设置。当需要排烟的房间较多时且竖向布置有困难,可将几个房间组成一个排烟系统,每个房间设排烟口,即为水平式排烟系统如图 11-7 所示。

2. 中庭机械排烟

通过二层或多层且顶部为封闭的筒体空间称为中庭。中庭与相连的所有楼层是相通的,一般设有采光窗。把中庭作为着火层的一个大排烟道,排烟口设置在中庭的顶棚上,或设在紧靠中庭顶棚的集烟区,排烟口的最低标高应设在中庭最高部分门洞的上端。在中庭上部设置排烟风机,使着火层保持负压,便可有效地控制烟气和火灾,如图 11-8 所示。

中庭较低部位进风有困难时,可采用机械进风,补充风量按不小于排风量的 50%考虑,当高度超过 6 层的中庭,或第二层以上与居住场所相通时,宜从上部补充新鲜空气。

排烟系统排烟量的确定。与建筑防烟分区的划分,排烟系统的部位等因素有关。按

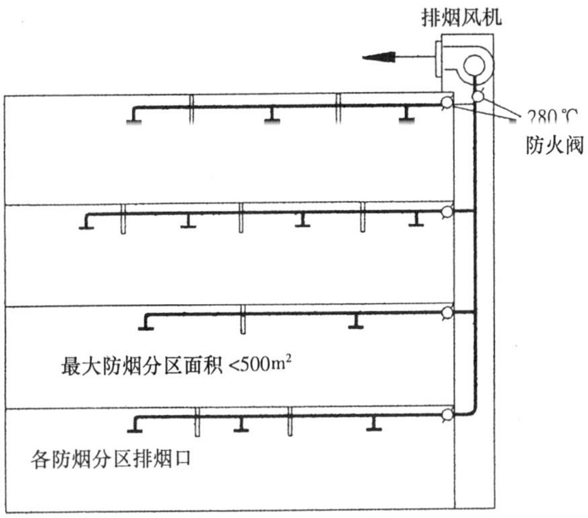


图 11-7　房间水平式排烟系统

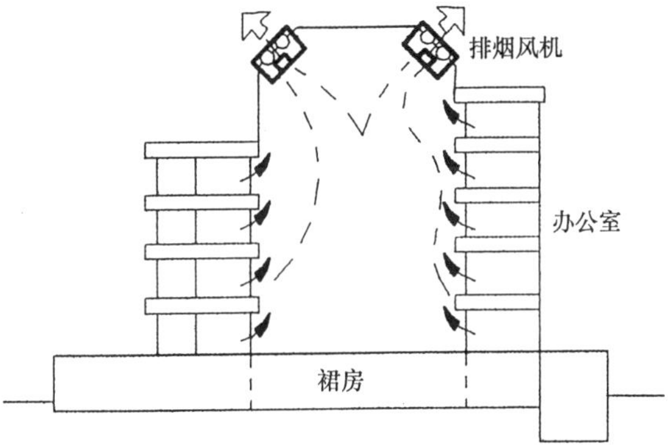


图 11-8　中庭排烟示意

高层民用建筑设计防火规范规定。走道和房间的排烟量如表 11-6 所示，中庭排烟量按中庭体积的换气次数确定，如表 11-7 所示。

**表 11-6**　　**走道和房间的排烟量**

| 负担防烟分区个数 | 排烟量标准 |
|---|---|
| 负担一个防烟分区或房间净高大于 6.0m 时 | 该防烟分区面积每 $m^2$ 不小于 $60m^3/h$ |
| 负担两个或两个以上防烟分区时 | 按最大一个防烟分区面积每 $m^2$ 不小于 $120m^3/h$ |

**表 11-7**　　**中庭机械排烟量**

| 中庭体积($m^3$) | 换气次数(次/h) |
|---|---|
| <17000 | 6 |
| >17000 | 4 |

注：最小排烟量不得小于 $102000m^3/h$

3. 排烟设备布置

在防排烟设计中，选择和布置排烟口、送风口、排烟竖井和送风竖井的位置时，应以保证人员安全疏散和气流组织合理为前提，必须使进入前室的烟气能及时排出，避免受送风气流的干扰。排烟口宜设置在防烟分区中心部位，至该防烟分区最远点的水平距离不应超过30m。排烟口可以设置在顶棚上；也可以设置在靠近顶棚的墙面上，但排烟口必须距顶棚高度800mm以内。如果室内净高超过3.0m，则排烟口可设在距地面2.1m以上的高度上。为了防止顶部排烟口处的烟气溢流，在排烟口一侧的上部设防烟幕墙。排烟口的面积可根据排烟系统的排烟量、排烟速度（$v\leqslant 10m/s$）计算确定。排烟口平时关闭，当火灾发生时仅开启着火层的排烟口，排烟口应设有手动、自动开启装置，手动开启装置的操作部位应设置在距地面0.8m～1.5m处。排烟口和排烟阀应与排烟风机联锁，当任一排烟口或排烟阀开启时，排烟风机即能启动。

排烟管道材料宜采用镀锌钢板或冷轧钢板，也可采用混凝土或石棉制品；安装在吊顶内的排烟管道应以非燃材料作保温，并应与可燃物保持不小于150mm的距离。排烟管道的钢板厚度不应小于1.0mm。

烟气排出口宜采用1.5mm厚的钢板或具有相同耐火等级的材料制作。

烟气排出口的位置，应根据建筑物所在处的条件（风向、风速、周围的建筑物以及道路状况等）来考虑，即不能将排出的烟气直接吹在其他建筑物上，也不能妨碍人员避难和扑救火情的进行，更不能使排出的烟气再被通风或空调设备吸入。此外，必须避开有燃烧危险的部位。当烟气排出口设在室外时，应考虑有防止雨水、虫鸟等侵入的措施，并要求在排烟时坚固而不脱落。

排烟风机可采用普通钢制离心风机或专用排烟轴流风机，并应在风机入口总管及支管上安装280℃时能自动关闭的阀门。

排烟风机设置在排烟系统最高排烟口的上部；风机外壳与墙壁或其他设备间的距离不应小于600mm；风机应设置在混凝土或型钢基础上；风机应有备用电源，并能自动切换。

（四）密闭防烟

当建筑物面积较小，且其墙体、楼板耐火性能较好，密闭性好并采用防火门的房间，可以采取关闭房间使火灾房间与周围隔绝，让火情由于缺氧而熄灭的防烟方式。

## 第二节　通风、空气调节系统防排烟

为了防止和减少建筑物火灾的危害，保护人身和财产的安全。因此，除了对建筑进行防排烟设计外，同时要求建筑物内的通风和空气调节系统都应有防火防烟的措施，以便在火灾发生时及时停止风机运转和减小竖向风道造成的热压对烟气的扩散作用。

建筑物通风空调系统防排烟可采取如下措施：

(1) 通风和空气调节系统，横向应按每个防火分区设置，竖向不宜超过五层，当排风管道设有防止回流措施以及各层设有自动喷水灭火装置时，其进风和排风管道不受限制。垂直风管应该设在管道井内，井壁应为耐火极限不低于1h的非燃烧体材料，井壁上的检查门应采用丙级防火门。管道井每隔 2～3 层楼板处用相当于楼板耐火等级的非燃烧体作防火隔断，减少热压对烟气的传播作用。防火分区和空调系统的划分如图 11-9 所示。

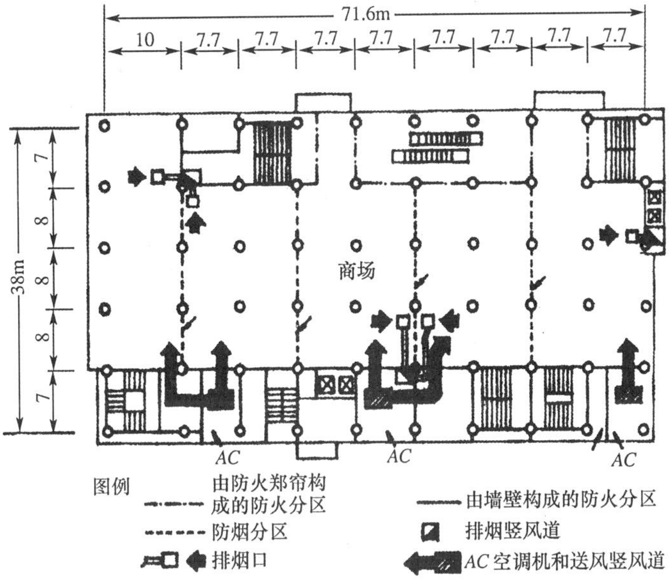


图 11-9　防火分区和空调系统划分的实例

(2) 通风、空调系统的风管制作材料、保温材料、风管和保温材料之间的粘贴剂，必须选用非燃性材料。

(3) 通风、空调系统的风管不宜穿越防火分区和变形缝，如必须穿过时，应在穿防火分区隔墙的风管上设置 70℃时能自动关闭防火阀，穿越防火墙和变形缝两侧 2m 范围内应采用非燃烧材料及粘贴剂。防火阀处应有独立的支架、吊架。防火墙与防火阀之间的风管用≥1.5mm 的厚钢板制作，防止风管变形影响关闭。如图 11-10、图 11-11 所示。

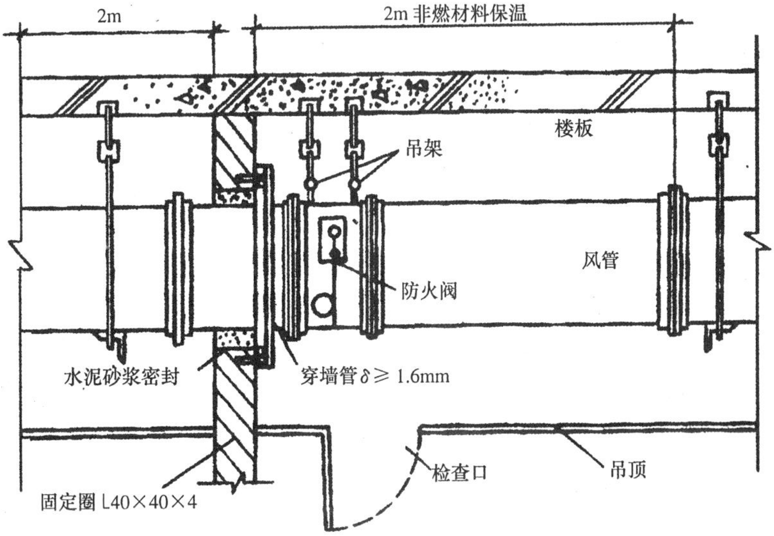


图 11-10　防火墙处防火阀示意图

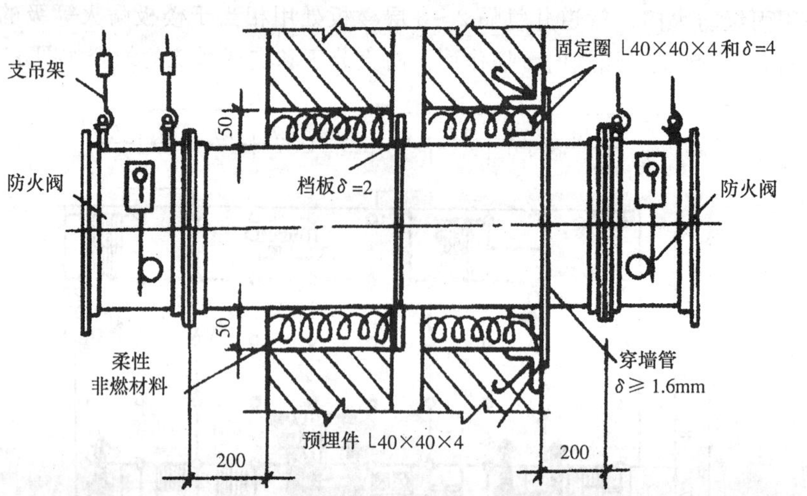


图 11-11　变形缝处的防火阀示意图

(4) 当风管穿越通风、空调机房及重要房间或火灾危险性大的房间隔墙和楼板处应该设置 70℃能自动关闭的防火阀。

(5) 当通风、空调系统的垂直风管与每层水平风管连接时，在水平风管上设置 70℃自动关闭的防火阀，如图 11-12 所示。

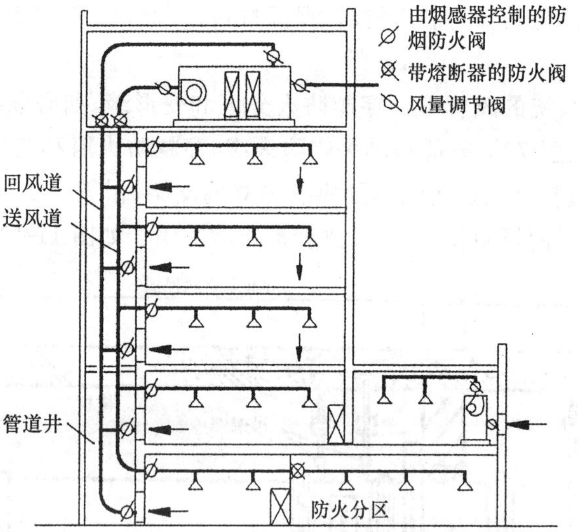


图 11-12　各种阀门设置示例

(6) 当厨房、浴室和厕所的排风管与竖向风道连接时，应采取防止回流的措施或在支管上设置防火阀。回流措施通常有如下几种(如图 11-13 所示)。

① 增加各层垂直排风支管的高度，使各层排风支管穿越二层楼板，如图 11-13(a)所示。

② 把排风竖管分成大、小两个管道，总竖管直通屋面，小风管分层与总管连通，如图 11-13(b)所示。

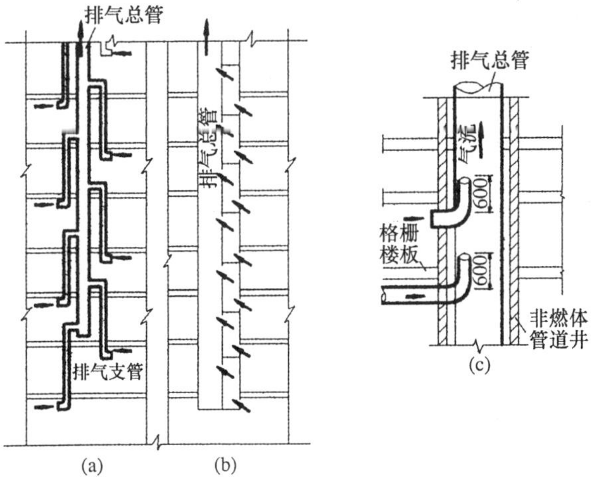

图 11-13 排气管防止回流示意图

③ 将支管顺气流方向排入排气总管，支管到支管出口的高度不小于 600mm，如图 11-13(c)所示。

④ 在支管上设置止回阀。

(7) 当风管内设置在电加热器时，电加热器前后为 800mm 范围内的风管和穿过有火源等容易起火房间的风管均采用非燃烧保温材料进行保温。电加热器应设置无风断电保护装置。

(8) 室内如含有可燃性气体、蒸汽、粉尘和纤维的空气，均不应循环使用，且应设独立的通风系统。空气中含有容易起火或有爆炸危险物质的房间，其排风、送风系统应采用防爆型通风设置、风管应考虑消除静电措施。

## 第三节 地下汽车库的排烟设计

汽车库设置在高层建筑的地下层，这在高层建筑设计中已较为普遍。近些年来，新建的汽车库逐渐向高层和地下空间发展，其投资费用大，一旦发生火灾，将产生大量的烟气，如果这些烟气不及时排走，不仅会造成人员伤亡事故，而且给消防队员的扑救带来很大的困难。因此，地下汽车库设置排烟系统是很有必要的。

《汽车库、修车库、停车场设计防火规范》GB50067-97 规定，面积超过 2 000$m^2$ 的地下汽车库应设置机械排烟系统，设有机械排烟系统的汽车库，其每个防烟分区的建筑面积不宜超过 2000$m^2$，且防烟分区不应跨越防火分区。与《高层民用建筑设计防火规范》规定一样，防烟分区可采用挡烟垂壁、隔墙或从顶棚下突出不小于 0.5m 的划分，如图 11-14 所示。

地下汽车库的可燃物相对较少，发生火灾时，发烟量也较少，而且停留人员少。《汽车库、修车库、停车场设计防火规范》规定，排烟系统的排烟量应按换气次数不小于 6 次/h 的计算值来确定。在工程设计中按此方法计算排烟量比较符合实际情况。

地下汽车库火灾时产生的烟气，开始时绝大部分积聚在车库的上部，若将排烟口设在

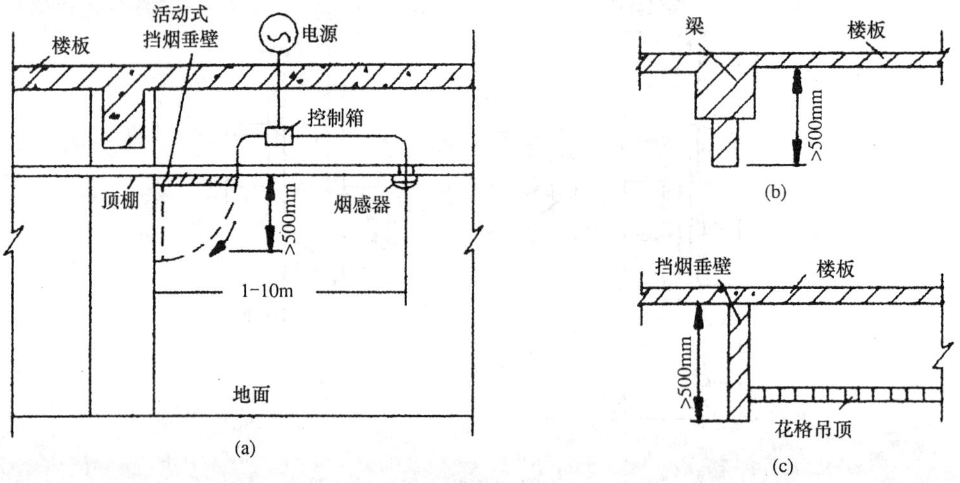


图 11-14 挡烟垂壁示例

车库上方，烟气直接由排烟口吸入，因此，排烟效果比较好。“规范”规定，排烟口应设置在车库的顶棚上或靠近顶棚的墙面上，排烟口与防烟分区最远地点的距离关系到排烟系统效果的好坏。排烟口与最远排烟地点距离太远，将会影响排烟速度，会降低排烟装置的安全性。因此，“规范”规定了排烟口距该防烟分区内最远点的水平距离不应超过 30m。

地下汽车库的机械排烟系统可与通风系统联合设计，对于面积小于 $2000m^2$ 的车库，“规范”没有规定要求设计机械排烟装置，但是“规范”规定的排烟量与通风系统的排风量均为 6 次/h，如果排风机满足排烟要求，地下汽车库一旦发生火灾，排风系统也可以起到排烟的作用。

地下汽车库面积超过 $2000m^2$ 时，排烟系统设计应进行防烟分区，每个防烟分区内部应设计排烟口(排烟口为常闭型)。火灾时，该防烟分区内的排烟口开启，并连锁启动排烟风机，如果排烟和排风合用一套系统，则排风机一般是常开的，但排烟口与排风机应设计连锁装置。在以往的排风系统设计时，要求排风量上部排 1/3，下部排 2/3。而排烟系统设计则要求上部排烟，这样给排烟排风系统联合设计造成矛盾。因此，目前许多排风系统设计也考虑全部从上部排风。一般而言，从下部排风的目的是排除含铅汽油中的含铅气体，铅的比重大，沉积在下部，考虑到目前及今后使用的均为无铅汽油，同时汽车库的层高一般比较低，在汽车行驶的扰动下，车库内有害气体分层的可能性较小，这样排烟和排风系统可以合用。

## 思考题十一

1. 建筑物内设置防排烟的目的是什么？

2. 防排烟方式有哪几种？如何选择？

3. 目前在高层建筑设计中常用“加压送风防烟”，该种方式在设计时具体应如何考虑？举例说明。

4. 空调送、回风系统中的哪些部位必须设置防火阀？

5. 以往地下车库的排风系统设计时，车库下部要负担 2/3 的排风量，而目前许多设计常采用上排风，这是为什么？是否可与排烟统一考虑？

# 第三篇　建筑电气

作为能源的电可以方便地转换为机械能、热能、光能、声能等，也可以经过变压器方便地改变电压等级，进行交、直流互换和转换。作为信息载体，电的传输速度快、容量大，广泛地用于电话、电视、广播音响、计算机等领域。建筑电气是以电能、电气设备和电气技术为手段，创造、维持与改善建筑物内空间环境的一门学科。随着建筑物向着高层和现代化方向的发展，智能建筑的不断涌现，使得建筑物内部电能应用的种类和范围日益增大，建筑电气对整个建筑物功能的发挥、建筑布置和构造的选择、建筑艺术的体现、建筑管理的灵活性以及建筑安全的保证等方面所起的作用越来越大。

建筑电气系统从电能的供入、分配、输送和消费来分，可分成四大类：供配电系统、电气照明系统、建筑弱电系统（包括火灾自动报警与消防联动系统、电缆电视系统、广播音响系统、电话通讯系统）和建筑物智能化系统。

# 第十二章　供配电系统

## 第一节　电力系统

电力系统由发电厂、电力网和用户组成，它的功能是生产电能并将电能进行运输、分配与变换，最后送至用户。为了提高供电的可靠性和经济运行，常将许多发电厂和电力网连接在一起并联运行。

### 一、基本概念

电力系统中的发电厂是将非电形式的能量转化成电能，一般根据所利用的能源的不同，分火力发电、水力发电、风力发电和原子能发电等。电力网包括输、配电线路和变电所，是发电厂和用户的中间环节，它分输电网和配电网，输送电压为 35kV 及以上的配电线路和与其相连的变电所组成的网络称输电网，配电网是由 10kV 及以下的配电线路和与其相连的变电所组成的网络，如图 12-1 所示。

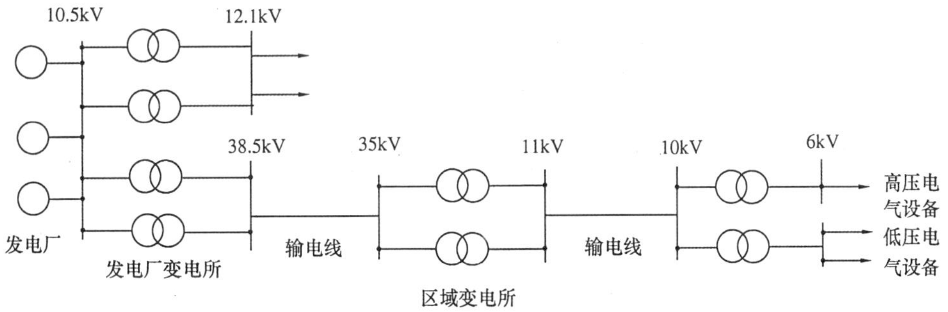


图 12-1　电力系统示意图

### 二、电力负荷的计算

在建筑物方案设计初期，为了确保供电方式和变电所的位置、大小、投资，必须对电力负荷进行计算，电力负荷的正确计算是合理选择电气设备的保证，若负荷计算过大，会造成不必要的浪费；若负荷计算过小，则会导致导线、继电器和变压器等设备过热，加速它们的绝缘老化，缩短寿命，甚至会引起火灾。

（一）负荷曲线

负荷曲线是表征用电负荷随时间而变动的一种图形，按功率性质分有功负荷曲线和无功负荷曲线；根据横坐标的持续时间，分年、月、日负荷曲线，图 12-2 所示是某建筑物的日负荷曲线，用 30min 平均负荷逐点绘制或阶梯式绘制。

一般情况下，电梯和照明的年负荷曲线起伏较小，但日负荷曲线起伏较大，空调用电的年负荷曲线则随季节的变化而呈现明显的起伏。了解并掌握负荷曲线，对供电设计和

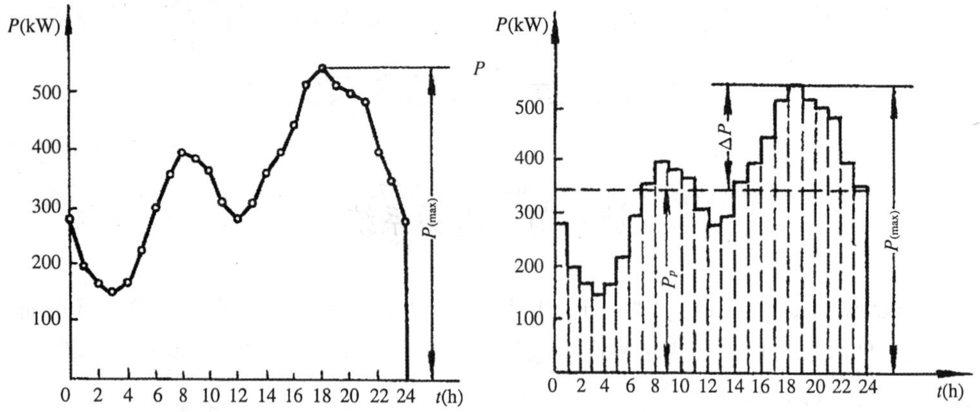


图 12-2　某建筑物的日负荷曲线

运行管理都有实际意义。

(二)负荷计算

1. 单位容量法

这是在方案设计阶段所采用的方法，首先根据建筑物的类型、等级、附属设备情况及房间的用途确定一个单位面积的电力负荷，再根据当地的生活消费水平作相应的调整。

表 12-1 是一些电力负荷估算指标的推荐值，供设计人员参考。

**表 12-1**　　**民用建筑用电负荷估算指标**

| 建筑分类 | 指　标 ($W/m^2$) | |
|---|---|---|
| | 范　围 | 平　均 |
| (一) 住宅 | | |
| 1. 一般住宅 | 5.91～10.70 | 7.53 |
| 2. 中等家庭公寓 | 10.76～16.14 | 13.45 |
| 3. 高级家庭公寓 | 21.52～26.50 | 25.80 |
| 4. 豪华家庭公寓 | 43.04～64.50 | 48.40 |
| 5. 有集中空调的家庭公寓 | | 27.60 |
| (二) 商业 | | |
| 1. 商店：无空调 | | 43.00 |
| 有空调 | | 194.00 |
| 2. 餐厅、咖啡馆 | | 247.00 |
| 3. 办公室 | 80.70～107.60 | 96.80 |
| 4. 旅馆 | 48.40～124.00 | 71.00 |
| 5. 自选商场 | 129.00～140.00 | 134.50 |
| 6. 电影院 | 161.00～172.00 | 172.00 |

表 12-2(a) 建筑电气设备需要系数表

| 用电设备组名称 | 需要系数 $K_x$ |
| --- | --- |
| 照明负荷 | |
| 住宅楼 | 0.40～0.60 |
| 办公楼 | 0.70～0.80 |
| 科研楼 | 0.80～0.90 |
| 教学楼 | 0.80～0.90 |
| 商店 | 0.85～0.95 |
| 餐厅 | 0.80～0.90 |
| 社会旅馆 | 0.70～0.80 |
| 社会旅馆(附对外餐厅) | 0.80～0.90 |
| 旅游宾馆 | 0.35～0.45 |
| 医院门诊楼 | 0.60～0.70 |
| 医院病房楼 | 0.50～0.60 |
| 电影院 | 0.70～0.80 |
| 剧场 | 0.60～0.70 |
| 体育馆 | 0.65～0.75 |
| 冷冻机房 | 0.65～0.75 |
| 锅 炉 房 | 0.65～0.75 |
| 水 泵 房 | 0.60～0.70 |
| 通 风 机 | 0.60～0.70 |
| 电 梯 | 0.18～0.22 |
| 洗 衣 房 | 0.30～0.35 |
| 厨 房 | 0.35～0.45 |
| 窗式空调机 | 0.35～0.45 |

表 12-2(b) 建筑电气设备功率因数表

| 功率因数 | | 备注(功率) |
| --- | --- | --- |
| $\cos\phi$ | $\tan\phi$ | |
| 白炽灯、卤钨灯 | | |
| 1.0 | 0.0 | |
| 荧光灯 | | |
| 0.53 | 1.60 | 40W |
| 0.42 | 2.16 | 30W |
| 荧光高压汞灯 | | |
| 0.65 | 1.17 | 1000W |
| 0.60 | 1.33 | 400W |
| 0.56 | 1.48 | 250W |
| 0.45 | 1.98 | 125W |
| 金属卤化物灯 | | |
| 0.45 | 1.98 | 1000W |
| 高压钠灯 | | |
| 0.40 | 2.29 | 250～400W |
| | | |
| 0.80 | 0.75 | 此数据为旅游宾馆推荐值，可供其他建筑参考 |
| 0.75 | 0.88 | |
| 0.80 | 0.75 | |
| 0.80 | 0.75 | |
| 0.50 | 1.73 | |
| 0.70 | 1.02 | |
| 0.70 | 1.02 | |
| 0.80 | 0.75 | |

查取表 12-1 中的相应值，与总面积相乘，就是建筑物的电力负荷，进而估算出供配电系统的大小、投资，进行进一步的设计。

2. 需要系数法

电器设备需要系数 $K_x$ 是指用电设备组所需的最大负荷 $P_{js}$ 与总设备安装容量 $P_s$ 的比值，即

$$K_x = P_{js} / P_s$$

用电设备中性质相同的有相近的需要系数，因此，在计算时，先将设备分类，除去备用和不同时工作的，其余设备的功率相加后乘以相应的需要系数，得到计算负荷，再将各组计算负荷相加，得到总的电力负荷。其基本计算公式如下：

单组用电设备　　$P_{js} = K_x P_s$　　(kW)

$$Q_{js}=P_{js}\tan\phi \qquad (\text{kVar})$$

$$S_{js}=\sqrt{P_{js}+Q_{js}} \qquad (\text{kVA})$$

$$I_{js}=S_{js}/(\sqrt{3}U_e) \qquad (\text{A})$$

多组用电设备

$$P_{js}=K_p\sum P_{js} \qquad (\text{kW})$$

$$Q_{js}=K_q\sum Q_{js} \qquad (\text{kVar})$$

$$S_{js}=\sqrt{P_{js}^2+Q_{js}^2} \qquad (\text{kVA})$$

$$I_{js}=S_{js}/(\sqrt{3}U_e) \qquad (\text{A})$$

式中 $P_s$——用电设备组的设备功率；

$K_x$——需用系数；

$\tan\phi$——用电设备的功率角的正切；

$K_p$，$K_q$——有功、无功的同期系数，分别取 0.8～0.9 及 0.93～0.97。

建筑电器设备需要系数如表 12-2(a)所示。

3. 功率因数及无功补偿

交流电路中的纯电感只能将电能转化为磁场能，再反变为电能回馈到电源，在此过程中并不做功，故称其电流为无功电流，无功电流在感性负载上不做功，但在供电线路上会造成电压降并消耗电能，高的功率因数就意味着较小的线路损耗。

在感性负载上并联电容可以提高功率因数，一般要求高压供电时，功率因数要达到 0.9 以上，低压供电时要达到 0.85 以上。在建筑电气领域，功率因数的补偿可利用移相电容器容量较大、负荷平稳且经常使用的用电设备宜采用单独就地补偿，而基本无功负荷组则应在配电所内设置电容器组进行集中补偿。

## 第二节　供配电系统

供配电系统主要包括电力负荷的分级及供电要求、供电电源及电压级别的选择、常用供电方式及系统接线方式、电气设备的选择和变电所位置的确定等内容。

### 一、电力负荷的分级及供电要求

电力负荷是进行供配电系统设计的主要依据参数，根据电力负荷的性质和停电造成损失的程度，将电力负荷分成三级，并由此确定其对供电电源的要求。

（一）一级负荷

一级负荷指中断供电将会造成人员伤亡、在政治上、经济上造成重大损失、造成公共场所严重混乱的电力负荷。例如，特别重要的交通枢纽、国宾馆、国家级及承担重大国事活动的会堂、国家级大型体育中心以及经常用于重要国际活动的大量人员集中的公共场所；中断供电将影响实时处理计算机及计算机网络正常工作、中断供电将会发生火灾以及严重中毒的情况也是属于此范畴。

一级负荷是特别重要的负荷，应由两个或两个以上的电源供电，当其中一个电源发生故障时，另一个电源应不同时受损，同时一级负荷中特别重要的负荷还必须增设应急电源，为保证对特别重要负荷的供电，严禁将其他负荷接入应急供电系统。

一级负荷容量较大或有高压电气设备时，应采用两路高压电源，图 12-3 所示供配电系统就采用了两路高压电源。

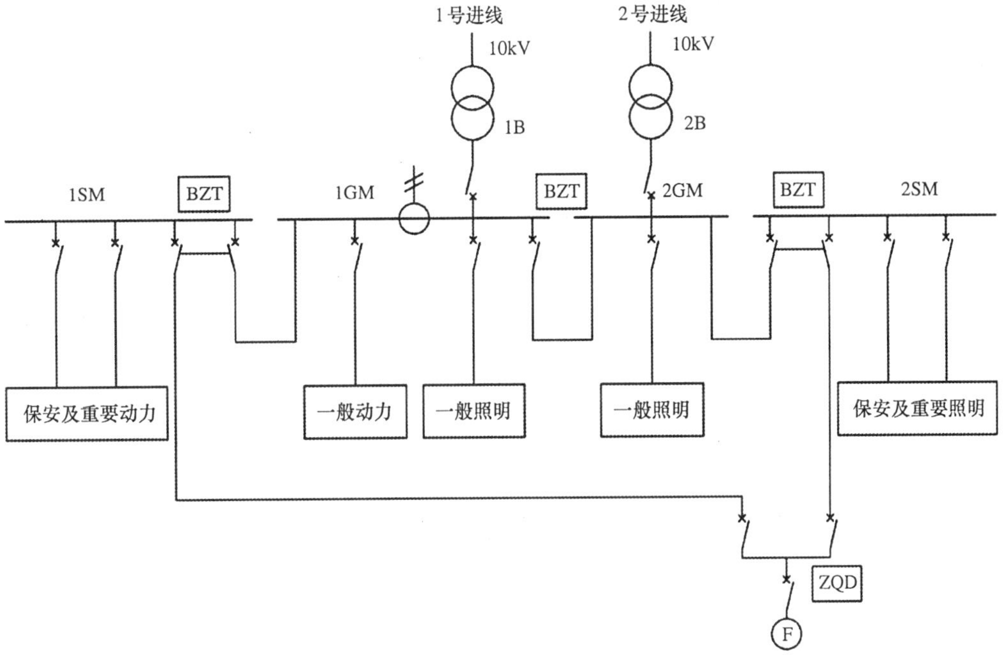


图 12-3　供配电系统

（二）二级负荷

二级负荷是指中断供电将在政治上、经济上造成较大损失，严重影响重要单位正常工作，造成公共场所秩序混乱的电力负荷。

对二级负荷宜采用两个回路供电，也可以由一个 6kV 及以上电源专用架空线路供电。

（三）三级负荷

三级负荷是指不属于一、二级电力负荷的负荷。三级负荷对供电无特殊要求。

民用建筑部分电力负荷如表 12-3 所示。

**二、供配电电压的选择**

（一）我国电力系统的电压等级和质量指标

1. 电压等级

中华人民共和国国家标准规定，供电企业供电的额定频率为交流 50Hz，低压供电为 220/380V，高压供电为 10kV，35kV，110kV 和 220kV。

2. 电压质量指标

电压偏移，是指供电电压高于或低于用电设备额定电压的数值与用电设备额定电压的比值，常用设备电压偏移的范围为：连续运转的电动机－5％～＋5％，室内照明是－2.5％～＋5％。

电压波动，是指用电设备接线端电压时高时低的变化。我国对电压波动没有提出明确的数量指标，但电压的波动会引起电光源光通量的波动，光通量的波动使被照物体的照度、亮度都随时间而波动，使人眼有一种闪烁感，从而影响照明质量。

表 12-3　　　　　　　　　　　民用建筑部分电力负荷级别表

| 负荷级别 | 建筑物名称 | 电力负荷名称 |
| --- | --- | --- |
| 一级 | 国家级办公建筑 | 客梯（客用电梯）电力，主要办公室、会议室、总值班室、档案室及主要通道照明 |
| 一级 | 一、二级旅馆 | 经营管理用及设备管理用电子计算机系统电源，宴会电声、新闻摄影、录像电源、宴会厅、餐厅、娱乐厅、高级客房、康乐设施、厨房及主要通道照明，地下室污水泵、雨水泵电力，厨房部分电力，部分客梯电力 |
| 一级 | 计算中心 | 主要业务用电子计算机系统电源 |
| 一级 | 市（地区）级及以上气象台 | 主要业务用电子计算机系统电源，气象雷达、电报及传真收发设备、卫星云图接受机及语言广播电源，天气绘图及预报照明 |
| 一级 | 大型博物馆、展览馆 | 防盗信号电源，珍贵展览室的照明 |
| 一级 | 省、自治区、直辖市及以上体育馆、体育场 | 计时记分用电子计算机系统电源，比赛厅（场）、主席台、贵宾室、接待室、广场照明、电声、广播及电视转播、新闻摄影电源 |
| 一级 | 银　　行 | 主要业务用电子计算机系统电源，防盗信号电源 |
| 一级 | 大型百货商店 | 经营管理电子计算机系统电源，营业厅、门厅照明 |
| 一级 | 电 视 台 | 电子计算机系统电源，直接播出的电视演播厅、中心机房、录像厅、微波机房及发射机房的电力和照明 |
| 一级 | 火 车 站 | 特大型车站和国境站的旅客站房、站台、天桥、地道和用电设备 |
| 一级 | 民用机场 | 航行管制、导航、通讯、气象、助航灯光系统的设施和台站，边防、海关、安全检查设备，航班预报设备，三级以上油库，为飞行及旅客服务的办公用房，旅客活动场所的应急照明，侯机楼、外航驻机场办事处、机场宾馆及旅客过夜用房、站坪照明、站坪机务用电 |
| 一级 | 监　　狱 | 警卫照明 |
| 二级 | 高层普通住宅 | 客梯、生活水泵电力、楼梯照明、主要通道照明 |
| 二级 | 部、省级办公建筑 | 客梯电力，主要办公室、会议室、总值班室、档案室及主要通道照明 |
| 二级 | 高等学校教学楼 | 客梯电力、主要通道照明 |
| 二级 | 一二级旅馆 | 其余客梯电力，一般客房照明 |
| 二级 | 计算中心 | 客梯电力 |
| 二级 | 市（地区）级及以上气象台 | 客梯电力 |

续表

| 负荷级别 | 建筑物名称 | 电力负荷名称 |
|---|---|---|
| 二级 | 大型博物馆、展览馆 | 展览用电 |
| 二级 | 银　　行 | 客梯电力、营业厅、门厅照明 |
| 二级 | 大型百货商店 | 自动扶梯、客梯电力 |
| 二级 | 电 视 台 | 洗印室、电视电影室、主要客梯电力、楼梯照明 |
| 二级 | 民用机场 | 其他用电 |
| 二级 | 冷　　库 | 大型冷库、有特殊要求的冷库的一台氨压缩机及其附属设备的电力，电梯电力，库内照明 |

频率波动，波动范围在－0.5％～＋0.5％之间。

电源供电质量的好坏直接影响用电设备的工作状况，若电压偏低使电动机转速下降、灯光昏暗；如电压偏高则使电动机转速增大、灯泡寿命缩短；电压波动导致灯光闪烁、电动机运转不稳定；频率变化使电动机转速变化，更为严重的是会引起电力系统的不稳定运行，因此，应对供电质量必须进行必要的检测。

（二）供配电电压的选择

建筑物内的用户若单相电器设备容量小于 10kW，就可采用单相供电，即 220V；若电器设备容量在 100kW 及以下或需用变压器容量在 50kVA 及以下可采用三相四线 380/220V 供电；用电负荷在 250kW 或需用变压器容量 160kVA 以上时，可采用 10kV 高压供电。

**三、配电系统的接线方式**

建筑电气配电系统的接线方式有三种，分别是放射式、树干式和混合式，如图 12-4 所示。

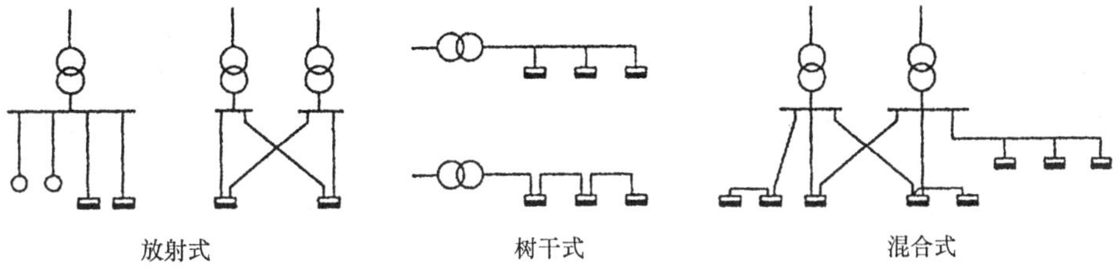


图 12-4　配电系统的接线方式

1. 放射式

放射式配电系统从低压母线到用电设备或二级配电箱的线缆是直通的，供电可靠性高，配电设备集中，但系统灵活性较差，有色金属消耗量较多，一般适用于容量大、负荷集中的场所或重要的用电设备。

2. 树干式

树干式配电系统是向用电区域引出几条干线，供电设备或二级配电箱可以直接接在干线上，这种方式的系统灵活性好，但干线发生故障时影响范围大，一般适用于用电设备分布较均匀、容量不大、又无特殊要求的场所。

3. 混合式

是放射式和树干式相结合的最常用的配电方式。

建筑电气的高压配电系统大多采用放射式接线方式，低压配电系统大多采用放射式和树干式相结合的混合式接线方式(图 12-5)。

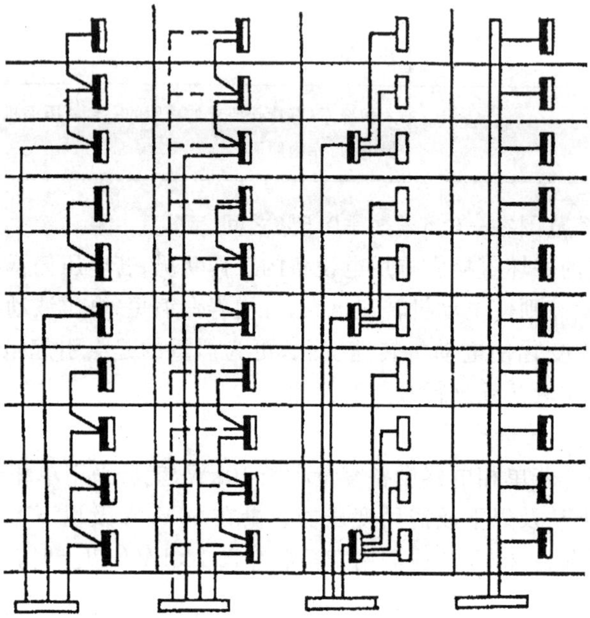


图 12-5　常用的低压配电系统

图 12-5(a)是放射式和树干式(链式)相结合的混合配电方式，从变配电所到一个供电分区采用放射式，而在供电分区内各配电盘之间采用链型的干线式配电；图 12-5(b)与图 12-5(a)配电方式相同，只是多了一套按树干式布置的备用电源；图 12-5(c)是两级放射式配电；图 12-5(d)是采用树干式布置，适用于楼层数量多、负荷大的大型建筑物。图 12-6 和图 12-7 所示是两个典型配电系统的实例。

## 四、电气设备的选择

### (一) 导线、电缆的选择

在建筑电气系统中，导线在建筑物内用量最大、分布最广，其选择和布置对建筑构造和布置，以及整个建筑物的经济、安全、使用，都有很大影响。

1. 导线、电缆型式的选择

导线、电缆型式的选择主要考虑环境条件、运行电压、敷设方式、经济性和可靠性的要求。导线、电缆的导体材料有铝和铜两种。

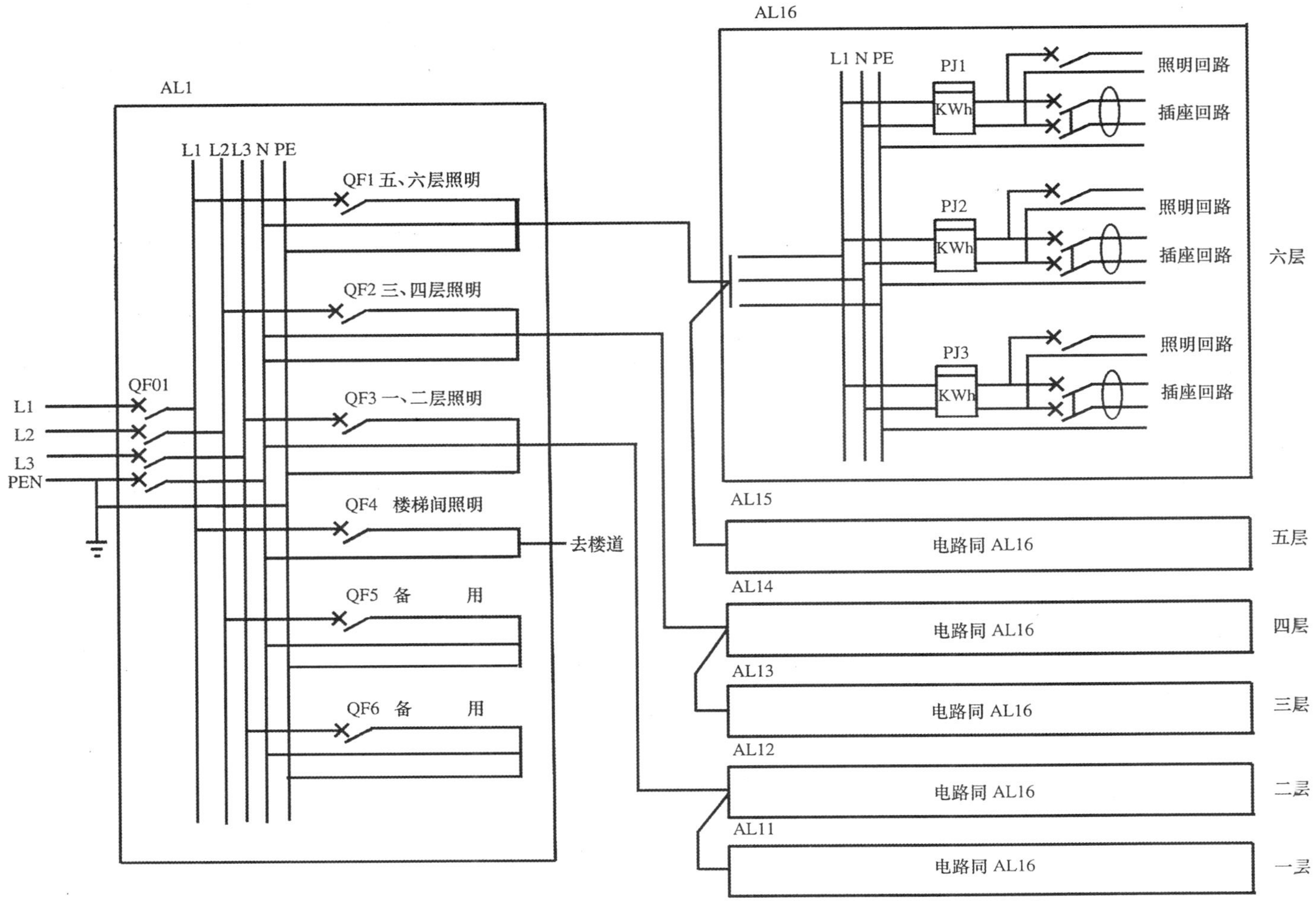


图 12-6 住宅楼低压配电系统图

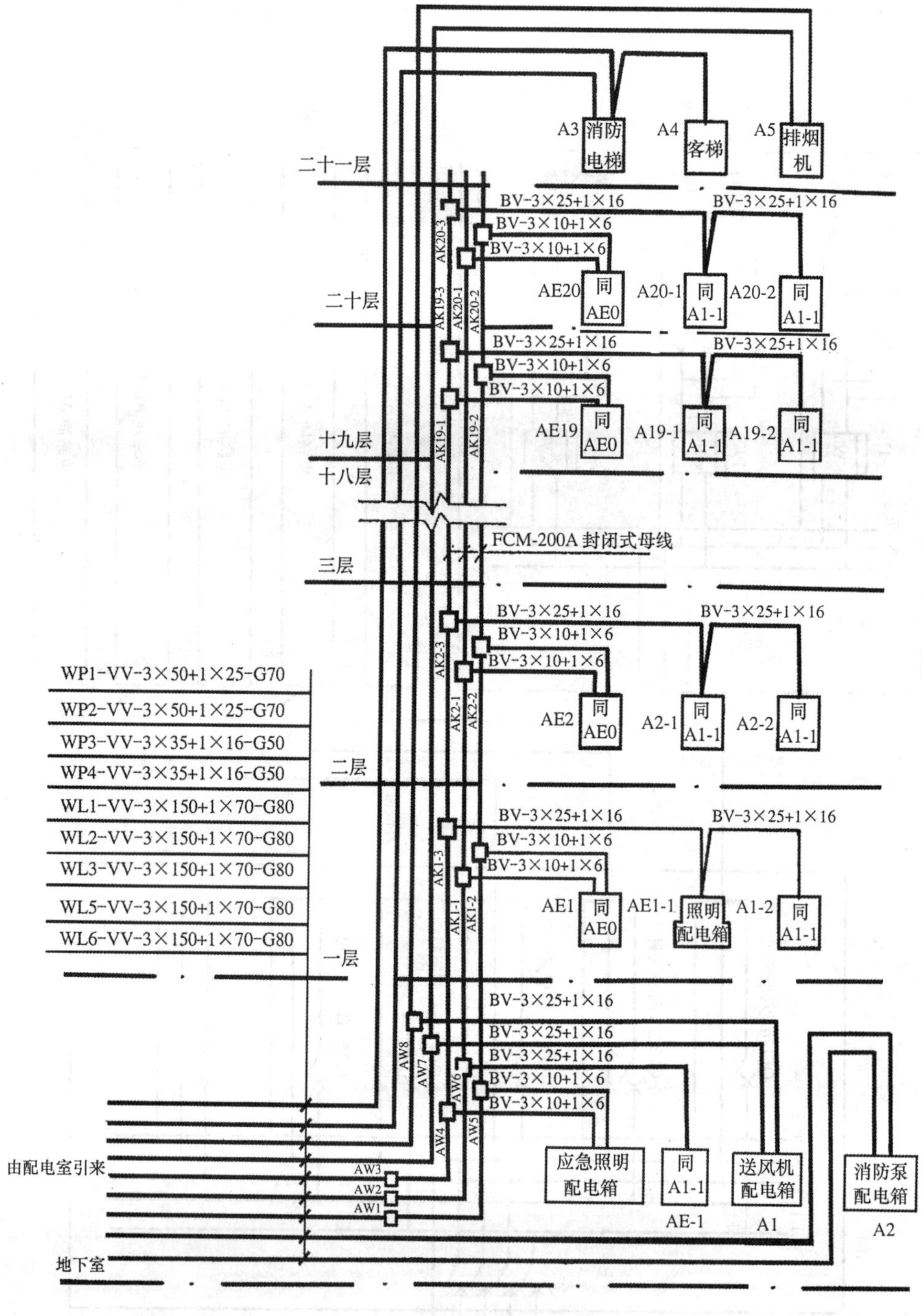


图 12-7　高层建筑配电系统图

(1) 电线的型式

塑料绝缘铜芯、铝芯电线：BV，BLV

橡皮绝缘铜芯、铝芯电线：BX，BLX

氯丁橡胶铜芯、铝芯电线：BXF，BLXF

(2) 电缆型式

聚氯乙烯绝缘及护套铜芯、铝芯电缆:VV,VLV

橡皮绝缘聚氯乙烯护套铜芯、铝芯电缆:XV,XLV

交联聚乙烯绝缘聚氯乙烯护套铜芯、铝芯电缆:YJV,YJLV

油浸纸绝缘铅包铜芯、铝芯电力电缆:ZQ,ZLQ

油浸纸绝缘铅包铜芯、铝芯电力电缆:ZL,ZLL

(3) 高压架空线路

铝铰线:TJ,LJ

(4) 根据周围的环境选择导线的型式和敷设方式,如表 12-4 所示。

表 12-4　按环境选择导线

| 环境特征 | 线路敷设方式 | 常用导线、线缆型号 |
| --- | --- | --- |
| 正常干燥环境 | 1. 绝缘线,瓷珠、瓷夹板或铝皮卡子明配线<br>2. 绝缘线、裸线、瓷瓶明配线<br>3. 绝缘线穿管明敷或暗敷<br>4. 电缆明敷或放在沟中 | BBLX, BLXF, BLV, BLVV, BLX, BBX, BXF,BV,BVV,BX<br>BBLX, BLXF, BLV, BLX, LJ, BBX, BXF, BV,BX<br>BBLX,BLXF,BLV,BLX,BBX,BXF,BV,BX<br>ZLL,ZL,VLV,XLV,ZLQ |
| 潮湿或特殊潮湿的环境 | 1. 绝缘线瓷瓶明配线(敷设高度大于 3.5)<br>2. 绝缘线穿塑料管,厚壁钢管明敷和暗敷<br>3. 电缆明敷 | BBLX,BLXF,BLV,BLX,BBX,BXF,BV,BX<br>BBLX,BLXF,BLV,BLX,BBX,BXF,BV,BX<br>ZLL,VLV,YJV,XLV |
| 多尘环境(包括火灾及爆炸危险尘埃) | 1. 绝缘线瓷珠、瓷瓶明配线<br>2. 绝缘线穿钢管明敷或暗敷<br>3. 电缆明敷设或放在沟中 | BBLX, BLXF, BLV, BLVV, BLX, BBX, BXF,BV,BVV,BX<br>BBLX,BLV,BLXF,BLX,BBX,BV,BXF,BX<br>ZLL,ZL,VLV,YJV,XLV,ZLQ |
| 有腐蚀性的环境 | 1. 塑料线瓷珠,瓷瓶明配<br>2. 绝缘线穿塑料管,厚壁钢管明敷和暗敷<br>3. 电缆明敷 | BLV,BLVV,BV,BVV<br>BBLX,BLXF,BLV,BV,BLX,BBX,BXF,BX<br>VLV,YJV,ZLL,XLX. V |
| 有火灾危险的环境 | 1. 绝缘线瓷瓶明配线<br>2. 绝缘线穿钢管明敷或暗敷<br>3. 电缆明敷或放在沟中 | BBLX,BLV,BLX,BBX,BV,BX<br>BBLX,BLV,BLX,BBX,BV,BX<br>ZLL,ZLQ,VLV,YJV,XLV |
| 有爆炸危险的环境 | 1. 绝缘线穿钢管明敷或暗敷<br>2. 电缆明敷 | BBX,BV,BX,BBLX,BLV,BLX<br>ZL,ZQ,VV |

2. 导线截面的选择

(1) 按允许温升选择导线的截面

由于绝缘材料限定了导线的最高工作温度,超过此温度则加速绝缘材料的老化和导体材料性能的变化,最后导致故障,一般聚氯乙烯绝缘导线的最高允许工作温度为 65℃,交联聚乙烯绝缘导线、电缆最高允许工作温度为 90℃。

(2) 按机械强度选择导线允许的最小截面,如表 12-5 所示。

在正常工作状态下,导线应有足够的机械强度以防断线,保证安全可靠运行。

(3) 按允许电压损失选择导线截面在供配电线路上流过的电流，在线路电阻及电感上会产生电压降，因此，线路的末端电压会小于始端电压，若这个电压差过大，会影响用电设备的正常运行，所以，必须将它控制在一定范围之内。

**表 12-5　　按机械强度允许的导线最小截面**

| 序号 | 用途及敷设方式 | 线芯的最小截面($mm^2$) | | |
|---|---|---|---|---|
| | | 铜芯软线 | 铜　线 | 铝　线 |
| 1 | 照明用灯头线 | | | |
| | (1) 屋内 | 0.4 | 1.0 | 2.5 |
| | (2) 屋外 | 1.0 | 1.0 | 2.5 |
| 2 | 移动式用电设备 | | | |
| | (1) 生活用 | 0.75 | | |
| | (2) 生产用 | 1.0 | | |
| 3 | 架设在绝缘支持件上的绝缘导线其支持点间距 | | | |
| | (1) 2m及以下，屋内 | | 1.0 | 2.5 |
| | (2) 2m及以下，屋外 | | 1.5 | 2.5 |
| | (3) 6m及以下 | | 2.5 | 4 |
| | (4) 15m及以下 | | 4 | 6 |
| | (5) 25m及以下 | | 6 | 10 |
| 4 | 穿管敷设的绝缘导线 | 1.0 | 1.0 | 2.5 |
| 5 | 塑料护套线沿墙明敷设 | | 1.0 | 2.5 |
| 6 | 板孔穿越敷设的导线 | | 1.5 | 2.5 |

在线路输送一定功率时，其电压损失与线路的电阻、电感有关。对于三相平衡负荷，可按一相先进行计算，然后折算出线电压的损失(图 12-8)。

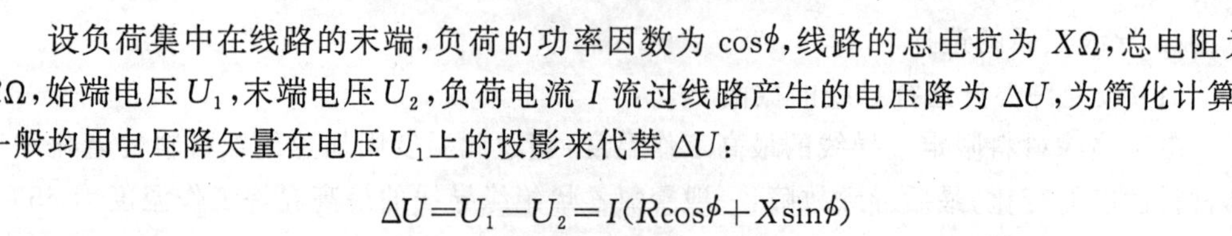


图 12-8　负荷的电压损失计算

设负荷集中在线路的末端，负荷的功率因数为 $\cos\phi$，线路的总电抗为 $X\Omega$，总电阻为 $R\Omega$，始端电压 $U_1$，末端电压 $U_2$，负荷电流 $I$ 流过线路产生的电压降为 $\Delta U$，为简化计算，一般均用电压降矢量在电压 $U_1$ 上的投影来代替 $\Delta U$：

$$\Delta U = U_1 - U_2 = I(R\cos\phi + X\sin\phi)$$

转换成线电压损失为　　$\Delta U' = \sqrt{3} I(R\cos\phi + X\sin\phi)$

电压损失百分比为　　$\Delta u\% = \Delta U / U_p$

$$\Delta u'\% = \Delta U'/U_l$$

式中　$U_p$——线路额定相电压(kV)；

$U_l$——线路额定线电压(kV)。

(4) 热稳定校验

由于电缆结构紧凑、散热条件差，为使其在短路电流通过时不至于由于导线温升超过允许值而损坏，必须进行热稳定性校验。

选择的导线、电缆截面必须同时满足上述各项要求，通常可先按允许载流量选择，然后再按其他条件校验，若不能满足，则应加大截面。

3. 导线、电缆的敷设

(1) 室内导线的敷设

明敷：即导线直接(或者在管子、线槽等保护体内)敷设于墙壁、顶棚的表面及桁架、支架等处，明敷的线路施工、改造、维修很方便。

暗敷：即导线在管子、线槽等保护体内，敷设于墙壁、顶棚、地坪及楼板的内部，或者在混凝土板孔内敷线，比较美观和安全。金属管、塑料管以及金属线槽、塑料线槽等内的布线，必须采用绝缘导线和电缆。

(2) 室外导线的敷设

电缆直埋敷设：当沿同一路径敷设的电缆根数小于等于8时，可采用电缆直埋(如图12-9)敷设。这种敷设施工简单，投资少，散热条件好，直埋深度不应小于0.7m，上下各铺100mm厚的软土或细纱，然后覆盖保护层。由于电缆通电工作后温度会发生变化，土壤会局部突起下沉，所以埋设的电缆长度要考虑余量。

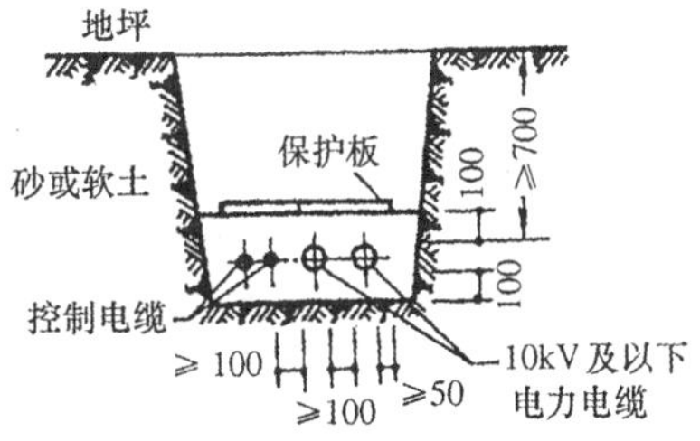


图12-9　电缆直埋

电缆在电缆沟或隧道内敷设：同一路径的电缆根数多于8根、少于或等于18根时宜采用电缆沟(如图12-10)敷设；多于18根时可采用电缆隧道敷设。电缆隧道和电缆沟应采取防水措施，其底部应做坡度不小于0.5%的排水沟，在电缆隧道内，要考虑通风，内应有照明。

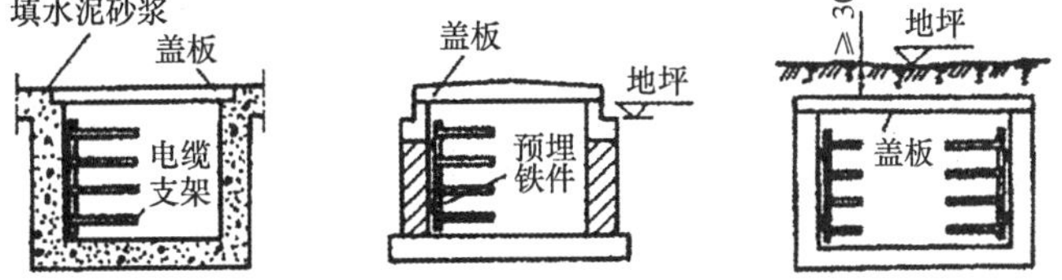


图12-10　电缆沟

电缆在排管内敷设：当电缆根数小于等于12，而道路交叉多、路径拥挤，不宜采用直埋或电缆沟敷设的时候，可采用电缆在排管内敷设。排管可采用石棉水泥管或混凝土管，内径不能小于电缆外径的1.5倍。

(二) 开关和熔断器的选择

1. 高压断路器

高压断路器具有可靠的灭弧装置，其灭弧能力很强，电路正常工作时，用来接通或切断负荷电流，在电路发生故障时，用来切断巨大的短路电流。

2. 负荷开关

负荷开关只具有简单的灭弧装置，其灭弧能力有限，在电路正常工作时，用来接通或切断负荷电流；但在电路短路时，不能用来切断巨大的短路电流。负荷开关断开后，有可见的断开点，是其特点。

3. 隔离开关

隔离开关灭弧能力微弱，一般只能用来隔离电压，不能用来接通或切断负荷电流。隔离开关的主要用途是当电气设备需停电检修时，用它来隔离电源电压，并造成一个明显的断开点，以保证检修人员工作的安全。

4. 自动空气开关

这是一种低压开关，其作用与高压断路器类似，自动空气开关可有操作机构和完善的保护特性。

5. 熔断器

它俗称保险丝，广泛应用于供电系统中的电气短路保护，在电路短路或过负荷时能利用它的熔断来断开电路，但在正常工作时不能用它来切断和接通电路。熔断器按结构分插入式、旋塞式和管式三种。

## 五、变配电所

用于安装和布置高低压配电设备和变压器的专用房间和场地称为变电所。建筑用的变电所大多属于10kV类型的变电所，主要由高压配电、变压器和低压配电三部分组成，变电所接受电网输入的10kV的电源，经变压器降至380/220V，然后，根据需要将其分配给各低压配电设备。

(一) 变配电所的位置

变配电室的位置应尽量靠近用电负荷中心，应考虑进出线方便顺直及设备的吊装、运输方便，应尽量避开多尘、震动、高温、潮湿和有腐蚀性气体的场所，不应设在厕所、浴室或其他积水场所的正上方或贴邻，应根据规划适当考虑发展的可能。

(二) 变配电所的型式

根据本身结构及相互位置的不同，变配电所可分为不同的形式，如图12-11所示。

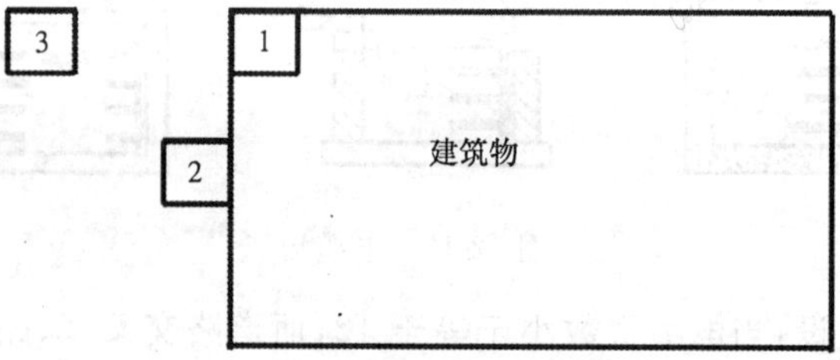


1—建筑内变电所　2—建筑物外附式变电所　3—独立式变电所

图12-11　变配电所的形式

1. 建筑物内变电所

它位于建筑物内部，可深入负荷中心，减少配电导线、电缆，但防火要求高。高层建筑的变配电所一般位于它的地下室，不宜设在地下室的最底层。

2. 建筑物外附式变电所

它附设在建筑物外，不占用建筑的面积，但建筑处理较复杂。

3. 独立式变电所

它独立于建筑物之外，一般向分散的建筑供电及用于有爆炸和火灾危险的场所。独立变电所最好布置成单层，当采用双层布置时，变压器室应设在底层，设于二层的配电装置应有吊运设备的吊装孔或平台。

（三）变配电室的布置

传统的变配电室的建筑由于采用的是油浸式变压器，它的组成一般包括高压配电室、变压器室、低压配电室和控制室几部分，有时根据需要设置电容器室。而目前大量采用的是干式变压器，它可以将高压配电设备（柜）、变压器和低压配电设备（柜）共置一室，图12-12就是一典型的变配电室的布置。变电室内各部分设备之间均应合理布置，并考虑发展的可能性；应尽量利用自然采光和通风，适当安排各设备的相对位置使接线最短、顺直，地面必须抬高，宜高出室外地面 150～300mm 为宜；有人值班的变配电室应设有单独的控制室或值班室，并设有其他辅助生活设施。

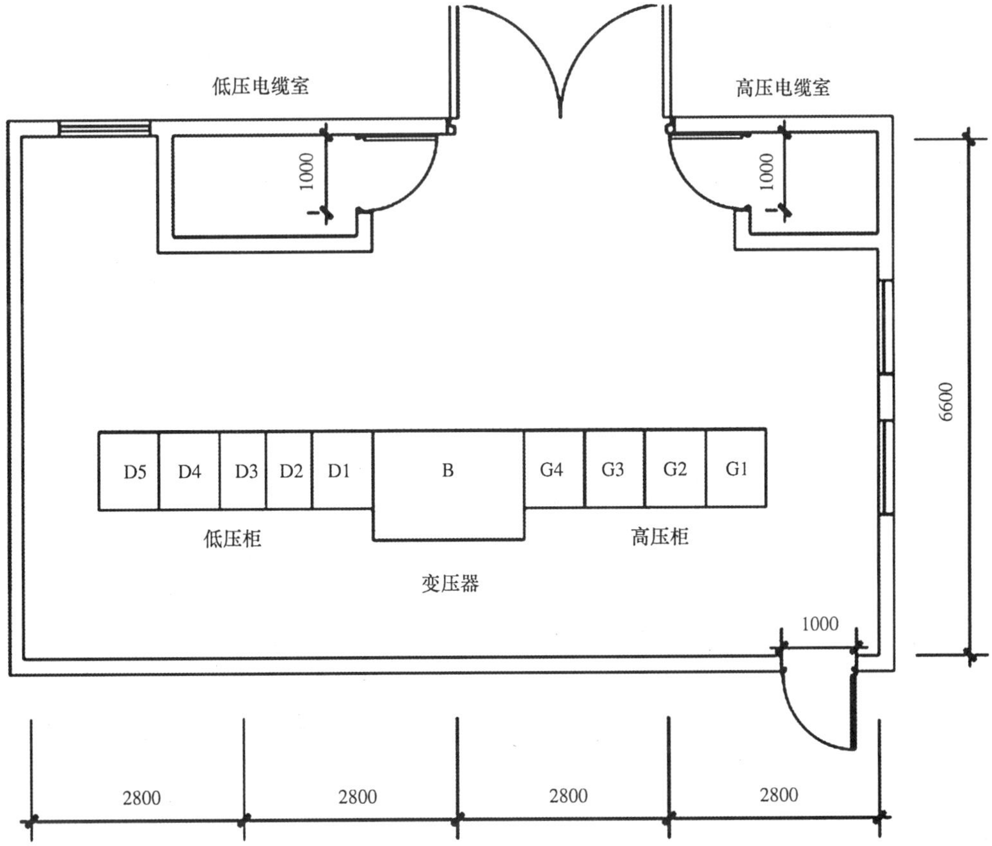


图 12-12　变配电室的布置方案

(四) 变配电室对建筑的要求

变配电室的门应向外开，并装有弹簧，宽度应比设备尺寸加 0.5m。变配电室宜设不能开启的自然采光窗，窗户下沿距室外地面高度不宜小于 1.8m，临街的一面不宜开窗。房间的内墙表面均应抹灰刷白，地面宜用高标号水泥抹面压光或用水磨石地面。同时应处理好防水、排水、保温、和隔热措施，注意不同的耐火等级，考虑房间的通风、换气等。

## 第三节　电气安全与保护接地

电能给我们的生活带来了很多的方便，但同时存在着不小的隐患，如触电、电气短路或沿导线电流过大时可能会引起火灾等，为此我们必须采取相应的电气安全措施来限制故障电压和故障电流，这就涉及到电气安全和接地保护。

### 一、安全电流与安全电压

人体触及带电体而承受过高的电压会引起死亡或局部受伤，这种现象称为触电，触电严重会导致死亡。试验表明：流过人体的电流在 30mA 及以下时，不致于死亡；在正常情况下，人体的电阻为 1000Ω 以上，在潮湿环境中，则小于 1000Ω。IEC 即国际电工委员会规定了长期保持接触的电压的最大值为：对于 15～100Hz 的交流电，正常环境为 50V；潮湿环境为 25V，对于脉动值不超过 10%的直流，相应的电压为 120V，60V。我国规定的安全电压标准为 42V，36V，24V，12V，6V。

### 二、电气系统的保护方式

电气系统的接地保护有如下五种方式：

1. TN-S 方式

TN-S 方式(如图 12-13)俗称为三相五线方式，从变配电所引向用电设备的导线由三根相线、一根中性线 N 和一根保护接地线 PE 组成，PE 线平时不通过电流，只在发生接地故障时才通过故障电流，因此用电设备的外露可导电部分平时对地不带电压，安全性最好，但系统采用了五根导线，造价较高。

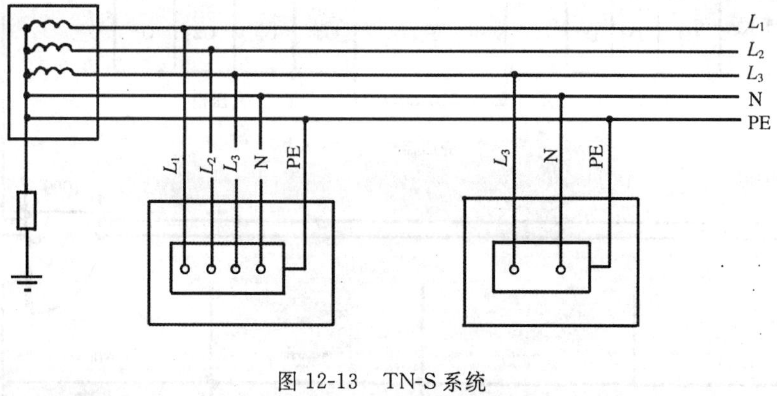


图 12-13　TN-S 系统

2. TN-C 方式

TN-C 方式(图 12-14)俗称为三相四线方式，从变配电所引向用电设备的导线由三根相线和一个兼做 N 线和 PE 线的导线 PEN，用电设备的中性线和外露可导电部分都接在 PEN 线上，这样少用一根导线比较省钱；其缺点是中性线电流 PEN 线上产生的压降将出现在外露可导电部分上，安全性不及 TN-S 系统。

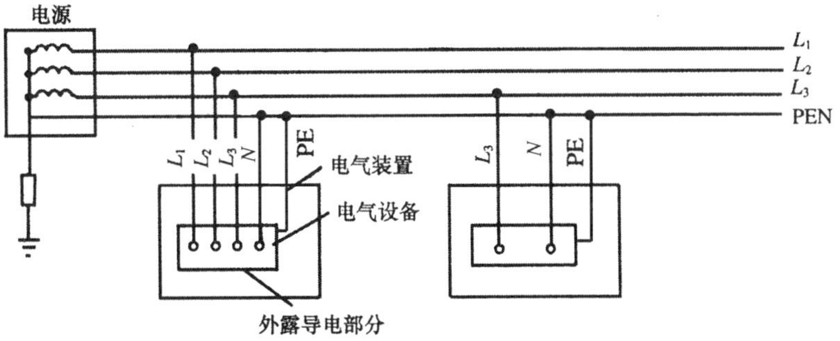


图 12-14　TN-C 系统

3. TN-C-S 方式

在 TN-C-S 方式(图 12-15)中，系统中电源至用户的馈电线路 N 线与 PE 线是合一的，而在进户处分开，此方式在经济性、安全性上介于以上二者之间。

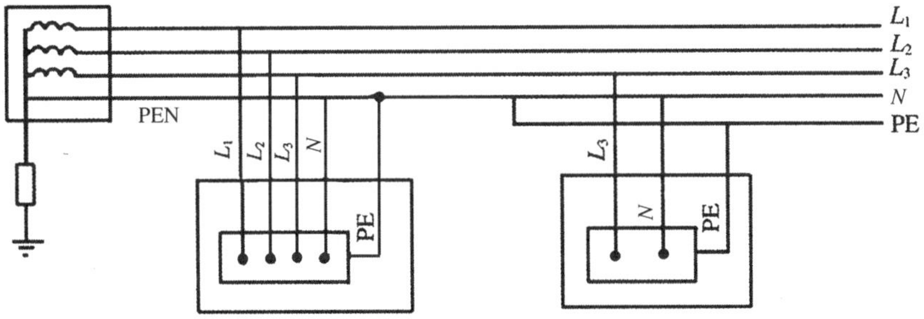


图 12-15　TN-C-S 系统

4. TT 方式

TT 方式(图 12-16)俗称为接地保护方式，它的整个电力系统有一点直接接地，用电设备的外露可导电部分通过保护线接在与电力系统接地点无直接关联的接地极，故障电压不互窜，电气装置正常工作时外露可导电部分为地电压，比较安全；但其相线与外露可导电部分短路时，仍有触电的可能，须与漏电保护开关合用。

5. IT 方式

IT 方式(图 12-17)也称为经高阻接地方式，其电力系统的中性点不接地或经很大阻抗接地，用电设备的外露可导电部分经保护线接地，由于电源侧接地阻抗大，当某相线与外露可导电部分短路时，一般短路电流不超过 70mA，这种保护接地方式特别适用于环境特别恶劣的场合。

目前，我国低压配电系统多数采用电磁兼容性好的 TN-S 或 TN-C-S 系统，通过电力系统中性点直接接地，当设备发生故障时能形成较大的短路电流，从而使线路保护装置很快动作，切断故障设备的电源，防止触电事故的出现或扩大。

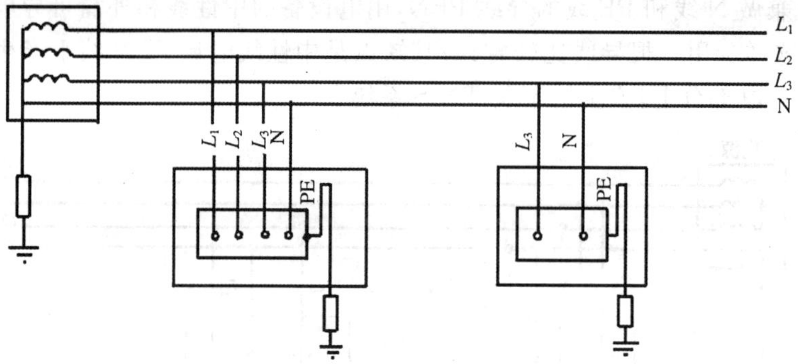


图 12-16　TT 系统

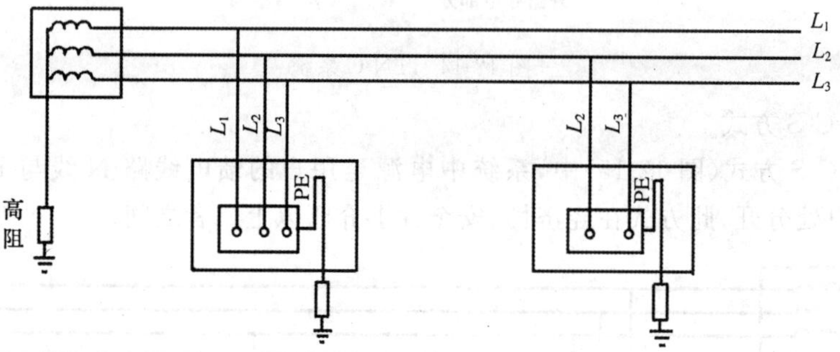


图 12-17　IT 系统

**三、漏电保护**

漏电保护主要是弥补保护接地中的不足，有效地进行防触电保护，是目前较好的防触电措施。其主要原理是：通过保护装置主回路各相电流的矢量和称为剩余电流，正常工作时剩余电流值为零，当人体接触带电体或所保护的线路及设备绝缘损坏时，呈现剩余电流，剩余电流达到漏电保护器的动作电流时，就在规定的时间内自动切断电源。

对于家用电器回路，采用 30mA 及以下的数值作为剩余电流保护装置的动作电流。对于居住建筑，当干线电流不大于 150A 时，总的漏电开关可选用额定漏电动作电流 100mA，动作时间为 0.2～0.5s；干线电流大于 150A 时，总的漏电开关可选用额定漏电动作电流 300mA，动作时间为 0.1～0.2s，用户漏电开关可选用额定漏电动作电流 30mA。

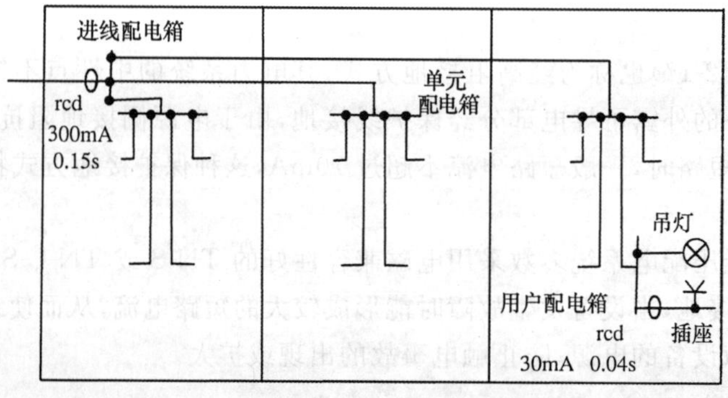


图 12-18　中小型建筑的二级漏电保护安装位置示例

在 TN 及 TT 系统中，当过电流保护不能满足切断电源的要求时，可采用漏电保护。漏电保护安装示例如图 12-18 所示。

# 第四节　建筑物防雷

**一、建筑物防雷**

（一）雷电的基本知识

当潮湿的空气受到强烈的上升热气流的作用，遇到冷空气时，凝结出水滴，水滴受气流冲击破碎，细微水滴带负电，较大水滴带正电，当电荷积累使云块之间、云块与地面之间的电场强度超过空气的击穿强度时就形成放电，同时伴随着发光发热过程。雷电流最大值可达 200～300kA，这么大的电流不仅会损坏电气设备，还会使建筑物内部的水分瞬间剧烈蒸发、膨胀，产生巨大的机械力，摧毁建筑物。

雷电按危害的方式基本上分成直接雷、感应雷、雷电波三类。

（二）建筑物防雷系统的组成

防雷装置一般由接闪器、引下线和接地装置三部分组成。

1. 接闪器

接闪器是接受雷电流的金属导体，就是通常的避雷针、避雷带和避雷网。避雷针采用圆钢或焊接钢管制成，在顶端砸尖，以利于放电。它适用于保护细高的建筑物或构筑物，如烟囱和水塔等。避雷带和避雷网一般采用镀锌的圆钢或扁钢，适用于宽大的建筑，通常在建筑顶部及其边缘处明装，主要是为了保护建筑物的表层不被击坏，古典建筑为了美观有时采用暗装。其他，如屋顶上的旗杆、栏杆、装饰物等，其规格不小于标准接闪器规定的尺寸，也可作为接闪器使用。

2. 引下线

引下线是把雷电流由接闪器引到接地装置的金属导体，一般敷设在外墙面或暗敷于水泥柱子内，也可利用建、构筑物钢筋混凝土中的钢筋作为防雷引下线。引下线可采用圆钢或扁钢，外表面需镀锌，焊接处应涂防腐漆，建筑艺术水准较高的建筑物可采用暗敷，但截面要适当加大。

3. 接地装置

接地装置是埋设在地下的接地导体和垂直打入地内的接地体的总称，其作用是把雷电流疏散到大地中去。垂直埋设的接地体采用圆钢、钢管、角钢等；水平埋设的接地体采用扁钢、圆钢等，为了降低跨步电压，防直接雷的人工接地装置距建筑物入口处及人行道不应小于 3m，不得不小于 3m 时，应采取相应的措施。

（三）建筑物的防雷分级及防雷保护

各类防雷建筑应采取防直接雷和防雷电波侵入的措施，装有防雷装置的建筑物，在防雷装置与其他设施和建筑物内人员无法隔离的情况下，应采取等电位连接。

1. 一类防雷建筑

具有重要用途的建筑物、属于国家级重点文物的建筑物和构筑物及高度超过 100m 的建筑物，如国家级的会堂、办公建筑、大型博展建筑、大型旅游建筑、国际性的航空港、交通枢纽等属一级防雷建筑。对于这类建筑物，防直接雷的接闪器应采用装饰在屋角、屋脊、女儿墙上的避雷带，并在屋面上装设不大于 5m×5m 或 6m×4m 的网格，建筑物最高处加避雷针，其滚球半径为30m。引下线数量不小于2根，间距不应大于12m。防雷电感应的措施可采取将建筑物内的设备、管道、构架、电缆金属外皮、钢屋架、钢窗等较大金属物和突出屋面的金属物接到防雷电感应的接地装置上；防雷电感应的接地装置应和电气设备接地装置共用，其工频接地电阻不应大于10Ω；屋内接地干线与防雷电感应接地装置的连接，不应小于两处。对于雷电波侵入的防范，低压线路宜全线采用电缆直接埋地敷设，在入户端应将电缆的金属外皮、钢管接到防雷电感应的接地装置上。当全线采用电缆有困难时，可采用钢筋混凝土杆和铁横担的架空线，并应使用一段金属铠装电缆或护套电缆穿钢管直接埋地引入。

2. 二类防雷建筑

重要的或人员密集的大型建筑物、属省级重点文物的建筑物和构筑物、19层以上的住宅和高度超过50m的其他民用建筑、省级及以上大型计算机中心。如省部级办公室、省级通讯广播建筑、大型的商店等属二级防雷建筑。对于二级防雷建筑物防直接雷宜采用装饰在屋角、屋脊、女儿墙上的环状避雷带，并在屋面上装设不大于10m×10m或12m×8m的网格，也可采用装饰在建筑物上的避雷网或避雷针，或两者组合的接闪器，其滚球半径为45m。引下线数量不小于两条，间距不应大于18m。每根引下线的冲击接地电阻不应大于10Ω。

突出屋面的风管、烟囱等金属物体可不装接闪器，但应和屋面防雷装置相连，在屋面接闪器保护范围之外的非金属物体应装接闪器，并和屋面防雷装置相连。建筑物宜利用钢筋混凝土屋面、梁、柱、基础内的钢筋作为引下线，当基础采用硅酸盐水泥和周围土壤的含水量不低于4%及基础的外表面无防腐层或有沥青质的防腐层时，宜利用基础内的钢筋作为接地装置。

3. 三类防雷建筑

不属于一、二类防雷的建筑属三级防雷建筑，但通过调查确认需要防雷的建筑物，如高度为15m及以上的烟囱、水塔等孤立的建筑物或构筑物。对于三级防雷建筑物防直接雷宜采用装饰在屋角、屋脊、女儿墙上的避雷针或避雷带，当采用避雷带保护时，应在屋面上装设不大于24m×16m的网格，采用避雷针保护时，其滚球半径为60m。引下线数量不小于2条，间距不应大于25m，每根引下线的冲击接地电阻不宜大于30Ω。防雷接地装置宜与电气设备等接地装置共用，且宜与埋地金属管相连。在共用接地装置与埋地金属管道相连的情况下，接地装置宜围绕建筑物敷设成环形接地体，当二者不共用、不相连时，两者在地中的距离不应小于2m。

## 思考题十二

1. 根据电力负荷的性质和停电造成损失的程度，电力负荷可分几级？它们的供电要求如何？试举例说明。

2. 画出配电系统的接线方式，分别说出它们的优缺点及使用场所。

3. 何为功率因数？为何要提高功率因数？建筑电气中如何提高功率因数？

4. 电气系统的接地保护有几种？其可靠性如何？分别画出它们的接线图。

5. 阐述建筑防雷系统的组成、建筑防雷分级及其特点。

# 第十三章　电气照明

电气照明是人们生活和工作中必不可少的，它可以创造一个明亮的环境，是提高工作效率、进行安全生产、减少工作事故等方面的保证；同时，它有助于建筑物内外环境的美化，有益于人们的身心健康。电气照明设计是一门涉及光学、电学、建筑学、生理学和美学的综合学科，它是建筑电气设计中一个重要的部分。本章从照明的基本知识着手，阐述照明设计应满足的质量要求。

## 第一节　照明的基本知识

**一、照明方式和照明种类**

（一）照明方式

1. 一般照明

一般照明是为照亮整个场地而设置的均匀照明，对光照方向无特殊要求的场所，通常是均匀布灯。

2. 局部照明

特定视觉工作用的、为照亮某个局部而设置的照明，通常是某个区域需高照度并对照射方向有要求，或为避免眩光、减弱频闪效应，都可采用局部照明。

3. 混合照明

由一般照明和局部照明组成的照明称为混合照明。

（二）照明种类

根据使用的类型的不同，照明可分为正常照明、应急照明、值班照明、警卫照明、障碍照明和装饰照明等6种类型。

1. 正常照明

在正常工作时使用的室内、外照明，是保证人们正常工作和生活进行所采用的照明，它一般可单独使用，也可与应急照明、值班照明同时使用，但控制线路必须分开。

2.应急照明

因正常照明系统停电、灯具熄灭而启用的照明称为应急照明，按功能不同可分为三种：

(1) 备用照明：用于确保正常活动继续进行或暂时继续进行的照明。

(2) 安全照明：用于确保处于潜在危险之中的人员安全的照明。

(3) 疏散照明：用于确保疏散通道被有效地辨认和使用的照明称为疏散照明。

应急照明必须采用能瞬时点燃的可靠光源，一般采用白炽灯或卤钨灯，当应急照明作为正常照明的一部分经常点燃，且发生故障不需要切换电源时，也可用气体放电灯。

在由于工作中断或误操作容易引起爆炸、火灾和人身事故或将造成严重政治后果和经济损失的场所，应设置应急照明。应急照明灯宜布置在可能引起事故的工作场所以及主要通道和出入口。

暂时继续工作用的备用照明，照度不低于一般照明的10％；安全照明的照度不低于一般照明的5％；保证人员疏散用的照明，主要通道上的照度不应低于0.5lx。

应急照明设计可查阅有关的建筑设计规范。

3. 值班照明

在非工作时间内供值班人员用的照明称为值班照明。在非三班制生产的重要车间、仓库，或非营业时间的大型商店、银行等处，通常宜设置值班照明。值班照明可利用正常照明中能单独控制的一部分或利用应急照明的一部分或全部。

4. 警卫照明

在夜间为改善对人员、财产、建筑物、材料和设备的保卫，用于警戒而安装的照明。可根据警戒任务的需要，在厂区或仓库区等警卫范围内装设。

5. 障碍照明

为保障航空飞行安全，在高大建筑物和构筑物上安装的障碍标志灯。一般建筑物高度超过60m就应设置障碍照明，当制高点平面面积较大或组成建筑群时，应按民航和交通部门的有关规定执行。

6. 装饰照明

装饰照明是创造和渲染某种环境气氛，是与人们所从事的活动相适应（即满足人们的心理要求）而设置的照明。景观照明（建筑物的泛光照明、广场照明）、广告霓虹灯及舞台照明等都属于这个范畴。

## 二、光的本质

光进入人眼引起视觉是人们认识客观世界的途径。从物理学的角度来看，光是电磁波，在380～780nm的波长范围，是可见光（$1nm=10^{-9}m$），如果把可见光加以扩大，就可以看出不同波长的光呈现不同的颜色，随着波长由长到短，可以分成为红、橙、黄、绿、青、蓝、紫等7种颜色，如图13-1所示。与可见光相邻的部分分别为紫外线（100～380nm）和红外线（780nm～1mm），它们是人眼所看不见的，但可用平面镜、透镜或棱镜等光学元件进行反射、成像或色散。

电磁波具有能量，因而光也具有能量。在太阳所辐射的能量中，波长小于290nm的部分被大气层中较高部位的臭氧所吸收，而波长大于1700nm的部分则被大气层中较低部位的水汽和二氧化碳所强烈吸收。可见光正好和能够达到地表的太阳辐射能的波长相符合，说明了眼睛感光的灵敏度是人类在长期进化过程中对地球大气层透光效果相适应的结果。

## 三、光的度量

人们的眼睛能够感知可见光辐射，而不同波长的光在人眼中产生光感受的灵敏度是不同的，也就是说，人眼对能量相同而波长不同的光所感受到的明亮程度是不一样的。在白天或在光线充足之处，人眼对波长555nm的黄绿光感受效率最高，波长偏离555nm越远，对其感光的效率就越低。用于衡量辐射能所引起视觉能力的量叫光谱光视效能，555nm的黄绿光的光谱光视效能用$K_m$表示，$K_m=683lm/W$，其他任意波长的光谱光视

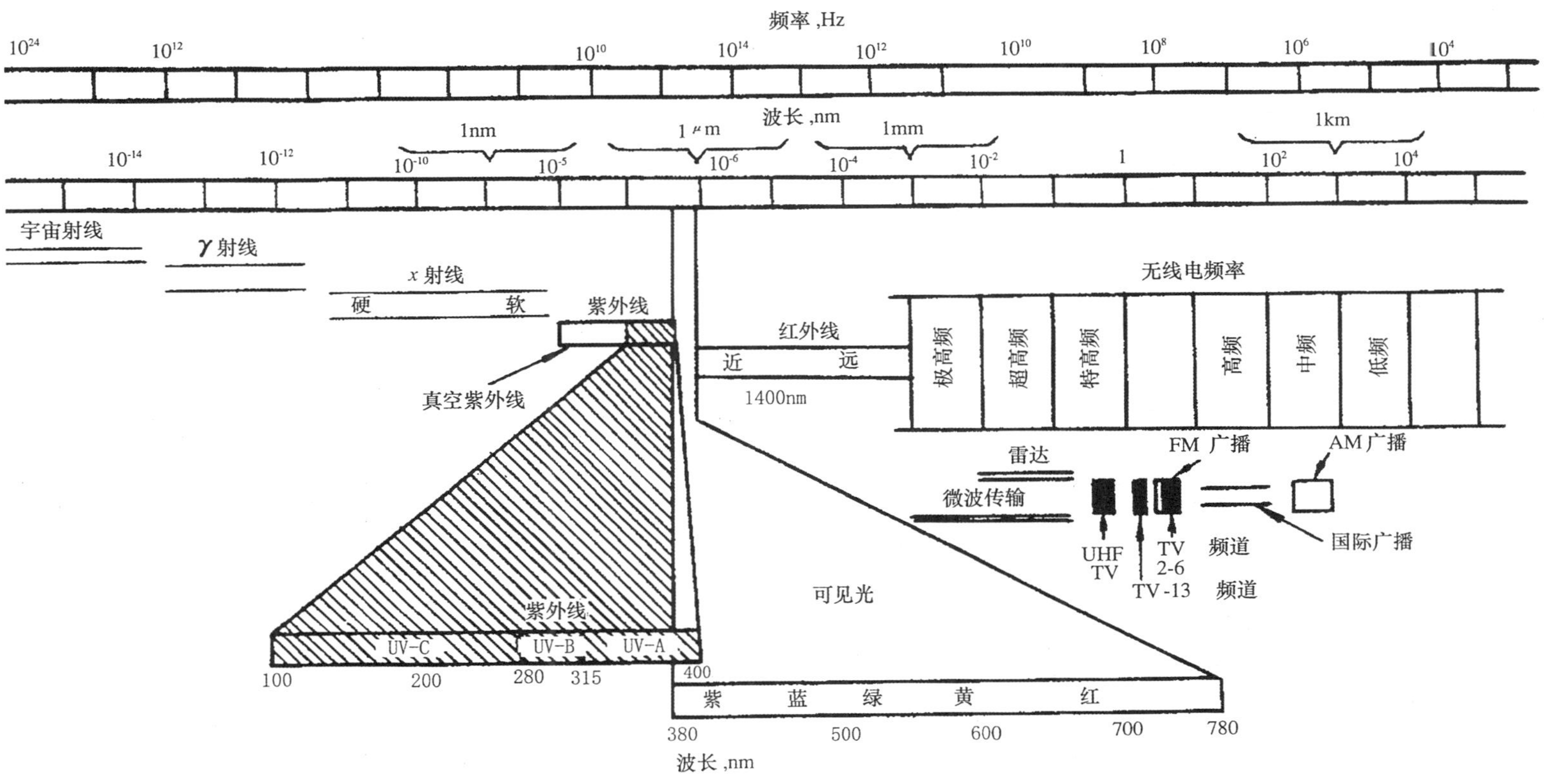
频率,Hz
$10^{24}$
$10^{12}$
$10^{10}$
$10^{14}$
$10^{12}$
$10^{10}$
$10^{8}$
$10^{6}$
$10^{4}$
波长,nm
1nm
1μm
1mm
1km
$10^{-14}$
$10^{-12}$
$10^{-10}$
$10^{-5}$
$10^{-6}$
$10^{-4}$
$10^{-2}$
1
$10^{2}$
$10^{4}$
宇宙射线
γ射线
x射线
硬
软
紫外线
真空紫外线
红外线
近
远
1400nm
无线电频率
极高频
超高频
特高频
高频
中频
低频
雷达
微波传输
FM 广播
AM广播
UHF TV
TV 2-6
TV-13
频道
频道
国际广播
可见光
紫外线
UV-C
UV-B
UV-A
100
200
280
315
400
紫
蓝
绿
黄
红
380
500
600
700
780
波长,nm
图 13-1 电磁波谱

效能 $K(\lambda)$ 与 $K_m$ 之比就称为光谱光视效率，见图 13-2 中的曲线。图中实线表示明视觉的光谱光效率，虚线则表示暗视觉的光谱光效率，在暗视觉时，对青绿光最敏感。从图中可以看出，蓝光（460nm）、黄绿光（555nm）、红光（650nm）的 $K$ 值之比为 0.06：1：0.107，也就是说，要想引起相同的视觉，应使蓝光和红光的辐射功率分别为黄绿光的 16.6 倍和 8.35 倍。

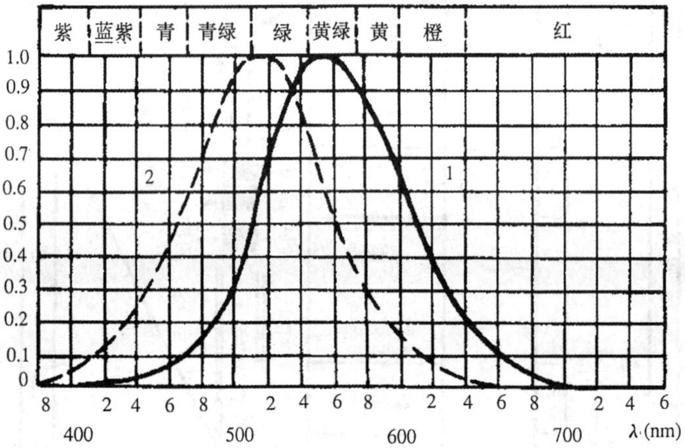


图 13-2 电磁能波谱

1—明视觉；2—暗视觉

1. 光通量

光通量是指光源在单位时间内辐射能量的大小，是一视觉感受的计量，用 $\phi$ 表示，单位为流明（lm）。例如，一只 220V/40W 的白炽灯发射的光通为 350lm，而一只 220V/36W-6200K 的荧光灯发射的光通为 2500lm，后者是前者的 7 倍。

2. 照度

照度是指单位面积上的光通，即光通量的表面密度，用 E 表示，单位为勒克斯（lx），$1lx=1lm/1m^2$。例如，采光良好的室内照度为 100～500lx。

3. 发光强度

光源在某一方向的光强就是光源在该方向的单位立体角内的光通，即光通量的角（空间的）密度，用 $I$ 表示，单位为坎德拉（cd），1cd＝1lm/sr，sr 为球面度。例如，一只 220V/40W 的白炽灯发射的光通为 350lm，它的平均光强为 $350lm/4\pi=28cd$。

4. 光出射度

发光体上单位面积发出的光通称为该发光体的光出射度，用 $M$ 表示，为了区别于照度，光出射度的单位为 rlx，$1rlx=1lm/m^2$。照度与光出射度虽然具有相同的量纲，但两者的意义是不同的，前者是指受照面所接收到的光通，而后者则是指发光体（光源）面上发出的光通。这里指的光源也包括次级光源，即除了本身发光的发光面外，也包括接受外来的光而反射或透射的发光面。

5. 亮度

亮度是把发射光线的表面的明亮程度定量表示出来的量，它的定义是：在广光源（当光源的大小与其到观察点之间的距离相比不是很小时的光源）表面上取一个单元面积，在给定的方向上去观察，单元面积上的光强，与在该方向上“见到”的面积之比。用 $L$ 表示，单位为坎德拉每平方米（尼特，nt），1nt＝1cd/m²。均匀漫射光源辐射面的光强与辐射角的余弦成正比，因此，在所有方向上观察，其表面亮度完全相同，即 $L$ 为常数。太阳的表面亮度为 $1.6\times10^9$ cd/m² 以上，荧光灯的亮度为 $(0.5\sim15)\times10^4$ cd/m²，蜡烛的亮度为 $(0.5\sim1.0)\times10^4$ cd/m²。

光线在传播的过程中，当遇到物体时，会被反射、透射或吸收，若投射到物体上的光通为 $\varphi$，$\varphi$ 之中被物体材料反射的光通为 $\varphi_\rho$，$\varphi$ 之中被物体材料透射的光通为 $\varphi_\tau$，$\varphi$ 之中被物体材料吸收的光通为 $\varphi_\alpha$，根据能量守恒定律：$\varphi=\varphi_\rho+\varphi_\tau+\varphi_\alpha$。并规定：

$$\text{反射比 } \rho=\varphi_\rho/\varphi$$

$$\text{透射比 } \tau=\varphi_\tau/\varphi$$

$$\text{吸收比 } \alpha=\varphi_\alpha/\varphi$$

光线在室内空间的传播是一个多次反射、透射和吸收的过程，反射、透射和吸收系数的大小和材料的光学性质有关，因而，可用于反映照明效果的各项光的参数值，不仅与光源本身有关，而且与建筑所用的材料及内装饰的情况有关，见表 13-1。

**表 13-1　常见建筑材料的反射比与透射比**

| 材料名称 | 颜色 | 厚度（mm） | 反射比 $\rho$ | 透射比 $\tau$ |
|---|---|---|---|---|
| 1. 透光材料 | | | | |
| 普通玻璃 | 无 | 3 | 0.08 | 0.82 |
| 普通玻璃 | 无 | 5～6 | 0.08 | 0.78 |
| 磨沙玻璃 | 无 | 3～6 | 0.28～0.33 | 0.55～0.60 |
| 乳白玻璃 | 白 | 1 | — | 0.60 |
| 玻璃钢采光罩 | 本色 | 3～4 层 | — | 0.713～0.74 |
| 聚氯乙烯板 | 本色 | 2 | — | 0.60 |
| 有机玻璃 | 无 | 13～6 | — | 0.85 |
| 2. 建筑饰面材料 | | | | |
| 石膏 | 白 | — | 0.90～0.92 | — |
| 乳胶漆 | 白 | — | 0.84 | — |
| 大白粉刷 | 白 | — | 0.75 | — |
| 调和漆 | 白、米黄 | — | 0.70 | — |
| 调和漆 | 中黄 | — | 0.57 | — |
| 水泥沙浆抹面 | 灰 | — | 0.32 | — |

续表

| 材料名称 | 颜色 | 厚度(mm) | 反射比 $\rho$ | 透射比 $\tau$ |
|---|---|---|---|---|
| 混凝土地面 | 深灰 | — | 0.20 | — |
| 水磨石 | 白 | — | 0.70 | — |
| 水磨石 | 白间黑灰 | — | 0.52 | — |
| 水磨石 | 黑灰 | — | 0.10 | — |
| 塑料贴面板 | 浅黄木纹 | — | 0.36 | — |
| 塑料贴面板 | 深棕木纹 | — | 0.12 | — |
| 胶合板 | 木色 | — | 0.53 | — |
| 3.金属材料及饰面 | | | | |
| 光学镀膜的镜面玻璃 | — | — | 0.88～0.99 | — |
| 普通铝板抛光 | — | — | 0.60～0.65 | — |
| 铬 | — | — | 0.60～0.65 | — |
| 不锈钢 | — | — | 0.55～0.65 | — |
| 陶瓷 | 白 | — | 0.65～0.80 | — |

## 四、光和视觉

### (一)视觉与视觉特性

1. 视觉

视觉是指光射入眼睛后产生的视知觉,它并不是瞬息即逝的过程,它是多步译码和分析的最终产物,这些过程综合起来为我们提供了环境亮度和色度变化图样的含意。对于人类来说,视觉是接受外界信息的重要途径,而光线是引起视觉感知环境的最重要的条件。

2. 视觉过程

是指物体发出(或透射、折射、反射)的光线射入眼中,在感光视网膜上形成大小和照度与物体的尺寸和相应部位的亮度成比例的图像;感光细胞根据所吸收光能的多少和波长发生相应的化学反应,形成相应的脉冲电流,经神经送入大脑相应部位的视觉皮质中进行加工处理,再现图像的形状和色彩,最后形成对所观察物体的视觉。

3. 暗视觉与明视觉

视网膜是人眼感受光的部分,视网膜上分布两种感光细胞,边缘部位杆状细胞占多数,中央部位锥状细胞占多数。杆状细胞的感光性很强,而锥状细胞的感光性则很弱。因此，在微弱的照度下(视场亮度在 $10^{-6} \sim 10^{-2}$ cd/m²)，只有杆状细胞工作，而锥状细胞不工作，这种视觉状态为暗视觉。随着视场亮度的增加，当亮度达到 10cd/m² 以上时，锥状细胞工作起主要作用，这种视觉状态为明视觉。杆状细胞虽然对光的感受性很高，但它却不能分辨颜色，只有锥状细胞在感受光刺激时，才有颜色感，因此在照度较高的条件下，才有良好的颜色感，在低照度的条件下，各种颜色都给人以蓝、灰的色感。

4. 明适应与暗适应

适应是人的视觉器官对光刺激变化相顺应的感受性，适应有明适应和暗适应，如图 13-3 所示。明适应发生在从暗处到亮处的时候，明适应的时间较短，大约需几百秒；而暗适应发生在由光亮处进入黑暗处，它所需要的过渡时间较长，一般为 30min 左右。当视场内有明暗急剧变化时，眼睛不能很快顺应，会造成视觉的下降，为满足眼睛的适应性，需要做些过渡照明。

视觉适应问题在日常生活中和工程设计中是非常重要的，象地下工程的引洞、大厅的过渡走廊、隧道的出入口等处。在隧道照明设计中对隧道口亮度的考虑，当汽车在阳光下行走，突然进入隧道后，司机眼睛一时失明，容易发生危险，为此在隧道口需设置过渡(或缓和)照明，以使眼睛对亮度的变化逐渐适应。白天在隧道入口处增设过渡照明，夜晚在出口处也要适当的增设过渡照明。

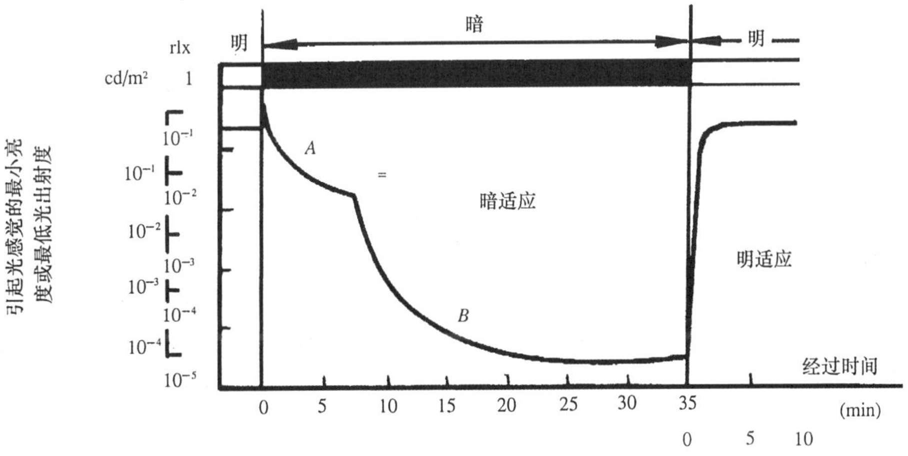


图 13-3 明适应与暗适应

(二) 视觉功能

1. 尺寸

在视度研究中，物体的尺寸或细部尺寸一般定义为物体或细部对观察点所张的角度，通常用弧度表示。

2. 对比灵敏度

定性的含义是识别亮度差的能力，定量的含义是可看见的最小相对亮度差的倒数。

3. 识别速度

识别物体时，由看到物体到识别出它的外形之间的时间倒数，它是视网膜、视神经和大脑皮质完成的复杂过程的速度体现，它与视角、背景亮度及背景与对象的对比有关。

4. 视觉敏锐度(视力)

它表示人眼区分物体精细部分的能力，它的定量含义是人眼刚能看出是分开的两个相邻物的张角 $\theta$ 的倒数。当 $\theta$ 为 $1'$ 时（即 $\left(\frac{1}{60}\right)^{\circ}$），视力为 1.0。

5. 影响视力的因素

（1）环境亮度。指所观察物体周围环境的亮度。当周围亮度比中心亮度稍亮或亮度相等时视力最好。若周围比中心亮则视力显著下降。

（2）对比。指所观察物体的亮度与背景亮度之差与背景亮度之比。当物体亮度不变时，对比越大视力越好。

（3）眩光。当视场中有极高的亮度或强烈的对比时，造成视觉下降和人眼的不舒适甚至痛感，这种现象称为眩光。按其评价的方法，前者称为失能眩光，后者称为不舒适眩光。长期在有眩光的环境下进行视觉工作，易引起视疲劳。

（4）后像。视觉不会瞬时产生也不会瞬时消失，尤其是人眼在高亮度的闪光之后往往还可感到有一连串的影像，这种现象称为后像。强烈的后像对视力工作特别有害，若偶然看到极亮的发光体后，在一定时间内感觉到眼睛内总是有一黑影。

## 第二节　照明电光源和灯具

### 一、照明电光源

（一）光源的颜色

1. 色温

对黑体进行加热，不同的温度发出不同的光色，用黑体的加热温度来表达光源的颜色的温度，换句话说，当光源的颜色与黑体在某一温度下所发出的光色一致时，此时黑体的温度就称为该光源的色温。其符号为 $T_c$，单位为开尔文(K)。

热辐射光源以外的其他光源的光色，在色度图上不一定准确地落在黑体轨迹上，此时，只能用光源黑体轨迹最接近的颜色来确定该光源的色温，这样确定的色温称为相关色温。月亮的色温为 4125K；白炽灯的色温为 2878K（而灯丝的真实温度为 2800K）；荧光灯（蓝白色）的色温为 6500K，这三个例子分别代表了中间色温、低色温和高色温。

2. 显色性

光源显现被照物体颜色的性能称为光源的显色性，显色性用显色指数（$Ra$）定量地表示，一般认为 $Ra=100\sim80$ 显色性较好，$Ra=79\sim50$ 显色性一般，$Ra$ 小于 50 显色性较差。

（二）电光源的分类

在电气照明中最重要的，也是使用得最多的电光源，按其工作原理可分为热辐射光源和气体放电光源两大类：

- 电光源
  - 热辐射光源
    - 白炽灯
    - 卤钨灯
  - 气体放电光源
    - 金属（低压汞灯、高压汞灯、低压钠灯、高压钠灯）
    - 惰性气体（氙灯、汞氙灯、氖灯）
    - 金属卤化物灯

以热辐射作为光辐射原理的电光源，包括白炽灯和卤钨灯，它们都是以钨丝为辐射体，利用电能使之达到白炽温度，产生热辐射，这种光源称为热辐射光源。

气体放电光源，它们主要以原子辐射方式产生光辐射，根据光源中气体的压力的高低分为低压气体放电光源和高压气体放电光源。

（三）电光源的性能指标

电光源根据其名称就可知它主要有电与光两方面的性能指标，这两方面的性能指标密不可分，但作为光源，主要还是光的性能指标，而对电的指标也往往注重于它对光性能的影响。

1. 光源的光通量

光源的光通量表征着光源的发光能力，是光源的重要性能指标，它随光源点燃时间会发生变化，点燃时间愈长，光通量因衰减而变得愈小。大部分光源在点燃初期光通量衰减较多，随着点燃时间的增长，衰减也逐渐减少。

2. 发光效率

光源的光通量输出与它取用的电功率之比称为光源的发光效率，简称光效，单位为lm/W。在照明设计中应优先选用光效高的光源。

3. 显色指数

显色性是光源的一个重要性能指标，通常情况下光源用一般显色指数衡量其显色性，在对某些颜色有特殊要求时则应采用特殊显色指数。

室内照明所用光源的显色指数应用如表 13-2 所示。

**表 13-2　　光源的显色指数应用示例**

| 显色指数范围 | 色表 | 应用示例 | |
|---|---|---|---|
| | | 优先的 | 允许的 |
| $Ra \geq 90$ | 暖<br>中间<br>冷 | 颜色匹配、医疗诊断、画廊 | |
| $90 > Ra \geq 80$ | 暖<br>中间 | 家庭、旅馆、餐馆、商店、办公室、学校、医院 | |
| | 中间<br>冷 | 印刷、油漆和纺织业、视觉费力的工业生产 | |
| $80 > Ra \geq 60$ | 暖<br>中间<br>冷 | 工业生产 | 办公室、学校 |
| $60 > Ra \geq 40$ | | 粗加工工业 | 工业生产 |
| $40 > Ra \geq 20$ | | | 粗加工工业、显色性要求低的工业生产 |

4. 色表

光源的色表是指其表观颜色，它和光源的显色性是两个不同的概念。例如，荧光高压汞灯的灯光从远处看又白又亮，色表较好，但该灯光下人的脸部呈青色，说明它的显色性并不很好。色表同样是电光源的一个重要性能指标。

光源的色表虽然可以用红、橙、黄、绿、青、蓝、紫等形容词来表示，但为了定量表示，常用相关色温来度量。光源的色表可以根据它们的相关色温分成三类，如表 13-3 所示。

**表 13-3　　光源的色表分组**

| 色表组别 | 色表 | 相关色温(K) |
|---|---|---|
| 1 | 暖 | <3300 |
| 2 | 中间 | 3300～5300 |
| 3 | 冷 | >5300 |

5. 寿命

光源的寿命一般有两种意义：第一为平均寿命，光源从开始使用到点燃失效，或者根据某种规定标准点到不能再使用的状态的累计时间称为全寿命，电光源的全寿命有相当大的离散性，即同批电光源虽然同时点燃，却不会同时损坏，它们将有先有后陆续损坏，且可能有较大的差别，因此常用平均寿命的概念来定义电光源的寿命，即在规定条件下，同批寿命试验灯所测得寿命的算术平均值。一般光通量衰减较小的光源常用平均寿命作为其寿命指标，如卤钨灯。第二为有效寿命，电光源在使用过程中光通量将随使用时间的增加而逐渐衰减，电光源从点燃起，一直到光通量衰减到某个百分比所经过的燃点时间，称为光源的有效寿命，一般取 70%～80%额定光通量作为更换光源的依据。荧光灯一般用有效寿命作为其寿命指标。

6. 启动特性

启动稳定时间。电光源启动稳定时间指的是光源接通电源到光源正常发光所需的时间。热辐射光源的启动时间一般不足一秒，气体放电光源的启动时间从几秒到几分钟不等，取决于光源的种类。

再启动时间。某些高强气体放电光源熄灭后，必须要等到冷却后才能再次点燃，从灯熄灭到再次点燃所需的时间称为再启动时间。

电光源的启动与再启动时间影响着光源的应用范围。例如，频繁开关光源的场所一般不用启动与再启动时间长的光源，且启动次数对光源的寿命影响很大。

(四) 常用电光源

1. 白炽灯

(1) 白炽灯的结构。普通白炽灯是最早出现的光源，称为第一代电光源，其结构如图 13-4 所示。

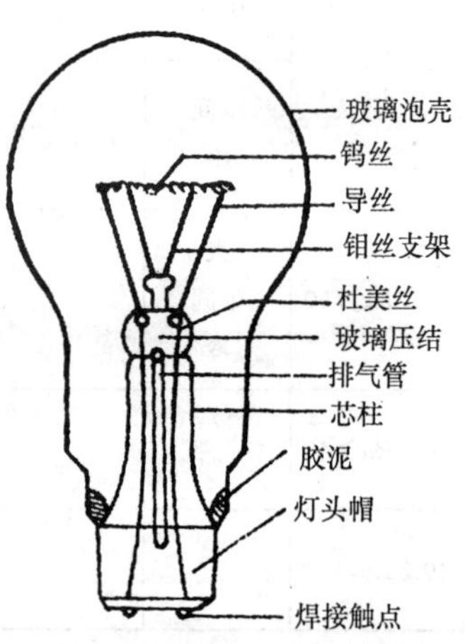

图 13-4　白炽灯结构图

白炽灯基本由玻壳、灯丝、芯柱、灯头等组成，它的结构简单，使用方便，它的形如图 13-5 所示。

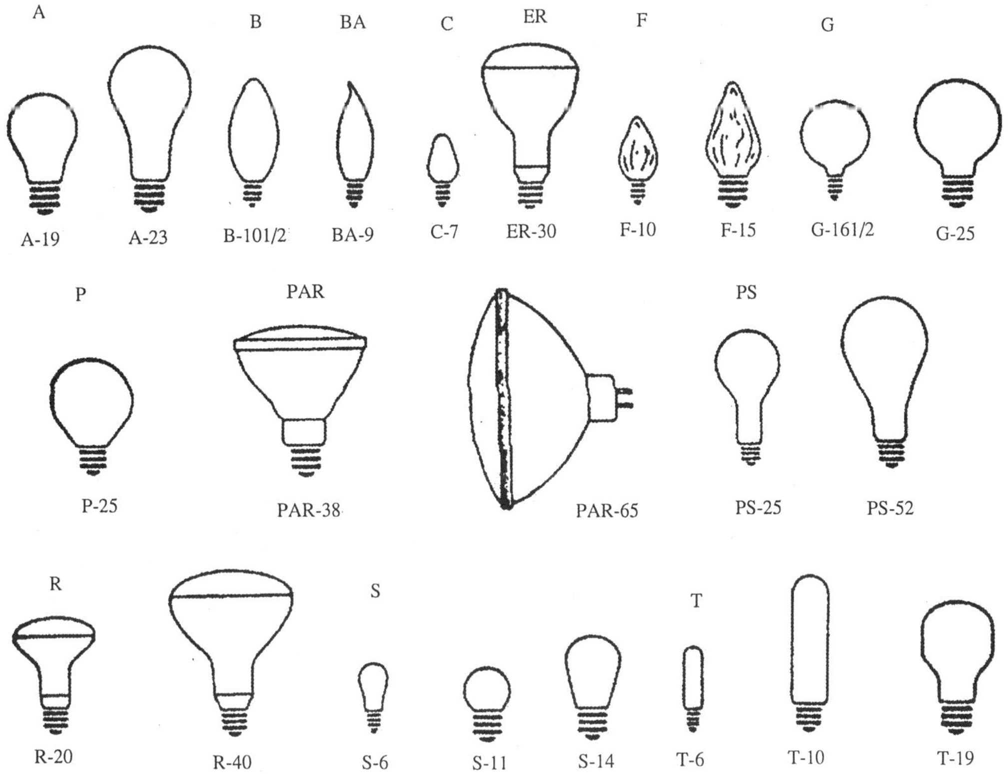


图 13-5　白炽灯的外形

（2）白炽灯的光电参数

1）光通量与发光效率

国产的普通白炽灯额定功率通常为 15～1000W，光通量约为 110～18 600lm。考虑到使用过程中的光通量的衰减，实际光效约为6～16.5lm/W。

2）光谱能量分布、色温、显色指数

白炽灯是热辐射光源，具有连续的光谱能量分布，白炽灯的色温随种类和功率变化而变化，对于普通白炽灯一般为 2 400～2 900K，白炽灯属于低色温光源，显色性很好，显色指数为 99～100，可用于对显色性要求高的场所。

3）其他特点

由于钨丝的冷态电阻比热态电阻小很多，因此它的瞬时启动电流很大；由于灯丝所消耗的电能大部分都转化为热能，点燃时玻壳的温度可达到 120～200℃左右；另外白炽灯的寿命和光通受电压变化的影响很大，所以在使用时要加以注意。

4）白炽灯的发展动向

目前，有一种是缩小用硬质玻璃或石英玻璃所做的泡壳的尺寸，在泡壳内充氪气、氙气，使白炽灯更小型化，这样可以提高泡内气压，抑制灯丝蒸发，提高灯丝的工作温度，灯的光效也可以提高 30%～40%，寿命可增加 2～3 倍。另一种是为适应局部加强照明的需求而发展起来的反射型白炽灯，它的泡壳可以吹制或压制，反射面由真空蒸镀铝层形成，形状可以为抛物面或椭球面，透光部分可以是透明的，也可以是经过磨沙处理或覆盖以漫射性质的白色涂层，如 PAR 灯。

2. 卤钨灯

卤钨灯因造价高，故较少生产功率太低的卤钨灯。大功率卤钨灯可制成数千瓦，常用的卤钨灯光效在 20lm/W 左右，最高可超过 30lm/W。卤钨灯的色温可达 2700～3400K。卤钨灯的工作原理与普通白炽灯一样，但结构上有较大的区别，它在卤钨灯泡(管)内冲入气体的同时加入了微量的卤族元素，在灯的使用过程中，会发生卤钨循环，这样可以延长灯的寿命，同时可以进一步提高灯丝温度，获得较高的光效，并减少了使用过程中的光通衰减。目前国内用的卤钨灯主要有两类：一类是灯内充入微量的碘化物，称为碘钨灯；另一类是灯内充入微量的溴化物，称为溴钨灯。一般溴钨灯的光效略高于碘钨灯。卤钨灯的外形如图 13-6 所示。

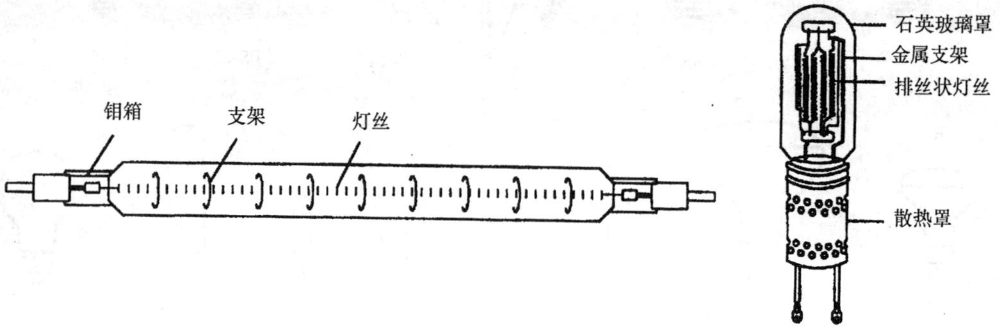

(a) 两端引出　　( b) 单端引出

图 13-6　卤钨灯的外形

3. 荧光灯

荧光灯是室内照明应用最广的光源，被称为第二代光源，它主要由放电产生的紫外辐射激发荧光粉而发光的，与白炽灯相比，具有光效高、寿命长、光色和显色性都比较好等特点，因此，在大部分场合取代了白炽灯。

(1) 结构与原理。

荧光灯主要由内壁涂有荧光粉的灯管、灯头与电极组成(图 13-7)。它的灯管由玻璃制成，灯管抽成真空，再封入汞粒和稀有气体。荧光灯工作时，首先要使电极通电加热，使得电极上的电子发射物质具备热电子发射的条件。通过启动附件，使两电极之间产生很高的电压脉冲，并在此高压电场作用下，使电极发射电子，发射的电子在管中撞击汞蒸汽中的汞原子，使之激发，产生光辐射，大约有 3%的能量在放电中直接转化为可见光，紫外辐射照射到灯管内壁的荧光粉涂层上，紫外线的能量被荧光材料所吸收，其中一部分转化为可见光并释放出来。图 13-8 所示为几种紧凑型荧光灯。

(2) 荧光灯的光电参数

1) 光色、色温和显色性

荧光灯可利用改变荧光粉的成分来得到不同的光色、色温和显色指数。荧光灯无论涂何种荧光粉都可以配调出三种标准的白色即暖白色(2900K)、冷白色(4300K)、日光色(6500K)。对于普通荧光灯，显色指数一般为 51～76，有较多的连续光谱。20 世纪 70 年

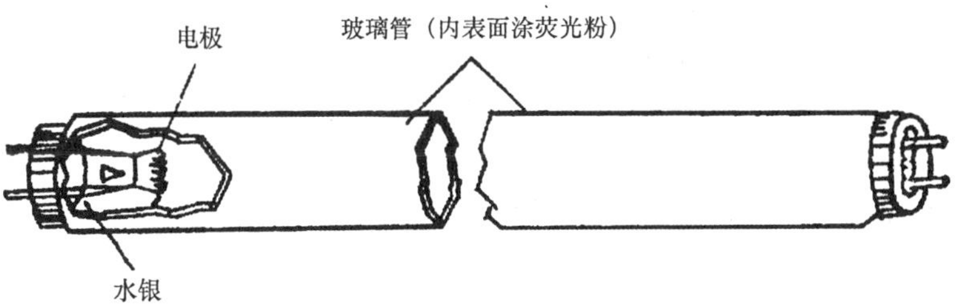


图 13-7　荧光灯灯管的结构图

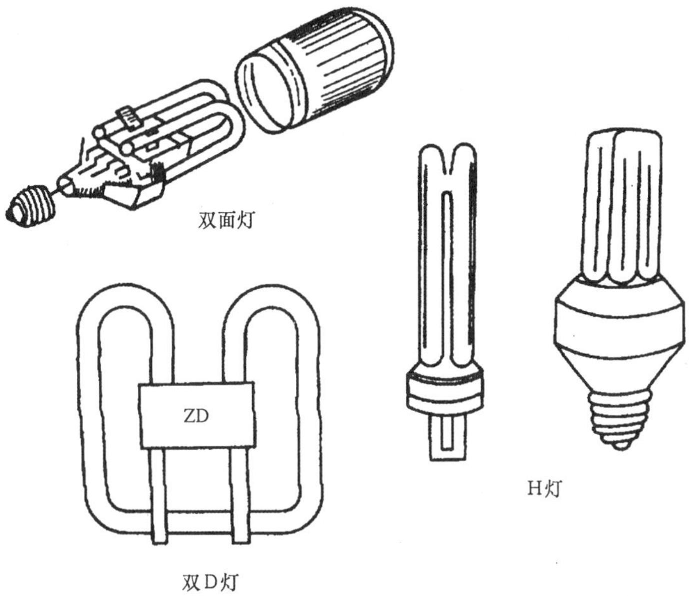


图 13-8　几种紧凑型荧光灯

代研制成功了三基色荧光粉，涂有这种荧光粉的荧光灯发光效率更高，显色指数可达 85 以上，能较真实地显现物体的颜色。

2）电源电压变化和环境温度的影响

电源电压的变化会影响荧光灯的光电参数，一般来讲，供电电压增高时，灯管电流增大、电极过热促使灯管两端早期发黑，寿命缩短，而电压过低，启动不正常也会缩短灯的寿命，因此，要求供电电压偏移范围为±10%。环境温度对荧光灯的发光效率有很大的影响，对常用的荧光灯，它的环境温度为 20～30℃，紧凑型荧光灯的环境温度则高于常用的直管型。一般来讲，环境温度低于 10℃会使灯管启动困难，灯管工作的最佳环境温度是 20～35℃。

3）寿命

荧光灯的寿命一般指的是有效寿命，即荧光灯使用到光通量只有其额定光通量的 70%时所耗费的时间，普通荧光灯的寿命为 3000～5000h。影响荧光灯寿命的主要因素是灯丝电子发射物质的飞溅程度，两个电极中只要有一个电极的电子发射物质消耗完毕，该荧光灯灯管就报废了。频繁开启会降低灯管的寿命，高于或低于额定电流下工作，不能充分地对电极提供附加加热电压，会造成寿命的缩短，若电极上的发射物质涂敷过少，排气时对电极的处理不当，以及慢性漏气或排气不净等都会影响灯管的寿命。

4）闪烁与频闪现象

荧光灯一般是在交流电源下工作的，当交流电流过零时，光通即为零，此时灯几乎不发光，因此，荧光灯工作时将以两倍的电源频率闪烁，由于荧光粉的余辉作用，人们在灯光下并没有明显感觉，只是在灯管老化时才有所感觉。当荧光灯这种变化的光线用来照明周期性运动的物体时，就会降低视觉分辨能力，这种现象称为频闪现象。若将相邻荧光灯接在三相电源的不同相上，即分相供电，或在单相电路中采用电容移相的方法，都可以减弱频闪现象，如果采用电子镇流器的荧光灯工作在高频状态，可明显消除频闪现象，采用直流供电的荧光灯可彻底消除频闪现象。

(3) 荧光灯的工作线路

由于荧光灯是气体放电灯，它是负阻特性，因此必须与镇流器配合才能稳定工作（见图 13-9）。

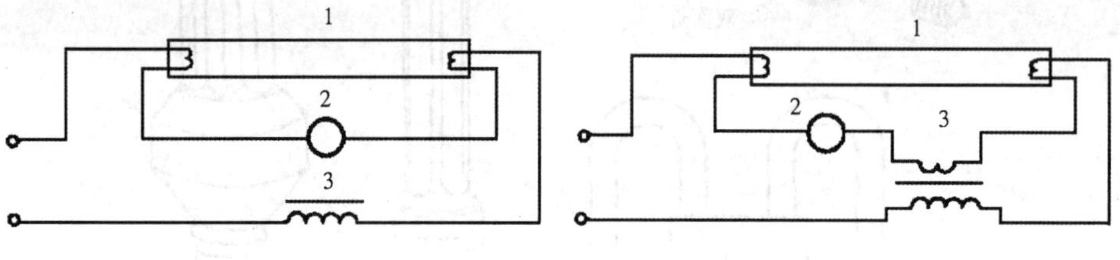


(a) 镇流器有两支引线的荧光灯电路　　(b) 镇流器有四支引线的荧光灯电路

图 13-9　采用启辉器的开关型启动电路

1—灯管；2—启辉器；3—镇流器

荧光灯当电路接通时，电压加到启辉器的动静触点上，启辉器产生辉光放电，从而慢慢地加热接触片，使它们相互弯曲直接接触，使电路接通。电流流经镇流器、灯丝和启辉器，灯丝温度升高到 800～1 000℃时，产生大量热电子，辉光放电消失，动静触点冷却复原，突然切断电路，在镇流器内产生很大的自感电动势，灯的两端产生持续时间为 1s 的 600～1500V 的脉冲电压，这个脉冲电压使充在灯内的气体和蒸汽电离，灯被点亮。

4. 高强气体放电灯（HID 灯）

HID 光源是高压汞灯、金属卤化物灯和高压钠灯的总称。其中高压汞灯主要辐射来源于汞原子激发后产生的紫外线和可见光，荧光高压汞灯是采用涂有荧光粉的外玻壳将紫外线转换为可见光的；金属卤化物灯的主要辐射来自于各种金属（如铟、镝、铊、钠）的卤化物在高温下分解后产生的金属蒸气（和汞蒸气）混合物的激发；高压钠灯的辐射来源于分子压力为 $10^4$ Pa 的金属钠蒸气的激发。HID 光源的结构如图 13-10 所示，其光电参数见表 13-4。

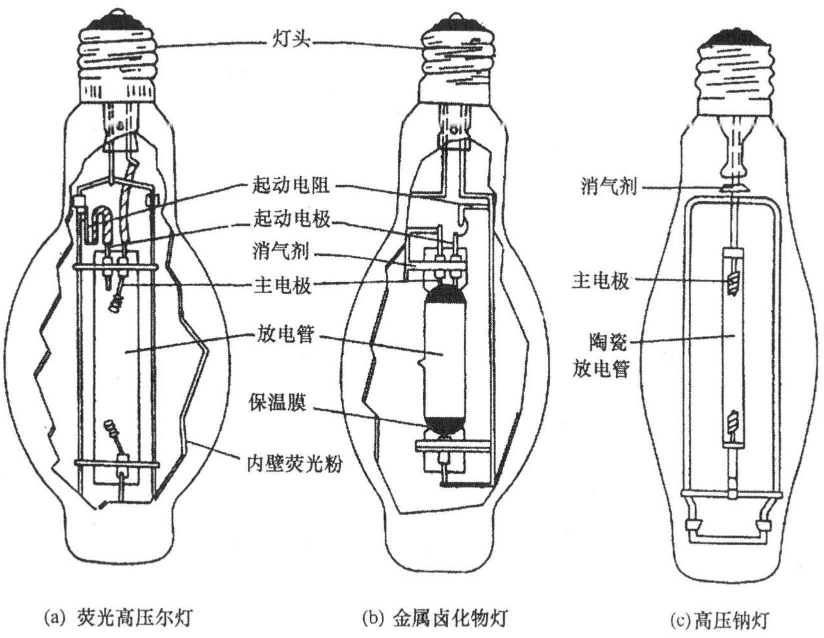


图 13-10　HID 光源的结构示意图

**表 13-4**　　**常用电光源的主要性能参数比较**

| 光源种类 | 白炽灯 | 卤钨灯 | 荧光灯 | 高压汞灯 | 高压钠灯 | 金属卤化物灯 |
|---|---|---|---|---|---|---|
| 额定功率范围(W) | 10～1 500 | 60～5 000 | 4～200 | 50～1 000 | 35～1 000 | 35～3 500 |
| 光效(1m/W) | 7.3～2.5 | 14～30 | 60～100 | 32～55 | 64～140 | 52～130 |
| 平均寿命(h) | 1 000～2 000 | 1 500～2 000 | 8 000～15 000 | 10 000～20 000 | 12 000～24 000 | 3 000～10 000 |
| 亮度(cd/m²) | $10^7$～$10^8$ | $10^7$～$10^8$ | $10^4$ | $10^5$ | (6～8)×$10^6$ | (5～7)×$10^6$ |
| 额定功率范围(W) | 10～1500 | 60～5000 | 4～200 | 50～1000 | 35～1000 | 35～3500 |
| 亮度(cd/m²) | $10^7$～$10^8$ | $10^7$～$10^8$ | $10^4$ | $10^5$ | (6～8)×$10^6$ | (5～7)×$10^6$ |
| 一般显色指数 *Ra* | 95～99 | 95～99 | 70～95 | 30～60 | 23～85 | 60～90 |
| 功率因素 | 1 | 1 | 0.33～0.7 | 0.44～0.67 | 0.44 | 0.4～0.61 |
| 启动稳定时间 | 瞬时 | 瞬时 | 1～4s | 4～8min | 4～8min | 4～10min |
| 再启动时间 | 瞬时 | 瞬时 | 瞬时 | 5～10min | 10～15min | 10～15min |

续表

| 光源种类 | 白炽灯 | 卤钨灯 | 荧光灯 | 高压汞灯 | 高压钠灯 | 金属卤化物灯 |
|---|---|---|---|---|---|---|
| 电压变化对光通的影响 | 大 | 大 | 较大 | 较大 | 大 | 较大 |
| 环境温度对光通的影响 | 小 | 小 | 大 | 较小 | 较小 | 较小 |
| 频闪效应 | 不明显 | 不明显 | 明显 | 明显 | 明显 | 明显 |
| 耐震性能 | 较差 | 差 | 较好 | 好 | 较好 | 好 |
| 所需附件 | 无 | 无 | 镇流器 | 镇流器 | 镇流器 | 镇流器 |

（五）电光源性能的比较与选用

不同光源各有特点，分别可满足不同的使用要求，为便于设计中正确选择，可参考如下评价指标：额定功率、光效、平均寿命、亮度、一般显色指数、色温等等，具体内容见表13-4。从表13-4中可以看出，光效较高的有高压钠灯、金属卤化物灯和荧光灯等，选用这种光源可减少投资和年运行费；寿命较长的有高压汞灯和高压钠灯等，通常对高大厂房、有复杂的生产设备的厂房、照明维护工作困难的场所应选用这类光源，可减少维护工作，使运行费用降低；显色性较好的有白炽灯、卤钨灯、荧光灯和金属卤化物灯等，这类光源主要用在对显色性要求较高的场所($Ra \geqslant 80$)，如美术馆、印染车间、商店的橱窗等，尤其是美术馆展品的照明还不宜用紫外线辐射量多的光源；能瞬时启动和再启动的是白炽灯、卤钨灯等，对于需瞬时点亮的场所如各种事故照明，就不能用启动和再启动时间较长的HID灯；输出光通量随电压波动影响最大的是高压钠灯，最小的是荧光灯。

（六）霓虹灯

霓虹灯又称氖气灯，它并不是照明用光源，但常用于建筑装饰，在娱乐场所、商业装饰及广告中应用尤其普遍，是一种用途极其广泛的装饰用光源。

霓虹灯是一种辉光放电光源，主要由灯管、电极和引入线组成。霓虹灯的灯管是一段长为6～20mm的密封玻璃管，灯管内抽成真空后充入氖、氩、氦等惰性气体中的一种或多种，还可充入少量的汞。玻璃管的两端装有电极，当通过变压器将10～15kV高压加到霓虹灯两端时，管内气体被电离激发，使管内气体导通，发出彩色的辉光。

**二、照明灯具**

照明灯具是将光源发出的光在空间进行重新分配的器具，它包括除光源外所有用于固定和保护光源所需的全部零部件，以及与电源连接的线路附件，它具有保护光源、控制光的照射方向、防止眩光和装饰美化建筑环境等作用。

（一）灯具的特性

灯具的特性可以用灯具效率、光强分布和保护角来表示。

1. 灯具效率

灯具效率是指从灯具内发出的总光通与灯具内所有的光源发出的光通之比，用$\eta$表示。由于光源在灯具内温度较高，发出的光通与裸露点燃时有差异，同时由于其形状与材料或多或少会影响光的射出，因此，$\eta$小于 1。

2. 光强空间分布特性——配光曲线

光强空间分布特性可用配光曲线来表示，一般有三种表示曲线的方法，其中的极坐标表示法是应用最多的一种照明器光强空间分布的表示方法，在通过光源中心的测光平面上，测出灯具在不同角度的光强值，从某一给定的方向起，以角度为函数，将各个角度的光强用矢量标注出来，连接矢量顶端的连线就是灯具配光的极坐标曲线（图 13-11），适用于旋转对称型的灯具；对于有些光束集中于狭小的立体角内的灯具，难以用极坐标方式表示清楚，可用直角坐标方式表示（图 13-12），横轴表示光束的投射角，纵轴表示光强，如投光灯。对于不对称配光的灯具，需要用许多平面上的配光曲线才能表达清楚，使用不便，因此，用等光强曲线来表示（图 13-13、图 13-14）。设想将光源放在一个球体的中心，发光体射向空间的每根光线均与球体表面相交，可以用球体表面上每个交点的坐标来表示它的光强，将球体面上每点光强相同的点用线连接起来，成为封闭的灯光强配光曲线。

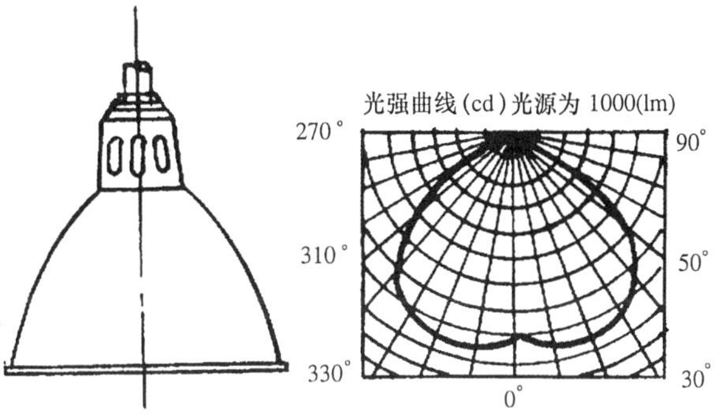


图 13-11　极坐标配光曲线

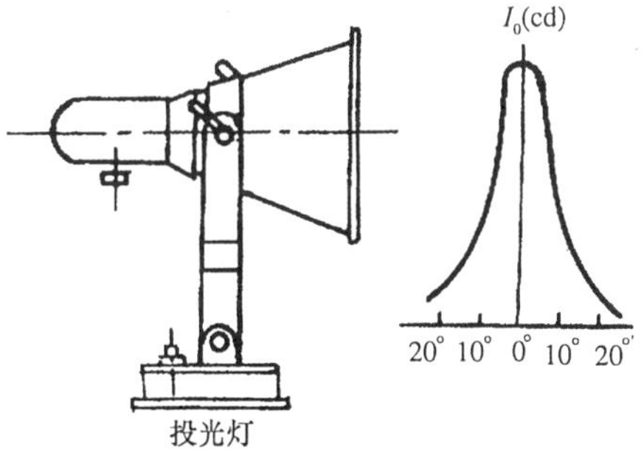


图 13-12　直角坐标配光曲线

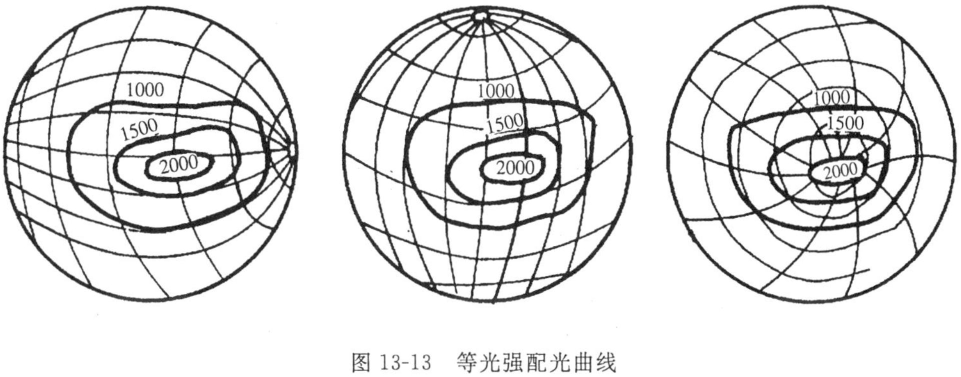


图 13-13　等光强配光曲线

3. 保护角——遮光角

灯具的保护角是指灯具出光沿口遮蔽光源发光体使之完全看不见的方位与水平线的

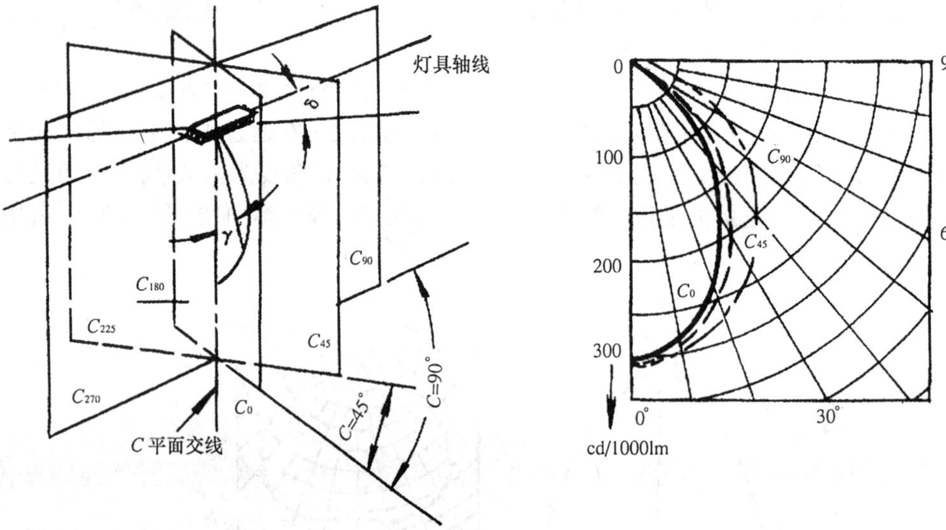


(a) C-γ 坐标系统　　(b) 配光曲线

图 13-14　不对称照明器配光曲线

夹角，它与灯具的表面亮度分布一起直接影响到眩光。保护角是对任意位置的观察者眼睛平视时入射角的最小值，灯具的保护角一般在 10°～30°。格栅保护角定义为一个格片底看到下一格片顶的连线与水平线之间的夹角，格栅保护角越大，光分布越窄，效率越低，一般办公照明，格栅保护角为 30°～45°，商店照明格栅保护角 15°～20°。

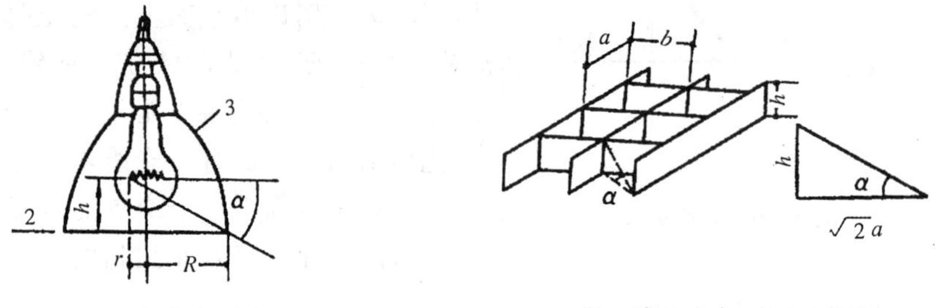


(a) 一般照明器的保护角

1—发光体水平面；2—灯具沿口；3—灯具

(b) 正方形、长方形格栅的保护角

图 13-15　灯具的保护角

（二）灯具的分类

1. 按照明器结构特点分类

(1) 开启型。指光源和外界环境直接接触，灯具是敞开或无灯罩。其照明效率非常高。

(2) 保护型。它有闭合的透光罩，但罩内外可以自由流通空气，尘埃易进入透光罩内，照明效率主要取决于透光罩的透射比，如走廊吸顶灯。

(3) 密闭型。它的透光罩将其内外空气隔绝，如浴室的防水防尘灯。

(4) 防爆安全型。这种照明器严格密闭，在任何情况下都不会因灯具而导致爆炸。

用于易燃易爆场所。

2. 按照明器出射光线的分布分类

CIE 光通分类

这是一种按灯具向上、下两个半球空间发出的光通量的比例来分类，共分五类，如图13-16所示。

| 灯具类别 | 直接 | 半直接 | 漫射(直接-间接) | 半间接 | 间接 |
| --- | --- | --- | --- | --- | --- |
| 光强分布 | 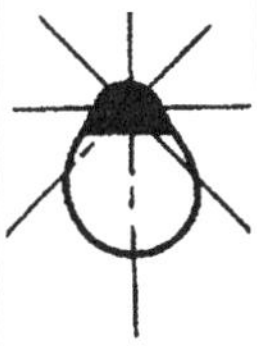 | 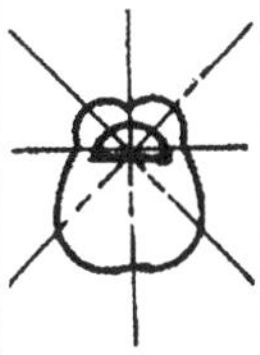 | 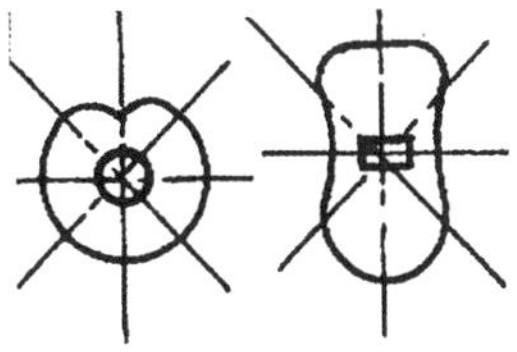 | 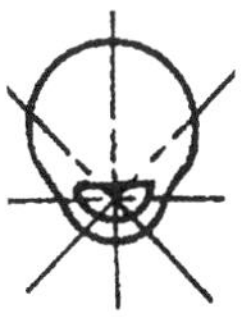 | 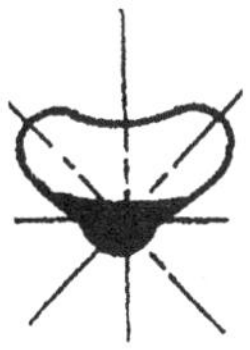 |
| 光通分配(%) 上 | 0～10 | 10～40 | 40～60 | 60～90 | 90～100 |
| 光通分配(%) 下 | 100～90 | 90～60 | 60～40 | 40～10 | 10～0 |

图 13-16 按 CIE 配光分类时的光强分布和特点

(1) 直接型灯具 它的灯罩由反光性能良好的不透光材料做成，例如，陶瓷、抛光铝或镀银镜面，有90%以上的光通量都分配到灯具的下放，故顶棚较暗，与明亮的灯易形成强烈的对比，如图13-17所示。按照配光曲线的形状，又可分为窄配光、中配光和宽配光，如图13-18所示。

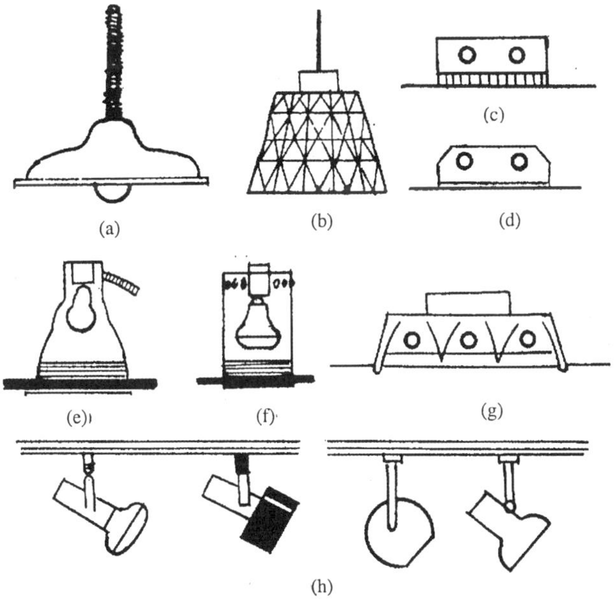


(a) 斗笠形搪瓷罩；(b) 块板式镜面罩；(c) 方形格栅荧光灯具；(d) 棱镜透光板荧光灯具；(e) 下射灯(普通灯泡)；(f) 下射灯(反射型灯)；(g) 镜面反射罩，单向格栅荧光灯具；(h) 点射灯(装在导轨上)

图 13-17 几种直射型灯具

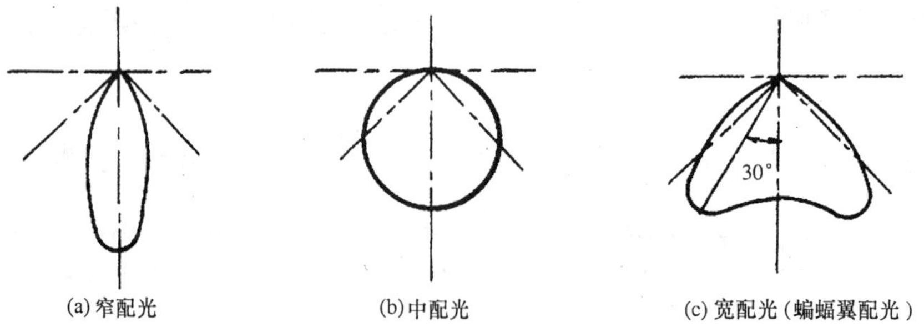


图 13-18　直接型灯具的光强分布

(2) 半直接型灯具　这种照明器的灯罩常用半透明的材料制成，下放为敞口型，上方留有较大的通风、透光空隙，较多的光线直接照射到工作面，向上的分量将减少影子的硬度并改善室内各表面的亮度比。如碗型玻璃罩灯。

(3) 漫射型灯具　灯罩为闭合型，由漫射透光材料制成，照明器向四周均匀发射光线，光通利用率较低，如球型乳白灯罩。

(4) 间接型灯具　灯罩的上半部分用透明材料或敞开，它们主要作为建筑装饰照明，由于大部分光线投向顶棚或上部墙面，增加了室内的间接光，光线更为柔和宜人，但使用过程中上部很易积灰，导致照明器效率降低。

(5) 半间接型灯具　这类照明器的光线几乎全部经顶棚反射到工作面，可达到柔和无阴影的照明效果，可以使直接眩光和反射眩光都很小，但缺乏立体感，光损失很大，不太经济。

3. 按材料的光学性能分类(主要由金属材料制成)

(1) 漫反射型。它由涂瓷釉金属板制成，其中最简单的形式是搪瓷伞形罩；

(2) 定向反射型。它由磨光的或镶有镀银玻璃的金属板制成；

(3) 定向漫反射型。它由经过酸蚀的，或涂以银漆的金属板制成；

(4) 折射型。它用具有棱镜结构的玻璃制成，经折射可使光线在空间任意分布；

(5) 漫透射型。它用乳白玻璃或塑料等漫透射材料制成；

(6) 定向散射透射型。它用磨沙玻璃等材料制成，透过灯罩可隐约看见灯丝。

4. 按安装方式分类

(1) 吸顶型

照明器吸附在顶棚，适用于顶棚比较光洁且房间不高的室内。

(2) 嵌入顶棚型

照明器的大部分或全部陷在顶棚里，只露出发光面。

(3) 悬挂型

照明器挂吊在顶棚上，根据挂吊用材料的不同可分为线吊型、链吊型和管吊型。

(4) 附墙型

照明器安装在墙壁上，又称壁灯，只能作为辅助照明。

(三) 照明器的选择、布置和照明质量

1. 照明器的选择

灯具的选择是照明设计的基本内容之一，一般应考虑如下因素：

(1) 光源

首先应根据建筑物各房间的不同照度标准、对光色和显色性的要求、环境条件(温度、湿度)、建筑特点、对照明可靠性的要求,根据基建投资情况结合考虑长年运行费用(包括电费、更换光源费、维护管理费和折旧费等),根据电源电压等因素,确定光源的类型、功率、电压和数量。

如可靠性要求高的场所,需选用便于启动的白炽灯;在特别潮湿的房间内,应将导线引入端密封,为提高照明技术的稳定性,采用内有反射镀层的灯泡比使用有外壳的灯具有利;高大房间宜选用寿命长、效率高的光源;办公室宜选用光效高、显色性好、表面亮度低的荧光灯作为光源等。

(2) 技术性

技术性主要是指满足配光和限制眩光的要求。高大的车间宜选探照型,宽大的车间宜选广照型、配照型灯具,以使绝大部分光线直接照到工作面上。一般公共建筑可选半直射型,较高级的可选漫射型灯具,通过顶和墙壁的反射使室内光线均匀、柔和,选用半反射型或反射型灯具可以使室内无阴影。

(3) 使用性

使用性是指结合环境条件、建筑结构等情况,加以全面考虑。低温场所不宜选用电感镇流器的预热式荧光灯,以免启动困难;机床设备附近的局部照明不宜选用气体放电灯,以免产生频闪,发生危险;振动剧烈的场所不宜采用卤钨灯等等。

(4) 经济性

应综合从初投资费和年运行费用全面考虑。光源的光效对照明设施的灯具数量、电气设备费用、材料费用及安装费用等均有直接影响;运行费用包括年电力费、年耗用灯泡数、照明装置的维护费、折旧费等,其中,电费和维护费占较大比重,一般来讲,运行费超过初投资费。

2. 照明器的布置

这里讲述的照明器的布置是指室内照明器的布置,至于室外,应根据不同的使用要求而定(如道路照明、广场照明等)。

(1) 布灯要求

主要考虑工作面上的照度均匀及眩光限制两方面,另外还要求考虑有无阴影、维护方便、布置整齐、与建筑空间协调等。

室内照明器作一般照明时,大部分采用均匀布灯,只在需要局部照明或定向照明时,才会根据具体情况作特殊处理。

(2) 照明器的悬挂高度

照明器的悬挂高度主要取决于室内空间的层高,同时考虑以不产生眩光为限(如表13-5)。

表 13-5　　　　室内照明器距地最低悬挂高度

| 光源种类 | 照明器型式 | 照明器保护角<br>(°) | 光源功率<br>(W) | 最低悬挂高度<br>(m) |
|---|---|---|---|---|
| 白炽灯 | 有反射罩 | 10～30 | ≤60<br>100～150<br>200～300<br>≥ | 2.0<br>2.5<br>3.5<br>4.0 |
| | 有乳白玻璃<br>漫反射罩 | | ≤100<br>150～200<br>300～500 | 2.0<br>2.5<br>3.0 |
| 卤钨灯 | 有反射罩 | 10～30 | ≤500<br>1000～2000 | 6.0<br>7.0 |
| 荧光灯 | 有反射罩 | | ≤40<br>>40 | 2.0<br>3.0 |
| | 无反射罩 | | ≥40 | 2.0 |
| 荧光高压汞灯 | 有反射罩 | 10～30 | ≤125<br>125～250<br>≥400 | 3.5<br>5.0<br>6.0 |
| 高压汞灯 | 有反射罩 | | ≤125<br>125～250<br>≥400 | 4.0<br>5.5<br>6.5 |
| 金属卤化物灯 | 搪瓷反射罩<br>铝抛光反射罩 | 10～30 | 250<br>1000 | 6.0<br>14.0 |
| 高压钠灯 | 搪瓷反射罩<br>铝抛光反射罩 | 10～30 | 250<br>400 | 6.0<br>7.0 |

(3) 确定距离比 $s/h$

照明器布置的是否合理，主要取决于灯具的间距 $s$(如图 13-19)和计算高度 $h$(灯具至工作面的距离)的比值(图 13-19)，在 $h$ 已定的情况下，$s/h$ 值越小，照度均匀性好，但所需的灯具多，因此经济性差；$s/h$ 值越大，则不能保证照度均匀度，通常每个灯具都有一个"最大允许距高比"，只要实际采用的 $s/h$ 值不大于此允许值，都可认为照度均匀度是符合要求的如表 13-6。

表 13-6　　部分灯具的最大允许距高比和最小照度系数

| 灯具名称 | 灯具型号 | 光源种类及容量（W） | 最大允许距高比 s/h | | 最大照度系数 $K_{max}$ |
|---|---|---|---|---|---|
| | | | A—A | B—B | |
| 配照型灯具 | A<br>GC1—1<br>B | B150 | 1.25 | | 0.75 |
| | | G125 | 1.41 | | 0.78 |
| 广照型灯具 | A<br>GC3—2<br>B | B125 | 0.98 | | 0.78 |
| | | B200,150 | 1.02 | | 0.75 |
| 深照型灯具 | A<br>GC5—3<br>B | B300 | 1.40 | | 0.78 |
| | | G250 | 1.45 | | 0.78 |
| | A<br>GC5—4<br>B | B300,500 | 1.40 | | 0.76 |
| | | G400 | 1.23 | | 0.78 |
| 简式荧光灯 | YG1—1 | 1　40 | 1.62 | 1.22 | 0.78 |
| | YG2—1 | 1　40 | 1.60 | 1.28 | 0.78 |
| | YG2—2 | 2　40 | 1.33 | 1.28 | 0.78 |
| 密闭型荧光灯 | YG4—1 | 1　40 | 1.52 | 1.27 | 0.78 |
| | YG4—2 | 2　40 | 1.41 | 1.26 | 0.77 |
| 吸顶型荧光灯 | YG6—2 | 2　40 | 1.48 | 1.22 | 0.77 |
| | YG6—3 | 3　40 | 1.50 | 1.25 | 0.78 |

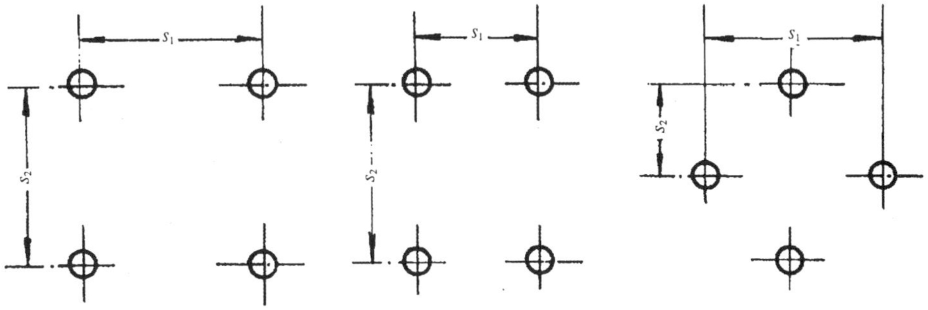

(a) 正方形 $s=s_1=s_2$　　(b) 矩形 $s=\sqrt{s_1s_2}$　　(c) 平行四边形及菱形 $s=\sqrt{s_1s_2}$

图 13-19　灯具安装间距的确定

线形灯具的形状是不对称的，它的最大允许距高比分 A—A 向和 B—B 向。

（4）基本布灯法

对于一般照明，不管是点光源还是线光源，灯具都是均匀排列，与墙相邻的一侧，灯与墙的距离取$\frac{1}{2}s$，$s$是灯的间距，如果墙边有设备，则墙边灯距取(1/3～1/4)$s$，这种方法是最基本的布灯方式。具体实例见图13-20。

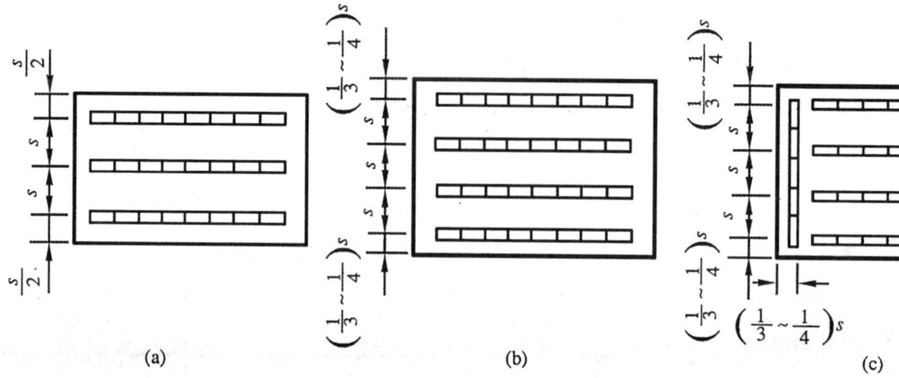

图13-20　线光源均匀布置

3. 照明质量

照明设计是一个复杂的过程，在这个过程中，除了要考虑经济上的合理性外，更应该考虑技术上的正确性，照明设计的优劣主要是用照明质量来衡量，其评价指标如下：

(1) 合理的照度

照度是决定物体明亮程度的间接指标，在一定范围内增加照度可以提高视觉能力。我国根据当前的经济水平和供电能力，结合多年来对视觉研究的经验，制定了三个标准：《民用建筑照明设计标准》GBJ133—90，《工业企业照明设计标准》GB50034—92，《城市道路照明设计标准》GJJ45—91。表13-7至表13-14列出了我国部分照度标准，每种场所一般有低、中、高三个数值，在被视物体距离大于500mm、长时间紧张的视觉作业和作业精度较高的场所宜取高值，在临时性场所和精度、速度无关重要的场所宜取低值。

**表13-7**　　**图书馆建筑照明的照度标准**

| 场所或作业类别 | 照度标准值(lx) | | | 备　注 |
|---|---|---|---|---|
| | 低 | 中 | 高 | |
| 阅览室、研究室、装裱休整间 | 150 | 200 | 300 | 0.75m水平面、宜设局部照明 |
| 老年、视残者阅览室 | 200 | 300 | 500 | 0.75m水平面、宜设局部照明及调光 |
| 善本书、舆图阅览室 | 200 | 300 | 500 | 0.75m水平面 |
| 陈列室、目录室、视听室 | 75 | 100 | 150 | 0.75m水平面 |
| 出纳室 | 75 | 100 | 150 | 0.75m水平面 |
| 微型阅览室 | 75 | 100 | 150 | 宜设可调光的局部照明 |
| 有目视显示装置的工作场所 | 150 | 200 | 300 | 文本上的照度、屏幕垂直照度不大于150lx |

续表

| 场所或作业类别 | 照度标准值(lx) | | | 备　注 |
|---|---|---|---|---|
| | 低 | 中 | 高 | |
| 美工室 | 150 | 200 | 300 | 0.75m 水平面 |
| 读者休息室 | 30 | 50 | 75 | |
| 书库 | 20 | 30 | 50 | 距地面 0.25m 处书脊上的垂直照度 |
| 开敞式运输传送设备 | 50 | 75 | 100 | |

**表 13-8　　办公建筑照明的照度标准**

| 场所或作业类别 | 照度标准值(lx) | | | 备　注 |
|---|---|---|---|---|
| | 低 | 中 | 高 | |
| 办公室、报告厅、会议室、接待室、陈列室、营业厅 | 100 | 150 | 200 | 0.75m 水平面 |
| 有目视显示装置的工作场所 | 150 | 200 | 300 | 文本上的照度、屏幕垂直照度不大于150lx |
| 设计室、绘图室、打字室 | 200 | 300 | 500 | 实际工作面 |
| 装订、复印、晒图、档案室 | 75 | 100 | 150 | 0.75m 水平面 |
| 值班室 | 50 | 75 | 100 | 0.75m 水平面 |
| 门厅 | 30 | 50 | 75 | 地面 |

**表 13-9　　住宅建筑照明的照度标准**

| 类别 | | 照度标准值(lx) | | | 备　注 |
|---|---|---|---|---|---|
| | | 低 | 中 | 高 | |
| 起居室、卧室 | 一般活动区 | 20 | 30 | 50 | 0.75m 水平面 |
| | 书写、阅读 | 150 | 200 | 300 | 0.75m 水平面 |
| | 床头阅读 | 75 | 100 | 150 | 1.5m 垂直面 |
| | 精细作业 | 200 | 300 | 500 | 0.75m 水平面 |
| 餐厅、厨房 | | 20 | 30 | 50 | 0.75m 水平面 |
| 卫生间 | | 10 | 15 | 20 | 0.75m 水平面 |
| 楼梯间 | | 5 | 10 | 15 | 地面 |

表 13-10　　商店建筑照明的照度标准

| 场所或作业类别 | | 照度标准值(lx) | | | 备　注 |
|---|---|---|---|---|---|
| | | 低 | 中 | 高 | |
| 一般商店营业厅 | 顾客流通区 | 75 | 100 | 150 | 0.75m 水平面 |
| | 柜台 | 100 | 150 | 200 | 柜台面上 |
| | 货架 | 100 | 150 | 200 | 垂直面 |
| | 陈列柜、橱窗 | 200 | 300 | 500 | 货物所处平面 |
| 室内菜市场营业厅 | | 50 | 75 | 100 | 0.75m 水平面 |
| 自选商场营业厅 | | 150 | 200 | 300 | 0.75m 水平面 |
| 试衣间 | | 150 | 200 | 300 | 试衣位置 1.5m 高处垂直面 |
| 收款处 | | 150 | 200 | 300 | 收款台面 |
| 库房 | | 30 | 50 | 75 | |

表 13-11　　旅馆建筑照明的照度标准

| 场所或作业类别 | | 照度标准值(lx) | | | 备　注 |
|---|---|---|---|---|---|
| | | 低 | 中 | 高 | |
| 客房 | 一般活动区 | 20 | 30 | 50 | 0.75m 水平面 |
| | 床头 | 50 | 75 | 100 | 0.75m 水平面 |
| | 写字间 | 100 | 150 | 200 | 0.75m 水平面 |
| | 会客室 | 30 | 50 | 75 | 0.75m 水平面 |
| | 卫生间 | 50 | 75 | 100 | 0.75m 水平面 |
| 梳妆台 | | 150 | 200 | 300 | 1.5m 垂直面 |
| 主餐厅、客房服务台、酒吧柜台 | | 50 | 75 | 100 | 0.75m 水平面 |
| 西餐厅、酒吧间、咖啡厅、舞厅 | | 20 | 30 | 50 | 0.75m 水平面 |
| 大宴会厅、总服务台、主餐厅柜台、外币兑换柜台 | | 150 | 200 | 300 | 0.75m 水平面 |
| 大厅、休息厅 | | 75 | 100 | 150 | 0.75m 水平面 |
| 理发 | | 100 | 150 | 200 | 0.75m 水平面 |
| 美容 | | 200 | 300 | 500 | 0.75m 水平面 |
| 邮电 | | 75 | 100 | 150 | 0.75m 水平面 |

续表

| 场所或作业类别 | 照度标准值(lx) | | | 备　注 |
|---|---|---|---|---|
| | 低 | 中 | 高 | |
| 健身房、器械室、蒸气浴室、游泳池 | 30 | 50 | 75 | 0.75m 水平面 |
| 游艺厅 | 50 | 75 | 100 | 0.75m 水平面 |
| 台球 | 150 | 200 | 300 | 台面 |
| 保龄球 | 100 | 150 | 200 | 地面 |
| 厨房、洗衣房、小卖部 | 100 | 150 | 200 | 0.75m 水平面 |
| 小件寄存处 | 30 | 50 | 75 | 0.75m 水平面 |

表 13-12　　影剧院场建筑照明的照度标准值

| 场所或作业类别 | | 照度标准值(lx) | | | 备　注 |
|---|---|---|---|---|---|
| | | 低 | 中 | 高 | |
| 门厅 | | 100 | 150 | 200 | 地面 |
| 门厅过道 | | 75 | 100 | 150 | 地面 |
| 观众厅 | 影院 | 30 | 50 | 75 | 0.75m 水平面 |
| | 剧场 | 50 | 75 | 100 | 0.75m 水平面 |
| 观众休息厅 | 影院 | 50 | 75 | 100 | 0.75m 水平面 |
| | 剧场 | 75 | 100 | 150 | 0.75m 水平面 |
| 贵宾室、服装室、道具间 | | 75 | 100 | 150 | 0.75m 水平面 |
| 化装室 | 一般区域 | 75 | 100 | 150 | 0.75m 水平面 |
| | 化妆台 | 150 | 200 | 300 | 1.1m 垂直面 |
| 放映室 | 一般区域 | 75 | 100 | 150 | 0.75m 水平面 |
| | 化妆台 | 20 | 30 | 50 | 0.75m 水平面 |
| 演员休息厅 | | 50 | 75 | 100 | 0.75m 水平面 |
| 排演厅 | | 100 | 150 | 200 | 0.75m 水平面 |

续表

| 场所或作业类别 | 照度标准值(lx) | | | 备注 |
|---|---|---|---|---|
| | 低 | 中 | 高 | |
| 声、光、电控制室 | 100 | 150 | 200 | 控制台面 |
| 美工室、绘景间 | 150 | 200 | 300 | 0.75m水平面 |
| 售票房 | 100 | 150 | 200 | 售票台面 |
| 治安办公室 | 75 | 100 | 150 | 0.75m水平面 |

表13-13　　体育建筑照明的照度标准值

| 场所或作业类别 | 照度标准值(lx) | | | | | | 备注 |
|---|---|---|---|---|---|---|---|
| | 训练 | | | 比赛 | | | |
| | 低 | 中 | 高 | 低 | 中 | 高 | |
| 篮球<br>排球<br>羽毛球<br>网球<br>手球<br>田径(室内)<br>体操<br>艺术体操<br>技巧<br>武术<br>垒球 | 150 | 200 | 300 | 300 | 500 | 750 | 地面照度,室外比赛照度降低一级 |
| 保龄球 | 150 | 200 | 300 | 200 | 300 | 500 | 地面照度 |
| 举重 | 100 | 150 | 200 | 300 | 500 | 750 | 地面照度 |
| 击剑 | 200 | 300 | 500 | 300 | 500 | 750 | 台面照度 |
| 柔道 | 200 | 300 | 500 | 300 | 500 | 750 | 地面照度 |
| 中国摔跤<br>国际摔跤 | 200 | 300 | 500 | 300 | 500 | 750 | 地面照度,宜设局部照明 |
| 拳击 | 200 | 300 | 500 | 1000 | 1500 | 2000 | 地面照度,宜设局部照明 |
| 乒乓球<br>台球 | 300 | 500 | 750 | 500 | 750 | 1000 | 台面照度,赛区其他部分不应低于台面照度的一半 |
| 游泳<br>蹼泳 | 150 | 200 | 300 | 300 | 500 | 750 | 水面照度,尽可能沿游泳池两侧布灯 |

续表

| 场所或作业类别 | | 照度标准值(lx) | | | | | | 备注 |
|---|---|---|---|---|---|---|---|---|
| | | 训练 | | | 比赛 | | | |
| | | 低 | 中 | 高 | 低 | 中 | 高 | |
| 跳水 | | 150 | 200 | 300 | 300 | 500 | 750 | 水面照度,在跳水区应有附加照明 |
| 水球 | | 150 | 200 | 300 | 300 | 500 | 750 | 水面照度 |
| 花样游泳 | | 200 | 300 | 500 | 300 | 500 | 750 | 水面照度,应设水下照明 |
| 冰球<br>速度滑冰<br>花样滑冰 | | 150 | 200 | 300 | 300 | 500 | 750 | 冰面照度 |
| 围棋<br>中国象棋<br>国际象棋 | | | | | 500 | 750 | 1000 | 台面照度,宜设局部照明 |
| 桥牌 | | | | | 100 | 150 | 200 | |
| 射击靶心 | | 1000 | 1500 | 2000 | 1000 | 1500 | 2000 | 靶心垂直照度 |
| 射击房 | | 75 | 100 | 150 | 75 | 100 | 150 | 地面照度 |
| 足球<br>曲棍球 | 观看距离 | | | | | | | |
| | 120m | | | | 150 | 200 | 300 | 地面照度 |
| | 160m | | | | 200 | 300 | 500 | 地面照度 |
| | 200m | | | | 300 | 500 | 750 | 座面照度 |
| 观众席 | | | | | 20 | 75 | 100 | 地面照度 |
| 健身房 | | 100 | 150 | 200 | | | | 地面照度 |
| 消除疲劳用房 | | 50 | 75 | 100 | | | | 根据比赛项目而定 |

**表 13-14　　彩电转播时运动场地照明的垂直照度标准值**

| 项目分组 | 最大摄影距离(m) | | |
|---|---|---|---|
| | 25 | 75 | 备注 |
| | 照度(lx) | | |
| A | 500 | 750 | A 组包括田径、柔道、游泳、摔跤等项目 |
| B | 750 | 1000 | B 组包括篮球、排球、羽毛球、网球、乒乓球、手球、体操、足球、垒球等 |
| C | 1000 | 1500 | C 组包括拳击、击剑、跳水、曲棍球等 |

(2) 亮度分布

作业环境中各表面上的亮度分布是照度设计的补充，视野内有合适的亮度分布是舒适视觉的必要条件，如果环境中亮度的对比很大，就会使眼睛很快疲劳，一般来说，相近环境的亮度应当低于被观察物的亮度。在实际工作场所，亮度比过大主要是由于光源的高亮度造成的，这可以采用具有保护角的合适灯具和降低灯具的表面亮度等办法来解决，其次是工作面的亮度，CIE 推荐被观察物的表面亮度是它相近环境亮度的三倍时视觉清晰度较好，对应于两者的反射比之比即 $\rho_{环境}:\rho_{观察物}$ 最好控制在 0.3～0.5 之间。对一般照明可采取控制灯具的距高比 $s/h$ 来解决。另外，适当地增加作业与作业背景的亮度比，能更有效地提高视觉功能。图 13-21 所示是我国《民用建筑照明设计标准》中推荐的室内各面的反射比和照度比的范围。

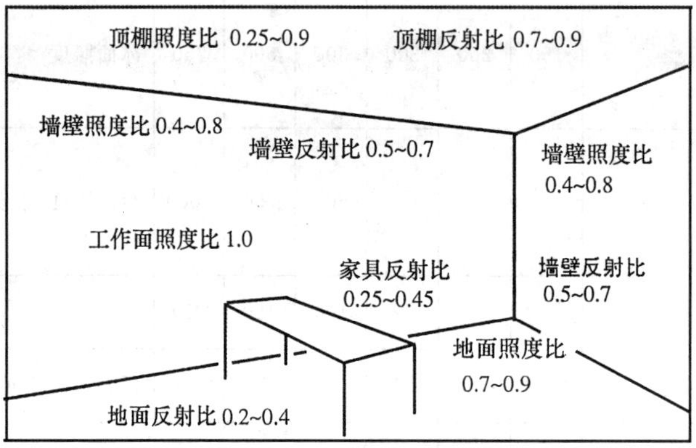


图 13-21　室内各面照度比和反射比推荐值

(3) 照度均匀度

如果在工作环境中，临近区域的照度极其不同，也会导致视觉不适，根据我国标准，照度均匀度可用给定工作面上的最低照度与平均照度之比来衡量，CIE 推荐此值不应小于 0.8。

(4) 限制眩光

当被观察物的亮度超过 160000cd/m² 时，在任何条件下都会造成眩光；当被观察物与背景的亮度比超过 1∶100 时就容易引起眩光。另外眩光的强弱与视角有关。要控制光源和灯具引起的直接眩光，可以通过控制光源在 $\gamma$ 角 45°～90°范围内的亮度，如图13-22 所示。此外控制间接眩光可以采用下列方法：

1) 限制光源及灯具的表面亮度，采用格栅、磨砂玻璃灯罩等。

2) 合理布置灯具，选择好灯具的保护角，控制灯具的悬挂高度。

3) 对于光滑的工作面，适当地安排工作人员与光源的位置，避免反射眩光直接射入人的眼中。

(5) 显色性

同一颜色的物体在不同的光照射下会显出不同的颜色，光源的显色性的好坏用显色指数来表示，它使指在该光源照射下的物体的颜色与参照光源照射下的物体颜色的相符程度，对于需正确辨别色彩的工作场所，应采用显色性好的光源。

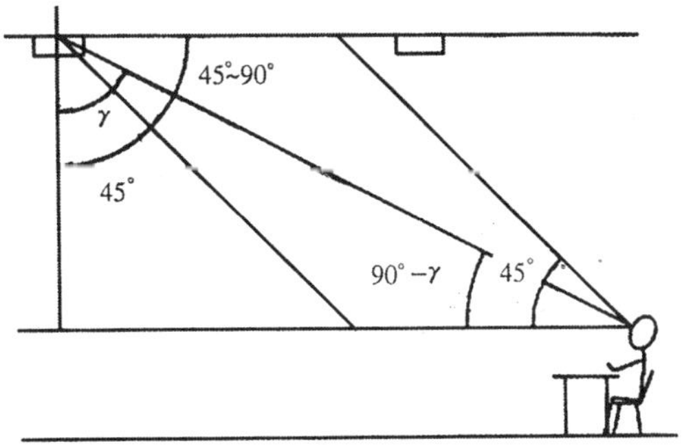


图 13-22　需要限制亮度的灯具发光区

(6) 照度的稳定性

照度变化引起的照明忽亮忽暗形成了照明的不稳定，对人的视觉带来不舒适，分散工作人员的注意力，更严重的会对安全生产带来影响。照度的变化主要是由于光源光通量的变化，而光通量的变化主要是由于照明电源的电压波动，因此必须采取措施保证照明电压的质量。此外，由于灯具受气流冲击产生摆动也是不容许的。

电光源的光通量随着交流电压电流的周期性交变而变化，尤其是气体放电光源照射转动的物体时会产生频闪效应，必须设法加以消除。可以将单相供电的两灯采用移相接法或以三相分别接三灯，还可以在转动物体旁加装白炽灯作为光源的局部照明来弥补。

## 第三节　照明计算

照明计算是照明设计的重要内容之一，照明计算的目的是根据所需的照度值及其他已知条件，来决定灯泡的容量和灯的数量，也可以在灯具、容量及布置都已确定的情况下，计算某点的照度。

照明计算有三种基本方法：利用系数法、单位容量法和逐点计算法。利用系数法和单位容量法考虑了直射光和反射光产生的照度，结果是水平面上的照度；逐点计算法仅考虑直射光线产生的照度，可以计算任意面上某一点的直射照度。本节只介绍利用系数法和单位容量法，对于逐点计算法可以参阅其他参考书。

### 一、利用系数法

利用系数法又称平均照度计算法，它计算得到的照度是平均照度。

(一) 基本公式

落到工作面上的光通可分成两部分，一部分是直接落到工作面上的直射光，另一部分是经室内各表面反射最后落到工作面上的间接部分，它们的和除以工作面的面积就等于工作面上的平均照度。为简化计算，引入利用系数 $U$，它表示的是投射到工作面上的总光通(包括直射和反射两部分)与光源发出的光通之比，它的值由灯具特性、照明空间的大小和形状、室内各表面的反射率等决定。室内平均照度的计算公式如下：

$$E_{AV}=\Phi NUK/A \tag{13-1}$$

式中 $E_{AV}$——平均照度；

$\Phi$——每个灯具中光源的总光通量(lm)；

$N$——灯具数；

$U$——利用系数；

$A$——工作面面积($m^2$)；

$K$——维护系数，是考虑到灯具在使用过程中由于光源光通量的衰减、灯具和房间的污染而引起照度下降而引入的系数，具体见表 13-15 和表 13-16。

**表 13-15　　维护系数(GBJ133-90)**

| 环境污染特征 | 工作房间或场所示例 | 维护系数 | |
|---|---|---|---|
| | | 白炽灯、荧光灯、高强气体放电等 | 卤钨灯 |
| 清洁 | 住宅卧室、办公室、餐厅、阅览室、绘图室等 | 0.75 | 0.80 |
| 一般 | 商店营业厅、候车室、候船室、影剧院观众厅等 | 0.70 | 0.75 |
| 污染严重 | 厨房 | 0.65 | 0.70 |

**表 13-16　　维护系数(GB50034-92)**

| 环境污染特征 | 生产车间和工作场所示例 | 维护系数 | 照明器擦洗次数(次/年) |
|---|---|---|---|
| 清洁 | 仪表仪器装配、电子元件装配、实验室、办公室、设计室 | 0.8 | 2 |
| 一般 | 机械加工车间、机械装配车间、织布车间 | 0.7 | 2 |
| 污染严重 | 锻压车间、铸造车间、碳化车间、水泥球磨车间 | 0.6 | 3 |
| 室外 | 道路、广场 | 0.7 | 2 |

（二）利用系数的确定

1. 三个空间系数

为了清楚地表达房间的空间特征，将房间的室内空间划分成三个部分，如图 13-23 所示。顶棚至灯具开口平面的空间为顶棚空间；灯具开口平面至工作面之间的空间为室空间；工作面至地面之间的空间为地板空间。灯具若是吸顶安装，则无顶棚空间。

三个空间系数分别为：

$$\left.\begin{aligned}&\text{室空间比 } RCR=5h_{rc}(L+w)/Lw\\&\text{顶棚空间 } CCR=5h_{cc}(L+w)/Lw=\mathrm{RCR}h_{cc}/h_{rc}\\&\text{地板空间 } FCR=5h_{fc}(L+w)/Lw=\mathrm{RCR}h_{fc}/h_{rc}\end{aligned}\right\}\quad(13\text{-}2)$$

式中 $L$——房间长度(m)；

$w$——房间宽度(m)；

$h_{rc}$——室空间高度(m)；

$h_{cc}$——顶棚空间高度(m)；

$h_{fc}$——地板空间高度(m)。

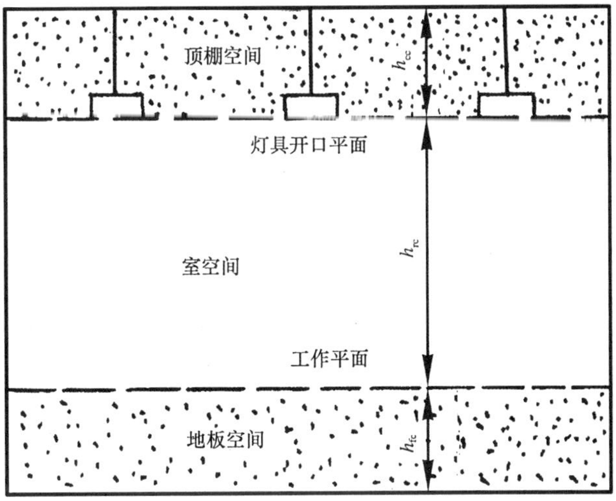


图 13-23　房间的空间划分

2. 有效空间反射比

为了求得利用系数 $U$,需要先确定三个反射比

$$\rho_{cc}(\rho_{fc})=\rho A_o/(A_s-\rho A_s+\rho A_o) \tag{13-3}$$

式中　$A_o$——顶棚(或地板)平面面积($m^2$);

$A_s$——顶棚(或地板)空间内表面所有表面的总面积($m^2$);

$\rho$——顶棚(或地板)空间各表面的平均反射比:

$$\rho=\sum\rho_i A_i/\sum A_I$$

3. 根据求出的 $RCR$,$\rho_{cc}$,$\rho_w$,$\rho_{cc}$值,从相关的表中即可查得利用系数 $U$。

(三) 利用系数照度计算举例

**[例 13-1]**　有一教室长 12m,宽 6m,层高 3.6m,照明器离地高 3.1m,桌面高度 0.8m,要求桌面平均照度为 150lx,室内顶棚、墙面的反射比见图 13-24 所示,若采用 YG2-1 型 40W 荧光灯,请确定灯数。

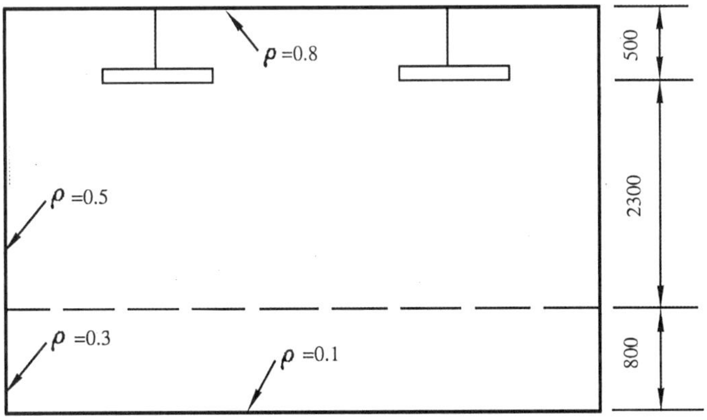


图 13-24　教室照度计算举例

**解** (1) 求空间系数

$$RCR = 5h_{rc}(l+w)/lw$$
$$= 5\times 2.3\times(12+6)/(12\times 6) = 2.88$$
$$CCR = RCRh_{cc}/h_{rc}$$
$$= 2.88\times 0.5/2.3 = 0.63$$
$$FCR = RCRh_{fc}/h_{rc}$$
$$= 2.88\times 0.8/2.3 = 1$$

(2) 求顶棚空间有效反射比

$\rho = \sum \rho_i A_i / \sum A_I$

$= [0.5\times(6+12)\times 0.5\times 2+0.8\times 12\times 6]/[(6+12)\times 0.5\times 2+12\times 6] = 0.74$

$\rho_{cc} = \rho A_o/(A_s - \rho A_s + \rho A_o)$

$= 0.74\times 12\times 6/[72+18-0.74\times(72+18)+0.74\times 12\times 6] = 0.695$

(3) 求地板空间有效反射比

$\rho = \sum \rho_i A_i / \sum A_I$

$= [0.3\times(6+12)\times 0.8\times 2+0.1\times 12\times 6]/[(6+12)\times 0.8\times 2+12\times 6] = 0.1$

$\rho_{fc} = \rho A_o/(A_s - \rho A_s + \rho A_o)$

$= 0.1\times 12\times 6/[72+28.8-0.1\times(72+28.8)+0.1\times 12\times 6] = 0.02$

(4) 根据$RCR=2$, $\rho_w=0.5$, $\rho_{cc}=0.695$; 查表 13-17,得 $U=0.79$

$RCR=3$, $\rho_w=0.5$, $\rho_{cc}=0.695$; 查表 13-17,得 $U=0.70$

$RCR=2.88$ 时,利用内插法,得 $U=0.71$

(5) 代入公式求得

$$N = A E_{AV}/\Phi UK$$
$$= 12\times 6\times 150/(2400\times 0.71\times 0.75) = 8.5$$

最后取 10 套。

**表 13-17** **简式荧光灯利用系数**

| 灯具型号 | RCR | $\rho_{cc}$ | 0.70 | | | 0.50 | | | 0.30 | | | 0 |
|---|---|---|---|---|---|---|---|---|---|---|---|---|
| | | $\rho_w$ | 0.50 | 0.30 | 0.10 | 0.50 | 0.30 | 0.10 | 0.50 | 0.30 | 0.10 | 0 |
| 简式荧光灯 YG1-1 1×40W | 1 | | 0.71 | 0.67 | 0.63 | 0.63 | 0.60 | 0.57 | 0.56 | 0.54 | 0.52 | 0.43 |
| | 2 | | 0.61 | 0.55 | 0.50 | 0.54 | 0.50 | 0.46 | 0.48 | 0.45 | 0.41 | 0.34 |
| | 3 | | 0.53 | 0.46 | 0.41 | 0.47 | 0.42 | 0.38 | 0.42 | 0.38 | 0.34 | 0.28 |
| | 4 | | 0.46 | 0.39 | 0.34 | 0.41 | 0.36 | 0.31 | 0.37 | 0.32 | 0.28 | 0.23 |
| | 5 | | 0.41 | 0.34 | 0.29 | 0.37 | 0.31 | 0.26 | 0.33 | 0.28 | 0.24 | 0.20 |
| | 6 | | 0.37 | 0.30 | 0.25 | 0.33 | 0.27 | 0.23 | 0.29 | 0.25 | 0.21 | 0.17 |
| | 7 | | 0.33 | 0.26 | 0.21 | 0.30 | 0.24 | 0.20 | 0.26 | 0.22 | 0.18 | 0.14 |
| | 8 | | 0.29 | 0.23 | 0.18 | 0.27 | 0.21 | 0.17 | 0.24 | 0.19 | 0.16 | 0.12 |
| | 9 | | 0.27 | 0.20 | 0.16 | 0.24 | 0.19 | 0.15 | 0.22 | 0.17 | 0.14 | 0.11 |
| | 10 | | 0.24 | 0.17 | 0.13 | 0.21 | 0.16 | 0.12 | 0.19 | 0.15 | 0.11 | 0.09 |

续表

| 灯具型号 | RCR | $\rho_{cc}$ | 0.70 | | | 0.50 | | | 0.30 | | | 0 |
|---|---|---|---|---|---|---|---|---|---|---|---|---|
| | | $\rho_w$ | 0.50 | 0.30 | 0.10 | 0.50 | 0.30 | 0.10 | 0.50 | 0.30 | 0.10 | 0 |
| 简式荧光灯<br>YG2-1<br>1×40W | 1 | | 0.89 | 0.86 | 0.83 | 0.85 | 0.83 | 0.80 | 0.82 | 0.80 | 0.78 | 0.73 |
| | 2 | | 0.79 | 0.73 | 0.69 | 0.75 | 0.71 | 0.67 | 0.73 | 0.69 | 0.65 | 0.62 |
| | 3 | | 0.70 | 0.63 | 0.58 | 0.67 | 0.61 | 0.57 | 0.65 | 0.60 | 0.56 | 0.53 |
| | 4 | | 0.61 | 0.54 | 0.49 | 0.59 | 0.53 | 0.48 | 0.57 | 0.52 | 0.47 | 0.45 |
| | 5 | | 0.55 | 0.47 | 0.48 | 0.53 | 0.46 | 0.41 | 0.51 | 0.45 | 0.41 | 0.39 |
| | 6 | | 0.49 | 0.42 | 0.36 | 0.48 | 0.41 | 0.36 | 0.46 | 0.40 | 0.36 | 0.34 |
| | 7 | | 0.44 | 0.37 | 0.32 | 0.43 | 0.36 | 0.30 | 0.42 | 0.36 | 0.31 | 0.29 |
| | 8 | | 0.40 | 0.38 | 0.27 | 0.39 | 0.32 | 0.27 | 0.37 | 0.32 | 0.27 | 0.25 |
| | 9 | | 0.36 | 0.29 | 0.24 | 0.35 | 0.29 | 0.24 | 0.34 | 0.28 | 0.24 | 0.22 |
| | 10 | | 0.32 | 0.25 | 0.20 | 0.31 | 0.24 | 0.20 | 0.30 | 0.24 | 0.20 | 0.18 |
| 简式荧光灯<br>YG2-2<br>2×40W | 1 | | 1.00 | 0.96 | 0.93 | 0.96 | 0.93 | 0.90 | 0.92 | 0.89 | 0.87 | 0.83 |
| | 2 | | 0.88 | 0.83 | 0.78 | 0.85 | 0.80 | 0.76 | 0.82 | 0.78 | 0.74 | 0.71 |
| | 3 | | 0.79 | 0.72 | 0.67 | 0.76 | 0.70 | 0.65 | 0.73 | 0.68 | 0.64 | 0.61 |
| | 4 | | 0.70 | 0.62 | 0.57 | 0.67 | 0.61 | 0.56 | 0.65 | 0.60 | 0.55 | 0.52 |
| | 5 | | 0.63 | 0.55 | 0.49 | 0.60 | 0.54 | 0.48 | 0.59 | 0.52 | 0.48 | 0.45 |
| | 6 | | 0.56 | 0.48 | 0.43 | 0.55 | 0.48 | 0.42 | 0.53 | 0.47 | 0.42 | 0.40 |
| | 7 | | 0.51 | 0.43 | 0.37 | 0.49 | 0.42 | 0.37 | 0.48 | 0.41 | 0.37 | 0.34 |
| | 8 | | 0.46 | 0.38 | 0.32 | 0.44 | 0.37 | 0.32 | 0.43 | 0.37 | 0.32 | 0.30 |
| | 9 | | 0.42 | 0.34 | 0.29 | 0.40 | 0.33 | 0.29 | 0.39 | 0.33 | 0.28 | 0.26 |
| | 10 | | 0.36 | 0.29 | 0.24 | 0.35 | 0.28 | 0.24 | 0.34 | 0.28 | 0.23 | 0.22 |
| 简式荧光灯<br>YG2-3<br>2×40W | 1 | | 0.81 | 0.77 | 0.73 | 0.77 | 0.73 | 0.69 | 0.70 | 0.66 | 0.63 | 0.49 |
| | 2 | | 0.70 | 0.64 | 0.58 | 0.67 | 0.61 | 0.56 | 0.60 | 0.55 | 0.51 | 0.40 |
| | 3 | | 0.61 | 0.54 | 0.48 | 0.58 | 0.52 | 0.46 | 0.53 | 0.47 | 0.43 | 0.33 |
| | 4 | | 0.54 | 0.46 | 0.40 | 0.51 | 0.44 | 0.39 | 0.46 | 0.40 | 0.36 | 0.28 |
| | 5 | | 0.48 | 0.40 | 0.34 | 0.46 | 0.38 | 0.33 | 0.41 | 0.35 | 0.30 | 0.24 |
| | 6 | | 0.43 | 0.35 | 0.29 | 0.41 | 0.34 | 0.28 | 0.37 | 0.31 | 0.26 | 0.21 |
| | 7 | | 0.38 | 0.31 | 0.25 | 0.37 | 0.30 | 0.25 | 0.33 | 0.27 | 0.23 | 0.18 |
| | 8 | | 0.35 | 0.27 | 0.22 | 0.33 | 0.26 | 0.21 | 0.30 | 0.24 | 0.20 | 0.15 |
| | 9 | | 0.31 | 0.24 | 0.19 | 0.30 | 0.23 | 0.19 | 0.28 | 0.22 | 0.18 | 0.13 |
| | 10 | | 0.28 | 0.21 | 0.16 | 0.27 | 0.20 | 0.16 | 0.24 | 0.19 | 0.15 | 0.11 |

## 二、单位容量法

为简化计算，根据灯具的安装高度、房间的面积、工作面上的照度等值的不同，运用利用系数法进行计算，得出单位面积上的安装功率，将结果制成表格，供计算时查用，这种方法称单位容量法。

（一）基本公式

每单位被照面积的灯具安装功率为

$$W=\sum P/S \tag{13-4}$$

式中 $W$——在最低照度时的单位安装功率($W/m^2$)

$\sum P$——室内照明安装总容量(W)

$S$——房间面积($m^2$)。

当房间的最低照度为 $E_{min}$时，房间内总照明容量为

$$\sum P=WS \tag{13-5}$$

需要安装的灯数为

$$N=\frac{\sum P}{P_{额}}=\frac{WS}{P_{额}} \tag{13-6}$$

(二) 单位面积安装容量

单位面积安装容量如表 13-18 和表 13-19 所示。

**表 13-18　乳白玻璃罩灯单位容量值($W/m^2$)**

| 计算高度 $h$(m) | $E$(lx) / $A$($m^2$) | 10 | 15 | 20 | 25 | 30 | 40 | 50 | 75 |
|---|---|---|---|---|---|---|---|---|---|
| 2～3 | 10～15 | 6.3 | 8.4 | 11.2 | 13.0 | 15.4 | 20.5 | 24.8 | 35.3 |
| | 15～25 | 5.3 | 7.4 | 9.8 | 11.2 | 13.3 | 17.7 | 21.0 | 30.0 |
| | 25～50 | 4.4 | 6.0 | 8.3 | 9.6 | 11.2 | 14.9 | 17.3 | 24.8 |
| | 50～150 | 3.6 | 5.0 | 6.7 | 7.7 | 9.1 | 12.1 | 13.5 | 19.5 |
| | 150～300 | 3.0 | 4.1 | 5.6 | 6.5 | 7.7 | 10.2 | 11.3 | 16.5 |
| | >300 | 2.6 | 3.6 | 4.9 | 5.7 | 7.0 | 9.3 | 10.1 | 15.0 |
| 3～4 | 10～15 | 7.2 | 9.9 | 12.6 | 14.6 | 18.2 | 24.2 | 31.5 | 45.0 |
| | 15～20 | 6.1 | 8.5 | 10.5 | 12.2 | 15.4 | 20.6 | 27.0 | 37.5 |
| | 20～30 | 5.2 | 7.2 | 9.5 | 11.0 | 13.3 | 17.8 | 21.8 | 32.2 |
| | 30～50 | 4.4 | 6.1 | 8.1 | 9.4 | 11.2 | 15.0 | 18.0 | 26.3 |
| | 50～120 | 3.6 | 5.0 | 6.7 | 7.7 | 9.1 | 12.1 | 14.3 | 21.0 |
| | 120～300 | 2.9 | 4.0 | 5.6 | 6.5 | 7.6 | 10.1 | 11.3 | 17.3 |
| | >300 | 2.4 | 3.2 | 4.6 | 5.3 | 6.3 | 8.4 | 9.4 | 14.3 |

(三) 单位容量法计算举例

**[例 13-2]** 有一教室长 12m，宽 6m，层高 3.6m，照明器离地高 3.1m，桌面高度 0.8m，要求桌面平均照度为 150lx，最低照度为 100lx，若采用 YG2-1 型 40W 荧光灯，请确定灯数。

**解** $S=72(m^2)$，计算高度 $h=3.1-0.8=2.3(m)$，$E_{av}=150lx$，$E_{min}=100lx$。

查表得：$W=5.7(W/m^2)$，$\sum P=72\times5.7=410.4(W)$

若每盏灯的功率为 40W，则需要安装的灯数为

$N=\sum P/P_{额}=410.4/40=10.3$ 个，取 12 套。

上述两个计算例子的结果接近，但显然单位容量法比较简单。

**表 13-19　　日光色荧光灯单位容量值（W/m²）**

| 计算高度 h(m) | E(lx) / A(m²) | 36W,40W 带灯罩 30 | 50 | 75 | 100 | 150 | 200 | 36W,40W 不带灯罩 30 | 50 | 75 | 100 | 150 | 200 |
|---|---|---|---|---|---|---|---|---|---|---|---|---|---|
| 2～3 | 10～15 | 2.5 | 4.2 | 6.2 | 8.3 | 12.5 | 16.7 | 2.8 | 4.7 | 7.1 | 9.5 | 14.3 | 19.0 |
| | 15～25 | 2.1 | 3.6 | 5.4 | 7.2 | 10.9 | 14.5 | 2.5 | 4.2 | 6.3 | 8.3 | 12.5 | 16.7 |
| | 25～50 | 1.8 | 3.1 | 4.8 | 6.4 | 9.5 | 12.7 | 2.1 | 3.5 | 5.4 | 7.2 | 10.9 | 14.5 |
| | 50～150 | 1.7 | 2.8 | 4.3 | 5.7 | 8.6 | 11.5 | 1.9 | 3.1 | 4.7 | 6.3 | 9.5 | 12.7 |
| | 150～300 | 1.6 | 2.6 | 3.9 | 5.2 | 7.8 | 10.4 | 1.7 | 2.9 | 4.3 | 5.7 | 8.6 | 11.5 |
| | >300 | 1.5 | 2.4 | 3.2 | 4.9 | 7.3 | 9.7 | 1.6 | 2.8 | 4.2 | 5.6 | 8.4 | 11.2 |
| 3～4 | 10～15 | 3.7 | 6.2 | 9.3 | 12.3 | 18.5 | 24.7 | 4.3 | 7.1 | 10.6 | 14.2 | 21.2 | 28.2 |
| | 15～20 | 3.0 | 5.0 | 7.5 | 10.0 | 15.0 | 20.0 | 3.4 | 5.7 | 8.6 | 11.5 | 17.1 | 22.9 |
| | 20～30 | 2.5 | 4.2 | 6.2 | 8.3 | 12.5 | 16.7 | 2.8 | 4.7 | 7.1 | 9.5 | 14.3 | 19.0 |
| | 30～50 | 2.1 | 3.6 | 5.4 | 7.2 | 10.9 | 14.5 | 2.5 | 4.2 | 6.3 | 8.3 | 12.5 | 16.7 |
| | 50～120 | 1.8 | 3.1 | 4.8 | 6.4 | 9.5 | 12.7 | 2.1 | 3.5 | 5.4 | 7.2 | 10.9 | 14.5 |
| | 120～300 | 1.7 | 2.8 | 4.3 | 5.7 | 8.6 | 11.5 | 1.9 | 3.1 | 4.7 | 6.3 | 9.5 | 12.7 |
| | >300 | 1.6 | 2.7 | 3.9 | 5.3 | 7.8 | 10.5 | 1.7 | 2.9 | 4.3 | 5.7 | 8.6 | 11.5 |
| 4～6 | 10～17 | 5.5 | 9.2 | 13.4 | 18.3 | 27.5 | 36.6 | 6.3 | 10.5 | 15.7 | 20.9 | 31.4 | 41.9 |
| | 17～25 | 4.0 | 6.7 | 9.9 | 13.3 | 19.9 | 26.5 | 4.6 | 7.6 | 11.4 | 15.2 | 22.9 | 30.4 |
| | 25～35 | 3.3 | 5.5 | 8.2 | 11.0 | 16.5 | 22.0 | 3.8 | 6.4 | 9.5 | 12.7 | 19.0 | 25.4 |
| | 35～50 | 2.6 | 4.4 | 6.6 | 8.8 | 13.3 | 17.7 | 3.1 | 5.1 | 7.6 | 10.1 | 15.2 | 20.2 |
| | 50～80 | 2.3 | 3.9 | 5.7 | 7.7 | 11.5 | 15.5 | 2.6 | 4.4 | 6.6 | 8.8 | 13.3 | 17.7 |
| | 80～150 | 2.0 | 3.4 | 5.1 | 6.9 | 10.1 | 13.5 | 2.3 | 3.9 | 5.7 | 7.7 | 11.5 | 16.5 |
| | 150～400 | 1.8 | 3.0 | 4.4 | 6.0 | 9.0 | 11.9 | 2.0 | 3.4 | 5.1 | 6.9 | 10.1 | 13.5 |
| | >400 | 1.6 | 2.7 | 4.0 | 5.4 | 8.0 | 11.0 | 1.8 | 3.0 | 4.5 | 6.0 | 9.0 | 12.0 |

## 第四节　照明电气设计

目前，在照明装置中都采用电光源，为保证电光源正常、安全、可靠地工作，同时便于管理维护，又利于节约电能，就必须设计合理的供配电系统和控制方式。为此，照明电气设计就成了照明设计中不可缺少的一部分。照明电气设计除符合照明光照技术设计标准中的有关规定外，还必须符合电气设计规范（规程）中的有关规定。

### 一、照明电压的选择

在正常环境中，照明灯具采用交流 220V 电压，照明供电一般采用 380/220V 三相四线中性点直接接地的交流网络供电。

在非正常环境(如特别潮湿、高温、具有导电性灰尘或导电地面等)时,当灯具安装高度距地面为2.2m及以下时,采用的电压不应超过24V。

在不便于工作的狭窄地点且作业者接触良好接地的大块金属面上工作时,如在锅炉、金属容器内等,使用的手提灯的电压不应超过12V。

**二、照明对电压质量的要求**

照明电光源对电能质量的要求主要体现在对电压质量的要求方面,它包括电压偏移和电压波动两方面。

1. 电压偏移

电压偏移是指系统在正常运行方式下,各点实际电压$U$对系统标准电压$U_n$的偏差,用相对电压百分数表示,照明器端电压太高,会缩短光源的寿命,太低会造成照度不足,影响工作,按GB50034-92规定,电光源端电压如下:

(1) 最高不宜超过额定电压的105%;

(2) 对视觉要求较高的室内照明为97.5%;

(3) 一般工作场所的照明、室外工作场所照明为95%,但远离变电所的小面积工作场所允许降低到90%。

应急照明、道路照明、警卫照明以及电压为12~36V的照明为90%。

2. 电压波动

电压波动是指电压在短时间内的快速变化,一方面,电压波动能引起电光源光通量的波动,光通量的波动使被照物体的照度、亮度都随着时间而波动,轻度的是造成人眼不舒适,严重时会使眼睛受损、产品废品增多和劳动生产率降低;另一方面,电压的陡降会引起气体放电灯的熄灭,而某些气体放电灯再起燃需较长时间,从而无法继续工作,因此必须限制电压波动的幅度和次数。

3. 防止电压偏移和波动的措施

(1) 合理选择照明线路的导线截面,使电压损失满足电压偏移要求;

(2) 对带有冲击性负荷的电力设备,应将其与照明负荷和电力负荷不同的变压器供电;

(3) 当冲击性负荷无条件与照明负荷分开变电器时,应将照明负荷用专用线供电,不允许照明负荷与冲击性电力负荷共同使用同一根电源线路供电。

**三、照明负荷分级及接线方式**

照明负荷的分级与电力负荷的分级原则相同,其供电要求也类似。常用的照明负荷供电方式如图13-25所示。

**四、照明供电网络**

照明供电网络由馈电线、干线和分支线组成。馈电线指将电能从变电所低压配电柜送至照明配电柜(箱)的线路,干线是指将电能从总配电柜送至各照明配电箱的线路,分支线是指由干线分出将电能送至每一个照明分配电箱或各个灯的线路,如图13-26所示。

供电网络的接线方式有放射式、树干式、混合式三种。一般规定每一单项回路不宜超过15A,所接灯具数量不超过25个;大型灯具不超过25A,灯泡不超过60个;轮廓灯每相

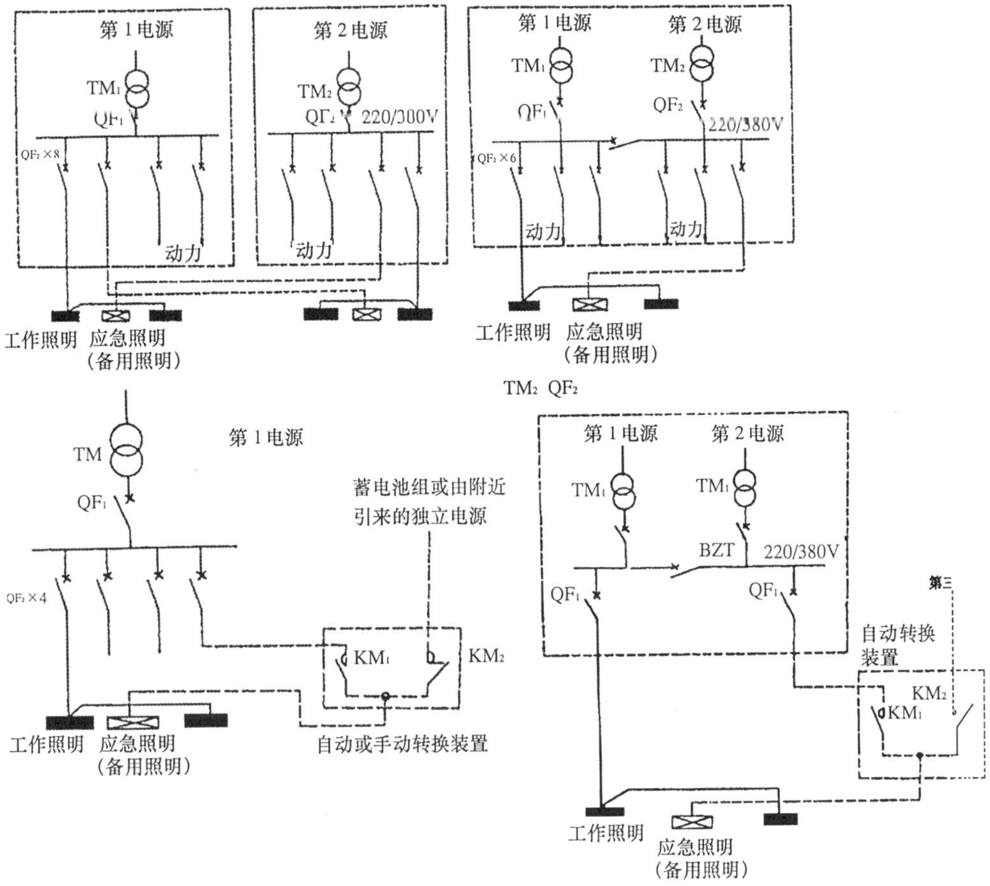


图 13-25 常用的照明负荷供电方式

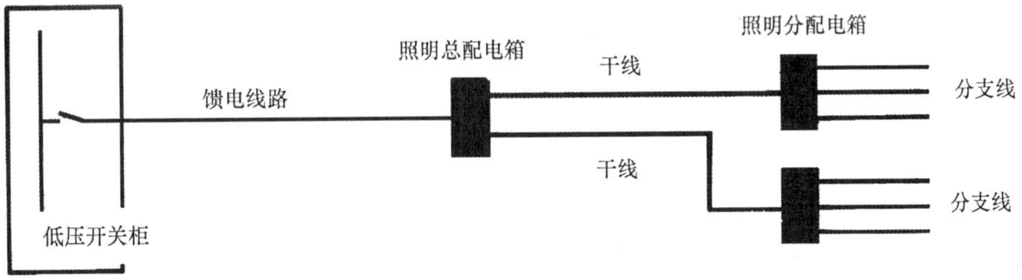


图 13-26 照明线路基本形式

不超过 100 个;插座要单独供电,每个回路上插座不超过 10 个,与灯具共用时插座不超过 5 个;消防用电设备、备用照明、疏散照明回路上不应设插座。特别重要的照明负荷应采用两回路供电并能自动切换的供电方式,备用照明在有两回路高压电源时应接自不同的变压器,若无两回路高压电源时,备用照明可采用蓄电池供电或带有蓄电池的应急照明灯。

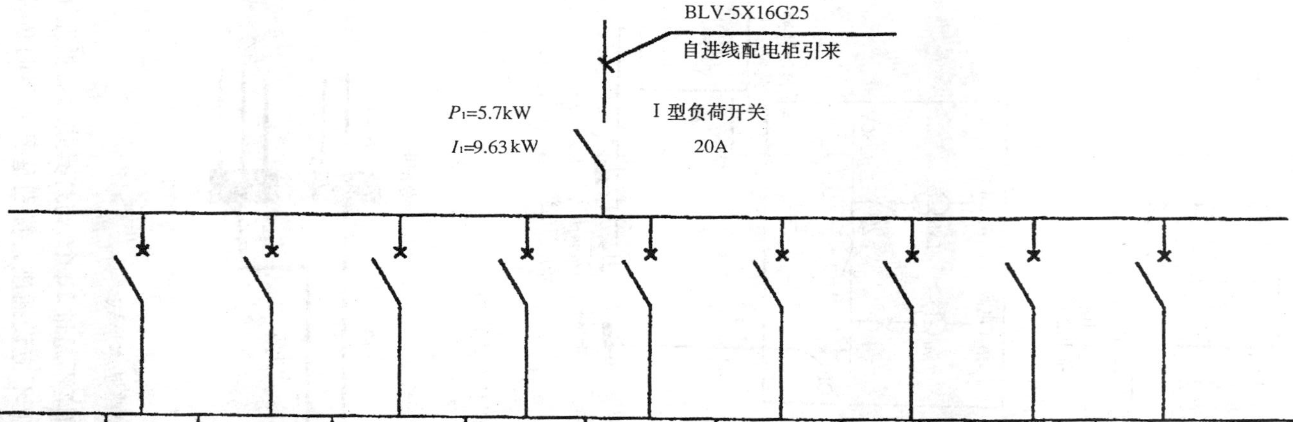


| 支线编号、相序 | | 1-L1 | 1-L2 | 1-L3 | 2-L1 | 2-L2 | 2-L3 | L1 | L2 | L3 | L1 |
|---|---|---|---|---|---|---|---|---|---|---|---|
| 安装功率(W) | 高压钠灯 | 3×150 | 450 | 450 | 450 | 450 | 450 | | 8×26 | 插座回路 10×100 | 备用 |
| | 紧凑荧光灯 | 15 | 15 | | 15 | | | 15 | | | |
| | 荧光灯 | | | | | | | 8×26 | 8×2×36 | | |
| 支线工作电流 (A) | | 2.35 | 2.35 | 2.28 | 2.35 | 2.28 | 2.28 | 1.12 | 3.96 | 5.34(cos$\varphi$0.85) | |
| 支线导线型号、截面 | | BV-4×2.5 | | | BV-4×2.5 | | | 2×BV-2×2.5 | | BV2×2.5+PE2.5 | |
| 支线敷设方式 | | | | | | | | 穿管 CC | | 穿管 F | |
| $\Delta u$(%) | | | | | | | | | | | |

注：荧光灯采用电子镇流器 取，cos$\varphi$=0.95;
高压钠灯采用单灯补偿 取，cos$\varphi$=0.9。

图 13-27 照明系统图示例

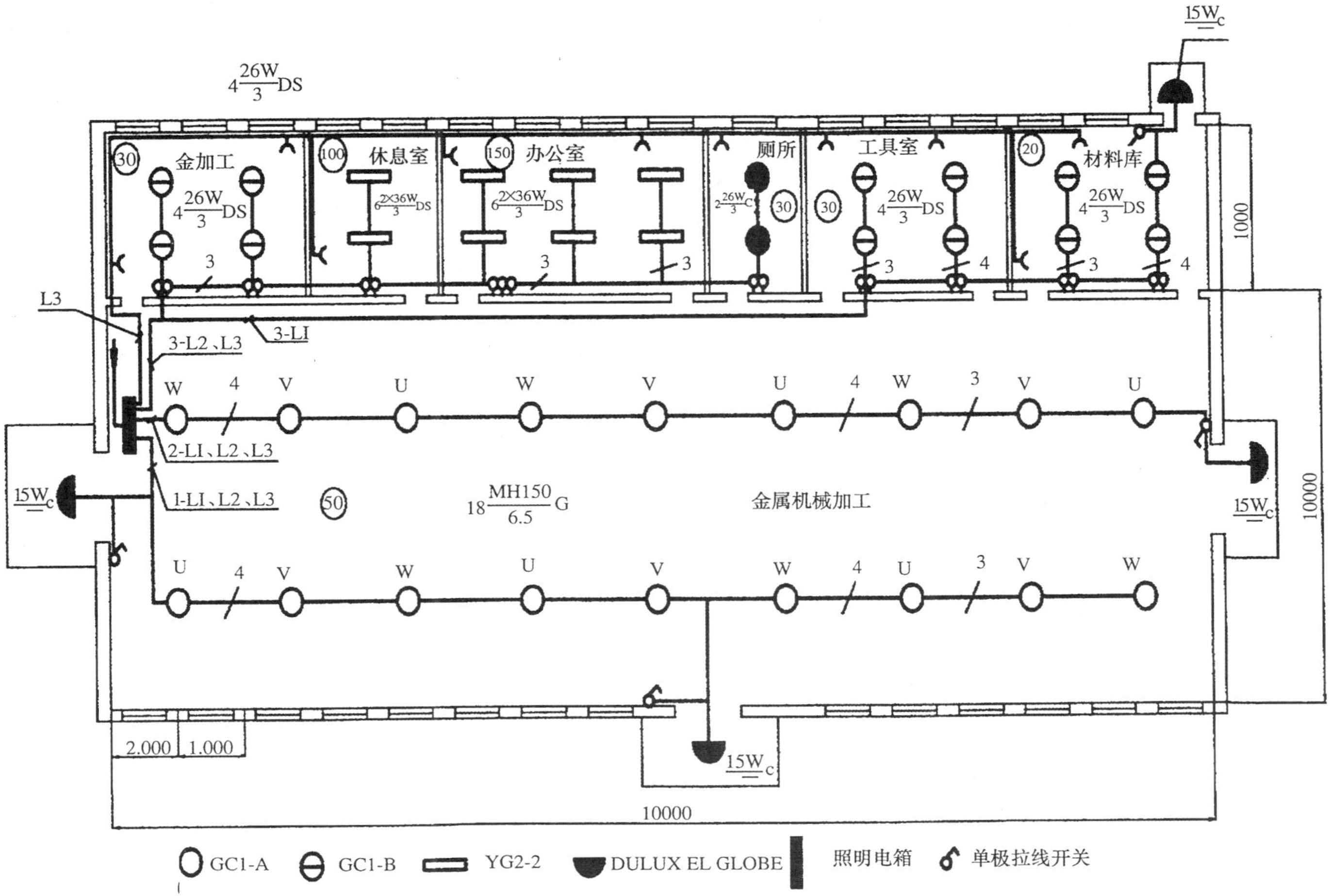


图 12-28　照明平面布置图

## 五、照明线路保护

照明线路流过的电流过大时，会使导线温升过高，对其绝缘、接头、端子或导体周围的物质造成损害并缩短使用寿命，严重时还可能引起着火，因此照明线路必须设置过电流保护装置，这种装置在线路电流超过额定值时，会将被保护的线路自动切断。过电流的原因主要是短路或过负荷，短路大多有绝缘损坏导致电气设备外壳带电，过负荷主要是由于盲目增加照明设备而引起。照明线路的过电流保护一般采用熔断器或自动空气开关，选择时要考虑电光源的启动特性，在正常工作状态下不启动，在线路过载或短路时，能迅速动作，起到保护作用。

## 六、照明设计施工图

按我国目前的设计程序，设计多数采用两阶段:设计初步和施工图。电气照明的施工图包括照明平面布置图、照明系统图、照明控制图和设备材料表，图中应采用标准的图例、标注线路走向、引入线规格、敷设方式和标高、灯具容量及安装高度;标出配电箱、开关、保护管径;标明各回路用电设备名称、设备容量、计算电流等。图 13-27 和图 13-28 是两张图是车间照明的平面布置及它的系统图。

## 思考题十三

1. 说明光通量、光强、照度、亮度的定义及单位。
2. 什么是明暗适应？它们所需的时间约为多少？在设计中怎样考虑？
3. 什么是色温和相关色温？什么是显色性？它用什么来表示？
4. CIE 将灯具分为几类？举例说明它们的使用场所。
5. 什么是灯具的遮光角？带格栅的荧光灯其遮光角如何确定？
6. 照明质量包含哪几部分内容？怎样评价教室照明质量的好坏？
7. 什么是利用系数？采用利用系数法进行室内照明计算时该考虑哪些因素？
8. 照明电气设计时应考虑哪些问题？

# 第十四章　电梯

## 第一节　概　述

1853 年，美国制造商奥梯斯(OTIS)发明了以蒸汽为动力的载人升降机，这就是现代电梯的雏形。1889 年美国的奥梯斯电梯公司又率先在纽约的戴那斯特大厅安装了用电力拖动的电梯，当时用的是直流电机拖动。经过 100 多年的发展，电梯已成为现代建筑、特别是高层建筑中一种重要的垂直运输工具。电梯属于机电一体化的起重运输设备，电梯的选择与应用又与建筑物布局、功能密切相关，是现代建筑设计中需要重点关注的要素之一。

电梯的机械系统主要由曳引系统、对重装置、导向系统、轿厢、轿厅门和关门系统、机械安全保护系统组成。

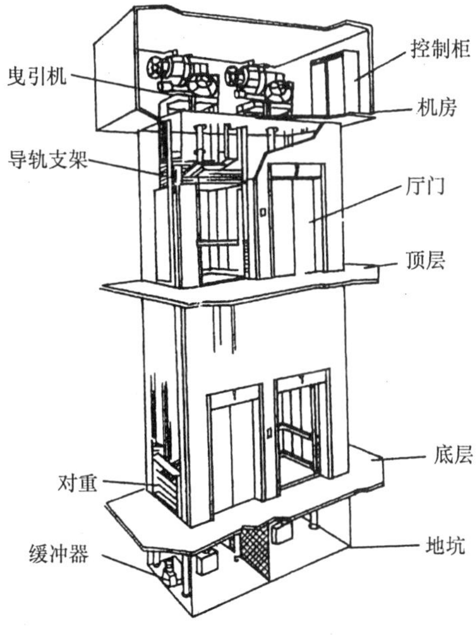


图 14-1　电梯整体结构图

电梯的电气控制系统主要由控制柜、操纵箱、限位装置、楼层指示灯箱、召唤器、换速平层装置、轿顶检箱等部件以及曳引电机、门机、调速开关、限位开关等电器元件组成。图 14-1 所示是电梯整体机构简图。

### 一、电梯的分类

电梯可按用途、拖动方式、速度、控制方式和载重量等进行分类。

1. 按用途分类

(1) 乘客电梯：主要为运输乘客而设计的电梯，简称客梯。

(2) 货物电梯：主要为运输货物而设计的电梯，通常有人伴送，简称货梯。

(3) 客货两用电梯：主要为运送乘客、但也可运送货物的电梯。

(4) 医用电梯：主要运送病人、医疗器械、手术车等，这类电梯一般速度不高，但要求运行平稳，平层精度高，噪声低。

(5) 消防电梯：可供消防时使用的电梯。

(6) 观光电梯：轿厢壁透明，可供乘客观光用的电梯。

(7) 杂物梯：用于运输货物，一般载重在 250kg 以下，速度低，控制简单，不许载人。

2. 按电力拖动方式分类

(1) 交流电梯。它是采用交流电动机拖动的电梯，它又可分成：

1) 交流单速电梯：它由单速交流电动机拖动，其速度一般在 0.5m/s 内；

2）交流双速电梯：由双速交流电动机拖动的电梯，其速度一般在 1m/s 以内；

3）交流调压调速电梯：采用具有调压调速装置的电动机拖动的电梯，其速度一般在 1.6m/s 以内；

4）交流调压、调频电梯（又称 VVVF 调速电梯，变频电梯）：采用具有调压、调频装置（交一直一交变频器）驱动异步电机来拖动的电梯，其速度可达 2.5m/s。

（2）直流电梯　采用直流电动机拖动的电梯，它又分成直流发电机-电动机电梯，可控整流器供电的直流电梯两种，其运行速度较高。

（3）液压电梯　用液压传动的电梯，如剧院、体育场馆里的各种升降平台、别墅内用的电梯等，它功率大，但服务层数少，速度较低。

3. 按速度分类

按电梯的额定速度，大致可分为四类：

（1）低速电梯：速度 $v<1$m/s；通常有 0.5m/s，0.75m/s，1m/s；

（2）快速电梯（又称中速梯）：速度大于 1m/s，小于 2m/s；分为 1.25m/s，1.5m/s，1.6m/s，1.75m/s；

（3）高速电梯：速度 $v\geqslant 2$m/s 而小于 6.3m/s，速度分为 2m/s，2.5m/s，3m/s，3.75m/s，4m/s，6m/s。

（4）超高速电梯：其额定速度大于 6.3m/s，目前，在超高层建筑中采用的电梯最高速已达 13.5m/s（日本日立公司产品），我国上海金茂大厦中的观光电梯的速度已达 9m/s。

4. 按控制方式分类

（1）简单控制电梯　由乘客自行控制厅门外召唤箱或轿厢内操纵箱的按钮来控制电梯运行的电梯。

（2）信号控制电梯　将轿厢内选层信号、厅门外上、下召唤信号及各种专用信号、综合分析后，由电梯司机操纵轿厢的电梯，一般为客梯或客货两用梯。

（3）集选控制电梯　将轿厢内选层信号、厅门外上、下召唤信号及其他各种专用信号加以综合分析后，自动决定电梯运行的一种自动化程度较高、无司机控制的电梯。但一般集选控制电梯均具有有/无司机操纵转换装置，当人流集中时，可由司机操纵，平时即为信号控制，这种电梯目前广泛应用于宾馆、办公大楼中。

（4）群控电梯　对集中排列的多台电梯共同使用厅门外的召唤信号，按规定程序集中调度、控制的电梯，一般为乘客电梯。

（5）梯群智能控制电梯　它采用微电脑设备，可根据客流情况，对多台电梯自动选择最佳运行控制方式和运行台数的梯群自动控制电梯。

## 二、电梯的产品规格及主要技术参数

我国的电梯产品，按行业标准有如下几项：

1. 电梯的种类

指按用途的分类，如客梯、货梯、观光梯等。

2. 额定载重量（单位为 kg）

最常用客梯的载重量有：630kg（8 人）、800kg（10 人）、1 000kg（13 人）、1 250kg（15 人）、1 600kg（20 人）。

住宅电梯有:630kg(8 人)、800kg(10 人)、1000kg(13 人)。

常用货梯的载重量有:1000kg、2000kg、3000kg、5000kg 等。

需要说明的是,由于欧洲人与东方人在体形上的差异,在相同的载重量情况下(如 1000kg),欧美厂商产品往往标注乘员为 13 人,日本厂商产品则注明为 15 人,这是因按每乘员的计算重量标准不一致而引起的差异。日本电梯产品按 65kg/人计算,欧洲电梯按 80kg/人计算,我国国家标准为每乘员 75kg/人计算。

3. 电力拖动及控制方式

电力拖动方式分交流拖动、直流拖动,控制方式分信号控制、集选控制、群控等。

4. 开门方式

电梯开门的结构分旁开式、直分式、中分式、双折中分式等。

5. 提升高度(单位为 m)

按底层端站楼面至顶层端站楼面之间的垂直距离。

6. 轿厢尺寸

指轿厢的内净尺寸,用轿厢深度、厢宽度表示——载重量大的电梯,轿厢尺寸也大。

7. 额定速度

对用户来讲,电梯速度是选用电梯的主要参数之一,常用的电梯速度有 0.5m/s, 0.75m/s,1m/s,1.25m/s,1.5m/s,1.6m/s,1.75m/s,2m/s,2.5m/s,3.0m/s,4m/s 等,上海浦东的金茂大厦采用 9m/s 的三菱电梯;东方明珠广播电视塔采用奥梯斯电梯,速度为 7m/s,均为超高速电梯。

我国常用的电梯产品有:上海三菱电梯(中日合资)、迅达电梯(中瑞合资)、广日电梯、天津奥地斯(中美合资)等。另外,进口电梯中有美国的奥梯斯(OTIS)电梯、日本的日立、东芝、富士电梯,韩国的“LG”、“现代”电梯,德国的“蒂森”电梯等,在我国也占有一定的市场份额。

## 第二节　电梯选用的一般原则

**一、根据建筑物用途、服务对象、楼层的高度及建筑标准来确定**

电梯的选用需要考虑多种因素,其中主要是技术性能指标和经济指标两项。

1. 技术技能指标

电梯的技术性性能指标是电梯应达到的先进性、合理性和稳定性。

电梯设备的先进性表现在利用现代的电子技术和控制技术,使电梯达到速度高、平层准确度高、效率高、舒适性高。合理性表现在对不同的场所、不同的服务对象,选用具有不同的技术性能指标的电梯,因不同的服务对象要求的服务质量不尽相同,故应采用与其交通要求相适应的电梯。例如宾馆乘客电梯应有较高的平层准确度、较高的舒适性和多种控制功能等,而对住宅电梯相对来说就可以要求低一些;高层和超高层建筑应选用高速和超高速电梯。稳定性是指电梯系统性能稳定、故障率低、可靠耐用,一般要求有 20 年以上的稳定服务期。

2. 经济指标

电梯的经济指标是指初投资费用和运行费。初投资费包括电梯设备费、运输费、安装、调试及其他工程费,井道、机房的土建费用和装修费等;运行费包括电梯的维护费、电费、电梯司机与管理人员的工资等。

电梯的技术性能指标与经济指标在许多情况下并不矛盾,从表面上看,技术性能指标高则要求付出高昂的费用,但是选取先进的技术性能指标,提高电梯的服务质量,在一定条件下可以减少电梯的台数,从而降低投资费用。所以在选用电梯时,应对两种指标进行综合的分析比较,合理选择,既要满足所要求的电梯服务质量,又要做到合理的经济投入。

## 二、按建筑物的楼层数确定电梯的额定运行速度

建筑物的楼层数多时(建筑物高),应选用额定运行速度高的电梯;建筑的楼层数少(建筑物较低)时,选用额定运行速度低的电梯。从建筑物的主楼层,即乘客可以从街道直接进入的建筑物内最低的楼层(也称基站)至最高层的单行程运行时间,一般以不超过40s为宜。通常以此作为初步选取电梯额定运行速度的一个原则,对此可参考对应建筑物楼层数所应选用的运行速度。

## 三、按建筑物的类型选择电梯轿厢的额定乘客人数

对不同类型的建筑物,选用不同的电梯轿厢额定乘客人数,如表14-1所列。

**表 14-1　　电梯的额定乘客人数**

| 建筑物类型 | 电梯额定载重量(kg) | 轿厢额定乘额人数 |
|---|---|---|
| 中、小型办公大楼 | 不小于630 | 不少于8 |
| 大型办公大楼 | 不小于1000 | 不少于14 |
| 住宅大楼 | 不少于630 | 不少于8 |
| 中小型旅馆 | 不小于800 | 不小于10 |
| 大型旅馆 | 不小于1000 | 不小于14 |
| 百货大楼 | 不小于1000 | 不小于14 |

## 四、按运输能力及平均等待时间选用电梯

表征电梯服务质量的重要因素是电梯的运输能力及乘客的平均等待时间。

1. 电梯的运输能力

电梯的运输能力,是指在客流高峰时电梯轿厢负载率为额定容量的80%,5min内电梯能够运送的乘客数占服务总人数的百分数,又称高峰运输能力或客流集中率:

$$\Delta\% = 5\text{min 内电梯的运输能力} = 5\times 60NR/(T_{RT}\cdot Q) \qquad (14\text{-}1)$$

式中 $R$——电梯轿厢的乘客人数;

$N$——电梯台数;

$Q$——建筑内的总人数;

$T_{RT}$——电梯往返一周的时间(s)。

显然,轿厢的载客人数愈多、电梯的台数愈多,电梯在5min内的运送能力愈高。

2. 平均等待时间

平均等待时间又称平均候梯时间。乘客到达的时间常与电梯到达的时间不一致，乘客从按下召唤按钮起至电梯到达所召唤的楼层的平均时间即为平均等待时间，以 $T_{\mathrm{AVW}}$ 表示：

$$T_{\mathrm{AVW}} = 85\% T_{RT}/N \tag{14-2}$$

式中 $T_{RT}$——电梯往返一周的时间(s)；

$N$——选用电梯的台数。

显然，电梯台数愈多，平均等待时间就愈短，但这个结论，是与电梯的控制方式密切相关的。当 $N \geqslant 2$ 时，采用先进的控制方式，如集控、群控、或梯群智能电梯，可大大缩短平均等待时间；反之，即使电梯台数较多，但控制方式落后，如简单控制则仍然会有较长的候梯时间。

根据建筑物要求电梯具备的运输能力及平均等待时间，可以初步确定需要设置电梯的台数，各类建筑电梯应有的运输能力及平均等待时间，可参照表 14-2 所示。

**表 14-2　　运输能力及平均等待时间**

<table>
<tr><th colspan="2">建筑物类</th><th>5min 的运输能力<br>(%)</th><th>平均等待时间<br>(s)</th></tr>
<tr><td rowspan="4">办公楼</td><td>公司办公楼</td><td>20～25</td><td rowspan="4">30 以下良好<br>30～40 为较好<br>40 以上为差</td></tr>
<tr><td>准专用办公楼</td><td>16～20</td></tr>
<tr><td>机关办公楼</td><td>14～18</td></tr>
<tr><td>出租办公楼</td><td>11～15</td></tr>
<tr><td>住宅大楼</td><td></td><td>3.5～7.5</td><td>60,80,100</td></tr>
<tr><td rowspan="5">旅馆大楼</td><td>休息室→客房</td><td>5</td><td rowspan="7">40 以下</td></tr>
<tr><td>客房→休息室</td><td>5</td></tr>
<tr><td>客房、休息室→餐厅</td><td>5</td></tr>
<tr><td>餐厅→客房、休息室</td><td>3</td></tr>
<tr><td colspan="2">宴会厅的客流量：<br>宴会开始前 15min 时为 40%<br>宴会结束时 15min 为 90%</td></tr>
<tr><td rowspan="2">百货大楼</td><td>电梯</td><td>输送比例 10%～20%</td></tr>
<tr><td>自动扶梯</td><td>输送比例 80%～90%</td></tr>
<tr><td>医院大楼</td><td>人员的交通<br>车辆的交通</td><td>20<br>2</td><td>40 以下</td></tr>
</table>

## 五、电梯客流分析

建筑物中的电梯配置，是建筑设计的重要组成部分。同其他公用设备一样，为了提高电梯的利用率，必须对建筑物的客流情况做合理的研究，建筑物的客流情况主要与建筑物用途有关，不同性质的建筑物其客流情况也不同。分析不同性质的建筑物的客流情况，可推导电梯的交通流量，判断电梯是否满足建筑物的客流。

（一）办公楼

办公楼的客流最高峰发生在上班时，其次在午饭和下班时，平时则呈一般双向客闲状况。在上班时，客流的主要流量是由大楼的一层流向各层，而且基本是上行乘客，一般5min载客率约为15%，而下班时恰好相反。午饭时间，客流的上行和下行都会出现高峰，两个方向客流量下行与上行的比例约为2∶1。

（二）住宅

住宅客流量在早晨以下行为主，傍晚出现客流高峰，并以上行为主，一般5min载客率为5%，客流量上行与下行的比例约为3∶1。

（三）宾馆

宾馆的客流情况与办公楼不同，其客流情况与住宅客流情况类似，客流高峰出现在上午、中午和傍晚，一般5min载客率约为15%。午饭时间，客流的上行和下行都会出现高峰，两个方向客流量下行与上行的比例为1∶1左右。

（四）商场

商场客流情况与购物人流的多少密切相关，商场客流高峰出现在周六、周日和节假日，而且与商场的经营内容、规模、服务有关。客流高峰期，一小时载客率为0.4～0.8人/$m^2$，面积按第三层以上的总售货面积计算，而且上楼与下楼比例为1∶1。

由于现代商场的面积较大，电梯的运载能力受到较大限制，故大型商场的层间运输工具以自动扶梯为主，这样的设置，可以大大减轻电梯的客流压力，这时电梯主要为商场内部人员作输送服务。

## 第三节　常用电梯及其应用

**一高层建筑电梯**

按照国家有关建筑规范，高层建筑通常是8层及以上的公共建筑和10层及以上的住宅建筑，由于高层建筑的特殊性，电梯的选择种类也较多。

高层建筑设置的电梯主要有以下几种：

(1) 客用电梯：运送垂直客流；

(2) 消防电梯：用于消防时运送救护人员和消防器材，通常采用具备有消防功能的客梯兼作消防梯或用消防梯兼作货梯及工作人员专用电梯；

(3) 货梯：以运送行李、包裹货物为主；

(4) 其他：工作人员专用电梯、观光电梯等。

电梯的选用型式随高层建筑用途而定，通常电梯的输送能力应在5min内可输送15%的客人流量，层数多的采用高速电梯，层数少的采用中、低速电梯。控制方式上应优先选用集控和群控方式，当电梯数量超过4台以上时，则应采用群控装置。当发生火灾时，消防人员在低层应能通过控制使电梯均能返回底层。

消防电梯的速度，可按消防规定每分钟应能达到多少层的运行速度，由消防部门确定。

（一）电梯数量的确定

电梯数量的选择应由总建筑师或总体交通设计人员共同研究确定。

电梯配置和选型的原则，主要是合理解决运输客流量和缩短候梯时间，因此，必须对建筑物内部的交通进行分析和计算，只有掌握准确的参数，才能作正确的抉择。但其计算较复杂，亦不太准确，通常是依据经验和参考数据决定。对高层旅游建筑，按每100间客房至少应设一部客梯考虑，货梯则按需要而定。

自动扶梯只能解决层间交通，只有层间运输客流量大、级别较高的大型旅游宾馆才考虑，观光电梯应视环境条件设置，而商场则主要侧重选用电动扶梯。

（二）电梯的速度和控制方式

现代高层建筑的电梯，为提高运输能力和缩短候梯时间，均选用中高速或超高速电梯，控制方式上可实行集控或电脑群控。为提高运行的稳定性和舒适感，客梯通常可选用变频调速（VVVF）交流电梯，也可选用直流电梯，而货梯则采用单速交流电梯较为经济。

电梯的速度应根据建筑物的高度及交通客流量的大小选择确定。通常是对15层以下的建筑采用0.7～1m/s的低速电梯，或用1.5～1.75m/s的快速电梯；15～30层的选用1.5～1.75m/s的快速电梯或2～3.5m/s的高速电梯；60层以上的选用3.5～10.5m/s的超高速电梯。

观光电梯通常选用1.5～1.75m/s的快速电梯。对于30层或者说100m以上的超高层建筑，如高级宾馆、（出租）办公楼则应考虑选用多种不同速度的电梯，分区运行，通常从主楼层（基站）至最高层的单程运行时间以不超过40s为宜。

（三）梯内设施

高级客梯、观光电梯及部分服务电梯的轿箱除装潢要求以外，一般考虑设有楼层指示器、电子触摸按钮、闭路电视、背景音乐、对讲机、报警呼救，应急照明及风扇设备，另有节能控制、电源应急控制、地震时的控制、火灾时的控制、自动营救控制等功能。某特特殊场所专用的电梯，还应有优先呼叫功能。上述设备功能，应在设备选型定货时提出要求，并非电梯内部的标准设施。

（四）电梯载客重量选择

（1）中、小型办公楼：750～1000kg；

（2）大型办公楼：1150～1600kg；

（3）公寓、小型医院：800～1000kg；

（4）住宅：320～1600kg。

表14-3所示为一般高层（多层）建筑电梯主要参数的初选表，可供设计人员参考。

**表14-3　　电梯主参数初选表**

| 建筑物用途及规模 | | 轿厢额定荷载（kg/人） | 轿厢行程（m） | 最小额定速度（m/s） | 台数初估 |
|---|---|---|---|---|---|
| 办公楼 | 小型 | 1000/13～15 | 0～36 | 1.5～2 | 约200～300人/台 |
| | | 1250/16～19 | 36～70 | 2～2.5 | |
| | 中型 | 1250/16～19 | 36～70 | 2～2.5 | |
| | | 1500/20～23 | 70～85 | 2.5～3 | |
| | 大型 | 1500/20～23 | 85～115 | 2.5～3 | |
| | | 1600/16～19 | ≥115 | ≥4 | |

续表

| 建筑物用途及规模 | | 轿厢额定荷载(kg/人) | 轿厢行程(m) | 最小额定速度(m/s) | 台数初估 |
| --- | --- | --- | --- | --- | --- |
| 旅馆 | 中小型 | 750/10～11 | 36～70 | 1.75～2 | 约按100客房配一台客梯<br>服务梯：按40%客梯估算 |
| | | 800/10～12 | | | |
| | | 1000/13～15 | | | |
| | | 1250/16～19 | 70～85 | 2～2.5 | |
| | 大型400客房以上 | 1250/16～19 | 85～115 | ≥2.5 | |
| | | 1500/20～23 | | | |
| | | 1600/21～24 | ≥115 | ≥4 | |
| 医院 | | 1000/13～15<br>1250/16～19<br>1500/20～23<br>1600/21～24<br>2000/26～30 | 0～20 | 0.75 | |
| | | | 20～30 | 1.0 | |
| | | | 30～40 | 1.25～1.5 | |
| | | | 40～60 | 1.5～1.75 | |
| 住宅楼 | | 630/8～9<br>750/10～11<br>800/10～12<br>1000/13～15<br>1250/16～19 | 0～20 | 0.75 | |
| | | | 20～40 | 1.0～1.5 | |
| | | | 40～60 | 1.5～1.75 | |
| | | | >60 | ≥1.75～2 | |
| 百货商店 | 中小型 | 1000/13～15 | 0～30 | 1.5～1.75 | |
| | | 1250/16～19 | | | |
| | 大型 | 1500/20～23 | 30～45 | 1.75～2 | |
| | | 1600/21～24 | 45～60 | 2～2.5 | |
| | | 2000/26～30 | >60 | ≥2.5 | |

注：当商场层数不是很高，主要以电动扶梯运送乘客时，电梯则以工作人员使用为主，电梯的台数和数量和速度可以中型办公楼指标为参考。

（五）电梯的驱动方式选择

由于现代电力电子技术和计算机控制技术的发展，采用变频变压调速（VVVF）的交流电梯在技术上已十分成熟，是一种技术先进、产品可靠、性能优越的电梯驱动方式，也是目前中、高档电梯的首选。由于变频变压调速的电梯采用交流异步电动机驱动，具有结构简单、运行可靠、维护方便等优点，已经占据了大部分电梯驱动市场。而采用调压调速的交流电梯多为中、低楼场合使用。交流单速（或双速）电梯，则主要用于货梯、杂务梯或低档客梯的场合。采用电动发电机组拖动的直流电机因机房占地大、机组设备笨重、效率低、噪声大、且日常维护较麻烦，已趋于淘汰。而由可控硅整流供电的直流梯则在中高档电梯和高速、超高速梯的场合具有一定的优势，但直流电机维护较困难的缺点依旧存在，其未来的发展趋势将是逐步让位于变频变压调速的交流电梯。

## 二、住宅电梯

住宅电梯也是乘客电梯的一种，但住宅电梯的设置受居住建筑的限制较多，如运行噪声要小，无故障运行时间要长（它平时的保养情况不如办公楼或宾馆的客梯），运行费用（如电费）要省，产品价格不可太高等。住宅电梯的运行速度不必太高，在相同层高的情况下，住宅电梯的速度可以比办公楼、宾馆用的客梯低一至二档，即需兼顾使用性能和经济性。

### （一）住宅电梯的定义

住宅电梯是乘客电梯的一种，属于客梯的一个分支。它和客梯都必须具备运送乘客安全、可靠和平稳的基本技术性质，但二者在轿厢装饰、服务功能配置上有一定程度的差别。乘客电梯强调充分的舒适性，推崇上上下下的享受，住宅电梯强调适当的经济性，更加注重实用方便和比较满意的舒适性。

在 ISO4190.1—1990 标准中，把电梯分为Ⅰ，Ⅱ，Ⅲ，Ⅳ，Ⅴ五大类，其中，Ⅱ类电梯即为住宅电梯，即设在居住建筑中主要为运送乘客，同时也可运送货物而设计的电梯。新修订的国际《电梯主参数及轿厢、井道、机房的型式与尺寸》GB/T 7025.1—1997 也采用此种分类方法；住宅电梯从配置的通用要求来讲，其制造与安装必须符合《电梯制造与安装安全规范》GB 7588—1995；其技术性能必须符合《电梯技术条件》GB/T10058—1997。住宅电梯从配置的专门要求讲，还要符合我国建筑、消防、安全保护和无障碍服务等现行规范的技术要求和经济要求。

### （二）住宅电梯主要参数的选择

为降低住宅电梯的成本，使其在住宅上配置的潜在需求转为实际需求，需要电梯制造企业正确把握其性能与制造成本，使两者相匹配。而正确的选择住宅电梯类型，对住宅建筑设计者和投资商来说也是至关重要的，其主要是：

1. 选择好住宅电梯的类型，使性能价格比达到最优化

对于配置在多层或中、高层住宅中的电梯，按电梯的类型来划分，可以采用以下几种形式：

（1）一般采用中分门或旁开门的曳引式客梯，包括“小机房”客梯和“无机房”客梯。

（2）国外流行的液压电梯（多数在三层以下的别墅建筑中）。

（3）新型的采用铰链门的曳引式住宅电梯。

对于(1)与(3)两种形式，其控制及拖动系统是可以一致的，其区别仅在开门形式上。中分式、旁开式由于外门要隐蔽在井道内，所以要加大电梯井道的占地面积，而外敞式的铰链门可以减少电梯井道的尺寸。然而，一般客梯的内外门联动往往是引起电梯故障的根源；而采用外敞式铰链门可以减少由于门机系统引起的电梯故障，但目前这类电梯的产品还较少。

液压电梯通常只宜在建筑层数少、但又不便设屋顶机房的情况下使用，它的成本与维护费用均较高，国内目前使用较少，国外则多在高级别墅中使用。

2. 选择好住宅电梯的主参数

住宅电梯的主参数是指电梯的额定载重量及额定速度。按《电梯主参数及轿厢、井道、机房的型式与尺寸》GB/T7025.1-1997 配置，住宅电梯额定载重量有 320，400，630，

800,1000kg。住宅电梯速度有 0.63,1.0,1.6,2.0,2.5m/s。

(1) 楼层低于7层,按现行规范可以不设电梯,如设置电梯,考虑其经济性,每层不超过4户可以设 400kg/0.63m/s 的电梯一台。如果考虑无障碍服务要求应设 630kg、0.63m/s 的电梯一台。

(2) 楼层为 7～9 层应考虑无障碍服务要求,每层不超过 4 户时,可设 630kg、0.63m/s的电梯一台,或 630kg(800kg)、1m/s 电梯 1 台。

(3) 楼层为 10～11 层应考虑无障碍服务要求,每层不超过 4 户时,可设 630kg、1m/s 的电梯一台,或 800kg、1.6m/s 电梯一台。

(4) 楼层等于或大于 12 层时,必须考虑消防要求,如每层不超过 6 户,要设 630kg、1m/s 及 800kg、1m/s 的电梯各一台。也可设 630kg、1.0m/s,1000kg、1.6m/s 电梯各一台。

3. 解决好住宅电梯的拖动与控制,保证电梯的运行性能并降低电梯的运行费用

住宅电梯为两台(或以上)时,相对两台同型电梯而言,用两台电梯"一大一小"配置。它的优点是,可根据不同时段的客流变化,调速电梯的运行模式。如白天早、中、晚的三个高峰时段开两台电梯,而白天客闲时段,开一台电梯(大梯或小梯)。而夜晚低谷时段仅开一部小型客梯,这样不仅可保证较低的候梯时间,还能降低运行费用。

目前,在成熟技术的支持下,控制系统采用可编程控制器(PLC)完全能满足多层或高层住宅电梯安全、可靠和方便运行的要求,也可备用冗余输入/输出点,扩充电梯的其他控制功能,而其价格却比微处理机控制的电梯要价廉。

同样,提高电梯的拖动系统配置技术也可采用保持其成本不变或略有上升,而功能却明显提高的措施。如变压变频调速技术,对于小功率的拖动系统配制具有卓越的经济性能,它与交流调压调速及交流双速拖动系统相比,配置成本增加不多,但电力拖动的综合技术性能却大大提高,而且比交流调压调速及交流双速拖动系统节约能源约 30%。

4. 当住宅小区中电梯数量较多时,应优先考虑用带有远程故障诊断功能的电梯

具有远程故障诊断功能的电梯,采用智能技术,可以预先判断电梯的工作状况,发现可能的事故苗子,及时报警,并可以实现远程通讯。这样,虽然价格略高一些,但该功能可以大大减少电梯的故障和可能的运行事故,从总体上降低物业管理成本。

### 三、自动扶梯

(一) 自动扶梯简介

自动扶梯作为相邻楼层或跨楼层间运输工具,它具备可连续不断地乘载大量人流的性能。因此,自动扶梯广泛用于公用建筑,诸如商场、饭店、写字楼和地铁车站等场所。为了保证集中人流在乘用中的安全和方便,一般自动扶梯的坡度较为平缓,通常其倾斜角小于 40°,运转速度小于 1m/s。自动扶梯的拖动电动机的功率一般较小,为 3.7～15kW,基本上均为交流异步电机。

自动扶梯一般由驱动装置、运动装置及支撑装置三部分组成。

1. 驱动装置

由曳引电机、变速装置、传动装置、控制设备组成。

2. 运行装置

由传动链条、扶手、扶梯踏板等组成。

3. 支撑装置

由主体框架和栏杆组成。

常用的自动扶梯的拖动电机功率一般较小，控制方式也比较简单，多采用单速交流异步电机驱动，是一种连续运行的运输设备。自动扶梯的电源可按普通交流异步电动机要求来确定，一般采用三相四线制供电并将它送到扶梯高端地坑中的扶梯控制箱旁。从电源开关至扶梯控制箱的连线一般采用导线穿金属管敷设。

我国自动扶梯的生产厂家和产品也很多，如上海三菱电梯有限公司生产的 TT 型、湖南电梯厂的 XFT2，XFT1 型；广州电梯工业公司生产的 CX 系列自动扶梯等。杭州电梯厂、中迅公司、天津奥梯斯公司均生产多种规格的自动扶梯。

（二）自动扶梯的分类和选择

自动扶梯按宽度分为 600mm，800mm 和 1000mm 三种，其运送能力为：

$$自动扶梯运送能力=3600(v \cdot k/0.405)（人/h） \quad (4\text{-}3)$$

式中 $v$——为自动扶梯运行速度(m/s)，通常在 1m/s 以下。

$k$——与自动扶梯宽度有关的系数：自动扶梯宽度为 600mm 时，$k=1$；自动扶梯宽度为 800mm 时，$k=1.5$；自动扶梯宽度为 1000mm 时，$k=2$。

自动扶梯运送能力计算如表 14-4 所示，自动扶梯技术参数如表 14-5 所示。

**表 14-4　　自动扶梯运送能力**

| 自动扶梯宽度 (mm) | 自动扶梯运送能力 (人/h) | |
|---|---|---|
| | 0.5(m/s) | 0.65(m/s) |
| 600 | 4440 | 5777 |
| 800 | 6667 | 8666 |
| 1000 | 8889 | 11555 |

**表 14-5　　自动扶梯主要技术参数**

<table>
<tr><th>自动扶梯宽度 (mm)</th><th>最大提升高度 (mm)</th><th>运输能力 (人/h)</th><th>运行速度 (m/s)</th><th>倾斜角 (°)</th></tr>
<tr><td>600</td><td rowspan="2">3000～11000（提升高度超过标准时，可增加驱动级数）</td><td>4000～5000</td><td rowspan="3">0.5<br>0.65</td><td>27.3</td></tr>
<tr><td>800</td><td>8000～9000</td><td>30</td></tr>
<tr><td>1000</td><td>3000～7000</td><td>8000～11000</td><td>35</td></tr>
</table>

## 思考题十四

1. 电梯具有哪些功能？

2. 电梯按用途、拖动方式、速度、控制方式和载重量进行分类，各可以分几类？如何进行选择？

3. 电梯和安装应注意些什么？

# 第十五章　建筑弱电系统

建筑弱电系统通常包括电话通信系统、火灾报警与消防联动系统、共用天线电视系统、安保监控系统、音响广播系统等内容。近年来，随着楼宇智能化技术的发展，越来越多的信息控制和管理等弱电系统得到了广泛应用，传统的建筑弱电系统也分可别归入到设备自动化(BA)、办公自动化(OA)、通信自动化(CA)等系统，但在本章中，我们还是对最常见的火灾自动报警系统、电话通信系统、共用天线电视系统(CATV)和闭路电视监控系统(CCTV)及公共广播音响系统作些介绍。

## 第一节　火灾自动报警系统

### 一、概述

火灾自动报警系统，是探测伴随火灾产生和发展而出现的烟、光、温等参数，早期发现火情并及时发出声、光等报警信号，以便人们迅速组织疏散和灭火的一种建筑安全防火设施。

1．火灾报警系统的组成

火灾自动报警系统一般由火灾探测器、建筑物内的布线和火灾报警控制器三部分组成，图 15-1 给出了一个火灾报警与消防联动系统的构成框图。

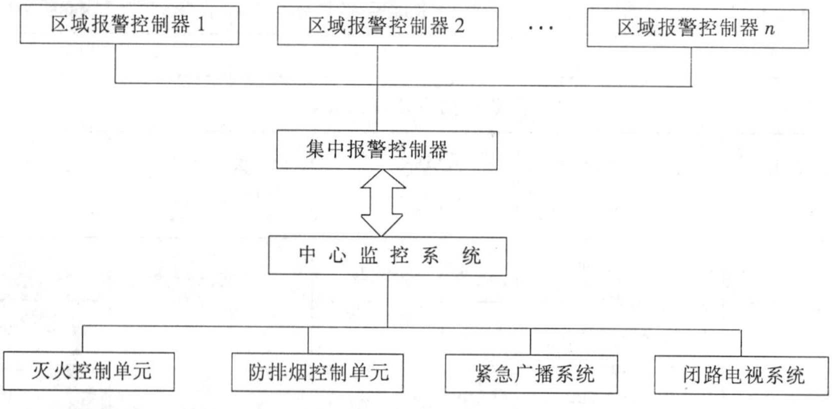


图 15-1　消防系统的构成框图

火灾探测与报警的一般过程包括：

(1) 火灾的探测

建筑内火灾的发展可分为初起期、成长期、最盛期和衰减期四个阶段。随着火灾初起产生烟(称阴燃)，发展下去产生光(可见光和红外线、紫外线等不可见光)，最后产生高温。因此，可通过探测烟、光、温三个参数作为判定火灾发生的依据。

(2) 火灾的报警

探测器把接收的火灾参数转变成电信号，通过线路传送到控制器。控制器对送来的信号进行分析处理，判断出是火警、故障或正常三者中哪一种情况，从而决定是否报警，然后发出相应的声、光警报，并指出报警地址，完成火灾的探测与报警过程。

火灾报警应做到准确、可靠，应保证不要漏报(有火灾而未报)，尽量减少误报(无火灾而报警)。一般来说，感烟探测器报警比较及时，但容易误报。感光探测器报警比较可靠，但容易漏报。在重要的场所应考虑采取二者结合的综合报警方式。

2. 火灾探测器的分类

火灾探测器是将某种火灾参数转变为相应电信号的设备，根据所探测火灾理化参数的不同，火灾探测器可分为感烟探测器、感温探测器、感光探测器和可燃性气体探测器四大类。其具体分类详见表 15-1。

**表 15-1　　火灾探测器分类**

<table>
<tr><td colspan="12">火灾探测器</td></tr>
<tr><td colspan="3">感烟探测器</td><td colspan="5">感温探测器</td><td colspan="2">光辐射探测器</td><td colspan="2">可燃气体探测器</td></tr>
<tr><td rowspan="2">离子感烟型</td><td rowspan="2">光电感烟型</td><td rowspan="2">激光感烟型</td><td colspan="2">线型</td><td colspan="3">点型</td><td rowspan="3">紫外光辐射型</td><td rowspan="3">红外光辐射型</td><td rowspan="3">催化型</td><td rowspan="3">半导体型</td></tr>
<tr><td>差温</td><td>定温</td><td>差温</td><td>定温</td><td>差定温</td></tr>
<tr><td colspan="3">散射型　遮光型</td><td colspan="2">管型　电缆型　半导体型</td><td colspan="3">双金属型　膜盒型　易熔金属型　半导体型</td></tr>
</table>

## 二、火灾探测器的工作原理

1. 感烟式探测器

(1) 离子感烟探测器

它适用于点型火灾探测，由一个装有放射源 $Am^{241}$ 的感烟电离室和配套的电子线路构成。

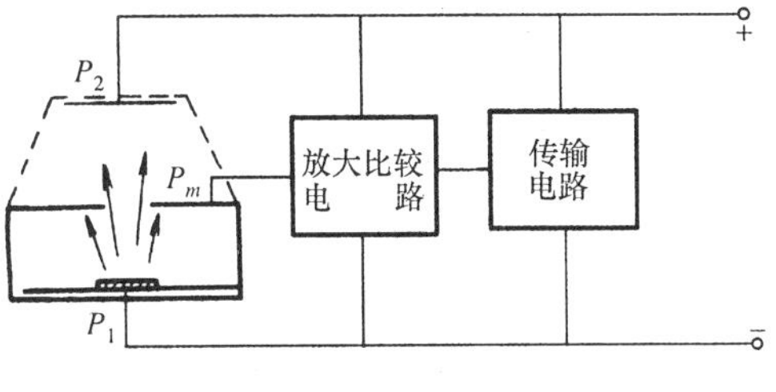

图 15-2　离子感烟探测器原理图

感烟电离室是离子感烟探测器的核心传感器件，其工作原理图如图 15-2 所示。电离室两极间的空气分子受放射源 $Am^{241}$ 不断放出的高速运动的 α 粒子撞击，从而使两极间的空气分子电离为正离子和负离子，这样就使电极之间原来不导电的空气具有了导电性。此时在电场作用下，正、负离子的有规则运动，使电离室呈现典型的伏安特性，形成离子电流。

离子感烟探测器的原理是，当烟雾粒子进入电离室后，被电离部分的正离子和负离子被吸附到烟雾粒子上，使正、负离子相互中和的概率增加；同时离子附着在体积比自身体积大许多倍的烟雾粒子上，会使离子运动速度急剧减慢，最后导致的结果就是离子电流减小。显然，烟雾浓度大小可以用离子电流的变化量来表示，从而实现对火灾过程中的烟雾浓度这个参数的探测。离子感烟探测器按对烟雾浓度检测信号的处理方式的不同，可分为阈值报警式感烟探测器、编码型类比感烟探测器以及分布智能式感烟探测器。

(2) 光电感烟探测器

光电感烟探测器是基于烟雾粒子对光线产生散射、吸收(或遮挡)原理的感烟探测器。目前国内外生产和应用的大多数为散射式光电感烟探测器，利用烟尘粒子使光散射的作用而动作。光电感烟控制器由探测头、外壳及电路组成。探测头如图 15-3 所示，由发光源、受光器件和探测区域组成；发光源由光源和透镜组成。目前的光源普遍采用红外发光二极管作发光管，它功耗低、寿命长、可靠性高，透镜采用的是凸透镜，将光源发出的光线汇聚成平行光束来提高效率。受光器是由光敏感器件和透镜组成，光敏感器件通常采用其峰值波长与光源发射的光的峰值波长相适应的光敏二极管、光敏三极管、光电阻或硅光电池，目前采用最多的是硅光电池。光电接收器中的透镜也是凸透镜，它的作用是使烟雾粒子散射的光线聚焦照射在光敏器件上，由接收器转换成电信号。如图 15-3 所示的光敏室使烟雾粒子能顺利进入探测区域，而外界光线则不能射入。发光源(红外发光二级管)每隔数秒发光一次，平时受遮光曲折垫的阻碍，这种光不能进入受光器件。如有烟雾进入探测区域，光束便发生漫散射，受光器件收到散射光，当烟雾的浓度增加时受光量也增加；当探测器确认烟雾超过规定水平时，光电感烟探测器向火灾报警控制器发出报警信息，火灾报警控制器确认一次；若火灾报警控制器连续确认二次以上，则火灾报警控制器发出火灾信号。

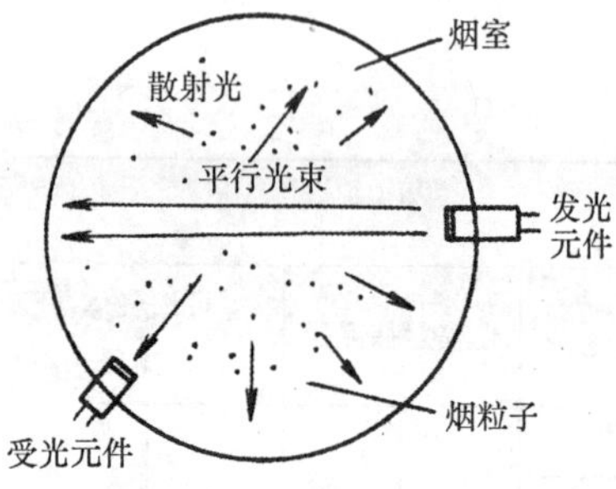

图 15-3　光电感烟探测器

2. 感温探测器

感温探测器是一种对警戒范围中某点周围的温度达到或超过预定值时发生响应的火灾探测器。其特点是结构简单、可靠性高，但灵敏度略低。感温探测器分点型、线型两大类。点型感温探测器有定温、差温、差定温三种，常用的有双金属定温、水银接点定温、热敏电阻及半导体 P-N 结定温探测器等。线型感温探测器主要有缆式线型定温探测器和空气管式探测器。

(1) 定温式探测器

定温式探测器是在规定时间内，火灾引起的温度达到或超过预定值时发出报警响应，有线型和点型两种结构。其中线型定温式探测器是当火灾现场环境温度上升到一定数值时，可将绝缘物熔化使两导线短路，从而产生报警信号。点型定温式探测器则是利用双金属片、易熔金属、热电偶、热敏电阻等热敏元件，当温度上升到一定数值时发出信号。

双金属片定温探测器由热膨胀系数不同的双金属片和固定触点组成，其结构如图 15-4 所示，当环境温度升高时，双金属片受热膨胀向上弯曲，使触点闭合，输出报警信号。当环境温度下降后，双金属片复位，探测器状态复原。

（2）差温式探测器

差温式探测器在规定时间内，当环境温度上升速度超过预定值时报警。它也有线型和点型两种结构，点型差温探测器是根据局部的热效应而动作的，主要感温器件是空气膜盒、热敏电阻等。图 15-5 所示的是膜盒式差温探测器结构示意图。

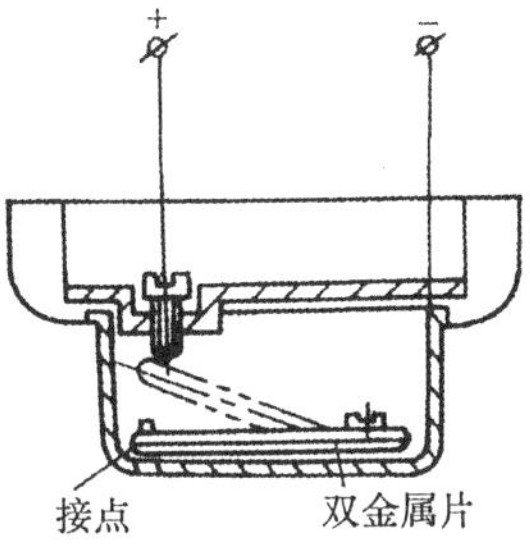


图 15-4　双金属片定温探测器示意图

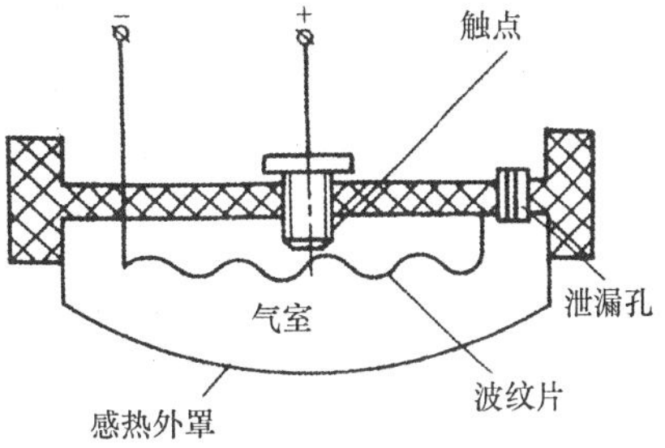


图 15-5　膜盒式差温探测器示意图

空气膜盒是温度敏感元件，其感热外罩与底座形成密闭气室，有一小孔与大气连通。当环境温度缓慢变化时，气室内外的空气可由小孔进出，使内外压力保持平衡。如温度迅速升高，气室内空气受热膨胀来不及外泄，致使室内气压增高，波纹片鼓起与中心线柱相碰，电路接通报警。

（3）差定温式探测器

顾名思义，这种探测器结合了定温和差温两种工作原理，并将两者组合在一起。差定温式探测器一般多为点型的膜盒式或热敏电阻等组合感温探测器。

3. 感光式探测器

可燃物燃烧时的辐射光谱可分为两大类：一类是由炽热炭粒子产生的具有连续性光谱的热辐射；另一类为由化学反应生成的气体和离子产生具有间断性光谱的光辐射，其波长多在红外及紫外线光谱范围内。现在广泛使用的是红外式和紫外式两种感光式火灾探测器。

（1）红外式感光探测器

红外感光探测器是利用火焰的红外辐射和闪烁现象来探测火灾。红外光的波长较长，烟雾粒子对其吸收和衰减远比紫外光及可见光弱。所以，即使火灾现场有大量烟雾，并且距红外探测器较远，红外感光探测器依然能接收到红外光。

图 15-6 是红外感光探测器的结构原理图。为了保证红外光敏元件只接收红外光，在光传输路径上还要设置一块红玻璃片和一块锗片，以滤除除红外光之外的其他光线。该红外感光探测器对于 $0.3\text{m}^2$ 的火焰能在相距 45m 处探测到，并发出报警信号。

（2）紫外式感光探测器

对易燃、易爆物（汽油、酒精、煤油、易燃化工原料等）引发的燃烧，在燃烧过程中它们的氢氧根在氧化反应（即燃烧）中有强烈的紫外光辐射。在这种场合下，紫外式感光探测器可以很灵敏地探测这种紫外光。图 15-7 的是紫外光探测器的结构示意图。

紫外光探测器玻璃罩内是两根高纯度的钨丝或钼丝电极，当电极受到紫外光辐射时即发出电子，并在两电极间的电场中被加速，这些高速运动的电子与罩内的氢、氦气体分子发生撞击而使之电离，最终造成“雪崩”式放电，相当于两电极接通，导致探测器发出火灾报警信号。

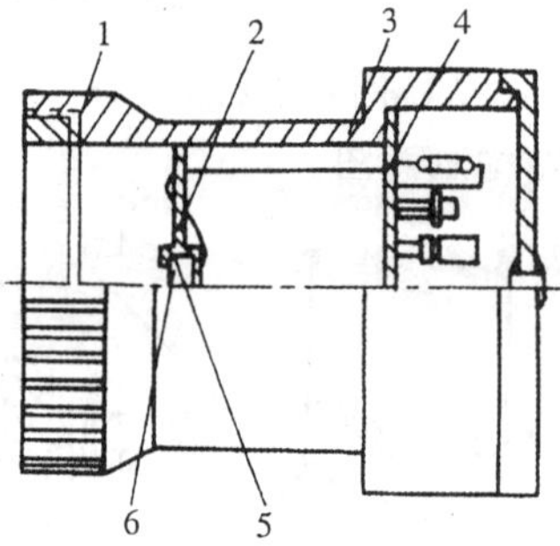


图 15-6　红外感光探测器结构原理图

1—红玻璃片；2—绝缘支承架；3—外壳；4—印制电路板；5—硫化铅红外光敏元件；6—锗片

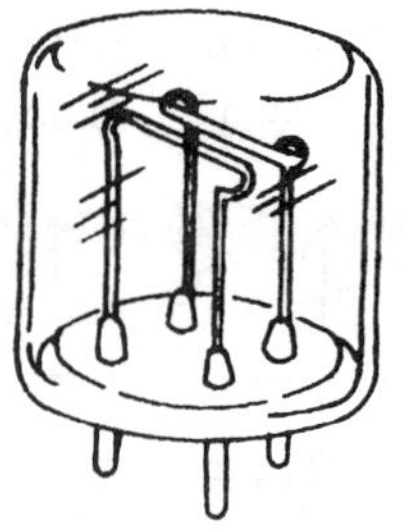

图 15-7　紫外光敏感管结构示意图

4. 可燃气体探测器

对可燃性气体可能泄漏的危险场所（如厨房、燃气储藏室、油库、易挥发并易燃的化学品储藏室等）应安装可燃气体探测器。可燃气体探测主要分为半导体型和催化型两种。

（1）半导体型可燃气体探测器

这种由半导体做成的气敏元件，对氢气、一氧化碳、天然气、液化气、煤气等可燃性气体有很高的灵敏度。该种气敏元件在 250～300℃温度下，遇到可燃气体时其电阻减小，电阻减小的程度与可燃性气体浓度成正比。当可燃性气体进入探测器罩后，气敏材料的电阻减小。

（2）催化型可燃气体探测器

它采用铂丝作为催化元件，当铂丝加热后其电阻会随所处环境中可燃气体浓度的变化而变化。该检测电路多设计成电桥形式，检测用铂丝裸露在空气中，补偿用铂丝则是密封的，两者对称地接在电桥的两个臂上。环境中无可燃性气体时，电桥平衡无输出；当环境中有可燃性气体时，检测用铂丝由于催化作用导致可燃性气体的无焰燃烧而铂丝温度进一步升高，使其电阻也随之增大，电桥失去平衡，电子线路有报警信号输出。

火灾探测器应布置在火灾参数最容易到达的地方，使空间任一点发生火灾，都能使火灾参数在最短时间内到达探测器。布置探测器时还应考虑到既便于值班人员进行检查、维护，又使一般人员不易随便接触；既考虑安装和布线的要求，又要顾及建筑上的美观。目前，火灾探测器已从早期的开关量产品，发展到了有各种自检、防误报功能、带微处理器的模拟量产品。

## 三、火灾自动报警系统的设置

### （一）一般规定

1. 下列民用建筑物需要设置火灾自动报警系统

（1）高层建筑

1）10 层及 10 层以上的住宅（包括底层设置商业服务网点的住宅）；

2）建筑高度超过 24m 的其他民用建筑；

3）与高层建筑直接相连且高度不超过 24m 的裙房。

(2) 多层建筑

1) 建筑高度不超过 24m 的单层及多层的有关公共建筑;

2) 单层主体建筑高度超过 24m 的体育馆、会堂、剧院等公共建筑。

(3) 人民防空工程,地下铁道、地下建筑和城市道路隧道、铁路隧道。

2. 系统保护对象分级

民用建筑根据其使用性质、火灾危险性、疏散和扑救难度等进行防火等级和保护等级的分类。一般可按表 15-2(a)、表 15-2(b)所示来划分。

**表 15-2(a)　　高层建筑物分类表**

| 保护等级 | 防火等级 | 建筑物分类 | 建筑物名称 |
|---|---|---|---|
| 一级 | 一类 | 公共建筑 | 高度超过 100m 的建筑物 |
| | | | 医院病房楼<br>每层面积超过 1000m² 的商业楼、展览楼、综合楼<br>每层面积超过 800m² 的电信楼、财贸金融楼<br>省(市)级邮政楼,防灾指挥调度楼<br>大区级和省(市)级电力调度楼<br>中央级、省(市)级广播电视楼<br>高级旅馆<br>每层积超过 1200m² 的商住楼<br>藏书超过 100 万册的图书楼<br>重要的办公楼、科研楼、档案楼<br>建筑高度超过 50m 的教学楼和普通的旅馆、办公楼、科研楼等 |
| | | 居住建筑 | 高级住宅<br>19 层及以上的普通住宅 |
| 二级 | 二类 | 公共建筑 | 除一类建筑以外的商业楼、展览楼、综合楼、商住楼、财贸金融楼、电信楼、图书楼<br>建筑高度不超过 50m 的教学楼和普通的旅馆、办公楼、科研楼<br>省级以下的邮政楼<br>市级、县级广播电视楼<br>地、市级电力调度楼<br>地、市级防灾指挥调度楼 |
| | | 居住建筑 | 10～18 层的普通住宅 |

注:(1) 本表未列出的建筑物,可参照本条划分类别的标准确定其相应类别;

(2) 本表所列之市系指:一类市包括省会所在市及计划单列市;二类市指地级及以上的市。

表 15-2(b) 低层建筑物分类表

| 保护等级 | 防火等级 | 建筑物名称 |
| --- | --- | --- |
| 二级 | 一类 | 电子计算中心<br>300 张床位以上的多层病房楼<br>省(市)级广播楼、电视楼、电信楼、财贸金融楼<br>省(市)级档案馆<br>省(市)级博展馆<br>藏书超过 100 万册的图书楼<br>3000 座以上体育馆<br>2.5 万以上座位大型体育场<br>大型百货商场<br>1200 座以上的电影院<br>1200 座以上的剧场<br>三级以上旅馆<br>特大型和大型铁路旅客站<br>省(市)级及重要开放城市的航空港<br>一级汽车及码头客运站 |
| 三级 | 二类 | 大、中型电子计算站<br>每层面积超过 3000m$^2$ 的中型百货商场<br>藏书 50 万册及以上的中型图书楼<br>市(地)级档案馆<br>800 座以上中型剧场 |

注:(1) 本表未列出的建筑物,可参照本条例划分类别的标准确定其相应类别;

(2) 本表所列之市系指:一类市包括省会所在市及计划单列市;二类市指地区及以上的市。

(二) 系统组成

火灾自动报警及联动控制系统由火灾信号检测部分、火灾报警控制器、联动控制器及消防联动执行机构几大部分组成。

1. 火灾信号检测部分

它由各种探测器、手动报警器、自动喷淋系统的水流指示器、消火栓按钮等组成,其任务是检测火灾信号,并将信号传送给火灾自动报警器。

手动报警按钮、水流指示器、消火栓按钮等均输出开关量信号,各类火灾探测器,可根据要求输出开关量信号或模拟量信号,在一般情况下可采用开关量信号输出的探测器,在要求比较高的场合可采用模拟量输出的火灾探测器。

2. 火灾报警控制器及联动控制器

这部分是火灾报警及联动控制的中枢。它的任务是:用来接受、处理、存贮、显示火灾信号并发出联动控制指令。

火灾报警控制器是系统的核心设备,有区域报警控制器、集中报警控制器和通用报警控制器之分,按设备结构形式可分为壁挂式、台式或柜式。系统较小的用壁挂式(通常不多于 128 点),大型系统采用柜式或台式。与之配套的设备还有消防联动控制器、外设驱动电源、火灾应急广播设备、消防电话总机台、多种探测器接口、火灾显示屏、火灾讯响器及打印机、微机等。

3. 消防联动执行机构

它的任务是执行火灾自动报警联动控制器的指令,使各种执行机构自动完成事先按程序确定的指令内容,如启动消防泵、排烟风机、接通消防广播、切除相关的非消防电源等。

除以上三大部分以外,还包括一些附属设备,如专用主机电源、外控设备集中供电电源等。

如图 15-8 所示是上海松江电子仪器厂生产的 HJ-1501A 系列的通用型火灾自动报警控制系统图,它通常适用于规模大、外控设备多的工程。

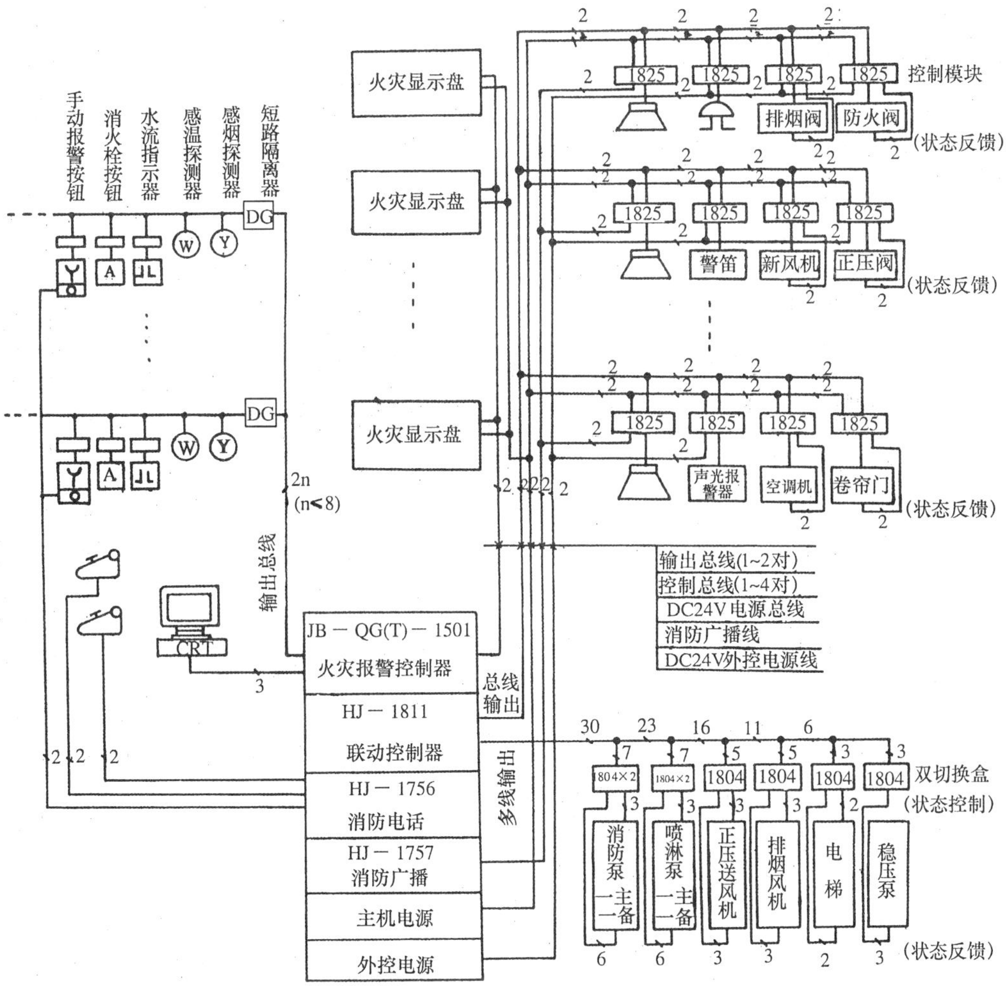


图 15-8 通用型火灾自动报警控制系统图

注:运用于规模大、外控设备多的工程。

4. 布线

从探测器到控制器之间的导线，是传输各类报警信号和控制信号的物理媒介，应穿保护管敷设或在封闭式线槽内敷设。其保护管应为金属管、不燃或难燃硬质、半硬质塑料管。其中消防联动控制、自动灭火控制、火灾报警电话通讯及与火灾报警相配套的紧急广播等线路，应穿金属管保护，并暗敷在混凝土楼板及结构柱内，其保护层厚度不小于 3cm。当采用金属保护管明敷或在吊顶内暗敷时，金属管要采取防火保护措施。

如采用非延燃性绝缘和护套电缆布线时，可不穿金属管，但应敷在专门的电缆竖井里。

早期的一些火灾自动报警系统采用多线制，线缆多、安装十分麻烦，现已基本淘汰。目前的火灾报警系统设备的产品大多是总线制，各类火灾探测器全接在一条信号总线上，这样的产品大大减轻了安装工作量，并减少了误报和故障率。

## 四、火灾报警系统设备的一般选择

国内外生产火灾报警及联动控制设备的厂家很多，国内产品有上海松江电子仪器厂的“云安”、中科院上核所的“日环”、西安 262 厂、南京盛华电子公司、北京“中安”、“利德”、“狮岛”等厂家产品。进口产品常用的有：日本的“能美”、“日探”、“松下”、“报知机”，英国的“精灵”，德国的“安舍”，瑞士的“西伯乐斯”，美国的“霍尼威尔”、“江森”等。

各个厂家生产的火灾报警及联动控制设备的型号、规格、接线、安装要求并不统一，每个厂家生产的探测器通常只能与该厂生产的报警控制器相匹配。

（一）火灾探测器的选择

1. 概述

首先，火灾探测器的选用应按照国家标准《火灾自动报警系统设计规范》和《火灾自动报警系统施工验收规范》的有关要求来进行。火灾探测器的选用涉及到的因素很多，主要有火灾的类型、火灾形成的规律、建筑物的特点及环境条件。火灾通常分为两大类：一类是燃烧过程极短暂的爆燃性火灾；另一类是具有初始阴燃阶段、燃烧过程较长的一般性火灾。

根据火灾的特点，选择火灾探测器时应符合以下原则：

(1) 对于第一类火灾，须采用可燃气体探测器实现灾前报警，或采用感光式火焰探测器对爆燃性火灾瞬间产生的强烈光辐射作出快速报警反应。这类火灾没有阴燃阶段，燃烧过程中烟雾少，用感烟式探测器显然不行，在燃烧过程中虽然有强烈辐射，但总的来说感温式探测器的响应速度偏慢，不能及时对爆燃性火灾作出报警反应。

(2) 火灾初期产生大量的烟和少量的热，有阴燃阶段、很少或没有火焰辐射，应选用感烟探测器；烟雾粒子较大时宜采用光电感烟式探测器，粒子较小时对光的遮挡和散射能力变弱，宜选用离子式感烟探测器。

(3) 火灾发展迅速，产生大量的热、烟和火焰辐射，可同时选用感温、感烟、感光火焰探测器或它们的组合。

(4) 火灾发展迅速，有强烈的火焰辐射和少量的热、烟，应选用感光型火焰探测器。

当火灾的形成特点不可预料时，可进行模拟试验，根据试验结果选用探测器。

2. 根据建筑物的特点及场合选用不同的探测器

建筑物的室内高度的不同，对火灾探测器的选用也有不同的要求。房间高度超过12m时，感烟探测器不适用。房间高度超过8m，则感温探测器不适用，这种情况下只能采用感光探测器。对于不同高度的房间，可参照表15-3选择探测器。

**表15-3　　根据房间高度选择探测器**

| 房间高度$h$（m） | 感烟探测器 | 感温探测器 | | | 火焰探测器 |
|---|---|---|---|---|---|
| | | 一级 | 二级 | 三级 | |
| $12<h\leqslant 20$ | × | × | × | × | ○ |
| $8<h\leqslant 12$ | ○ | × | × | × | ○ |
| $6<h\leqslant 8$ | ○ | ○ | × | × | ○ |
| $4<h\leqslant 6$ | ○ | ○ | ○ | × | ○ |
| $H\leqslant 4$ | ○ | ○ | ○ | ○ | ○ |

注：○—合适；×—不合适。

对于较大的库房及货场，宜采用线型激光感烟探测器，而采用其他的点型探测器则效率不高。在粉尘较多、烟雾较大的场所，感烟式探测器易出现误报警，感光式探测器的镜头易受污染而导致探测器漏报，因此，在这种场合只有采用感温式探测器。

在较低温度的场合，宜采用差温或差定温探测器，不宜采用定温探测器。在温度变化较大的场合，应采用定温探测器，不宜采用差温探测器。

风速较大或气流速度大于5m/s的场所不宜采用感烟探测器，使用感光探测器则无任何影响。

在不适合采用感烟探测器的场合（如厨房、改进的汽车库、锅炉房等）宜采用感温探测器，或考虑采用其他类型探测器。

3. 在散发可燃气体、可燃蒸汽和存放可燃液体的场所宜选用可燃气体探测器。

虽然离子感烟探测器有稳定性好、寿命长、结构紧凑等优点，但由于它是采用放射性元素制造的，其生产过程和报废产品的处理都存在一定困难，不符合绿色环保的要求，因此，在民用建筑中，正逐步用光电式感烟探测器替代离子式感烟探测器。

（二）火灾探测器的安装

火灾探测器的安装会碰到风管、风口、灯具等障碍物。此时，对探测器设计的位置可作适当移动，如果取消探测器或经移位后的探测器超出了原定的保护范围，则应与设计单位联系，变更修改设计。

火灾探测器的安装位置应符合以下要求：

① 探测区域内，每个房间至少应设一只火灾探测器；每个探测区内报警探测器的设置数量，可按下式计算：

$$N\geqslant (S/K)A \qquad (15\text{-}1)$$

式中　$K$——修正系统数，重点保护建筑$K$取0.7～0.9，普通保护建筑$K$取1.0；

$N$——一个探测区域所需设置的探测器数量(只),$N \geqslant 1$(取整数);

$S$——探测区的面积($m^2$);

$A$——一个探测器的保护面积($m^2$)。

② 感烟、感温探测器的保护面积和保护半径应按表 15-4 确定。

**表 15-4　　感烟、感温探测器的保护面积和保护半径**

| 火灾探测器的种类 | 地面面积 $S$ ($m^2$) | 房间高度 $h$ (m) | 探测的保护面积 $A$ 和保护半径 $R$ | | | | | |
|---|---|---|---|---|---|---|---|---|
| | | | 层顶坡度 $O$ | | | | | |
| | | | $O \leqslant 15°$ | | $15° \leqslant O \leqslant 30°$ | | $O > 30°$ | |
| | | | $A$ ($m^2$) | $R$ (m) | $A$ ($m^2$) | $R$ (m) | $A$ ($m^2$) | $R$ (m) |
| 感烟探测器 | $S>80$ | $h \leqslant 12$ | 80 | 6.7 | 80 | 7.2 | 80 | 8.0 |
| | $S \leqslant 80$ | $6<h \leqslant 12$ | 80 | 6.7 | 100 | 8.0 | 120 | 9.9 |
| | | $h \leqslant 6$ | 60 | 5.8 | 80 | 7.2 | 100 | 9.0 |
| 感温探测器 | $S \leqslant 30$ | $h \leqslant 8$ | 30 | 4.4 | 30 | 4.9 | 30 | 5.5 |
| | $S \leqslant 30$ | $h \leqslant 8$ | 20 | 3.6 | 30 | 4.9 | 40 | 6.3 |

③ 在宽度小于 3m 的走道顶棚上设置探测器时,宜居中布置且感烟探测器所安装间距不应超过 15m,感温探测器的安装间距不应超过 10m,探测器与墙的距离不应大于探测器安装间距的一半。

④ 探测器至墙、梁边的水平距离不小于周围 0.5m,探测器周围 0.5m 内不应有遮挡物。

⑤ 探测器至空调送风口的水平距离不应小于 1.5m,并且近回风口安装;到多孔送风顶棚孔口的水平距离不应小于 0.5m。

⑥ 在厨房、开水房、浴室等房间连接的走廊安装探测器时,应避开入口边缘 1.5m 安装;

⑦ 安装在天棚上的探测器边缘与下列设施的边缘水平距离宜保持在:

(a) 与照明灯具的水平净距不应小于 0.2m;

(b) 感温探测器距离高温光源灯具(如:碘钨灯、容量大于 100W 的白炽灯等)的净距不小于 0.5m。

(c) 离电风扇的净距不小于 1.5m,与多孔送风顶棚孔口净距不小于 0.5m。

(d) 与防火门、防火卷帘的间距,一般在 1～2m 的适当位置。

(三) 火灾报警控制器的选用

火灾探测器的选用对有效地探测火灾的发生是至关重要的,而与之相配合的控制器是火灾信息处理和报警控制的关键。火灾自动报警控制器给各类火灾探测器供电,接收来自探测器的火灾信号,经判别处理后发出声光报警信号并将火灾信息传送到上一级监控中心。同时它也能自动输出控制指令到其它联动设备,控制它们作出相应动作。

火灾报警控制器性能好坏直接关系到火灾的早期发现和扑救的成功与否,对于能否将火灾带来的损失限制在最小范围内起着决定作用。火灾报警控制器的重要性决定了它的主要技术性能,它包括以下一些内容:

① 确保不漏报，并减少误报率；

② 自检和巡检，确保线路完好，信号可靠传输；

③ 火警优先于故障报警；

④ 电源监测及自动切换，主电源断电时能自动切换到备用电源上，同时具备电源状态监测电路；

⑤ 控制功能，能驱动外控断电器，以便联动所需控制的消防设备；

⑥ 兼容性强，调试及维护方便；

⑦ 工程布线简单、灵活。

早期的火灾报警控制器为多线制的，在联接探测器较多时，多线制产品的施工和维护都相当麻烦，目前已基本上为总线制所取代，而二总线制和四总线制是当前常用的两种总线制式。

根据火灾自动报警系统规模的大小，按其报警方式又可分为区域报警系统、集中报警系统和控制中心报警系统三类。

(1) 区域报警系统

区域火灾报警控制器主要用于局部性和重要保护对象的火灾自动报警及联动控制，如电子计算机房、图书馆、档案室等部门或其他要害部门。由于区域火灾报警控制器的容量较小，故选择区域报警系统时，应注意区域火灾报警控制器的总容量不应小于建筑物应监控点的容量总数。

(2) 集中报警系统

集中火灾报警控制器的组成与工作原理和区域火灾报警控制器基本相同，除了具有声光报警、自检及巡检、记时和电源等主要功能外，还具有扩展外控功能，如录音、火警广播、火警电话、火灾事故照明等。

集中火灾报警控制器的作用是将若干个区域报警控制器连成一体，组成一个更大规模的火灾自动报警系统。集中报警控制器的原理框图如图 15-9 所示。

集中报警控制器与区域报警控制器不同之处有以下几个方面：

① 区域报警控制器范围小，可单独使用。而集中报警控制器是监控整个系统，不能单独使用；

② 区域报警控制器的信号来自各种火灾探测器，而集中报警控制器的输入一般来自区域报警控制器；

③ 区域报警控制器必须具有自检功能，而集中报警控制器应具备自检及巡检两种功能；

④ 集中报警控制器都具有消防设备联动控制功能，然而不是所有的区域报警控制器都具有该功能。

鉴于以上区别，两种火灾报警控制器不能互换使用。当监测区域较小时可单独使用一台区域报警控制器。对于规模较大，保护对象较多且有条件设置区域报警器的大型建筑，例如：有楼层服务台的宾馆、由多幢楼房构成的建筑群可采用集中报警系统。但集中报警控制器不能代替区域报警控制器而单独使用，只有通用型火灾报警控制器才可兼作两种火灾报警控制器使用。

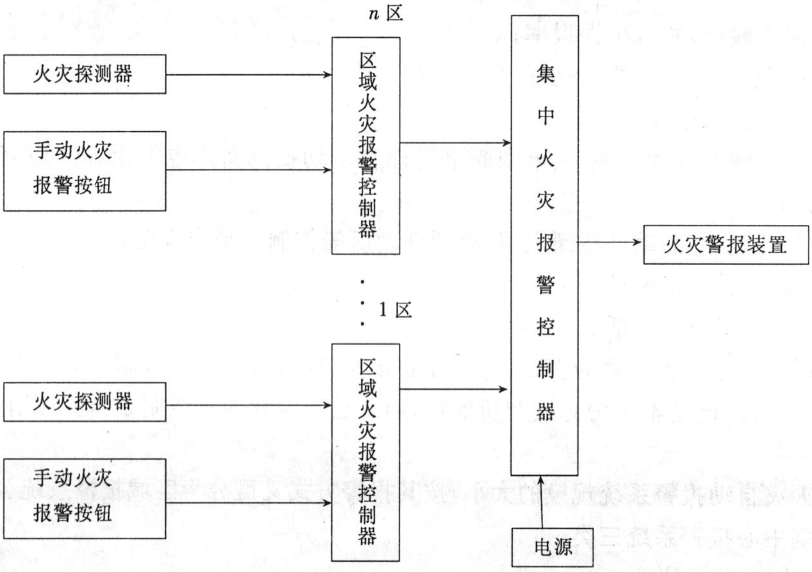


图 15-9 火灾集中报警系统

(3) 控制中心报警系统

对于规模大且要进行集中管理的建筑群或超高层建筑,如欲要求对整个建筑物进行火灾自动报警及控制、且无区域及集中报警器的分别,则应选择通用型火灾报警消防控制系统。在消防控制室(中心)内设 1～2 台火灾报警控制器和消防联动控制器,可对整个建筑物(群)进行火灾监控,各楼层只装设楼层火灾显示器或火灾重复显示屏。一般无楼层服务台的商住楼、办公楼均可采用这种系统(图 15-10)构成控制中心报警系统。

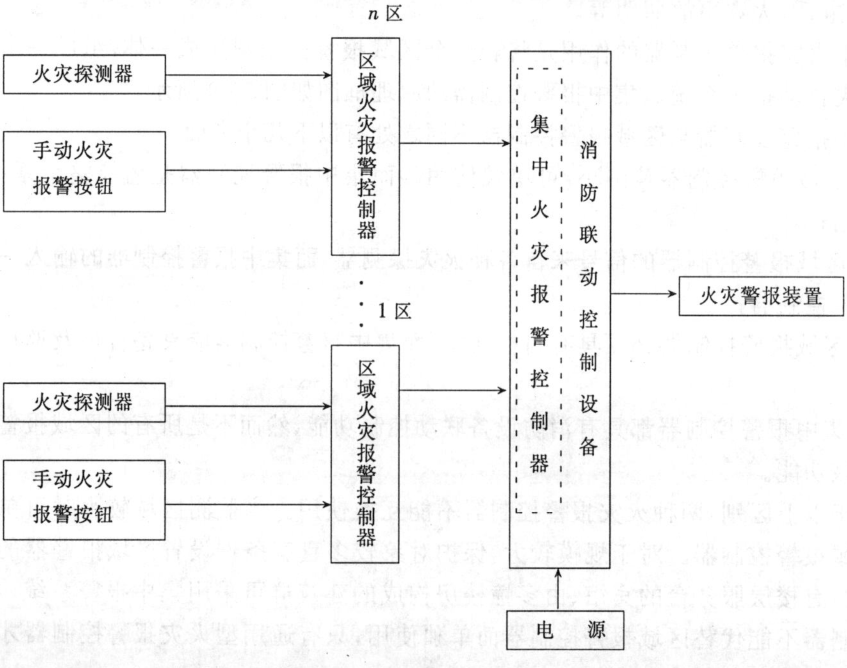


图 15-10 控制中心报警系统

控制中心报警系统一般可与楼宇自动化系统(BAS)联网，但宜各自分别组成系统。

**五、消防值班室或消防控制室(中心)的设置**

按国家有关规定，当建筑物内安装了火灾报警系统时，需在建筑内设置相关的管理场所；消防值班室或消防控制室(中心)。

当仅有火灾报警系统而无消防联动控制功能时，建筑内可设消防值班室，且值班室宜设在首层主要入口附近，可与经常有人值班的部门如安保中心、门卫室合并设置。

当火灾报警系统设有自动灭火或有消防联动控制设施时，应在建筑物内设集中消防控制室。具有两个及以上消防控制室的大型建筑群或超高层建筑，应设置消防控制中心。消防控制室(中心)的位置选择应满足下列要求：

- 宜设在建筑的首层，距通往室外的出入口距离不大于20m。
- 房间部位应便于内部和外部消防人员寻找，并容易接近。
- 不应设于厕所、浴室、锅炉房、汽车库、变压器室、高压开关站等部位的隔壁或上、下层。
- 有条件时宜与安保监控、广播室等机房共用或相邻。

## 第二节　共用天线电视系统(CATV)

**一、概述**

共用天线电视系统，也称为电缆电视系统，简称CATV系统。它主要是由前端设备部分、干线和分配网络三部分组成。典型的CATV系统组成见图15-11所示。目前全国各大中城市的有线电视网络其基本结构上也相同，只不过前端设备部分实际上已成为有线电视台的一部分，并且增加了相应的中间传输设备，以便远距离传播分配各种电视节目。有线电视系统也称为电缆电视系统，它的英文缩写也是CATV。

**二、系统简介**

(一) 前端部分

1. 前端的作用

前端部分主要包括电视接收天线、频道放大器、频率变换器、自播节目设备、卫星电视接收设备、导频信号发生器、调制器、混合器以及连接线电缆等。CATV系统的前端主要作用有如下几个方面：

(1) 将天线接收的各频道电视信号分别调整至一定电平值，在经混合后送入干线；

(2) 必要时将电视信号变换成另一频道的信号，然后按这一频道信号进行处理；

(3) 向干线放大器提供用于自动增益控制和自动频率控制的导频信号；

(4) 自播节目通过调制器成为某一频道的电视信号而进入混合器；

(5) 卫星电视接收设备输出的视频信号通过调制器成为某一频道的电视信号进入混合器；

(6) 为CATV系统的前端设备和系统中的线路放大器提供直流稳压电源。

2. CATV前端部分的设置

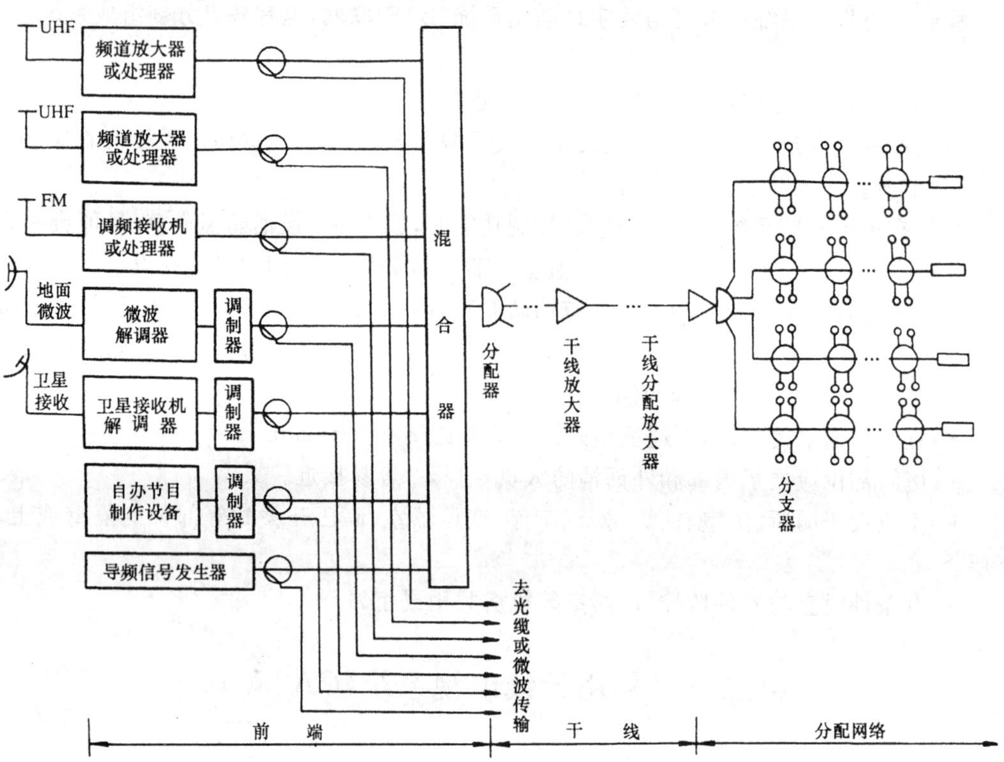


图 15-11 共用天线电视系统组成示意图

CATV 前端部分的设置，主要考虑如下几个因素：

(1) 系统规模的大小，用户数量及用户性质(是住宅还是宾馆)；

(2) 接收电视频道的多少(有无卫星接收，是否与有线电视联网)；

(3) 接收点信号场强的高低，采用直接传输或是邻频传输。

如果是一般住宅建筑，且可与当地有线电视联网的话，则应取消前端设备部分，仅用分配网络将有线电视信号送至各用户即可，反之则需要认真考虑前端设备的设计与施工。

(二) 干线部分

一般在较大型的 CATV 系统或有线电视网络中才有较长的干线部分。如一个小区的多幢建筑物共用一套前端，自前端至各建筑物的传输部分为干线。干线距离较长，为了保证末端信号有足够高的电平，需加入干线放大器以补偿传输电缆的信号衰减。电缆对信号的衰减基本上与信号频率的平方根成正比，所以有时需加入均衡器以补偿干线部分的频谱特性，保证干线末端的各频道信号电平基本相同。小型 CATV 系统可不包括干线部分，而直接由前端和分支分配网络构成。传输干线可用同轴电缆或光缆，光缆在长距离传输电视信号时的性能远优于同轴电缆，往往用于长距离传输干线或有线电视网络的主干线建设，但在传输光缆的两端需增加电/光和光/电转换设备。

(三) 传输分配系统

CATV 的传输分配系统又称为用户系统，它由分配、分支网络构成，主要包括放大器(宽频带放大器、频段放大器、线路延长放大器等)、分配器、分支器、系统输出端及电缆线路等。

(1) 分配器。它的作用是把一路电缆的信号分配到多路电缆中去传输,常用的分配器有二分配器、三分配器、四分配器和六分配器。

(2) 分支器。它用来从传输线路上分出电视信号,供给终端用户。常用的有二分支器、四分支器、六分支器和串接一分支器。

(3) 用户终端。用户终端是一个特性阻抗为 75Ω 的同轴电缆插座,是用户将电视机接入 CATV 系统的接口。

(4) 同轴电缆。它是电视信号传输的物理媒介,有很好的频率特性,抗干扰能力较强,特性阻力为 75Ω,传输频率 40MHz～870MHz。

根据单位长度的同轴电缆传输电视信号衰减程度的不同,同轴电缆可分为 SYV-75-12(单位长度衰减最小),SYV-75-9 和 SYV-75-7(衰减中等)和 SYV-75-5(衰减较大)等几种型号供选用。其中,干线和分支线常采用 SYV-75-12 和 SYV-75-9(7),用户线(至分支器到用户终端插座的联线)多为 SYV-75-5 型同轴电缆。

一般而言,传输分配网络的系统结构宜采用分配—分支方式(图 15-12),这种方式具有较强的可扩充性,用户之间隔离好,相互影响小,维修方便,是采用得最多的一种网络分配方式。在传输分配系统中,还要注意各种器件和传输电缆的频率特性,以保证将各频道的电视信号按各项技术要求,均匀地分配给各个用户,且保证各用户终端之间互不干扰、并不影响前端系统的正常工作。这里的"均匀"分配,实际上是指如下两点:

① 对某个用户而言,各个频道的电视信号的强弱差别被限制在一个允许的范围(±2dB)内;

② 对整个系统而言,各用户端的电视信号电平差控制在 8dB 以内,即用户端信号电平为 70±4dB 或 66±4dB(邻频传输)。

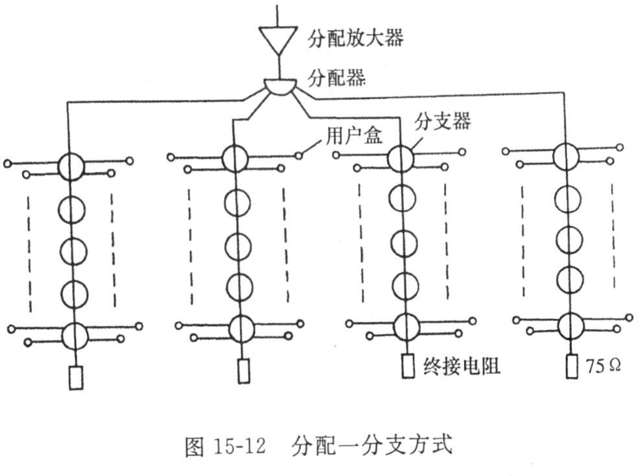


图 15-12　分配—分支方式

由于 CATV 系统传输的图像清晰,节目源多,可同时播送数十套甚至上百套节目而互不干扰,因而获得了极大的推广,在全国各地,几乎所有的城市(包括中、小城市)都有自己的 CATV 网络,而将这些网络用有线或无线方式互联起来,就将构成一个新的全国性网络。目前,大多数 CATV 网络系统还是单向传输的、广播式的网络,而将 CATV 网络改造成能双向传输信号的交互式网络,可以构成一种新的信息高速公路。

## 第三节　电话通讯系统

### 一、系统简介

电话是人类活动中最重要的通讯工具之一，随着现代科学技术的发展，电话通讯已经从早期单纯的电话语音交换转变为语音、数据、图像及综合数字服务等新的通信内容。以用户交换机为核心的通信系统，已随着数字通信技术的开发及计算机通讯技术、网络技术的引入，出现了新一代的数字式程控电话交换设备，可以将电话机、传真机、计算机、文字处理机及各种数据终端设备有机地连成为综合业务数据网。

一般来说，电话通信系统设计的主要内容为：

(1) 中继及组网方式；

(2) 电话站(程控交换机房)的设计；

(3) 配线网络的设计；

(4) 供电、接地及其他。

对于大量的民用建筑，电话通信系统实际上可按有无用户程控交换机而分成两类：一类为无中继线、全体用户均为直线电话的系统，用户电话线经适当处理后直接接入市话网络；另一类则设有专用的程控交换机，由市话网引来的电缆(包括中继线和直线电话)，先经总交接箱(架)再进入程控交换机(中继线)或直接经总配线架—楼层分线箱—用户(直线和分机配线)，较典型的电话通信系统示意图见如图 15-13 所示。

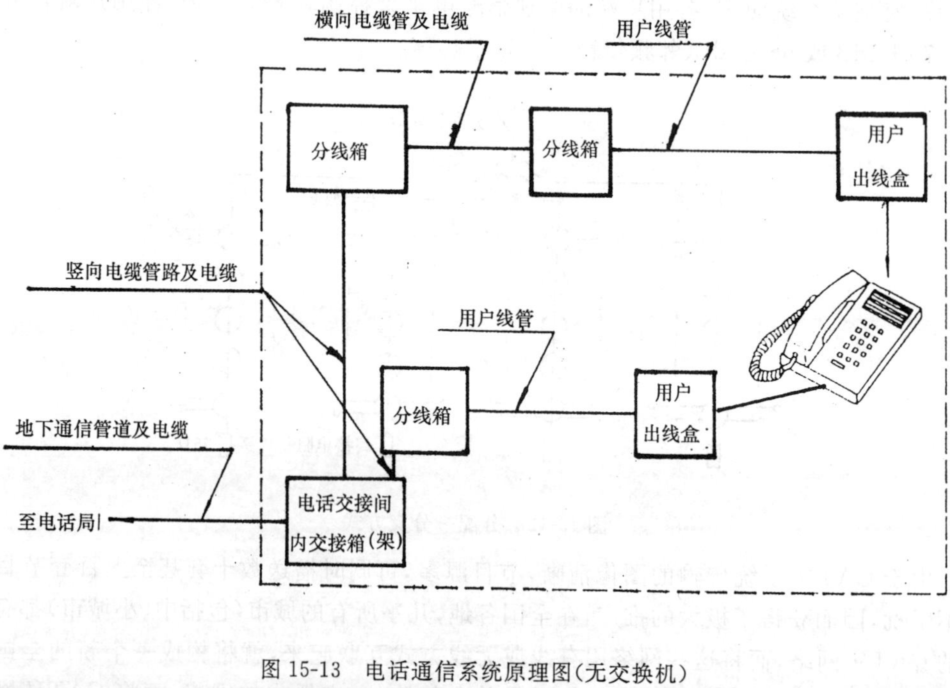


图 15-13　电话通信系统原理图(无交换机)

前一类用户多为住宅类建筑和一些小规模的工商业类建筑；后一类用户多为宾馆、办公楼、厂矿企业等终端用户较多而彼此间话务量相对较大的单位。

## 二、电话站(程控交换机房)的设置

电话站址的选择分两种情况来考虑:一是在单一建筑物内安装总机和全部分机;二是在多幢单独的建筑物构成的建筑群,这时总机宜设在其中一个建筑物内,分机则分布在所有建筑物内。在具体选址时,还应注意如下原则:

(1) 程控交换机房(总机室)一般宜在建筑的底层或二层并邻近建筑物外的道路,应避免将其设在地下层中,但特殊的工程(如人防、地铁、地下商业中心等)除外。

(2) 总机室最好放在分机用户负荷的中心位置。

(3) 应避免将总机室设于变配电间、空调机房、水泵、通风机房等有较强噪声或电磁干扰影响的房间附近。

(4) 电话站址宜首选朝南向阳的房间,站内不宜有其他与电话工程无关的管线穿过。站内的主要房间或通道,不被其他公用通道、走廊或房间隔开。电话站(程控交换机房)对环境的要求可见表 15-5。

容量在 200 门以下的电话交换机(程控交换机 500 门以下),总配线架(箱)采用小型插入式端子箱时,也可置于交换机室或话务台室,否则应分别置于不同房间内,图 15-14 给出了一个程控交换机房的平面布置示意图。

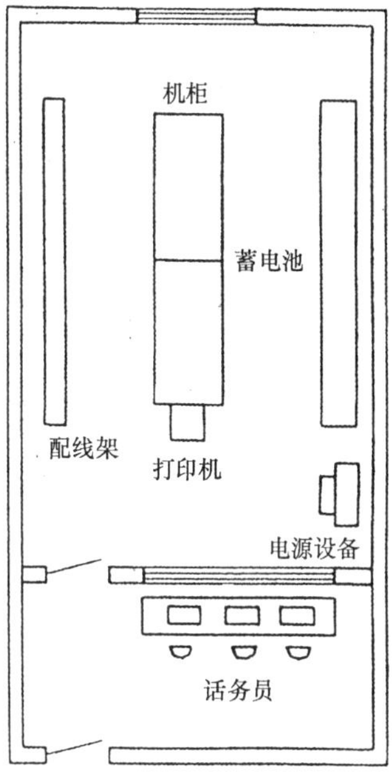


图 15-14　500～1000 门程交换机房平面布置图

表 15-5　　电话站房环境要求

| 名　称 | 室内净高(m) | 温　度(℃) | | 湿　度 | | 照度(lx) |
|---|---|---|---|---|---|---|
| | | 基本要求 | 适宜值 | 基本要求 | 适宜值 | |
| 程控交换机室 | 3.0(低架)<br>3.5(高架) | 18～28 | 25 | 30%～75% | 55% | 200 |
| 话务员室 | 3.0 | 10～30 | 25 | 40%～80% | 55% | 150 |
| 电力室 | 3.0 | 10～35 | 25 | 45%～75% | 60% | 60 |
| 配线室 | 3.0(120 回线)<br>3.5(600 回线) | 10～32 | 25 | 20%～80% | 55% | 100 |
| 电池室 | 3.0 | ≥10 | 25 | | | 50 |

电话站内的机架正面宜与机房窗户垂直布置,机列间距为 0.8m,当机架面对面排列时,净距为 1～1.2m。机列与墙间作为主要走道时,净距为 1.2～1.5m;机列背面或侧面与墙或其他设备净距不宜小于 0.8m,当机列背面不需维护时也可靠墙安装。

话务台室宜与交换机室相邻,安装时应能使话务员通过观察窗正视或侧视机列上信号灯,电话交换机中继线的数量可按交换机容量 8%～10%考虑,电话站(或程控交换机)

的容量应为未来的发展留有一定余地，通常可予留30%左右的容量。

独建电话站时，建筑物耐火等级应为二级，抗震设计按站地所在地区规定烈度提高一度考虑，电话站与其他建筑物合建时，200门及以下自动电话站宜设有交换机室、话务室和维修室等，如有发展可能则宜将交换机室与总配线架室分开设置。800门及以上(程控交换机1000门及以上)的电话站应考虑有电缆进线室、配线室(包括传输室)、转接台室、电池室、电力室以及维修器材备件用房、办公用房等。当电话站选用程控交换机时，房间面积可根据需要考虑，一般容量在800～1200门的程控交换机，机房总面积在80～120m$^2$已可满足要求。

电话站室内净高一般在3.0～3.5m左右，电话站的各种技术用房的配置及总面积可参照表15-6和表15-7。

**表15-6　程控电话机房面积**

| 程控交换机线数 | 电话机房预期面积(m$^2$) | 电话机房最小宽度(m) |
|---|---|---|
| 500～800 | 60～80 | 5.5 |
| 1000 | 70～90 | 6.5 |
| 1600 | 80～100 | 7.0 |
| 2000 | 90～110 | 8.0 |
| 2500 | 100～120 | 8.0 |
| 3000 | 110～130 | 8.8 |
| 4000 | 1300～1500 | 10.5 |

**表15-7　程控交换机房配置**

| 名称 \ 类型 | 程控电话交换机房容量 | | |
|---|---|---|---|
| | 自动 | | |
| | 200门以下 | 200～800门 | 800门以上 |
| 交换机室 | 0 | 0 | 0 |
| 话务台室 | 0 | 0 | 0 |
| 配线室 | 0 | 0 | 0 |
| 蓄电池室 | | 0 | 0 |
| 电力室 | | 0 | 0 |
| 电缆进线室 | | | 0 |
| 备品备件维修室、值班室 | | 0 | 0 |

注：表中0表示应配置的用房。

### 三、电话通信系统的室内配线

常见的电话系统电缆配线方式包括如下内容：

1. 外墙进户方式

这种方式是在建筑物第二层预埋进户管至配线设备间或分线箱内。进户管应呈内高外低倾斜状，并做防水弯头，以防雨水进入管中，进户点应靠近配线设施并尽量选在建筑物后面或侧面。这种方式适合于架空或挂墙的电缆进线。

2. 配线设备间及配线设备

在有用户交换机的建筑物内一般设配线架（箱）于电话站的配线室内；在不设用户交换机的较大型建筑物内，于首层或地下一层的电话电缆引入点设电缆交接间，内置交接箱。配线架（箱）和交接箱是连接内外线的汇集点。

3. 上升管路

现代高层建筑一般都设有专门的弱电竖井，从配线架或交接箱出来的配电电缆一般采用电缆桥架或线槽敷设至弱电竖井，并在竖井内穿钢管或以桥架沿墙明敷设至各楼层的电话分线箱。对于未设弱电竖井的小型多层建筑物，配线电缆引至各层通常采用暗管敷设方式。

4. 分线箱

分线箱是每层（也可几层合用）连接配线电缆和用户线的设备，在每层弱电竖井内装设的电话分线箱为明装挂墙方式，其他情况下的电话分线箱应采用嵌墙暗装式。

电话通信的室内配线方式可分为四种：

（1）明配线。包括用户线穿管明敷和主干电缆在专用弱电竖井内沿墙明敷。

（2）暗配线。主干电缆及用户线穿保护管在混凝土地坪内、吊顶内暗敷。

（3）混合配线。用户线为明配，主干电缆或分支电缆为暗配线，或主干电缆在专用弱电竖井内明敷。

（4）弱电桥架或线槽配线。将室内配线敷设在吊平顶内或墙壁内。

不论采用什么配线方式，室内配线宜采用全塑铜芯线或电缆，不应穿越易燃、易爆、高温、高湿、高电压及有较强震动的区域，实在不可避免时，应采取保护措施。

市话电缆的进户线可采用架空式或地埋式引入建筑物，目前采用后者较多，当建筑物有地下层时，市话电缆应埋地引入，在自然地坪下 0.8m（散水坡外 1m 以上）处穿保护管进入地下层，尔后再穿过底层地坪进入底层机房。当无地下层时，则只能直接在地坪下穿一弯管引入底层的配线间或分线箱。当电话进线电缆对数较多时，应在建筑物室外设电缆入井（或手孔），以方便穿线施工。

## 第四节　闭路电视监控系统（CCTV）

### 一、概述

闭路电视系统主要应用于不属于开路发射系统的各种教学和安全监视系统，用作远距离的、或不便于人们直接观察的场所的图像监视，如：

- 医院中的危重病房监护、手术过程中的教学示范、会议中的专家研究。
- 研究道路交通状况的现场记录和调度。
- 工业生产中的无人工作场所（如核反应堆、无人物料输送系统）监控。
- 办公大厦、星级宾馆、超级市场、金融机构、重点文物的展览馆、博物馆等出于安全防范原因的现场监视。

闭路电视监控系统的基本结构如图 15-15 所示。

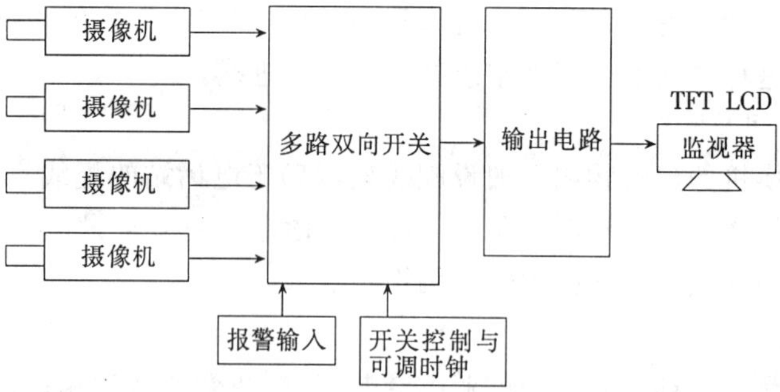


图 15-15　闭路电视监控系统基本结构图

**二、闭路电视监控系统的组成、作用和要求**

（一）闭路电视系统的组成

闭路电视系统通常由以下三部分组成：

(1) 摄像机及其附件。如吊架、云台、变焦镜头，适配器等。

(2) 信号传输及控制线路。如同轴电缆、多芯控制电缆、电源线。

(3) 显示控制和记录部分。如监视器、控制器、长时间录像机。

如图 15-16 所示为一个典型的闭路电视监控系统。

（二）闭路电视监控系统摄像机的选择

1. 摄像机

它主要根据各种需要，摄制获取监控室内人员所需的监视控制现场的图像信息，摄像机分黑白摄像机和彩色摄像机，通常的黑白摄像机的清晰度要高于彩色摄像机，CCD 摄像机的水平清晰度在 300～700 线左右，且价格较低。一般情况下宜用黑白电视系统，即优先考虑采用黑白摄像机。只有当同时需要观察监视目标的大小、形状、动作及色彩信息时，才采用彩色摄像机。如果在监视目标图像的同时，还需监听声音，则可配置有声音接收传感器的摄像机（也可将声音传感器另行设置）。

2. 根据监视目标的照度可选择不同灵敏度的摄像机

当监视目标的最低环境照度高于摄像机最低照度的 10 倍时，才能获得比较满意的图像。如现场环境照度不满足要求时，可另行设置辅助照明器材。对某些特殊场合的监控摄像，如博物馆的文物展厅，可采用红外线摄像机；摄取固定监视目标时，宜选用固定式定焦距镜头摄像机；而需要改变监视目标的观察视角或视角范围较大时，宜选用变焦距镜头摄像机。

在选用定焦摄像机时，视距短视场大的应选用短焦距（广角）镜头；视距大的场所应选用长焦距（望远）镜头；摄像机镜头的焦距可按下式求得：

$$F=AL/H \tag{15-2}$$

式中　$F$——焦距(mm)；

$L$——物距(mm)；

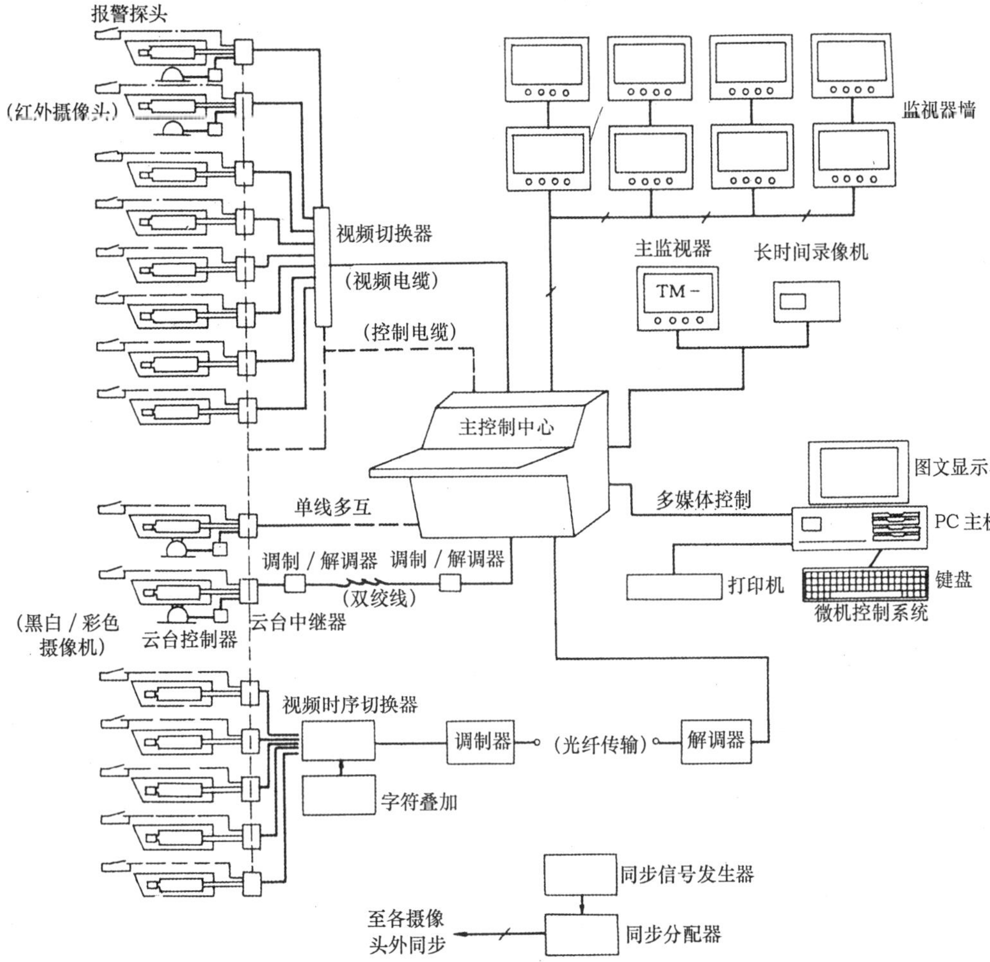


图 15-16　典型安全监视电视系统

$H$——视场高(mm);

$A$——像场高(mm)。

当监视目标现场照度变化较大时,应选用光圈可调的镜头。当需要遥控时,可选用具有光对焦、光圈开度、变焦距的遥控镜头装置。目前,多选用 CCD 摄像机(电荷耦合器件摄像机),它体积小、重量轻、灵敏度高、寿命长、便于现场安装和检修。CCD 摄像的最低照度为 0.1～1lx,尺寸有 1/3,1/2 和 2/3in.几种规格。目前 CCD 摄像机的产品多为进口产品,应注意它的制式与整个闭路监视系统制式一致。

3. 根据监视目标的环境和条件,确定摄像机的防护措施和平面设置位置

室外安装的摄像机应距地高 3.5～10m,(不得低于 3.5m),并加防尘、防雨屏蔽罩等。室内摄像机的安装高度离地 2.5～5m 为宜,可加防尘罩或半球形透明防护罩。总之,摄像机的安装位置既不能影响现场设备的运行和人员的正常活动,又不要离监视目标太远,以免受外界损伤或影响监视效果。

摄像机安装时镜头应顺着光源方向对准监视目标,避免逆光安装。摄像机镜头应避

免强光直射，以保证摄像管靶面不受损伤，镜头视场内不得有遮挡监视目标的物体，以免造成死角。安装在电梯轿厢内的摄像机应在电梯厢顶部，位于电梯操作面板的对角处，并能监视轿厢内全景。

4. 根据建筑平面或实地勘察，确定摄像机设置地点

通常，下列场所应考虑设置摄像机：

• 宾馆或写字楼的主要出入口（如宾馆的入口、大堂）。

• 比较重要的次要出入口（如宾馆的某些员工通道）。

• 主要的人流交通汇聚点（如电梯轿厢前厅，主走廊，超市的某些区域）。

• 无人或有人管理的停车场（如地下车库等）。

• 重要的工作场所，如银行、证券公司的现金柜台、金库区、黄金珠宝行的商业厅，重要的博物馆展厅等。

（三）信号传输和控制线路

它们的作用是把摄像机摄到的图像信号传输到监控室的显示、记录设备上，或传输监控室对某台摄像机的动作指令，使遥控摄像机完成如变焦、调光圈、水平及垂直跟踪移动目标等动作。摄像机的传输线路分信号传输和控制指令传输，二者可以分别采用两组不同的传输线缆。

摄像机输出的电视基带信号或射频信号，宜采用同轴电缆传输（也有用 STP 线和光缆传输的），而控制信号宜用多芯控制电缆传输或采用编码方式传输。同轴电缆在满足衰减、屏蔽防潮、弯曲等性能要求下，宜选用线径较细的同轴电缆。

传输线路的铺设应短捷、安全可靠、方便施工和维护，可以穿金属保护管或金属线槽。桥架在吊顶内或混凝土层内暗敷，并不宜与其他弱电通信电缆共管。当它与其他线路共沟（隧道、竖井）敷设时，其最小间距应满足以下规定：

• 220V 交流供电线路，最小间距 0.5m；

• 其他通讯电缆，最小间距 0.1m；

• 在与电力线平行或交叉敷设时，其间距不小于 0.3m；

• 与通讯线平行或交叉敷设时，其间距不小于 0.1m。

对无机械损伤的室内同轴电缆、多芯电缆敷设或扩建、改建工程，也可采用沿墙明敷（最好穿管后明敷）的敷设方式。

根据国家的有关规定，闭路电视监视系统的设施工作环境温度应符合下列要求：

寒冷地区室外设施：－40～＋35℃

其他地区室外设施：－10～＋55℃

室内工作的设施：　－5～＋40℃

因而线缆的选择除需充分考虑以上条件外，还应采用符合国家和有关行业现行标准的定型产品：如系统设备的视频输入和输出阻抗均为 75Ω 时，同轴电缆也必须选特性阻抗为 75Ω 的产品。

（四）显示、控制和记录部分

该部分通常安装在监控室（安保中心）内，它的主要作用是远距离遥控各摄像机的工作状态，选择收集各摄像机传来的监视目标的图像信息，并经过处理后加以显示或存贮（记录在录像带或其他记录设备上）。常用的设备有：矩阵式切换控制器、多画面分割器、

字符信号发生器、多路报警控制器、外部设备控制电源(通常为 DC+24V,或 DC+12V)显示器(监视器)、长时间录像机、UPS 等。

1. 监控室的设置

根据闭路电视监控系统规模的大小,监控室的面积在 12～50$m^2$ 左右。室内净高不应小于 2.1m,门宽不应小于 0.9m,室内温度应控制在 16～30℃范围内,相对湿度为 30%～50%,并应满足安全、消防的规定要求。

监控室内的设备机柜和控制台架的排列应便于操作和维修,机架后面与侧面离墙均不应小于 0.8m。控制台正面距墙不小于 1.2m,侧面距墙或其他设备为 1.5m。室内的电缆线、控制线宜在地槽或架空地板下的线槽中走线。如室内未设地槽或属改建工程时,也可在吊顶上的电缆桥架或墙上的垂直架内走线,或采用活动地板。

2. 监控室的设备技术要求

监控室根据需要,宜具备下列基本功能:

(1) 能提供系统设备所需的可靠电源,最好设有 UPS。

(2) 能接收各种图像信号和报警信号。

(3) 输出各种遥控信号和时间、编码等字符产生和显示。

(4) 可同时输入输出多路视频号,并可对之进行切换。

(5) 监视(显示器)和记录(长时间录像机,不少于 24h)。

(6) 内外通信联络(内部对讲电话,外线专用电话等)。

(7) 当电梯轿厢内装有摄像机时,应配置楼层指示器来显示电梯运行情况。

3. 监视器的选择

监视器的选择一般要根据系统摄像机的数量类别(彩色/黑白)和技术要求(画面大小、清晰度)来选定。彩色摄像机应配用彩色显示器,黑白摄像机配黑白显示器,一般宜采用 9～21 英寸的显示器作监视器。如系统信号采用射频传输方式、且技术要求不高时,也可采用电视机作监视器。在特殊场合,如现场教学、医疗监护远程会议会场等,可采用大屏幕监视器或投影电视。

在摄像机的标准照度下,闭路监视图像质量和系统技术指标应满足下列要求:

(1) 图像质量不应低于 4 分级(按五级损伤制评定)。

(2) 图像水平清晰度为:黑白电视系统为 400 线;
彩色电视系统为 270 线。

(3) 图像画面的灰度不低于 8 级。

(4) 系统在低照度使用时,监视画面应达可用图像(辩清画面物体轮廓的图像),其系统信噪比不低于 25dB。

(5) 系统各部分信噪比指标分配应符合表 15-8。

**表 15-8　　系统各部分信噪比指标分配(dB)**

| 项目 | 摄像部分 | 传输部分 | 显示部分 |
|---|---|---|---|
| 连续随机信噪比 | 40 | 50 | 45 |

4. 图像的计录

在同一系统中，录像机的制式、记录磁带规格均应一致，录像机的输入输出信号、视、音频指标均应与整个系统技术指标相适应，并与各种系统选用设备的技术要求相协调（如摄像机与监视器的分辨率配合），摄像机至少为 24h 制。

## 三、数字电视监控系统和远程监控系统简介

当前，闭路电视监控系统多为模拟电视监控系统，即摄像机输出的图像信号是模拟信号，视频电缆中传输的信号也是模拟信号，而显示器、录像机显示记录全是模拟信号。模拟电视监控系统技术的发展已很成熟了，但也存在一些缺点；如图像信号的传输距离有一定限制，通常最远不超过 1.5km，如要传输更长的距离，需改用光纤并使用复杂的设备。模拟电视图像的记录采用录像带，因记录的是模拟信号，既不便于检索，又不便长期保存。此外，由于模拟电视监控系统是专用型系统，通常只有在中央监控室（中心机房）才能看到所需要的图像，并加以控制；如果要在其他某固定场所观看图像或控制，必须另加相应的设备；如果某系统主管人员出差在外，则它无法对系统进行远程控制。

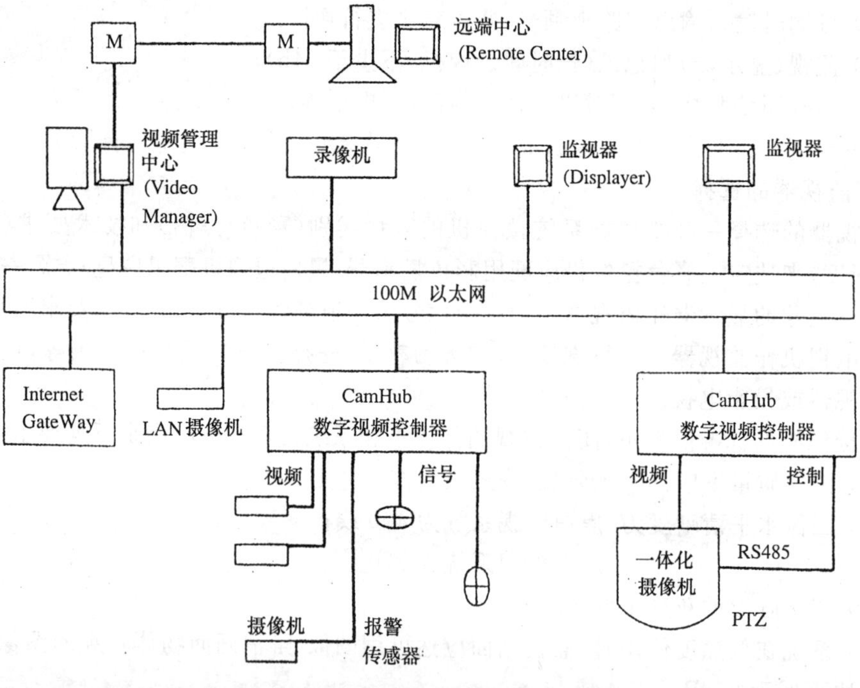


图 15-17 数字式电视监控系统

随着计算机网络技术和微电子技术的发展，以微型计算机为基础，采用图像动态压缩和处理技术、以 LAN 和因特网为传输线路的数字式电视监控系统得到迅速的发展。它采用专用的图像处理芯片对普通摄像机的模拟信号进行变换、处理，利用硬件或软件对图像进行压缩、打包，尔后经网络传至计算机进行存贮或解压后显示。在图像存贮方面，选用了计算机硬盘或其他磁盘数字记录设备（DVR），它具有存贮容量大、检索速度快的

优点。对需长期保存的图像资料，可以采用刻录光盘的方式保存，其成本低廉、便于管理。计算机对存贮的信息可进行多种方式的处理，具有各种多媒体功能。由于数字化电视监控系统是通过 LAN 或因特网传输信息的，这就意味着不论你身在何处，只要能上网，有一台计算机并知道系统的相关密码，你就可以通过网络从世界任何地方对数字式电视监控系统进行远程控制，这大大增强了监控系统使用的灵活性。图 15-17 所示为一个数字式电视监控系统的示意图。

由于数字式电视监控系统的优越性，随着科学技术的进步，模拟的闭路电视监控系统将逐步被数字式电视监控系统所取代。

## 第五节　公共广播系统

### 一、概述

现代建筑的公共广播包括背景音乐广播、业务广播和事故紧急广播等。公共广播的终端——扬声器往往是相距较远和分散的；公共广播通常有特定的功能，例如背景音乐的连续播放、业务广播的定时播放、事故紧急广播的自动播放等等。这些特点决定了公共广播要特别考虑它的传输方式、功能要求和可靠性。虽然公共广播也是一个扩声系统，但它对音质的要求往往不如专业扩声系统那么高，而更强调可靠性和实用性。

公共广播一般有高电平传输、低电平传输和调频载波传输等三种传输方式：

1. 高电平传输方式

该方式从机房的功率放大器到各个分散的扬声器是采用高电平传输的，一般为 120V，100V 或 70V。高电平传输的优点是线路损耗小、负载联接方便，并接在线路上的扬声器只需加线路变压器即可。在这种情况下，当所接扬声器的阻抗相同时，其分配到的功率也相同。高电平传输又称定压传输，是最为常用的传输方式，目前以 70V 和 100V 的产品最常见。

2. 低电平传输方式

这种方式的传输线路只向终端功率放大器（含一组扬声器）传送约等于 1V 的线路信号，经功放后再以低电平方式送到扬声器组。它可避免大功率音频电流的远距离传输，但只适用于控制室距终端较远、而终端各个区域的扬声器又相对集中的情况。

3. 调频载波传输方式

它采用调频方法将音频信号调制成调频信号，然后经同轴电缆网络（可利用 CATV 网络）传送到多个终端，在终端通过调频接收机接收。这种方式可以同时传送几套音频节目，用户选择节目方便，一般适用于宾馆的客房内广播，而不适合公共场所的广播。

### 二、公共广播系统中的功率计算

1. 公共广播系统的功率计算

公共广播系统的总功率大小是由许多因素决定的，但它至少应满足发生火灾时，事故紧急广播的要求，可由下式计算：

$$P = K_1 K_2 \sigma K_i P_i \tag{15-3}$$

式中　$P$——功率输出总电功率(W)；

$P_i$——第 $i$ 分路扬声器的额定容量；

$K_i$——第 $i$ 分路的同时需要系数；$K_i=0.5\sim0.6$ 为背景音乐系统；$K_i=0.7\sim0.8$ 为业务性广播；$K_i=1.0$ 为火灾事故紧急广播；

$K_1$——线路衰耗补偿系数，取 1.2～1.6；

$K_2$——老化系数，一般取 1.2～1.4。

当考虑火灾发生时的事故紧急广播，应在公共广播系统中专设一台火灾事故紧急广播备用扩音机，其功率放大器(单台)输出总电功率，不应小于扬声器容量最大的连续三层楼层的扬声器额定功率总和的 1.5 倍。

2. 扬声器的选用

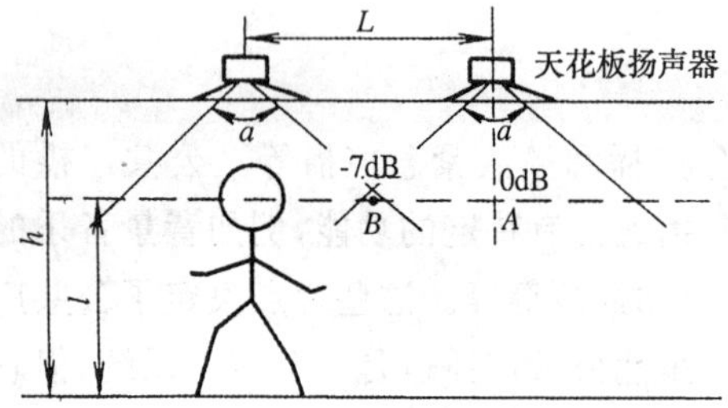


图 15-18　天花板扬声器间距

公共广播系统广泛使用吸顶式和壁挂式扬声器，把它们安装在走廊、大堂、电梯间、办公室、写字间的顶棚或墙壁上。单只吸顶式扬声器的额定功率一般取 3W，按顶棚 3～3.5m 高度计，其在人耳高度(约 1.6m)处所产生的声压级已足够，如图 15-18 所示。扬声器的间距则取决于对声压不均匀度的要求，这可根据扬声器的辐射角 α(一般指在指向性图中由轴向分别向两边各降低 10dB 的夹角)、顶棚和人耳的高度，上述参数可通过简单的计算而得到。大多数锥形纸盒扬声器的 $\alpha=90°$，当天花高度 $h=3$m，人耳高度 $l$ 取1.6m，声压不均匀度≤7dB 时，扬声器间距 $L=2(h-l)\tan45°\approx2.8$m。实际上，一般要求声压级不均匀度为 10dB 或更低些，此时，以同样高度的顶棚扬声器间距可增至 4m 左右或更多。在停车场、设备机房、地下室或潮湿的地方不适合安装吸顶式扬声器，可安装挂墙式小型号角扬声器，其功率一般为 5～10W。

## 三、公共广播系统分类

1. 基本公共广播系统

图 15-19 为基本公共广播系统的设备框图。

在图 15-19 中，时间控制器控制定时自动播出，信号发生器在开始播放节目或开始业务广播前发出预告信号，监听器可监听各分区的播出情况，扬声器分区选择器为手动控制分区播出，其节目源多为 FM 广播、语音或 CD 音乐等，多作为背景音乐广播和业务广播之用，通常采用高电平传输方式。

2. 多功能公共广播系统

多功能公共广播系统是由基本公共广播系统扩展了火灾报警紧急广播功能而构成的。图 15-20 为背景音乐、业务和消防自动报警多功能广播系统原理框图。该系统在播放背景音乐和作业务广播时，基本上与图 15-19 相同，只是此时要通过选择器、矩阵器、继电器组来间接选择扬声器分区。一旦有消防报警信号到来，则通过紧急开关、矩阵器、继电器和终端板选择火灾楼层区(以及与该区联动的区)广播，与此同时，消防信号控制卡座启动，播出预先录制好的紧急广播词，向选择好的分区播出。而终端板将功放输出切换到

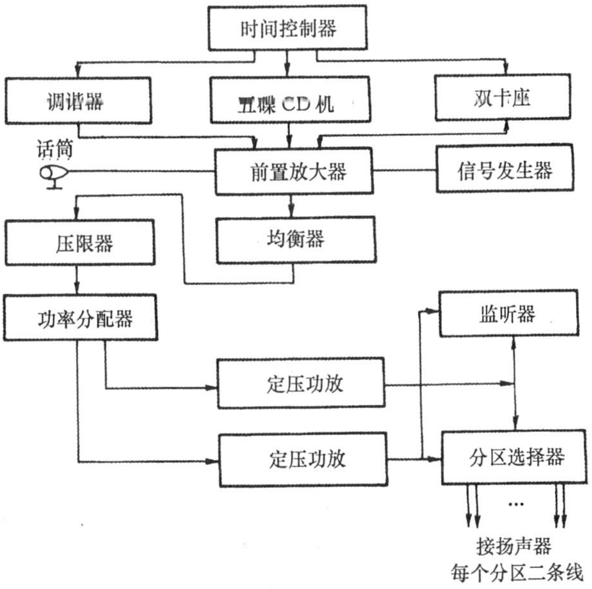


图 15-19　基本公共广播系统

不经音量调节器、直接接到扬声器的接线上，使此时音量为最大。此外，还可直接向紧急呼唤话筒紧急广播，紧急呼唤器将自动抑制原来正在进行的背景音乐或其他业务广播，强行切换到火灾报警紧急广播状态。

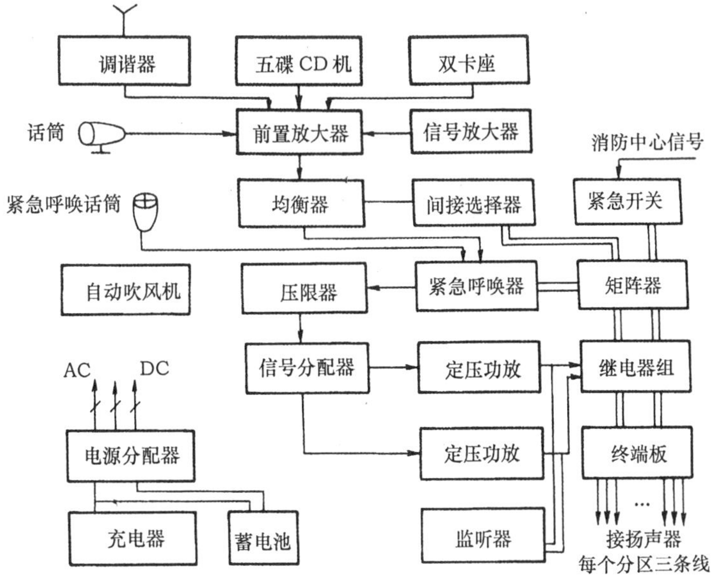


图 15-20　多功能公共广播系统原理图

### 四、火灾事故时的紧急广播

1. 共用方式

现代建筑应具有完善的火灾报警和消防联动控制系统，在火灾发生时，应及时地通知并指挥、引导有关人流疏散，这就需要用消防广播来实现。一般来说，每套火灾报警系统均应设火灾事故紧急广播，宜有自己独立的一套扩音机、扬声器和输送网络，其扩音设备和控制也设在消防控制室(中心)内。当与基本公共广播系统合用、组成多功能公共广播系统时，应满足如下要求：

(1) 当火灾发生时，能在消防控制室(中心)将火灾疏散层(着火层和其上、下各一层，共计三层)的扬声器、客房床头柜内的背景音响扬声器和广播音响扩音机强行切换到火灾事故紧急广播状态。

(2) 如客房床头柜扬声器无紧急播放火灾事故广播功能时，宜在客房外的走廊上设置实配功率不小于3W的扬声器，且扬声器的间距不超过10m。

(3) 消防控制室(中心)应能监控火灾事故紧急广播扩音机的工作状态，并能遥控开启扩音机和用传声器直接播音。

(4) 宜专设一台用于火灾事故紧急广播的备用扩音机，其容量不小于广播扬声器最大三层容量功率总和的1.5倍。

2. 单设方式

如果建筑中未设公共广播系统，则需要有独立的火灾事故紧急广播，它的组成与基本公共广播系统类似，且应满足以下要求：

(1) 大厅、前室、餐厅及走廊等公共区域设置的扬声器，额定功率不应小于3W，实配功率不应小于2W。其平面分布应能保证从本层任意位置到最近一个扬声器的步行距离不超过15m，而走道最末端扬声器距墙的距离不大于8m，而在走道的交叉处、拐弯处均应设置扬声器。

(2) 在客房内的扬声器额定功率不应低于1W，而设在车库、洗衣房、通讯机房、娱乐场所及其他有背景噪声干扰场所内的扬声器，在其播放范围内最远处的声压级，应高于背景噪声15dB，并以此确定扬声器的功率。

(3) 火灾事故紧急广播扩音机的输出功率，应为全部扬声器总容量的1.3倍或更大一些。扩音机宜采用定压输出式，馈线电压一般不大于100V，在各楼层宜设置馈线隔离变压器。

(4) 火灾事故广播线路，不应与其他线路同管或共线槽敷设，配线应选用耐热导线。

## 思考题十五

1. 建筑弱电系统主要有哪些子系统？其各系统功能如何？
2. 火灾报警系统有哪几种形式？
3. 火灾探测器的种类和使用场合有什么要求？
4. 共用天线电视系统主要可分成几部分？各部分功能如何？
5. 用户电话通信系统主要有哪些部分？

6. 电话站(程控交换机房)的设置对建筑有什么要求?
7. 闭路电视监控系统主要由几部分组成?各部分功能如何?
8. 闭路电视监控系统的监控室的布置有什么要求?
9. 数字式电视监控系统有什么优点?
10. 公共广播系统有几种传输方式?各有什么特点?
11. 专用的火灾事故紧急广播扬声器的布置有什么要求?

# 第十六章　智能建筑简介

## 第一节　概　述

世界上第一幢智能化大楼诞生于1984年，由美国联合技术公司（United Technology Corp.）的一家子公司——联合技术建筑系统公司（United Technology Building System Corp.）在美国康涅狄克州的哈特福德市建设了一幢 City Place 大厦，从而第一次出现了“智能建筑（Intellegent Building）”这一名称。

智能建筑是建筑发展的高级阶段。所谓智能建筑，即是在传统建筑的构架上，依靠楼宇智能化技术，给建筑加上一个“聪明”的大脑和“灵敏”的神经网络系统，从而可以迅速、经济、高效地实现业主或用户对建筑的使用要求，为用户提供方便和舒适的使用环境。因此，欧洲智能建筑集团（The European Intelligent Building Grorp）把智能建筑定义为：“使其用户发挥最高效率，同时又以最低的保养成本，最有效地管理其本身资源的建筑”。智能建筑应提供“反应快、效率高和有支持力的环境，使机构能达到其业务目标”。而美国智能建筑学会（America Intelligent Building Institute）则把智能建筑定义为：“通过对建筑物的四个要素，即结构、系统、服务、管理及其相互关系的最优考虑，为用户提供一个高效率和有经济效益的环境”。

国际智能建筑物研究机构则认为“通过对建筑物的结构、系统、服务和管理方面的功能以及其内在的联系，以最优化的设计，提供一个投资合理又拥有高效率的优雅舒适、便利快捷、高度安全的环境空间。智能建筑能够帮助其主人、财产的管理者和拥有者等意识到，他们在诸如费用开支、生活舒适、商务活动和人身安全等方面将得到最大利益的回报。”

据此，智能建筑应具有如下基本功能：

(1) 智能建筑通过其结构、系统、服务和管理的最佳组合提供一种高效和经济的环境。

(2) 智能建筑能在上述环境下为管理者以最小的代价提供最有效的资源管理。

(3) 智能建筑能够帮助其业主、管理者和住户实现他们的造价、舒适、便捷、安全、长期的灵活性以及市场效应的目标。

从早期的智能建筑功能来看，实现智能建筑的功能主要依赖于计算机技术、自动控制技术和通信技术（即所谓“3C”技术）以及系统集成技术，并以它们为主体构成了建筑智能化技术。

## 第二节　建设智能建筑的目标

建设智能建筑的目标主要体现在提供安全、舒适、快捷的优质服务；建立先进的管理机制；节省能耗与降低人工成本等三个方面。

## 一、提供安全、舒适、快捷的优质服务

1. 安全性

可由如下有关的子系统来实现：

① 防盗报警系统；

② 出入口控制系统；

③ 闭路电视监视系统；

④ 安保巡更系统；

⑤ 火灾报警与消防联动系统；

⑥ 紧急广播系统；

⑦ 紧急呼叫系统；

⑧ 停车场管理系统等。

2. 舒适性

可由如下相关的子系统来实现：

① 空调与供热系统；

② 供电与照明控制系统；

③ 卫星及共用天线电视系统；

④ 背景音乐系统；

⑤ 多媒体音像系统等。

3. 便捷性

可由如下子系统来实现：

① 结构化综合布线系统；

② 信息传输系统；

③ 通信网络系统；

④ 办公自动化系统；

⑤ 物业管理系统等。

## 二、建立先进的科学的综合管理机制

在智能建筑的工程实施以后，还需要建立先进的综合管理机制，而且系统与管理之间还存在着相辅相成的依赖关系，否则建成的智能化楼宇也是不成功的。即不能只重视智能楼宇的硬件设施，还要加强有关软件的开发和应用研究，培训管理和使用人员，并且应当重视智能建筑作为一种高度集成系统的系统技术的研究。

## 三、节省能耗与降低人工成本

通过建设智能化大厦，就有可能实现能源的科学与合理的消费，从而达到最大限度的节省能源的目的。同时，通过管理的科学化、智能化，使得智能化大厦的各类机电设备的运行管理、保养维修更趋自动化，从而节省能源与降低人工成本。

## 第三节　智能建筑的主要特征

智能建筑是多学科、多新技术与传统建筑的有机结合，也是综合经济实力的象征。随着现代科学技术，特别是信息技术的迅猛发展，各种先进而实用的技术如计算机技术、互联网络技术、多媒体技术、自动控制技术、无线通信技术、智能卡技术等都得到了广泛的应用。但未来还会有许多更新的技术将得到应用。

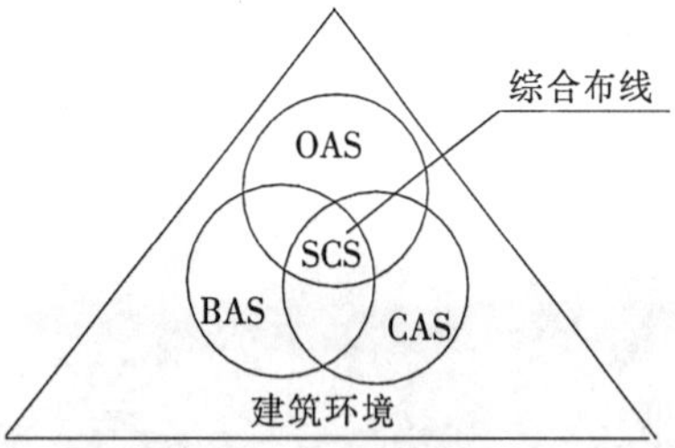

图 16-1　智能建筑系统构成示意图

图 16-1 形象地表示了智能建筑的主要特征和内涵，可以说智能建筑是具有“3A”功能的现代楼宇。图 16-1 中：

OAS(Office Automation System)为办公自动化系统；

BAS(Building Automation System)为建筑设备自动化系统；

CAS(Communication Automation System)为通信自动化系统；

SCS(Structured Cabling System)为结构化综合布线系统；

1. 办公自动化系统(OA,Office Automation)

办公自动化系统的主要内容为：

(1) 由局域网(LAN)连接的电脑网络系统等办公设备，共享打印机、绘图仪、调制解调器和传真，使每个用户只用一台工作站或终端个人电脑，便可完成所有的业务工作。如查询数据资料，收发电子邮件(E-mail)，进入国际互联网络(Internet)等；

(2) 通过电脑网络和电子数据交换技术(EDI,Electronic Data Interchange)，实现业务处理和文件传递的无纸化、自动化，而传统办公室里层迭的文件资料将代之以光盘和磁盘存储器；

(3) 通过数据库、专家系统、综合设计系统(Integrated CAD System)、电子出版系统、可视图文信息系统等实现信息资源的共享，提高业务处理效率，进而优化工作过程和最终成果。

在智能建筑中，通过网络、数据库管理系统和电脑操作系统平台，构成了一个有事务处理、管理和决策机能的完整机构。OAS 系统可以处理数据信息、文字信息、多媒体信息，使办公业务的复杂程度、规范化程度和对信息资源的依赖程度都大大加强。图 16-2 给出了一个 OAS 系统的框架。

2. 建筑自动化系统(BA,Building Automation)

智能建筑的 BAS 系统采用集散式的计算机控制系统(Central Distributed Control System)，一般具有三个层次：最下层是现场控制机，每一台现场控制机监控一台或数台设备，对设备或对象参数实行自动检测、自动保护、自动故障报警和自动调节控制，它通过现场传感器检测信号，进行直接数字控制(DDC)；中间层为系统监督控制器，它负责 BAS 中某一子系统的监督控制，管理这一子系统内的所有现场控制机，它接受系统内各现场控制机传送的信息，按照事先设定的程序或管理人员的指令实现对各设备的控制管理，并将

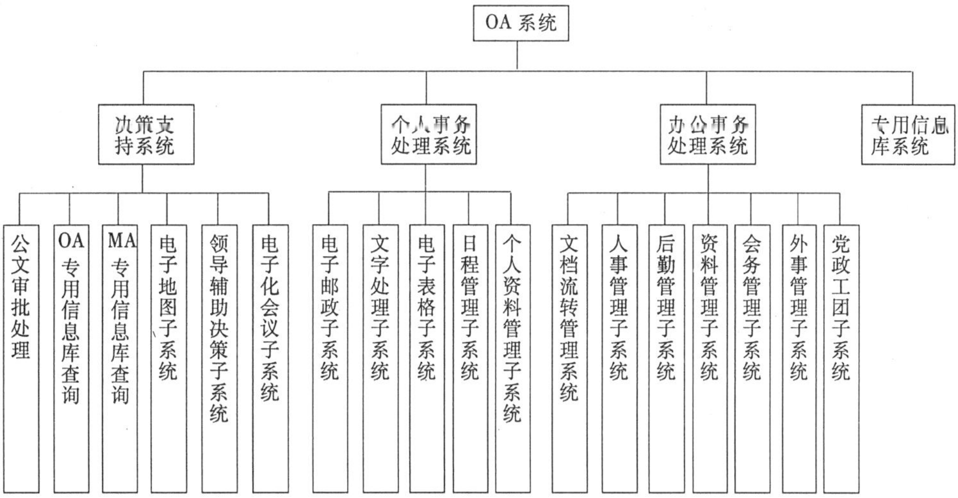


图 16-2 OAS系统组织图

子系统的信息上传到中央管理级计算机；最上层为中央管理系统（MIS），是整个 BAS 系统的核心，对整个 BAS 系统实施组织、协调、监督、管理和控制的任务。BAS 系统的主要内容见表16-1。

**表 16-1 建筑智能化(BAS)系统的子系统**

- 环境能源管理系统
  - 电力照明系统
    - 电力需求控制
    - 功率因素改善控制
    - 变压器台数控制
    - 发电机负荷控制
    - 停电、复电控制
    - 照明控制系统
    - 节能控制
  - 空调、给排水系统
    - 新风、供冷控制
    - 冷热源台数控制
    - 冷热负荷预测控制
    - 蓄热、蓄冷隔热控制
    - 预冷、热优化运行控制
    - 太阳集热系统
    - 给、排水控制
    - 节水管理
  - 输送系统
    - 电梯群管理
    - 自动扶梯管理
    - 停车场自动管理
    - 自动运输系统

- 安保管理系统
  - 防灾系统
    - 火灾报警及联动控制
    - 防排烟控制
    - 消防设备组织控制
    - 诱导灯控制
    - 防漏电、防煤气泄露控制
    - 停电时间对策
  - 安全防范系统
    - 出入口管理及控制
    - 远程电视监控
    - 各种防盗报警管理
    - 自动防范设备管理
  - 数据系统
    - 存取控制
    - IC 卡管理
    - 身份识别系统管理
    - 暗证指令传递及管理
- 物业管理系统
  - 计量系统
    - 能源计量
    - 租金管理
    - 运行、操作数据分析评价
    - 数据生成
    - 报警信息记录、编辑
  - 维护保养系统
    - 机器维护时间管理
    - 机器设备劣化诊断
    - 故障预知诊断
    - 自动清扫机械管理
    - 设备更新计划管理

智能大楼的 BAS 系统应具有以下功能：

(1) 数据采集。收集各子系统的全网运行数据和运行状态信息，以数据文件形式存储在外存储器里。

(2) 运行参数和状态显示。可以显示各子系统的流程图形，可以用数字、曲线、图形乃至用颜色等各种形式显示系统的运行参数和状态。

(3) 运行记录报表。按照用户要求的各种格式打印各项参数的日报表或月报表。

(4) 历史数据管理。将一定时期内的运行数据和运行状态存储起来，以备查询或调用。

(5) 远程控制功能。中央管理工作站操作人员可以利用中心计算机实时远程操作系统来控制每台设备。但系统设置了分级密码和使用权限，以防止误操作和人为破坏。

(6) 控制指导。中央管理工作站可以根据系统实时运行数据和历史数据，给出统一调度控制命令，对子系统进行控制指导。

(7) 定时功能。设备运行的时间表、启停时间可由管理人员输入，也可由计算机通过模拟计算得出最佳运行时间表。

通过 BAS 系统，人们可把智能建筑全楼所有的建筑设备和设施有效地管理起来。因此，BAS 系统可以实现建筑设备的节能、高效、可靠、安全的运行，从而保证智能化大楼的正常运转。目前，可以认为，建筑设备和设施的自动化管理(Facility Management)是物业管理中的最高级层次。图 16-3 给出了一个 BAS 系统的组成结构图。

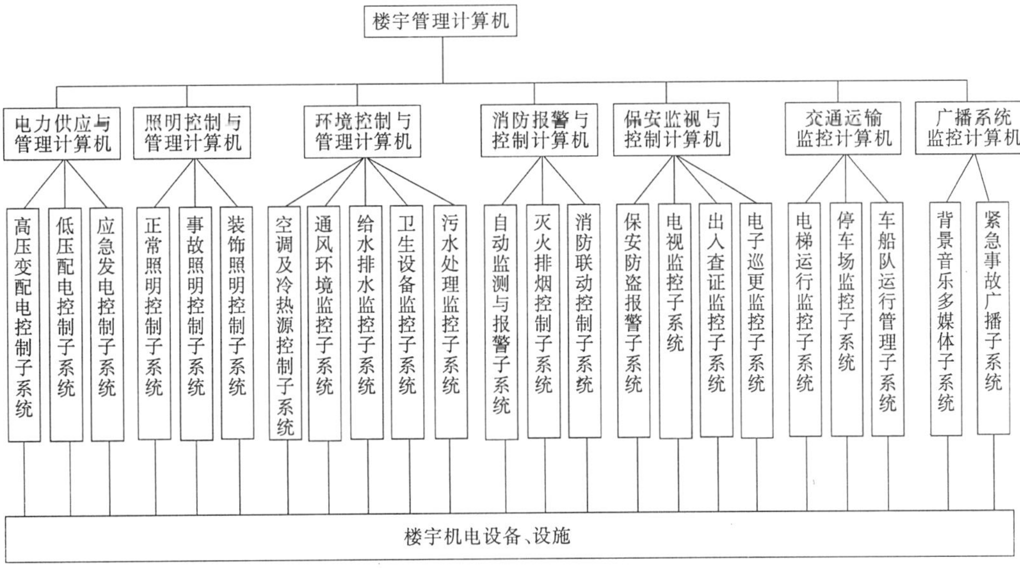


图 16-3　BAS 系统组成图

3. 通信自动化系统 CAS(Communication Automation System)

严格来说,智能建筑的通信自动化系统称为先进通讯系统(Advanced Telecommunication)更为确切,它是以大楼数字专用交换机为核心,在楼内联接程控电话系统、电视会议系统和多媒体声像服务系统,对外与广域网(WANs)或城域网(MANs)以及卫星通信系统相连,实现智能建筑用户内外便捷的声像及数字通讯。

目前,适用于智能建筑的 CAS 主要有三种技术:

(1) 程控用户交换机 PABX

在智能建筑内安装 PABX,以它为中心构成一个星形网络,既可以连接模拟电话机,也可以连接计算机、数字电话、数字终端、传感器等设备;还可以方便地与公用电话网、公用数据网等广域网连接。

(2) 计算机局域网 LAN

在建筑物内安装 LAN,可以实现数字设备之间的高速数据通信,通过 LAN 上的网关还可以实现与公用网和因特网的连接。在一个建筑物内可以安装多个 LAN 互连接为一个扩展的 LAN。一组建筑群内多个局域网也可以连接成一个扩展的局域网。

(3) PABX+LAN 的综合

为了综合 PBAX 网与 LAN 的优点,可以在智能建筑内同时安设 PABXA 网和 LAN,并且通过 LAN 上的网关与 PABX 连接,实现二者的互联,这样的楼宇通信网络既可以实现语音业务,也可以实现数据通信;可同时实现中、低速的数据通信(通过 PABX 网),也可通过 LAN 网实现高速数据通信。图 16-4 是一个 PABX+LAN 的综合业务网络示意图。

4. 结构化综合布线系统 SCS(Structured Cabling System)

在智能建筑中,上述三大系统,综合到智能建筑管理系统(IBMS,Intelligent Building Management System)之中。IBMS 是利用国际上最先进的分布式控制理论而设计的集

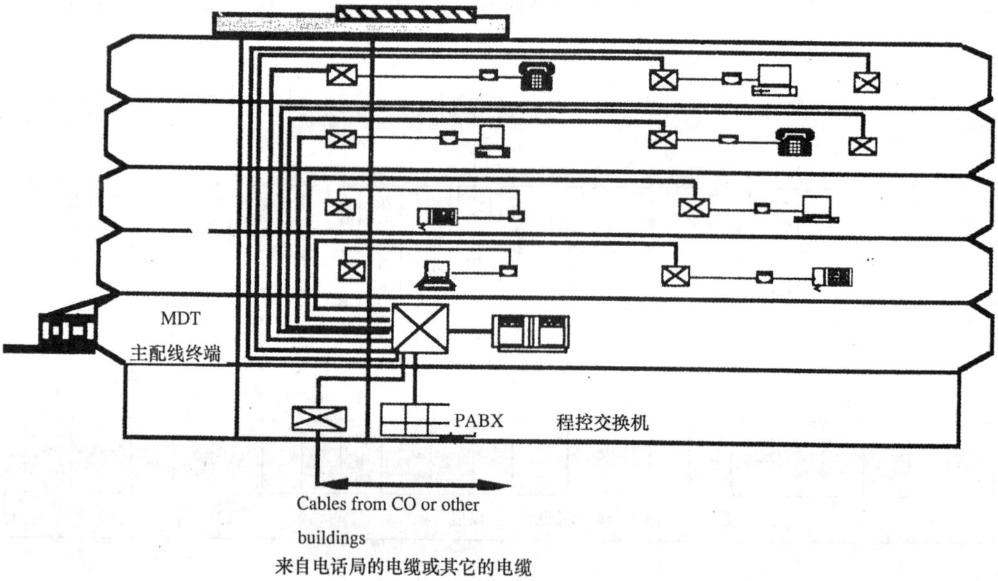


图 16-4　PABX＋LAN 网络示意图

散系统(DCS,Distributed Control System),它可以将 3“A”系统与大楼的商务管理系统集成在一起,从而实现物业管理、财务管理、人事管理、酒店管理等的全面自动化。

如此复杂的系统的网络布线,是通过结构化综合布线系统(Structured Cabling System)来实现的。SCS 系统提供开放式的标准通讯接口,能支持多厂商的不同类型设备的数据传输和网间互联,采用标准材料——例如光纤、非屏蔽双绞线和屏蔽双绞线作为传输介质。在智能化大楼里,综合布线系统几乎包容了全部弱电系统的布线,它可以传输数据、文本、图象、传感器的模拟或数字弱电信号,但不适宜传输功率信号,如公共广播等。

## 第四节　智能建筑的结构化综合布线和系统集成

### 一、结构化综合布线系统

对于智能建筑来说,由于建筑物内语音、数据和各类控制信号的传输线缆多,重复的敷设给管理和维护工作带来了极大的不便。而结构化综合布线系统就如人体内的神经系统,其特点是:将所有的语音、数据、视频信号、控制信号的布线,经过统一的规划设计、综合在一套标准的布线系统中,将智能楼宇的三大子系统 BAS,CAS,OAS 有机地连接起来。

结构化综合布线系统为智能建筑的系统集成提供了物理介质。

### 二、智能楼宇的系统集成

在智能建筑发展的初期,各个子系统规模小、控制对象少而简单,各个子系统间可彼此相对独立。随着现代通信、计算机及其网络技术的飞速发展,智能楼宇中的各个子系统正向着大规模、多控制对象,且目标分散的方向发展,因而对各个子系统彼此之间的数据交换、建筑内、外信息传递速率和各子系统信息共享程度也提出了更高的要求。为此，将智能建筑中各类设备和子系统通过一定的技术方式集成在一起，即系统集成这一新的概念和技术产生了。

所谓系统集成，通俗地讲，就是通过结构化的综合布线系统及计算机网络技术，把构成智能建筑的各个主要子系统(BAS，OAS 和 CAS 等)集成在相互关联、统一和协调的系统之中，使资源达到充分地共享，实现高效和便利的集中管理。

智能楼宇系统集成的实现，应使各类设备、子系统及其系统平台达到完整统一，它支持智能楼宇中的功能和环境的各个方面，并且在功能上齐全，在用户界面上一致。系统集成实现的关键在于解决系统之间的互连性和互操作性问题，这是一个多厂商、多协议和面向各种应用的体系结构，这需要解决各类设备、子系统之间的接口、协议、系统平台、应用软件、其他相关子系统、建筑环境等问题。

通常所谓"3A"大厦的说法，就是指一座具有办公自动化(OAS)、通信自动化(CAS)和楼宇自动化(BAS)功能的大厦。这是对图 16-1 内涵的简单概括，虽欠严谨，但通俗易懂。有些人把消防自动化(Fire Automation，FA)、保安自动化(Safety Automation，SA)，加上去称之为"5A"大夏，以显示智能化程度更高。但由于通常定义的 BAS 系统已包括 FA 系统与 SA 系统，故建议不采用"5A 大厦"的提法。而国内有些房地产商将消防、保安系统甚至停车场管理系统从建筑自动化系统中分出来，号称"4A"，"5A"(甚至有自称"8A")的智能大厦。也有的房地产商将仅有综合布线系统甚至仅有程控电话系统的办公楼称为智能化大楼，这更是一种广告宣传。其实，区分智能化大楼的高级程度恰恰在于它的自动化的集成度即综合程度，"A"越多只能说明集成度越低。智能化大楼的这些"A"，即多个子系统应该在统一的计算机平台上，以统一的监控软件和并行处理的分布式计算机网络结构运行。各子系统的软硬件采用通用的、可替换的和即插即用的的模块化结构。智能建筑的基本起点是具有 BAS 中的环境能源管理系统和消防安保系统。凡具备这两个基本系统的可定为丙级智能化大楼，不具备的定为无级。应当指出，智能化大楼是一个综合概念，并不仅仅有几个"A"就行了。它是高新技术在建筑中的集中体现，是建筑、结构、环境、楼宇设备、信息工程、自动控制、物业管理、人类工效学等多方面技术的集成。

系统集成是一个涉及多学科、多技术的综合性应用领域，它从设计到实施是一个复杂的应用系统工程。可以认为，没有系统集成的建筑不是真正意义上的智能建筑，因此，对智能建筑的系统集成应有全面和深刻的认识，并将这种观点运用在智能建筑设计的全过程之中。

## 第五节　智能建筑的发展趋势

智能楼宇的发展是科学技术和经济水平的综合体现，它已成为一个国家、地区和城市现代化水平的重要标志之一。在我们步入信息社会、国内外加速建设信息高速公路的今天，智能建筑将成为城市中的建设亮点，而成为现代社会的"信息岛"或"信息单元"，它是信息社会最重要的基础设施之一。智能建筑既是 21 世纪对建筑业的一个挑战，也是使传统的建筑业得以发展的一个机遇。

随着社会的发展、科技的进步以及人类的需求，智能建筑的发展将呈现以下趋势：

(1) 在建筑设计中，智能部分的设计成为基本要求之一；而政府亦高度重视，在科研、资金和政策等方面积极地进行支持和引导，使智能建筑朝着健康和规范化的方向发展。

(2) 智能建筑技术将不断采用科技领域里的高新技术成果，向系统集成化、管理综合化、智能城市化和高智能技术人性化的方向发展。

(3) 智能建筑正在迅速发展成为一个新兴的技术产业。政府和社会上的科研机构、高等院校以及有关厂商等正将智能建筑作为一个新的研究课题和商业机会，积极投入力量，开发相关的软硬件产品，使智能楼宇实施便利、成本降低；而其技术和产品已成为一个迅速成长的新兴产业。

(4) 智能建筑的功能朝着多元化方向发展。由于用户对智能楼宇功能要求有很大差异，智能建筑的设计也要分门别类、有针对性地设计出符合用户使用功能要求的智能楼宇。

目前，智能建筑已不限于智能办公大楼，已向公寓、住宅、医院、学校、体育场馆等建筑领域扩展，特别是住宅扩展而出现智能化住宅小区的前景，将使智能楼宇未来有更广阔的发展天地。

我们确信，21世纪智能建筑将成为建筑业发展的主流。建筑智能化技术是随着智能建筑的发展而进步的，一方面，它对智能化技术提出了许多更高的要求；另一方面，它也需要智能化技术的全面支持。可以预料，随着智能建筑的发展，除了对原有“3A”功能有进一步要求外，对效率、舒适、便捷、经济等方面要求将更高，将有更多学科的高新技术应用到智能建筑中去。

## 思考题十六

1. 何为智能建筑？它具有哪些功能？
2. 简述办公自动系统及特点。
3. 建筑设备自动化系统具有哪些特点？
4. 通讯自动化系统包含哪些内容？其特点有哪些？
5. 结构化综合布线有哪些优越性？

# 参考文献

## 一、建筑设备主要技术规范目录

1. 上海现代建筑设计(集团)有限公司主编. 建筑给水排水设计规范. 上海:1999

2. 中国有色金属工业总公司主编. 采暖通风与空气调节设计规范(GBJ19－87). 北京:中国计划出版社,2001

3. 中国建筑东北设计研究院主编. 民用建筑电气设计规范(JGJ/T16－92). 北京:中国计划出版社,1993

4. 中华人民共和国机械工业部主编. 建筑物防雷设计规范(GB50057－94). 北京:中国计划出版社,2000

5. 中华人民共和国公安部主编. 高层民用建筑设计防火规范(GB50045－95). 北京:中国计划出版社,2001

6. 中华人民共和国公安部主编. 自动喷水灭火系统设计规范. 北京:中国计划出版社,2001

7. 中华人民共和国公安部主编. 火灾自动报警系统设计规范(GB50116－98). 北京:中国计划出版社,1998

8. 中华人民共和国公安部主编. 火灾自动报警系统施工及验收规范(GB50166－92). 北京:中国计划出版社,1993

9. 中华人民共和国邮电部主编. 电信专用房屋设计规范(YD5003－94). 北京:中国计划出版社,1994

10. 中华人民共和国广播电影电视部主编. 有线电视系统工程技术规范(GB50200－94). 北京:中国计划出版社,1994

11. 中华人民共和国建设部主编. 智能建筑设计标准(GB/T50314－2000). 北京:中国计划出版社,2000

12. 中华人民共和国广电部主编. 民用闭路监视电视系统工程技术规范(GB50198－94). 北京:中国计划出版社,1994

13. 上海有线电视台技术监督局主编. 住宅建筑共用天线电视系统设计规范(DBJ08－21－91). 上海:1991

14. 上海邮电设计院主编. 住宅建筑电话通信设计标准.(DBJ08－8－93). 上海:1993

## 二、参考书目

1. 陈耀宗、姜文源、胡鹤钧、张延灿、张淼编. 建筑给水排水设计手册. 北京:中国建工出版社,1992

2. 刘文镔主编. 给水排水工程设计手册. 北京:中国建工出版社,1998

3. 陆耀庆主编. 实用供热空调设计手册. 北京:中国建工出版社,1993

4. 赵荣义等编. 简明空调设计手册. 北京:中国建工出版社,1998

5.路延魁等编.空气调节设计手册.北京:中国建工出版社,1995
6.姜文源主编.建筑灭火设计手册.北京:中国建工出版社,1997
7.邓渊主编.煤气规划手册.北京:中国建工出版社,1992
8.姜正侯主编.燃气工程设计手册.上海:同济大学出版社,1993
9.卢永昌、朱富荣编.燃气设备与燃气用具手册.北京:中国建工出版社,1996
10.袁过汀主编.建筑燃气设计手册.北京:中国建工出版社,1999
11.建设部执业资格注册中心、山东省建设委员会执业资格注册中心编.注册建筑师考试手册.山东:山东科学出版社,2000
12.王增长主编.建筑给水排水工程.北京:中国建工出版社,1998
13.钱维生主编.高层建筑给水排水工程.上海:同济大学出版社,1989
14.方瑜主编.供燃气(给水)用埋地聚乙烯管道.北京:中国建工出版社,1997
15.钱以明编著.高层建筑空调与节能.上海:同济大学出版社,1990
16.杨昌智、刘光大、李念平编.暖通空调工程设计方法与系统分析.北京:中国建工出版社,2001
17.顾兴荃等编.民用建筑暖通空调设计技术措施(第二版).北京:中国建工出版社,1996
18.席德粹、刘松林、王可仁编.城市燃气管网设计与施工.上海:上海科学技术出版社,1999
19.高明远主编.建筑设备技术.北京:中国建工出版社,1998
20.万建武主编.建筑设备工程.北京:中国建工出版社,2000
21.高明远、杜一民编.建筑设备工程(第二版).北京:中国建工出版社,1989
22.周治湖主编.建筑电气设计.北京:中国建工出版社,1996
23.俞丽华编著.电气照明(第二版).上海:同济大学出版社,2001
24.庞蕴凡主编.视觉与照明.北京:中国铁道工业出版社,1993
25.孙建民主编.电气照明技术.北京:中国建工出版社,2001
26.周鸿昌编著.工厂供电.北京:中国建工出版社,1981
27.张振昭、许锦标、万颖编.楼宇智能化技术.北京:机械工业出版社,2000
28.龙维定、程大章编.智能化大楼的建筑设备.北京:中国建工出版社,1997
29.华东建筑设计院主编.智能建筑设计技术.上海:同济大学出版社,1995
30.陈龙主编.智能小区及智能大楼的技术设计.北京:中国建工出版社,2001
31.信息产业部、建设部主编.建筑和建筑群综合布线系统工程设计施工图集.北京:中国建工出版社,2000